新形态教材

教育部推荐研究生教学用书

北京高等教育精品教材

层序地层学（第二版）

Sequence Stratigraphy

主编　朱筱敏

中国石油大学出版社
CHINA UNIVERSITY OF PETROLEUM PRESS
山东·青岛

图书在版编目(CIP)数据

层序地层学 / 朱筱敏主编. -- 2 版. -- 青岛 : 中国石油大学出版社，2023.2

ISBN 978-7-5636-7584-5

Ⅰ. ①层… Ⅱ. ①朱… Ⅲ. ①地层层序-地层学-高等学校-教材 Ⅳ. ①P539.2

中国版本图书馆 CIP 数据核字(2022)第 233662 号

书　　名: 层序地层学
CENGXU DICENG XUE
主　　编: 朱筱敏

责任编辑: 李　锋(电话　0532—86983571)
封面设计: 王凌波

出 版 者: 中国石油大学出版社
(地址:山东省青岛市黄岛区长江西路 66 号　邮编:266580)
网　　址: http://cbs.upc.edu.cn
电子邮箱: shiyoujiaoyu@126.com
排 版 者: 青岛友一广告传媒有限公司
印 刷 者: 山东临沂新华印刷物流集团有限责任公司
发 行 者: 中国石油大学出版社(电话　0532—86983567,86983437)
开　　本: 787 mm×1 092 mm 1/16
印　　张: 25.75
字　　数: 595 千字
版 印 次: 2023 年 2 月第 2 版　2023 年 2 月第 1 次印刷
书　　号: ISBN 978-7-5636-7584-5
定　　价: 78.00 元

《层序地层学》(第二版)
编写人员

主　　编　朱筱敏　中国石油大学(北京)

参编人员(按编写章节顺序排列)

朱红涛　中国地质大学(武汉)

鲜本忠　中国石油大学(北京)

谈明轩　河海大学

葛家旺　西南石油大学

序　一

层序地层学是研究以不整合面(侵蚀面或无沉积作用面)以及可对比的整合面为边界、具有成因联系、强调旋回性的一门地质学科。像板块构造学说曾经提供一个完整统一的构造概念一样，层序地层学改变了分析地层记录的基本原则和方法，是地质学中的一次革命，开创了了解地球历史的一个新纪元。

国家级教学名师、中国石油大学(北京)地球科学学院朱筱敏教授在20世纪90年代初就为硕士研究生开设“层序地层学”学位课并主编出版了《层序地层学》一书，该书入选教育部推荐研究生教学用书和北京高等教育精品教材。朱筱敏主编的《层序地层学》(第二版)由中国石油大学(北京)、中国地质大学(武汉)、西南石油大学、河海大学相关主讲教师编写，他们基于对大量国内外文献的研读、长期教学和科研实践，传承第一版《层序地层学》框架体系，系统介绍Vail经典层序地层学、Cross高分辨率层序地层学、Galloway成因层序地层学、Embry海侵-海退旋回层序地层学的理论基础、概念体系和层序地层模型以及在油气勘探开发中的应用；根据中国含油气陆相盆地层序地层学研究，阐明了陆相湖盆的主要地层特征、湖平面升降变化和层序形成机制，说明了拗陷湖盆、断陷湖盆和前陆湖盆层序地层模型及其在油气勘探开发中的指导作用；列举了层序地层学的主要研究内容、研究方法、研究流程、成果图件以及在不同类型沉积盆地中的应用实例。

总之，《层序地层学》(第二版)反映了层序地层学学科前沿动态和发展规律，具有科学性和系统完整性；教材体系符合科学认知规律，定义论述科学严谨，资料丰富翔实，基础性、可读性和实用性强，利于启发学生学习层序地层学科学知识；教材内容丰富、层次分明、图文并茂，理论联系实际，整体反映了层序地层学研究的新进展；教材语言表达简明流畅，把深邃的层序地层学理论阐述得通俗易懂，是值得精读的优秀教材。

我相信，该教材的出版发行不仅可满足石油、地矿高校及有关专业层序地层学研究生(本科生)教学需要，而且可供其他专业教学及广大地学科技人员参考使用，也将为推动我国层序地层学发展、指导沉积矿藏的勘探开发发挥重要作用。

中国科学院院士

中国地质大学(北京)教授

2022年12月于北京

序　二

层序地层学是沉积地质学领域的一场革命，它倡导多学科综合研究、融合多种资料和多种研究方法开展沉积地质综合研究，加深了对全球变化和地球局部变化的地质记录的了解，在沉积相和岩性圈闭预测方面提供了新颖、强大的分析对比工具，在石油、煤等沉积矿产勘探开发领域得到广泛应用，有效降低了自然资源勘探风险，展现出了强大的生命力。

中国石油大学(北京)地球科学学院朱筱敏教授是我十分熟悉的沉积地质学和层序地层学专家，长期从事相关学科的教学和科研工作，教学和科研成果颇丰。他的渊博学识令我尊敬，他的严谨治学令我感动，他的勤勉朴实是我的榜样。他和其他四位作者撰写的《层序地层学》(第二版)不仅继承了第一版的教材框架体系，而且发扬光大，浓缩了层序地层学最新理论研究和实践应用进展，实现了高屋建瓴式的升华。该教材系统介绍了 Vail 经典层序地层学、Galloway 成因层序地层学、Embry 海侵-海退旋回层序地层学和 Cross 高分辨率层序地层学理论体系，分析了陆相湖盆地质特征和形成机制，阐述了不同类型湖盆层序地层模型，展示了中国海相和陆相沉积盆地层序地层学研究实例，特别是强调层序地层学理论有效指导了中国多个含油气沉积盆地油气勘探开发并取得了明显成效。我一目十行，概略浏览，就深深被吸引，获益匪浅。

朱筱敏教授等撰写的《层序地层学》是一本地质研究生学位课采用的优秀教材，先后被评为教育部研究生推荐教材和北京高等教育精品教材，并被国内数十所高校使用。该教材反映了沉积层序学科前沿动态和层序地层学发展规律，知识结构体系完整，是多位作者教学和科研的智慧结晶，彰显了精品教材品性。

经典教材传承地学理论，优秀教材反映学科前沿。希望读者详读和精读这本教材，读后能思考，思后能应用，用后能生巧，巧后能出新。进一步围绕不同层序地层学理论差异、标准化、研究流程和高效指导沉积矿产勘探开发等重点科学和实践问题开展思考、研究及创新应用，为中国能源安全和实现“双碳”目标做出新的更大贡献。

中国工程院院士

中国石油勘探开发研究院教授级高级工程师

2022 年 12 月于北京

第二版前言

当代地球科学正在不断地朝着全球化、科学化、综合化和信息化的方向发展，这就要求人们不断修改完善传统的地质认识，充分和创新性地利用多种信息，使众多地学分支学科相互交叉渗透，产生新的边缘学科，以满足或适应地球科学的迅速发展。20世纪80年代末期诞生并被人们广为接受的层序地层学正是顺应了地球科学发展的历史潮流，它的出现在地质学以及一切与沉积地质学、基础地层学、地球物理学相关的科学领域引起了极大的震动并产生了良好、积极的影响。层序地层学在沉积岩分析中的应用有可能提供一个完整统一的地层学概念，就像板块构造学说曾经提供一个完整统一的构造概念一样，它改变了分析世界地层记录的基本原则。因此，它可能是地质学中的一次革命，开创了了解地球历史的一个新阶段。

层序地层学是研究以不整合面（侵蚀面或无沉积作用面）以及可对比的整合面为边界的，具有成因联系并具旋回性的，地层年代格架内岩石组合、沉积作用相互影响的一门地质学科。它不但提出了一套全新的概念体系，为地质和地球物理人员在等时地层格架内开展地质综合研究提供了新的理论和研究思路，而且所划分确定的层序和体系域与特定的沉积体系、沉积岩相、油气成藏要素、油气富集地区以及多种类型的圈闭密切相关。它能提供一种更准确的年代地层对比框架，通过恢复古地理面貌，确定沉积体系类型及其分布规律，在钻前预测烃源岩、储集层和盖层的组合关系，预测潜在的地层岩性油气藏分布区和可能的成藏组合。所以，层序地层学又是一种理解沉积体系时空发展、利用多种地质和地球物理信息解释沉积过程及与沉积矿产相关的高效勘查方法。很显然，层序地层学已在地质理论研究和寻找沉积矿产等诸多方面展现出强大的生命力，涌现出与生物地层学、地球化学、地球物理学等融合交叉的学科，并已在全球范围内掀起了层序地层学研究的热潮。因此，有必要总结国内外不同主流学派层序地层学的基本理论和研究成果，展示近期层序地层学提出的新概念、新术语、新模式和新技术，结合中国海相、陆相沉积盆地区域地质特征，编写《层序地层学》新教材，以发挥层序地层学在推动地球科学发展、产生新兴边缘交叉学科、提高沉积矿产勘探开发效率等方面的积极作用。

第一版《层序地层学》作为"九五"中国石油天然气集团公司重点规划教材于2000年由石油大学出版社出版发行并多次印刷。该书出版发行以后，作为中国石油大学和北京大学、中国地质大学等部分高校地质类研究生的学位课教材得到了广泛应用，也在石油天然气勘探和开发研究企事业单位得到了良好传播。2002年，研究生学位课"层序地层学"被评为中国石油大学（北京）品牌课，《层序地层学》被评为"北京高等教育精品教材"；2003

年被评为“教育部推荐研究生教学用书”。笔者受此鼓舞，考虑到层序地层学的快速发展，结合编写团队近期教学和相关科研体会，改编修订了第一版《层序地层学》，并以“北京高等教育精品教材”和“教育部推荐研究生教学用书”出版第二版，以飨读者。

《层序地层学》(第二版)不仅介绍了当今不同主流学派层序地层学的基本理论和概念体系，而且强调了如何利用露头、钻测井和地震资料以及大量室内分析资料进行层序地层综合分析，建立层序地层模型，寻找地层岩性圈闭的方法和技术，努力使层序地层学基础理论研究与生产实践紧密结合起来。本书由4篇共12章构成。第一篇主要介绍层序地层学的形成和发展、Vail层序地层学的理论基础和概念体系、准层序和准层序组的基本沉积特征，不同类型盆地的层序界面特征、体系域类型和层序地层模型及与油气勘探的关系，阐明了镶边台地型、缓坡型、孤立台地型碳酸盐岩层序地层模型。第二篇分别介绍Cross高分辨率层序地层学、Galloway成因层序地层学、Embry海侵-海退旋回层序地层学的理论基础、基本概念、研究方法以及在海陆相沉积盆地研究中的应用。第三篇在总结对比海相、陆相盆地地质特征的基础上，讨论陆相拗陷型、断陷型、前陆型湖盆层序地层样式、体系域类型和沉积特征，以及不同沉积体系域与油气勘探的关系。第四篇阐明层序地层学研究方法与实例，主要涉及层序地层学研究内容和程序、层序地层构型主控因素分析、层序地层构型建模方法，以及海相碎屑岩和碳酸盐岩层序地层学研究实例、不同类型陆相湖盆层序地层学研究实例。总之，本书的编写注重反映国内外层序地层学的前沿动态；系统介绍层序地层学理论与研究方法，强调不同类型盆地层序地层模型和主控因素的差异性；清晰表明层序地层学研究方法、流程以及与油气勘探开发、提高油气勘探效率的关系。

与第一版《层序地层学》相比，第二版教材：① 强调追踪学科理论前沿，展示近年来层序地层学新理论、新概念、新方法等研究成果；② 系统介绍国际流行的主流学派层序地层学理论体系，拓展了层序地层学研究视野；③ 着重阐明不同类型沉积盆地、不同类型沉积地层叠置样式和层序地层模型，增加了海相和陆相层序地层研究新模式；④ 每章增加了导读和主要知识点；⑤ 调整了教材结构框架，将第一版9章结构变换成4篇12章结构，层次和条理更加清楚，增加或更换了部分图表；⑥ 明确了不同盆地类型、不同沉积类型层序地层模型与地层岩性油气藏勘探开发的关系，整体构建了反映学科前沿动态的、系统的、新颖的、实用的教材体系。

《层序地层学》(第二版)参编人员了解层序地层学研究前沿动态，长期从事层序地层学教学和科研工作，撰写过多部教材和多篇学术论文，具有较为丰富的教学和科研经验。本次教材编写分工为：

中国石油大学(北京)朱筱敏教授担任主编，编写第一至六章，参编第七、九、十、十一、十二章，并对全书进行统稿；

中国地质大学(武汉)朱红涛教授编写第七、八章；

中国石油大学(北京)鲜本忠教授编写第九、十章；

河海大学谈明轩博士编写第十一章；

西南石油大学葛家旺博士编写第十二章。

承蒙中国科学院院士、中国地质大学(北京)王成善教授,中国工程院院士、中国石油勘探开发研究院赵文智教授级高级工程师审阅了书稿、作序并提出了许多宝贵建议;本书的出版得到了教育部、北京市教育委员会、中国石油大学出版社、中国石油大学(北京)研究生院和地球科学学院领导及专家们的大力支持帮助,在此表示衷心感谢。

在本教材编写中,我们继承创新了第一版《层序地层学》的教材体系、结构框架和主要内容,吸取了许多著作者的见解和成果,参阅了大量国内外层序地层学文献和网站视频资料,在此深表谢意。

朱筱敏讲授的《层序地层学》课程视频可参见:http://mooc1.chaoxing.com/course/201016708.html。

希望《层序地层学》(第二版)的出版发行对中国高等学校地质及相关专业研究生和本科生的层序地层学教学,地层岩性圈闭勘探、沉积矿产资源的开发和综合利用、实现"双碳"目标等方面起到地质理论基础和应用指导作用,并逐渐形成具有中国区域特色的层序地层学理论和应用体系。

由于编写者教学和科研水平有限,教材中难免会有不足之处,恳请读者提出宝贵建议和意见,并反馈给本人,本人表示衷心感谢!

中国石油大学(北京)

朱筱敏

2022 年 12 月 31 日

层序地层学
课程简介

第一版前言

当代地球科学正在不断地朝着全球化、科学化、综合化和数量化的方向发展，这就要求人们不断地修改传统的地质观点，充分利用多种信息，使众多地学分支学科相互交叉渗透，产生新的边缘学科，以满足或适应地球科学的迅速发展。20世界80年代末期诞生并被人们广为接受的层序地层学正是顺应了地球科学发展的历史潮流，它的出现在沉积学、地质学以及一切与沉积岩相关的科学领域引起了极大的震动。层序地层学概念在沉积岩分析中的应用有可能提供一个完整统一的地层学概念，就像板块构造学说曾经提供一个完整统一的构造概念一样。层序地层学改变了分析世界地层记录的基本原则，因此，它的出现可能是地质学中的一次革命，开创了了解地球历史的一个新阶段。

层序地层学是研究以侵蚀面或无沉积作用面以及可对比的整合面为界的、具有成因联系并具旋回性的、地层年代格架内岩石关系的一门地质学科。它不但提出了一套全新的概念体系，而且所划分确定的层序和体系域与特定的沉积体系、岩相和油气富集地区密切相关。它能够提供一种更为准确的年代地层对比框架，通过恢复古地理面貌，在钻前预测烃源岩、储集层和盖层的组合关系，预测潜在的地层岩性油气藏分布区和可能的成藏组合。很显然，尽管层序地层学发展历史很短，但它已在地质理论研究和寻找沉积矿产等诸多方面展现出了强大的生命力，已在全球范围内掀起了层序地层学研究的热潮。因此，有必要总结国内外不同学派层序地层学的研究成果，结合中国海、陆相盆地具体地质特征，编著《层序地层学》一书，以发挥层序地层学在推动地球科学发展、产生新兴边缘交叉学科、提高沉积矿产勘探开发效率等方面的积极作用。

基于上述多方面原因，本书不仅介绍了不同学派层序地层学的基本理论和概念体系，而且强调了如何利用露头、钻井、测井和地震资料以及大量室内分析资料进行层序地层分析，建立层序地层样式，寻找地层岩性圈闭的勘探方法和技术，努力使层序地层学基础理论研究与生产实践紧密结合起来。本书共由九章构成。第一章简明介绍了层序地层学的形成和发展，以及层序地层学面临的问题和发展趋势；第二章阐述了层序地层学的理论基础和概念体系，指出了全球海平面变化特征及其与层序之间的关系；第三章表述了层序内部准层序和准层序组的基本特征；第四章从被动型和活动型边缘盆地类型出发，详细讨论了不同地貌形态盆地的层序地层样式及其与油气勘探的关系；第五章根据碳酸盐岩沉积背景，阐明了缓坡型、斜坡型和孤立台地型碳酸盐岩的层序地层特征；第六章在总结对比海、陆相盆地地质特征的基础上，讨论了拗陷型和断陷型湖盆层序地层样式及其与油气勘探的关系；第七章和第八章分别介绍了高分辨率层序地层学和成因层序地层学的理论基础和基本概念，以及在海、陆相地层研究中的应用；第九章介绍了层序地层学的基本研究内容、层序边界识别标志和层序年代标定的方法，阐述了海（湖）平面升降变化、沉积物供给、盆地沉降和气候变化及可容空间的分析方法，明确了层序地层的综合研究方法。总之，本书的编著注意反映国内外层序地层学的前沿动态；注重介绍层序地层学理论与研究方法，强调不同类型盆地层序地层特征和主控因素的差异性；努力阐明层序地层学与油气勘探开发、提高油气勘探效率的关系。作者希望本书的出版能对我国层序地层学研究的进一步深化起到积极作用。

承蒙中国石油天然气集团公司勘探开发研究院博士生导师顾家裕教授级高级工程师审阅书稿并提出了宝贵意见。本书的出版得到了中国石油天然气集团公司教材编译室、石油大学出版社、石油大学（北京）教务处和地球科学系领导及专家们的大力支持和帮助，在此深表谢意。同时，感谢黄欣在书稿录入过程中所做的工作。

尽管作者尽力编著本书，但由于知识水平有限，书中难免存在不足之处，恳请读者批评指正。

作　者

1999 年 12 月

目 录

第一篇 Vail 经典层序地层学

第二篇　其他主流层序地层学

第三篇　陆相盆地层序地层学

第四篇　层序地层学研究方法与实例

融媒体资源目录

第一篇

Vail经典层序地层学

第一章 绪 论

核心知识点：层序地层学形成发展过程、阶段划分及其主要学术标志，层序概念，地震地层学核心思想和主要研究内容，层序地层学研究进展和综合优势，层序地层学面临的问题、标准化和发展趋势。

第一节 层序地层学的形成和发展

层序地层学(sequence stratigraphy)是根据露头、钻测井和地震资料，结合有关沉积环境和岩相古地理解释，对地层层序格架进行地质综合解释的地层学分支学科(Vail，1987)。它是一种划分对比和分析沉积岩的新方法，当它与生物地层学及构造沉降分析紧密结合时，便提供了一种更为精确的以不整合面及与之可对比的整合面为界面的地质时代对比、岩相古地理再造，以及钻前预测生储盖地层、有利勘探目标的方法。对于油气勘探开发来说，层序地层学具有良好的理论指导和实际预测作用。从理论上讲，通过海(湖)平面相对变化的研究，可以预测尚未钻探地层的年代，预测某些体系域的地层叠置样式和分布范围，科学地预见盆地沉积充填历史和地质发展史。从实际上讲，通过体系域和沉积岩相分布规律研究及应用高分辨率地震勘探技术，可以预测形成油气藏及其他沉积矿产的有利地区，预测钻前圈闭类型、有利储层分布和油气产能，以及实现已开发油田的扩边和提高开发效率。因此，层序地层学不仅在理论研究方面迅猛发展并得到高度评价，而且在实际应用方面也受到了人们的广泛关注和高度重视，已经成为地质学家、地球物理学家和油藏开发学家研究工作中不可缺少的理论指导和有效工具。

层序地层学是一门利用多种地质与地球物理、地球化学资料开展沉积层序形成机制和层序地层样式研究的新兴地质学分支前沿学科，它是在20世纪70年代建立的地震地层学基础上发展起来的，同时还与生物地层学、年代地层学、构造地质学、沉积地质学、地球物理学和石油地质学等多学科密切相关。层序地层学在沉积盆地地层单元、沉积体系时空分布和沉积矿产预测等研究中体现了创新性地质思维、多学科交叉融合、多种资料综合利用、生命力旺盛、科学预见性强的特点。它的发展历史大体可以划分成三个阶段，即概念萌芽阶段(1949—1976)、地震地层学形成发展阶段(1977—1987)、层序地层学综合发展阶段(1988至今)。

层序地层学概念

层序地层学源于海相被动大陆边缘盆地研究，经过30多年的发展，不断丰富、延拓和创新，总体表现出由理论向应用、由宏观向微观、由静态向动态、由单学科向多学科、由定性向定量的发展趋势。层序地层学理论把沉积过程纳入盆地演化的时空框架中加以研究，把沉积演化与地球的多旋回或节律演化结合起来，在更为精准和精细的时空格架上研究古构造和古地理的演化，促进了人们对盆地沉积结构及其成因的系统探索。层序地层学已经被证实是一种有效的理论方法，广泛应用于海相和陆相沉积盆地沉积矿产勘探开发。

一、层序地层学概念萌芽阶段

众所周知，作为地质学发生、发展的核心和理论基础的地层学已有 200 多年的历史了。在全球许多地质学家的努力下，地层学及其分支学科，如年代地层学、生物地层学、岩石地层学、磁性地层学、同位素地层学、旋回地层学、事件地层学、生态地层学以及定量地层学都得到了迅速、系统的发展。这些地层学分支学科的出现和发展极大地推动了地层学的理论发展和技术进步。在地层学不断发展完善的背景下，与地层学相关的学科，如古生物地史学、构造地质学、沉积地质学、石油与天然气地质学、煤田地质学、地球化学、地球物理学等也得到了快速发展。反过来，它们又促进了地层学的深化发展。地层学，特别是地层学的核心——国际地层表(国际地质年代表)成为讨论任何与沉积地质学等多种地质学科有关问题的准绳和尺度。为了维护这一准绳和尺度的权威性，地层学家于 20 世纪 30 年代就推出了国际地层命名和分类指南。为了完善这些地层命名和分类方案，国际地质科学联合会还在世界各地寻找地层标准剖面(例如“金钉子”工程)，作为最完善的地层对比标准。1960 年，中国地层委员会编著了《地层规范草案及地层规范草案说明书》。1981 年，中国地层委员会又出版了《中国地层指南及中国地层指南说明书》(以下简称《指南》)，作为地层划分对比的指南。近年来，国际地层委员会还发布了年度国际地层年代表或划分方案。但是，若深入分析现有国际地层年代表及《指南》，就会发现以下两个需要解决的根本性问题：① 地层表中各代、纪、世、期的命名没有反映出各地质时代的地质特征、内在成因联系和接触关系。②《指南》中提出的生物地层、年代地层和岩石地层是一个三端元分类系统，尚未把此三端元分类系统统一到带有纵向成因演化特征的“年代地层单元”这一最根本的客观标准上，从而造成了各地区地层划分和对比的矛盾以至混乱。当然，在早期科技水平下，要消除这些矛盾是困难的或者是不可能的。然而，不彻底解决上述带有根本性的地层问题，将会阻碍地质科学的发展，特别是地质科学在成因机理解释、科学预测性和定量化方面的发展。20 世纪 80 年代末期发展并不断完善的层序地层学试图建立完整统一的地层学概念和理论体系，进而说明不同地质时代的地层成因关系，预测地层单元中沉积体系和沉积矿产的分布演化。

层序地层学的诞生和发展首先得益于“层序”概念的提出。早在 1788 年，英国学者 Hutton 首次指出侵蚀作用、搬运作用和沉积作用会周期性发生变化(地质旋回)，“不整合面”是区分隆起、剥蚀和沉积旋回的物理界面，也是识别地层记录的主要物理界面。19 世纪中叶，在 Lyell(1835)和 Agassiz(1840)提出的冰川理论中就初步讨论了海平面变化与构造作用之间的关系；1906 年，Suess 发展了冰川理论并进一步讨论了海平面升降与沉积物上超和下超之间的关系，认为冰盖的融化可能控制了全球海平面升降。1909 年，美国学者 Chamberlin 发表文章，论述了地壳运动控制世界范围内海平面的变化，从这个意义上说，可以认为 Chamberlin 是当代层序地层学的先驱。后来，一些美国地质学家继承发扬 Chamberlin 的地质思想，以全球不整合面为边界来恢复地质历史时期的沉积环境。令人不可思议的是，Sloss，Krumbein 和 Dapples 于 1949 年在加拿大西部 Banff 的一次学术会议（Sedimentary facies geological history 专题）上提出了地层层序（stratigraphic sequence）的概念，即"层序是以主要区域不整合面为界面的地层集合体"，并利用北美克拉通地质资料，在寒武系至侏罗系八个系的地层单元中识别划分出四个地层层序，从而开始了以层序作为地层单元来研究地层特征的新阶段。1963 年，Sloss 等人发文又将北美克拉通晚前寒武纪到全新世地层划分成以区域不整合面为界面的六套层序并以印第安部落名称进行层序命名。他们强调构造作用对层序界面——不整合面形成的控制作用，并采用层序作为实际地层单元进行地质编图。Sloss 认为，"层序是比群和超群更高一级的岩石地层单位，在一个大区域内可追踪的、以区域不整合面为界面的岩石地层单元或构造旋回的岩石记录，它不一定适用于克拉通以外和大陆以外地区的岩石地层学和年代地层学研究"。

后来，Wheeler(1959)发表年代地层学方面的文章，提出了当今还在被使用的、以区域不整合面为界面的沉积幕的概念、年代地层图（Wheeler 图解）以及一些层序地层学术语。Frazier(1974)还根据美国第四纪密西西比河三角洲的研究，提出海泛面限定了三角洲进积与退积沉积层序。总之，这个阶段人们主要关注全球地层对比、全球海平面升降变化的可能性及海平面升降控制形成的地层单元的几何形态，等等。

Sloss 等人提出的克拉通层序概念虽为当今层序地层学的诞生发展奠定了基础，但在当时，Sloss 的思想仅被他的学生 Vail 和朋友 Wheeler 等人所采用，而没有更多的学者发文应用和讨论"sequence"。所以，1975 年，国际地层委员会把"层序"从岩石地层系统中分离了出来，并命名为构造层（synthem）。

二、地震地层学形成发展阶段

在这个阶段，许多地质新理论和新方法得到了迅速发展和完善并促进了新学科的形成发展。例如，人们可以利用同位素年代测定、古地磁测量和超微生物分带研究成果，精确地确定地层的地质时代；可以利用沉积学、古生物学和古生态学、碳氧同位素的理论方法，判断古沉积环境、古水深、古气候、古水温和沉积基准面的变化；利用板块构造理论、地球物理和盆地分析方法，分析地壳的垂向升降、横向伸缩，以及各种构造活动、火山活动、重大地质事件发生的时代和规模。特别是高分辨率数字地震勘探技术的发展，使得地质学家可以得到并研究比较精确的，能够反映地下地层形态、岩性、物性、流体性质的不同维数的图像。这些不同类型的地震图像极大地扩大了人们对地下复杂地质现象的透视视野，为人们提供了以前难以想象的地下地层三维展布及地质体之间的相互接触关系的影像。例如，人们可以从地震剖面中识别为数众多的、地层之间的不整一关系（削蚀、顶超、上超和下超），以及反映不同沉积体成因类型的多种地震反射内部结构和外部形态，从而促使人们更加深入地研究世界各地的地震反射剖面特征，并把它们与露头和钻测井资料结合起来。人们开始发现，地震反射终止关系是有周期性的，据此促使美国学者 Vail 等(1977)提出了一门新的学科——地震地层学。地震地层学形成发展阶段是层序地层学发展的第二个重要时期，是以 Vail 等人提出地震地层学概念体系和出版《地震地层学》(美国 AAPG 特刊 26 期，Payton 主编，1977)为标志。它是一种利用地震资料进行地质综合解释的学科。地震地层学认为，由于岩层中产生地震反射的物性界面主要是具有速度-密度差异的层面和不整合面，所以可将这类界面作为划分年代地层单位的主要依据。地震地层学理论核心是海平面升降旋回变化的周期性及其对沉积层序发育演化的控制驱动作用，基础是以不整合面为界面的沉积层序的识别。根据 Vail 等(1977)和 Mitchum(1977)的定义，"沉积层序是由相对整一、连续的、在成因上有联系的地层组成的，顶、底以不整合面及与之相对应的整合面为界面的地层单元"。一定的沉积层序代表的时间段可以因地而异，但某个层序的范围却限于等时界面(不整合面)之间。因此，该等时界面(不整合面)可以为地层对比和沉积相分析提供一个理想的年代地层格架。地震地层学不仅可以建立以盆地不整合面划分沉积层序的等时地层格架、利用地震剖面滨岸上超点的迁移规律恢复海平面升降变化，而且可开展沉积层序地震相解释，建立沉积层序模式，预测有利的成藏要素组合及岩性圈闭发育地区，进而指导沉积盆地油气勘探。

Vail 的层序地层学思想起始于在 Sloss 指导下读研究生期间，他在自己的层序地层学理论中对 Sloss 等(1949)提出的层序作了两个方面的重要修订。第一，Vail 等(1977)提出的层序概念比 Sloss 等(1949)的层序概念包容的时间更短(不同级别层序)，北美显生宙六个克拉通层序可以被划分得更细。Sloss 提出的层序相当于 Vail 和 Mitchum 提出的超层序(supersequence)。第二，Vail 等认为，周期性全球海平面升降变化是层序形成演化的主要驱动机制。因此，Vail 和 Haq 利用露头、测井和地震资料以及生物地层定年等方法，编制了指导沉积层序研究的全球海平面升降曲线。随着生物地层、磁性地层和年代地层资料的不断丰富，全球海平面升降曲线不断被修订。1987 年，Haq 等人再次发表了全球显生宙海平面旋回变化图表，表明了全球海平面升降的周期性特点。但是，由于没有展示海平面升降变化的证据以及是否消除构造运动、沉积成岩差异对海平面变化的影响，造成人们对于海平面升降变化曲线的"锯齿状特征"进行了大量热烈的讨论，有人对于把沉积层序与全球海平面变化联系在一起的概念性模式持怀疑态度(Miall，1986)。然而，不管怎么说，随着地震勘探技术的日臻完善，层序可作为一种可行的、以不整合面为界面的地层单元进行地层综合分析，这要比 Sloss 等(1949)最初提出的克拉通层序概念更加细致合理，是一次层序概念的理性飞跃。

地震地层学多在盆地规模上利用地震资料，对地层结构、沉积相类型和分布进行盆地综合分析，可在含油气盆地勘探早、中期发挥积极作用；但很少利用露头、钻测井资料进行层序地层综合分析；尚未确定沉积层序的内部构成，也难以在油气藏范围内为沉积地层分析提供必要的精度，所以要进一步创新发展地震地层学。

三、层序地层学综合发展阶段

1. 层序地层学形成发展

尽管地震地层学理论明确了沉积层序定义和周期性海平面升降变化是沉积层序形成机制的问题，但并未明确层序内部地层的彼此关系、沉积体系类型和空间展布特征，并且地震地层学主要应用地震资料在盆地范围内进行盆地分析工作，所以，Vail 等人在吸取其他地质学家建议的同时，进行了大量的露头、测井、海洋地质和地震资料的综合研究，利用层序地层、磁性地层、年代地层以及生物地层中所反映的海平面变化和同位素年龄等大量资料，编制了中生代以来的年代地层和海平面旋回曲线图，厘定了不整合面、海平面变化的概念，并强调地震剖面、测井和地面露头的综合研究是识别海平面变化的重要手段。1988 年，正式出版了由 Wilgus 主编的《海平面变化综合分析》(SEPM 特刊第 42 期，1993 年中译本更名为《层序地层学原理》)，同年全球沉积地质委员会(GSGC)将"层序地层学和全球海平面变化"正式作为全球沉积地质计划(GSGP)。1989 年，美国 AAPG 相继出版了 Sangree 和 Vail 等编著的《应用层序地层学》。在这两本专著中，他们以全球性海平面变化为主导因素，系统、全面地阐明了层序地层学的基本理论、关键性术语的定义，以及多种类型层序地层模型、解释程序和工作步骤。1991 年，Vail 等又在 Einsele 等主编的《层序旋回和事件》一书中，发表了《构造运动、全球海平面升降及沉积作用的地层标志综述》，再次强调地层层序是由构造运动、全球海平面升降、沉积作用及气候变化等地质作用相互作用而产生的，同时，也突出了不同级别构造作用对地层层序的影响，提出了一整套将层序地层分析、沉降史分析和构造地层分析相互结合、互为补充的综合地层分析方法(构造地层学)，特别将构造地层分析概括为九个步骤，突出构造沉降史与不整合面的研究，注意沉积充填史、构造型式与古应力条件的分析，高级别构造运动、构造条件与板块构造运动的关系等。1991 年，Macdonald 主编的《活动边缘的沉积作用、构造运动和全球海平面变化》一书进一步把层序地层研究扩展到活动大陆边缘。后来，英国 Emery 和 Myers 主编的《层序地层学》(1996)、加拿大 Catuneanu 主编的《层序地层学原理》(2006)更加系统阐述了主流学派层序地层学基本原理、层序地层学术语、层序地层界面和时间属性、层序级别和层序模式、层序地层学研究方法、层序地层学应用等方面的问题，使得层序地层学研究凸显出科学性、综合性、系统性、定量性、预测性和应用性。

自 1987 年诞生以来，层序地层学进入了理论研究和生产应用全面发展的新阶段。理论上，出现了多种学派，除了 Vail(1987)提出的以不整合面作为沉积层序界面的、被广泛使用的经典层序地层学，还有由 Galloway(1989a)创立的在国际学术界与石油工业界有重要影响的、以最大海泛面为成因地层单元界面的成因层序地层学，由 Embry 等(1993)提出的以首次海泛面为旋回地层单元界面的海侵-海退旋回层序地层学，由 Cross(1994)创建的以基准面旋回与过程-响应原理为理论依据，以地质、地球物理方法为手段的高分辨率层序地层学学派等，还有与构造地质、储层地质、地球物理、地球化学交叉形成的分支学科；实践上，层序地层学开始深入油气勘探开发的各个阶段，如油田勘探层序地层学指导地层岩性圈闭预测，油田开发层序地层学用于油藏描述和提高采收率，细粒岩层序地层学用于地球化学(Greaney 等,1993)等。总之,层序地层学已成为油气勘探开发各个阶段不可缺少的内容。美国 Exxon-Mobil 石油公司要求,从盆地分析到圈闭的成因解释,从油藏描述、数值模拟到后续动态模拟,从勘探开发各个阶段的软件开发到油藏管理,都要直接或间接地应用层序地层学的理论、方法或研究成果,甚至还以已知油气田与层序地层的关系为基础编制了指导新区勘探开发的模式。美国 AAPG 在《应用层序地层学》一书的前言中提出:"你要成为 20 世纪 90 年代的石油地质学家、地球物理学家、石油公司经理和管理人员吗?那么,务必请你读一读《应用层序地层学》这本书吧。"Vail 等人认为,"层序地层学概念在沉积岩中的应用有可能提供一个完整统一的地层学概念,就像板块构造曾经提供了一个完整统一的构造概念一样。层序地层学改变了分析世界地层记录的基本原则,因此,它可能是地质学中的一次革命,它开创了了解地球历史的一个新阶段"。

由于层序地层学提供了一整套建立等时地层格架、研究盆地沉积充填历史、预测沉积矿产勘探开发有利地区的有效方法,现今已成为国际地质科学研究的热门课题。自 1989 年以来的历届美国石油地质学家协会(AAPG)、国际沉积学家协会(IAS)和国际沉积学协会(SEPM)举办的学术会议上,层序地层学都成为重要的议题和讨论内容,充分展示了它在理论研究和实际应用等方面取得的长足进展。

2. 层序地层学研究进展

1)层序地层学基本理论研究方面

层序地层学当今呈现出多种学派共存的特点。Vail 倡导的层序地层学强调沉积层序形成受控于全球海平面升降、构造沉降、气候和沉积物供给等多个地质因素,并表现出不同的规模、不同地质时间间隔和层序级次。不同沉积盆地和不同沉积类型的沉积层序地层模型由多种不同的体系域组成并表现出特有的地层叠置样式,进而可钻前预测一个沉积层序中的地层年代、体系域形态、沉积类型和分布、岩性地层圈闭等。在不同类型盆地的层序地层学研究(被动大陆边缘层序模式、浅水斜坡层序模式、深水斜坡层序模式、铲状同生断层层序模式等)、不同沉积物的层序地层学研究、不同沉积旋回的层序地层学研究、不同胶结物的层序地层学研究等方面取得了显著进展。然而,由于层序地层学存在多种理论学派,所以加拿大阿尔伯达大学 Catuneanu 等(2009)在 *Earth-Science Reviews* 上发文"Towards the Standardization of Sequence Stratigraphy",认为可以给各个流派的模型一个公正的评判,以利于层序地层学标准化。

2)层序地层学相关分支学科方面

自 1988 年层序地层学诞生后,与多个地质学科和生产实际相互交叉,深入探讨不同类型沉积盆地层序地层模型、层序地层与构造旋回之间的成因关系、层序地层与沉积盆地之间的成因关系、层序界面成因级别和划分依据,以及利用不同依据阐述层序地层理论基础并指导沉积矿产勘探开发,从而涌现出了多个层序地层分支学科,比如陆相层序地层学、高分辨率层序地层学、生物层序地层学、成岩层序地层学、胶结物层序地层学、层序充填地层学、层序成因动力学、模拟层序地层学、勘查层序地层学等。随着非常规油气资源勘探和深水沉积体系研究的深入,又出现了细粒和深水层序地层学。层序地层学的形成发展还影响了沉积学研究,比如,Walker(1992)按照海平面变化控制沉积相及相模式的思路，重新改写修订了《沉积相模式》(第三版)。

3）层序地层学创新概念和术语方面

层序地层学认为，地层的几何形态和发育基本上受控于相对海平面的变化。为了形成层序地层学理论体系，Vail 等提出了一系列具有明确含义的概念，比如沉积层序、海平面周期性变化、准层序和准层序组、首次海泛面和最大海泛面、凝缩层、可容空间，以及低位、海侵、高位体系域等。近期又提出了强制海退体系域等概念以及下降体系域。强制性海退不同于正常海退，它被定义为在海平面相对下降时期(可容空间增长速率小于零)，沉积物供给速率大于可容空间增长速率，迫使滨岸沉积物向盆地中央进积，形成与沉积物输入量无关的、滨线轨迹呈向盆地中央方向逐渐下降迁移的进积组合。强制海退(下降体系域)的识别确定不仅提供了高精度地下地层对比格架，而且为地层岩性圈闭勘探和老油田的增储上产提供了储层几何形态解释，具有较大经济意义。

4）多种沉积背景层序地层学研究方面

Vail 的经典层序地层学起源于海相被动大陆边缘沉积盆地的碎屑岩研究，然而在不同构造背景和不同沉积类型的沉积盆地中，沉积体系形成过程和时空分布存在差异性，由此创建了多种沉积背景的层序地层模型，比如碳酸盐岩层序地层模型、泥页岩层序地层模型、深水层序地层模型和陆相盆地层序地层模型等。研究表明，不同级次海平面相对升降控制了沉积类型及其响应。例如，海平面变化的规模和速率对礁体的发育、碳酸盐岩台地中的水动力状态、沉积速率和沉积物分布起着控制作用。碳酸盐岩主要发育在海平面旋回的海侵和高位体系域中，而且不同海平面旋回时期发育着不同的碳酸盐岩沉积体系。在三级旋回沉积层序中，有机质分布受控于海平面变化，在四、五级旋回沉积层序(高频层序)中，则受控于气候变化(气候变化与高频的米兰科维奇振荡旋回关系密切)。许多学者认为，可以通过旋回地层学的方法，研究深水和浅水区海侵、海退旋回的频率、幅度、速度和相位参数与斜坡及其相邻区层序、体系域和准层序旋回的频率、幅度、速度和相位参数的异同点，来确定、追踪对比不同相区相对海平面的变化特征，如黄铁矿、鲕绿泥石、牙形石和藻类孢囊含量和充填方式可记录深水区百万年级别海平面的波动。

在陆相层序地层学研究中，全面考虑了湖平面升降、盆地结构、构造沉降和沉积物供给变化对层序地层样式的影响。特别是构造活动和气候不仅影响沉积物供给，而且决定层序地层构型，进而建立断陷湖盆、拗陷湖盆和挤压性湖盆的层序地层模型并提出具有不同含义的湖盆层序、体系域概念，有效地指导了陆相湖盆岩性地层圈闭和深水泥页岩非常规油气资源勘探和高效油气开发。

5）层序地层学研究方法方面

层序地层学的出现是基于现代地震勘探技术采集、处理和解释技术的快速发展，它不仅建立了一整套理论概念体系，而且提供了一种精准的年代地层对比、古地理再造和成藏要素预测的方法技术体系。在研究方法方面，特别强调综合露头、钻测井和地震资料以及地球化学资料进行沉积层序划分识别，确定沉积体系组合，阐明沉积体系发育与成藏要素之间的关系，预测有利储集体和地层岩性圈闭。比如，利用露头或岩芯资料可识别确定沉积层序界面和沉积体系类型；利用地震反射终止关系识别沉积层序界面，利用地震同相轴的区域等时性建立等时地层格架，利用地震相恢复确定沉积体系类型和时空演化；利用测井曲线形态和组合特征确定岩性、岩相组合和地层叠置样式。也可利用生物地层学、高分辨率事件地层学和同位素地层学等多种准确地层定年方法确定不同层次沉积层序界面的年代，最终建立绝对地质时间标尺的等时地层格架。还可利用滨线迁移轨迹和GPS等方法分别确定深时和现代海平面升降变化，利用构造沉降确定方法恢复沉积盆地沉积-构造演化过程，利用层序地层计算机模拟方法高度拟合海平面变化、构造沉降、沉积物补给速率以及气候变化对层序形成的控制。

在层序地层学分析中，上述主要方法是相互依赖、共同作用的。显然，将高分辨率的生物地层资料、露头（岩芯）定相资料、古水深和古地貌资料、测井曲线特征和地震反射剖面以及地球化学资料结合起来，在沉积盆地不同部位形成一种地质-测井-地震资料综合研究的层序地层学分析方法，可以详细对比层序界面及层序内部细小沉积单元，建立多级次层序地层格架，阐明沉积体系类型和分布演化规律，建立多种沉积盆地背景的层序地层模型，有效指导沉积盆地沉积矿产勘探开发。

6）层序地层学指导油气勘探开发方面

随着层序地层学研究年代和对象不断扩大，研究的地质年代从现代沉积、中新生代向古生代、元古宙发展；研究对象从分级式、地区式向成因式、机理式发展，建立完善了能够表明不同结构单元与油气成藏要素之间关系的不同沉积背景的层序地层模型。在石油勘探领域，层序地层格架中烃源岩质量和有机碳总量的分布往往与海侵体系域有关。海相烃源岩常规钻测井剖面揭示，有机碳总量垂向分布模式可以用层序地层学概念来解释。有机碳总量与陆源碎屑注入量成反比。若可容空间很大，远源位置的碎屑注入量就很低，因而使盆地沉积物中的有机碳总量百分比增大。因此，在海相层序剖面中有机碳总量的最大值与最大海泛面相对应。多种成因的储集体往往与低位和高位等体系域相关，地层岩性圈闭主要发育在低位体系域下切谷、深水重力流沉积，海侵体系域上超滨岸沉积和高位体系域三角洲前缘沉积中。

20世纪90年代层序地层学理论方法被引进中国并在石油部门率先使用。中国学者不仅开展了以层序地层及海平面变化为主要研究内容的国家基础性重大课题研究，出版了一系列层序地层学论著，而且将研究成果用于指导不同类型沉积盆地油气勘探开发，并取得了显著成效，展示了具有中国区域特色的层序地层学基础理论发展和应用效果。

3. 层序地层学综合优势

层序地层学之所以能在不长的时间取得如此巨大的进展，获得高度评价，被认为是“正在进行的一场地层学革命”（Brown等，1990），其原因在于层序地层学具有下列综合优势：

（1）强调地球演化的整体性，认为全球海平面升降变化具有周期性，周期性海平面相对变化是形成沉积层序的主要机制。从20世纪60年代板块构造学说问世以来，地球科学不同领域的共同发展趋势就是强调全球性对比研究、全球多种地质因素相互作用过程及其相互制约研究，把地球甚至天体作为一个整体来加以研究。这一趋势是人类对地球科学长期思索的结果，层序地层学的基本指导思想正是强调沉积层序的形成受到构造沉降、海平面升降、气候及沉积物供给的相互影响和作用，并表现为不同的级别、规模和时间间隔。可见，层序地层学的观点与当前人类的地球观是一致的，因而受到广泛的支持和重视。

(2) 层序地层学是一种新的地层学分支学科，提供了等时地层格架。层序地层单元的界面是可以通过地下(地震和测井)和地面露头识别的客观存在，它具有物理性界面和生物性界面的双重意义，层序地层内部和层序之间又是有成因联系的、有序的三维岩相组合的集合体。因此，层序地层学消除了地层学中长期存在的年代地层、岩石地层与生物地层单位三重命名的混乱现象。同时，区域地震反射近似地逼近等时地层界面，为地层的划分与对比(至少在准层序级别以上)提供了有力的武器。像板块构造学说提供了全球统一的构造概念一样，层序地层学也提供了一个全球统一的地层学概念。

(3) 第一次提出了全球统一的成因地层划分方案(成因地层年代表)。过去人们根据古生物的、岩性的、放射性同位素年龄的、古地磁的等地质标志，提出过未能反映成因关联的地层划分方案(地层年表)。这些方案由于没有从根本上开展地层成因机制方面的研究，因此出现了许多相互矛盾、无法解释的现象。层序地层学通过对控制地层形成的构造沉降、全球海平面升降、气候、沉积物供给四个要素的综合分析，得出相对海平面(或基准面)控制层序形成与发育的概念，阐明了沉积层序形成机制，将层序内部和层序之间的成因联系确立下来，把层序地层学从描述性阶段提高到具有完整系统性的理性阶段。

(4) 强调了海平面变化对不整合面和层序的形成及其内部沉积体系域的控制作用。以往的地质工作者较为熟悉的是构造不整合面和假整合面。实际上，海平面升降变化造成了更多的、更为重要的关键性界面，如低位体系域底部的不整合面、海侵面和最大海泛面。如果说在以往的地质学中，更多地被认识的是规模较大的构造因素对沉积充填的控制作用和结果，那么，层序地层学的贡献就是更好地揭示了不同级次海平面相对变化对沉积类型及其分布的重要影响。

(5) 建立了反映成因联系的地层分布样式。层序地层学是把地层分布样式作为重要研究内容的一门地质科学，它把层序定义为“顶、底以不整合面或与这些不整合面可以对比的整合面为界的、成因上有联系的一套地层”。层序地层学定义中所说的“地层分布样式”就是这里所指的“成因上有联系的一套地层”。具体到每个层序，这“一套地层”是指在一个海平面相对变化周期(两个相邻下降翼拐点之间)沉积的地层。即每个层序都包括三个体系域(近期提出四个体系域)，它们是：低位体系域、海侵体系域和高位体系域(Ⅰ型层序)，或者陆架边缘体系域、海侵体系域和高位体系域(Ⅱ型层序)。这些概念和层序地层构型是层序地层学的核心，是许多理论和实际工作的依托。

(6) 层序地层学的理论和方法具有先进性和预测性。在沉积盆地分析中，通过露头、岩芯、钻测井、地震和地球化学资料综合研究，建立等时地层格架，将沉积相和沉积体系的研究置于构造沉降、海平面升降、气候和沉积物供给的复合制约的统一格架中，建立不同级别的层序地层模型，并能有效地揭示沉积体系三维配置关系。在含油气盆地的研究中，能够有效地阐明生、储、盖层的分布规律，提高地质学家的理论和实际预测能力。从理论预测上讲，通过海平面相对变化的研究，可以预测尚未钻探地层的年代，预测某些体系域的展布方向和范围、可能的岩相及其分布，从而对地质发展史、古地理状况做出科学的预见。从实际上讲，可以基于体系域和岩相的分布规律，预测有利于形成油气藏以及其他沉积矿产的分布区带。再进一步，通过高分辨率的地震勘探（尤其是三维地震）、地震沉积学、油藏描述、地球物理储层反演、碳氢检测等手段，可以进行钻前储集砂体、油藏、油层质量预测，以至开发油田的扩边和开发效率的预测。

（7）把地球科学的研究从定性推向定量。总的来讲，与其他科学相比，地质科学是比较偏于推理性的、定性的、描述性和经验性的。其根本原因，是无法准确地了解地下地质条件的时间和空间这四维参量的真实情况和细节变化。近年来，由于地震勘探技术、计算机技术、大数据技术以及其他有关科学技术的发展，已经在盆地模拟、构造史恢复、古地貌恢复、油气运移、资源量评价、储量计算、储层质量预测等方面积累了不少经验，提出了许多定量研究方法。人们可更充分地了解地层的时空展布、层序地层的充填过程以及有利于油气成藏的要素组合关系。层序地层学在和其他一切与沉积岩相关的科学和技术交叉配合的基础上，可构成从地层划分、沉积类型和相带分布、古地理环境恢复、构造发育史和油藏形成史恢复、圈闭或油藏预测、油藏质量预测到油藏开发效果监测的一套完整的、比现在精确得多的定量化研究全过程。

第二节　层序地层学面临的问题和展望

一、层序地层学面临的问题

层序地层学是在地震地层学基础上不断完善和发展起来的一门地层学分支学科，它非常强调综合利用多种资料对盆地充填序列进行等时年代地层格架划分，进而研究各等时地层格架内沉积成因单元的地层叠置样式和几何形态，指出有利于发育生油层、储集层、盖层和地层岩性圈闭的地区，为寻找沉积矿产资源指明方向。实践亦已证明，无论是海相层序地层学研究，还是陆相层序地层学研究，层序地层学的研究成果的确已在开拓人们的思路、推动地质学科创新发展和勘查沉积矿产资源等诸方面发挥十分积极的作用。

层序地层学的发展是迅速的，但它的理论和方法与任何新兴的学科分支一样，并不是一开始就成熟完善的。它的发展和应用过程也面临着支持和反对，以及不同意见的争论和挑战。除 Vail（1987），Haq（1987），Van Wagoner（1988，1990）和 Posamentier（1988，1993a）等主流层序地层学学派以外，还存在 Galloway（1989a）的成因层序地层学（genetic stratigraphic sequence）、Frazier（1974）的沉积幕（depositional episodes）、Walker（1990）的外源地层（allostratigraphy）、Embry（1993）的海侵-海退旋回（transgressive-regressive cycles）和 Cross（1994）基于基准面旋回（base level cycle）的高分辨率层序地层学等学说或观点。这说明在地质学家之间还存在着意见分歧，如 Miall（1991，1992）对 Haq 海平面升降曲线精度提出质疑，Allen 等（1993）认为构造运动可能比海平面升降在层序形成上具有更大的作用，Schlager（1993）强调淹没事件对碳酸盐岩层序研究的重要性等。

1. 关于层序地层学主流学派

自 Sloss 等（1949）和 Mitchum（1977）提出“层序”或“沉积层序”概念后，人们不断地加强了沉积层序界面成因机制和识别标志的综合研究并确定了不同名称的“层序”界面类型，比如 Vail(1987)提出以不整合面作为沉积层序界面、Galloway(1989a)确定以最大海泛面为成因地层单元界面、Embry 等(1992)提出以首次海泛面为旋回地层单元界面、Cross(1994)确定以基准面升降变化形成的地层叠置样式来确定沉积旋回界面(图 1-1)，进而对应形成了国际上广为流行的层序地层学主流学派，即 Vail 的经典层序地层学、Galloway 的成因层序地层学、Embry 的海侵-海退旋回层序地层学、Cross 的高分辨率层序地层学。这些主流层序地层学的层序地层模型及其结构单元组成、沉积体系域命名与划分表现出多样性、复杂性和不同适用性。当然，主流层序地层学学派有其在特定背景下存在的理由，但它们表示的层序界面差异非常大，进而导致层序内部体系域划分存在不同(图 1-1)，造成在不同类型沉积盆地和不同类型沉积物层序地层学研究中还面临着争论和挑战。

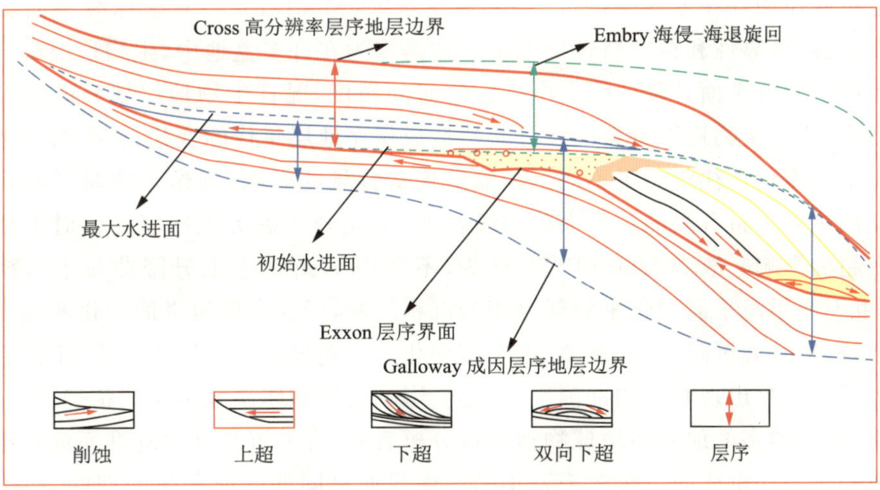

图 1-1 层序地层学主流学派的层序界面和划分

2. 关于层序地层学的某些概念

美国 Exxon-Mobil 石油公司定义的沉积层序概念，由于重新厘定了不整合面的含义而使沉积层序界面不整合面与其他学科地质学家定义的不整合面概念存在显著不同，可能会产生不良的效果(Schlager，1991)。还有人认为，美国 Exxon-Mobil 石油公司地质学家所创立的层序地层学中没有讨论不整合面的规模、没有定义“相对不整合面”、没有解释“成因上有联系的地层”的真实含义，有时难以区分准层序界面、准层序组界面与层序界面，难以将层序界面不整合面和海泛面应用到非海相沉积地层中，等等(图 1-2)。

3. 关于全球性海平面变化

层序地层学的核心是“全球性海平面周期性变化是形成层序的主要驱动机制”。Haq 等(1977，1987)建立的全球海平面变化曲线是综合了许多学科的最新研究成果得出的，并认为该曲线可以作为全球对比或勘探程度不高的盆地年代预测的重要工具。海平面变化实际上是海平面绝对升降变化与构造沉降造成的相对海平面变化。显然，不同类型沉积

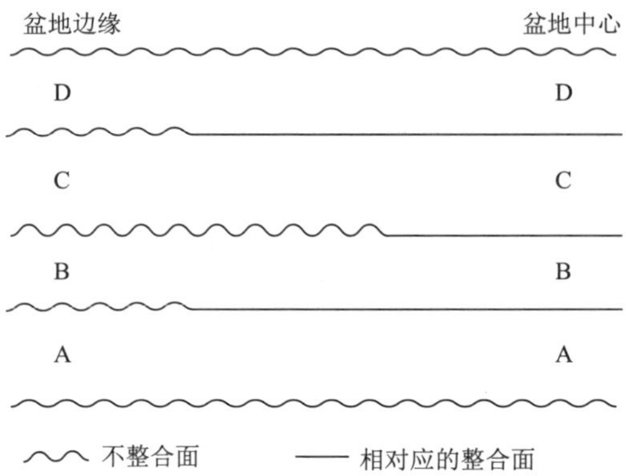

图 1-2 Vail 层序地层学定义的层序及其层序边界

（据 Catuneanu 等，2009）

盆地构造沉降作用存在差异性，所以部分地质学家（Miall，1992）对全球海平面旋回变化曲线的真实性、可靠性和精度持怀疑态度。这是因为在许多盆地中，生物地层确定的层序年代不足以达到海平面升降曲线上所标定的时间精度，况且生物地层划分的标准处于不断修正之中，所以生物地层资料的修订必然造成层序地层年代的变化；依据海岸上超来解释全球海平面变化往往忽略了不同沉积盆地构造背景的影响；制作全球海平面升降变化曲线的实例主要来自有限的被动大陆边缘盆地；未充分考虑沉积速率变化对不整合面以及海岸上超的影响。故 Mörner（1990）认为，不能用 Haq 海平面升降曲线来解释陆架不整合面，也不能用海平面变化来解释海相的沉积间断，因为全球海平面变化曲线是不精准的。总之，构造基底沉降、沉积速率、古水深变化以及差异压实作用等因素，不但影响层序边界和体系域边界出现时间的准确确定，还会影响层序和体系域结构的精确表达。

目前，越来越多的地质和地球物理资料分析表明，许多沉积盆地基准面演化趋势是相同或相似的。一些重要的持续数千万年的层序界面是同期的或大体同期的，而一些持续数十万年至数百万年的层序界面各有自己的特征。因此，一部分沉积层序可形成于全球统一的海平面升降变化，另一部分可能不是。

4. 关于海平面升降旋回级别与层序沉积旋回的级次

关于不同级次全球海平面升降变化周期持续的地质时间尚有不同观点。Vail 等（1991）认为一级海平面变化周期持续地质时间大于 50 Ma，二级海平面变化周期持续地质时间为 3～50 Ma，三级海平面变化周期持续地质时间为 0.5～3 Ma，等等。但是 Tucker（1991a）则认为一级、二级和三级海平面变化周期持续地质时间分别对应大于 100 Ma，10～100 Ma，1～10 Ma，因此不同级次海平面变化周期时长还需讨论。

海平面变化旋回级次的研究表明，一级海平面变化旋回是由多个二级旋回组成的，二级海平面变化旋回又由多个三级旋回组成，并依次类推下去。据物理原理，目前人们见到的地层记录是不同级次海平面旋回变化叠合的结果，如何分解它们并找到与实际地层记录相符合的、地球固有的各种不同频率海平面变化周期之间的关系以及无周期构造运动对海平面升降旋回的影响均是困难的。在实际工作中，能将海平面升降变化三级旋回同

四、五级旋回，甚至六级旋回区别开来吗？由三级海平面变化旋回形成的沉积层序能同外观类似的、由更高频率海平面升降变化旋回形成的层序区分开来吗？不同地质学家的相关观点还有分歧。

Vail(1991)等认为周期为 0.5～3 Ma 的海平面升降变化形成一个三级沉积层序，而 Van Wagoner 等(1988)则认为形成三级沉积层序对应的海平面变化周期为 0.2～0.5 Ma。某些人认为，既然层序的属性是相似的，那么沉积物的供给速率就会影响沉积层序级次的分辨程度。高沉积速率的四级(周期 0.08～0.5 Ma)或五级(周期 0.03～0.08 Ma)海平面变化形成的沉积层序可能会与低沉积速率的三级海平面变化形成的沉积层序具有相似的地质响应，因此，如果没有精确的定年资料，那么有时就难以区分不同级别海平面变化形成的沉积层序，难以在全球范围对层序进行精确等时对比。

5. 关于不同级次沉积层序形成的控制因素

人们通常认为，沉积层序受控于全球海平面变化、构造沉降、气候和沉积物通量(供给)，但是在这些因素中哪个因素起主导作用还存在不同认识。Vail(1987)强调海平面变化是控制沉积层序的主要原因，即叠加在长期构造变化之上的全球海平面变化是形成沉积层序的基本因素，从而建立了层序旋回与海平面变化之间的关系。但是，Sloss(1963)和 Miall(1992)认为影响沉积层序形成的主导因素是构造作用。显然，如何区分构造作用和海平面变化在沉积层序形成中的主导作用(效应)成为层序地层学研究的重要问题。Jacquin 等(1991)认为可以区分上述两个地质因素作用效应，因为它们作用的时间和幅度不同。构造作用是低频的，可引起沉积盆地演化期间可容空间和沉降速率的变化，全球海平面变化在长期构造作用产生的可容空间内可形成较高频率的沉积旋回。实际上，构造作用和海平面升降变化可具有不同频率活动周期，也可有相同频率活动周期。在相同频率活动周期中，如何区分沉积层序中构造作用和海平面升降变化的控制作用(效应)有时是困难的。

6. 关于盆地类型和局部影响因素

Vail(1987)认为，海平面周期性相对变化是沉积层序产生的根本原因，也就是说，一个沉积层序的形成就代表了一次全球性海平面升降变化，进而基于被动大陆边缘海相碎屑岩沉积层序研究建立了层序地层模型。后来，Sarg(1988)又提出了箕状断陷、碳酸盐岩台地、缓坡等不同构造、沉积和地貌背景下形成的沉积层序地层模型。显然，上述层序地层模型不可能概括不同类型盆地背景的层序特征。例如，前陆盆地的沉降历史要比被动大陆边缘的海盆沉降历史更加复杂：前陆盆地中三级层序的形成主要受控于构造作用，而不是海平面升降变化，三级层序是构造运动或构造运动与相对海平面变化叠加的产物。

另外，在碎屑岩-碳酸盐岩-蒸发岩混合层序形成过程中，复杂气候变化会影响层序及内部体系域的分布形式。

7. 关于在陆相盆地中的应用

目前普遍认为，起源于被动大陆边缘海相碎屑岩的层序地层学基本原理能够应用于陆相湖盆沉积地层中。但是，陆相湖盆构造背景和演化阶段性特征、沉积背景和沉积体系发育分布特征、不同构造单元和构造演化阶段古地貌特征等与被动大陆边缘海相沉积盆地存在明显差异，在层序地层学研究中，就不能生搬硬套地将 Vail 等人的被动大陆边缘盆地层序地层模型套用到陆相湖盆不同发育阶段沉积层序中去。在实际工作中还存在许多疑问，如陆相沉积层序形成的主要控制因素是什么，不同控制因素之间的关系是什么？如何厘定陆相层序的级别和精细确定形成层序的地质年代？在沉积范围远小于海相盆地，并且缺乏陆架坡折带的陆相盆地中，如何确定层序边界面及层序边界类型、如何确定体系域类型及空间展布？对于冲积扇、河流、沙漠以及深水泥页岩等几乎不受海（湖）平面影响的陆相沉积地层来说，寻找并能在古代沉积中确定湖平面升降变化就成了难题。

需要注意的是，对于难以确定湖平面升降变化的近物源、多物源、相变快、沉积体系规模小、储层非均质性严重的陆相盆地冲积扇、沙漠、河流以及湖泊层序地层学研究和指导地层岩性圈闭勘探和油气藏开发来说，可考虑应用 Cross（1994）高分辨率层序地层学原理和方法来研究高频层序，以拓宽层序地层学在陆相湖盆中的应用。

8. 关于碳酸盐岩和细粒沉积物层序地层研究

碳酸盐岩沉积背景和沉积过程明显不同于碎屑岩，它属于受盆地自身沉积背景影响较大的内源沉积物，并且受明显的成岩后生变化的影响。因此，用被动大陆边缘盆地陆源碎屑岩层序地层模型去描述碳酸盐岩层序地层特征是不充分的，应考虑碳酸盐岩台地、斜坡、深水盆地以及沉积古地理背景，建立不同沉积背景下的碳酸盐岩层序地层模型。

层序地层学的概念常被应用于粗粒碎屑岩储层研究。在较深水沉积区，由于细粒沉积物沉积特征差异不够明显，故难以区分深水区细粒沉积物的层序边界面或体系域边界面，也难以精细表征层序地层模型。然而，细粒沉积物往往与烃源岩、非常规油气储层密切相关。全球许多海相碎屑岩沉积盆地沉积层序样式和成藏要素综合研究表明，有利烃源岩和非常规油气储层主要发育在二级或三级层序的海侵体系域（凝缩层）、高位体系域沉积早期，或前积型高位体系域的末端。在许多油气勘探区，常因为缺乏有利的烃源岩和封闭条件而导致油气勘探失败。显然，亟须研究并建立不同类型沉积盆地深水地区细粒沉积物层序地层模型。

二、层序地层学发展展望

层序地层学理论诞生以后，人们利用地质与地球物理以及地球化学等资料，开展层序地层学基础地质问题研究，建立等时地层格架、不同类型沉积盆地和沉积岩性的层序地层模型，并在石油勘探与油田开发领域进行广泛应用。随着沉积盆地构造演化、海平面升降变化机制和不同级次周期的精准定年、沉积过程和沉积体系时空分布演化、不同类型沉积盆地沉积矿产的有效勘探以及层序地层研究方法技术的创新发展，层序地层学未来研究应充分考虑盆地类型及特征、沉积层序形成机制及其控制因素、盆地充填物序列特征和时空分布，积极开展不同类型盆地的层序地层学研究工作。

1. 不断完善和提高全球海平面变化曲线的精度和可靠性

应通过超微古生物、同位素测年、古地磁、沉积发展史、基底沉降史、古水深变化史等多方面的露头和地下钻测井及地震资料的综合研究，结合现在全球海平面升降变化曲线的精准对比研究，提高全球海平面变化曲线的精度，确定全球海平面升降变化曲线不同级次周期及其与沉积层序之间的关系，探讨沉积层序形成机制。

2. 探索不同层序地层学学派理论体系对应关系

现今国际流行多种层序地层学学派，并且层序形成的基本原理、沉积层序的边界含义和划分标准存在差异。这就要求加强沉积盆地构造背景、沉积体系类型和分布、沉积成因机制、旋回成因和主要控制因素等的研究，明确不同层序地层学学派理论基础之间的关系或异同之处，确立沉积层序分级、划分标志以及研究方法，加深沉积层序形成机制和多学派相互关系研究，推进不同学派层序地层学理论体系、层序地层模型、研究方法标准化并提高层序解释的适用性、准确性和预测性。

3. 加强活动性大陆边缘盆地层序地层学研究

加强不同级次构造活动对可容空间增减的控制作用以及与其他形成沉积层序主要控制因素之间的耦合关系研究，充分考虑构造活动、物源供给速率、古地形坡度、气候等局部因素对层序地层构型的影响，在源-汇思想指导下，建立能够反映活动性大陆边缘盆地地质特征的深时层序地层模型。

4. 加强碳酸盐岩层序地层学研究

建立不同盆地构造背景的海相层序地层模型与海平面升降曲线之间的成因关系。分析不同周期海平面升降变化、淹没事件对碳酸盐岩层序边界的影响及其响应特征，通过众多实例研究，深入讨论海相、湖相碳酸盐岩沉积层序及体系域形成时的主控因素，建立不同碳酸盐岩沉积环境（台地-斜坡-深水盆地）的层序地层模型。

5. 加强陆相盆地层序地层学研究

在明确海相层序地层学理论体系能够应用于陆相湖盆层序地层学研究的基础上，对不同构造背景、不同岩石类型陆相盆地（如断陷和拗陷盆地、近海和内陆盆地、碎屑岩和蒸发岩及煤系地层充填的盆地、潮湿和干旱气候带的盆地、有坡折带和没有坡折带的沉积盆地等）进行层序地层研究，编制不同地质时期湖平面升降变化曲线或基准面变化曲线，阐明不同地质时代地层成因关系，建立多类型、多级次层序地层模型。

6. 加强不同类型盆地沉积作用的研究

明确沉积层序格架中自旋回沉积作用和异旋回沉积作用特征，分析不同成因旋回的形成机制和主要控制因素，从而提高层序地层样式解释的准确性。特别是加强海相碳酸盐岩不同沉积背景层序形成机制、陆相盆地层序形成机制和层序模式、河流层序地层学、深水层序地层学研究，在明确沉积层序边界和建立等时地层格架的基础上，建立能够指导常规和非常规油气资源勘探与开发的多级别层序地层模型。

7. 精细表征沉积层序结构单元边界、形成过程和主要控制因素

加强反映海（湖）平面升降迁移和沉积层序边界形成过程及识别标志分析，阐明不同体系域或旋回边界的识别标志，准确确定不同级别层序边界与凝缩层时空范围、海退（下降）体系域和强制海退体系域沉积组成，关注三角洲前缘和大陆边缘轨迹迁移构成与重力流发育之间的关系，建立滨线迁移、三角洲前缘和陆架边缘轨迹迁移与多种沉积体系类型之间关系的模式，基于源-汇思想指导有利沉积砂体的预测。

8. 创新层序地层学综合研究方法

在综合利用多种地质和地球物理、地球化学等资料的基础上，应用先进的地质分析技术、三维可视化技术、数理统计、人工神经网络分析、模式识别、数值模拟和大数据等许多新技术研究层序形成机制，加强反映沉积层序形成过程和发育机制的物理和数值模拟工作，积极推进不同尺度、油气勘探开发不同阶段高分辨率层序地层计算机模拟和工作站解释等一系列工作，建立多种控制因素及其相互作用与沉积层序形成、体系域组成和时空分布之间的耦合关系，使层序地层学研究走上精准和定量化的轨道。

9. 建立多类型层序地层模型，有效指导沉积矿产勘探开发

在充分认识构造活动和气候对层序形成与发育控制作用的基础上，深入讨论不同类型盆地、同一类型盆地不同构造单元的层序地层样式主控因素，指出不同级别层序周期的嵌套和耦合特征，确定不同周期频率的层序地层与生储盖组合和地层岩性圈闭之间的良好对应关系，以不同级别的层序为研究单元，确立被多数人认可、相对标准的层序地层研究内容和工作程序，开展岩相古地理研究，建立不同类型盆地、不同沉积类型的沉积体系和地层岩性圈闭分布模式，规范油气勘探开发阶段层序地层工作流程，与石油地质学、储层地质学、油藏地质学、地球物理学结合，不断提高成藏要素，特别是有效储集体和地层岩性圈闭的预测能力，提高油气勘探和开发效率。

10. 建立具有中国地质特征的区域性层序地层模型

自层序地层学理论被引入中国后，层序地层学不断发扬光大并在油气资源勘探开发中发挥了重要作用。未来层序地层学研究应该注重下列工作：① 建立具有中国区域特色的全国统一地层年代表；加强对与外海完全隔离的陆相盆地及与外海曾经发生过联系的近海内陆盆地的层序地层学基本理论研究，建立精准的湖平面升降变化曲线或基准面变化曲线；② 选择海相和陆相等不同类型盆地的典型地质剖面，进行多级次层序地层划分，建立适用于中国地质特征的不同构造背景、不同古地理环境、不同岩石类型的层序地层样式；③ 研究不同级次的构造运动、不同级次的沉积事件等地质因素对全球海平面和湖平面升降曲线的影响以及耦合关系；④ 通过对地质、地球物理、地球化学等多种资料的综合研究，充分利用多种模拟方法技术，不断探索不同级次沉积层序形成机制，阐明沉积层序时空分布特征及其发育的控制因素；⑤ 建立并不断完善适合中国区域地质特色的层序地层学研究规范，准确预测地层岩性圈闭，提高油气藏开发效率，将不同类型的层序地层模型应用于有效指导沉积矿产勘探开发。

总之，层序地层学将会在理论上不断创新完善，在实践上不断提高成藏要素和油气藏预测的准确性，以提高油气勘探开发的成功率。这是因为层序地层学不但提出了一套全新的理论概念体系，而且所划分确定的层序和体系域与特定的沉积体系、岩相、地层岩性圈闭和油气富集地区密切相关。它能提供一种更为准确的年代地层对比框架，通过恢复古地理面貌，在钻前预测烃源岩、储集层和盖层的组合关系，预测潜在的地层岩性油气藏分布区和可能的成藏组合。很显然，层序地层学已展现出强大的生命力，必将在推动地球科学发展、提高沉积矿产勘探开发效率等方面发挥积极的重要作用。

第二章　层序地层学基本原理

核心知识点：Vail层序地层学定义和理论基础，海平面周期性升降变化及其原因，控制沉积层序构型的四个地质因素，层序、体系域、海泛面、凝缩层、可容空间与滨线轨迹等基本概念，显生宙海平面变化周期特征、层序分级及其相互关系，层序界面的时间属性等。

第一节　理论基础和概念体系

一、层序地层学定义和理论基础

1. 层序地层学定义

层序地层学是研究以不整合面及与之相对应的整合面为边界的年代地层格架中具有成因联系的、旋回岩性序列间相互关系的地层学分支学科，也可定义为研究年代地层格架成因关联的地质学科（Van Wagoner等，1988，1990）。

实际上，层序地层学就是根据地震、钻测井和露头资料以及有关沉积环境和岩相分析对地层构型做出解释。层序地层学的解释过程将建立以地层不连续面为界、成因上有联系、旋回性地层的年代地层学体制。

层序地层学分析成果提供了被称为层序和体系域的成因地层单位的、以不整合面及与之相对应的整合面为界的年代地层格架。这些层序和体系域与特定的沉积体系类型、岩性分布和油气成藏要素具有密切的联系，是由与海平面相对变化有关的基准面变化引起的。这些基准面变化表现为地震反射剖面上不同类型地震反射终止关系以及露头、钻测井资料上的沉积相带叠置方式的变化，进而可利用生物地层学和其他年代地层学的方法确定基准面变化处的地质年代。因此，层序地层学的地层单位是由物理界面所限定的等时岩石组合，从而提高了岩相古地理再造、盆地地质历史分析和资源评价的科学性和准确性。

层序地层学理论基础

层序地层学的诞生和发展受益于地震地层学、生物地层学、年代地层学和沉积地质学的发展。但需要指出的是，岩性地层学无益于层序地层学的发展，因为岩性地层学是相似岩性的地层对比，常常是穿时的，缺少等时地层意义（图2-1）。

2. 层序地层学理论基础

1）海平面升降变化具有全球周期性

层序地层学是在地震地层学理论基础上发展起来的，它继承了地震地层学的理论基

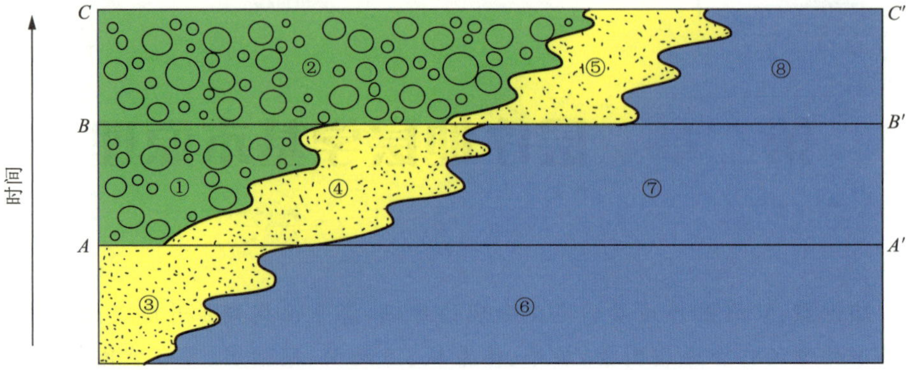

图 2-1 层序地层学与岩性地层学地层对比的差异

具有地质年代意义的地层对比线为 $A—A'$、$B—B'$，而岩性对比是把相同岩性的砾岩①②、砂岩③④⑤、泥岩⑥⑦⑧进行对比

础，即海平面升降变化具有全球周期性（特别是周期为百万—亿年级别的低频海平面变化）。海平面相对变化是形成以不整合面及与之相对应的整合面为界的、成因相关的沉积层序的根本原因。Haq 等（1977，1987）建立了显生宙全球海平面变化旋回曲线（图 2-2），认为由于海平面升降变化的全球性，层序地层学可以成为建立全球性地层对比的手段，进而可重建全球地层对比系统。尽管还有许多地学研究者对全球海平面升降曲线形成机制、

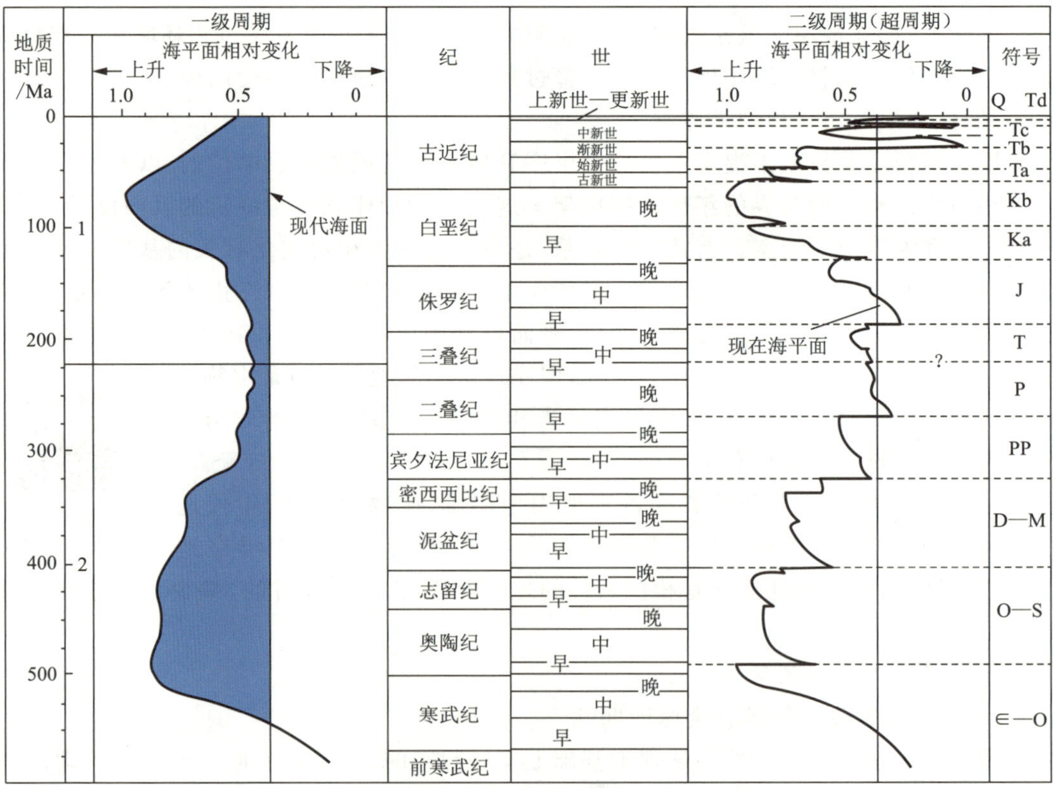

图 2-2 显生宙全球海平面变化旋回曲线（据 Hag 等，1977）

全球海平面周期升降规律及其准确性持怀疑态度(Miall,1986,1992),指出区域海平面变化周期受控于构造、气候(冰川)、全球性海平面、沉积物供给等多种因素,除非排除构造运动以及其他干扰因素的影响,并对具有全球性周期的沉积层序进行准确定年,才能够提供一种特别适合于沉积相和古地理重建的年代地层格架。

2)四个基本变量控制了地层单元几何形态和沉积特征

层序地层学注重研究以不整合面及与之相关的整合面为界的旋回地层的关系。一个沉积层序是由沉积在一个相对海平面升降旋回之间的各种沉积物组合而成的,一个层序中地层单元的几何形态、岩性、沉积体系及其时空分布受构造沉降、全球海平面升降变化、沉积物供给速率和气候四个基本地质因素的控制,其中构造沉降提供了可供沉积物沉积的可容空间、全球海平面升降变化控制了地层和岩相分布模式、沉积物供给速率控制了沉积物的充填过程和盆地古水深的变化、气候控制了沉积物类型以及沉积物的沉积数量。实际上,一个沉积层序和地层叠置样式常受构造沉降、全球海平面升降变化、沉积物供给速率和气候四个基本地质因素的综合影响。一般来说,构造沉降速率、海平面升降速率和沉积物供给速率三个参数控制了沉积盆地的几何形态;构造沉降速率和海平面升降变化综合控制了沉积物可容空间的变化;沉积物供给速率或粒度控制了可容空间被充填的规模和位置,还会影响沉积物沉积过程和沉积方式或沉积结构(图 2-3)。

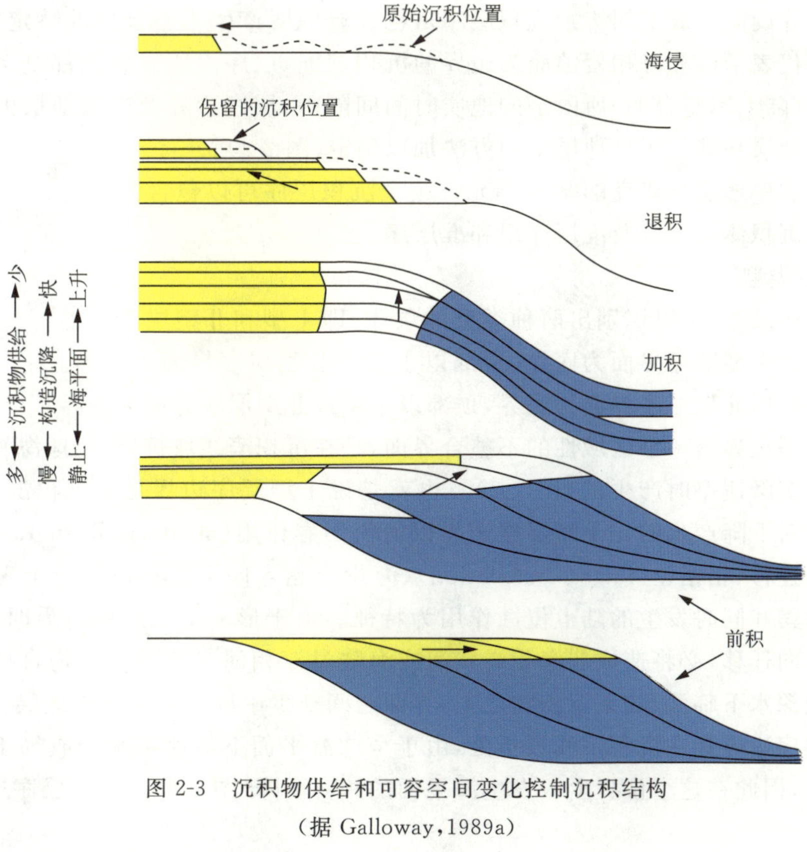

图 2-3　沉积物供给和可容空间变化控制沉积结构

(据 Galloway,1989a)

Vail(1987)曾认为,全球海平面升降变化是控制地层叠置样式的最基本因素。一个沉积层序顶底边界的形成直接受全球海平面升降变化所形成的不整合面控制。若能够排除构造运动以及其他局部因素的影响,将这些具有全球周期性的沉积层序准确定年,则能够提供一种特别适合于沉积相和古地理重建的年代地层格架,同时还能够获得对全球海平面升降周期性变化规律的认识(图 2-2)。

二、层序地层学基本概念

自 20 世纪 80 年代末期 Vail 倡导的层序地层学诞生以来,层序地层学得到广泛传播,并且在油气田勘探和开发工作中得到积极应用。究其原因,除了层序地层学能够提供全球统一的成因地层划分方案、确定地层分布模式以外,重要的一点是层序地层学提出了一套系统的层序地层概念体系。下面将着重介绍常用的层序地层学的基本概念。

1. 层序及层序类型

1) 层序

层序(sequence)是一套相对整一的、成因上存在联系的、顶底以不整合面及与之相对应的整合面为界的地层单元(Mitchum,1977)。层序是一个具有年代意义的地层单位,层序内部相对整合的地层形成于同一个海平面升降旋回中,层序是由成因上有联系的多种沉积相在纵向和横向上的有序组合。层序概念本身不包括规模甚至持续时间的含义(不同海平面升降旋回形成不同级别沉积层序),也没有说明产生不整合面的特定机制,但一个沉积层序代表了以非海相侵蚀面为边界的沉积旋回,层序内所有岩层都是沉积在以层序边界年代(陆上不整合面)所限定的地质时间间隔内,层序边界及内部地层的地质年代可以用生物地层和其他年代地层学的方法加以确定(图 2-4)。

层序是层序地层学研究的基本单元。一个沉积层序可以包含若干个不同类型的沉积体系域以及准层序组和准层序。

层序概念解释

2) 层序类型

在地层记录中,可以识别出两种类型的层序,即Ⅰ型和Ⅱ型层序。Ⅰ型层序底部以Ⅰ型层序界面为底界,顶部以Ⅰ型或Ⅱ型层序界面为顶界。Ⅱ型层序底部以Ⅱ型层序界面为底界,顶部以Ⅰ型或Ⅱ型层序界面为顶界。

Ⅰ型层序边界是一个区域性的不整合界面,是在沉积滨线坡折处,全球海平面下降速率大于盆地沉降速率时产生的(图 2-5)。也就是说Ⅰ型层序边界是在沉积滨线坡折处,由海平面相对下降产生的。Ⅰ型层序边界以河流回春作用(steam rejuvenation)、沉积相向盆地方向迁移(相错位,facies dislocation)、海岸上超点向下迁移以及与上覆地层相伴生的陆上暴露和同时发生的陆上侵蚀作用为特征。由于形成Ⅰ型层序边界时,沉积相迅速向盆地方向迁移,必将造成非海相辫状河或海陆过渡相河口湾等沉积物直接覆盖在界面之下的较深水下临滨、陆架沉积物之上,界面之间缺少中等水深的沉积地层(相错位)。

Ⅱ型层序边界是在沉积滨线坡折处,由于全球海平面下降速率小于或等于盆地沉降速率形成的,因此在这个位置上未发生海平面的相对下降(图 2-5)。Ⅱ型层序边界是一个

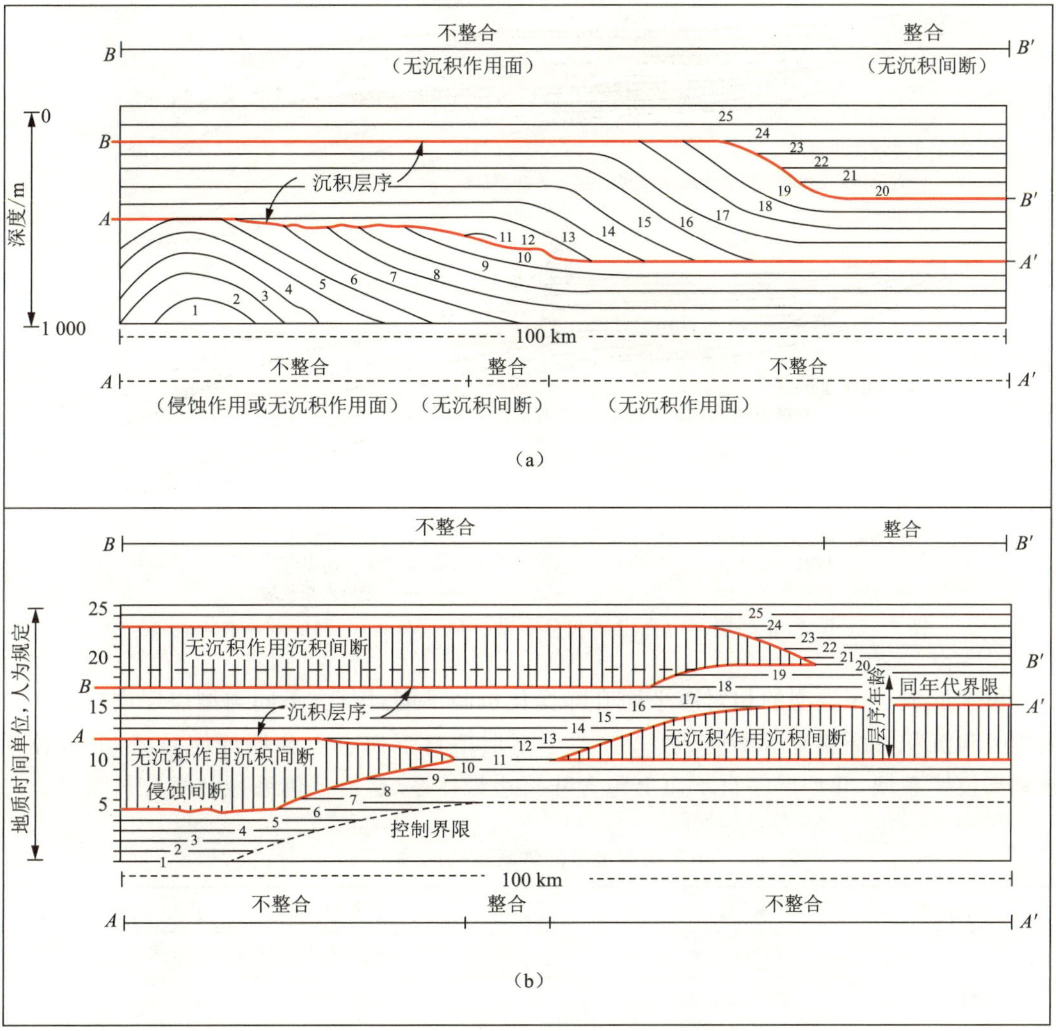

图 2-4 沉积层序及其年代地层剖面(据 Mitchum,1977)

区域性界面,具有自沉积滨线坡折带向陆方向的陆上暴露、上覆地层的上超以及海岸上超的向陆迁移等特征。然而,它没有伴随着河流回春作用造成的陆上侵蚀,也没有沉积相明显向盆地方向的迁移(相错位)。

不同类型的层序及其边界的形成与全球海平面下降速率、沉积滨线坡折处沉降速率密切相关。沉积滨线坡折(depositional shoreline break)是指陆架剖面上的一个位置,是沉积作用活动形成的地形坡折,在此坡折向陆方向,沉积表面平缓并接近基准面,而向海方向沉积表面较陡并低于基准面。因此,在硅质碎屑沉积盆地中,沉积滨线坡折的位置大致与三角洲河口砂坝向海一侧或与滨岸上临滨砂坝位置一致,通常位于岸线向海 100~1 000 m 处,水深在 8~15 m 之间,邻近正常浪基面位置。随着海平面升降变化,沉积滨线坡折(带)的位置也会发生变化。

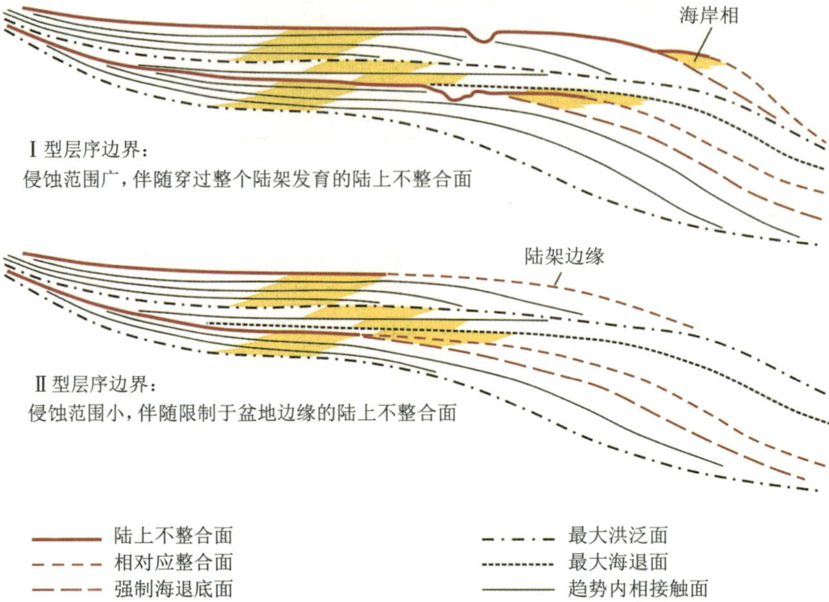

图 2-5　Ⅰ型、Ⅱ型层序边界定义和分布特征（据 Vail，1987；Galloway，1989a）

由于形成层序类型的相对海平面升降变化机制不同，因此，不同类型层序内部的体系域构成和沉积特征就有所不同（表 2-1）。Ⅰ型层序自下而上包含低位体系域、海侵体系域和高位体系域，Ⅱ型层序自下而上包含陆架边缘体系域、海侵体系域和高位体系域。

表 2-1　不同类型层序的体系域构成（据 Vail，1987）

层序类型	体系域类型	体系域中沉积体
Ⅰ型层序	高位体系域	S 形、斜交前积和加积型沉积复合体
	海侵体系域	缓慢沉积复合体
	低位体系域	盆底扇、斜坡扇和前积楔状复合体
Ⅱ型层序	高位体系域	S 形、斜交前积和加积型沉积复合体
	海侵体系域	缓慢沉积复合体
	陆架边缘体系域	前积和加积型沉积复合体

2. 层序界面

1）整合面

根据沉积层序的定义，不整合面或与之相对应的整合面均可构成层序顶、底界面。

整合面是一个将新老地层分开的界面，沿此界面没有陆上和海底侵蚀作用的证据，也不指示存在重大沉积间断。但整合面可包括沉积作用缓慢、在很长地质时间内仅沉积很薄沉积物的界面。

相对应的整合面（Posamentier 等，1988）是一个等时界面，指在海平面升降旋回中，海平面下降到最低点形成陆上侵蚀不整合面时在沉积盆地中对应形成的整合面（图 2-6）。

该面与陆上不整合面向海方向的终止点相连接，与强制海退（向上变粗沉积序列）结束时的古海底面相近，是新的退覆斜坡沉积界面。

关于相对应的整合面的时限和物理属性还存有争议，主要问题在于难以采用露头、测井和地震资料识别这个界面，特别是在地震分辨率较低的情况下，难以确定与陆上不整合面对应的整合面。

2）陆上不整合面

Sloss 等（1949）特别强调陆上不整合面作为层序界面的重要性。Vail（1987）认为陆上不整合面是一个将新老地层分开的界面，沿着这个界面有证据表明存在指示重大沉积间断的陆上侵蚀削截（或与之相对应的海底侵蚀）或陆上暴露现象（基准面下降期对应形成的风化降解、河流下切、沉积物过路、成壤作用等）。这个定义将不整合面这个术语局限于重大的陆上侵蚀面，并且修改了 Mitchum（1977）下的不整合面定义（图 2-6）。Mitchum 把不整合面定义为“一个把较新地层与较老地层分开的侵蚀面或无沉积作用面，并且代表一个重要沉积间断”。这个早年较宽的不整合面定义包括了陆上和海底侵蚀面，不能充分区分层序和准层序边界。局部的、与特定地质作用伴生的高频侵蚀和沉积，如分流河道侵蚀，不包括在层序地层学的不整合面定义中。

陆上不整合面随着滨线强制海退逐渐向盆地方向延伸，对应沉积记录中的明显地层缺失，它所分隔的地层在成因上没有联系（急剧相变），常常对应古土壤层的顶部并上覆非海相沉积。陆上不整合面可以基于露头、岩芯、测井和地震资料分析其物理属性和几何属性加以识别，比如在地震反射剖面中常响应于削蚀、顶超、上超和下超等反射终止关系（图 2-6）。

陆上不整合面是层序地层学提出的特有沉积层序边界，它可对应构造地质学上的角度不整合面、平行不整合面等地层不整合界面。

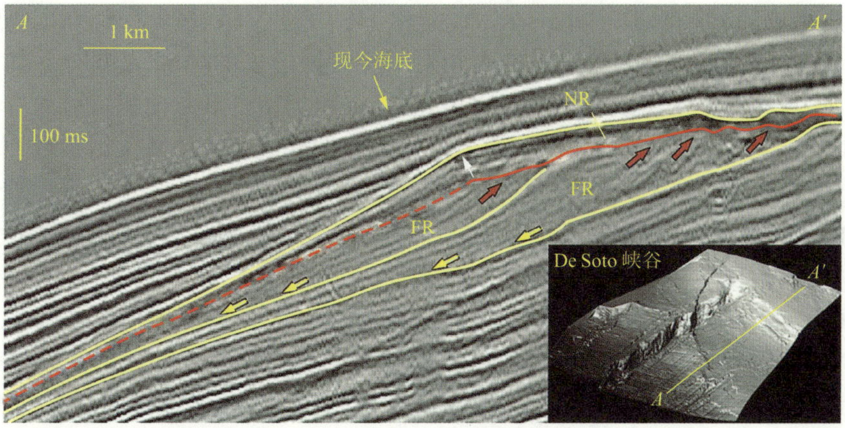

图 2-6　墨西哥湾 De Soto 峡谷地区典型地震剖面显示的陆上不整合面和与之相对应的整合面（据 Hunt 等，1992）

红色实线表示陆上不整合面，红色虚线表示向盆地方向对应的整合面。NR 表示正常海退，FR 表示强制海退。红色箭头反映下伏强制海退期浅海地层被陆上不整合面削截，黄色箭头表示强制海退沉积下超于前积陆坡，白色箭头表示正常海退期的滨线轨迹

3. 体系域

1）体系域

体系域(systems tract)是指一系列同期沉积体系的集合体(Brown 等,1977)。沉积体系是指具有成因联系的、相的三维空间组合(Fisher 等,1969)。体系域又可定义为在滨线迁移的特定阶段全盆地沉积的地层,但没有厚度和持续时间的含义。因此体系域是一个三维沉积单元,体系域的边界可以是层序的边界面、最大海泛面、首次海泛面等界面,也可以通过地震反射终止关系如削蚀、顶超、上超、下超,以及沉积相的组合序列、体系域内部几何形态来识别体系域类型。体系域是进行有利地层预测的基本作图单元。在一个海平面升降旋回中,在旋回的不同阶段发育了不同的体系域(图 2-7)。也就是说,不同的体系域类型发育于某一沉积层序的特定部位,相同体系域形成于一个等时的分散系统中,是一个沉积过程具有成因关系的地层单元(Galloway,2004)。

目前,体系域术语较为复杂,在层序地层分析中要把握确定划分体系域的目的。体系域反映沉积变化、环境能量与可容空间变化之间的相互作用,是地层预测的基本作图单元,它包含具有成因联系的一系列沉积体系。Exxon 层序地层模型(Vail,1987)包含低位体系域、海侵体系域和高位体系域。后来 Hunt 等(1992)提出了层序四分体系域模型,包括低位体系域、海侵体系域、高位体系域和下降体系域。对于非海相沉积层序研究,根据河流建造单元还提出了低可容空间体系域和高可容空间体系域,等等。

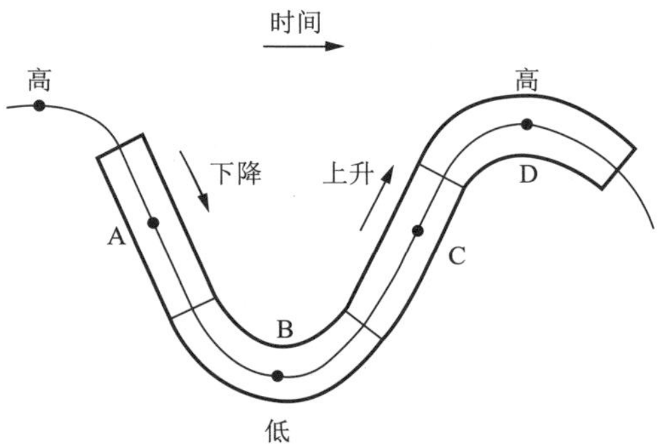

图 2-7　沉积体系域与海平面升降旋回的关系
(据 Posamentier 等,1988)

2）高位体系域

高位体系域(highstand systems tract,简称 HST)是 Vail 经典Ⅰ型和Ⅱ型层序上部的体系域,是在海平面由相对上升转变为相对下降时期形成的(Vail,1987)。其底界面是最大海泛面,顶界面是Ⅰ型或Ⅱ型层序边界,主要沉积类型是具有前积反射的三角洲。

后来 Hunt 等(1992)将 Vail 广义的高位体系域拆分成狭义的高位体系域和部分下降体系域,上面介绍的是广义的高位体系域。

狭义的高位体系域对应于 Vail 经典层序广义的高位体系域早期沉积,底界面为最大海泛面(洪泛面),顶界面包括陆上侵蚀不整合面、强制海退底界面等(图 2-8a),形成于海平面(基准面)上升到最大稳定时期,此时海平面上升速率小于沉积速率,或海平面上升速率和可容空间增长速率降低,产生以加积和进积为主要地层叠置样式的正常海退。在缺少明显物源供给的地区,高位体系域主要由滨岸平原、滨浅海、半深海和深海沉积组成;在河流供源较为明显的滨岸地区,在最大海侵之后形成远离陆架边缘的高位三角洲,加之陆架边缘稳定,深水区极少发育重力流沉积。

3）海侵体系域

海侵体系域（transgressive systems tract，简称 TST）是 Vail 经典Ⅰ型和Ⅱ型层序中部的体系域，它是在沉积滨线处全球海平面迅速上升与构造沉降共同产生的海平面相对上升时期形成的（海平面上升速率大于沉积速率）。顶界面为最大海泛面（洪泛面），对应的沉积物以粒度细、沉积慢、分布广、富含有机质为特征（凝缩层），并被上覆高位体系域沉积物下超，底界面为最大海退面（图 2-8d）。

海平面升降与体系域发育特征

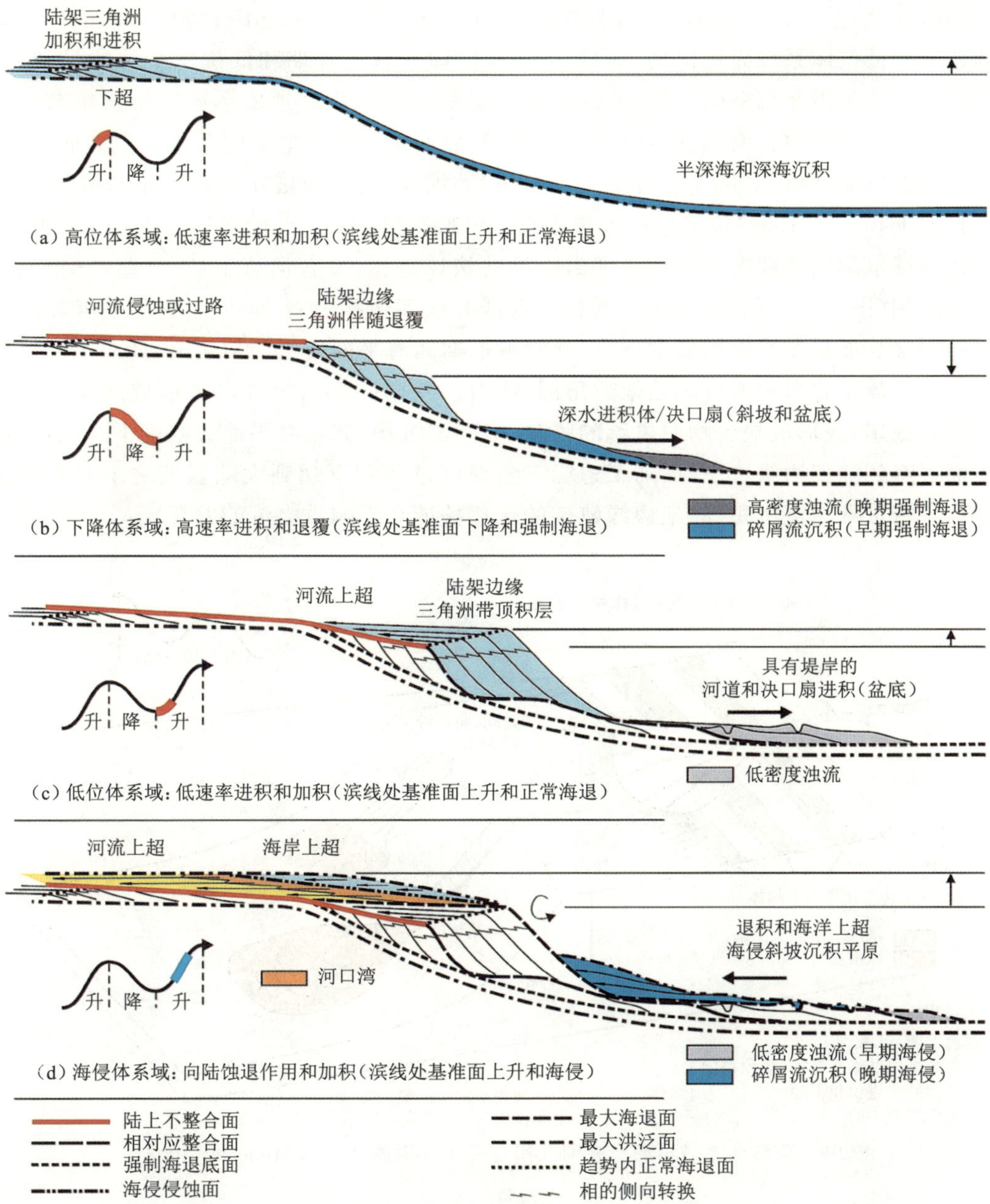

图 2-8　海平面时间变化与体系域发育特征（据 Catuneanu，2002）

1～5—不同时期海平面的位置

海侵体系域以沉积作用缓慢、砂泥比值低、向上沉积粒度变细、有一个或多个退积式准层序组为特征，滨岸超覆或滨线轨迹向陆迁移是海侵体系域的重要特征。受海平面上升速率、沉积物供给速率、海岸地貌和波浪潮汐的影响，在滨岸平原到浅海环境主要沉积富含煤层的河流、三角洲沉积或海岸平原、障壁岛及潟湖、受潮汐影响的滨浅海陆架沉积；在深水环境主要沉积远洋以及重力流沉积物。

4）下降体系域

下降体系域(falling stage systems tract，简称 FSST，有人翻译为下降阶段体系域或下降期体系域)是 Hunt 等(1992)拆分先期 Vail(1987)和 Posamentier 等(1988)的广义高位体系域和低位体系域而提出的，对应 Vail 高位体系域的晚期和低位体系域的早期(均有下降特征)，是指在海平面下降、滨线强制海退期间在沉积盆地中形成的沉积组合。顶界面是陆上侵蚀不整合面及其对应的整合面，底界面是强制海退底面和海退侵蚀面(最古老沉积底部)(图 2-8b)。陆上侵蚀面与河流下切、河流过路、成壤作用和风蚀作用有关。

根据 Hunt 等(1992)标准层序地层模型，强制海退沉积主要由浅水和深水沉积组成。下降体系域早期到晚期沉积特征表现出明显的快速进积，发育河流下切/过路、三角洲和重力流沉积(图 2-9)，沉积类型主要受控于滨线和陆架边缘位置、海平面下降幅度和陆架地貌等因素。如果海平面低幅度下降，强制海退期间海平面位于陆架之上，此时主要沉积类型包括河流供源形成的进积陆架三角洲，随着滨线向陆架边缘迁移将形成陆架边缘三角洲和海底扇，或形成缺少物源供给的临滨、陆架泥沉积；如果海平面大幅度下降，特别是海平面下降到陆架边缘之下时，陆架边缘三角洲将进积和下超到大陆斜坡之上并在深水区形成高密度重力流沉积(陆架边缘轨迹的迁移特征会影响重力流的发育)。

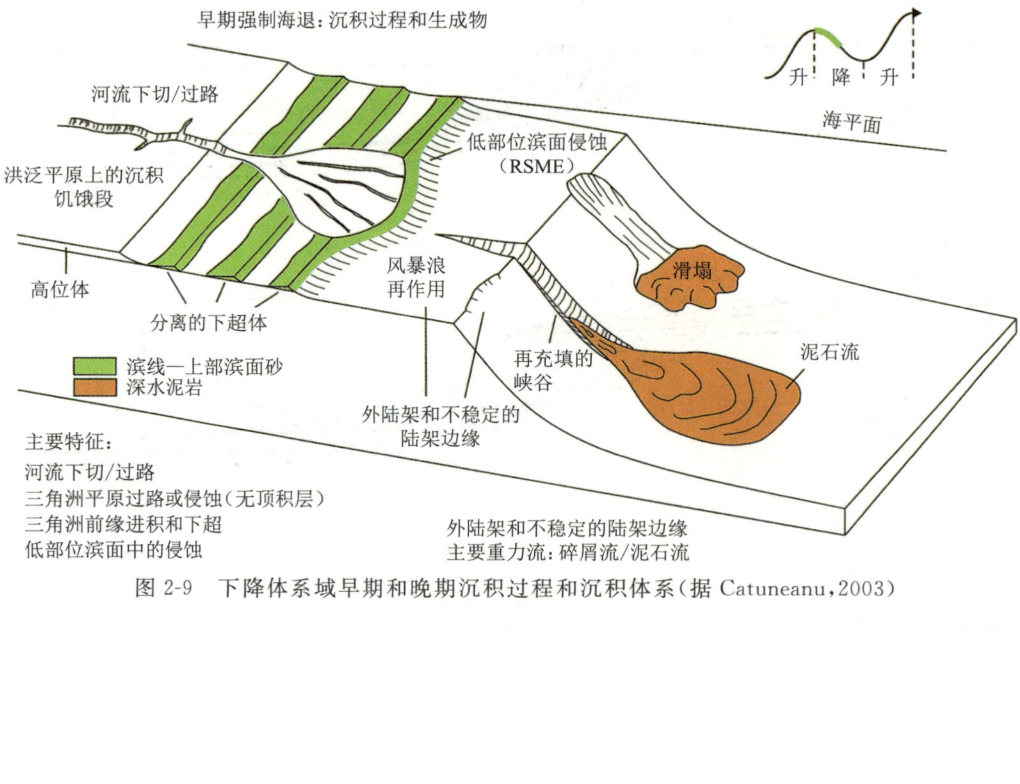

图 2-9　下降体系域早期和晚期沉积过程和沉积体系(据 Catuneanu，2003)

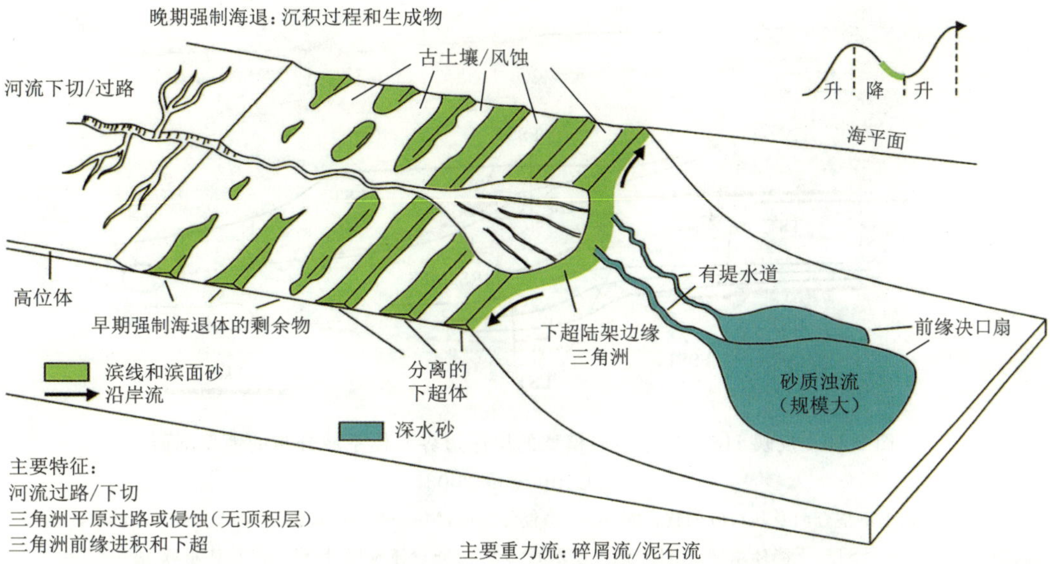

图 2-9（续）　下降体系域早期和晚期沉积过程和沉积体系（据 Catuneanu，2003）

下降体系域是由滨线强制海退期间形成的深浅水沉积组合，包含浅水/斜坡区沉积形成的强制海退体系域（forced regressive systems tract）（Posamentier 等，1992；Hunt 等，1992）。

5）低位体系域

低位体系域（lowstand systems tract，简称 LST）是指 Vail 经典Ⅰ型层序中位置最低、沉积最老的体系域，它是在海平面下降至低于陆架边缘坡折带并到最低点，后又开始缓慢上升至邻近陆架边缘坡折带形成的，由盆底扇、斜坡扇、低位楔状体和下切谷充填物组成的沉积体系组合（图 2-7B）。

Vail（1987）Ⅰ型层序地层模型中低位体系域是由海平面相对下降时形成的盆底扇、斜坡扇和海平面开始相对上升时形成的低位前积楔状体以及河流下切谷充填物组成的。盆底扇的形成与海底峡谷进入陆坡的侵蚀作用和河谷进入陆架的下切作用密切相关。盆底扇底面是Ⅰ型层序界面，斜坡扇以陆坡中底部浊流沉积为特征，其沉积作用可与盆底扇或低位楔早期部分同期。低位前积楔状体常上超在层序界面之上、下超于盆底扇或斜坡扇之上，其顶面也是低位体系域的顶界面——首次海泛面。

Hunt 等（1992）将低位体系域限于在正常海退上升早期沉积的所有沉积物，对应 Vail 低位体系域的晚期海平面上升沉积，其底界面为陆上不整合面及与之相对应的整合面，顶界面为最大海退面（图 2-8、图 2-10）。

随着沉积物供给速率不断超过海平面上升速率，整个沉积盆地地层叠置样式具有低速加积和进积特征，Hunt 等（1992）的低位体系域沉积通常包括河流、陆架边缘三角洲（可对应 Vail 层序地层模型的低位三角洲）、浅海到深海以及低密度浊流沉积（图 2-8）。

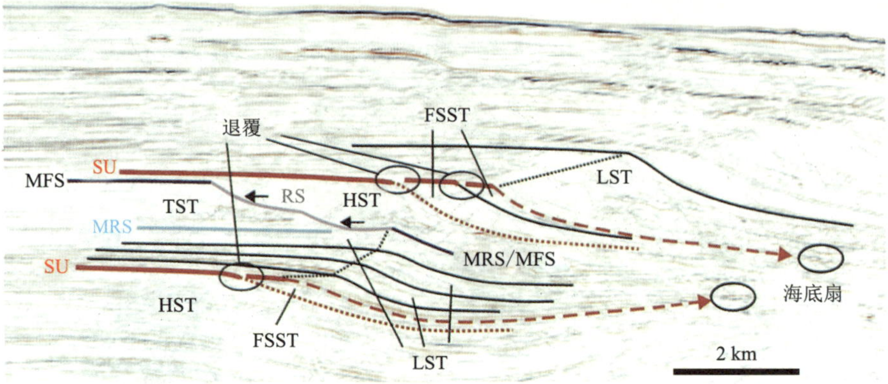

图 2-10 反映 Hunt 层序地层模型的层序边界与体系域分布的地震剖面
(据 Catuneanu,2003)
SU—陆上不整合面及其对应的整合面;RS—海侵侵蚀面;MRS—最大海退面;MFS—最大洪泛面;
FSST—下降体系域;LST—低位体系域;TST—海侵体系域;HST—高位体系域

6)陆架边缘体系域

陆架边缘体系域(shelf margin systems tract,简称 SMST)是与 Vail(1987)Ⅱ型层序边界伴生的下部体系域,它以一个或多个微弱前积到加积式准层序组为特征。这些准层序组朝陆地方向上超到Ⅱ型层序边界之上,朝盆地方向下超到Ⅱ型层序边界之上。陆架边缘体系域顶界是构成海侵体系域底面的海侵面。陆架边缘体系域在露头、钻测井资料中是难以识别的,只有通过详尽的准层序组叠置样式研究才可能加以识别。需要指出的是,由于盆地构造沉降样式的差异,Ⅱ型层序边界也可横向变为Ⅰ型层序边界。

由于难以识别陆架上侵蚀范围不同的"主要的"陆上不整合面(Ⅰ型层序边界)和"较小的"陆上不整合面(Ⅱ型层序边界),Posamentier 等(1999)提出取消Ⅰ型和Ⅱ型层序之分,即 Exxon-Mobil 石油公司层序地层模型由低位体系域、海侵体系域和高位体系域组成,陆架边缘体系域术语退出层序地层领域。

7)海退体系域

海退体系域(regressive systems tract,简称 RST)是一个综合性术语,是指在滨线海退过程中沉积的所有地层,对应前述高位体系域、下降体系域和低位体系域沉积。显然,海退体系域与进积型叠置样式有关。Embry 等(1992)引进了海退体系域的概念,并作为海侵-海退层序地层模型的一部分(见第八章)。

Embry(1995)把海退体系域定义为盆地中以最大洪泛面为底的海相和非海相沉积体,顶界面分别对应陆上不整合面以及海域的最大海退面。

海退体系域自身由前积楔状体构成。在海平面相对下降时期,海退体系域内部几何形态由加积到前积再到加积沉积构成。

实际上,把一个海平面升降周期所有海退的沉积物归结为一个不明确的体系域是不够精准的。在地质和地球物理资料精度较高的前提下,应该将海退体系域细分为狭义的高位体系域、下降体系域和低位体系域。

海平面升降与碎屑岩层序地层发育过程

8）高可容空间和低可容空间体系域

在以非海相作用为主的沉积盆地，沉积作用主要受控于沉积物源区和盆地本身的构造作用，同时也受气候改变引起的风化侵蚀以及沉积物搬运作用的控制，难以采用海平面相对变化和沉积滨线迁移轨迹等沉积证据给沉积体系域命名，比较有效的方法是引进高可容空间体系域和低可容空间体系域，主要根据河流可容空间和河流建造单元来描述不受海洋或湖泊影响的陆相河流沉积。高可容空间和低可容空间体系域概念的提出是想在陆相环境层序地层研究中替代 Vail(1987)提出的海相三分层序地层模型，即低位、海侵和高位体系域。

低可容空间和高可容空间环境指的是沉积盆地中特定的区域，在这个区域可发生不同作用的河流沉积（图 2-11）。

低可容空间体系域（low accommodation systems tract，简称 LAST）基本与 Vail (1987)沉积层序地层模型的低位体系域对应，是在基准面缓慢上升（或河流可容空间增长速率低，缺少海洋的影响）、洪泛平原沉积可容空间受到限制的阶段形成的沉积体系组合。在河流地层中，低可容空间条件产生的下切谷充填类型具有多期河流充填并缺少洪泛平原细粒沉积的特征，沉积方式是进积，伴随低速率的加积作用。低可容空间体系域进积表明沉积能量逐渐增加，从开始的低能量的洪泛平原或湖相沉积环境至以较高能量的河床负载为主的河流体系。该体系域位于沉积层序下部，底界面为陆上不整合面，形成于层序发育早期，可容空间相对较小，沉积特征表现出河道充填与越岸沉积的高沉积比，以连片河道砂体为主，缺少煤层或不发育煤层，发育古土壤（图 2-11a）。

高可容空间体系域（high accommodation systems tract，简称 HAST）基本与 Vail (1987)沉积层序地层模型的海侵和高位体系域对应，是在基准面较快上升（或河流可容空间增长速率高，可有一定海洋的影响）、洪泛平原沉积可容空间较大的阶段形成的沉积体系组合。高可容空间体系域形成于层序发育晚期，可容空间相对较大，具有低能量体系和细粒沉积物的高水位沉积特征，受下伏地层的地形地貌或构造的影响较小。河道充填物连片程度低，多被洪泛平原沉积包裹。在高可容空间环境下，河流相继续发育，形成向上变细的沉积序列，主要标志包括潜在发育的煤层和不发育的古土壤（图 2-11b）。

图 2-11　南非 Karoo 盆地下三叠统河流沉积的低可容空间和高可容空间体系域
（据 Catuneanu，2006）
(a) 低可容空间辫状河道沉积；(b) 以高可容空间洪泛平原为主的曲流河沉积

后来，Catuneanu（2019a）又将低可容空间体系域重新定义为高连片沉积体系域（high-amalgamation systems tract，简称 HAST），将高可容空间体系域定义为低连片沉积体系域（low-amalgamation systems tract，简称 LAST）。

4. 正常海退与强制海退沉积

1）正常海退

正常海退（normal regression）发生于海平面（基准面）上升旋回早期（海平面变化速率增大）或晚期（海平面变化速率减小），此时沉积滨线处沉积速率大于海平面上升速率（图 2-12），新生成的可容空间可完全被沉积作用充填，沉积相带相应地向海推进。正常海退是由沉积作用引起的，前积速率较低，易于在河流和海岸发生加积和进积作用（在河口形成三角洲平原或在开放海岸形成海岸平原），造成滨岸轨迹向盆地中央侧上方迁移（图 2-12、图 2-13）。在河口或开放海岸都可形成正常海退层序，沉积物向海推进导致地层的连续整合沉积，构成典型的向上变粗的三角洲沉积或滨浅海沉积，顶部为海岸-河流沉积。即正常海退三角洲（河控三角洲）沉积序列自下而上为浅海或前三角洲泥岩、三角洲前缘砂岩到三角洲平原或海岸沉积的整合接触。正常海退海岸加积沉积砂体规模巨大，地层角度平缓，为开放前滨沉积的典型特征，海岸砂体沉积覆盖在向上变粗的陆架和临滨（滨面）沉积之上，并被河流-洪泛平原相所覆盖。

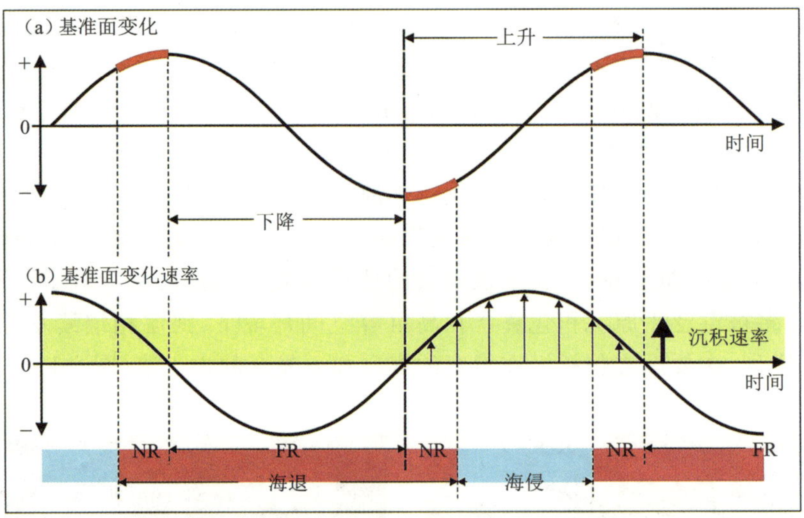

图 2-12 海平面（基准面）变化与正常海退和强制海退
（据 Catuneanu，2006）

(a)中的正弦曲线代表海平面（基准面）随时间的变化，加粗线段对应海平面上升早期和晚期，此时海平面上升速率小于沉积速率，形成正常海退沉积；在未加粗的海平面下降阶段，不管沉积速率大小，都形成强制海退沉积。(b)中的正弦曲线为海平面（基准面）变化速率曲线。在海平面上升结束或海平面下降结束时，变化速率为 0，沉积速率设为常量。FR—强制海退；NR—正常海退

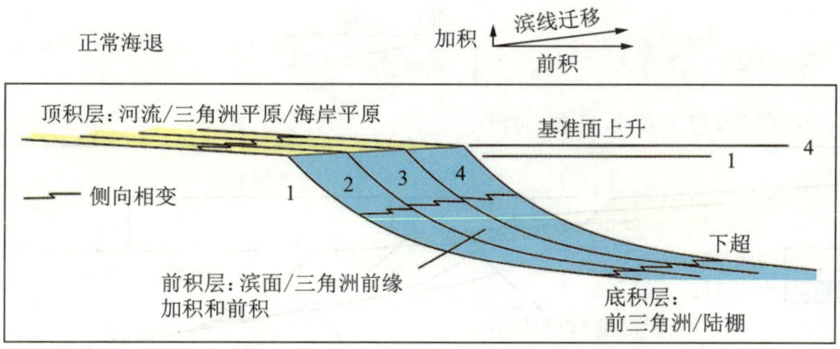

图 2-13 河流-浅海环境正常海退及其滨线迁移轨迹

（据 Catuneanu，2006）

正常海退顶部地层在海平面上升旋回早期（低水位）易于保存，因为其后为海平面上升至最大阶段，可容空间持续产生；正常海退顶部地层在海平面上升旋回晚期（高水位）难以保存，因为此后发生海平面下降，可出露遭受剥蚀。

2）强制海退

强制海退（forced regression）形成于滨线向盆地方向迁移的海平面（基准面）下降时期，此时无论沉积供给情况如何，前积速率通常较高，海平面下降都将引起滨线的强制后退，造成滨岸轨迹向盆地中央侧下方迁移（图 2-6、图 2-12 和图 2-14）。

在滨线向陆方向，可发生受控于河流作用的河流侵蚀或加积作用。当强制海退开始、海底部分出露地表时，若海底坡度陡峭（与强制海退开始时的河流剖面相比而言）就可增强河流能量，加大下切侵蚀作用；反之平缓的海底坡度可减少河流能量或引起河流加积作用。在海陆过渡带，伴随着滨线强制海退可发生侵蚀、加积（前积）或这两种作用相互影响的多种类型沉积过程。在强制海退作用发生期间，河流和浅海环境可容空间减少，沉积物在不断发生沉积或陆上侵蚀的同时，趋于路过这两种沉积环境向深水环境输送沉积物，所有强制海退沉积与退覆作用密切相关。

从海岸到浅海相最重要的强制海退沉积标志是由相对海平面下降引起的退覆结构（向海方向）（图 2-14），具有较高分辨率的地震剖面可以观察解释这种地层叠置样式（图 2-6）。

5. *海泛面*

1）海侵

海侵（transgression）是指海洋可容空间增长速率大于沉积物供给速率的沉积作用过程，或者说在沉积滨线处海平面（基准面）上升速率高于沉积速率，引起相带向陆迁移（退积）。海侵沉积迁移过程包括再沉积和加积作用，这主要取决于盆地沉积环境与沉积物供给之间的动态平衡关系，滨线轨迹表现出向陆和向上迁移的综合特征。

正常海退和强制海退概念与滨线迁移

滨线附近的海平面上升形成河口湾加积（河口附近）或海滩沉积（开放海岸）。以加积作用为主的海岸在岩石记录中主要保存河口湾沉积或后退

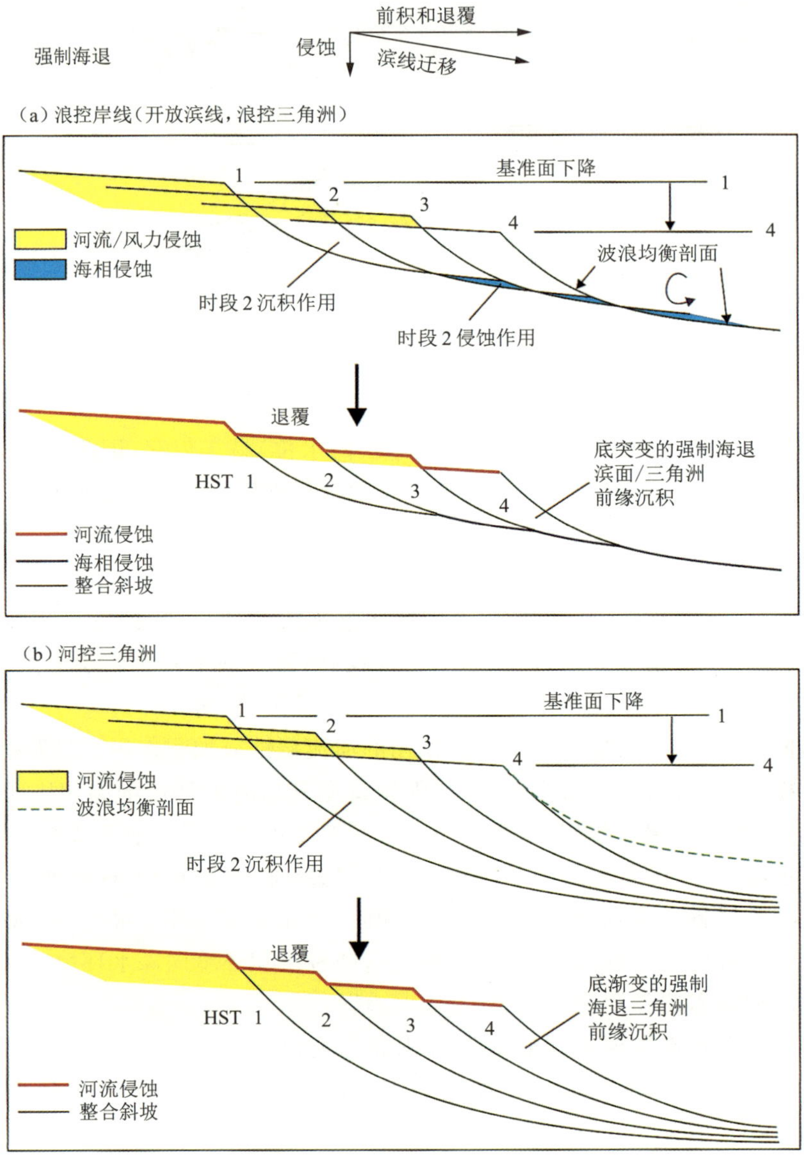

图 2-14　三角洲和滨岸环境强制海退及其滨线迁移轨迹

(据 Catuneanu,2006)

式海滩沉积;侵蚀作用控制下的海岸则表现为盆内非海相沉积间的不整合接触,其地层缺失时间与海侵发育时间相同。

2) 海泛面

海泛面(marine flooding surface)是一个新老地层的分界面。它们常是平整的,仅有米级的、由海侵侵蚀造成的地形起伏,但穿过这个界面有证据表明水深会突然增加。这种水深的突然增加常伴随着小规模的海底水下侵蚀作用和无沉积作用,表明存在小规模的沉积间断。除非海泛面与层序边界重合,否则海泛面上不会发生大规模陆上侵蚀作用,也无海岸上超的向下迁移或向盆地方向的移动。

3）首次海泛面

首次海泛面(first flooding surface)是 Vail 经典层序地层学Ⅰ型层序内部首次跨越陆架坡折带的海泛面，即响应于首次越过陆架坡折带的第一个滨岸上超对应的界面，也是 Vail(1987)三分层序地层模型中低位与海侵体系域的物理界面。首次海泛面可由于后期海平面下降而遭受地表剥蚀或发生无沉积作用，也可由于后期海平面上升而发生剥去近 10 m 厚沉积物的海侵侵蚀作用。

4）最大海泛面

最大海泛面(maximum flooding surface，简称 MFS)或最大洪泛面是一个海平面升降旋回中最大海侵(海平面上升速率最大)时形成的界面，它是 Vail(1987)三分层序地层模型和 Hunt 等(1992)四分层序地层模型中海侵体系域的顶界面，被上覆的高位体系域下超，常与凝缩层伴生。在地震反射剖面上，最大海泛面常对应于最远滨岸上超点所对应的分布广、厚度稳定的反射同相轴(图 2-10)。

5）最大海退面

最大海退面(maximum regressive surface，简称 MRS)是指在海平面旋回变化过程中处于低位状态、正常海退完全终止的界面(图 2-15)，是近年来逐渐引起广泛重视的一种层序地层界面(Catuneanu，2006)。实际上，其定义与 Vail(1987)定义的首次海泛面、Allen 等(1993)定义的海侵面(transgressive surface，简称 TS)相近，是 Hunt 等(1992)四分层序地层模型中低位体系域和海侵体系域的分界面，但定义侧重点略有差别。MRS 常常标志着海侵作用逐渐克服了沉积物供给的影响，地层叠置样式从进积-加积明显开始向退积转变，同时海侵作用正式开始，因此该界面易于在钻井和地震资料中识别(Embry，2008)。

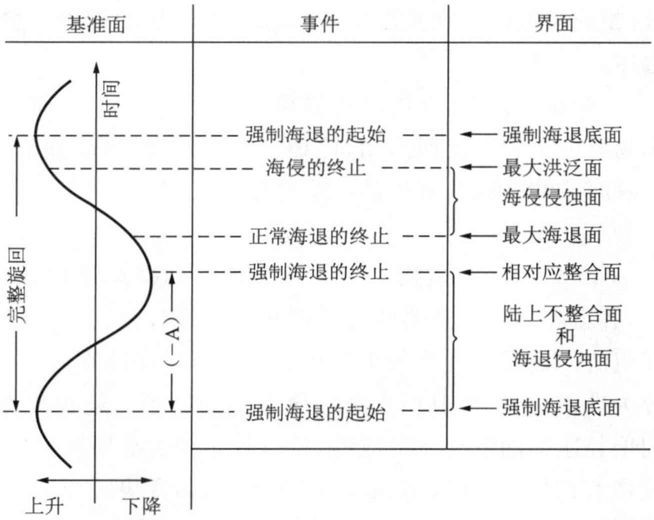

图 2-15　海平面(基准面)变化与层序地层界面和主要事件关系图

(据 Catuneanu，2006)

(—A)—负可容空间，所列界面均可作为层序或体系域界面在三角洲-陆架环境中，MRS 通常位于三角洲沉积反旋回的顶部位置。需要注意的是，快速海侵会造成沉积环境从海退向海侵的快速转变，粗粒沉积供给明显变少，MRS 对应砂岩与泥岩的分界面。

6. 准层序和准层序组

1）准层序

准层序（parasequence）是指一个以海泛面或与之对应的面为界、由成因上有联系的层或层组构成的相对整合序列（Van Wagoner，1995）。一般在海岸到浅海环境中，准层序对应粒度向上变粗的进积体，由于水体的突然加深，进积体沉积发生终止，从而导致海泛面的形成。

因此，所有硅质碎屑沉积准层序都是一个向上水体变浅的进积序列。除潮坪沉积之外，大部分硅质碎屑准层序是一个向上粒度变粗、层组厚度和砂泥比加大的沉积序列；但是对于潮坪环境准层序来说却是一个向上粒度变细、层组厚度和砂泥比减小，以至顶部出现泥岩和煤的沉积序列。碳酸盐岩沉积准层序多为向上水体变浅的加积沉积序列。在露头和岩芯资料中，已发现准层序边界海泛面对应形成的海泛滞留沉积，即由钙质结核组成的滞留沉积、由潜穴化引起并被波浪流水改造的滞留沉积、沉积在海泛面之上的碳酸盐岩和覆盖在下切谷之上的河道滞留沉积。在一般情况下，准层序边界是在沉积物供给速率小于可容空间增长速率时形成的，而准层序是在沉积速率大于可容空间增长速率时形成的。

目前对于准层序概念及应用还存在着争论。准层序的概念缺少规模的含义，其界面海泛面是一个具有多重意义的术语，如海侵侵蚀面、最大海退面、最大海泛面或相变接触面，在整个河流到深水环境中，仅在海岸到浅水环境进积系列中存在水体急剧加深事件（海泛面）的证据。所以，在海岸平原、三角洲、浅滩、河口湾和陆架等环境可以识别准层序，但在缺乏海相沉积的河流剖面和难以反映水深突然增加的较深水斜坡和盆地平原沉积中难以识别准层序。

还要注意，在层序的特定位置，准层序边界可与层序边界一致；基于准层序的区域地层对比要充分考虑物源供给和自旋回作用，比如三角洲朵叶（准层序）沉积是沉积中心迁移的结果，具有有限的延伸范围，只有局部地层对比意义，等等。

2）准层序组

准层序组（parasequence sets）是指由成因相关的一套准层序构成的、具特征叠置样式的一种地层序列，其边界为一个重要的海泛面和与之可对比的面，有时它可与层序边界一致。一个准层序组的形成时间约为数十万年。根据准层序的垂向组合关系（叠置样式）可将准层序组划分为进积、加积和退积式准层序组三种类型。进积式准层序组是在沉积速率大于可容空间增长速率的情况下形成的，所以较年轻的准层序依次向盆地方向进积，形成向上砂岩厚度增大、泥岩厚度减薄、砂泥比加大、水体变浅的准层序叠置样式，它们常是高位体系域和低位前积楔状体的沉积特征。退积式准层序组是在沉积速率小于可容空间增长速率的情况下形成的，所以较年轻的准层序依次向陆方向退却。尽管每个准层序都是进积作用的产物，但就整体而言，退积式准层序组显示出向上水体变深、单层砂岩厚度减薄、泥岩加厚、砂泥比降低的特征，常是海侵体系域的沉积特征。加积式准层序组是在沉积速率等于或近于可容空间变化速率的情况下形成的，相邻准层序之间未发生明显的侧向移动。自下而上，水体深度、砂泥岩厚度和砂泥比基本保持不变。加积式准层序组常是高位体系域早期和陆架边缘体系域的沉积响应。

7. 可容空间与滨线轨迹

1）可容空间

可容空间(accommodation)是指可供沉积物潜在沉积的空间(Jervey,1988)。可容空间受控于沉积背景的基准面变化，或者是海平面升降和构造沉降的函数。也就是说，若沉积物要发生沉积，则在基准面之下必须存在可容空间。基准面的位置是随沉积背景的变化而变化的(图 2-16)。在冲积环境中，基准面受控于递降水流剖面，在该剖面远端，基准面过渡为海平面或湖平面。在三角洲和滨岸及浅海环境，基准面等同于海平面。沉积物的供给可充填已产生的可容空间，并控制水深的变化。若沉积物供给速率大于可容空间增长速率，则水深会变浅。

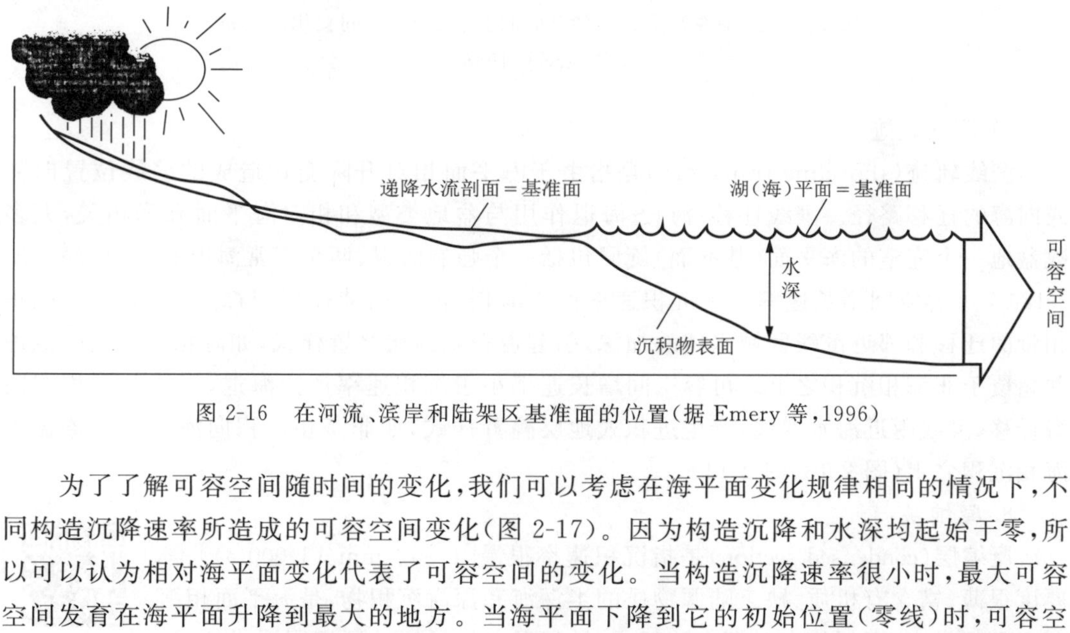

图 2-16　在河流、滨岸和陆架区基准面的位置(据 Emery 等,1996)

为了了解可容空间随时间的变化，我们可以考虑在海平面变化规律相同的情况下，不同构造沉降速率所造成的可容空间变化(图 2-17)。因为构造沉降和水深均起始于零，所以可以认为相对海平面变化代表了可容空间的变化。当构造沉降速率很小时，最大可容空间发育在海平面升降到最大的地方。当海平面下降到它的初始位置(零线)时，可容空间下降到由构造沉降所产生的空间值处。随着构造沉降速率的增加，最大可容空间出现的时间推迟，以致当海平面下降时，因构造沉降速率很大，可容空间并未立即降低(图 2-17)。

可容空间变化速率和沉积速率共同决定了沉积迁移趋势，沉积迁移趋势体现在滨线迁移上(如进积与滨线向盆迁移相对应，而退积与滨线向陆迁移相对应)。沉积、沉降和海平面升降之间关系的定量模拟研究表明，在特定时间内即使滨线沿一个固定的走向和倾向迁移，可容空间在同一剖面中也可以有不同的变化速率，甚至可以有相反的变化方向(Jervey,1988;Catuneanu 等,1998)。显然，盆地内不同区域沉降速率变化的差异会引起可容空间同期的不同变化。加之沉积速率沿倾向发生变化，进而会产生水深的复杂变化。

新增可容空间（new space added or accommodation created）是指在沉积期间，由于海平面、构造沉降等参数的变化所形成的新的可容空间。它不包含沉积前未被沉积物充填而残存的空间。

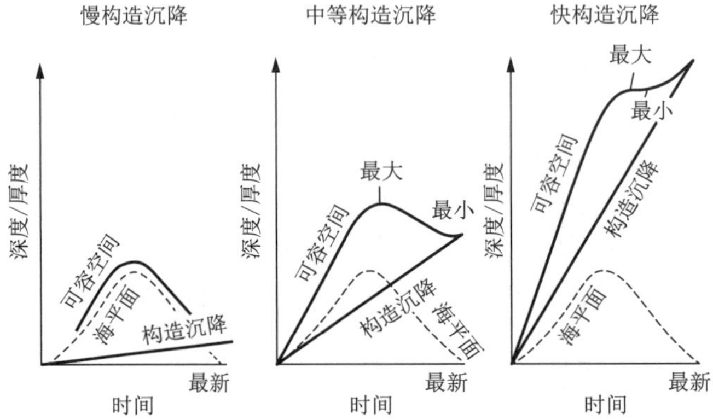

图 2-17　海平面升降、可容空间和构造沉降与时间变化的关系
（据 Jervey，1988）

2）滨线轨迹

滨线轨迹（shoreline trajectory）是指由于海平面相对升降变化造成的滨线位置向陆或向海的迁移路径。滨线迁移、海侵-海退作用与盆地类型和相对海平面升降相关，大多数盆地一个完整的海平面（基准面）旋回包括一个强制海退、两个正常海退和一个海侵（图 2-12）。可容空间增长速率大于沉积速率产生海侵，滨线向陆迁移，与之相应地发生沉积相带的迁移和邻近滨线区域水体的加深，引起退积式地层叠置样式，如海相沉积向陆推进并超覆于非海相沉积之上。可容空间增长速率小于沉积速率产生海退，滨线和沉积相向海迁移，滨线附近海水变浅，产生进积式地层叠置样式，如非海相沉积向海迁移并覆盖于海相沉积之上（图 2-13、图 2-14）。

8. *凝缩层*

凝缩层（condensed section）是指沉积速率很慢［1～10 mm/（1 000 a）］、厚度很薄、富含有机质、缺乏陆源物质的半深海和深海沉积物，是海平面相对上升到最大、海侵最大时期在陆架、陆坡以及盆地平原地区沉积形成的，常常构成 Vail 层序地层模型海侵体系域的顶界面。

海侵与海退过程及其沉积响应（据 Baldwin，2021）

9. *盆地边缘类型*

经典层序地层学起源于被动大陆边缘海相沉积盆地，但层序地层学的迅速发展要求人们很好地了解盆地类型和边缘特征。根据盆地边缘地形坡度、沉积物沉积方式、古水深以及构造活动状况，可以将盆地边缘类型划分成陆架坡折边缘、缓坡边缘、裂谷边缘、前陆盆地和生长断层边缘等类型（图 2-18）。

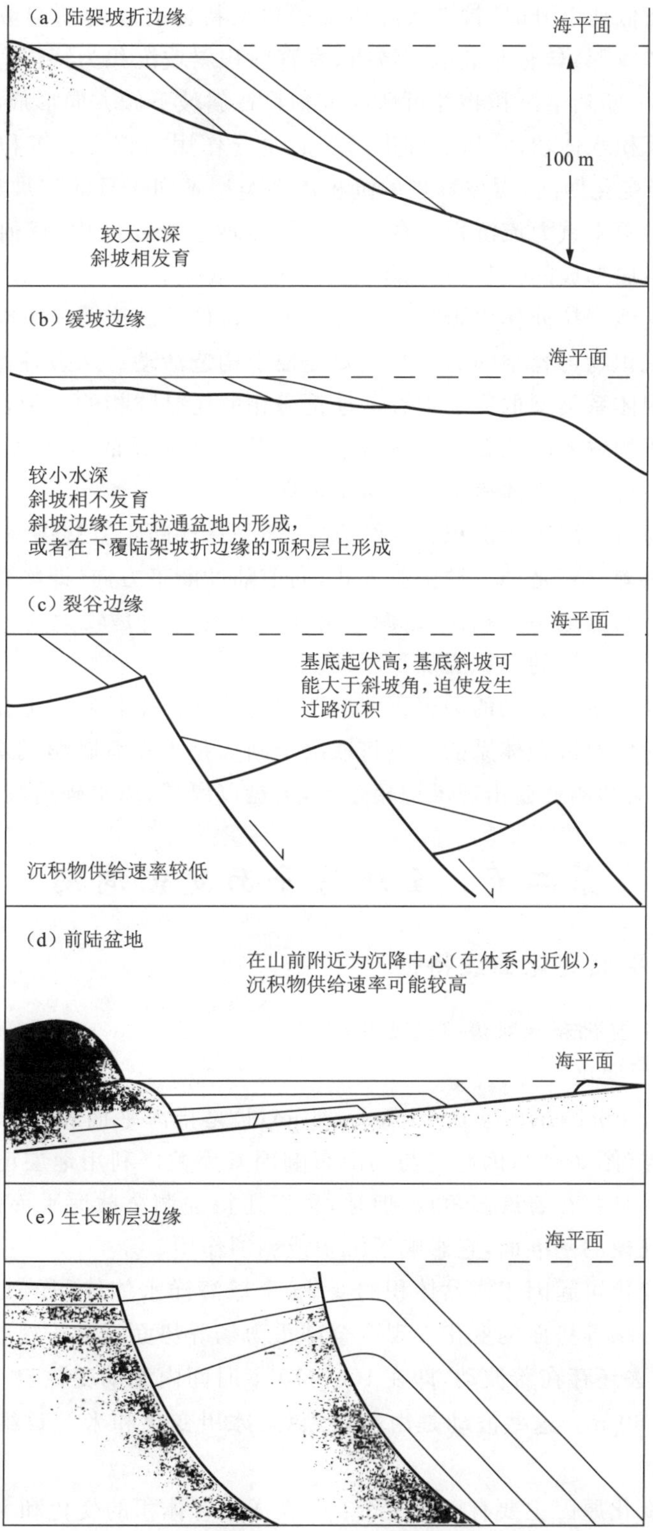

图 2-18　盆地边缘类型示意图(据 Myers 等，1996)

在相对海平面低速上升时，被动大陆边缘的典型特征表现为陆架坡折边缘。陆架坡折边缘以沉积水体较深、具有明显地形坡折、发育前积斜坡沉积为特征。在海平面下降期间，河流回春侵蚀早期陆架沉积物并可造成沉积物在斜坡下倾方向形成海底扇沉积。

缓坡边缘以沉积水体较浅、风暴和沿岸流起主导作用为特征。沉积界面角度常低于1°。在海平面升降变化期间，缓坡背景的沉积体系类型不同于具陆架坡折边缘的盆地，在低位沉积时期缺少深水重力流沉积。在硅质碎屑缓坡边缘盆地中，任何重力流沉积都可能是三角洲前缘滑塌形成的浊积物，而不是独立的海底扇。

裂谷边缘是受地壳拉伸作用影响的一种盆地。拉伸性断层明显影响了古地貌和沉积物的输入速率。沉积物可容空间的展布主要受控于构造活动。从裂谷盆地边缘到中央沉降速率加大。沉积体系类型取决于裂谷盆地是海相的还是陆相的。裂谷盆地边缘的构造转换带控制了沉积物输入的位置。裂谷盆地边缘具有较明显的地势高差和沉积物供给，盆地边缘沉积体系可以长距离搬运进入深水地区。

前陆盆地边缘特征取决于沉积物供给方式，即是从冲断带直接供源至前陆盆地，还是沿前陆盆地轴向供源。若是第一种供源方式，向前陆冲断带方向(即物源区)，构造沉降的速率增加，或者说，与盆地中央相比，近源区沉积物可容空间是较大的。这会明显影响地层几何形态并且形成厚层的顶积层加积序列。

生长断层边缘以重力驱动的同沉积伸展断层为特征。生长断层上盘的沉降速率明显高于下盘。生长断层对沉积体系的影响将取决于断层是否在海底形成差异地形。当上盘地形低于下盘，断层两侧就会出现沉积相差异，上盘以厚层、深水碎屑沉积为特征。

第二节 全球海平面变化周期

一、全球海平面变化曲线特征

1. 全球海平面变化和相对海平面变化

1) 全球海平面变化

全球海平面(global eustasy or global sea-level)是指海平面相对于一个固定的基准点(如地心)的位置(图 2-19)，因此它与局部影响因素无关。利用地层记录来解释全球海平面变化是复杂的且存在着许多争议，但是，我们还得强调全球海平面的上升或下降，这是因为作为全球规模的基准面，它影响了沉积或剥蚀作用。

全球海平面变化可起因于洋盆体积的变化、全球海洋水体体积的变化和响应于平均海平面的全球重力场等势面的变化。现今全球重力场等势面相对于地心来说存在 180 m 的地势起伏，在过去还存在着波动，即在 100×10^4 a 时间内波动变化 50～250 m，最近 2×10^4 a 内波动变化 60 m。这些波动是由板块漂移、冰川变化和米兰科维奇旋回造成的重力变化所导致的。

洋盆体积的变化原因主要有以下五个：① 大洋中脊体积的变化和大洋中脊扩张速率的变化；② 大洋碰撞降低了大陆面积，增加了海洋面积；③ 洋底热诱导隆升降低了洋盆体积，引起海平面上升；④ 沉积物注入率和生长率的突然增加；⑤ 大洋岩石圈的冷却和密度变化。所有上述变化都是长期的、缓慢的、持续几百万年的，变化速率为 1 mm/(1 000 a)。

全球海洋水体体积的变化可由平均海洋温度的变化、冰盖的变化、孤立海洋盆地的突然洪泛或干涸造成。海洋温度变化可造成 10 m 左右的海平面升降，但速率是缓慢的。冰盖的消融和孤立洋盆的水位变化可造成海平面更大的升降变化。例如冰期以后的冰盖融化(15 000～6 000 BP)使得海平面以 10 m/(1 000 a)的速率上升，总上升幅度达到 100～130 m。若北极和格兰陵岛冰盖全部消融，全球海平面将会上升 65～80 m，同时静水对洋底和大陆边缘的均衡补偿也会造成海平面上升 40～50 m。

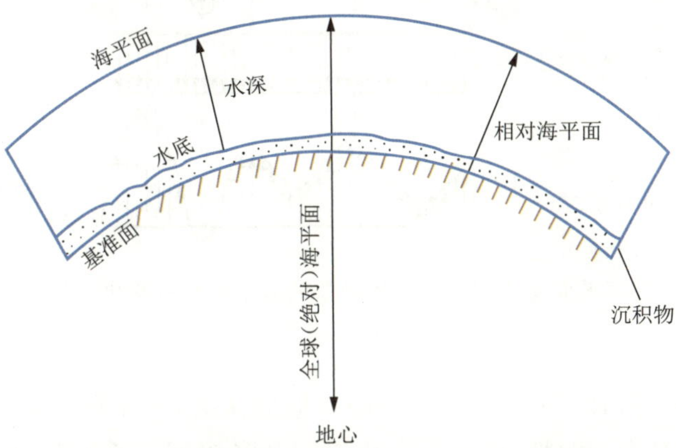

图 2-19　全球海平面、相对海平面及水深基本含义
(据 Jervey，1988)

2）相对海平面变化

相对海平面(relative sea-level)是指海平面相对于局部基准面(如基底表面)的位置。一个地区相对海平面的变化是全球海平面变化速率和当地盆地沉降速率的函数(图 2-20)，相对海平面变化与沉积物沉积无关，不能与水深混淆(图 2-19)。水深是指海洋表面与海底之间的距离，是全球海平面、构造沉降和沉积物供给三个变量的函数，即是由相对海平面变化和沉积物供给决定的。例如，若相对海平面上升速率小于沉积物沉积速率，水深是减小的。相对海平面变化决定了能否形成可供沉积物充填的可容空间。

可以在不同尺度上发生相对海平面的变化。短期相对海平面变化可以是由波浪、潮汐、风暴巨浪、海啸造成的。略长期的季节性和年度潮汐作用也可造成相对海平面的升降。温度下降、含盐度降低和大气压增高均可造成相对海平面的下降，反之亦然。更长期的相对海平面升降变化往往是全球海平面变化和海底隆升造成的。在区域范围内，更重要的影响因素是造山运动、火山活动、洋盆体积变化和热机制等。

2. 全球海平面相对变化特征

许多地质学家早已认识到，地质历史时期全球海平面相对变化存在周期性并试图评估海平面相对变化，但是关于海平面升降变化的研究成果还存在讨论。目前被认可的海平面相对变化曲线是由美国 Exxon-Mobil 石油公司科研人员对全球不同地区沉积盆地进

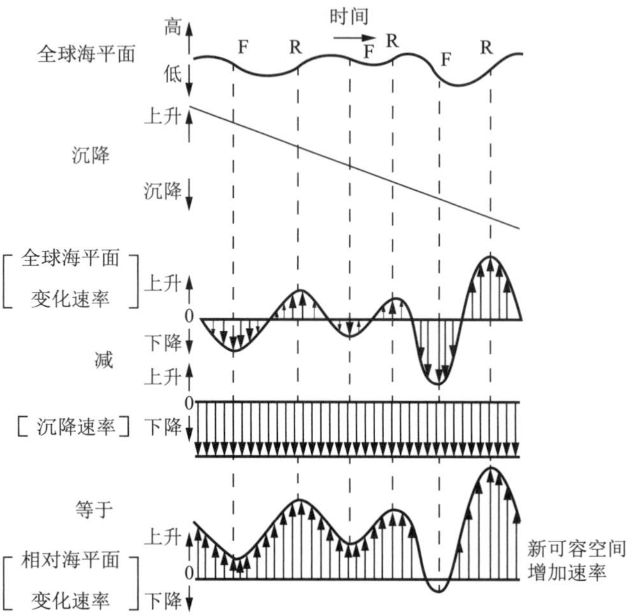

图 2-20　作为全球海平面变化和沉降作用函数的海平面相对变化及其对可容空间的影响
（据 Posamentier 等，1988）

行研究得出的(Vail 等，1977；Haq 等，1987)。他们认为，在不同大陆边缘确定的海平面相对变化周期不仅具有同时性，而且具有相似的升降幅度。通过对比研究并利用区域海平面升降周期众数的平均值，Hag 等建立了一种全球海平面变化曲线(图 2-2)。

Vail 等(1977)认为，全球显生宙海平面升降变化具有不对称性，存在着 2 个一级周期、14 个二级周期和数以百计的三级周期。2 个一级周期分别出现在前寒武纪到早三叠世(周期约 350 Ma)和中三叠世至今(周期约 225 Ma)。14 个二级周期表现出较缓慢的海平面相对上升和快速的海平面下降，周期持续时间为 10～80 Ma。然而，许多地质学家认为海平面升降变化是复杂的，既有缓慢上升和下降，又有快速上升和下降，将海岸上超变化曲线等同于海平面相对变化曲线是欠妥的。后来，Haq 等(1987，2008)修订了早期全球海平面相对变化曲线，依据海平面相对变化周期不同阶段的沉积样式，结合磁性地层、生物地层的研究成果，分别编制了三叠纪、侏罗纪、白垩纪和新生代全球海平面变化周期曲线。海平面的升降变化周期可细分为巨周期组、巨周期、超周期组、超周期和周期。巨周期组和巨周期为一级周期，周期频率为几亿年，是由控制全球海平面变化的构造运动引起的，界限处于早、晚三叠世。超周期组和超周期构成二级周期，周期频率为几千万年。海平面升降变化三级周期频率为几百万年。二、三级周期成因与全球冰川引起的海平面变化有关。还可分出周期频率分别为几十万年和几万年的四级和五级高频周期。

二、全球海平面相对变化周期与层序级别

1. 全球海平面相对变化周期

全球海平面相对变化周期指的是在一个时间段落内发生了全球海平面的相对上升和

相对下降。一个典型的海平面相对升降变化周期包括海平面的逐渐相对上升、静止和迅速相对下降(图 2-2)。一个海平面相对变化周期可以在全球、区域和局部规模上加以识别。尽管仍有人认为层序是没有级次的,但是大多数人认为,不同级次的海平面升降变化周期形成了对应级次的层序。所以,正确划分并准确确定海平面相对变化周期是层序地层学研究的基本问题。根据 Vail(1987)和 Embry(1995)等的研究成果,一般将海平面升降变化周期分成一级、二级、三级、四级和五级周期。每个周期的持续时间和成因都是不同的(表 2-2)。

表 2-2　海平面相对变化周期及其成因

周期级别	持续时间/Ma		周期成因
	Vail(1987)	Embry(1995)	
一　级	>100	>50	泛大陆的形成和解体
二　级	10～100	3～50	全球板块运动和大洋中脊体积变化,大洋扩张和闭合
三　级	1～10	0.5～3	全球性大陆冰盖生长和消亡、洋中脊变迁、构造挤压作用和板内应力调整以及区域板块运动
四　级	0.1～1 或 0.2～0.5	0.08～0.5	大陆冰盖生长和消亡,天文驱动力
五　级	0.01～0.1 或 0.01～0.2	0.03～0.08	米兰科维奇全球海平面变化旋回和天文驱动力

2. 海平面变化周期与层序级别

一个沉积层序代表了一个顶、底边界为侵蚀不整合面及与之可对比的整合面限定的完整沉积旋回。沉积层序发育时段受控于可容空间产生和消亡的事件,即全球相对海平面升降变化。影响可容空间变化的是具有不同周期的全球海平面和构造升降变化,因此按相对海平面升降变化周期对所形成的沉积层序进行分级是有意义的。沉积层序分级系统强调海平面变化是地层旋回性的主要驱动力,故海平面变化是产生不同级别层序的关键因素。海平面变化是全球性的,即使可能受到局部或区域性的构造旋回甚至米兰科维奇旋回的影响。据此基本原理可以建立全球海平面变化与沉积层序之间的关系。在大多数情况下,一个沉积层序是在一个海平面变化周期内形成的,也就是说,不同级别的海平面相对变化周期对应形成相应级别的沉积层序,不同级别的层序(特别是低频周期)具有全球等时性(图 2-21)。换句话说,全球海平面升降变化曲线完全可以描述全球任一盆地内岩石记录中所观察到的地层旋回。

显生宙存在两个受大陆开合旋回控制的全球海平面升降变化一级周期,形成了两个可全球对比的一级层序或巨层序。早奥陶世和晚白垩世分别为两个最大海泛时期,前寒武纪晚期和中晚三叠世为最大海退期。这两个一级层序均由陆架边缘体系域、海侵体系域和高位体系域组成(图 2-21)。实际上,这些一级层序是由一个或多个二级海平面升降周期形成的二级层序组成的(图 2-2)。

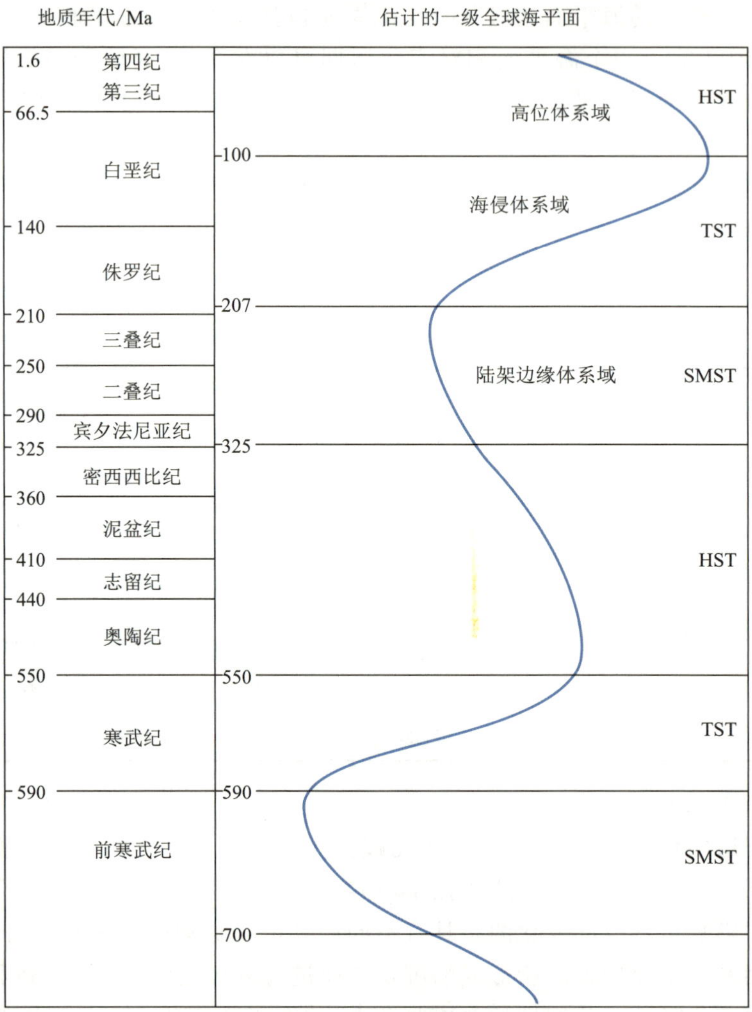

图 2-21　全球一级海平面变化周期与体系域类型(据 Vail 等,1977)

显生宙存在代表盆地特点构造演化阶段的 14 个海平面升降变化二级周期,形成了 14 个可全球对比的二级层序或超层序(图 2-2、表 2-2)。每个层序都是由低位体系域(陆架边缘体系域)、海侵体系域和高位体系域组成的(Vail,1987)。例如侏罗纪二级海平面变化周期形成的二级层序包括了早侏罗世低位体系域、中侏罗世海侵体系域和晚侏罗世高位体系域。

三级周期亦是受冰川活动影响的全球性海平面变化周期,中新生代存在 120 个三级周期、古生代存在 127 个三级周期(表 2-2)。在一个三级海平面升降周期内形成的具有成因联系的地层就是一个层序,它包括了由一系列准层序组组成的低位体系域(陆架边缘体系域)、海侵体系域和高位体系域,是层序地层学研究的基本单元,常常达到地震资料能够分辨的厚度规模。在对三级海平面升降周期形成的层序进行全球性对比时,应充分考虑区域构造运动的影响。

全球范围的四级和五级海平面升降周期具有理论可对比性，但实际上由于受区域构造、沉积物供给、气候等多种因素的影响，很难进行全球性四级和五级海平面变化周期的等时对比。四级周期持续时间为几十万年，多起因于大陆冰盖生长和消亡或天文驱动力。五级周期持续时间为几万年，主要反映米兰科维奇全球海平面变化旋回（表 2-2）。四级海平面升降所形成的沉积地层往往是复杂的，它既可形成一个完整的四级层序，也可形成一个或几个准层序组，这主要取决于海平面升降和盆地沉降之间的联系。五级海平面升降周期多表现为一个快速的海平面上升和缓慢的下降或静止，因此，五级周期很难形成一个完整的沉积层序，往往形成一个可以在区域上进行对比的准层序。

Catuneanu（2006，2019b）根据海平面升降变化周期，将一级、二级、三级海平面升降变化形成的一级、二级和三级层序称为高级别层序或低频层序，主要由异旋回及自旋回作用形成，通常在地层记录中出现的频率较低；将四级、五级海平面升降变化形成的四级和五级层序称为低级别层序或高频层序，除异旋回作用、自旋回作用明显增加外，在地层记录中出现的频率也很高（表 2-3）。

表 2-3　沉积层序分级、主要控制因素和时空尺度（据 Catuneanu，2019b）

<table>
<tr><th rowspan="2">层序分级</th><th rowspan="2">替代术语</th><th rowspan="2">主控因素</th><th colspan="2">时空尺度</th><th rowspan="2">分辨率</th></tr>
<tr><th>时间/a</th><th>厚　度</th></tr>
<tr><td>一级层序</td><td>巨层序
megasequence</td><td rowspan="2">异旋回</td><td>$10^6 \sim 10^8$</td><td>几千米</td><td rowspan="3">低分辨率层序地层学</td></tr>
<tr><td>二级层序</td><td>超层序
supersequence</td><td>$10^5 \sim 10^7$</td><td>几百至几千米</td></tr>
<tr><td>三级层序</td><td>层序
sequence</td><td rowspan="2">自旋回　异旋回</td><td>$10^4 \sim 10^6$</td><td>几十至几百米</td></tr>
<tr><td>四级层序和五级层序</td><td>高频层序
parasequence</td><td>$10^3 \sim 10^5$</td><td>几至几十米</td><td>高分辨率层序地层学</td></tr>
</table>

根据 Vail 层序地层学原理，一个实际沉积层序的形成来自多个外力周期的复合驱动，并且具有分级嵌套性。不同级别的层序发育与可容空间及其变化速率密切相关。因此，我们现今在地层记录中看到的不同级别的沉积层序往往是不同级别海平面升降旋回耦合的结果（图 2-22）。

根据地层层序与界面的相对重要性可以将层序进行级别划分。考虑到岩石中发育有许多不同成因和时空展布规模的层序界面，需要理清它们之间的相互嵌套关系，这就有必要进行层序级别的划分。在层序分级系统中，最重要的层序被定义为一级层序，其内部可以划分出两个或更多的二级层序；同理，一个二级层序中可以划分出两个或多个三级层序；依此类推。因此，与不同级别层序边界相关的物理属性和相迁移是不同的，即使在地层旋回周期中心附近也是这样。

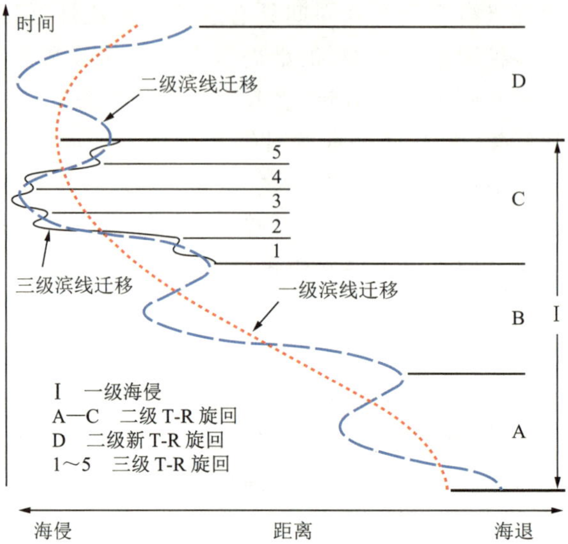

图 2-22　不同级别海平面旋回变化与滨线迁移的叠置样式
（据 Catuneanu，2006）

建立层序分级系统的关键要素是那些用于区分层序和边界面的相对重要性的判别标准，最为重要的层序分级判别标准或响应特征是陆上侵蚀不整合面的分布范围和时空属性（图 2-23）。

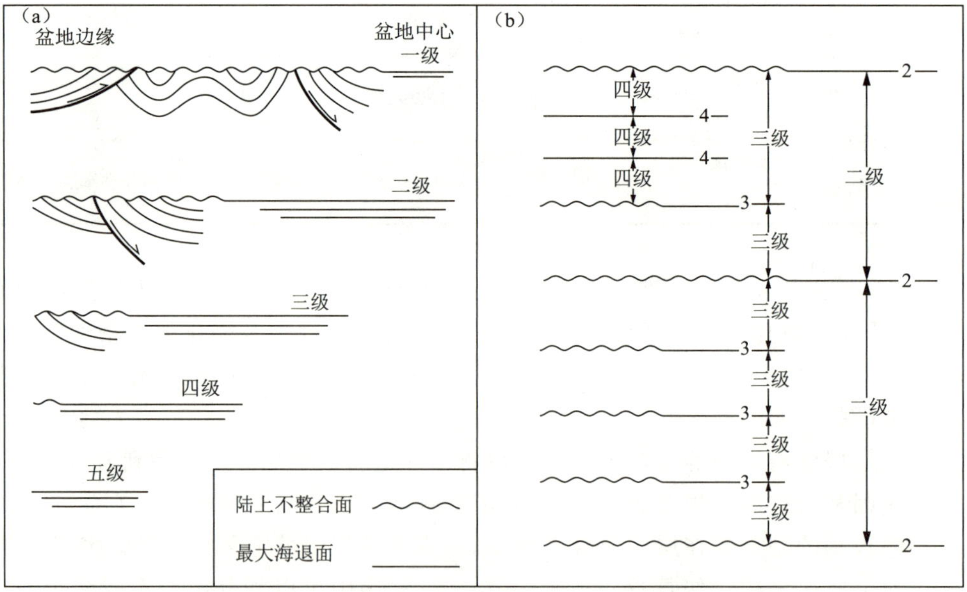

图 2-23　基于不整合面规模与层序级别的对应关系（据 Catuneanu，2006）

一个沉积层序内部不能包含有同等或更大规模的层序边界，数字 2，3，4 表示不同级次层序边界

3. 层序界面的时间属性

层序地层学研究重要的基础工作是建立等时层序地层格架，但确定和评价地层格架内沉积层序界面等时性（在全盆地范围内是否同时产生等时的层序和体系域边界面等）还是层序地层学中一个核心而有争议的主题（Miall，1994；Catuneanu 等，1998；Posamentier 等，1999）。

Vail 等（1977）、Vail（1987）在地震地层学和层序地层学理论中强调了海平面升降变化对地层记录的控制作用，并暗示了对体系域和层序边界的控制作用。由于海平面升降变化是全球性的，这表明与海平面（基准面）旋回相对应的层序地层界面（陆上不整合面、相对应的整合面、最大海泛面、最大海退面）是等时的，即层序和体系域界面在全区域同时形成。

低级别（高频）层序边界叠加在高级别（低频）层序边界上不会改变大框架内高级别层序边界的地层学意义。海平面升降变化驱动的地层学方法提供了一种简捷的研究地层界面时代意义的途径。

事实上，层序边界有可能不是绝对的时间界面，其穿时程度取决于形成过程与构造和沉积作用等地质参数的变化。但是，目前人们利用生物地层学、磁性地层学、放射性地层学等方法手段检测的层序和体系域边界年代可被认为是等时的或具有较低的穿时性，因为目前的测年技术所能达到的定年分辨率难以检测由一些地质因素造成的层序边界的年代差异。

基于数学模拟研究各种层序地层界面穿时程度的分析表明，陆上侵蚀不整合面、相对应的整合面、最大海退面（从海退到海侵）和最大海泛面（从海侵到海退）等具有“事件意义”的界面有较好的等时性或“低”穿时性。陆上侵蚀不整合面被认为是“时间边界”（Embry，2008），即所有不整合面之下的地层年代都比其上的地层年代老。相对应的整合面（Hunt 等，1992）位于所有形成于滨线强制海退期的海相沉积顶部，它对应强制海退结束时的海底（Embry，1995），近似为等时界线。需要注意，由于盆地沉降速率可能沿走向变化，相对应的整合面有时也有一定的穿时性。最大海退面和最大海泛面的时间属性不但取决于滨线处构造沉降和海平面升降的相互作用，还取决于沉积速率沿滨线的变化，因此沿盆地倾向时间属性好于沿走向属性。

第三章 准层序和准层序组

核心知识点：Vail 经典层序构型主要单元——准层序和准层序组的概念、边界特征、识别标志、识别地区、形成环境和沉积特征、形成机制，进积、加积和退积式准层序组沉积特征、岩相组合特征和地层对比意义。

第一节 准层序特征

一、准层序边界和沉积特征

1. 准层序概念及边界特征

准层序是 Vail 经典层序地层学分析中最基本的沉积单元，是一个以海泛面或与之相对应的层面为界的、成因上有联系的层或层组构成的相对整合序列（Van Wagoner 等，1990）。

准层序形成的地质时间为几万年至几十万年，沉积厚度一般为几米至几十米，可用露头、岩芯和测井资料加以识别（图 3-1）。

一般在海岸到浅海环境中，准层序是粒度向上变粗的进积体。由于水体的突然加深，进积体沉积发生终止，从而导致洪泛面的形成。这种准层序通常是与海岸总体进积或退积趋势相关的高频建造序列，构成了更大规模体系域（层序）的一部分。

准层序的边界是一个海泛面及与之相关的界面。海泛面是一个将新老地层分开的界面，跨过这个界面存在着水深突然增加的证据。这种水体突然的加深通常伴随着微弱的海底侵蚀作用或无沉积作用，反映存在着较小规模的沉积间断，但没有因河流回春作用产生的陆上侵蚀或沉积相向盆地中央方向的迁移，而在层序内的特定部位，准层序的顶、底边界可与层序边界一致。

大多数准层序边界海泛面均存在着深水沉积与浅水沉积的一个截然界面，比如陆架泥岩叠覆在临滨砂岩之上。有时，在野外露头和岩芯资料中可以观察到与层序边界不完全一致的海泛滞留沉积。这些海泛滞留沉积厚度较薄（<1 m），多由海泛侵蚀早期沉积物所组成，多呈不连续状态分布。与陆架地区海泛作用相关的滞留沉积物主要包括以下四种粗粒沉积类型。

1）钙质结核滞留沉积

具这种滞留沉积物的海泛面常与层序边界一致。当海平面下降幅度较大时，陆架大面积出露地表而遭受风化剥蚀，河流下切陆架表面沉积物而形成下切谷及河道间沉积。在干旱气候条件下，在河流泛滥平原土壤中形成钙结层或分散的钙质结核。在海泛过程

地层单位	定义
层序	一组有内在联系的相对整合的地层，以不整合面或与之相关的整合面为顶、底界面（Mitchum，1977）
准层序组	一组有内在联系的准层序，这组准层序形成一个明显的叠加模式，并通常以主要海（湖）泛面及其相应的界面为边界
准层序	一组相对整合的有内在联系的岩层或岩层组，以海（湖）泛面及与之对应的界面为边界
层组	一组相对整合的有内在联系的岩层层序，以侵蚀面、不整合面或与之相关的整合面为边界（岩层系界面）
层	一组相对整合的有内在联系的纹层或纹层系序列，以侵蚀不整合面或与之有关的整合面为界面
纹层组	一组相对整合的有内在联系的纹层序列，以侵蚀面、无沉积面或与之有关的整合面为界面（纹层系界面）
纹层	最小的肉眼可识别层

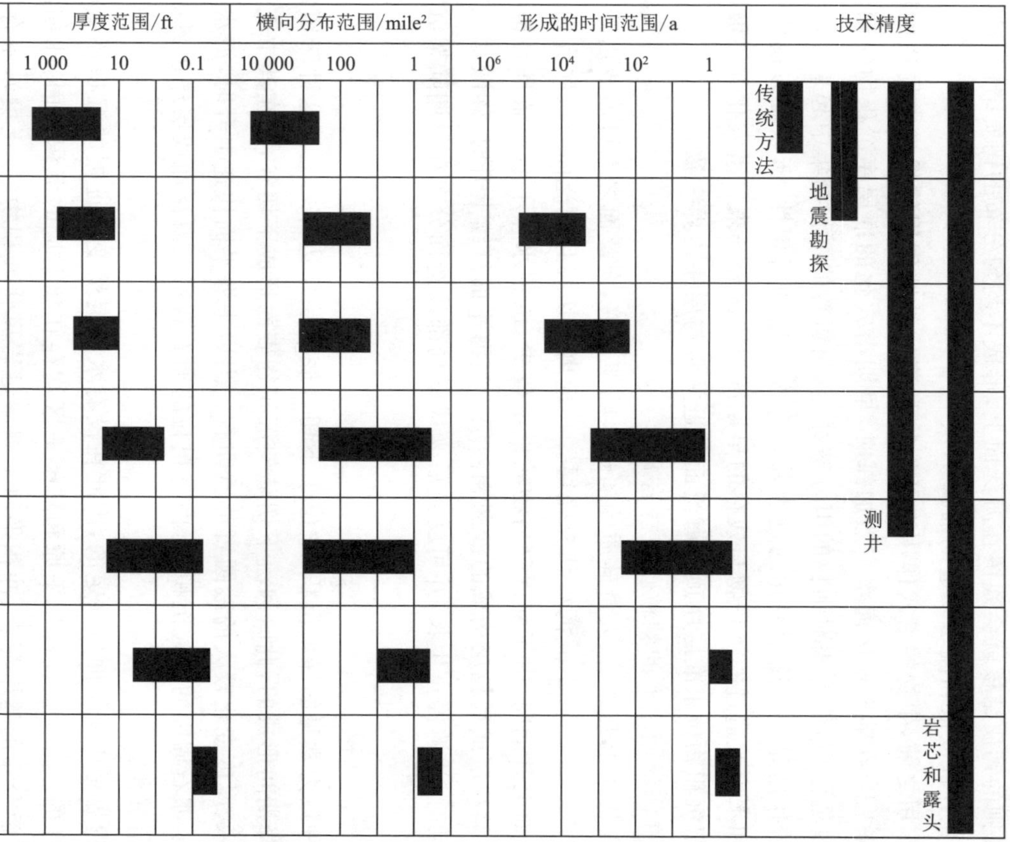

注：1 ft = 0.304 8 m，1 mile^2 = 2.589 988 km^2。

图 3-1　不同级别层序地层单元的特征及识别方法（据 Van Wagoner 等，1990）

中，易受侵蚀搬运的河流泛滥平原黏土级细粒沉积物发生侵蚀迁移，而那些直径 2～5 cm、形态不规则的钙质结核就会残留在海泛面上，形成不均匀分布的钙质结核滞留沉积。

2）潜穴化并被波浪和流水改造的滞留沉积

在海泛作用之前，生物的潜穴作用以及生物黏液的黏结作用使得潜穴周边的沉积物变得粗大起来。当在陆架地区海水突然加深时，早期潜穴化的准层序沉积物受到波浪和水流的强烈改造作用，使得相对细粒的组分被冲走，而粗粒的沉积物集中起来。由于波浪和水流的改造作用是一个逐渐变化的过程并且存在一定的后延性，所以难以确定一个界面将被波浪和水流改造过的沉积物与残存的早期准层序区分开来。潜穴化并被波浪和流水改造的滞留沉积物位于准层序顶部海泛面附近并常与层序边界一致。

3）沉积在海泛面之上的颗粒碳酸盐岩

在海平面快速上升之后、大量硅质碎屑进入陆架之前，海泛面之上可形成由陆架生物群构成、分布广泛、厚 1～2 m 的板状介壳层。在远离下切谷且海泛面与层序界面一致的地方，在海平面上升期间，由于陆源碎屑物质供给较少，沉积水体不断清澈且易饱和碳酸钙，可形成由鲕粒层或豆粒层构成的沙洲和沙坝。当海平面继续上升时，碳酸盐颗粒不再受到波浪搅动时，浅滩停止生长，并可受到后来风暴局部改造而分布在早期陆架沉积物之上。

4）河道滞留沉积

这是一种最为常见的滞留沉积，它位于下切谷底的层序边界之上。这种滞留沉积是在海平面下降期间形成的，此时河流下切陆架沉积物表面形成下切谷，并在其中充填了厚可达几十厘米、厚度变化较大的滚圆石英质卵石。当后来海平面快速上升时，海水冲刷掉下切谷石英质卵石周围的细粒沉积物，而将粗粒的卵石残留在海泛面或层序边界面之上，形成河道滞留沉积。

准层序边界是由海泛面所限定的，因此在没有水深突然变化证据的沉积环境中是难以识别准层序的。海泛面在海岸平原和陆架地区均存在相对应的沉积界面，比如海岸平原的煤层、广泛分布的越岸泥岩、冲积平原上潮湿母岩风化残积物（古土壤），不存在显著的河流回春、陆上侵蚀、海岸上超向下迁移等反映层序边界的标志。所以在海岸平原、三角洲、浅滩、河口湾和陆架等沉积环境中可以识别准层序。在陆架较深水地区与海泛面相关的界面是一个整合面，缺乏明显的水深变化，没有显著的沉积间断，并以薄层的碳酸盐岩，富含有机质的泥岩，富集海绿石和火山灰、缺乏陆源碎屑物质的较深水沉积为特征。在水体深度较大的盆地斜坡和深海平原地区，沉积物形成于深水环境，由于对小规模海泛水深增加不够敏感、缺乏水深变化的证据，所以难以识别准层序。但是 Mitchum 等（1991）推论，深海沉积的单个浊积扇朵叶或具天然堤的水道可代表一个准层序。

现在有人认为准层序分界面（海泛面）是一个不确定术语，它的有效性还需要讨论。海泛面具有多重意义，如海侵侵蚀面、最大海退面、最大海泛面或相变接触面均可构成海泛面。与层序不同，准层序不是以不整合面（或相对应的整合面）为界的地层单元，不会构成小规模的层序（Posamentier 等，1999）。

2. 准层序沉积特征

根据准层序的定义，准层序的边界是能够分隔新老地层的海泛面。这就意味着所有的准层序都必须是一个向上沉积水体不断变浅的进积序列，否则我们就不能根据海泛面来划分确定准层序(图 3-2)。正如前已叙及，在较深水的半深海和深海盆地中是难以识别准层序的，因为没有充分的证据表明在深海盆地准层序边界处的确发生了在地层记录中能够识别的古水深变化。一个典型的准层序除了具备水体深度向上变浅的沉积序列特征外，还具有砂岩单层沉积厚度向上增加、沉积水深向上变浅以及水动力能量向上变强、沉积物粒度变粗(潮坪沉积除外)、生物扰动构造向上减少的沉积特征(图 3-2)。

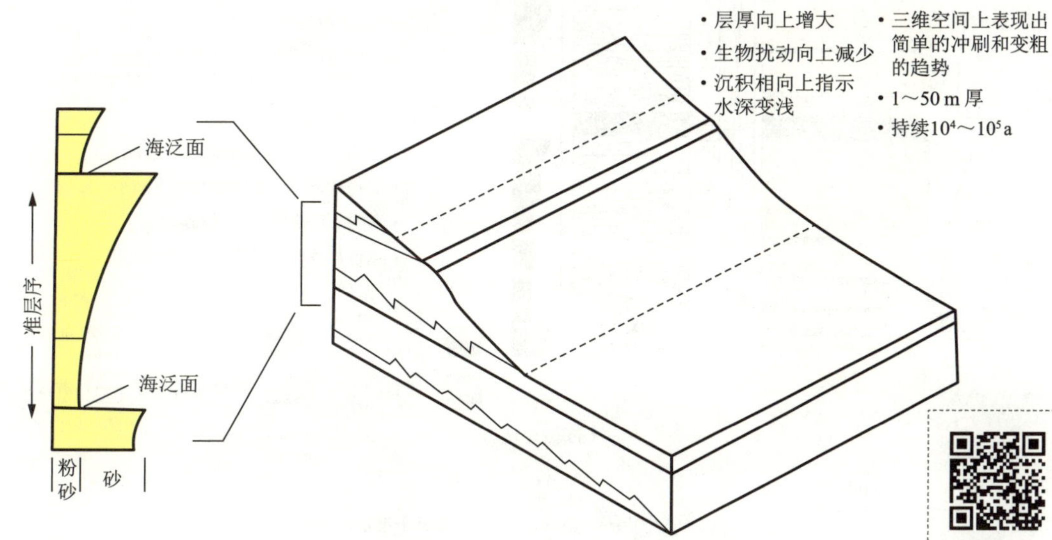

图 3-2　一个理想化的浪控滨浅海沉积准层序(据 Myers 等，1996)

准层序概念和沉积特征

对于在不同沉积背景(浅水)下形成的准层序来说，尽管每个准层序自下而上均反映水体由深变浅的沉积序列特征，但与该向上变浅的沉积水体相对应的沉积物组合序列是有差异的。

大部分硅质碎屑沉积准层序都是一个向上粒度变粗、沉积水体变浅、砂岩单层沉积厚度加大的沉积序列(图 3-3)。在易于识别准层序的滨岸和浅海陆架区，常见的三角洲、浅滩、河口湾以及前滨、临滨沉积物，在海平面总体下降的沉积背景下，形成于较浅水环境的较粗粒沉积物不断叠覆在先期相对较深水环境的较细粒沉积物之上，比如前滨厚层砂岩叠覆在上临滨和下临滨较薄层粉细砂岩之上，后来海平面突然上升，形成了准层序的边界。然而，对于潮坪沉积环境准层序来说，准层序是一个粒度向上变细、砂层厚度和砂泥比向上降低，以至顶部出现泥岩和煤层的沉积序列(图 3-4)，但沉积水体仍是向上变浅的。众所周知，出露平均高潮线之上的泥坪沉积物主要为泥岩，位于平均高潮线与平均低潮线之间的沉积物主要为砂泥岩，而位于平均低潮线之下的沉积物主要为砂岩。显然，随着沉积水体不断变浅，细粒沉积物将会逐步叠覆在较深水环境的砂粒沉积物之上，形成自下而上粒度变细、沉积厚度变薄、砂泥比降低的沉积序列(图 3-4)。对于碳酸盐岩沉积准层序来说，仍是表现出自下而上沉积水体由深变浅、粒度由细变粗的沉积特征。

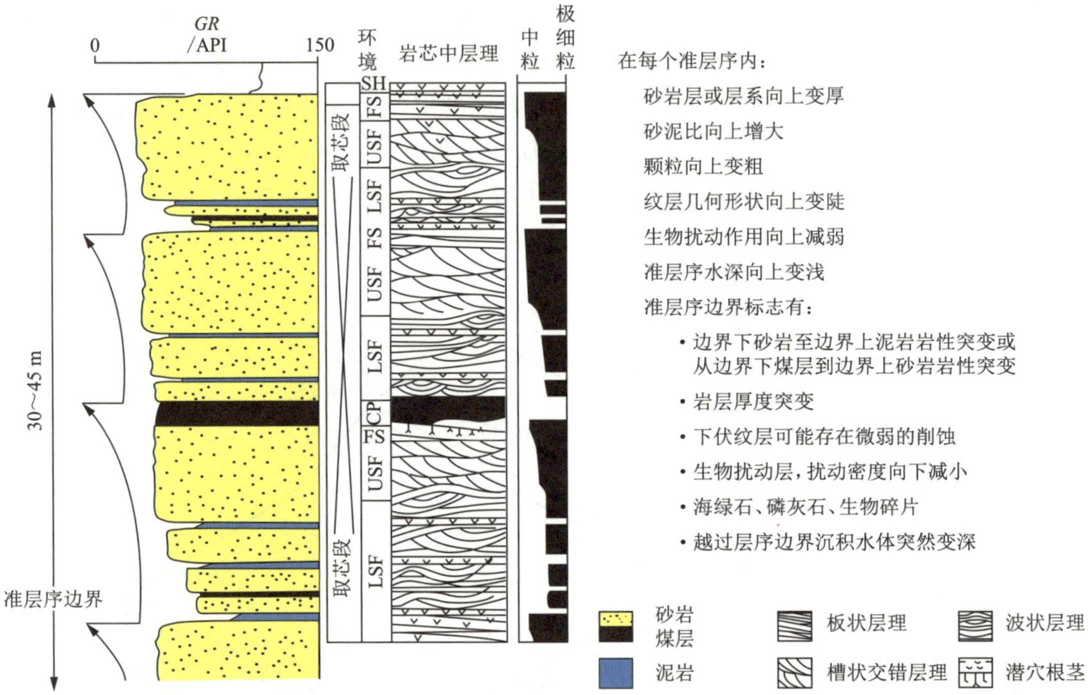

(a) 滨岸环境

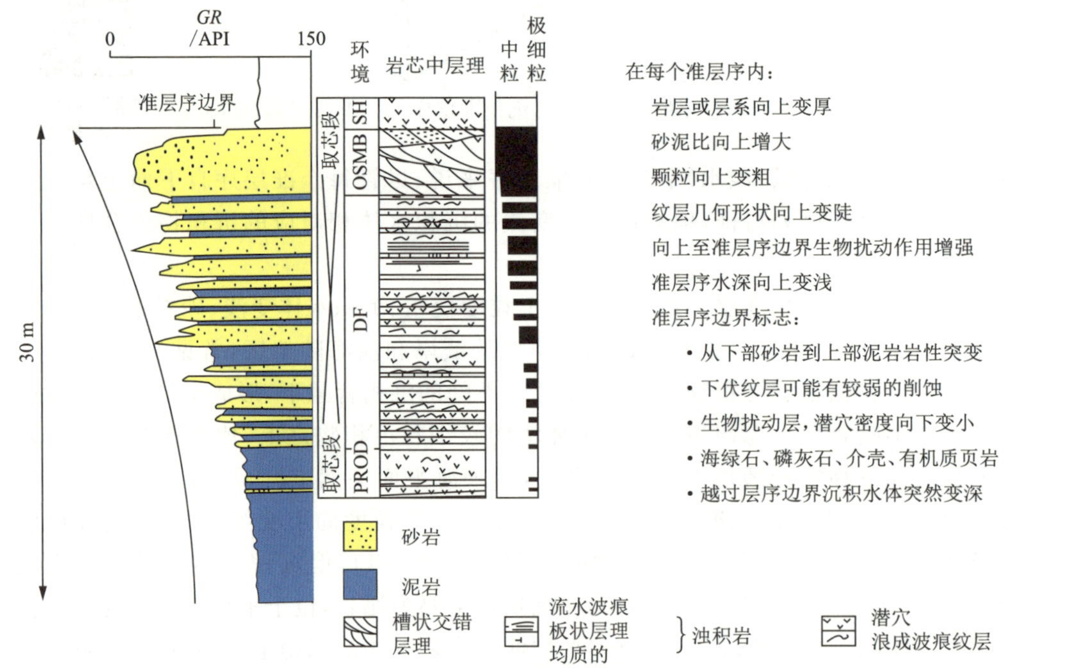

(b) 三角洲浅水环境

图 3-3　滨岸和三角洲浅水环境准层序序列特征（据 Van Wagoner 等，1990）

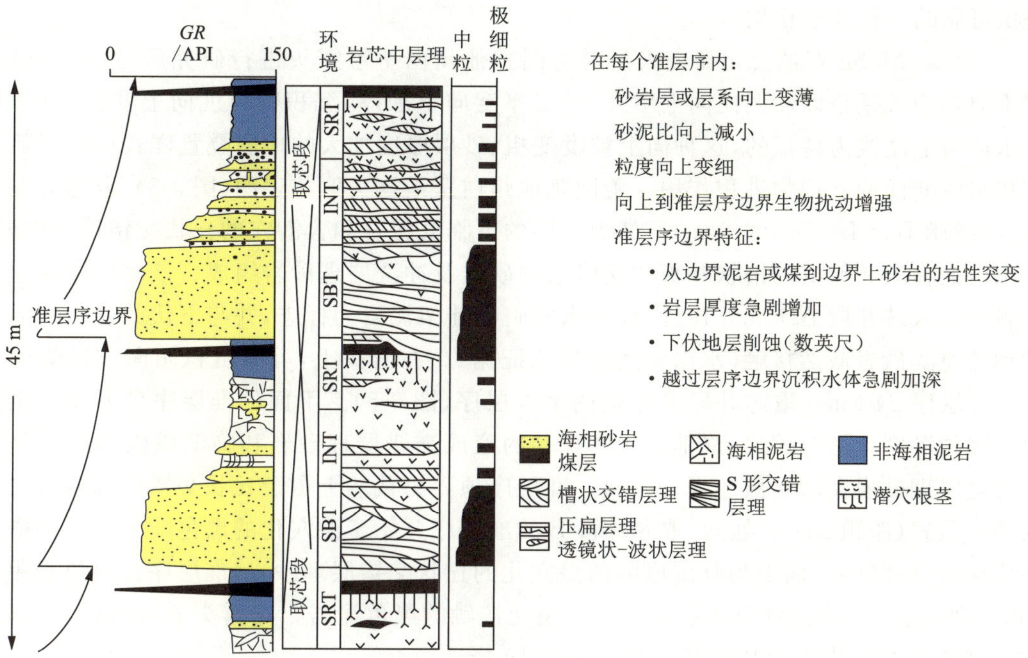

图 3-4　潮坪浅水环境准层序序列特征(据 Van Wagoner 等,1990)

一个常见的准层序沉积厚度多为几米至几十米。沉积厚度主要受控于沉积物供给、岸线推进的水体深度(可容空间)和形成准层序的周期。这个水体深度反映了前一个准层序废弃以后的相对海平面上升情况。可以说,一个准层序的厚度是相对海平面上升速率和准层序周期性及沉积物供给等因素相互作用的结果。若一个准层序的周期是相对恒定的,那么低缓的相对海平面上升速率会造成较小的可容空间,若沉积物供给速率低则形成薄层准层序;快速的相对海平面上升速率和快速的沉积物供给速率会形成相对厚层准层序。从而可以依据准层序厚度变化特征识别相对海平面上升速率以及沉积物供给速率的变化。Posamentier 等(1988)和 Van Wagoner 等(1990)认为,低位前积楔状体准层序以向上厚度加大为特征,反映了加速的相对海平面上升,而高位前积楔状体却以向上沉积厚度变薄为特征,这是因为相对海平面上升具有减速特点。

在自然界少见向上变深的准层序。

二、准层序空间相变关系和形成机理

1. 准层序空间相变关系

准层序的准确划分是进行高分辨率层序地层学研究的基础。为了准确划分准层序,必须详细研究准层序的空间变化关系以及相对海平面变化速率、沉积物供给速率之间的关系。Exxon-Mobil 石油公司 1982 年在美国犹他州东部白垩系 Blackhuwk 组出露很好的露头上钻了三口井,并进行了相应的测井和取芯。露头资料与该露头地下岩芯、电法和放射性测井资料综合研究表明,准层序的垂向和侧向相变特征具有良好的变化规律。依据这种变化规律可以在覆盖区进行准层序的划分对比研究,为高分辨率层序地层学研究提供可靠的年代地层格架。

Exxon-Mobil 石油公司研究人员对美国犹他州白垩系露头进行研究后指出，准层序的垂向相变关系是以砂泥比向上增大、砂层厚度向上加厚、沉积物粒度向上变粗、沉积环境水体向上变浅为特征的，这种向上粒度变粗、砂层厚度加大的地层叠置样式反映了随着沉积水体变浅的沉积物进积作用。美国犹他州白垩系露头取芯表明(图 3-5)，取芯井段 A (156～218 ft，1 ft＝0.304 8 m)下部为互层的下临滨泥岩和含潜穴的丘状交错层理砂岩，上部由上临滨和前滨的槽状和板状交错层理砂岩及冲洗层理砂岩组成。该准层序的顶部边界位于取芯井段 A 158.5 ft 处，以深水的暗色陆架泥岩为标志，并与下伏的受生物潜穴扰动的前滨砂岩截然接触(水深突然增加的证据)。在露头上，可沿沉积倾向方向侧向追踪该准层序 24 km。取芯井段 B 钻遇两个准层序(图 3-5)。下面的准层序自下而上由陆架成因的潜穴化黑色泥岩、局部受生物扰动的浪成交错层理砂岩和临滨成因的潜穴化丘状交错层理砂岩夹薄层黑色泥岩构成。准层序顶界为截然上覆于丘状交错层理砂岩之上的黑色泥岩(距顶 247 ft 处)。取芯井段 B 的准层序开始于潜穴化的黑色陆架泥岩和薄层浪成交错层理砂岩，向上为临滨成因的潜穴化的丘状交错层理砂岩，准层序边界位于距顶 260 ft 处，为与下伏丘状交错层理砂岩呈突变接触的黑色泥岩。在露头上，可沿沉积倾向方向侧向追踪取芯井段 B 的两个准层序约 19 km。

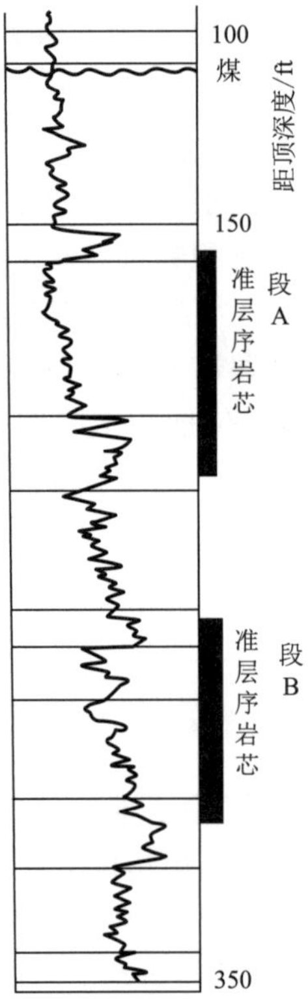

地层特征

1. 为无沉积或弱侵蚀的、向海缓倾的平坦且平行的准层序边界所限
2. 内部由向海倾斜的、为层组面所限的叠瓦状层组组成
3. 在每个层组中，层理的样式以可预测的向海方向发生有规律的变化
4. 准层序内的垂向地层序列在各处通常发育不全
5. 准层序的上倾方向通常以下列方式结束：
   - 上超在层序界面上；
   - 被河道局部侵蚀或为河流广泛下切
6. 准层序通常以向下倾方向变薄、尖灭以及上超在下伏准层序、准层序组或层序的界面之上而结束

图 3-5　美国犹他州白垩系露头钻井剖面准层序划分(据 Van Wagoner 等，1990)

准层序侧向相变关系分析非常利于准层序的侧向划分和对比，这也是进行高分辨率层序地层学研究的关键。Van Wagoner 等(1990)以美国犹他州白垩系露头滨岸沉积环境为例，讨论了滨岸沉积不同微相处准层序垂向特征和电测曲线响应以及它们的侧向对比关系(图 3-6)。前滨沉积以向海缓倾的冲洗层理砂岩为沉积特征，向海方向渐变为上临滨槽状交错层理砂岩，前积纹层陡倾。再向海方向，上临滨槽状交错层理砂岩被下临滨丘状交错层理砂岩所取代，并且砂岩厚度不断减薄，最后尖灭到受生物扰动的陆架泥岩之中。向陆方向，前滨沉积的冲洗层理砂岩突然相变为冲溢扇沉积、海岸平原薄层砂泥岩沉积或被进潮口沉积物截切。在图 3-6 所示 A，B，C 三口井中，均可以见到典型的准层序沉积序列特征，但由于较浅水沉积物不断地向海的进积作用，造成准层序在垂向上难以保存完整序列，即准层序沉积序列缺少完整性。

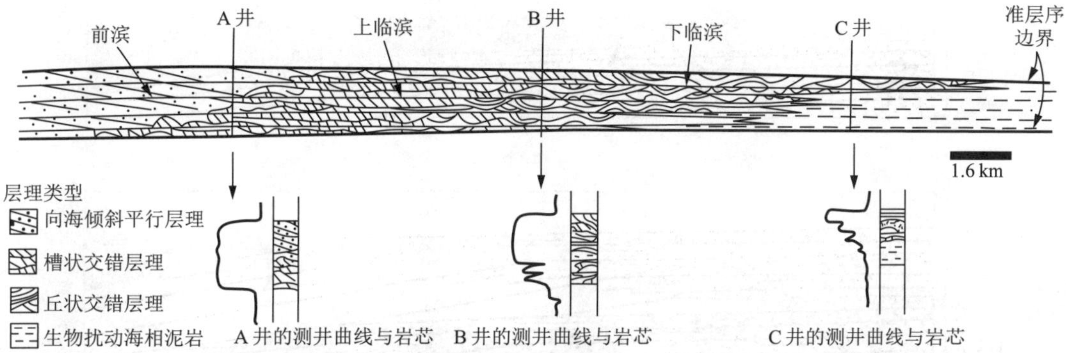

图 3-6　滨岸准层序侧向相变关系及其岩电响应特征(据 Van Wagoner 等，1990)

向陆地方向，准层序沉积物可上超在层序边界之上并发生厚度减薄和尖灭，或因冲积平原河道的冲刷侵蚀作用而使准层序沉积发生终止。向盆地中央方向，每个准层序沉积中的砂岩不断变薄、页岩不断增厚，以至在较深水区失去了准层序的特征，这样就使得人们很难识别准层序。

2. *准层序形成机理*

滨岸、浅海等地区的准层序是在沉积速率大于该地区可容空间增长速率时形成的，后来可容空间突然增大(海泛作用)，沉积滨线迅速向陆后退，形成了准层序的顶界。也就是说，海泛时可容空间的增长速率明显超过了沉积物的沉积速率。

一个完整准层序的形成是与海平面相对升降变化密切相关的。海平面升降变化可能起因于米兰科维奇轨道周期引起的古气候周期性变化(冰川融化和海水体积变化)而导致的海平面升降变化。在准层序形成的第一个阶段，沉积物的沉积速率大于海平面相对上升速率或海平面处于相对下降状态，此时沉积物不断向前推进，较浅水沉积物上覆在相对较深水沉积物之上，形成自下而上沉积水体由深变浅的准层序沉积序列。第二个阶段是海平面上升速率明显大于沉积物供给速率形成海泛面的时期，此时在第一个阶段形成的沉积物之上产生了硅质碎屑沉积物的无沉积作用面或水深突然增加的相变界面，并可在该面上沉积反映缺少陆源物质供给的薄层碳酸盐岩、海绿石、富含有机质的泥灰岩或火山灰，也可以在早期沉积物顶面形成不同类型的海泛滞留沉积。第三个阶段是形成新的准层序沉积阶段，即此时海平面发生较明显的相对下降，沉积物供给速率大于可容空间增长速率，沉积物不断向前进积，形成新的准层序。新的准层序叠覆在前期准层序顶界海泛面之上，穿过该海泛面存在明显的水深增加证据(图 3-7)。

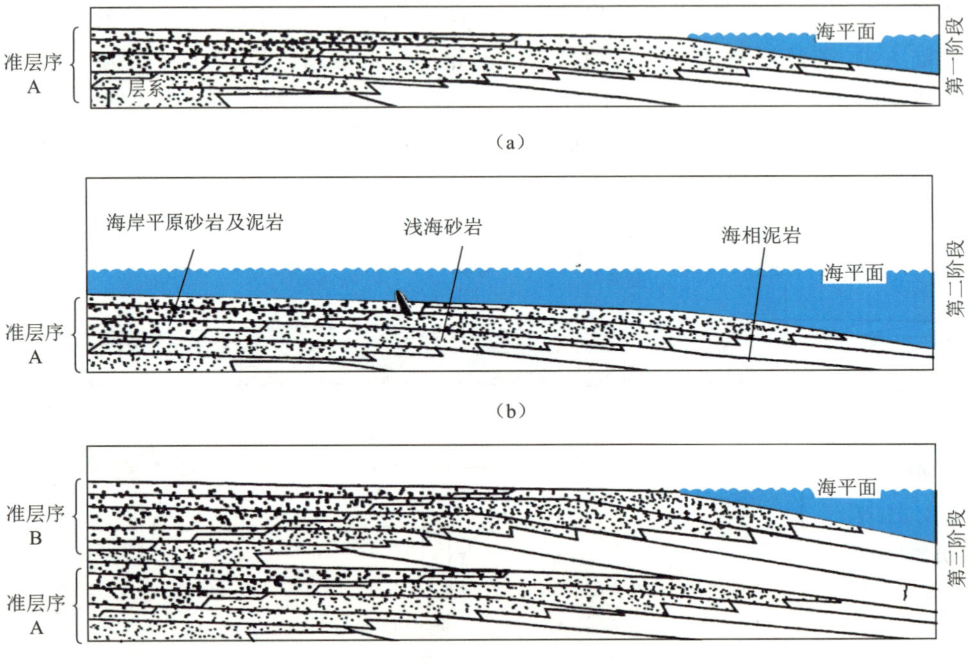

图 3-7　准层序的形成过程和时空分布特征(据 Van Wagoner 等，1990)

另外，滨岸地区三角洲注入河流的改道(自旋回作用，三角洲朵叶迁移)和滨岸地区突然的断陷作用也会造成海平面的相对上升。例如，1960 年智利地震和 1964 年美国阿拉斯加地震，在很短的时间内使海岸线分别下降了 3 m 和 2 m，影响面积近 10×10^4 km^2，造成滨岸沉积物被较深水沉积物淹没，形成了水深突然增加的准层序边界。以这种方式形成的准层序可称为幕式准层序。

3. 准层序地层对比意义

准层序边界的详细划分和确定有利于在一定沉积区域内进行高分辨率层序地层学研究。众所周知，当水深增加速率明显大于沉积物沉积速率时便形成了准层序的边界。由于准层序边界面是海泛面，在海岸到浅水环境进积系列中存在水体急剧加深事件的证据(海泛面)，因此所有准层序只能在相对浅水地区被识别并开展等时地层对比。但在整个河流或深水环境中，由于缺乏水体急剧加深的事件标志，准层序是不适合应用和开展等时地层对比的。

准层序地层等时对比的意义：在区域范围内准层序的边界是一个分隔新老地层、较易识别的海泛面；该海泛面形成时间较短(几百至几千年，Goodwin 等，1985)，但足以开展厚度几十米的高精度准层序等时地层对比；尽管在不同沉积环境，准层序的完整性和序列厚度不同，但它们形成于一个海平面升降旋回中，因此可以在识别准层序及其边界的区域开展等时地层对比。

但是，在某些特定情况下，准层序边界可与层序边界相一致（图 3-8）。准层序边界与层序边界相一致的第一种情况是在某层序海侵体系域形成以后，海平面发生了较明显的下降，使得较年轻层序中的低位体系域直接上覆在下伏层序海侵体系域之上并截断了该海侵体系域中的准层序。在图 3-8 中 A，B 两口井处，貌似存在着完整的准层序，实际上，较年轻层序低位体系域的底界是层序边界并且分隔了下伏海侵体系域中的准层序与上覆低位体系域中的准层序，造成层序边界与准层序边界相一致（图 3-8）。第二种情况是层序边界构成了准层序的顶界。实际上，该界面是层序边界、准层序顶界（海泛面）的重合界面。早期层序高位体系域沉积形成以后，海平面发生了快速下降，使得陆架表面遭受剥蚀，并形成较年轻层序的低位体系域，后来海平面上升形成了覆盖在早期陆架沉积准层序之上的海泛面，从而造成了层序边界与准层序顶界及海泛面的相关一致性（图 3-8）。

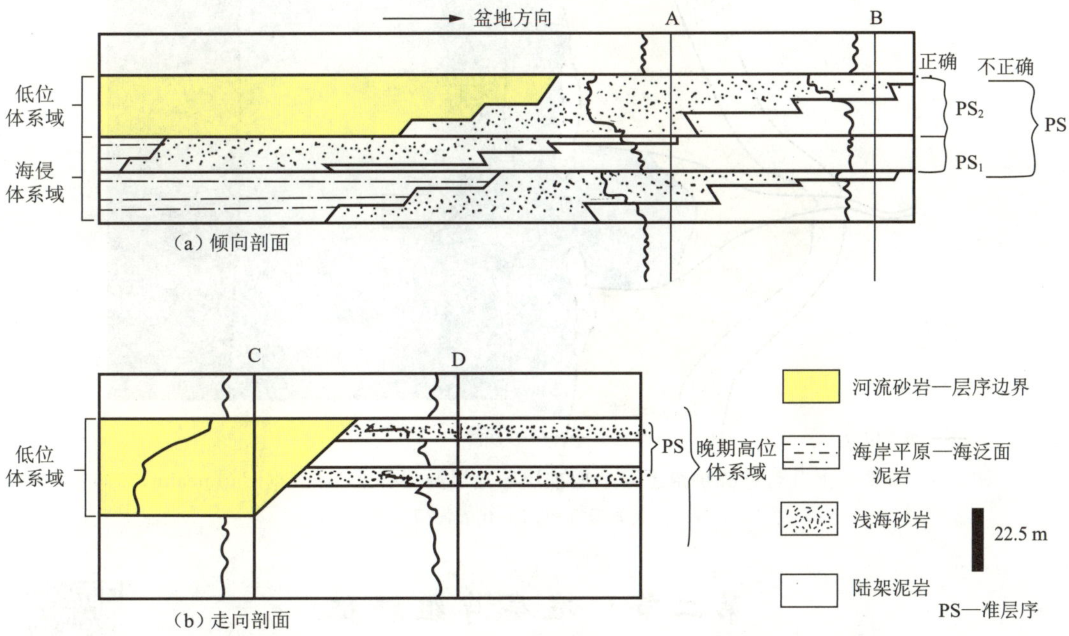

图 3-8　准层序边界与层序边界相一致剖面（据 Van Wagoner 等，1990）

基于准层序分布广泛并可能与海泛作用相关等事实，准层序概念最初的用意之一是作为区域地层对比的一个单元（Van Wagoner 等，1990）。但是，需要注意的是，现在很多三角洲朵叶（准层序）沉积是由沉积中心迁移造成的，具有有限的延伸范围，只有局部的等时地层对比意义。如果缺少精确时间控制或物质对比标志，则难以开展准层序区域等时地层对比。特别是在顺沉积滨线延伸方向，由于物源供给多少的差异会造成物源供给速率大于或小于海平面上升速率，在物源供给多或少（无）的滨岸处形成进积或退积沉积序列(准层序),从而给准层序等时地层对比带来困难(图 3-9)。

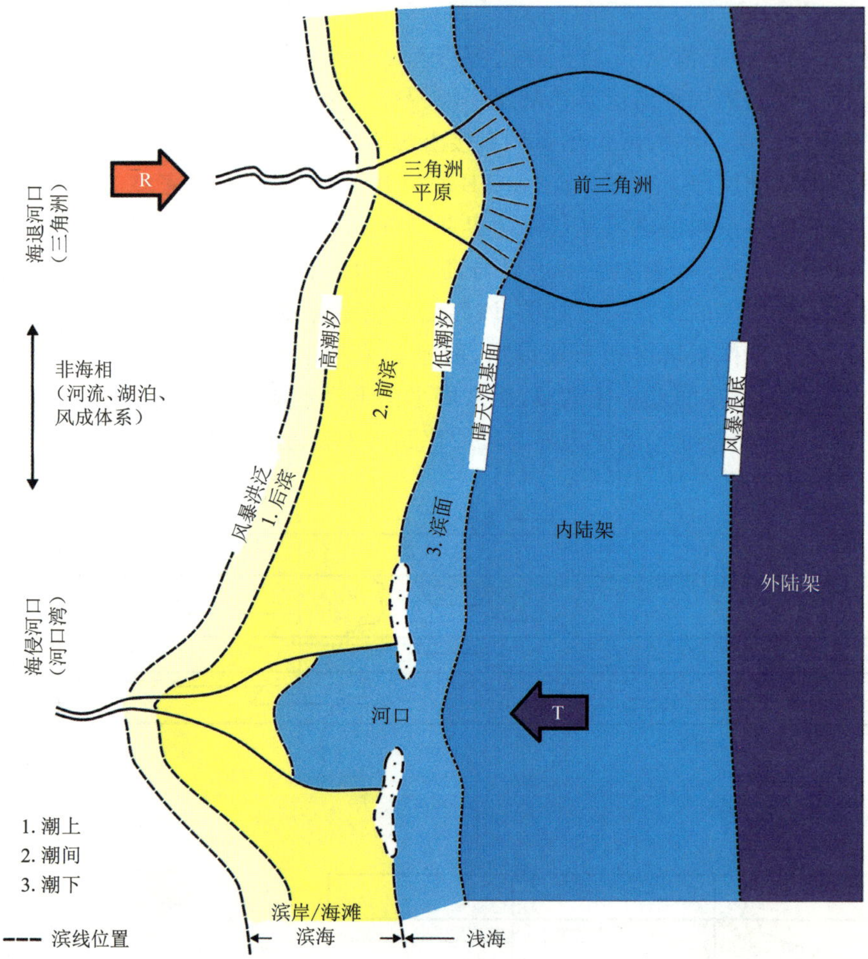

图 3-9 海平面上升与物源供给差异造成准层序地层叠置样式不同(据 Catuneanu,2006)

R—代表海退沉积;T—代表海侵沉积

第二节 准层序组特征

准层序组概念
和沉积特征

一、准层序组类型

1. 准层序组概念及边界特征

准层序组是指由成因上相关、一套准层序构成、具特征叠置样式、以主要海泛面为边界的一种地层序列。该地层序列沉积厚度多为几十至几百米,平面分布范围可达几千平方千米,持续地质时间为几万至几十万年。它可以通过露头、钻测井和岩芯资料加以识别(图 3-1)。层序中的体系域可以包含一个准层序组,也可以包含几个准层序组。在沉积速率和沉降速率均高的地区,一个体系域中常包含几个准层序组。

准层序组是指一套成因上有联系的具有独特叠置样式的准层序组合。它的边界是明显的或规模较大的海泛面(如丘状交错层理砂岩突变叠覆在海岸平原煤层之上)和与之可对比的地层界面。准层序组边界能够有效地将不同的准层序叠置样式区分开来,有时它与层序边界相一致,可以是体系域边界或上覆地层的下超界面。显然,准层序组边界的规模明显大于准层序边界的规模。准层序组边界——主要的海泛面可以作为较大区域的地层对比标志层。

2. 准层序组类型

考虑沉积物沉积速率和可容空间变化速率之间的关系,根据准层序垂向堆砌结构特征,可以将准层序组划分成三种典型类型,即进积、退积和加积式准层序组(图 3-10)。

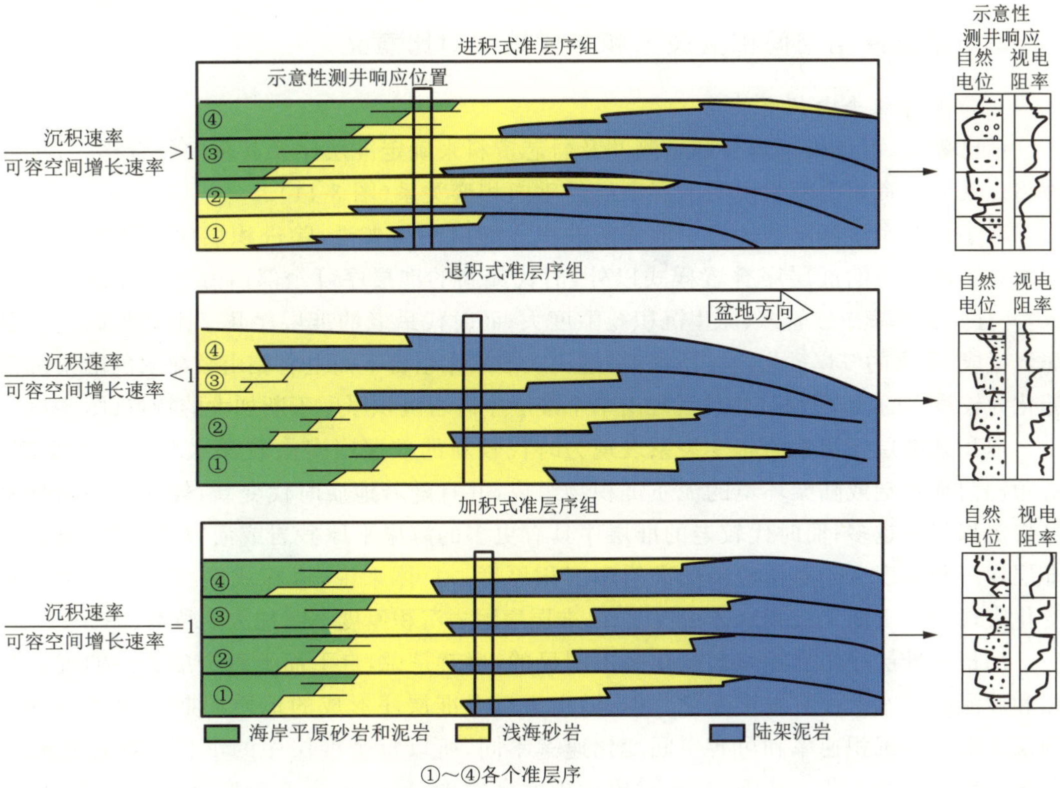

图 3-10　准层序组类型及准层序叠置样式(据 Van Wagoner 等,1990)

进积式准层序组是在沉积物沉积速率大于可容空间增长速率的情况下形成的,所以较年轻的准层序依次向盆地中央方向推进。尽管进积式准层序组中的每个准层序都是一个向上粒度变粗、水体变浅的沉积序列,但是对于整个进积式准层序组来说,在盆地某一位置,自下而上,砂岩厚度不断增大、泥岩厚度不断减薄、砂泥比加大,总体构成一个向上水体变浅的准层序叠置样式。该沉积序列常响应于自然电位曲线的厚层高幅复合箱形、漏斗形特征(图 3-10)。每个层序低位和高位前积楔状体通常是由进积式准层序组构成的。

退积式准层序组是在沉积速率小于可容空间增长速率的情况下形成的,所以较年轻的准层序依次向陆方向退却。尽管每个准层序都是进积作用的产物，但就整个退积式准层序组垂向序列而言，自下而上，砂岩单层厚度减薄、泥岩厚度加大、砂泥比降低、沉积水体向上变深，整体构成水体向上变深的准层序叠置样式（图 3-10）。在自然电位曲线上，每个准层序均响应于漏斗形或箱形-漏斗形，但向上从较老的准层序到较新的准层序，泥岩基线所占比重越来越大。退积式准层序组常是海侵体系域的沉积响应。

加积式准层序组是在沉积物沉积速率基本等于可容空间增长速率时形成的，所以相邻的准层序之间没有明显的沉积岩相侧向移动（图 3-10）。对于整个加积式准层序组垂向序列而言，砂岩、泥岩沉积厚度和砂泥比几乎没有明显变化，整体构成每个准层序沉积水深基本不变的地层叠置样式，故每个准层序的自然电位曲线形态具有良好的相似性。加积式准层序组通常是高位体系域早期沉积和陆架边缘体系域的沉积响应。

二、准层序组空间相变关系和年代地层对比意义

1. 准层序组垂向相变关系

前已叙及，可以根据露头和钻测井及岩芯资料来确定准层序及其垂向叠置样式，故下面将以钻测井资料为例来说明准层序组的垂向相变关系（图 3-11）。

对于在滨岸浅海沉积环境中形成的进积式准层序组来说，除进积层序具备的向上沉积水体不断变浅的准层序叠置样式以外，时代最新的准层序可全部由海岸平原沉积物组成，并且所含的滨岸砂岩多、原生沉积孔隙度大；而时代最老的准层序几乎由陆架暗色厚层泥岩组成，所含的滨岸砂岩少。所以说，进积式准层序组自下而上岩相由较深水的陆架沉积变化为较浅水的滨岸沉积，并且表现出单个准层序砂岩沉积厚度不断加大的特点（图 3-11）。

退积式准层序组垂向相变关系表现为时代较新的准层序多由较深水环境的下临滨、三角洲前缘远端或陆架环境的泥质沉积物组成，并且随着地质时代变新，较深水的暗色泥页岩沉积越来越多；而时代较老的准层序具有更多的海岸平原砂岩或河口湾砂岩沉积，且准层序沉积厚度大于时代较新的准层序沉积厚度。总体来说，退积式准层序组岩相垂向变化表现为自下而上沉积水体由浅变深、准层序泥岩沉积厚度不断加大的特征（图 3-11）。

加积式准层序组岩相垂向变化是不明显的，也就是说，自下而上每个准层序的沉积岩相和砂泥比基本上没有发生变化。但是，由于每个准层序形成的地质周期不同或在每个准层序形成时沉积速率和可容空间变化速率不同，所以每个准层序的沉积厚度在垂向上并不存在规律性变化。然而，精细对比分析就会发现，尽管每个准层序沉积厚度不同，但每个准层序砂泥比却是相同或相似的（图 3-11）。

2. 准层序组侧向相变关系

在单个钻测井剖面上，可以研究不同准层序的垂向叠置样式，同样利用多井钻测井资料也能分析不同类型准层序组的侧向相变关系（图 3-10）。

每个准层序的边界是海泛面，每个准层序组的边界是明显或主要的海泛面。在同一个准层序内，浅水沉积相总是逐渐向盆地中央方向迁移，直至发生海泛。但是，对于不同类型的准层序组来说，其沉积相的迁移规律是不同的（图 3-10）。对于进积式准层序组来说，浅水沉积相带不断向盆地中央方向迁移，或者说，年轻的准层序及其海相孔隙性砂岩

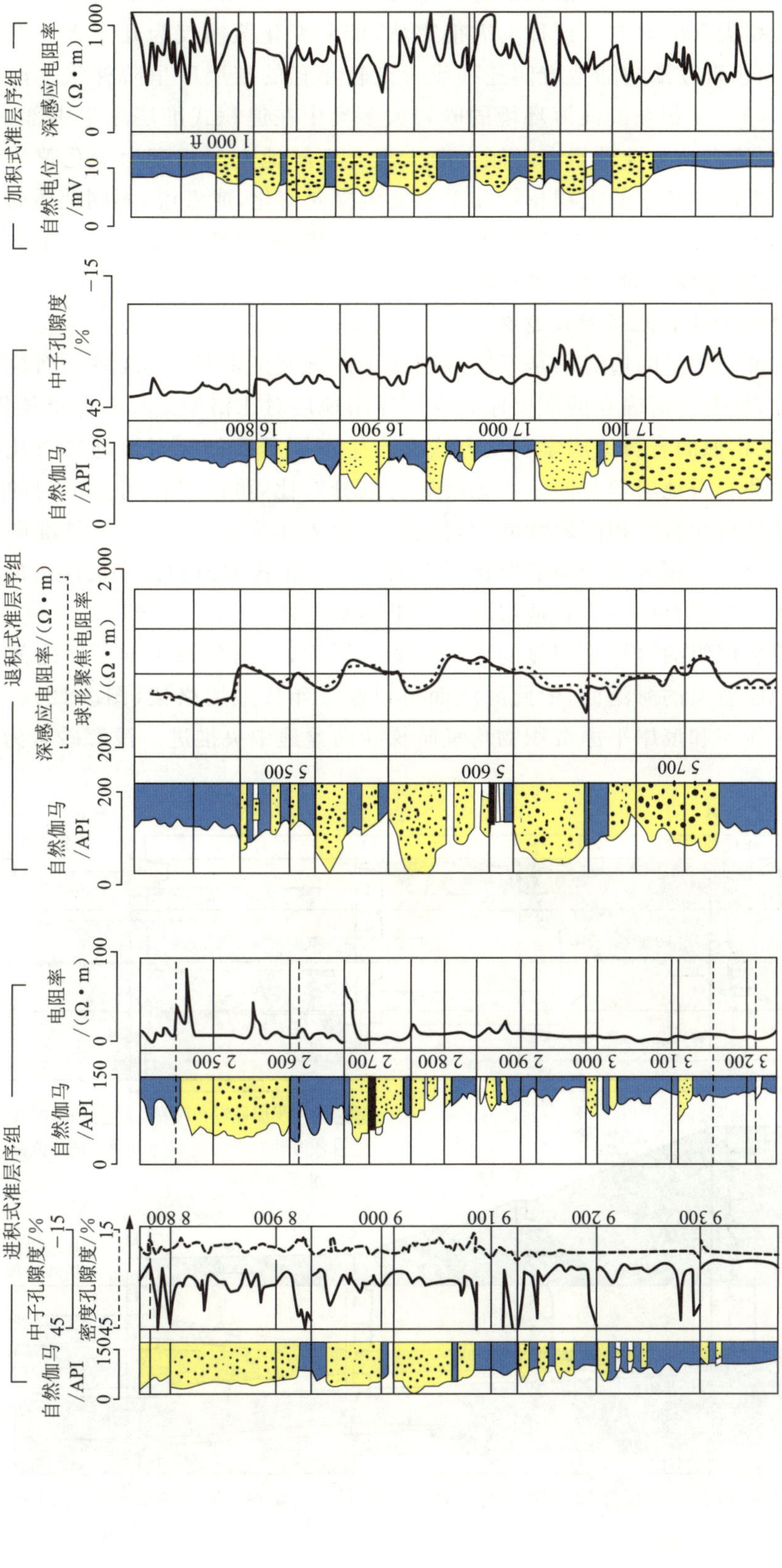

图 3-11　依据钻测井资料解释的准层序组类型(据 Van Wagoner 等,1990)

呈阶梯状不断向盆地中央方向依次推进。在每个准层序中，孔隙度最高的砂岩大致位于海相岩石向陆相尖灭的地方。这种尖灭很突然，侧向变化范围仅为几十米。在退积式准层序组中，沉积相带逐渐向陆地方向迁移或者说较年轻的准层序呈阶梯状逐渐向陆地方向后退（图 3-10）。沉积在滨浅海环境的砂岩大多集中在退积式准层序组中部，这里的砂岩孔隙度最高，该多孔隙性砂岩向上倾方向尖灭并朝陆地方向相变为少孔隙的海岸平原泥岩。加积式准层序组中的沉积相带几乎不发生横向变化，或者说，不同地质时代的准层序在横向上未发生明显的、相的迁移（图 3-10）。因此，孔隙性滨浅海砂岩在垂向上相互连通增厚，形成连通性好的、厚层潜在储集层。

3. 准层序组的年代地层对比意义

准层序和准层序组的边界均是不同级别或不同规模的海泛面，该海泛面具有年代地层意义。因此，据海泛面确立的准层序和准层序组地层对比格架是具有地层年代意义的。但是，利用岩性相似的岩石地层学对比方法会产生不同程度的穿时性地层对比结果。依据层序地层学和岩石地层学对同一套地层进行划分对比，可以得出明显不同的地层对比结果。岩石地层对比常将相同岩性的砂岩或泥岩顶界作为对比标志，但是准层序组年代地层对比是海泛面沉积响应的地层对比。下面将以进积式和退积式准层序组的地层划分对比来说明年代地层对比与岩石地层对比结果的差异。

进积式准层序组的边界是明显的或主要的海泛面，其内部每个准层序之间的边界均是具有年代地层意义的海泛面，依此海泛面可以建立年代地层格架（图 3-12）。每个较年轻的准层序中浅海和滨岸平原沉积物均呈阶梯状向盆地中央推进。浅海砂岩为潜在的有

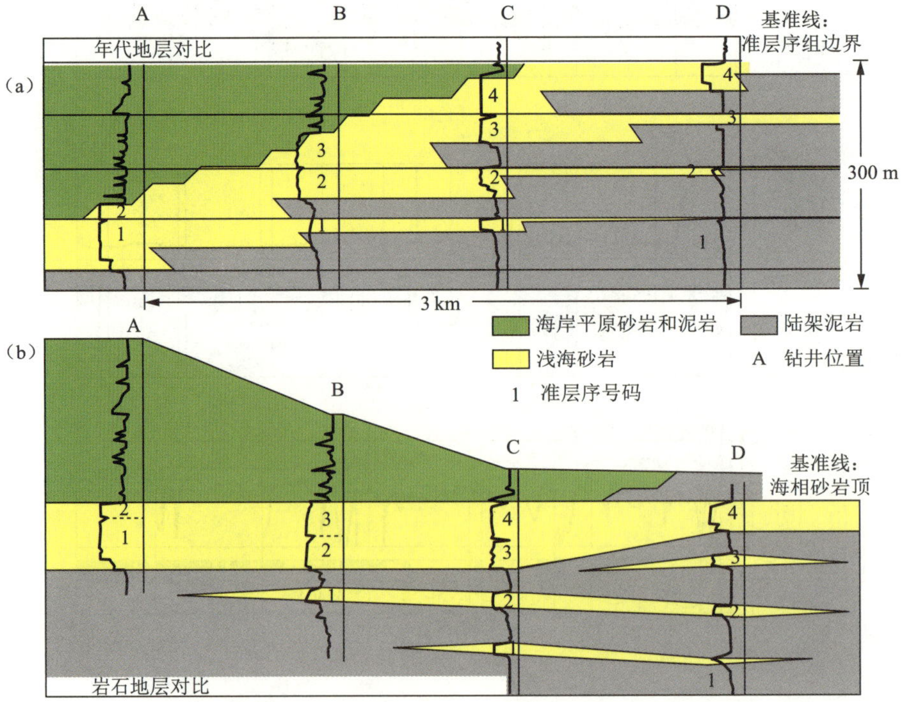

图 3-12　进积式准层序组层序地层与岩石地层对比方案（据 Van Wagoner 等，1990）

利油气储层，其上、下多被陆架暗色泥岩分隔，垂向上砂体连通性较差。若该类砂岩储层被油气充满，则油水界面将是分隔的。在浅海砂岩向陆方向相变为滨岸平原岩石附近，相邻准层序的砂岩可因合并而使某些潜在的储层具有良好的垂向连通性。若按岩石地层对比方法对进积式准层序组进行地层对比，则会得出不同的地层对比结果(图 3-12)。因为不同准层序中的浅海砂岩具有相似的岩性特征和电性响应，所以常将浅海砂岩的顶面作用岩石地层对比的标志层。这样就会将不同准层序中具有相似岩性、相似孔隙度和流体特征及相似电性响应的砂岩对比连接起来，其结果是将本不该相连的砂体连接起来，夸大了浅海相砂体的连通性，同时也将原本连通的砂体孤立起来(图 3-12)。

退积式准层序组的年代地层对比也是依据具有等时地层意义的海泛面进行的，可用海相页岩代表性电阻率标志层作为各准层序年代地层对比的标志。每个准层序均是进积的，浅海砂岩向陆方向相变为滨岸平原岩石。每个准层序中的浅海砂岩均呈孤立的砂体位于陆架泥岩之中，通常具有独立的油水界面。从垂向上看，年轻的浅海相沉积呈阶梯状向陆方向连续后退，并且砂体垂向上互不连通。但是若根据岩石地层对比方法将不同井位中具相似岩性突变界面和电性响应的浅海砂岩顶面进行对比，则会使得原本互不连通、具独立油水界面、不同准层序中的浅海砂岩连通起来，构成一个规模更大、连续、具统一油水界面的砂体(图 3-13)。这样就过分夸大了储层的连通性。当对这类储层进行油气资源开发时，就会发现存在多个分隔的油水界面，造成地层对比解释方案与油田开发效果之间的矛盾。

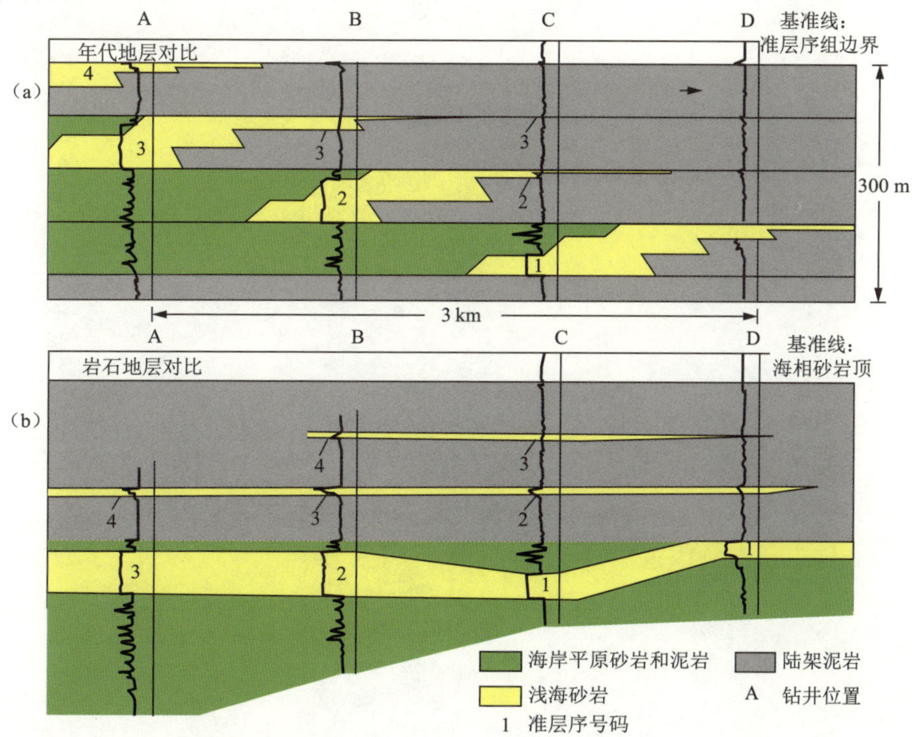

图 3-13　退积式准层序组层序地层与岩石地层对比方案(据 Van Wagoner 等，1990)

从上面的分析对比可以看出，采用层序地层对比方法和岩石地层对比方法对同一套沉积层序进行地层划分对比会得出不同的结果(图 3-12、图 3-13)。这个结果会明显影响油气田勘探开发方案的制定及调整等一系列问题。显然，层序地层对比所建立的高精度年代地层格架有利于高效地进行油气资源勘探开发，是石油勘探开发科技人员值得重视和采用的一种地层对比方法。

第四章 海相碎屑岩层序地层学

核心知识点：不同层序边界类型及其识别标志，具有陆架边缘坡折的、Vail 提出的三分体系域Ⅰ型(LST，TST，HST)和Ⅱ型(SMST，TST，HST)层序地层模型，具有陆架边缘坡折的、Hunt 提出的四分体系域(LST，TST，HST，FSST)层序地层模型，具缓坡边缘和生长断层边缘盆地的层序地层模型，活动性边缘盆地层序地层模型，深水层序地层模型，以及层序地层学在油气勘探开发中的作用。

自然界的沉积地层记录总是表现出不同时空尺度的旋回变化。风暴—晴天气候更替和洪泛—非洪泛水面升降变化都是引起短期沉积旋回的因素，沉积环境的侧向变化可引起较长时期的沉积旋回，而更大规模、更长期的沉积旋回可能是由全球海平面升降变化、构造活动、气候变化及沉积物供源变化综合作用引起的。在经典层序地层学研究中，其核心就是研究由海平面相对变化产生的沉积旋回(异旋回)，而不是研究像由河流改道形成的自旋回。随着全球海平面、沉积物供给速率、构造沉降速率和气候的变化，就会在地层记录中形成以不整合面为边界、垂向上相互叠置的沉积单元——层序(图 1-2、图 2-4)。

层序是指顶、底以不整合面及与之可对比的整合面为界的，一套相对整一的，成因上有联系的地层，它是层序地层学分析的基本地层单元，而层序的基本建造单元是准层序和准层序组(图 2-4、图 3-2、图 3-10)。Van Wagoner 等(1990)认为，层序是在一个三级全球海平面升降旋回中沉积而成的，形成时限为数十万至数百万年，层序厚度为数十至数百米，平面分布范围为数百至数万平面千米(图 3-1)。

Vail 倡导的经典层序地层学起源于被动大陆边缘的海相碎屑岩盆地。近年来，层序地层学的基本理论和概念体系不仅在被动大陆边缘盆地得到广泛应用，而且在构造活动的沉积盆地，如前陆盆地也取得了富有成效的研究成果。因此，本章除介绍被动大陆边缘盆地层序地层研究成果以外，还要说明诸如前陆盆地的层序地层模型。

不同构造背景下形成的沉积层序均是由不同类型的体系域或不同叠置样式的准层序组构成的。因此，根据层序边界类型、准层序的叠置样式及其在层序中的位置等标志，可将一个层序细分为低位、海侵和高位体系域以及陆架边缘体系域等基本类型(Vail 层序模型)，也可将一个层序细分为低位、海侵和高位体系域以及下降体系域等基本类型(Hunt 层序地层模型)。“低位”或“高位”是指体系域在层序中的位置，而不反映海平面变化旋回的特定水体位置或时间。根据沉积滨线坡折处海平面沉降速率与盆地沉降速率之间的关系以及层序边界类型，可以将海相沉积层序划分为Ⅰ型和Ⅱ型两种类型(Vail 层序模型)。Ⅰ型层序由低位、海侵和高位体系域组成，层序底界为Ⅰ型不整合面及其对应的整合面。Ⅱ型层序由陆架边缘体系域和海侵、高位体系域组成，层序底界为Ⅱ型不整合面及其对应的整合面(图 2-5)。

下面将分别讨论被动型和活动型边缘盆地以及深水环境的层序地层特征。

第一节　层序边界和识别标志

一、层序边界类型和时间属性

1. 层序边界类型

层序是以不整合面及与之相对应的整合面为边界、由成因上相关的地层构成的相对整合的地层序列(图 2-4)。显然，层序的边界就是不整合面及与该不整合面相关、可对比的整合面。不整合面能将新老地层分隔开来，并存在着指示重大沉积间断的陆上侵蚀削截或陆上暴露现象。在沉积滨线坡折处，沉积盆地边缘地形的差异、相对海平面升降幅度的不同、陆上侵蚀削截或陆上暴露面积的不同以及上覆地层超覆特点的差别，形成了不同类型的层序边界，即层序界线类型Ⅰ和层序界线类型Ⅱ。

层序界线类型Ⅰ是在沉积滨线坡折处，全球海平面下降速率大于盆地基底下降速率时产生的，即此时发生了较大规模的相对海平面下降。在此沉积背景下，层序界线类型Ⅰ响应于区域性不整合面，其界线上、下地层岩性、沉积相、地层叠置样式和地层产状可以发生很大变化，具有陆上暴露标志和河流回春作用形成的下切谷。随着相对海平面下降，河流下切作用不断向盆地中央推进，构成了滨岸上超点和岩相向盆地中央方向的迁移特征(图 4-1)。

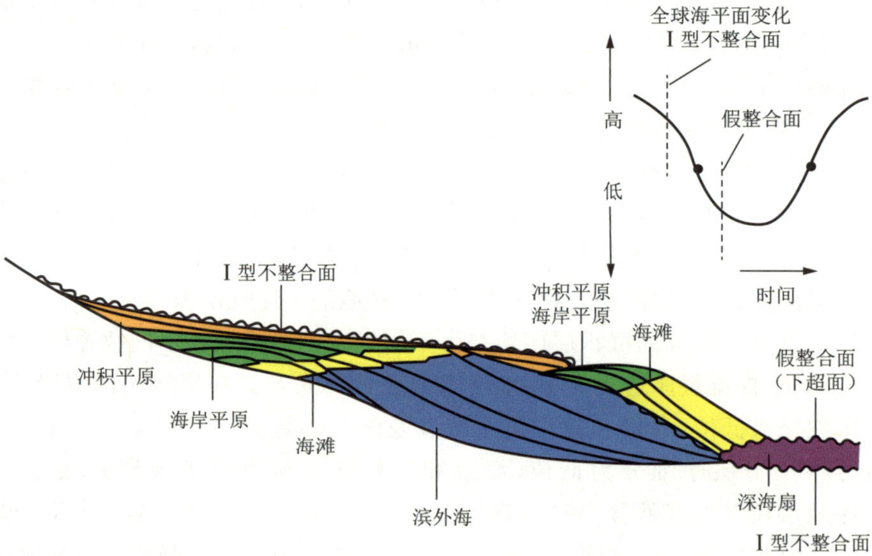

图 4-1　Ⅰ型不整合面形成过程和响应特点(据 Posamentier 等，1988)

层序界线类型Ⅱ是在沉积滨线坡折处，全球海平面下降速率几乎等于或小于盆地基底下降速率时形成的。因此，在沉积滨线坡折处发生了海平面相对上升或相对静止，从而缺乏伴随着河流回春作用所形成的区域性侵蚀，即在沉积滨线坡折带向陆一侧存在一定范围的地面暴露现象/不整合面。该界线上、下地层岩性、沉积相、地层叠置样式及地层产状的变化不如层序界线类型Ⅰ那么剧烈，但在界线之上存在上覆地层的明显加积作用或滨岸上超向盆地边缘方向转移的特点，并形成超覆不整合面(图 4-2)。

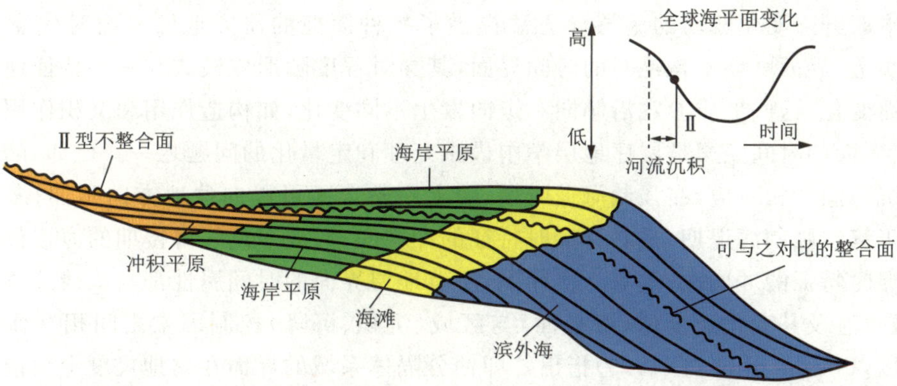

图 4-2　Ⅱ型不整合面形成过程和响应特点(据 Posamentier 等，1988)

从上述分析可以看出，在自然界，层序界线类型Ⅰ要比层序界线类型Ⅱ具有更加明显的特征，是比较容易被识别的。层序界线类型Ⅱ具有更大的隐蔽性。实际上，层序界线类型Ⅰ和类型Ⅱ的形成主要取决于盆地边缘构造沉降速率。在全球海平面下降的背景下，盆地边缘低速沉降的地方易形成层序界线类型Ⅰ，而在盆地边缘高速沉降的地方易形成层序界线类型Ⅱ。显然，不同层序界线类型的形成是全球海平面升降变化与盆地沉降速率之间相互作用的结果。这种差异性相互作用就形成了不同层序界线内的不同沉积体系组合方式(图 2-5)。

2. 层序边界时间属性

层序或地层界面(含体系域界面)记录了沉积事件(如海平面升降、构造活动、气候、沉积环境、沉积物载荷和环境能量等)随时间的变化，由基准面(海平面)变化与沉积作用的相互作用而形成。这种相互作用可能与沉积作用相对应形成多种沉积类型和不同级次的沉积旋回，也可能与地层缺失有关形成沉积层序的边界。

层序和体系域界面为沉积层序成因解释提供了基本框架，从等时的角度限定了不同沉积体系域的时空分布和叠置样式。层序和体系域界面通常是与环境相关的层面，这种面有着特定的成因环境，因此反映特定的上、下环境接触关系的变化(如陆上不整合面、相对应整合面、最大海泛面或最大海退面)(Galloway，2004)。评价等时地层格架内的地层界面是层序地层学中一个核心而又存在争议的问题。层序和体系域的边界面是否是时间界面？是否在全盆地范围内同时产生？显然，这对于等时地层对比来说是极其重要的。

20 世纪 70—80 年代，地震地层学和层序地层学着重强调了海平面升降变化对现存地层记录所产生的作用。由于海平面升降变化是全球性的，所以与基准面旋回相对应的层序地层界面是等时的，即层序和体系域地层界面在全区域同时形成(图 2-15)。这些早期的思想引领人们构建了全球旋回图表(图 2-21)，其基本前提是层序地层相关边界是全球可对比的等时线，同时层序边界不整合面与具有全球意义的地层间断也是相对应的。这样，如果假定每个地层旋回是全球性等时的，全球任何盆地内的每套层序地层界面就都是可追踪的，也可与全球地层旋回的标准曲线对比。因此，层序旋回也被看作是地质时间单元，这为沉积岩石记录细分为成因年代地层提供了研究手段(Vail 等，1977，1991)。

海平面升降变化驱动的地层学方法提供了一种简捷的研究地层界面时代意义的途径。事实上，界面可能不是绝对的时间界面，其穿时程度随形成模式和一些特征地质参数的不同而变化，这些地质参数沿倾向和走向发生不同变化，如构造作用和沉积作用。实际上，地层界面的时间意义是层序地层学中最难处理和定量化的问题之一。比如，陆上不整合面与沉积间断相对应，在强制海退时期，陆上不整合面可以向盆地方向延伸；海退侵蚀面形成于滨线强制海退期，是具有穿时特征的冲刷面；形成于滨线海侵期的海侵侵蚀面也是具有穿时特征的冲刷面；等等。实际上，所有地层界面的时间属性都与滨线迁移演化有关，滨线轨迹及其变化受全球(海平面)与区域(沉积、沉降)控制因素之间相互作用的控制。所以，Posamentier 等(1999)指出，“即使分隔体系域的界面在盆地尺度上可能存在穿时，但其年代差异也常常低于生物地层学分辨率，层序和体系域可在广大地区连续，并能记录重要阶段的盆地演化过程”。

二、不同类型层序边界识别标志

层序界面识别可基于地质、地球物理和地球化学等多方面的资料，依据地层接触关系(整合或不整合)、与特定界面相关的地层终止关系、界面接触处的沉积相属性、层序界面上下地层的沉积组合特征(强制海退、正常海退或海侵)、层序界面上下地层古生物组合及遗迹化石特征、层序界面上下地层矿物学和地球化学以及地球物理响应特征的变化来确定。显然，上述依据要基于对地层接触关系和沉积环境的理解。沉积背景的重建可以为解释者提供地层界面识别、对比和成图的客观标准。

1. Ⅰ型层序边界的识别标志

Ⅰ型层序边界是一个陆上侵蚀不整合面及与之对应的整合面(图 4-1)，它在侧向上广泛连续分布，不仅可以覆盖盆地中某个区域或整个盆地，甚至可以同时出现在世界范围内的许多沉积盆地之中。尽管盆地不同部位的不整合面上、下地层之间的地层缺失量是不同的，但这个不整合面及与之对应的整合面确实能够将其上、下新老地层分隔开来，构成具有年代地层意义的一个界面。因此，层序边界可以为岩相古地理研究提供一个年代地层格架。层序边界在露头、钻测井和地震资料上均有不同程度的响应，在识别层序边界时，应该利用多种资料进行综合判断。

(1) 广泛出露地表的陆上侵蚀不整合面。这个不整合面可分布于整个陆架地区，也可分布于盆地缓坡，甚至分布于整个盆地(图 4-1)。不整合面之上可存在成分和结构成熟度均较高、厚几十厘米的底砾岩，也可存在厚几至几十厘米的含褐铁矿、铝土矿的古土壤和根土层(图 4-3)；不整合面波状起伏，在平面上可长距离追踪；不整合面上、下地层产状可明显不同或存在地层缺失/间断。

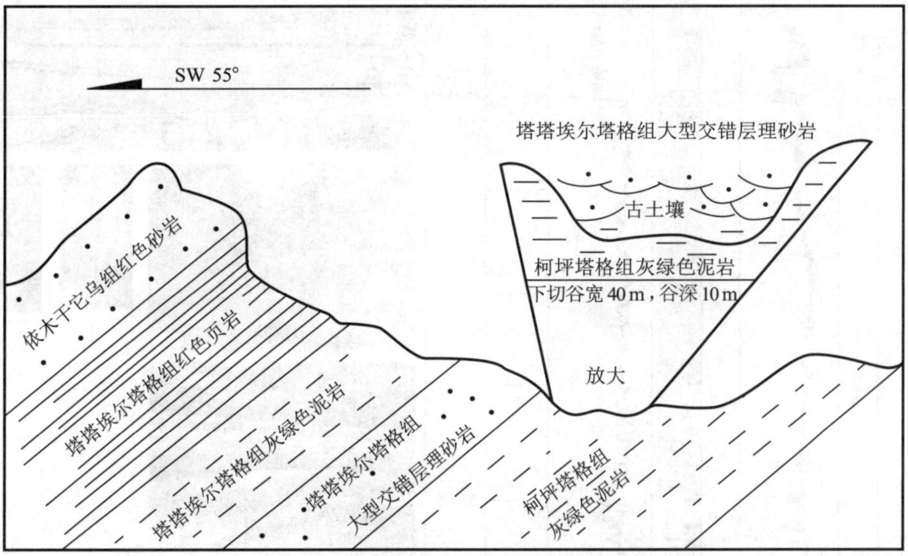

图 4-3 新疆柯坪因干村露头奥陶系与上覆志留系不整合接触(下切谷)

(2) 层序界面上下地层颜色、岩性以及沉积相的垂向不连续或错位。如杂色泥岩与上覆灰色砂岩接触(图 4-4)。沉积相的垂向错位意味着浅水沉积间断性地上覆在较深水沉积之上(图 4-5),如煤层上覆在外陆架泥岩之上,也可以是上临滨亚相直接上覆在下临滨亚相之上,中间缺失中临滨亚相。相的垂向错位往往伴生着沉积物粒度的突然增加,反映海平面的相对下降和陆上不整合面的发育。相序错位多出现在高位体系域的前积层处和顶积层向盆地一侧(海平面发生相对下降)。

(3) 伴随海平面相对下降,由河流回春作用形成的下切谷。这是层序边界的典型标志。下切谷充填物与其下伏沉积层存在明显的沉积相错位。当海平面发生相对下降时,由于侵蚀到陆架地区的河流数量、河流规模以及后期海平面上升速率不同,因而形成具有不同特征的下切谷充填物(图 4-6)。若侵蚀到陆架区的河流规模大或河流数量多、后期海平面上升速率相对慢,则易形成充填砂岩且分布广泛的下切谷,但不太发育河间古土壤或根土层;反之,下切谷不太容易充填砂岩,可充填泥质沉积物,较发育河间古土壤层。

下切谷规模较大,可宽达数千米或几十千米,长达几十千米,深达数十米。下切谷形态多样,多呈不规则的"V"字形。下切谷充填物质复杂多变,可充填砂岩,也可充填砾岩和泥岩(图 4-6),这取决于后期的海平面相对上升速率和沉积物供给情况。下切谷发育具有多期性和阶段性特征,下切谷早期主要起到搬运通道作用(早期过路),下切谷晚期发生沉积充填。下切谷发育及其充填物变化是海平面相对升降、沉积物供给等多种地质因素综合影响的结果。

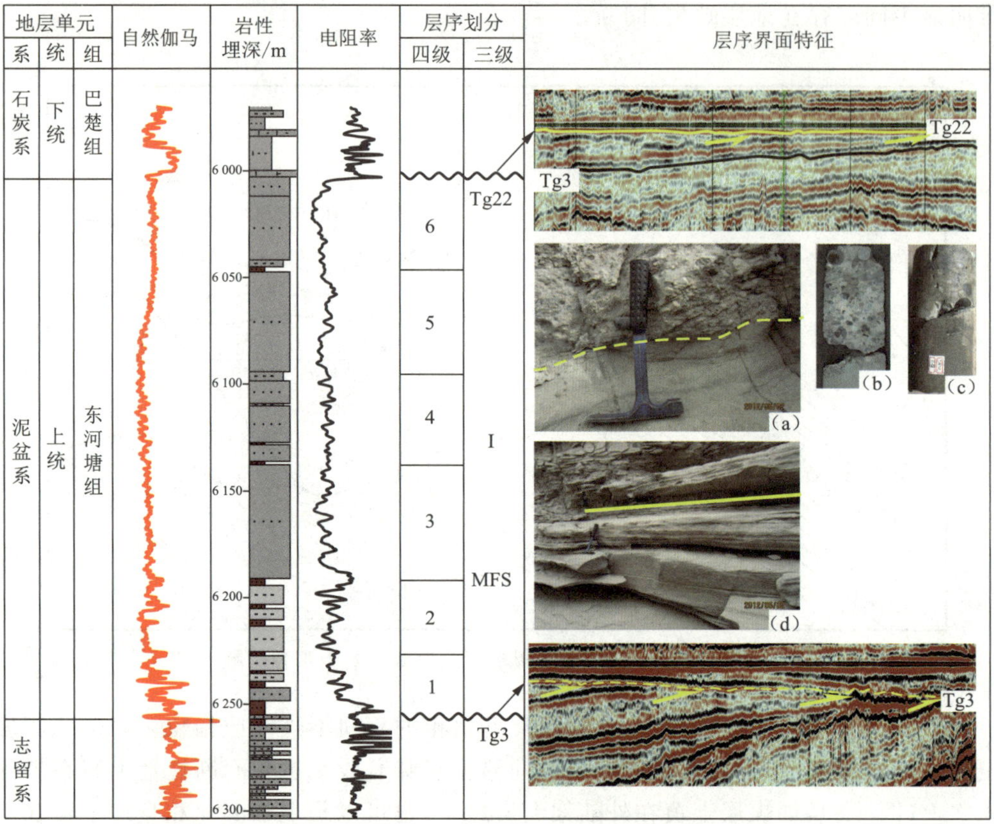

图 4-4 塔里木盆地古生界层序边界综合识别标志(新疆巴楚露头、塔中测井和地震剖面)

(a)(d)为新疆巴楚东河塘组顶界不整合面野外露头照片;

(b)(c)为 H6 和 D20 井东河塘组顶界不整合面岩芯照片

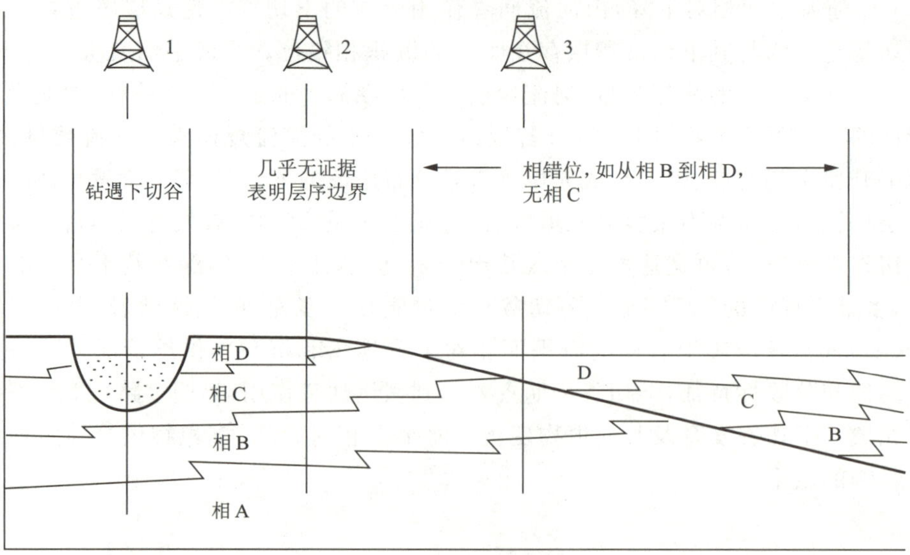

图 4-5 Ⅰ型层序边界的相序错位和下切谷(据 Myers 等,1996)

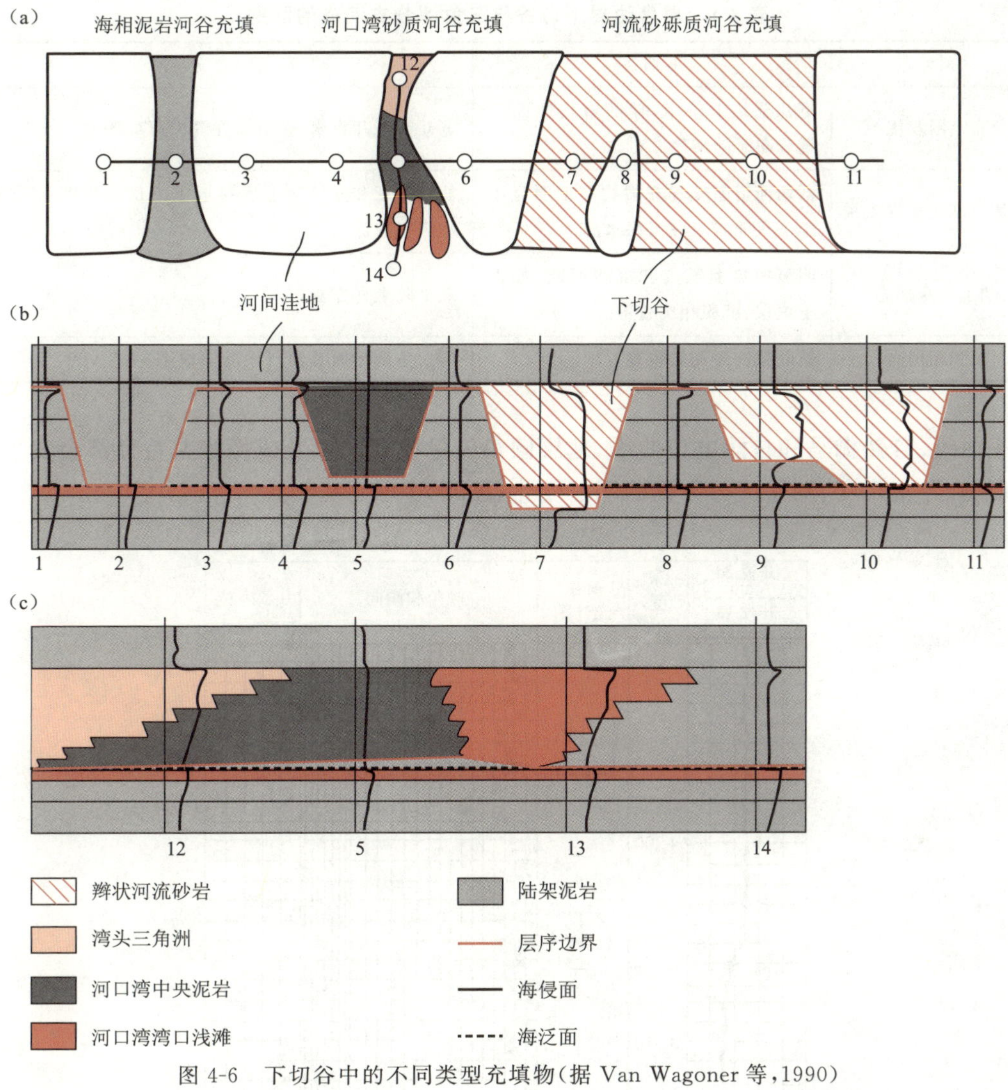

图 4-6　下切谷中的不同类型充填物(据 Van Wagoner 等,1990)

作为河流沉积成因的下切谷有时是难以与三角洲分支河道区别开来的。因此,准确地确定Ⅰ型层序边界,并在露头、岩芯、钻测井及地震资料上建立等时年代地层格架,关键在于区分下切谷与三角洲分支河道。一般来说,可以通过河道分布及规模、截切厚度与水深的关系、陆上暴露标志以及沉积相组合(相序列错位)将下切谷与三角洲分支河道区分开来(表 4-1)。

(4) 相对海平面明显下降造成的层序界面处的古生物化石种属断带或绝灭。由于海平面明显下降或大幅度长期下降,导致沉积环境突变,进而造成层序界面处的古生物化石种属绝灭或古生物生态环境变化,形成古生物种属组合及古生物活动遗迹的明显变化。

(5) 在岩性和地层产状突变的层序界面处,测井曲线具有良好的层序界面响应。如电

表 4-1 层序边界下切谷与三角洲分支河道的区别

区别标志	下切谷	三角洲分支河道
分布范围及规模	宽几至几十千米，伴随着侵蚀面广泛分布于陆架区	宽几十至几百米，仅分布在滨岸河口部位
截切厚度与水深关系	截切河道厚度和充填物厚度明显小于下伏泥岩对应沉积水深	截切厚度和充填物厚度接近于下伏三角洲泥岩对应沉积水深
陆上暴露标志	明显的陆上暴露和沉积间断，如古土壤层、沉积相突变等	缺少陆上暴露标志
沉积相组合	被陆架浅海泥岩包裹	与三角洲平原及河口坝沉积相伴生

阻率曲线、自然伽马和自然电位曲线、地层倾角矢量模式图以及成像测井特征都会发生曲线形态、异常幅度、测量值等方面的明显变化(图 4-7)。

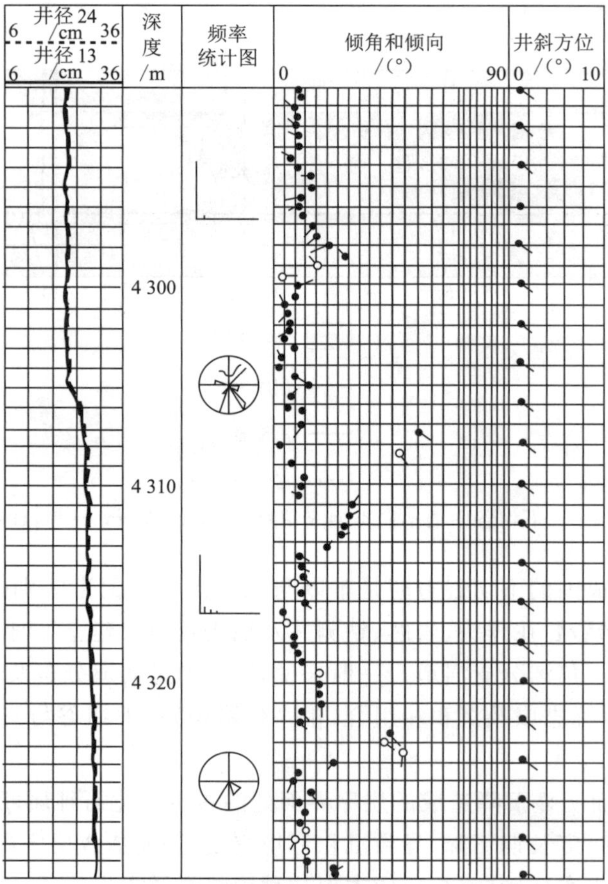

图 4-7 塔里木盆地塔中 10 井石炭系与志留系不整合接触地层倾角测井矢量图

(据王贵文等，2000)

(6) 层序界面上、下体系域类型或准层序类型的突变。比如层序界面之下为高位体系域沉积，层序界面之上为海侵体系域沉积，其间缺少低位体系域沉积。准层序叠置样式的变化也可反映海平面升降变化，比如海平面上升多对应退积式准层序组，海平面下降多对应进积式准层序组。这种准层序叠置样式和体系域的垂向突变在测井曲线上也有良好的响应。

(7) 伴随着沉积相向盆地中央方向的迁移，可在地震剖面上识别出一个层序顶部海岸上超的向下迁移现象和一个层序下部层序界面之上的海岸上超向陆迁移现象(图4-1)，它们与地震剖面上的地震反射终止关系(削截、顶超、上超、下超，图 4-8)一起构成了层序边界的识别标志。

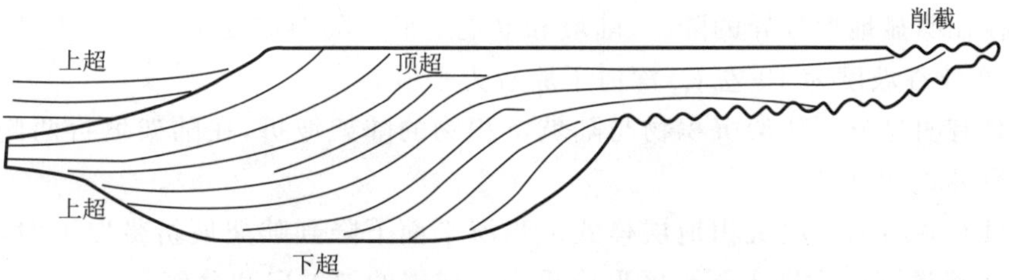

图 4-8　不同类型地震反射终止关系示意图(据 Brown 等，1977)

另外，层序边界上、下地层古地磁极性和构造运动面、古气候和古水深、地球化学微量元素类型和含量、古生物组合及其遗迹化石等都有明显的变化，这些变化也是识别层序边界的重要标志。但是，并非在盆地任何地方都能找到上述层序识别标志，能否识别取决于观察点的位置、Ⅰ型层序边界的物理表现形式、所采用的资料类型和精度以及盆地沉积物供给速率与海平面相对变化速率之间的关系。

2. Ⅱ型层序边界的识别标志

大多数硅质碎屑岩的层序边界为Ⅰ型层序边界。加之地质历史时期形成的Ⅱ型层序边界难以保存以及现今对Ⅱ型层序边界研究较少，故Ⅱ型层序边界的识别标志相对简单。

(1) Ⅱ型层序上倾方向沉积滨线坡折带向陆一侧、分布范围相对较小的陆上暴露及其超覆不整合(图 4-2)。由于沉积滨线坡折处未发生明显海平面相对下降，所以Ⅱ型层序边界之上未发生大规模河流回春侵蚀作用，也不容易发育海底扇沉积。

(2) 自沉积滨线坡折带向陆一侧，海岸上超向陆迁移并形成具有一定分布范围的超覆不整合，沉积形成由进积到加积准层序构成的陆架边缘体系域。在沉积盆地中，可通过高精度地质资料和钻测井资料确定陆架边缘体系域(Ⅱ型层序底部的体系域)，进而确定Ⅱ型层序边界。

在一个沉积盆地中，由于盆地边缘物源供给、构造沉降作用的差异，Ⅱ型层序边界可以横向变为Ⅰ型层序边界。在实际层序地层学研究过程中，要关注构造活动、物源供给、海平面升降以及其他多种地质因素对层序边界类型的综合影响。

第二节　具陆架坡折盆地的层序地层模型

层序地层模型除了受全球海平面升降、构造沉降、沉积物供给和气候四个地质因素影响外，同时还受到盆地边界类型和盆地几何形态的影响，所以，本书将分别讨论具陆架坡折的盆地(含深水地区)、具缓坡边缘的盆地和具生长断层的盆地，以及前陆盆地的层序地层模型。

一、具陆架坡折盆地的特点

具陆架坡折盆地的Ⅰ型层序地层模型往往在具有下述特点的盆地中形成。

(1) 存在明显地形分异的陆架、陆坡和盆地地形。陆架坡度常小于0.5°，陆坡坡度为3°～6°，海底峡谷坡度为10°左右，深海平原较为平缓。

(2) 具有明显分割陆架沉积物与陆坡沉积物的陆架坡折，在陆架坡折两侧存在突然的浅水到深水的过渡。

(3) 具有倾斜的斜坡沉积地层样式。当海平面下降到陆架坡折带以下时，河流下切形成峡谷并输送沉积物进入深水区形成重力流成因的斜坡扇和盆底扇。

(4) 存在能够形成下切峡谷并向盆地输送沉积物且足够大的河流体系。

(5) 具有足够大、能够将不同海平面升降变化阶段形成的准层序组保存下来的可容空间。

(6) 海平面下降幅度足以使低位体系域在陆架坡折或其外侧不远的地方发生沉积。

具陆架坡折的盆地中体系域的分布位置受陆架坡折与沉积滨线坡折之间关系的影响。现今海平面上升高水位期间，全球陆架坡折的水深为37～183 m。在许多海盆中，大陆架的宽度是变化的，常见沉积滨线坡折离陆架坡折的距离为160 km或更远一些，所以陆架上形成的沉积体系域展布就宽。而在另外一些窄陆架海相盆地中，如果高位体系域进积到陆架坡折带，那么在海平面下降时，沉积滨线坡折带就邻近陆架坡折带，可形成陆架边缘三角洲及相关重力流沉积。

二、Vail的三分体系域Ⅰ型层序地层模型

1. 低位体系域

低位体系域是在相对海平面下降(全球海平面下降速率大于沉积滨线坡折带构造沉降速率)以及其后的缓慢上升时期形成的，其底为Ⅰ型层序不整合面及与其对应的整合面，其顶为首次越过陆架坡折带的海泛面。在具陆架坡折的盆地中，低位体系域常由盆底扇、斜坡扇、低位前积楔状体以及下切谷组成(图4-9)。

盆底扇(basin floor fan)是指沉积在盆地底部或大陆斜坡下部的海底扇，其形成与斜坡上的峡谷侵蚀以及陆架暴露地表发生河流回春下切作用密切相关，即在形成Ⅰ型层序界面时，由于陆架部分或全部出露地表遭受剥蚀，沉积物越过陆架和大陆斜坡，通过下切谷和斜坡峡谷以点物源的供应方式在盆底形成盆底扇。盆底扇底界面与低位体系域底界面一致，顶界面常被斜坡扇和低位前积楔状体下超(图4-9、图4-10)。盆底扇作为重力流

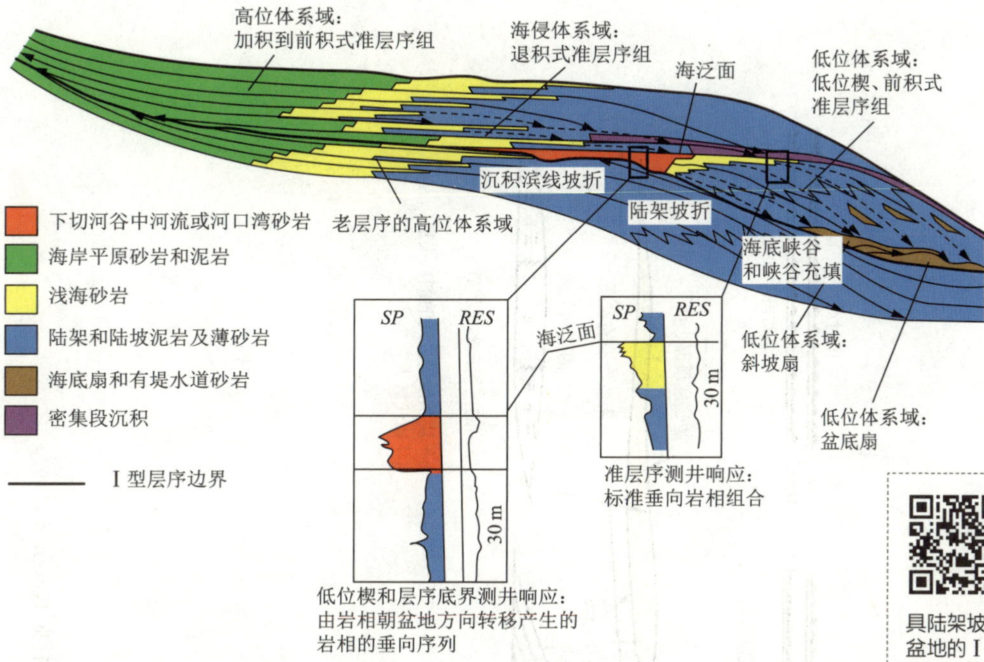

图 4-9　具陆架坡折盆地的 I 型层序地层模型(据 Van Wagoner 等,1990)

具陆架坡折盆地的 I 型层序地层模型

沉积,多由砂岩或砂砾岩组成,可用 Bouma 序列的 AB、ABC 段组合或被截切、叠置的 A 段描述。盆底扇可划分为内扇、中扇和外扇三个次级沉积单元。内扇由沉积序列不明显、互层的砂砾岩组成;中扇为向上粒度变细、砂层厚度减薄、略水道化的沉积序列;外扇以沉积物粒度变细、砂层变薄的非水道化沉积序列为特征,在外扇部位可能存在较大规模的砂质朵状体。盆底扇在陆坡上部或陆架之上无对应的同期沉积物(图 4-10)。

在地震剖面上,盆底扇常常响应于缺少水道特征的丘状地震反射。

斜坡扇(slope fan)是指位于大陆斜坡中部或底部的重力流沉积体(图 4-11),它是在海平面相对下降晚期或上升早期形成的。斜坡扇可沉积于盆底扇之上,也可沉积在比盆底扇更近源的地方,其顶被低位前积楔状体下超。斜坡扇可以与盆底扇同期沉积,也可在盆底扇沉积后发生沉积。由于斜坡扇形成时陆架上河流下侵作用减弱,粗粒物质往往优先充填在下切谷内,因此,与盆底扇沉积物相比,斜坡扇粒度更细,砂泥比更低。典型的斜坡扇呈开阔裙边状,以发育有堤活动水道和溢岸席状韵律浊积砂为沉积特征(图 4-11)。这些带天然堤的水道和溢岸韵律浊积砂为自很陡的峡谷壁上流下来的重力流沉积,通常沉积在下切的海底峡谷出口处,其位置比早期或同期的低位盆底扇更加近源。在斜坡扇中,砂沉积在水道中或在沉积物载荷超过水道携带能力时呈薄层或透镜状位于水道侧方。

斜坡扇多由砂岩组成,可用 Bouma 序列描述。盆底扇也可划分为内扇、中扇和外扇三个次级沉积单元,它与盆底扇的主要区别在于是否发育水道(图 4-11),故在地震剖面上,斜坡扇常常响应于发育水道特征的丘状反射。斜坡扇水道砂不仅构成了斜坡扇主体格架,而且是很好的油气勘探目标。叠置的越岸砂可提供多层、孔隙度为 10%～32%的储层。

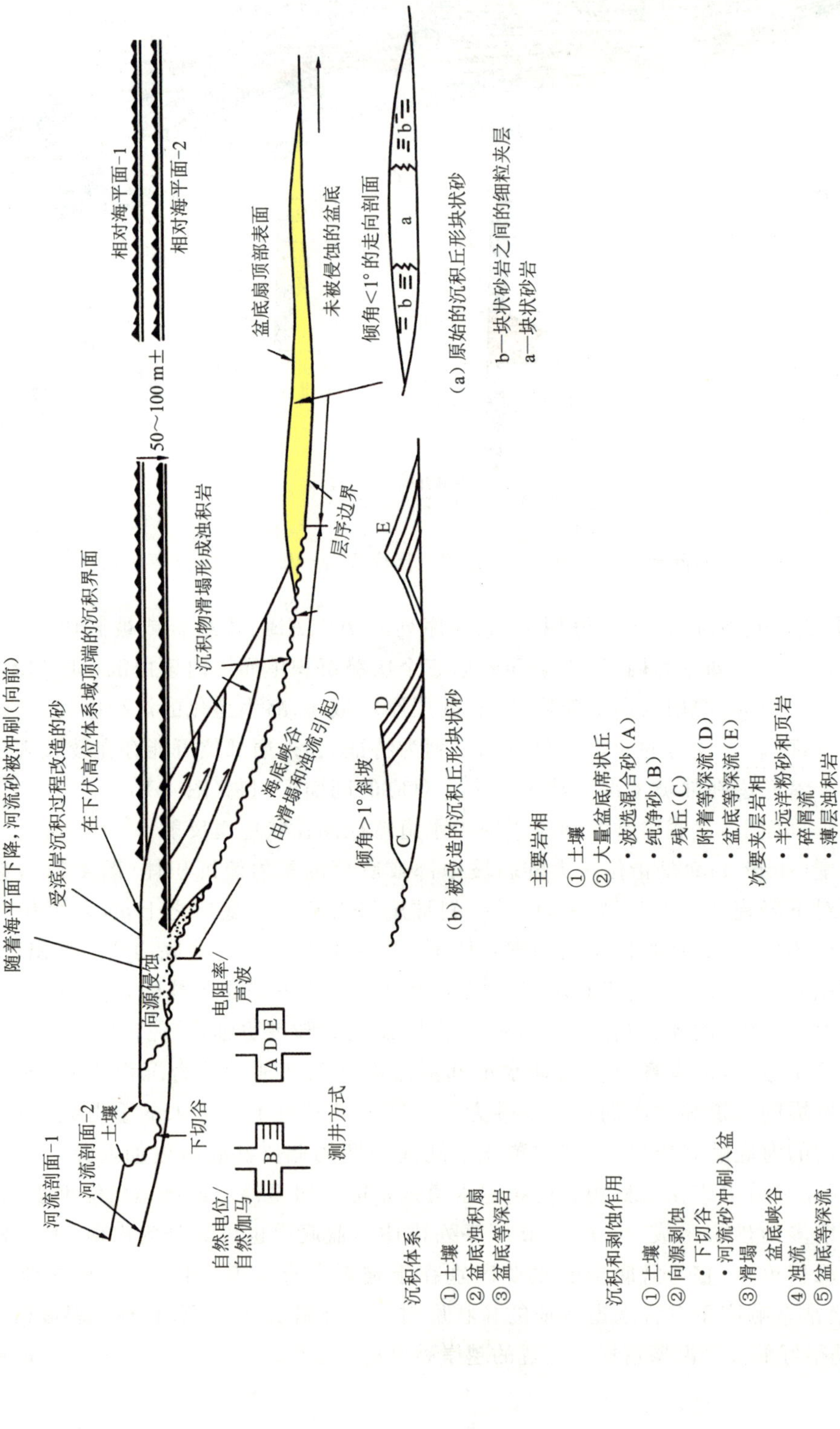

图 4-10 具陆架坡折的 I 型层序低位盆底扇(据 Bowen 等,1997)

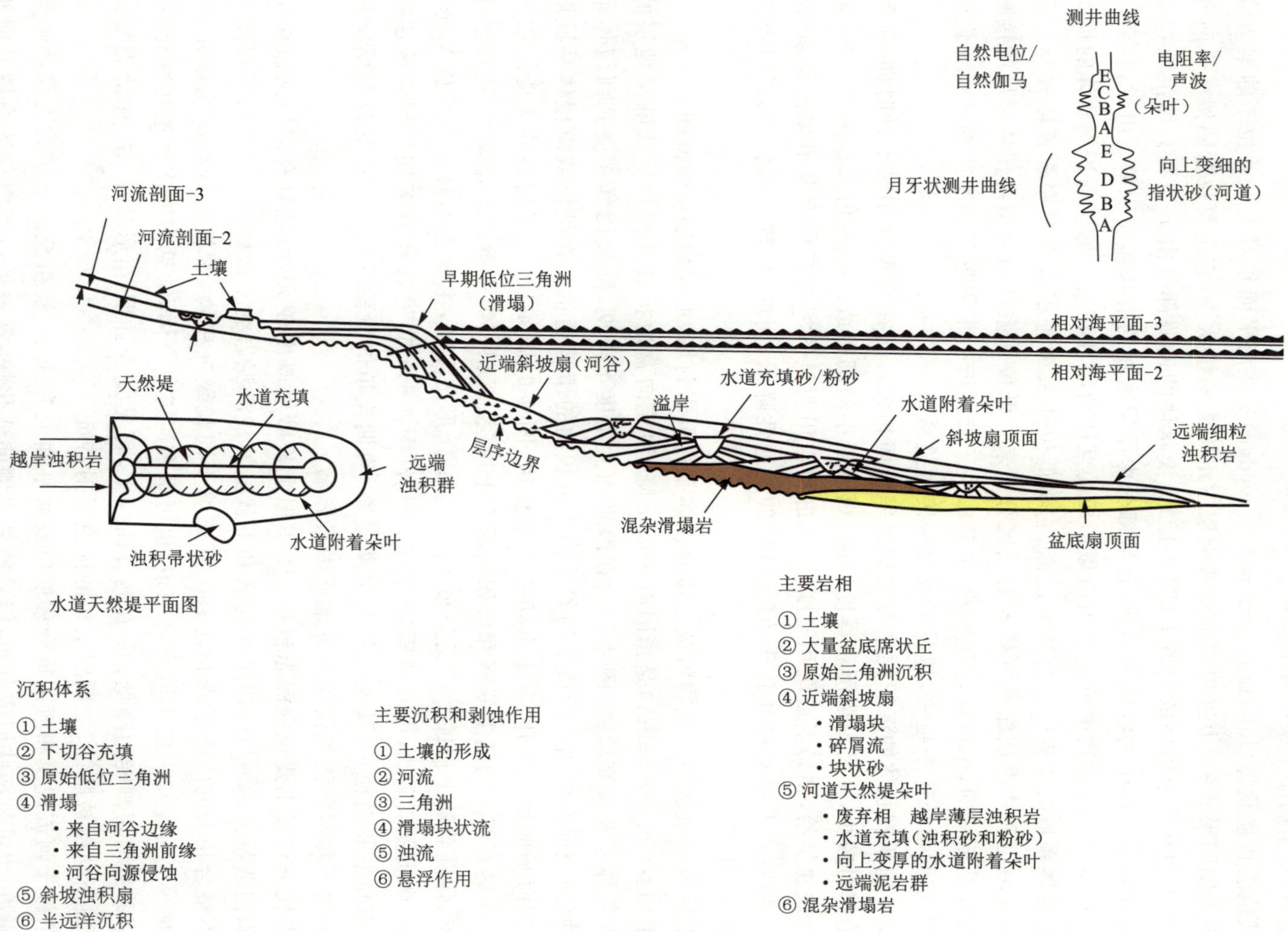

图 4-11　具陆架坡折的Ⅰ型层序低位斜坡扇（据 Bowen 等，1997）

需要指出的是，在盆底扇和斜坡扇沉积环境中是难以识别准层序的，因为这两个沉积体均缺少向上水体变浅的准层序特征。在实际工作中，常用扇体向上变细、变薄的层组或向上变厚、变粗的层组来代表准层序。

低位前积楔状体(lowstand prograding wedge)是在海平面相对上升并位于陆架边缘坡折附近期间形成的、由进积到加积式准层序组构成的楔状体，它主要位于陆架坡折向海一侧，并上超在先前层序的斜坡上(图 4-12)。楔状体的近源部分由下切谷充填沉积物及在陆架或陆坡上伴生的沉积物组成，远源部分由厚层富泥的楔状体前积单元组成，在低位前积楔状体早期沉积物中可包含由滑塌形成的互层薄层浊积岩。低位前积楔状体的顶面便是低位体系域的顶界——首次海泛面，它将低位体系域进积式准层序叠置样式与上覆海侵体系域退积式准层序叠置样式有效区分开来。低位体系域与上覆海侵体系域的接触关系可以是渐变的，也可以是突变的，主要取决于陆架坡折带附近可容空间的增长变化速率，可容空间增长速率越快，越易形成突变接触关系。

低位前积楔状体的沉积类型与沉积速率密切相关。若在海平面相对上升时期，沉积物供给相对较少，则易形成沉积厚度较薄、规模较小的潮控或浪控三角洲和滨岸沉积；若沉积物快速供给，则易形成沉积厚度较大、进积作用明显的河控三角洲及滑塌浊积扇(图 4-12)。随着海平面的相对上升，河流砂体的连通性降低，而煤层、越岸页岩、潟湖以及滨岸沉积物不断发育。

低位前积楔状体沉积物可被上覆海侵体系域页岩封堵，形成地层岩性圈闭。

下切谷(incised valley)是指因海平面下降、河流向盆地扩展并侵蚀下伏陆架地层的下切河流体系及其充填物(图 4-9)。在海平面大幅度下降期，陆架因暴露受到河流体系的侵蚀(河流回春作用)，形成下切谷并构成沉积物的搬运通道。在低位或海侵体系域形成期，因海平面相对上升，发生下切谷充填作用(图 4-9、图 4-10)。下切谷的主要沉积特征为：① 具有明显的陆上暴露和沉积间断古土壤层、沉积相突变等；② 规模大，宽几至几十千米，伴随着陆上侵蚀面广泛分布于陆架区；③ 形态多样，主要为不对称的细长 V 形；④ 充填物质复杂多变，可充填砾岩、砂岩、泥岩(图 4-6)；⑤ 发育具有多期性和继承性特点，发育位置相对稳定，其演化具有早期过路、晚期充填的阶段性特征；⑥ 发育充填特征受海平面下降与河流规模等多种地质因素影响。

古代下切谷主要识别标志包括：① 不但沉积砂层厚度较大，而且具有多层河流牵引流沉积构造特征；② 与周边洪泛泥岩和下伏陆架浅海泥岩突变接触；③ 具有与形成陆上侵蚀不整合相关的广泛暴露标志；④ 可充填不同粒级沉积物，常被河口湾沉积物充填；⑤ 平面形态可呈单一的不同弯度河道，也可呈多河道复合体，常见多期次河道切割充填，但向下游方向切割能力降低；⑥ 在测井曲线上，可见复合钟形-箱形特征；⑦ 在地震剖面上，可见下伏层被削蚀、上覆层上超的河道反射特征。

依赖于河流规模和河网疏密程度以及海平面上升速率，较粗粒的下切谷充填物可呈单一河道，也可呈网状河道分布，但总的来说侧向变化快，常被低位或海侵体系域的泥质沉积物(陆架浅海泥岩)所包裹，易形成能富集油气的岩性油气藏。

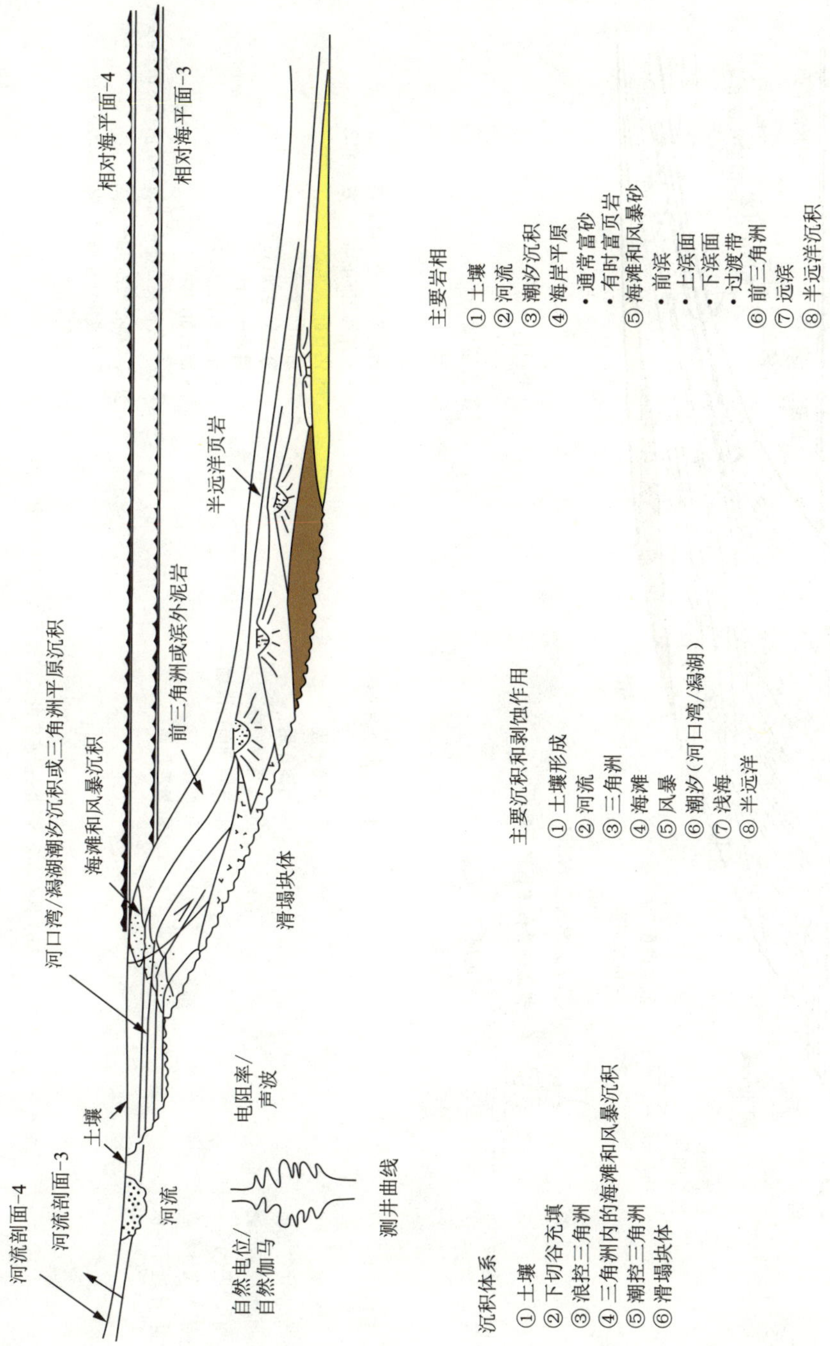

（a）具有低—中等沉积速率的低位体系域进积碎屑复合体

图 4-12　具陆架坡折的 I 型层序低位前积楔状体（据 Bowen 等，1997）

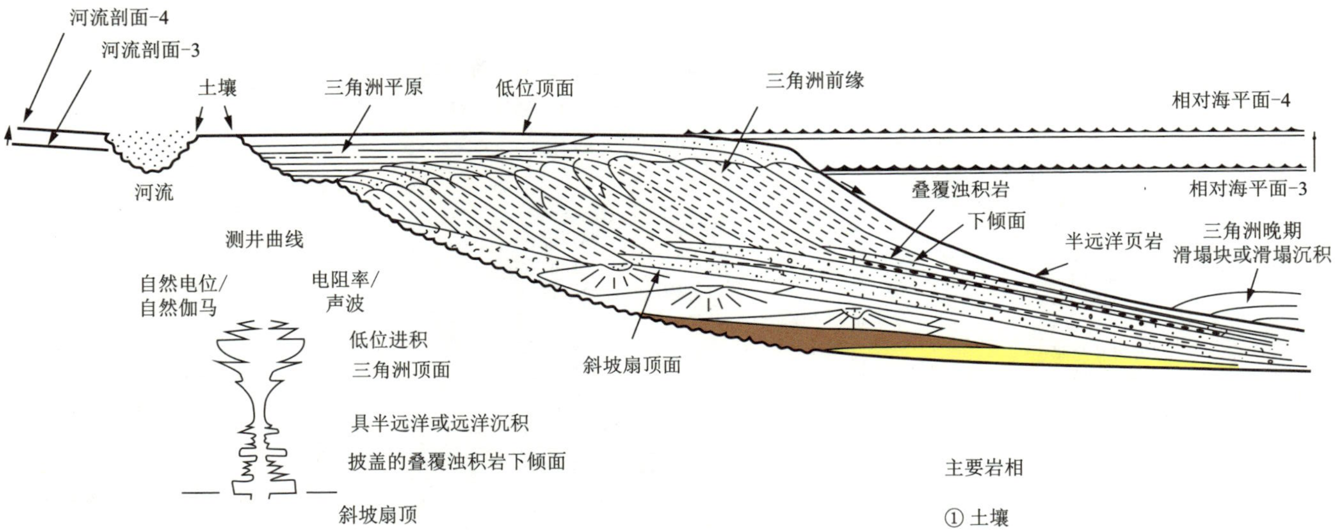

沉积体系

① 土壤
② 下切谷充填
③ 河控三角洲
④ 滑塌体
⑤ 叠覆浊积岩
⑥ 半远洋沉积

主要沉积和剥蚀作用

① 土壤形成
② 河流作用
③ 三角洲形成
④ 三角洲前缘滑塌
⑤ 浊流
⑥ 悬浮作用

主要岩相

① 土壤
② 河流
③ 三角洲
　三角洲平原(特别富含砂)
　• 分流河道间砂坝泥、粉砂和砂
　• 化石群
　三角洲前缘
　• 分支河道坝口砂
　• 远端砂坝砂
　• 前三角洲浊积砂
　• 前三角洲泥
④ 低位进积复合体末端的构造活跃区滑塌沉积
⑤ 盆底扇叠覆浊积砂
　• 丘状或盆地充填相(构造活动区)
⑥ 半远洋页岩

(b) 具有非常高的沉积速率的低位体系域进积碎屑复合体

图 4-12(续)　具陆架坡折的Ⅰ型层序低位前积楔状体(据 Bowen 等,1997)

2. 海侵体系域

海侵体系域是具有陆架坡折边缘Ⅰ型层序中部的一个体系域，它是在海平面快速上升期间，可容空间增长速率大于沉积物供给速率的情况下形成的，其底界为首次海泛面，顶界为最大海泛面。由于较快速的海平面上升和较少的沉积物供给，海侵体系域由一系列较薄层、不断向陆呈阶梯状后退的准层序组构成（图 4-9），其水体向上不断加深，依次沉积的较新的准层序向陆方向上超在层序边界之上。当海平面沿早期老的斜坡面上侵以至淹没整个陆架、海平面洪泛海侵达到最大时，形成分布广、富含古生物化石、以低沉积速率沉积的薄层凝缩层。海侵体系域主要是退积的，几乎没有前积沉积物，常见沉积体系有滨岸平原、富煤的海陆交互沉积、冲积和越岸冲积以及潟湖沉积（可见小型潮汐三角洲），潮汐影响可能是广泛的（图 4-13）。海侵体系域较低位和高位体系域具有更低的砂泥百分比，因而它可构成广泛分布的盖层和烃源岩层，现今世界上大多数陆架均被海侵体系域占据，主要的三角洲都是陆架三角洲，具有成因关系的重力流扇是不太发育的。河口湾、潮汐海、障壁岛和潟湖都是常见的沉积体系，而深海沉积作用主要为大陆斜坡滑塌形成的重力流沉积。

凝缩层在区域性或全球性地层对比以及层序地层学研究中起着重要作用（尽管有人认为，在高精度等时地层对比中，凝缩层顶、底面还不是一个等时界面）。它是由沉积速率极低、分布广泛的半深海及深海沉积物组成且富含有机质的薄层暗色泥页岩。实际上，凝缩层向海一侧包含海侵体系域和高位体系域远端部分。凝缩层分布范围很大，可以由盆地平原延伸到陆架，成薄层、稳定的沉积单元将滨浅海沉积与较深水的远海沉积地层联系起来，从而作为地层划分对比以及恢复古环境的一个关键沉积层段。凝缩层常富集有丰富的、种类繁多的微体浮游生物和底栖生物化石，并有磷灰石、菱铁矿等自生矿物以及有机质、斑脱岩和浓度较高的铂族元素铱等（图 4-14）。凝缩层尽管沉积厚度很薄，但它占有相当长的时间变化范围。凝缩层的这些特征对于层序地层分析有着重要价值。但在实际工作中，还应对凝缩层进行深入详细的研究并注意以下两点：第一，应该选择性地密集采样，确定凝缩层的存在和位置，否则会漏失凝缩层，在生物地层记录中就会出现明显的沉积间断，导致在沉积作用实际连续的地区假想出一个主要的不整合面。第二，对凝缩层与浅海、河口湾砂岩进行综合采样，分析沉积环境的古水深。凝缩层比其上、下地层含有更多的深水古生物化石，而在低位和海侵体系域的河流、河口湾以及浅海砂岩中很少或根本找不到深水古生物化石。若仅对凝缩层进行采样分析古水深而不做同一层段侧向沉积环境解释，那么就会对整个层段做出连续的深水环境解释，遗漏几个重要的侧向边界和浅水沉积。

3. 高位体系域

高位体系域是在海平面相对上升速率不断降低时形成的，或者说是在可容空间增长速率小于沉积物供给速率时形成的，它广泛分布于陆架之上，其下部以加积准层序的叠置样式向陆上超于层序边界之上，向海下超于海侵体系域顶面之上。其上部在明显的河流作用下，沉积物以一个或多个具前积斜层形态的前积式准层序组向盆地中央推进（图 4-9）。在许多硅质碎屑岩层序中，高位体系域常被上覆层序边界削截，即使被保存下来，也往往厚度较薄或富含页岩。

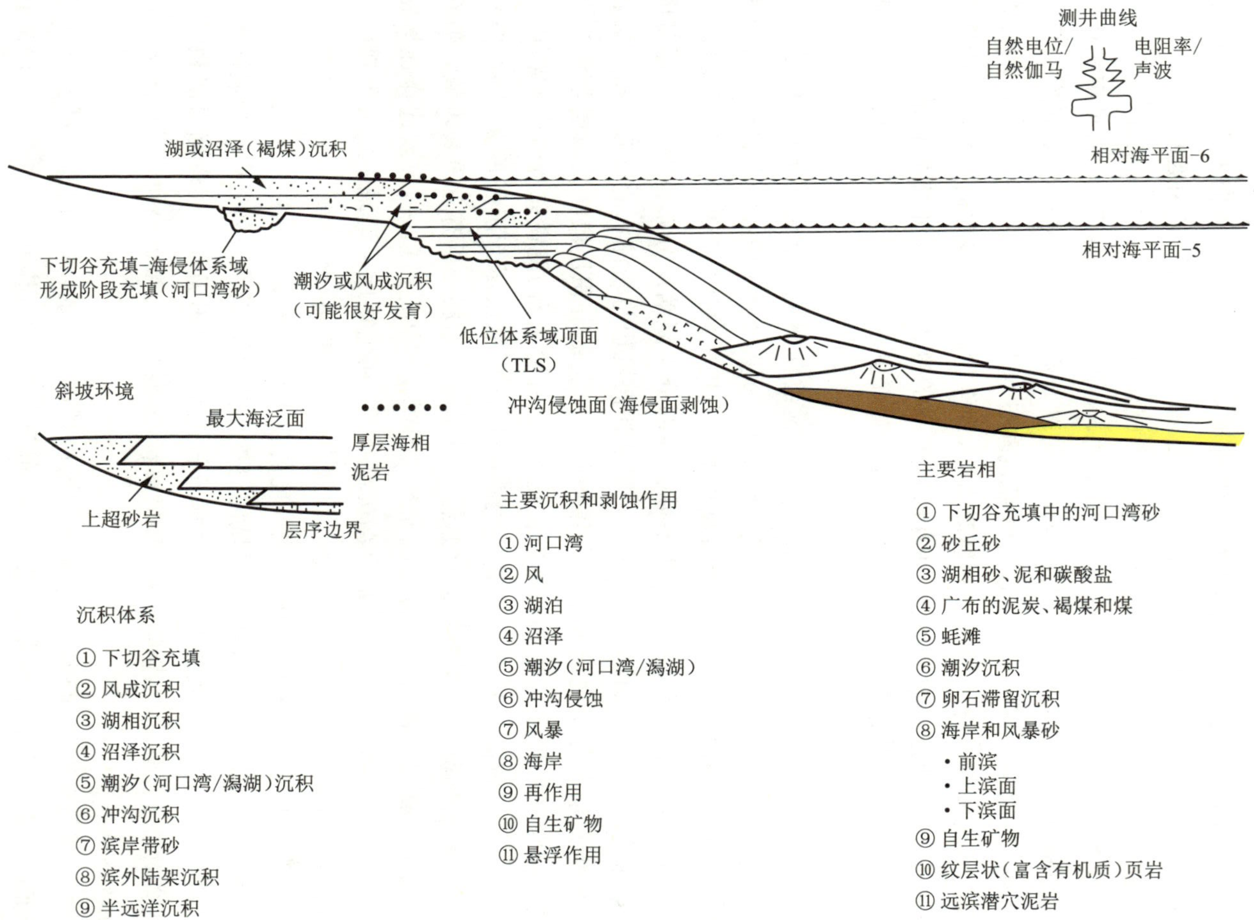

图 4-13　Ⅰ型层序海侵体系域沉积样式（据 Bowen 等，1997）

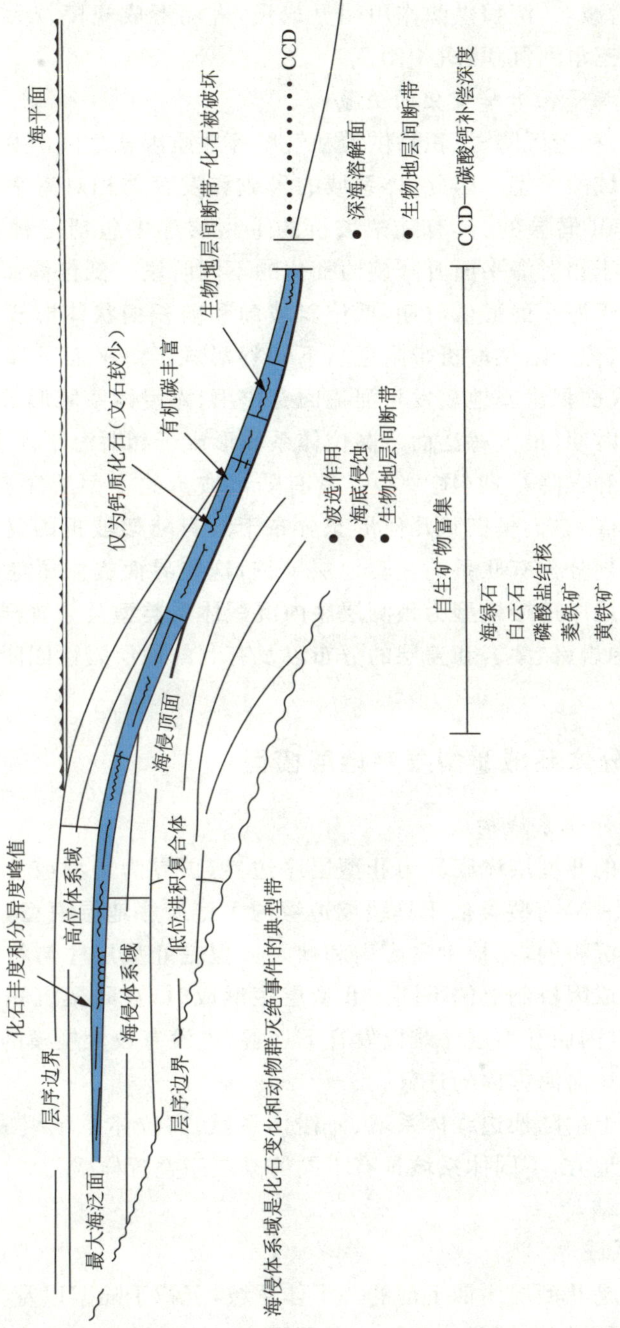

图 4-14 Ⅰ型层序最大海泛面和凝缩层沉积样式（据 Bowen 等，1997）

高位体系域的形成可细分成两个阶段：① 高位早期阶段，海平面上升到最高、稳定或海平面上升速率明显降低，沉积物供给较少，形成由煤、越岸沉积、潟湖以及较深海沉积的细粒沉积组合，沉积类型与海侵体系域早中期沉积相似；② 高位晚期阶段，海平面开始明显下降，海洋作用相对减弱，沉积供源作用明显加强，进而形成规模较大、砂体连片发育、具有典型前积特征的三角洲沉积(图 4-9)。

4. 体系域类型与海平面升降变化的关系

全球海平面升降、构造沉降、沉积物供给和气候等地质因素之间的相互作用控制了层序地层样式以及体系域的类型。因此，体系域的形成和发育与相对海平面变化曲线的特定段密切相关。在 Vail 倡导的、具有陆架坡折的Ⅰ型层序中包括三种类型的沉积体系域。不同体系域形成于相对海平面升降旋回变化的不同阶段。低位体系域盆底扇形成于海平面快速下降并位于海平面最低时期，低位斜坡扇和前积楔状体形成于相对海平面下降晚期或上升的早期(位于陆架坡折带附近)，下切谷形成于海平面下降和海平面开始上升的时期，此时陆架大面积出露地表发生河流回春作用；海侵体系域形成于相对海平面快速上升并达到最高位时期(最大海泛面)；高位体系域形成于相对海平面上升晚期(上升速率明显降低)、停滞期和下降早期(图 2-7)。具有陆架坡折的Ⅰ型层序自下而上由低位、海侵和高位体系域组成，它们呈楔状几何形态分布于具有陆架坡折的盆地中。层序和体系域边界可将沉积岩划分为有联系的一套地层单位，这些界面提供了地层对比和作图的年代地层格架。Ⅰ型层序地层模型为预测层序内沉积体系类型及叠置样式提供了概念模型，为预测有利的烃源岩、储集岩和盖层的分布以及有利的地层岩性圈闭发育区发挥了指南作用。

三、Vail 的三分体系域Ⅱ型层序地层模型

1. Ⅱ型层序边界和体系域构成

具陆架坡折盆地的Ⅱ型层序底界为Ⅱ型层序边界，顶界为Ⅰ型或Ⅱ型层序边界。Ⅱ型层序地层模型(图 4-15)有些类似于具缓坡边缘的Ⅰ型层序地层模型，它们的下部体系域最初都是在陆架上沉积的，都缺少盆底扇和峡谷。但是Ⅱ型层序与将要介绍的具缓坡边缘的Ⅰ型层序存在成因机制上的不同。Ⅱ型层序形成时，在陆架沉积滨线坡折处没有发生海平面相对下降，因而Ⅱ型层序难以发育下切谷，也没有较大规模的河流回春作用造成的明显截切和沉积相向海方向的迁移。

Ⅱ型层序自下而上由陆架边缘体系域、海侵体系域、高位体系域组成(图 4-15)，它可以沉积在陆架的任何地方，不同体系域具有不同的准层序叠置样式。

2. Ⅱ型层序体系域特征

1）陆架边缘体系域

陆架边缘体系域是Ⅱ型层序最下部的一个体系域，沉积于陆架以及大陆斜坡、深海平原，其底界是一个以覆盖河流沉积的海相滨岸平原或以覆盖河流-三角洲沉积物为特征的局部侵蚀不整合面、超覆不整合面及与之可对比的整合面(图 4-2)。在底界面为整合面的地方，它只表现为准层序叠置样式的变化，即从快速前积到缓慢前积再到加积的变化。

陆架边缘体系域的顶界为首次海泛面，它将前积至加积的陆架边缘体系域与上覆退积的海侵体系域分隔开来。

陆架边缘体系域是在一个海平面相对上升时形成的地层单元，它以逐渐减弱的进积式继之以加积式的准层序叠置样式为特征，其主要特点是在陆架坡折带两侧均发生沉积作用。在陆架区，它上覆在前一层序的高位体系域之上，以加积序列为特征，滨岸地区沉积逐渐由非海相向海相转化，向陆一侧可出现广泛的煤层沉积；在陆架向大陆斜坡方向，自下而上岩相的垂向叠置有加厚的趋势，略显前积叠置样式（图 4-15）。

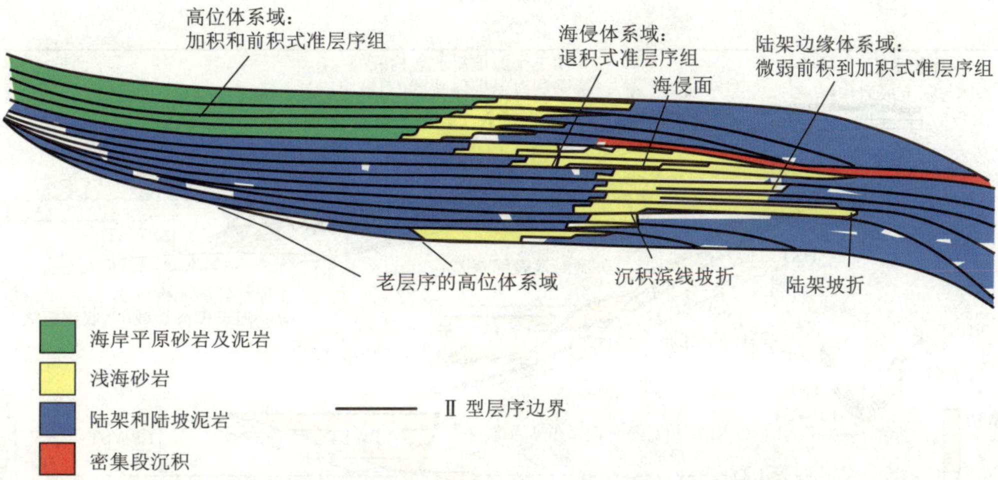

图 4-15 具陆架坡折盆地的Ⅱ型层序地层模型（据 Van Wagoner 等，1990）

在实际工作中，在露头区或仅仅依据钻测井资料是难以识别陆架边缘体系域的，这是因为它仅以一个局部不整合面、超覆不整合面或准层序叠置样式的变化将其与下伏的高位体系域区分开来。此外，也难以根据露头资料和钻测井资料来确定海岸上超向盆地方向的迁移。因此，要充分利用品质较好的地震资料来确定与Ⅱ型层序界面相关的上超迁移变化规律和地层结构样式。

2）海侵和高位体系域

Ⅰ型层序边界伴随着明显的河流下切作用和陆架的广泛暴露，当海平面开始上升并形成Ⅰ型层序海侵体系域时，下切谷首先被充填，后来的大面积陆架海泛形成广泛的海侵沉积物。而Ⅱ型层序边界形成时，陆架未完全暴露地表，也没有形成规模较大的下切谷，所以Ⅱ型层序海侵体系域一开始发育就表现为沿陆架边缘体系域顶界广泛分布的海侵沉积，这是Ⅱ型层序与Ⅰ型层序海侵体系域的不同之处。

Ⅱ型层序海侵和高位体系域的沉积过程和沉积特征与Ⅰ型层序类似，均以加积式至前积式准层序叠置样式为特征（图 4-9、图 4-15）。

四、Hunt 和 Catuneanu 的四分体系域层序地层模型

自 Vail(1987)和 Posamentier 等(1988)提出经典的层序地层模型（Ⅰ型和Ⅱ型层序）

以后，层序地层模型不仅在层序地层学理论方面有了较大的发展，而且还有效指导了油气资源勘探开发。后来，英国学者 Hunt 等(1992)根据海平面升降旋回、正常海退、强制海退及其沉积响应，提出了被动大陆边缘四分体系域层序地层模型，即从沉积层序底界面向上到顶界面，依次出现低位前积楔体系域(lowstand prograding wedge systems tract)、海侵体系域(transgressive systems tract)、高位体系域(highstand systems tract)和强制海退楔体系域(forced regressive wedge systems tract)(图 4-16)。低位前积楔体系域(正常海退沉积)和海侵体系域(海侵沉积)均形成于海平面相对上升阶段，而高位体系域(正常海退沉积)和强制海退楔体系域(强制海退沉积)均形成于海平面相对下降阶段。

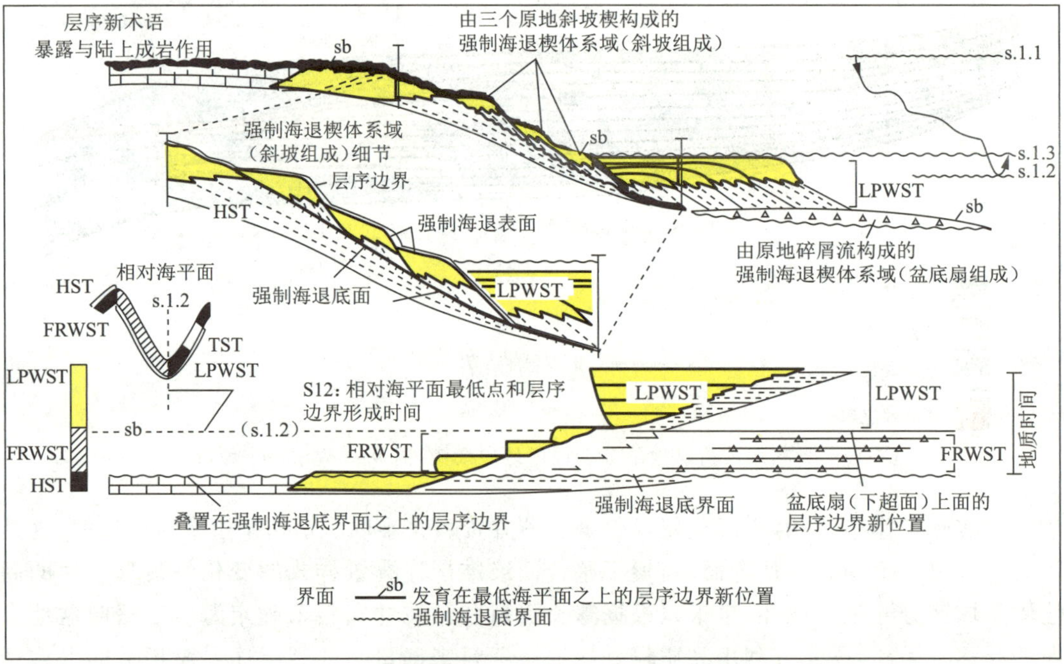

图 4-16 Hunt 提出的被动大陆边缘盆地四分体系域层序地层模型(据 Hunt 等，1992)

LPWST—低位前积楔体系域；FRWST—强制海退楔体系域；TST—海侵体系域；HST—高位体系域；sb—层序界面

随着层序地层学理论研究的不断深入，加拿大 Catuneanu(2006)优化了 Hunt 的四分层序地层模型，倡导完善了被动大陆边缘四分体系域层序地层模型(图 4-17)，并确立了四分体系域模型界面沉积特征与 Vail(1987)三分体系域层序地层模型、Galloway(1989a)成因层序地层模型之间的关系(图 4-18)，即 Catuneanu 沉积层序地层模型下部由低位体系域(LST)和海侵体系域(TST)组成，分别对应 Vail(1987)三分体系域层序地层模型低位体系域晚期沉积(海平面上升阶段，正常海退)和海侵体系域(海侵)，或对应 Galloway(1989a)海侵旋回；Catuneanu 沉积层序地层模型上部由高位体系域(HST)和下降体系域(FSST)组成，对应 Galloway(1989a)海退旋回，或 Catuneanu 四分体系域层序地层模型高位体系域对应 Vail(1987)三分体系域层序地层模型高位体系域早期沉积，下降体系域对应 Vail(1987)三分体系域层序地层模型高位体系域晚期沉积和低位体系域早期沉积

(图 4-17、图 4-19)。

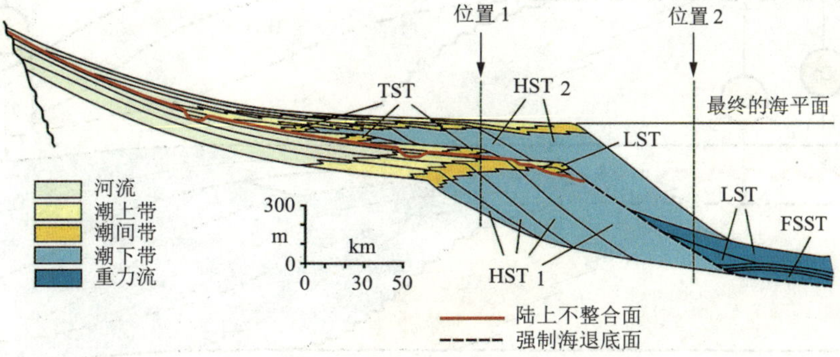

四分体系域
层序地层模型

图 4-17 Catuneanu 提出的被动大陆边缘盆地四分体系域层序地层模型(据 Catuneanu,2006)

1. 低位体系域

低位体系域是指在海平面相对上升、正常海退阶段沉积形成的所有沉积物(Hunt 等,1992),其底部以陆上不整合面及与之相对应的海相整合面为界,顶部以最大海退面为界(图 4-18、图 4-19)。在海平面相对上升的早期阶段,海平面相对上升速率小于沉积速率,由正常海退沉积作用形成低位体系域。从盆地边缘到中央方向,穿越整个沉积盆地,低位体系域具有低速加积和进积多层叠置样式,包含河流到海岸沉积或三角洲沉积、浅海到深海沉积。由于海平面相对上升,低位沉积向陆扩展并发生陆架加积作用,减少了沉积物向深盆的供给,在深盆形成的重力流沉积往往是低密度浊流沉积(图 4-19、图 4-20)。

典型的低位沉积由较粗粒的非海相和部分浅海沉积碎屑组成,即向上变细的非海相下部沉积和向上变粗的浅海相(海陆过渡相)上部沉积(图 4-17)。由于在海平面上升初期,河流、海岸到浅海环境优先沉积了粗粒碎屑,从而降低了供给深水环境中的砂质数量和浊流沉积的砂泥比,使得海底扇综合体沉积粒度细于下伏的早期强制海退沉积。在低位正常海退沉积期间,输送到深水环境的重力流最大沉积颗粒粒度随着海平面上升而降低。这样与强制海退晚期高密度浊流相比,低位体系域深水部分主要受低密度浊流控制(图 4-19、图 4-20)。

典型的低位河流沉积堆积于遭受剥蚀的、不平坦的陆上不整合面之上。由于陆上不整合面地貌不规则,低位河流沉积始于地形低处,使得覆盖于陆上不整合面之上的下切谷河道充填在倾向和走向上发生明显变化。后来河流不断加积,从海岸线开始逐渐向陆地方向延伸(河流上超)(图 4-20)。

正常海退期间海平面相对上升为整个沉积盆地提供了可容空间。陆架边缘三角洲平原加积(顶积层)和三角洲前缘进积沉积了具有较高砂泥比的粗粒沉积物,形成了低砂泥比的深水低密度浊流沉积物(图 4-20)。

对比研究表明,Hunt 倡导的低位体系域沉积对应 Vail 倡导的低位体系域晚期沉积部分(海平面相对上升发生正常海退),即对应 Vail 的低位楔状体(三角洲)和下切谷沉积充填。

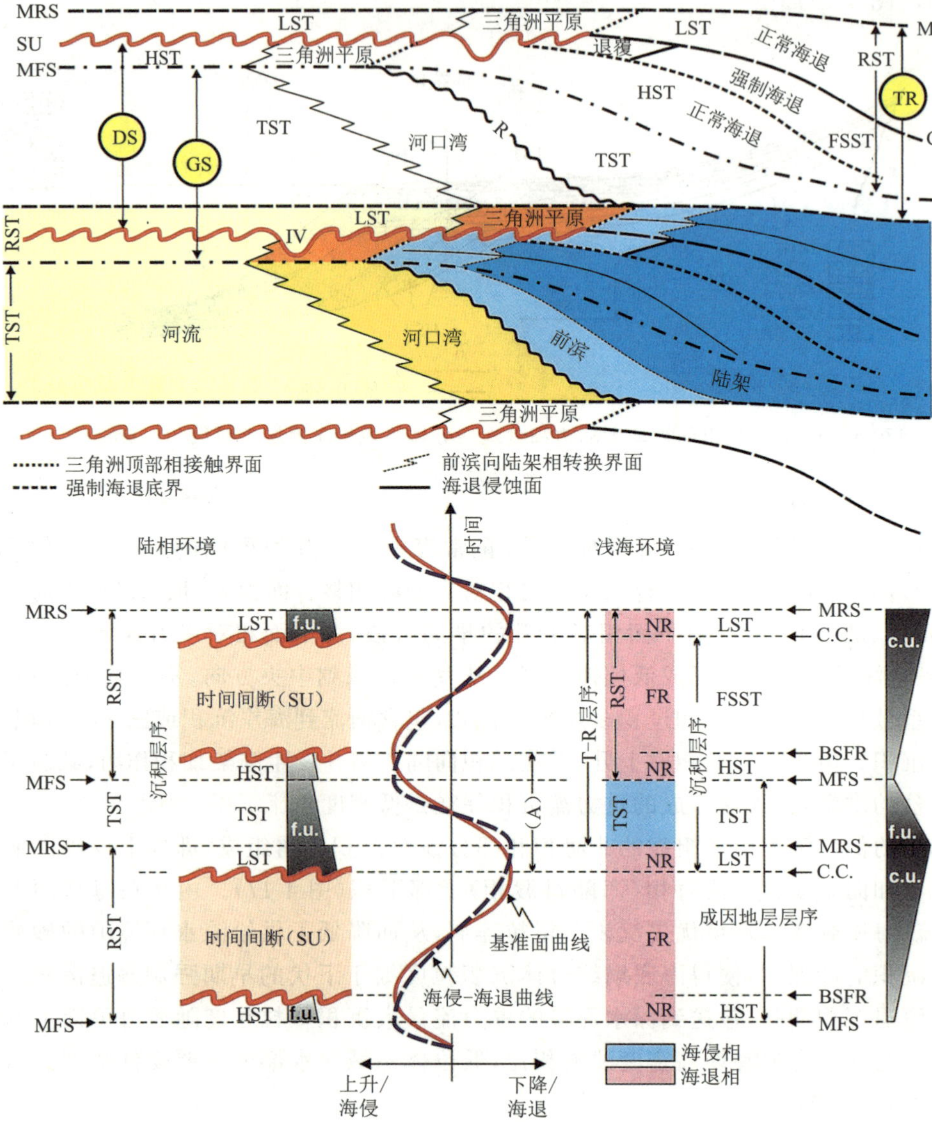

图 4-18　Catuneanu 提出的四分体系域层序地层模型中层序和体系域边界及其与成因地层层序的关系（据 Catuneanu，2006）

SU—陆上不整合面；C. C. —相对应整合面；BSFR—强制海退底面；MRS—最大海退面；MFS—最大海泛面；R—海侵浪蚀面；IV—下切谷；(A)—正可容空间(海平面相对上升)；NR—正常海退；FR—强制海退；LST—低位体系域；TST—海侵体系域；HST—高位体系域；FSST—下降体系域；RST—海退体系域；DS—沉积层序；GS—成因地层层序；TR—海侵-海退旋回；fu—向上变细序列；c. u. —向上变粗序列

低位体系域的有利油气勘探区带范围遍布于河流到海岸、浅水到深水系统。河流储层主要为低可容空间下沉积的、较高砂泥比河道充填粗粒沉积；进积到陆坡的陆架边缘三角洲及其滨岸沉积也都聚集了大量的砂质沉积物，沿倾向形成了侧向分布广的储层；低位低密度浊流沉积储层有着重要的油气勘探价值(图 4-19、图 4-20)。

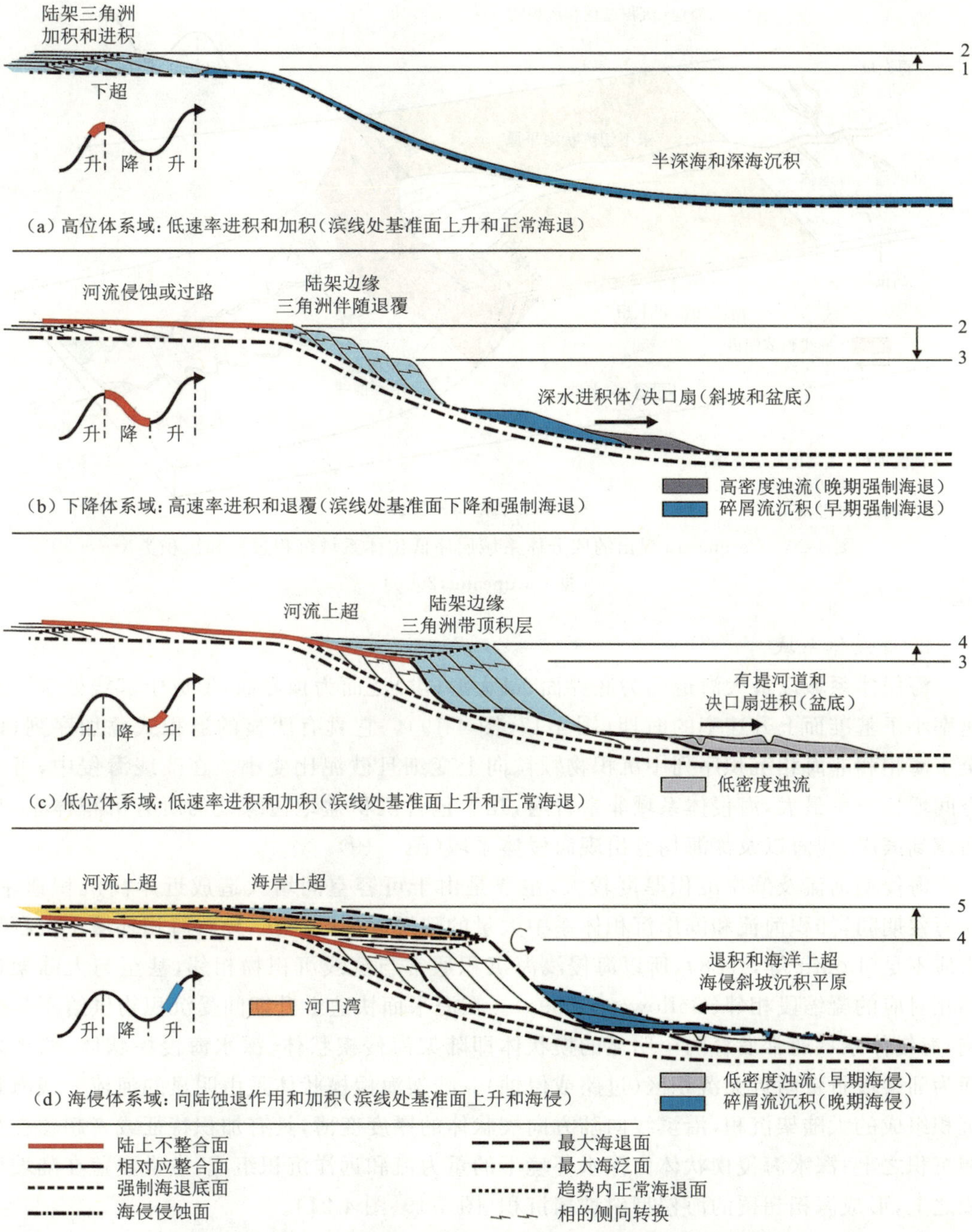

图 4-19　Catuneanu 提出的四分体系域层序地层模型不同体系域边界和沉积特征（据 Catuneanu，2006）

1～5—不同时期海平面的位置

低位储层的主要勘探风险在于油气充注、盖层发育及其与烃源岩分布之间的关系，尤其是在向盆地边缘方向。而向盆地中央方向，被海侵和高位泥岩/烃源岩包裹的低位低密度浊流沉积储层具有较低的勘探风险。

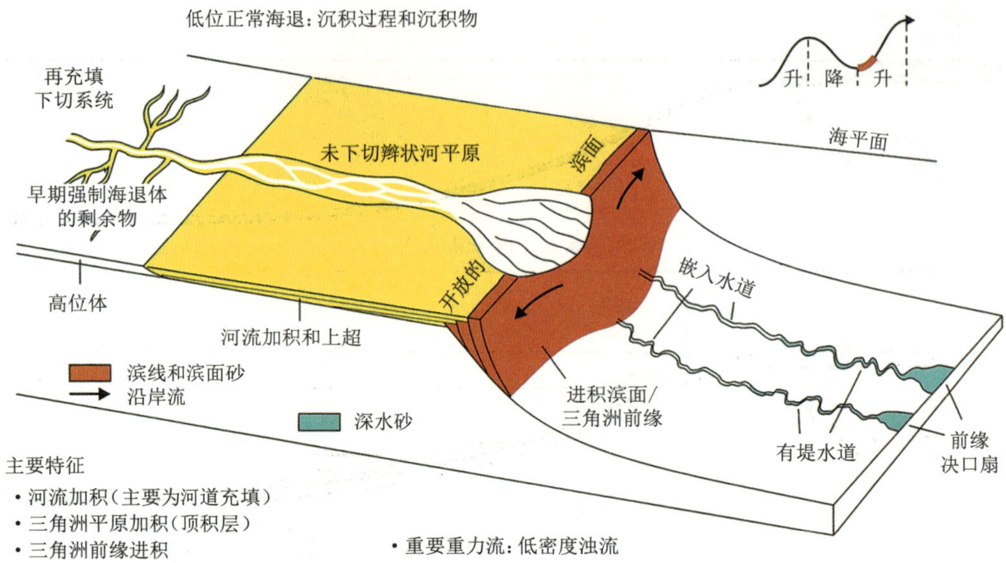

图 4-20　Catuneanu 提出的四分体系域层序低位体系域沉积过程和沉积类型

（据 Catuneanu，2006）

2. 海侵体系域

海侵体系域以最大海退面为底界面、最大海（洪）泛面为顶界面，形成于滨线处于沉积速率小于基准面上升速率的时期（图 4-17、图 4-19）。它具有明显的退积式叠加序列，以至于海相和非海相沉积序列中沉积物颗粒向上变细且砂泥比变小。在滨线海侵中，可容空间增长速率最大，海侵体系域非常普遍，几乎包含沉积盆地边缘处的所有沉积体系，从河流到滨岸、浅海以及深海均会出现海侵体系域（图 4-19）。

海侵型河流及滨岸沉积厚度较大，主要是由于可容空间增大造成近岸高沉积速率。在海侵期间，加积河流和滨岸沉积体系中大量的陆源碎屑被捕获，导致海相环境中沉积物供应不足（Loutit 等，1988），所以海侵浅海沉积通常与滨线沉积物相邻，甚至与大陆架远端相对应的凝缩段相邻（Galloway，1989a）。在海平面快速上升期间受沉积物供给不足影响，海侵体系域通常发育两个明显的楔状体即陆架海侵楔状体、深水海侵楔状体，两者之间为陆架坡折带附近无沉积区（过路或侵蚀）。陆架海侵楔状体是由明显的河流—浅海相沉积组成的大陆架沉积，沿滨线向陆方向楔状体的厚度变薄，具有加积特征或者超覆在海相沉积之上；深水海侵楔状体由深水环境下的重力流和远洋沉积组成，常常覆盖在陆坡沉积之上，形成海相超覆的海侵型斜坡扇沉积（图 4-19、图 4-21）。

在快速海侵期间，可容空间增长，水位上升，河流沉积可成为下切谷沉积充填最重要的组成部分，河流沉积中常包含发育良好的煤层。

在海岸环境中，海侵体系域有可能包含海滩沉积。在河流规模较小的情况下，具有河口湾相沉积特征（河口处海平面上升速率＞沉积速率）；在河流规模较大的情况下，容易形成进积型三角洲（河口处海平面上升速率＜沉积速率）（图 4-22）。海侵型海岸相沉积的形成和保存依赖于海平面变化的速率、沉积物供给量、波浪侵蚀和滨线地貌变化。河口湾

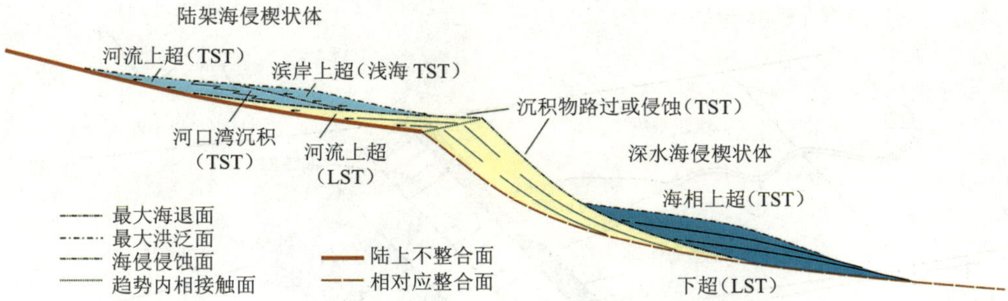

图 4-21 Catuneanu 提出的四分体系域层序海侵体系域沉积地层响应
(据 Catuneanu,2006)

通常被认为是河口环境,它是判断海侵的典型标志,并且与退积相共生,向陆一侧转化为滨岸环境。在所有海侵环境中,从进积型三角洲到退积型三角洲以及完全发育的河口湾或者入海口,都是可容空间和河流搬运沉积物供给量之间相互平衡的结果。

在大陆架,可以辨别的海侵沉积包括后退型海滩(开放型滨岸环境)和河口湾(河口处)的复合体(退积型河口环境)。位于浪蚀面以上的海侵滞留沉积形成于上临滨环境。

在快速海侵过程中,浅海相沉积物供给受到限制,因为大多数河流搬运的沉积物在快速加积型海侵体系中形成;另外一种浅海沉积环境下沉积物来源于海侵过程中上临滨波浪侵蚀作用。这些沉积物在正常天气条件下向陆迁移形成后退海滩或者河口湾混合体,由于风暴侵蚀和潮汐流作用形成陆架上零散分布的席状、脊状、楔形沉积体。在碎屑物供给受到限制的条件下,海侵体系域的浅海相沉积有可能以碳酸盐岩凝缩段为代表。海侵体系域中浅海相沉积的厚度向陆架边缘处逐渐减小,直到在陆架边缘处浅海相沉积几乎全部消失。

随着海平面快速上升,陆架边缘的水动力条件处于不稳定状态,在陡峭的大陆斜坡处(流水能量>沉积物负载)等较深水环境中形成覆盖在大陆斜坡上、具有低密度浊流特征的海侵斜坡裙。除了海侵斜坡裙,海侵体系域的深水环境有可能沉积具有河道化特征的海底扇沉积物。在海侵期间,重力流性质可发生变化,从早期海侵的低密度浊流变化为晚期海侵的高密度泥流或碎屑流。在海侵晚期,沉积物向海洋盆地的进入点远离陆架边缘,因此几乎没有在深海重力流中存在河流侵蚀砂的可能性。大部分河流沉积物在河口湾、三角洲、开放型滨线、临滨、陆架中发生沉积(图 4-22)。

所有海侵沉积物的最上部边界为最大海泛面或洪泛面。海侵沉积保存的可能性比较大,是因为之后的高位正常海退导致沉积加积作用跨越整个盆地(图 4-17)。总的来说,海侵体系域是所有体系域中保存最完好的,从盆地边缘到盆地中心都有沉积。地层对比发现,在陆架环境中,下降体系域沉积物在基准面下降阶段受到陆上侵蚀,低位体系域的河流下游部分在海侵中通常受到海浪侵蚀的影响,高位体系域的河流到浅海相在海平面下降过程中经历了陆上侵蚀。

Hunt 提出的海侵体系域沉积基本对应于 Vail 倡导的海侵体系域沉积(海平面快速上升发生海侵沉积)(图 4-9、图 4-22)。

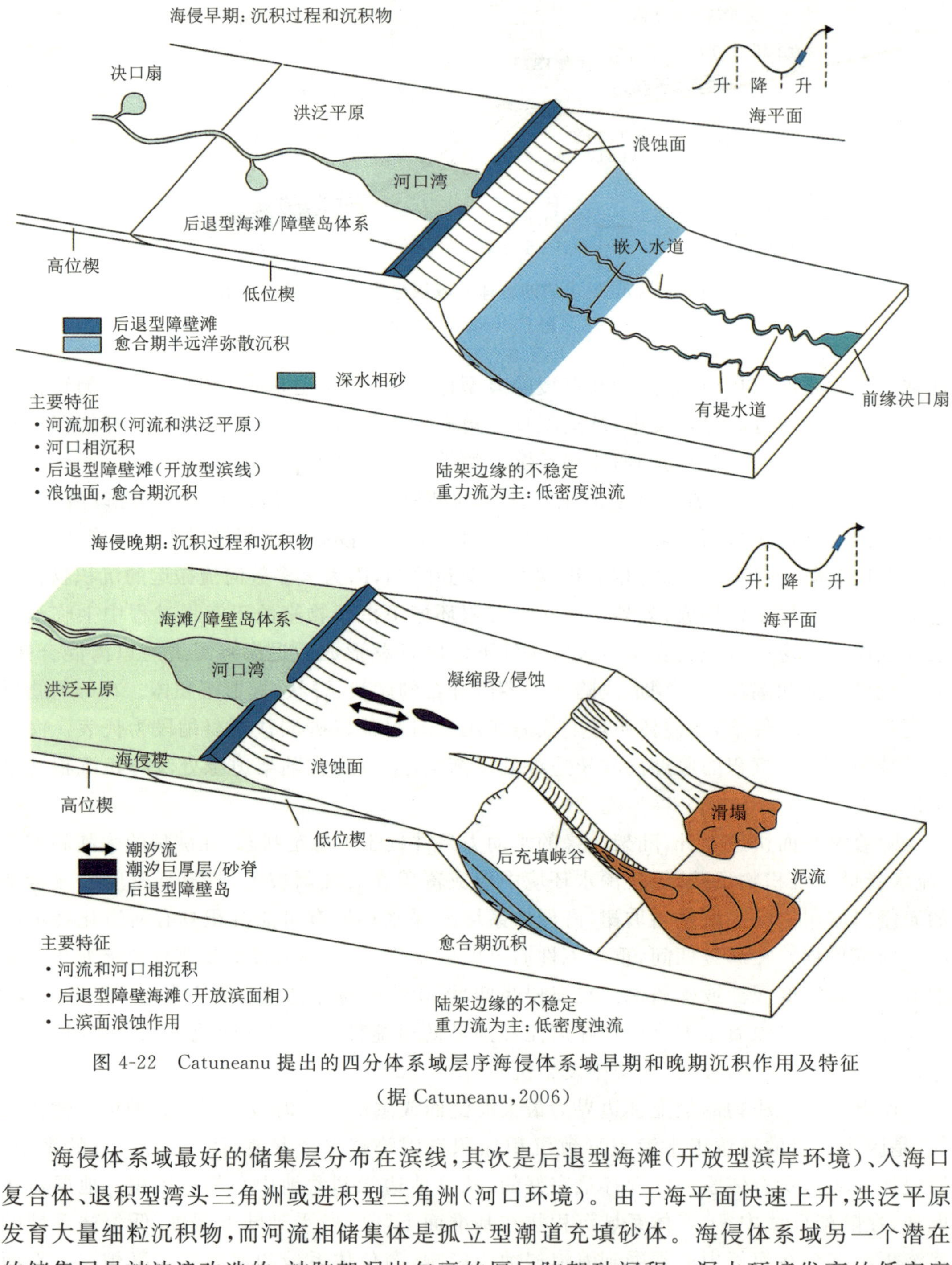

图 4-22　Catuneanu 提出的四分体系域层序海侵体系域早期和晚期沉积作用及特征

(据 Catuneanu，2006)

海侵体系域最好的储集层分布在滨线，其次是后退型海滩(开放型滨岸环境)、入海口复合体、退积型湾头三角洲或进积型三角洲(河口环境)。由于海平面快速上升，洪泛平原发育大量细粒沉积物，而河流相储集体是孤立型潮道充填砂体。海侵体系域另一个潜在的储集层是被波浪改造的、被陆架泥岩包裹的厚层陆架砂沉积。深水环境发育的低密度流和泥流沉积体可形成岩性圈闭。在沉积盆地中，广泛分布的海侵体系域细粒沉积物构成了良好的烃源岩和封闭盖层，也是良好的地层对比标志单元。

3. 高位体系域

高位体系域底界面是最大海泛面或最大洪泛面，即高位沉积覆盖和下超在最大海泛面之上，顶界面为强制海退底面以及陆上不整合面的一部分。高位体系域发育阶段，海平面还有上升，可容空间增大，但海平面上升速率减小，在离盆地边缘相对较近的地方形成河流、海岸和滨岸沉积（图 4-23）。高位体系域的河流沉积下部在细粒泛滥沉积中以孤立河道充填为特征，上部以河道合并为特征。高位三角洲通常远离陆架边缘，它们形成于大陆架最大海侵之后，发育三角洲平原和冲积平原加积与进积序列。在连续海退的情况下，高位体系域的浅海部分由向上变粗连续沉积相（准层序）组成。由于陆架边缘稳定，加上外陆架到上斜坡区域缺少沉积物供给，导致进入深水沉积环境的重力流沉积极少，陆架和深海环境主要接受细粒半远洋和远洋沉积物（图 4-23）。显然，Hunt 提出的高位体系域沉积基本对应于 Vail 倡导的高位体系域早期沉积（海平面上升速率降低，发生正常海退沉积）（图 4-9、图 4-19、图 4-23）。

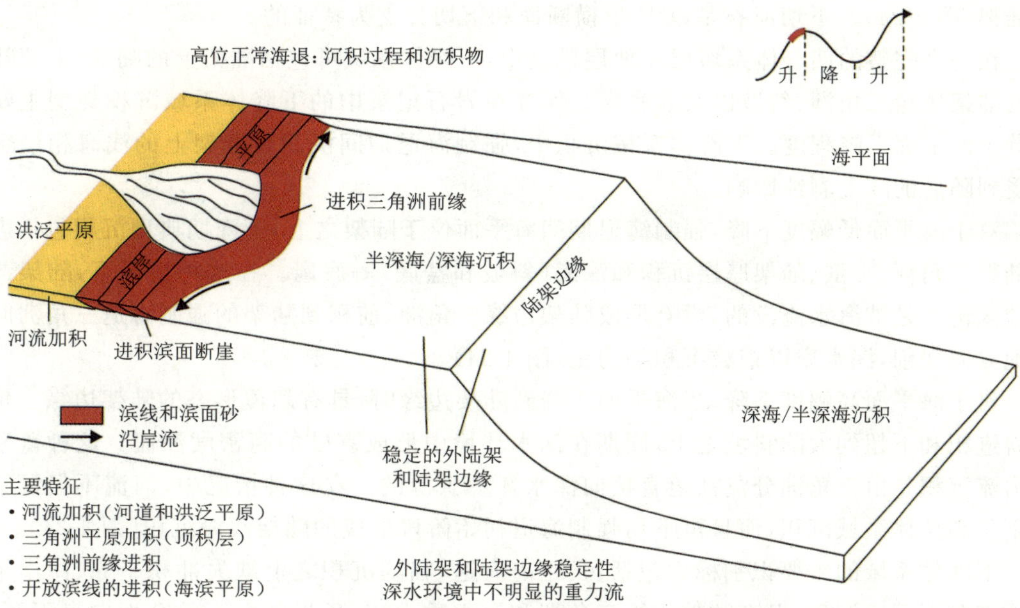

图 4-23　Catuneanu 提出的四分体系域层序高位体系域沉积过程和沉积特征
（据 Catuneanu，2006）

高位体系域上部的河流到浅海沉积物的保存能力受控于后来的与海平面下降有关的陆上和海上侵蚀作用。因此，高位体系域顶部可被陆上不整合面所削截，并且由于海退侵蚀作用造成展布范围缩小。

高位体系域最好的潜力储层为具有较高砂泥比的滨线到临滨沉积。这些储层通常厚几十米，沿着盆地走向显示很好的侧向连续性。滨海平原（开放的滨线）和三角洲（河口环境）进积并下超到最大海泛面。在高位体系域顶部，形成的储层可能被陆上不整合面所削截。高位河流体系砂泥比和储层的连通性具有向上增加的趋势，主要是因为在高位正常海退期间，海平面上升速率降低导致河道合并程度增加。高位体系域沉积时期，陆架和深海环境不发育重要储层。

高位体系域的油气区带意义在于近源区域（河流到海岸和临滨环境）内储层连通性增加以及盆地远端区域的烃源岩和盖层（浅水到深水环境）的发育。需要注意的是，互相连接的晚期高位砂岩沉积体常常缺少良好的盖层。

4. 下降体系域

下降体系域包括在滨线强制海退期间所有堆积在沉积盆地中的地层。根据 Hunt 等(1992)和 Catuneanu(2006)提出的层序地层模型，强制海退沉积主要由浅水和深水沉积组成。下降体系域顶界面包括陆上不整合面及与之对应的整合面(Hunt 等，1992)，底界面为强制海退底面以及海退侵蚀面的最古老的部分(图 4-16、图 4-19)。

在海平面或基准面下降期间，盆地非海相部分中陆上不整合面的形成包括河流的下切、河流过路、成壤作用和风蚀作用。海平面下降早期，强制海退滨线仍然在陆架边缘内侧时主要发生河流过路作用；当强制海退滨线下降到陆架边缘以下时，河流下切开始影响大陆架(图 4-24)。下切河谷是以 V 形横断面和下切分支为特征的。

在一个完整的四分体系域层序地层模型中，下降体系域可包括陆架上的临滨、下超陆坡的陆架边缘三角洲、斜坡以及盆底扇。保存在岩石记录中的下降体系域沉积类型主要依赖于海平面下降程度。下降体系域沉积中，强制海退期间沉积在陆架上的浅海相最容易受到随后的陆上剥蚀影响。

对于海平面低幅度下降，强制海退期间海平面位于陆架之上，下降期典型沉积包括进积陆架三角洲、临滨、陆架厚层沉积和深海（斜坡和盆底）海底扇。在这种情况下，陆架部分地区仍然是被海水淹没的，没有形成陆架边缘三角洲，前积到陆架的强制海退三角洲向盆地方向变细，深水扇以细粒沉积物为主(图 4-24)。

对于海平面高幅度下降，当海平面下降到陆架边缘时，具有超覆形态的陆架边缘三角洲将进积和下超到大陆斜坡之上，同期在深水环境中形成富砂的高密度浊流。这种富砂重力流沉积是由三角洲分流河道直接向深水环境供源的。在这种情况中，河流不但可下切下伏高位体系域沉积，而且可下切强制海退初始阶段形成的陆架浅海沉积(图 4-24)。

下降体系域的主要识别标志包括：长距离海退，临滨沉积之上缺失冲积平原、海岸平原或三角洲平原沉积，发育陆架边缘三角洲和深水重力流，顶界陆上不整合面向海下倾，向海方向平均粒度具有增加的趋势，等等(图 4-19、图 4-24)。

下降体系域强制海退早期和晚期阶段形成的储层及其分布是有明显不同的(图 4-24)。

下降体系域强制海退早期阶段，大陆架主体被海水淹没，滨岸线远离陆架边缘，因此没有河流带来的砂被直接输送到大陆坡，容易形成很窄（数米的范围）、分离的古滨线砂，其分离程度依赖于沉积物供给和海平面下降程度。随着海平面下降，长条状退积海滩-上临滨砂体可能暴露在陆架上被侵蚀(图 4-24)。风暴流作用可在外陆架斜坡区沉积低砂泥比的细粒重力流沉积物（差储层）。

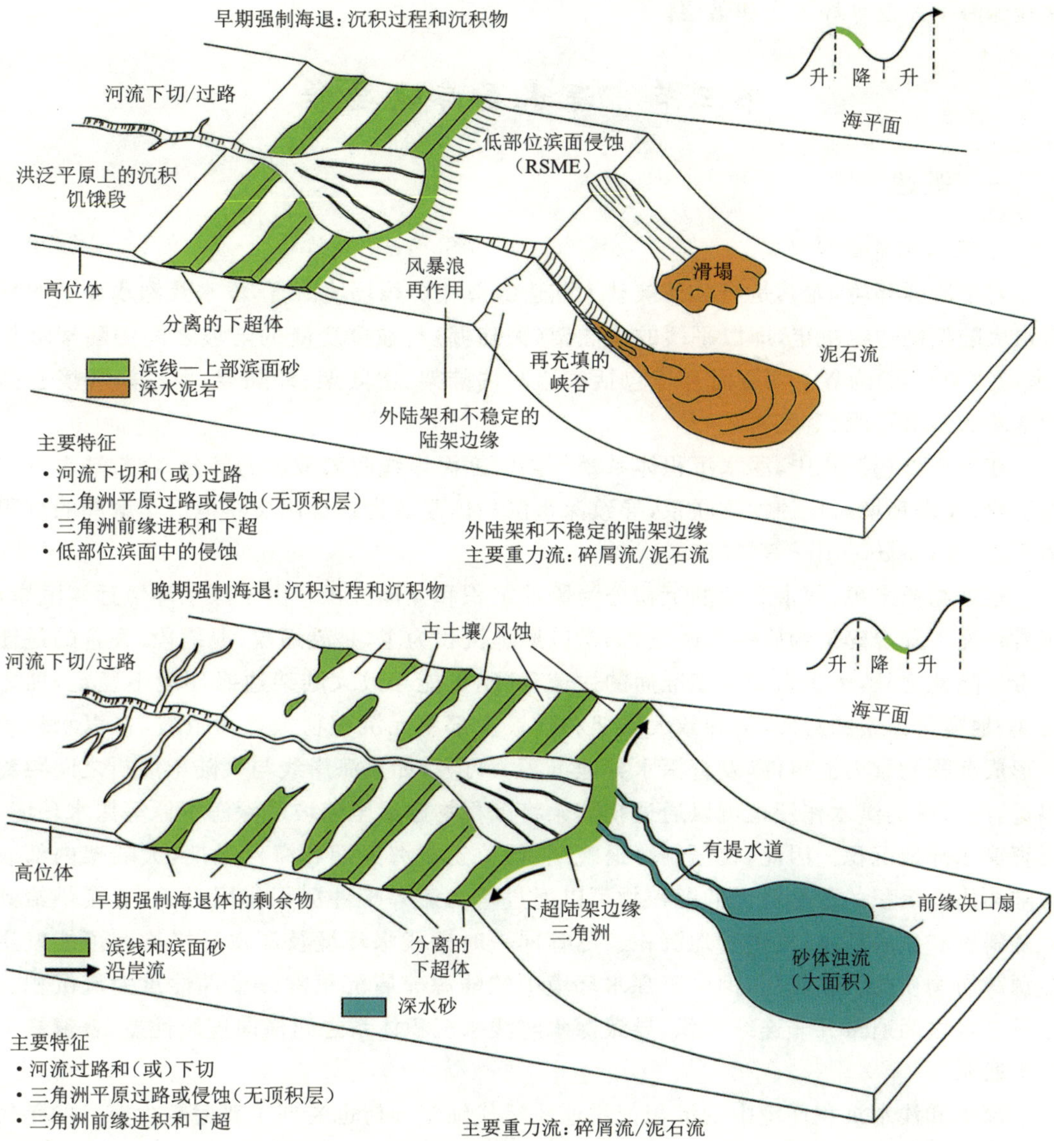

图 4-24　Catuneanu 提出的四分体系域层序下降体系域早期和晚期沉积过程及沉积特征

（据 Catuneanu，2006）

下降体系域强制海退晚期阶段，河流加长，滨线不断靠近陆架边缘，河流不仅形成陆架边缘三角洲，还可直接向陆坡输送沉积物并形成大面积分布的、高砂泥比的重力流沉积（好储层）。另外，滨线强制海退期间废弃于陆架走向方向的长条状砂体也会构成有利储层（图 4-24）。

下降期沉积于大陆架海岸到浅海的储层面临的勘探风险是缺少顶部盖层和充足的油气充注。实际上，上覆低位河流洪积平原泥岩和（或）河流或海洋海侵泥岩发育的地方可能覆盖在下降体系域陆架滨线到临滨砂岩之上。深水环境储层是相对有利的，这是因为盆地深海平原发育烃源岩和盖层。

第三节 深水层序地层学

一、概述

1. 深水环境层序研究

对于海洋环境，尤其是离散型被动大陆边缘海相沉积环境而言，浅水及深水环境的界限由大陆架的边缘决定，即以平缓的大陆架(大陆棚)与坡度变陡的陆坡之间的陆架坡折(水深约 200 m)为界。滨浅海环境包括滨岸和内陆架、中陆架、外陆架，而深海环境包括大陆坡和深海平原(盆底)。

在所有海相沉积中，深水沉积体系是与同时期海岸线距离最远的部分，常常缺少可以与滨岸、浅海环境对比的物质联系，导致深水沉积体系成为最难用层序地层学解释的沉积体系之一(Posamentier 等，1999)。

根据物质来源，深水环境的沉积分为原地沉积和异地沉积。由于深水环境远离滨岸，正常情况下陆源碎屑物质供给匮乏，通常以原地沉积为主，是凝缩层(凝缩段)发育的最佳相带。除此之外，由于水深或基准面的快速升降，可能导致大陆架边缘环境不稳定，加之海啸、地震等因素的触发，会导致大陆架和陆坡上部单元沉积物失稳而滑坡，在深水环境中形成沉积物重力流事件，发育深水异地沉积。再者，如果海岸线与大陆架坡折之间距离很近，河口区的洪水作用也可以通过窄陆架将沉积物搬运至陆坡及深海平原等深水环境，发育深水异地沉积。因此，在强制海退晚期、低位正常海退期和海侵早期，大陆架内部或大陆架边缘沉积的数量巨大的沉积物可以通过重力流等事件沉积作用方式，直接供给到大陆斜坡和盆底环境，发生异地沉积。尽管同一时期浅水环境及深水环境均有可能发生陆源碎屑物质的沉积作用，但由于深水环境中的陆源碎屑沉积常以事件性重力流沉积为主且二者之间通常并非连续沉积，导致深水与浅水沉积体系之间横向连续性差，普遍缺失物理联系。

深水和浅水沉积环境中的沉积记录地质年代细节分析也受到了普遍缺少充分的年代资料的约束。年代约束是补偿层序地层横向不连续性的唯一办法，但是目前古地磁和放射性定年资料难以建立大陆架不整合面与深海沉积物之间的对应关系。

总之，由于深水区异地沉积常常具有事件性，且离岸距离远、与海岸等浅水沉积缺乏直接联系，加之沉积地层定年技术和沉积模拟技术的局限性，导致人们对深水重力流等沉积作用及沉积规律的认识有限，对深水沉积作用是否受控于区域性地质条件和层序地层学分析是否适用于深水沉积体系存有争议。

2. 深水重力流的外源因素控制

重力流是世界上除了河流以外最重要的沉积物搬运动力。由于深水重力流作用的存在，大量的陆源沉积物可以被搬运至深水环境，并沉积于陆坡、陆坡脚及海底平原。那么，深水重力流作用是否受到全球海平面变化、盆地基底沉降、气候变化及物源供给条件等区域性地质因素的影响或控制，便成为深水沉积规律是否适用于层序地层学分析的重要判断依据。

在深水环境中，重力流的发生及性质与是否存在外来碎屑物质的供给及所形成的流体流变学性质关系密切。海平面的升降可以决定河流入海形成河口区的位置，在海平面大幅度下降时，河口区可能迁移至陆架边缘附近形成陆架边缘三角洲或直接进入陆坡成为深水重力流的来源。海平面升降与气候变化和盆地构造沉降密切相关。气候变化除了影响海平面升降外，还与母岩区性质和构造活动一起影响沉积物的供给条件，进而影响深水重力流流体的性质和类型。可见，重力流的类型和规模依赖于海平面升降、构造作用、气候、物源供给等外部地质因素的相互作用（图 4-25）。

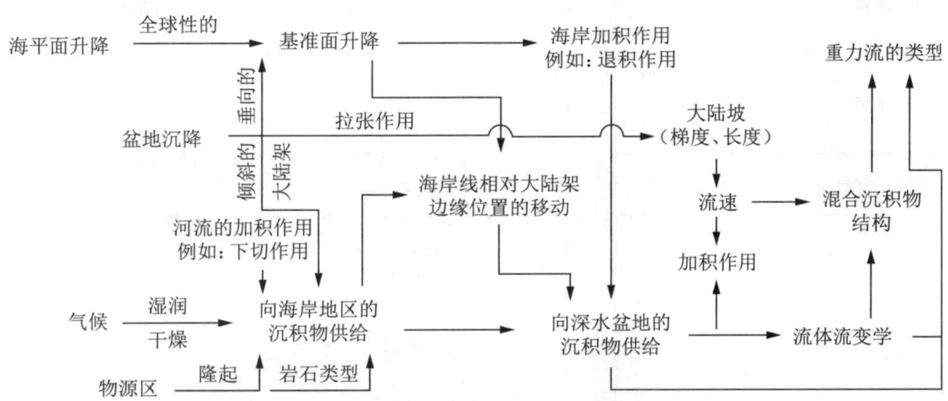

图 4-25　深水重力流的外源控制因素（据 Catuneanu 等，2009）

二、深水环境沉积物理过程

深水环境中，主要有陆架边缘三角洲、重力流、等深流和深海悬浮沉积等沉积过程。为了加深对深水层序地层学研究的理解，下面重点介绍陆架边缘三角洲的进积作用和重力流搬运及沉积作用。

虽然深水环境物质输入的周期性遵循海侵或海退的旋回性变化，但在深水环境中悬浮物质的沉积过程是持续发生的，与基准面（全球海平面）的变化并没有直接关系。此外，等深流反映的是与基准面变化无关的温盐环流的质量平衡作用，也与基准面（全球海平面）的变化没有直接关系。因此，深海悬浮沉积和等深流沉积并不适合采用层序地层学理论和技术进行研究。但是，结合全球海平面升降特征及其对沉积环境、碎屑物质搬运和沉积影响的分析可知，陆架边缘三角洲的进积作用和陆坡稳定性及气候影响下的重力流的触发及沉积作用可能与基准面的变化存在更加密切的联系。

1. 陆架边缘三角洲的进积作用

陆架边缘三角洲向大陆斜坡的进积过程可能发生在基准面下降后期和随后的基准面上升早期。强制海退期形成的陆架边缘三角洲及其相关的开阔滨岸沉积物受控于进积朵体的退覆几何结构，而这种进积朵体可被陆上不整合所削截（图 4-19）。

陆架边缘三角洲是沉积物进入深水环境的重要通道，也是海底扇最重要的物质供给者（图 4-20），在强制海退末期的海岸线附近，认为砂质沉积物的供给达到极大值，这也是强制海退沉积物（下部）和正常海退沉积物（上部）之间边界的标志。

在强制海退陆架边缘三角洲沉积期间，河流搬运来的沉积物加上由于河流下切作用而新生成的沉积物，主要以高密度浊流供给到深水环境形成分选极差的海底扇。与此相反，低位正常海退期，由于陆架存在较大可容空间，砂体被圈闭在河流体系和陆架边缘三角洲，以致输入深海的沉积物急剧减少，但可存在搬运距离更远、低砂泥比的细粒重力流沉积（图 4-26）。

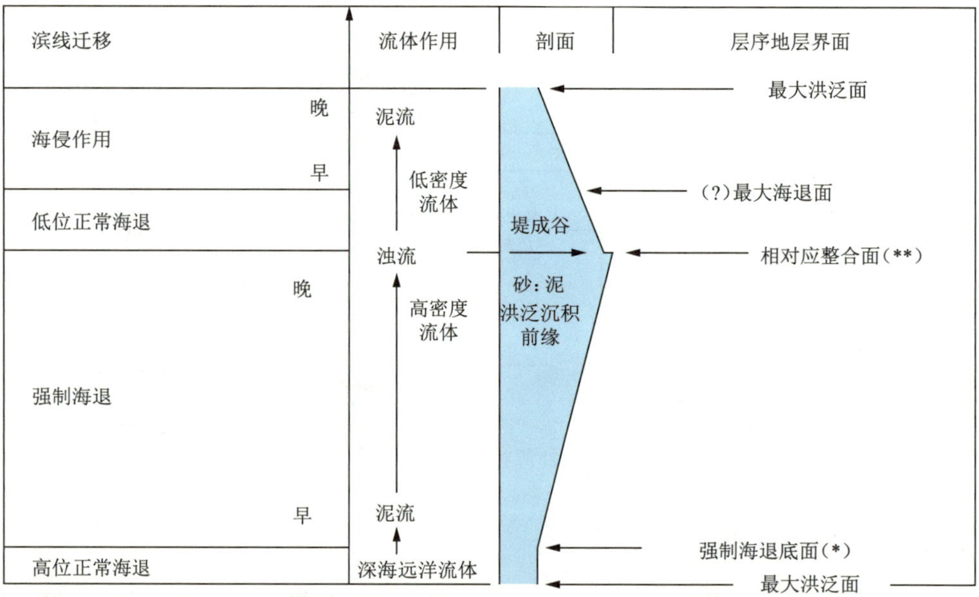

图 4-26　整个基准面变化旋回期海底扇复合体综合垂直剖面（据 Catuneanu，2003）

*—Posamentier 提出的相对应的整合面；**—Hunt 提出的相对应的整合面

2. 重力流的触发与沉积作用

在基准面周期性变化的任何阶段都会形成重力流，在强制海退的晚期最多，而在正常海退期最少。前面已经论述过，重力流的类型、规模和砂泥比都会因基准面周期性变化和体系域的不同而变化，至少在某种程度上，以与基准面的升降有关的可预测的方式发生变化（图 4-19、图 4-26、表 4-2）。

重力流向深水环境搬运沉积物的主要形式有黏性碎屑流（泥石流）和浊流，其他类型包括颗粒流（砂质非黏性碎屑流）、液化流等流体。向深水环境搬运沉积物的重力流可能与海岸线相对大陆架边缘的位置、海岸线及大陆架边缘的海平面（基准面）升降的方向和速率有关（图 4-27）。按理说，深水环境中的绝大多数陆源沉积物是在强制海退期沉积的，此时的大陆架存在负的可容空间。

表 4-2　海平面升降六个阶段中深水沉积作用及其产物

体系域	主要沉积作用	主要产物		层序相关界面
		大陆架斜坡	盆　底	
HST	深海/半深海的沉降作用	凝缩段	凝缩段	MFS
TST 晚期	泥石流	盆底槽，泥石流舌形沉积	泥石流舌形沉积	WTFC
TST 早期	低密度浊流	下切水道	堤成水道	MRS
LST	低密度浊流	下切水道	堤成水道	C. C.
FSST 晚期	高密度浊流	堤成水道	前缘决口扇	WTFC
FSST 早期	泥石流	盆底槽，泥石流舌形沉积	泥石流舌形沉积	BSFR
HST	深海/半深海的沉降作用	凝缩段	凝缩段	

注：HST—高位体系域；FSST—下降体系域；LST—低位体系域；TST—海侵体系域；BSFR—强制海退的底面；C. C. —相对应整合面；MRS—最大海退面；MFS—最大海泛面；WTFC—趋势内相接触面。

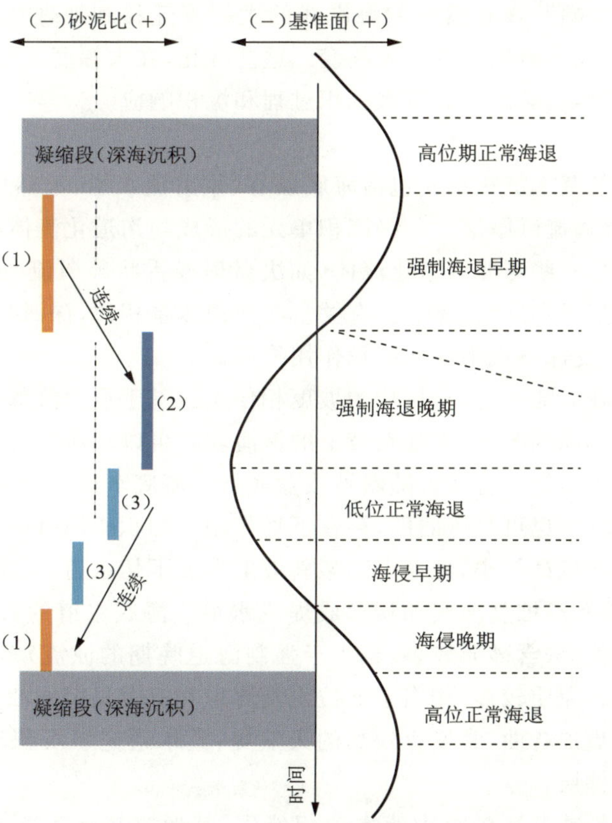

图 4-27　深水环境重力流主要类型与滨线迁移的特定阶段关系
（据 Posamentier 等，2003，有修改）

(1) 黏性碎屑流(泥石流)；(2) 高密度浊流和颗粒流，形成近端前缘决口扇；
(3) 低密度浊流，形成堤成水道和远端前缘决口扇

三、全球海平面升降及其对深水沉积的影响

1. 全球海平面升降变化周期性

全球海平面升降是由全球气候变化、极地冰川形成与融化、板块活动控制下洋盆形态及体积变化等因素引起的全球性海平面上升与下降现象。地质记录中可以识别出5个级别的全球海平面变化旋回(表2-2、表2-3),包括大陆泛滥旋回(一级)、大海侵/海退旋回(二级)和3个周期在数百万年到数万年、可能由冰川变化引起的海平面升降旋回(三、四、五级)(Vail,1987)。Java海底陆架河流下切历史研究表明,在距今0.5 Ma期间,全球海平面大约存在5期100 m尺度的升降,平均每期10万年左右,大致与米兰科维奇天文旋回中10万年左右的短偏心率周期相当(四级旋回);在每个短偏心率周期内,还发育多期20～70 m尺度的海平面升降,平均每期2万年,大致与岁差周期相当(五级旋回)。受四级海平面波动的影响,Java陆架和上部斜坡暴露,大规模的河流下切穿过陆架将陆源碎屑物质输入深水沉积环境(Posamentier,2002)。

全球海平面的大幅升降必然影响海岸线的大幅度迁移和地理环境及物源供给区面积、供给体系(河流)及供给条件的巨大改变。这些变化,在大幅度改变近海的浅水沉积过程和沉积环境的同时,也必然影响深水沉积过程和沉积响应。

2. 深水沉积单元

深水碎屑体系的基本沉积单元包括海底峡谷、重力流水道、天然堤和漫滩波状沉积、决口扇、海底扇及碎屑流巨厚层。一些沉积单元的形成与沟道化流体有关(如受限于海底峡谷或堤成水道),另一些与非沟道化流体(如决口扇或舌状碎屑流)或漫滩沉积(如沟道化重力流附近的天然堤和波状沉积物)有关。与河流体系相比,深海"漫滩"环境相当于海底的河道间湾地区,受深海或半深海沉积作用控制。

海底峡谷发育在大陆坡上,与较陡的坡度相伴生。基于重力流各自的特征,峡谷充填在不同时期经历着不同的改造,大陆斜坡上的深海峡谷可以与所有类型的重力流相伴生。

海底重力流水道通常发育在大陆斜坡或盆底处。海底水道与河流体系的某些特点相似,形态上可是顺直的,也可是弯曲的,存在下切作用和加积作用(Posamentier等,2002)。低密度浊流由于沉积负载较小,易在大陆架斜坡上形成下切水道;高密度浊流由于负载较大,易在大陆架斜坡和高坡度海底加积形成堤成水道。海底水道的长度往往与浊流的密度成反比。高密度浊流(含砂质较多,相当于强制海退晚期的浊流)多沉积在邻近斜坡底部,而低密度浊流(含泥质较多,相当于低位正常海退和海侵早期的浊流)向盆地搬运的距离更远,水道更长、更加弯曲,常发育较高的天然堤,其水道充填沉积较粗,容易形成物性和连续性都很好的储层。

天然堤常与斜坡或盆底的重力流水道相伴生,其形成与高密度或低密度浊流有关。高密度浊流易在大陆架斜坡上形成堤成水道,低密度浊流易在海底平原上形成堤成水道。在高密度浊流向低密度浊流演变过程中,即在低位正常海退和海侵早期易形成有堤的远端扇体系。后来,随着流体搬运距离的增加,泥质沉积物逐渐从混合流体中流失,进而形成薄层、低矮的堤(图4-28)。显然,天然堤的形成非常重要,因为它限制了水道砂体的分布。

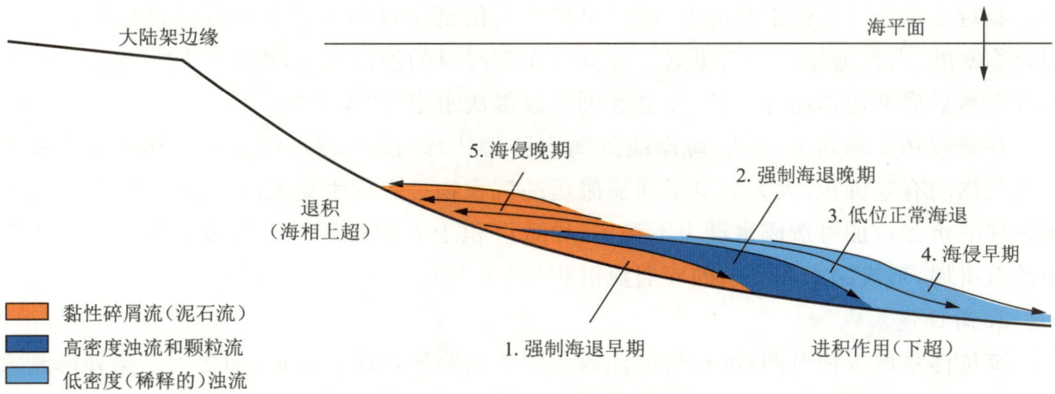

图 4-28　海平面下降阶段和海侵期间形成的海底扇复合体沉积结构(据 Catuneanu,2006)

海底扇或朵叶复合体位于水道前部,代表深水体系中最远的沉积单元,对于油气勘探开发而言非常重要,通常是由重力流水道的流体能量降低引起流体所携带的沉积物大量堆积而成。高密度浊流可能在大陆坡的底部形成裙状、规模较大的海底扇,低密度浊流则在盆底形成舌状沉积,其规模随着流体搬运距离的增加而变小,发育十分完好的堤成水道。

四、深水层序地层模型

深水环境的沉积物供给强烈依赖于海岸线与大陆架边缘的接近程度,也依赖于海平面周期性升降变化和海岸线的迁移轨迹(海侵、强制海退或正常海退)。

1. 低位体系域

海平面低位上升早期,大陆架上可容空间的产生导致陆源沉积物的聚集,减少了向深水盆地供给的砂质沉积物,造成高密度流向低密度流的改变(Hunt 等,1992)(图 4-19)。海平面上升导致的浊流由高密度向低密度转化说明流体中沉积物的砂泥比变小。粗粒的河流沉积物最先在由河流到海岸体系的加积过程中沉积下来,剩下的细粒组分可在低位正常海退期供源形成低密度浊流(图 4-20)。

低位正常海退期的低密度浊流,在大陆架斜坡上趋于负载荷而形成下切水道,从而在盆底呈超载荷并主要形成堤成水道沉积单元(图 4-20)。由于低密度浊流搬运细粒沉积物在盆底形成的堤更长,这使得流体能够穿越深海平原向盆地搬运更长的距离。这解释了为什么低密度浊流普遍伴生较小且较多的远端前缘决口扇,此地貌特征也反映了其低砂泥比的特点。由于河流搬运来的沉积物向深水环境的供给量净减少,所以低位正常海退期海底扇的沉积速率也相应减小。

2. 海侵体系域

在海侵体系域沉积早期,海岸线仍然处在大陆架边缘区域(图 4-21),并由此为部分河流搬运来的沉积物与滨面上部由波浪冲刷作用改造的沉积物提供了一个被低密度浊流搬运至深水盆地的机会。与低位正常海退相反,海侵时河流与海岸体系的砂沉积效率非常高,海平面上升速率的增加更加强了这种作用,使可容空间的增长速率超过了沉积速率。相对于早先的低位正常海退，海侵早期变弱的低密度浊流具有较低的沉积物和水的混合物密度，向盆地搬运距离更远。与低位正常海退的浊流相似，海侵早期浊流在大陆架斜坡上易形成下切作用，同时期在盆底则形成堤成水道（图 4-22）。

在海侵体系域沉积晚期，海岸线远离大陆架边缘（图 4-22），加上非海相和海岸体系中沉积物的有效沉积，大大减少了河流搬运的沉积物进入深水盆地的机会。然而，大陆边缘快速的水深增加可造成水动力不稳定，导致沉积于大陆架和上部斜坡的细粒沉积物发生改造滑塌，形成深水环境中的碎屑流沉积（图 4-22）。

3. 高位体系域

高位体系域沉积时期，沉积物的注入点距离大陆架边缘非常远，加之大陆架外部到大陆架斜坡深水沉积环境相对稳定，不容易发育重力流沉积。深海沉积是发生在大陆架远端的主要沉积作用，从而在深水环境（大陆架斜坡和盆底）形成了广泛分布的凝缩层。

4. 下降体系域

下降体系域早期阶段，海岸线仍然远离大陆架边缘，但当海平面下降引发浅海远端环境快速变化和风暴浪底降低时，便会造成大陆架边缘环境的不稳定和沉积物的再沉积作用，并伴有重力流的发生。这些重力流以碎屑流为代表，具有不连续的抗剪强度（塑性性状），导致流体在减速过程中的“冻结”（Stow 等，1996）。由于塑性流变特性，碎屑流相对浊流搬运的距离较短，并且其产物可能是斜坡扇/裙沉积的一部分（图 4-24）。

下降体系域晚期是形成海底扇的最重要阶段，此时陆源沉积物进入深水环境的量达到最大。邻近大陆架边缘的沉积物注入点和大部分暴露地表的大陆架一起导致大量的砂质沉积物经由高密度浊流搬运至深海盆底，大量的砂质浊积岩沉积于靠近斜坡与深海平原分界处。由于高密度浊流处于超负载状态，一般认为其在大陆坡和盆底发生加积作用。堤成水道的加积作用在大陆坡上处于支配地位，而盆底则主要接收来自前缘决口扇的沉积物（图 4-24）。

深水储集层的质量和分布主要依赖于沉积物的供给、盆地地形和重力流的类型。高密度浊流具有充足的沉积物供给、高的砂泥比，形成于下降体系域晚期，可形成深水体系中品质最好、规模最大的储层。搬运距离很长的低密度浊流形成的盆底扇主要储层为堤成水道以及前缘决口扇。

第四节　具缓坡边缘和生长断层边缘盆地的层序地层模型

一、具缓坡边缘盆地的层序地层模型

1. 具缓坡边缘盆地的特点

与具陆架坡折的沉积盆地特点不同，具缓坡边缘的沉积盆地Ⅰ型层序是在具下述地质特点的盆地中沉积而成的。

（1）盆地坡度低。地形坡度小于 1°，最常见的地形坡度小于 0.5°，并且不存在从缓坡到陡坡的地形和浅水至深水的突然变化。

(2) 受相对低的可容空间控制，盆地缓坡沉积物呈叠瓦状至 S 形倾斜形态广泛分布于盆地缓坡及其他地区。

(3) 海平面明显下降伴生的河流下切作用可下切早期低位滨岸沉积，但难以继续向下进行。

(4) 海平面下降可形成低位三角洲和其他滨岸砂岩，但由于地形坡度平缓，不容易发育重力流成因的盆底扇和斜坡扇。

(5) 海平面下降速率和幅度足以使具缓坡边缘的Ⅰ型层序低位体系域在沉积滨线坡折带或其外侧不远的地方发生沉积。

2. 具缓坡边缘盆地的Ⅰ型层序地层模型

在具陆架坡折的沉积盆地中，前积斜坡地形陡得足以形成深海重力流沉积体系。但是在具缓坡边缘的沉积盆地中，低位体系域是由厚度相对薄的低位楔所构成的(图 4-29)，这个薄层低位楔包括两部分沉积物(图 4-30)：第一部分位于向陆一侧，以河流下切作用形成宽窄不一的下切谷(后期被河流和潮控三角洲沉积充填)和海岸平原沉积物过路作用为特征，这一部分沉积物是在海平面相对下降，同时岸线向盆地中央逐步迁移直至海平面下降处于稳定时期形成的。第二部分位于向海一侧，是在缓慢的相对海平面上升时期形成的，由上倾的下切谷充填沉积和下倾的一个或多个前积式准层序组构成(图 4-30)。其缓坡边缘盆地的Ⅰ型层序低位体系域顶界面为首次海泛面，底界为层序边界(图 4-29)。

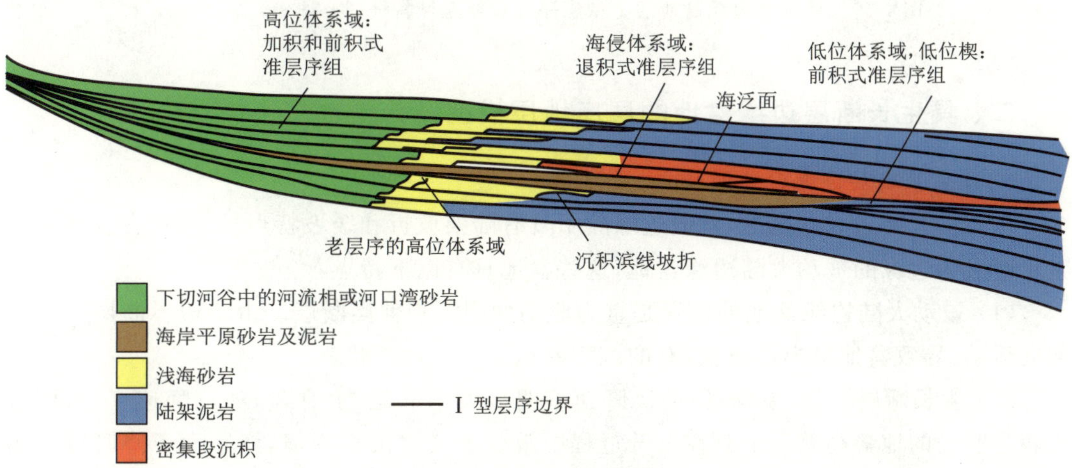

图 4-29　具缓坡边缘盆地的Ⅰ型层序地层模型(据 Van Wagoner 等，1990)

在相对海平面不断下降期间，具缓坡边缘盆地底部也发生沉积物的过路作用，沉积了一组向下逐步前积的楔状体，Posamentier 等(1992)将其称为“强制海退楔状体”，这些楔状体可以被高位和低位前积楔状体保护起来(图 4-30)。这些强制海退楔状体常是富砂的，可形成被页岩包裹、令人感兴趣的地层岩性圈闭。

具缓坡边缘盆地的Ⅰ型层序海侵和高位体系域类似于具陆架坡折盆地的Ⅰ型层序海侵和高位体系域(图 4-9、图 4-29)。虽然具缓坡边缘盆地的Ⅰ型层序高位体系域中缺乏明显的前积斜层沉积，但在高位以及海侵体系域中，可见三角洲前缘滑塌形成的浊积岩，切莫将此认为是具陆架坡折盆地的Ⅰ型层序低位体系域中的盆底扇。

总的来看，具陆架坡折和具缓坡边缘盆地的Ⅰ型层序均由低位、海侵和高位体系域组成(图 4-9、图 4-29)。但是，在具陆架坡折的沉积盆地中，海平面可相对下降到陆架坡折带以下；而在具缓坡边缘的沉积盆地中，海平面可相对下降到沉积滨线坡折带以下，加之地形平缓缺少明显的地形坡折，所以具缓坡边缘盆地的Ⅰ型层序低位体系域仅由相对较薄的低位楔状体组成，基本没有峡谷和盆底扇(图 4-29、图 4-30)。

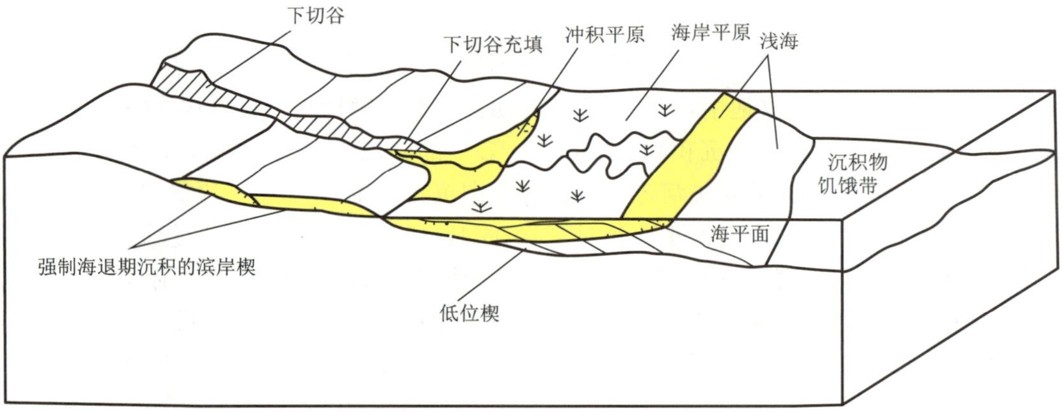

图 4-30 具缓坡边缘盆地的Ⅰ型层序低位体系域特征(据 Myers 等，1996)

二、具生长断层边缘盆地的层序地层模型

1. 具生长断层边缘盆地的特点

在被动大陆边缘盆地中，盆地边缘除了具有陆架坡折和缓坡特点外，还可存在着以同生正断层为边缘的被动大陆边缘盆地，这些盆地具有以下特点：

(1) 被动大陆边缘盆地的边界是重力驱动的同沉积伸展断层。由于边界断层的差异伸展活动，导致盆地呈半地堑状，有的沉积盆地也可呈地堑状。

(2) 生长断层上盘(下降盘)的沉降速率明显大于下盘(上升盘)的沉降速率，从而造成较为明显的地势高差。下盘在上升过程中常处于浅水沉积环境，海平面下降时可全部出露水面而遭受风化剥蚀形成层序边界；上盘在下降过程中常处于较深水沉积环境，比较容易形成持续稳定的较深水沉积序列。因此，在断层两侧易造成明显的相变或沉积相差异。

(3) 在具生长断层的盆地边缘，由于上盘和下盘差异活动，也存在较为明显的地形坡度变化。生长断层下盘处于高部位，地形较为平缓；生长断层上盘处于低部位，地形也相对平缓；但连接生长断层上盘、下盘的断层面却有较大的地形坡度，所以在生长断层面上倾端地形坡度有明显变化，可以发育峡谷及其充填物。

(4) 在生长断层活动期间，海平面发生升降旋回变化，加之沉积物供给量的变化，可在具生长断层边缘盆地中充填低位、海侵和高位体系域沉积序列。上述沉积序列在生长断层两侧是由不同的沉积相组合构成的。

(5) 被动大陆边缘盆地中的同生断层活动强度具有周期性变化特征，也就是说，同生断层上盘的运动幅度是随时间发生变化的，这样就造成沉积可容空间随时间的变化。因此，在同生断层断面上倾端和下倾端，上盘、下盘沉积物充填序列的厚度和沉积相类型会存在差异。

(6) 尽管沉积物供源可以来自多个方向并充填具同生断层边缘的盆地，但是当海平面不断下降，同生断层上升盘出露地表而遭受风化剥蚀时，下切谷所搬运的沉积物会在同生断层下降盘形成的新增可容空间中沉积下来，最终导致河流、三角洲、浅海以及重力流沉积物的明显加厚。

2. 具生长断层边缘盆地的层序地层模型

具生长断层边缘盆地的层序地层研究是相对薄弱的。Mitchum 等(1993)曾对被动大陆边缘墨西哥湾盆地进行过层序研究。该盆地的沉降过程明显受生长断层的影响，导致在同一时期生长断层下降盘的沉积厚度常大于上升盘的沉积厚度。这种沉积样式反映了受生长断层影响的盆地演化历史。具生长断层边缘盆地的演化历史可比一个海平面升降变化旋回时间长，一个具生长断层边缘的盆地中常包含周期为 0.5～1 Ma 的 7～8 个三级周期。具生长断层边缘盆地的层序地层样式是由低位、海侵、高位或陆架边缘体系域构成的，但是大多数层序都属于Ⅰ型层序，故下面主要介绍Ⅰ型层序中低位、海侵和高位体系域的特征。

1) 低位体系域

具生长断层边缘的低位体系域可由盆底扇、斜坡扇和前积楔状体组成。在低位体系域发育早期，生长断层活动较强烈，下降盘水体较深，发育盆底扇和斜坡扇。

盆底扇常以海底扇(舌形体)的形式沉积在斜坡下部或盆地深处，其底便是Ⅰ型层序的底界。盆底扇由碎屑流成因的块状砂岩构成，具有高砂泥比的朵叶或舌形体特点。盆底扇砂岩干净、分选好，具有良好的储集性能，它是在相对海平面下降早期由河流峡谷砂、高位三角洲砂冲刷滑塌而成的，上超在盆底之上并快速发生尖灭。一般来说，盆底扇厚度不太大，常为 30～90 m，但分布范围较广(图 4-31)，在地震剖面上常具有连续、较强振幅的反射特征；在测井曲线上，盆底扇常呈箱形并与上覆和下伏地层岩性突变接触。盆底扇直接位于层序边界之上并与下伏未受侵蚀的高位和海侵体系域欠补偿盆地沉积相接触，因此广泛分布的欠补偿盆地沉积(凝缩段)和介形虫丰值是识别盆底扇的重要标志。事实上，识别具生长断层边缘盆地的低位盆底扇的最好标志有以下几点：① 形成于深水环境；② 具有朵叶或舌形体特征；③ 双向下超的地震反射特征明显；④ 相邻斜坡底部突然的上超尖灭；⑤ 扇顶面地震反射振幅强。具生长断层边缘盆地的低位盆底扇易形成构造-地层圈闭，油气勘探时要注意对从烃源岩到盆底扇的运移通道和盆底扇顶部盖层进行研究。

斜坡扇作为低位体系域的一部分常上覆在盆底扇之上、下伏在低位前积楔状体之下，它是由浊流水道和越岸沉积构成的(图 4-32)。若不存在盆底扇，斜坡扇可直接位于层序

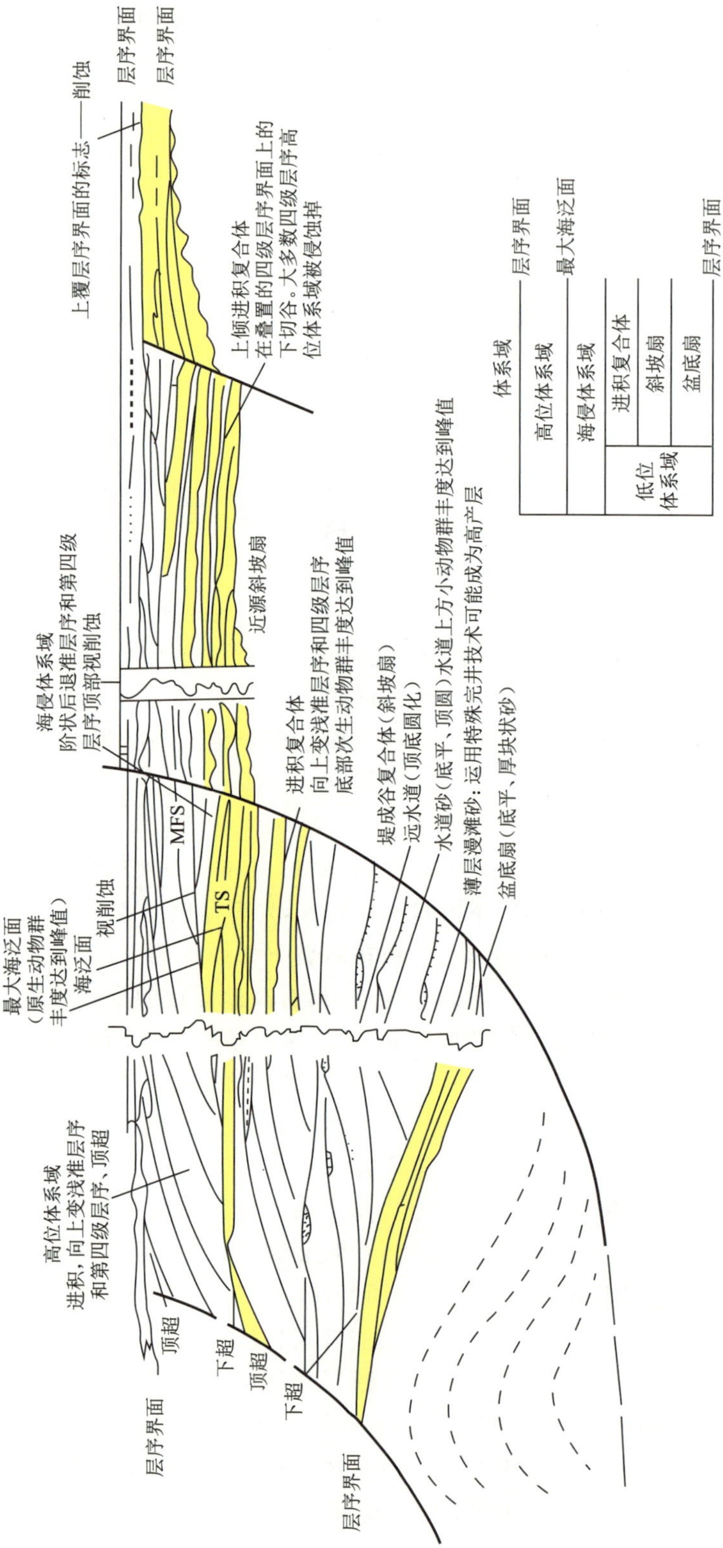

图 4-31　具生长断层边缘盆地的层序地层样式（据 Mitchum 等，1993）

底部边界之上。斜坡扇顶面是低位前积楔的下超面或凝缩段，它是在相对海平面下降晚期和上升早期形成的，比盆底扇具有更低的砂泥比。厚层的砂岩形成于相对狭窄的水道之中，而泥岩发育于水道两侧。斜坡扇最主要的沉积单元是河流携带的砂流经下切谷或峡谷时形成的具有天然堤的水道，砂沿水道搬运沉积，而泥或细粒沉积物则形成天然堤或越岸沉积物。具天然堤的水道往往只有一个处于活动状态，但也常存在决口或分叉作用。在具天然堤的水道末端，某些砂粒沉积物扩散，形成薄层、水道化的朵叶。具天然堤的水道规模变化是明显的，水道宽度为几百至几千米，并在地震和测井资料上具有明显的响应(图 4-32)。在一个三级层序中，可出现 6～8 个单个具天然堤的水道，基于三维地震资料的地震沉积学是识别刻画斜坡扇的有效方法技术，越岸砂和水道末端朵叶砂尽管很薄，但具有良好的连续性和较好的孔隙度及渗透率，油气储量和产量会很高。

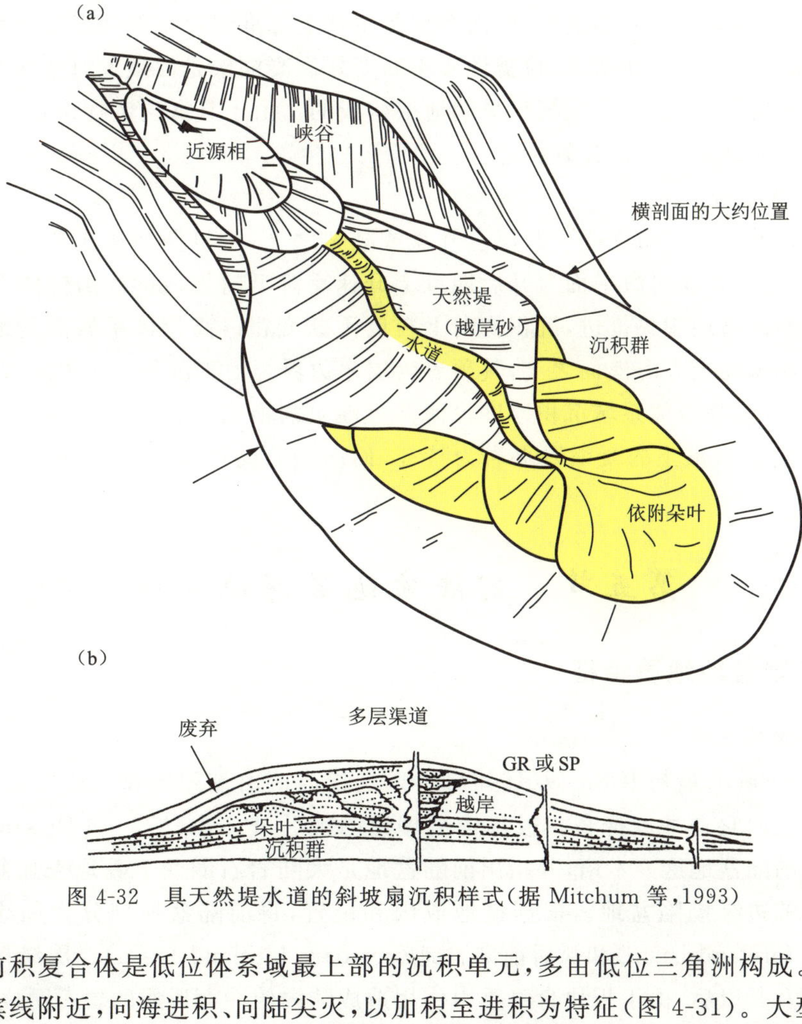

图 4-32 具天然堤水道的斜坡扇沉积样式(据 Mitchum 等，1993)

低位前积复合体是低位体系域最上部的沉积单元，多由低位三角洲构成。该三角洲位于沉积滨线附近，向海进积、向陆尖灭，以加积至进积为特征(图 4-31)。大型的低位楔状三角洲是在相对海平面上升的早中期形成的，呈前积斜交地层样式向盆地方向前积并下超在斜坡扇的顶面。随着相对海平面上升速率的加快，尽管前积楔状体发育的早期阶段具有明显的前积特征，但是晚期表现为明显的加积（退积）特征。低位前积复合体的顶界是首次海泛面，此时相对海平面上升速率超过了沉积物供给速率并开始发育海侵体系域（图 4-31）。在低位前积复合体中，存在三种富有潜力的储层，即前积三角洲及其伴生的临滨沉积、上倾尖灭的下切谷充填物、重力驱动的浊积砂体或三角洲前缘滑塌浊积砂体。

在低位体系域形成发育期间，由于生长断层较为剧烈的活动，形成了较大的可容空间，在快速沉积物供给充填作用下，生长断层下降盘的沉积厚度明显大于上升盘的低位体系域沉积厚度（图 4-31）。

2）海侵体系域

海侵体系域位于层序中部，以退积式准层序组为特征，其底为位于低位体系域之上的首次海泛面，其顶为最大海泛面（图 4-31），它是在相对海平面上升速率较大时形成的，岸线不断向陆退却。在海侵早期，对下伏早期高位或低位楔状体的海侵侵蚀会形成走向平行岸线、具较好储集性质的临滨砂岩，而海侵体系域上部准层序常是在海侵速率明显加大时形成的，泥页岩含量不断增多，封盖性质不断变好。凝缩层是由最大海泛面和相邻的海侵体系域沉积晚期、高位体系域沉积早期地层构成的。由于其富含生物化石且分布广泛，因而构成了井间地层对比的良好标志。

3）高位体系域

高位体系域广泛分布在同生断层上升盘或陆架之上，由早期加积式和晚期进积式准层序组构成，它是在相对海平面上升后期且上升速率降低时形成的。高位体系域形成时期滨岸线不断向盆地中央推进，沉积物向上粒度不断变粗。高位体系域向盆地方向沉积厚度变薄并超覆在最大海泛面之上，其顶界为层序边界。由于沉积地势平缓，断层沉降作用减弱，因此许多高位体系域沉积厚度较薄并且泥页岩所占比例较大。高位体系域向盆地方向以薄层富含黏土的凝缩段页岩为特征，而向陆方向三角洲沉积占据主导地位（图 4-31）。

第五节　前陆盆地层序地层学

一、前陆盆地地质特征

1. 前陆盆地概念

前陆（foreland）最初由 Suess（1906）提出，是指与造山带相毗邻的稳定沉积地区，且造山带的岩层向它逆冲或掩覆。板块构造理论问世后，Price（1973）和 Dickinson（1974）先后提出了前陆盆地这一术语，并指出前陆盆地是大陆岩石圈受上叠地壳加载引起挠曲变形而形成的边缘拗陷盆地。根据盆地成因和位置，将前陆盆地划分为周缘前陆盆地（peripheral foreland basin）和弧后前陆盆地（retroarc foreland basin）。周缘前陆盆地是在大陆碰撞及其以后，由于板块自身重力作用造成陆内俯冲而形成的岩石圈挠曲，这可以北美古生代阿巴拉契亚前陆盆地为例；弧后前陆盆地位于仰冲板块上，既可以与板块碰撞相联系，也可以形成于洋壳俯冲时期，这可以北美落基山中新生代阿尔伯塔前陆盆地和北美白垩纪锡弗尔前陆盆地为典型代表。

Price(1973)认为，经典的前陆盆地是指位于造山带与克拉通之间的一个狭长状沉积带，是大陆岩石圈受上叠逆冲推覆体加载引起挠曲变形而形成的边缘拗陷盆地。前陆盆地的形成主要与区域上的构造挤压应力和地貌载荷引起的挠曲作用有关。

Reading(1978)认为，前陆盆地是在褶皱冲断带与冲断层逆掩的克拉通之间发育的大型沉积盆地；Jordan(1991)则认为，前陆盆地是由板块碰撞产生的逆掩推覆体加载于大陆边缘，并使大陆前缘隆起而形成的一种不对称盆地。

前陆盆地是位于造山带前缘与相邻克拉通之间的沉积盆地，可以划分为楔顶带、前渊带、前隆带和后隆带四个构造单元。根据前陆盆地的成因和位置，可以分为弧后前陆盆地、周缘前陆盆地和再生前陆盆地三种类型(图 4-33)。前陆盆地主要受到地貌载荷、俯冲载荷、动力学板块载荷等的共同作用，引起岩石圈的挠曲。前陆盆地的演化是个动态过程，具有递进式的演变特征，它与挤压造山带是成对出现的，表现出明显的耦合性和互补性。

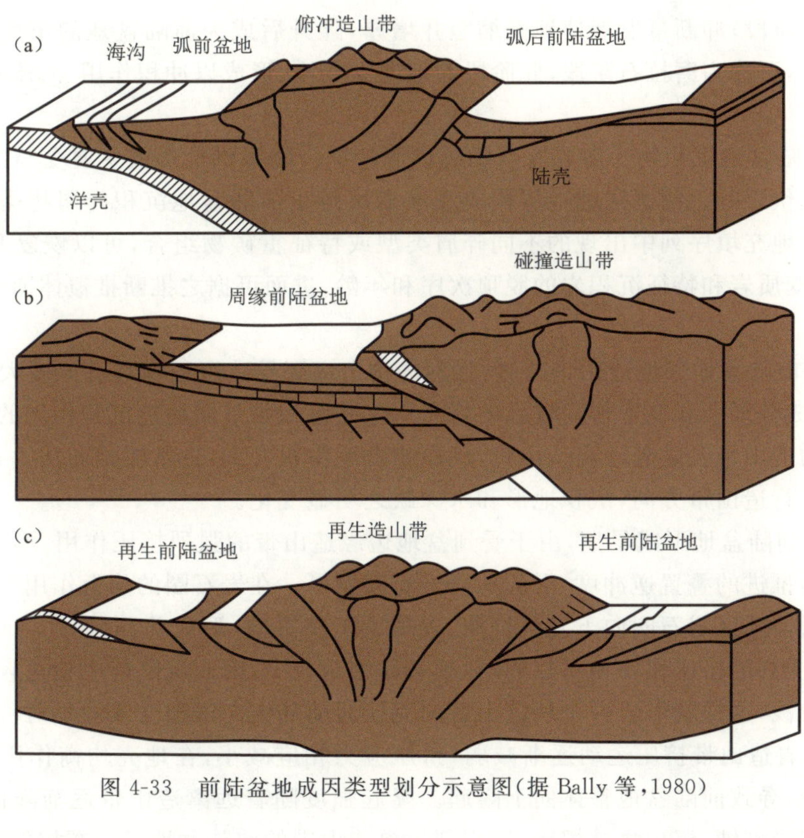

图 4-33　前陆盆地成因类型划分示意图(据 Bally 等，1980)

2. 前陆盆地主要地质特征

(1) 前陆盆地一般分布于造山带和前陆隆起之间，并与它们的走向平行；沉积物呈楔状，靠近造山带一侧较厚，靠近克拉通一侧较薄，具不对称结构；地壳厚度比山脉区薄，比克拉通区厚。前陆盆地的构造沉降速率一般比被动大陆边缘、裂谷和克拉通盆地的构造沉降速率大，并具有自盆地中心向盆缘递增的趋势。沉降中心和沉积中心位置不一致，而且沉降中心一般具有向克拉通方向迁移的特点。

(2) 前陆盆地是一类重要的挠曲盆地，挠曲程度取决于盆地岩石圈的刚度、构造负荷和沉积负荷的大小。挠曲模型有弹性模型、黏弹性模型和热挠曲模型等。前陆盆地发育的构造背景既可以是被动大陆边缘盆地，也可以是克拉通周缘盆地和拗拉槽等。常见的前陆盆地沉积基底是被动大陆边缘盆地至斜坡、陆架的沉积物。

(3) 前陆盆地充填序列包括盆地基底面以上、巨厚的海相至陆相沉积物，总体呈向上变浅变粗的沉积序列，一般为陆源碎屑岩，缺乏碳酸盐岩沉积。充填地层呈旋回沉积，并发育粗碎屑楔状体和地层不整合面。通常，盆地充填沉积物下部与造山带主幕同龄，是碰撞后不久形成的，上部为冲断抬升期的产物，二者之间多以角度不整合面为界，它们是前陆盆地旋回构造演化过程中(>50 Ma)沉积充填物的总和。

前陆盆地具有双幕式沉积作用，其演化以造山带隆升为界，划分为隆升前和隆升后两个阶段：隆升前主要为海底冲断带，形成长形前渊，在较热和较薄地壳上发育浊流沉积，可称为复理石阶段；冲断带发展使地壳缩短并增厚，隆升后成为前陆盆地的主要物源区，以粗碎屑为主，可称为磨拉石阶段，此阶段盆地向上变浅，形成以冲积作用、河流相和湖相为主的沉积。

(4) 前陆盆地沉积物一般具有双物源供源特征。物源供给形式主要受与冲断造山有关的地形起伏影响。物源区的地层构成和演变决定了前陆盆地沉积碎屑物类型。因此，根据前陆盆地充填序列中出现的不同碎屑类型或特征重矿物组合，可以恢复和确定造山带岩浆岩、变质岩和特征沉积岩的脱顶次序和年龄，进而可据之推断推覆体前进的次序和年龄。

(5) 在前陆盆地邻近造山带一侧，强烈的构造沉降导致沉积物具有厚度大、沉积速率快、沉积物成分复杂和变形作用较强的特点。这些沉积物是同构造沉积作用的产物，物源来自邻近的造山带。随着远离造山带，沉积物粒度由粗变细，古水流方向从垂直造山带方向转变为平行造山带方向，沉积地形和水深缺乏明显变化。

(6) 在前陆盆地形成早期，由于受到盆地边缘造山带的强烈挤压作用，形成一系列向克拉通方向推进的叠置逆冲席，引起地壳岩石圈增厚。在岩石圈的均衡作用下，邻近造山带的克拉通前陆区岩石圈向下发生挠曲，表现为下挠沉陷，形成前渊，而在远离造山带的地区，由于受到的挤压作用相对较弱，地貌载荷相对较少，因而沉陷速率相对较缓慢，沉陷也就相对较浅，这样就形成一个从造山带向克拉通前陆方向逐渐变浅的不对称盆地。

(7) 随着造山带挤压运动逐渐减弱，挤压应力相应减小，在地壳均衡作用下，造成盆底弹性回跳，导致前陆盆地整体向上隆起。隆起强度随着远离造山带逐渐降低。此时造山带隆起遭受剥蚀，沉积物被搬运，沉积到远离造山带的前陆盆地区。在相邻造山带的前陆盆地区形成明显的侵蚀不整合面，在远离造山带的前陆盆地区为席状展布的粗粒和细粒沉积物，盆地的不对称性逐渐减弱。如果前陆盆地在发育晚期一直处于隆起状态，那么其中大部分沉积物就可能被剥蚀并被搬运到更远的地方，以致前陆盆地发育不完整，缺失某些沉积地层。

(8) 前陆隆起是前陆盆地的重要组成部分，它是岩石圈受上叠地壳加载于克拉通一侧发生均衡挠曲的结果，其向上挠曲幅度与冲断规模和前陆盆地沉降中心的下降幅度成正比。前陆盆地一般为冷盆，缺乏区域性火山作用；其构造样式主要为薄皮逆冲断层带、被动双重构造、往克拉通方向发育背冲和对冲的基底卷入型逆冲断层等。前陆盆地的充填序列可以包括数量不等、受构造作用控制的沉积层序。从前陆盆地发育的整个过程看，前陆盆地的构造演化史与盆地边缘构造活动密切相关，进而形成盆地沉降、沉积、迁移、抬升的多旋回演化历史。

正是由于前陆盆地所具有的上述地质特征，导致前陆盆地有其自身的复杂性和特殊性，特别在盆地性质、地质背景、形成机制、物源供给等方面均不同于被动大陆边缘盆地，决定了前陆盆地的层序地层模型和控制因素的特殊性及多变性。

二、前陆盆地层序地层模型

1. 前陆盆地层序级别和边界特征

前陆盆地层序地层学是将经典层序地层学理论应用于构造活动区盆地分析的一个特例，因其特殊的构造背景，前陆盆地沉积层序受构造作用影响明显，表现在其对层序边界、层序内部结构、体系域和准层序组发育、可容空间变化以及盆地充填和层序叠置样式等诸多方面。

层序级别的划分以充填地层持续的时限为标准。Vail 等(1991)确定的一级层序时限大于 50 Ma，二级层序时限为 3～50 Ma，三级层序为 0.5～3 Ma，四级层序为 0.08～0.5 Ma 等(表 2-2、表 2-3)。各级别的层序界面以不整合面或沉积间断面及与之相对应的整合面为标志。前陆盆地可容空间的变化主要受控于构造作用和全球海平面变化(假定物源供给稳定)。在造山构造活跃期，前陆挠曲作用占主导地位；在构造期后(构造宁静期)，可容空间的变化受控于全球海平面的变化。

构造层序是被沉积盆地中规模构造运动面所限定划分的地层序列，通常是与大的构造旋回相当的建造单元。

前陆盆地的充填序列包括盆地沉积基底面以上的全部盖层沉积，是前陆盆地在多旋回构造演化中的物质表现，是前陆盆地多个成盆期沉积充填物的总和，属一级构造运动(＞50 Ma)的产物。

前陆盆地构造层序是由盆地内二级构造运动面所划分的地层序列(3～50 Ma)，代表前陆盆地不同成盆期的产物。前陆盆地构造层序的划分主要依赖于邻区造山带的二级幕式构造运动。不同前陆盆地可能包含数量不同的构造层序，二级构造层序界面主要为构造不整合面，主要特点是构造剥蚀明显，多形成明显—轻微的角度不整合面，界面上发育风化壳或古土壤层和底砾岩等，界面在区域范围内普遍存在，可以开展区域性等时地层格架对比。

前陆盆地三级层序在不同盆地中的发育特征不同，这主要归因于前陆盆地的区域构造古地理背景、构造运动的强度、盆地基底沉降的幅度、相对海平面的变化速率、物源供应的方式和通道等因素。

前陆盆地的三级层序是二级层序内部由三级构造运动(0.5～3 Ma)产生的以不整合面为界面的地层序列，其界面多为平行不整合面。它是构造运动或其与海(湖)平面相对变化相叠加的产物，是一个成盆期不同发育阶段的产物，可反映多旋回、多幕式、沉积-构造相互影响与控制的演化史。前陆盆地三级层序界面是三级构造运动产生的构造不整合面，多为平行不整合面，或是有构造运动叠加的相对海平面变化面。同时，界面上存在微弱的构造剥蚀，可能有底砾岩和微弱风化标志，也可是沉积不连续面和环境突变界面。前陆盆地的三级海平面变化是地方性和区域性的，与全球统一的海平面变化并非完全同步。

前陆盆地沉积层序发育明显的层序界面和多种体系域。在前陆复理石盆地发育期，以海相沉积为特征，层序界面和体系域在各沉积区有所不同。在前陆盆地前渊区，层序界面为假整合面或整合面，在前隆和隆后盆地及克拉通区为不整合面。在前陆盆地前渊区，低位体系域(LST)以发育深海浊积扇为特征，海侵体系域(TST)以发育退积型沉积和凝缩层为特征，高位体系域(HST)以发育加积-进积型沉积为特征；在前隆和隆后盆地及克拉通区，低位体系域以发育河流下切、充填沉积为特征，海侵体系域以发育退积型沉积为特征，高位体系域以发育加积-进积型沉积为特征，沉积厚度相对较小。在前陆磨拉石盆地发育期，以陆相沉积为特征，但湖盆有类似海盆的周期性旋回地层，每一层序可划分为低位体系域、水进体系域、高位体系域，即沉积层序的下部(低位)一般为初始湖进期沉积，以冲积扇体系为主，中部为湖进期沉积，以湖泊体系的浅湖-深湖为主，以退积型准层序为特征，上部(高位)一般为湖退期沉积，以河流-三角洲沉积体系为主，以加积-进积型准层序组为特征。

传统的 Vail 层序地层学理论将三级层序旋回的成因归于全球统一的海平面变化。对全球各地的被动大陆边缘和克拉通地区来说，可能存在全球统一的三级海平面变化，但这种情况对构造活动的前陆盆地显然是不合适的。

当前前陆盆地三级层序的内部组成及其名词术语仍存在争议，不同学者有不同的使用方案，主要继承沿用 Vail 经典层序地层学的概念体系，在层序内部划分出不同体系域以及沉积体系等。

2. 前陆盆地层序地层模型

众所周知，层序地层学的基本概念和理论观点均起源于被动大陆边缘盆地沉积地层研究。在被动大陆边缘盆地中，自盆地边缘高地向盆地中央方向，构造沉降速率增加，特别是在陆架边缘(坡折带)，沉积作用和沉积水深均发生明显变化，构造沉降、全球海平面变化、沉积物供给和气候等因素综合影响被动大陆边缘盆地层序地层模型。最近 30 年来，起源于被动大陆边缘盆地的层序地层学已被应用于活动大陆边缘盆地。在活动大陆边缘盆地，如前陆盆地中，构造沉降方式是不同于被动大陆边缘盆地的。构造沉降速率向盆地边缘造山带方向增加、向海方向降低，并且沉积倾向比较均一、缺少深水沉积环境。构造沉降速率的时空变化明显影响前陆盆地的层序地层模型，所以前陆盆地的层序地层模型不同于被动大陆边缘盆地的层序地层模型。

Posamentier 等(1993b)明确指出,起源于被动大陆边缘盆地的层序地层学基本概念和原理能够适用于不同构造类型沉积盆地层序地层研究。前陆盆地层序地层学就是将起源于被动大陆边缘盆地的层序地层学理论应用于构造活动区盆地分析,即通过研究前陆盆地不同级别的地层层序及其成因,揭示构造运动、沉积作用和海平面变化之间的内在联系,进一步研究前陆盆地的沉积-构造演化,为资源勘探提供理论依据。

近期有不少地质学家对不同地区、不同构造演化特征的前陆盆地进行了层序地层学分析研究,提出了不少前陆盆地的层序地层模型,如美国西部科迪勒拉中生代前陆盆地、阿巴拉契亚志留纪前陆盆地,中国龙门山中生代前陆盆地、塔里木盆地库车新生代前陆盆地等,但由于前陆盆地特有的复杂性和特殊性,至今尚未建立得到人们共同认可、典型的前陆盆地层序地层模型。前陆盆地层序地层模型与被动大陆边缘盆地层序地层模型还存在明显差异(表 4-3)。

表 4-3　被动大陆边缘盆地与前陆盆地层序地层模型比较(据 Swift 等,1987)

对比参数	被动大陆边缘盆地	前陆盆地
主要控制因素	长期全球海平面变化	构造沉陷(沉降)作用
陆架上发生最迅速沉陷地带	向海边缘	向陆边缘
层序和体系域边界面	陆上侵蚀面、海侵面、下超面	下超面(离岸水下侵蚀面)
层序组成单元	早期海退沉积(低位三角洲),河口湾、峡谷充填,海侵沉积(上超)和晚期海退沉积(高位下超)	海侵沉积(少量)、海退沉积

1) 楔型前陆盆地层序地层模型

美国西部科迪勒拉中生代前陆盆地晚白垩世发育典型的前陆盆地沉积充填。该前陆盆地上白垩统 Mesaverde 群层序整体几何形态呈西厚东薄的楔形,层序边界为形成于海平面快速上升时期的水下侵蚀面,缺乏因海平面相对下降形成的陆上侵蚀面以及对应的河口湾潟湖沉积。层序由下部的海侵沉积与上部的海退沉积组成。Swift 等(1987)所建立的美国西部科迪勒拉中生代前陆盆地层序地层模型(图 4-34)明显不同于被动大陆边缘盆地层序地层模型(表 4-3)。前陆盆地层序地层模型的主要控制因素为构造沉降作用和物源供给。由于前陆盆地构造沉降速率较大,超过了全球海平面下降速率,导致前陆盆地相对海平面处于上升状态,盆地中仅充填与经典层序地层学海侵体系域和高位体系域对应的海侵和海退沉积。由海侵形成的水下侵蚀面(层序底界面)间断时间短,缺乏与河流回春作用形成的下切谷、陆上侵蚀作用及其对应的侵蚀不整合面。盆地西缘供给的沉积物主要受控于盆地冲断造山及其形成的地形起伏,与海平面升降关系不大。自盆地西缘向东,构造沉降速率降低,导致前陆盆地层序整体几何形态呈楔形(图 4-34)。

2) 缓坡型前陆盆地层序地层模型

Posamentier 等(1993)根据前陆盆地构造沉降速率与全球海平面变化速率的关系,将

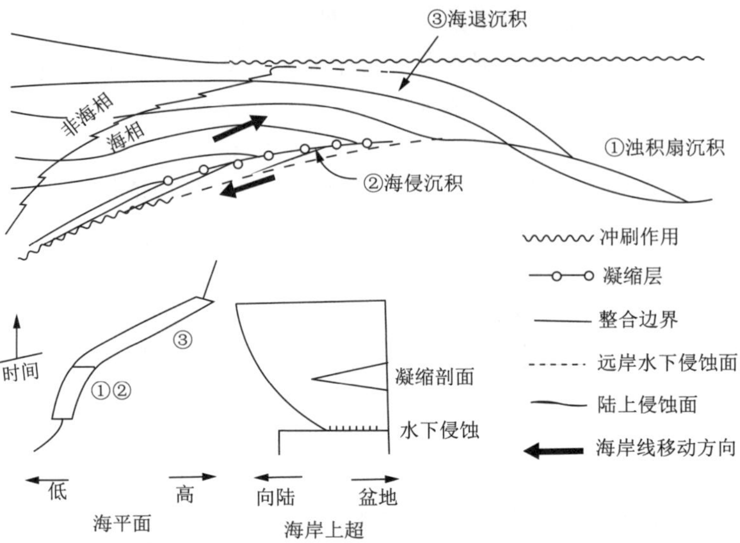

图 4-34　美国科迪勒拉中生代前陆盆地晚白垩世 Mesaverde 群层序地层分析
（据 Swift 等，1987）

前陆盆地划分为 A 带和 B 带两个构造地层区。A 带位于前陆盆地毗邻造山带一侧，构造沉降速率大于全球海平面下降速率，引起相对海平面上升；B 带位于克拉通方向远离造山带一侧，构造沉降速率小于全球海平面下降速率，引起相对海平面下降（图 4-35）。

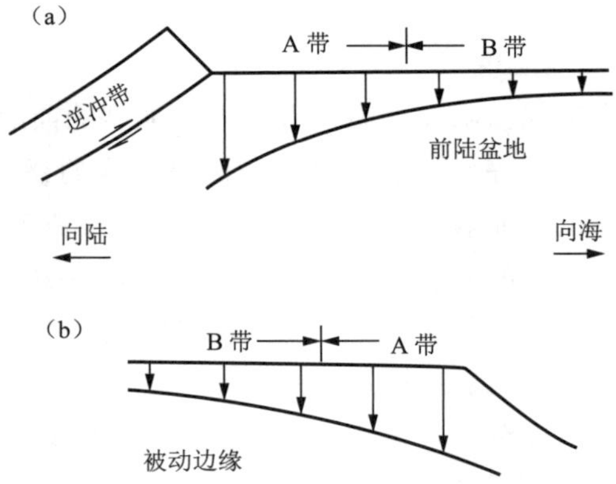

图 4-35　前陆盆地 A 带与 B 带沉降速率差异变化及平衡点位置示意图（据 Posamentier 等，1993）

缓坡型前陆盆地（foreland ramp-type basin）层序地层模型及其演化取决于在一个全球海平面升降变化旋回中滨线位于 A 带还是 B 带。滨线的相对位置决定层序类型的发育。当滨线位于 A 带时，即滨线紧邻造山带，构造沉降速率通常大于最大海平面下降速率，此时发生相对海平面上升，未形成层序边界不整合面，只产生Ⅱ型层序界面，层序由陆架边缘体系域、海侵体系域和高位体系域组成；当滨线位于 B 带时，发生相对海平面下降，常发育Ⅰ型层序界面，形成由低位、海侵和高位体系域构成的Ⅰ型层序（图 4-35、图 4-36）。

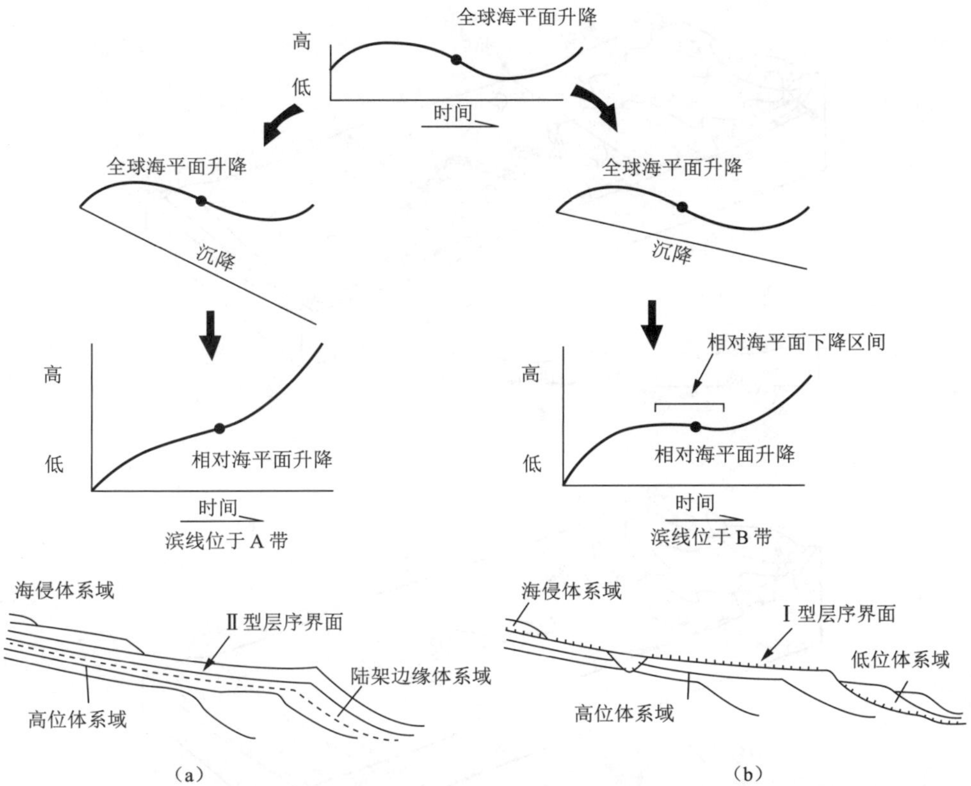

图 4-36　前陆盆地滨线位置与层序边界类型(据 Posamentier 等,1993)

若初始滨线位于B带,自陆向海方向可以依次出现上倾、过渡和下倾三个地层沉积区(图 4-36)。当高位滨线位于B带时,整个沉积层序均会出现上倾、过渡和下倾沉积区。上倾沉积区位于A带,以连续的不同速率的河流加积作用为特征,河流加积的最低速率会出现在滨线处相对海平面下降时期。在这个时期,由于洪泛平原加积速率较慢,河流沉积物以越来越多的河道沉积为特征。在海平面低位时期,下倾沉积区接受沉积,随后被低位和海侵体系域沉积覆盖,常见孤立状临滨沉积物以及下切谷充填沉积物。在上倾和下倾沉积区之间为过渡带。在过渡带常见沉积间断的突然变化、高位临滨和同期河流沉积,也常见代表沉积物过路的不整合面。过渡带发育下切谷和各种体系域(图 4-37)。图 4-38 表明了上倾端至下倾端之间的对比关系。上倾端的层序界面可与过渡带至下倾端的沉积物过路界面和越来越多的河道沉积相对应。然而,因为难以建立非海相与海相沉积之间的等时对比界面,所以层序界面的等时关系是很难确定的(图 4-38)。当滨线限于A带时,下倾端不发育,过渡带以缺乏沉积物过路界面的海侵和海退滨岸沉积为特征,上倾端发育具不同沉积速率的连续河流沉积。

前陆盆地的构造活动复杂多变,A带与B带的边界会随着短期的构造事件而发生向陆或向海的迁移。若在前陆盆地构造活动一侧未出现A带,构造沉降速率低于海平面最大下降速率,那么此时就会发育Ⅰ型沉积层序,层序地层模型反映出上倾端具有越来越多的可容空间,在低位早期河流下切越来越低并发育相对较厚的高位沉积。A带和B带概

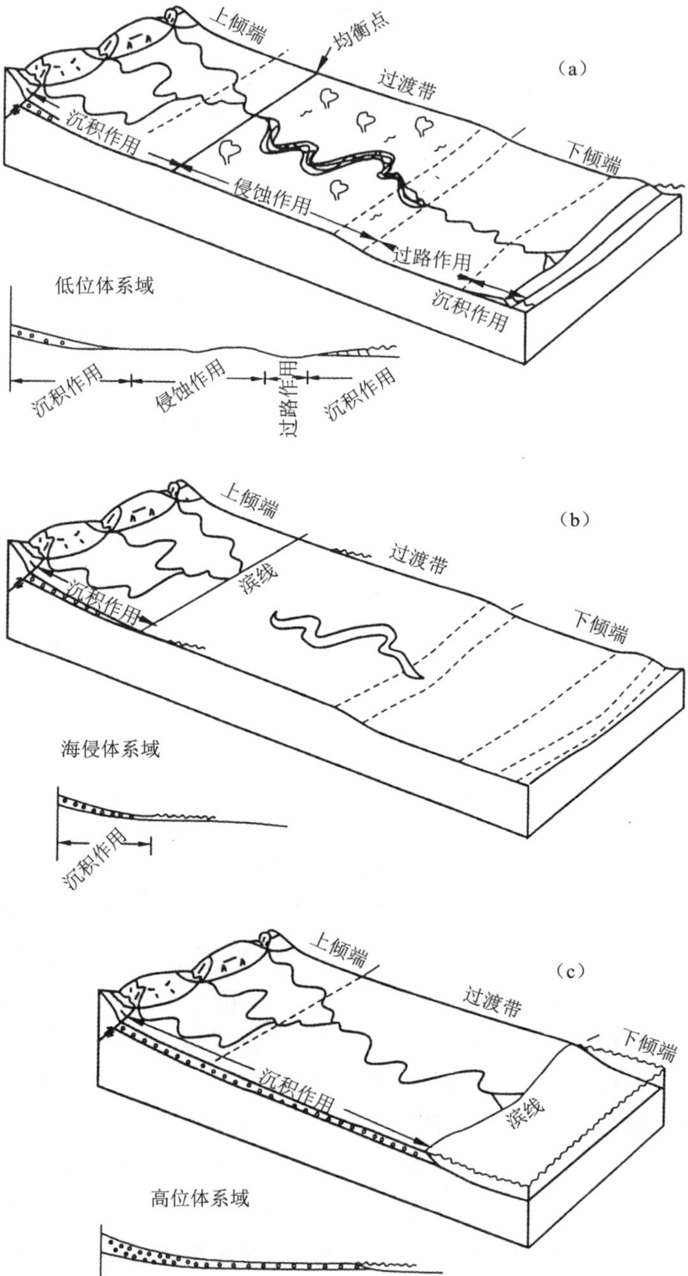

图 4-37　前陆盆地构造活动边缘低位、海侵和高位体系域(据 Posamentier 等,1993a)

念还可解释为什么某些前陆盆地有时缺乏明显的低位沉积并以高位沉积和Ⅱ型层序边界为主,这是因为这些盆地的滨线发育在 A 带。相反,另外一些盆地的滨线发育在 B 带,发育Ⅰ型层序边界和强制海退沉积。滨线的位置依赖于沉积物供给和可容空间的变化。在沉积物供给速率较大的盆地中,滨线趋于向海进积,要比沉积物供给速率较小的盆地更易达到B带。前陆盆地的沉积层序主要由向陆加厚的河流沉积近端楔状体组成。这是因为向后旋转沉降提供了河流沉积可容空间。A带的河流沉积可以持续发生于整个海平面升降旋回，并在最大海平面下降时期形成高度集中的河道沉积(图4-38)。

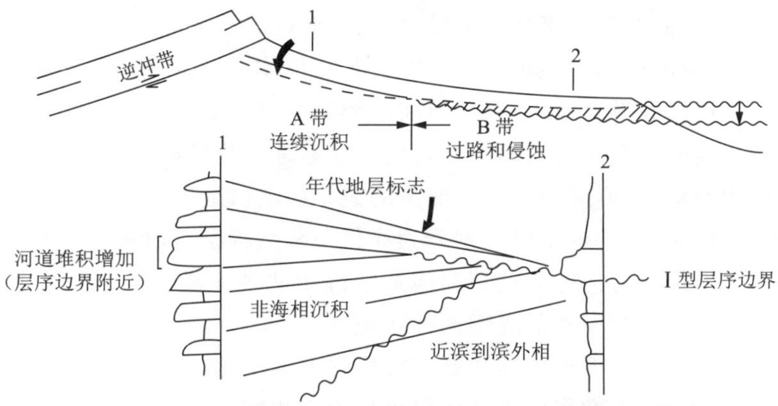

图4-38　滨线位于B带的前陆盆地地层对比(据Posamentier等,1993a)

3）中国前陆盆地层序地层模型

前陆盆地是板块碰撞引起冲断作用所形成的一种沉积盆地，位于造山带和克拉通之间，其沉积层序受构造作用影响明显，呈现强烈不对称的楔形地层特点。中国前陆盆地主要分布在中西部地区，比如库车前陆盆地、塔西南前陆盆地、准噶尔盆地南缘前陆盆地、博格达山前缘前陆盆地、鄂尔多斯西缘前陆盆地、龙门山前陆盆地、南华北盆地南部前陆盆地、楚雄前陆盆地等，发育时期从志留纪至新近纪。

与世界上典型的前陆盆地相比，中国前陆盆地在地质特征上具有如下共同点：① 盆地规模小，逆冲带范围大；② 为陆相盆地，发育巨厚的磨拉石堆积；③ 存在两期前陆构造，晚期活动性强；④ 统一的构造演化背景控制区域性的盆地沉降和沉积。中国前陆盆地发育受控于统一的陆内变形。位于劳亚大陆和冈瓦纳大陆之间的中国中西部前陆盆地主要受三期古大洋构造演化控制：① 晚二叠世到三叠纪(P_2—T)受古亚洲洋最终关闭的影响，中国西部由多个小型克拉通拼贴形成统一的大陆；② 晚三叠世(T_3)古特提斯洋的关闭，形成塔西南、库车、柴北缘(已剥蚀)、楚雄、川西、川北、鄂尔多斯西缘等前陆盆地；③ 新近纪(N)以来新特提斯洋关闭，造山带复活形成区域性的再生前陆系统，其中再生前陆盆地有准南、吐哈、库车、塔西南等，再生前陆逆冲带有准噶尔西北缘、博格达北缘、喀什、塔东南、柴北缘、酒泉、潮水、川西、川北、楚雄、鄂尔多斯西缘等(贾承造等,2005)。

不同前陆盆地可发育具有不同沉积特征和层序地层样式的三级层序。对这些三级层序的研究必须与前陆盆地构造研究相结合，即综合研究前陆盆地盆缘构造活动的性质、强度、时间及盆缘构造不整合面特征、盆缘构造活动与盆内沉积物和沉积作用的响应关系、盆缘构造运动与区域相对海平面变化之间的关系等。

前陆盆地层序特征反映了前陆盆地演化的不同阶段，层序内部组成反映了三级规模的区域相对海(湖)平面变化。在盆地演化早期，强烈的不对称沉降增大了盆地的有效沉积空间，引起区域相对海（湖）平面上升。在盆地两侧形成两套不同层序：在毗邻造山带处沉降较深，沉积一套向上变粗的低位浊积扇层序；在远离造山带的盆地区，为一套向上变细、退积型浅海-三角洲环境的海侵体系域，其底界存在一个海侵侵蚀面。海侵侵蚀面以下或有相当于低位沉积的陆架边缘体系域，或是直接与低位侵蚀面接触，不发育低位体系域。当相对海（湖）平面上升速率开始减慢时，相对海（湖）平面处于停滞阶段，沉积了一套最大海泛作用的饥饿沉积，即凝缩层，之上为一套高位体系域沉积。随着盆缘造山运动的卸载作用，引起盆地基底弹性回跳，克拉通前陆隆起后退，沉积物向盆地克拉通方向不断进积，形成向克拉通前陆方向的上超不整合面。在盆地演化晚期，前陆盆地发生构造反转作用，盆地整体抬升隆起，形成一套向上变浅的典型前陆盆地的磨拉石沉积组合。

前陆盆地经典层序地层模型可以划分为演化型和结构型。演化型主要按照盆地构造演化阶段进行划分，细分为构造活动型和构造宁静型两种亚类。结构型主要从盆地结构单元进行划分，细分为前渊型和前隆型两种亚类。

构造活动型：在前渊带根据山前冲断带推覆强度的变化，单个层序叠置样式可以分为前展型、上叠型、后退型，但准层序组整体仍表现为进积特点；前渊带强烈沉降伴随着可容空间的增加，沉积物供给速率相对较快，主要以发育扇三角洲和冲积扇相的砂砾岩等粗碎屑沉积为主，局部发育较深湖浊积扇。前隆带隆升并逐渐向冲断带迁移，盆地变窄变深，可容空间减小，单个层序主要表现为进积叠置样式，准层序组整体表现为退积特点，主要发育细粒河流三角洲和滨浅湖沉积（图 4-39）。

构造宁静型：湖盆宽而浅，前渊带可容空间停止增大，前隆带可容空间停止减小，以河流和河流-三角洲沉积为主（图 4-39）。

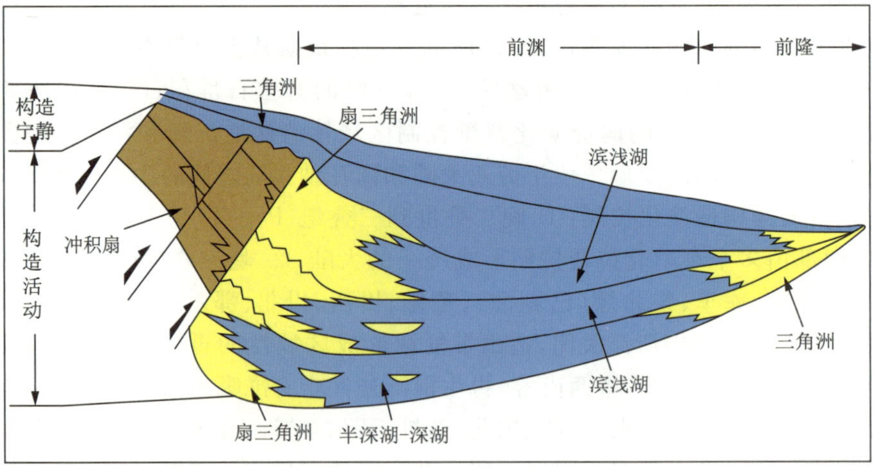

图 4-39　前陆盆地经典层序构型（据朱红涛等，2018）

受构造作用控制形成的构造层序由下部水进序列和上部水退序列组成。库车坳陷新近纪每一构造层序的沉积构成反映了从前陆逆冲挠曲沉降到回弹上隆的演化过程。构造层序界面的形成与回弹隆起、遭受剥蚀和随后的逆冲变形作用有关（图 4-40）。

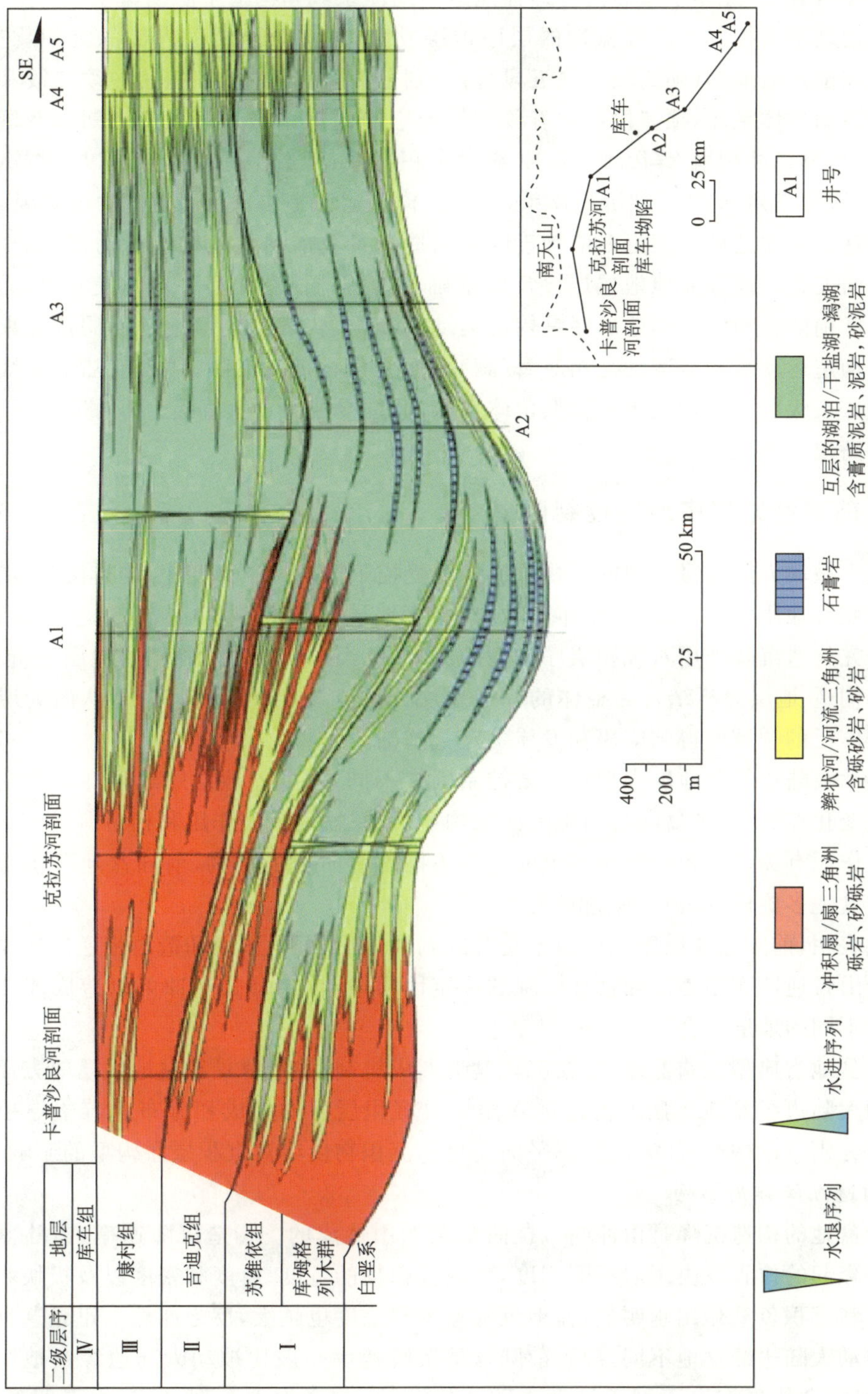

图4-40　库车坳陷第三系构造层序发育模式示意图（据林畅松等，2005）

川西坳陷在三叠系须家河组沉积期为典型的周缘前陆盆地，受幕式造山运动的控制，其构造层序具有“二元体系域”特征，即强烈造山期体系域和构造宁静期体系域。

构造运动不仅控制着前陆盆地的层序地层发育，还会分配层序内部的沉积物充填。须家河组在前陆盆地期(须二段—须五段)可以划分为两个构造层序，其中须二段和须四段为强烈造山期体系域，须三段和须五段为构造宁静期体系域。强烈造山期体系域以粗粒沉积为主，发育冲积扇-辫状河三角洲-湖泊沉积体系；构造宁静期体系域以细粒沉积为主，发育曲流河三角洲-滨浅湖沉积体系。显然，构造运动是构造层序发育的主要因素。

前陆盆地层序地层模型更多依赖于区域构造背景及前陆盆地构造运动、沉积作用和海(湖)平面变化。前陆盆地地层层序反映前陆盆地构造演化史是一个多旋回的沉积-构造演化史。前陆盆地二级构造层序是构造运动的产物，代表前陆盆地的不同成盆期。三级层序是构造运动或构造运动与相对海(湖)平面变化叠加的产物，代表前陆盆地演化的不同阶段。三级层序一般较少发育低位体系域，低位侵蚀面之上直接为海(湖)侵体系域、凝缩层和高位体系域。

三、前陆盆地层序地层控制因素

形成于被动大陆边缘盆地的沉积层序构型受控于全球海平面变化、构造沉降、沉积物供给和气候等地质因素。最近 30 年来，经典层序地层学越来越多地被应用于前陆盆地，并开始研究构造沉降作用对沉积层序构型的影响，已经形成了一套将层序地层分析、沉降史分析和构造-地层分析结合为整体的综合地层分析方法(Vail 等，1991)，从而为层序地层学在更广泛的领域中得到应用和发展奠定了基础。

与被动大陆边缘盆地层序形成主要控制因素不同，前陆盆地层序成因并非受全球统一海平面变化控制，而与盆缘造山带的区域构造活动、盆内沉积作用和相对海(湖)平面变化的联合作用有关。沉积层序是一个成盆期不同发育阶段的产物，前陆盆地沉积层序反映了前陆盆地多旋回的沉积-构造演化史。

研究表明，前陆盆地层序地层模型受源区剥蚀作用、沉积作用和造山带逆冲作用影响显著。造山带逆冲作用是前陆盆地沉降的决定因素，造山带幕式逆冲可以造成前陆盆地发育完全不同的地层组合。

前陆盆地为典型挠曲盆地，它在沉积盆地形成机制、构造背景和盆地性质等方面均不同于被动大陆边缘盆地。盆地构造沉降作用对沉积层序的形成和分布起着主导控制作用。下面分别讨论构造沉降作用、海平面变化和沉积物供给对沉积层序构型的影响。

1. 构造沉降作用影响

前陆盆地的构造沉降是由冲断带挠曲负载作用造成的。构造沉降速率、前陆盆地宽度和前陆隆起的位置取决于岩石圈刚度，负载沉积物的宽度、厚度和密度以及板块收敛速率。构造和沉积负载作用越明显，盆地沉降速率和幅度也越大，反之亦然。正是这种形成机制与被动大陆边缘盆地不同，导致前陆盆地沉降速率一般比被动大陆边缘盆地沉降速率大，其沉降曲线形态也不同于被动大陆边缘盆地，前者为上凸型，后者为下凹型(Vail 等，1991)。前陆盆地沉降速率自盆地中心向盆缘(靠造山带一侧)递增，而被动大陆边缘盆地沉降速率自盆缘向盆地中心递增。

当构造沉降与全球海平面变化共同作用时，就会形成相对海平面和可容空间的变化。在邻近造山带一侧，构造沉降速率明显大于海平面下降速率，导致相对海平面上升；而在远离造山带一侧，构造沉降速率小于海平面下降速率，导致相对海平面下降。它们之间存在一个平衡点将前陆盆地中的相对海平面上升与下降分隔开来(图 4-36)。随着全球海平面下降速率加大，平衡点的位置就会不断地向高构造沉降速率的方向迁移，即平衡点向前陆盆地褶皱冲断带一侧迁移。前陆盆地向陆一侧最远的平衡点位置对应于海平面下降速率最大的地方(图 4-35)。确定最大海平面下降时平衡点的位置是很重要的，它将前陆盆地划分成 A 和 B 两个带。A 带的沉降速率一般大于全球海平面下降速率，因此在 A 带中，相对海平面一直处于上升状态；B 带以沉降速率小于全球海平面下降速率为特征。在前陆盆地中，由于盆地沉降速率主要受控于挠曲负载，盆地沉降速率自盆内向盆缘递增，A 带位于 B 带的靠陆一侧；在被动大陆边缘盆地中，盆地沉降速率主要受控于岩石圈变冷，盆地沉降速率自盆缘向盆内递增，A 带位于 B 带靠海一侧(图 4-35)。显然，A 带和 B 带的空间位置在被动大陆边缘盆地和前陆盆地是相反的。

2. 海平面变化影响

Vail 经典层序地层学指出，相对海平面升降是控制层序地层形成的关键性因素，因为相对海平面升降直接控制沉积物可容空间的变化速率，并导致以层序界面和最大海泛面为界的旋回式沉积。然而，对于前陆盆地来说，层序地层构型也受控于全球海平面升降、气候、构造沉降和沉积物供给，特别是在全球海平面下降速率最大时，沉积滨线位置对地层模型和地层不整一接触关系起到了控制作用。若沉积滨线位于 A 带，则不会形成Ⅰ型层序边界，地层序列仅反映相对海平面上升速率的降低及以后的加速，这就会产生进积、加积及随后的退积序列。这种地层叠置样式以Ⅱ型层序边界和陆架边缘体系域为特征(图 4-35、图 4-36)。若沉积滨线位于 B 带，那么该带的海平面相对下降就会形成Ⅰ型层序边界，地层序列受相对海平面下降影响，发育强制海退沉积序列以及在陆上发育不整合面和下切谷(图 4-36)。随着沉积滨线最大向海位置进一步向前陆盆地造山带一侧迁移，Ⅰ型层序边界和其伴生的低位体系域发育程度降低；对于被动大陆边缘盆地来说，随着沉积滨线不断向海迁移，形成Ⅰ型层序边界的可能性就越来越大。被动大陆边缘盆地的 B 带位于 A 带的向陆一侧，所以沉积滨线位置就决定了层序边界类型。

值得指出的是，由于前陆盆地沉降速率比较大，特别是在构造活跃时期，盆地沉降速率有时超过全球海平面下降速率，从而导致前陆盆地中相对海平面处于持续上升状态，盆地中通常充填海侵沉积，层序(体系域)边界一般为水下侵蚀面和最大海泛面，有时为不整合面(构造成因)，通常没有与河流回春相伴的陆上侵蚀作用及所形成的不整合面、下切谷。

3. 沉积物供给影响

前陆盆地沉积物供给一般具有双物源特征。盆地中沉积物供给主要受控于与冲断造山有关的地形起伏的影响，与海平面升降无关。正是由于这种原因，前陆盆地充填地层呈楔形，地层厚度由盆缘向盆地中央方向减薄，而且粗碎屑楔状体的出现是盆缘造山带构造复活的沉积响应。

在其他控制因素不变的情况下，沉积物供给是控制地层构成极重要的因素之一。在前陆盆地中，当沉积物供给相当充分时，滨线向B带迁移，可能形成Ⅰ型层序；当沉积物供给不充分时，滨线向A带迁移，则可能形成Ⅱ型层序（图4-35）。在被动大陆边缘盆地中，当沉积物供给相当充分时，滨线向A带迁移，可能形成Ⅱ型层序；当沉积物供给不充分时，滨线向B带迁移，可能形成Ⅰ型层序（图4-35）。显然，沉积物供给速率差异会影响前陆盆地和被动大陆边缘盆地的地层结构。

第六节 海相碎屑岩层序地层与油气勘探

一、体系域与成藏要素

1. 体系域与有利烃源岩/盖层分析

层序地层学为确定有效烃源岩的分布提供了一个等时地层格架。当然，仅仅根据体系域类型或地层的几何形态是难以预测有效烃源岩分布的，这是因为烃源岩的分布受多种因素的影响，如盆地地形、气候、陆源有机质产率、海水深度与沉积环境、沉积速率等（图4-41）。陆源有机质产率主要影响滨岸和三角洲平原环境中煤和煤系沉积物的发育。供给海洋的陆源有机质形成速率主要受控于植被生态系统、沉积物粒度以及距岸线的距离。在前泥盆纪，陆源有机质的产率是可忽略的。在三角洲平原沼泽等细粒沉积物中，陆源有机质含量较高，随着搬运距离和水深的加大，陆源有机质的供给速率降低，但在陆架边缘和斜坡及峡谷地区，由于三角洲和重力流作用，有机质含量可以很高。总的来说，随着水深的增加和与岸线距离的加大，海洋藻类有机质的供给随之降低。在地质历史时期，海洋烃源岩发育的高峰期是在晚泥盆世、晚侏罗世至白垩纪，这与一级海平面变化旋回和板块

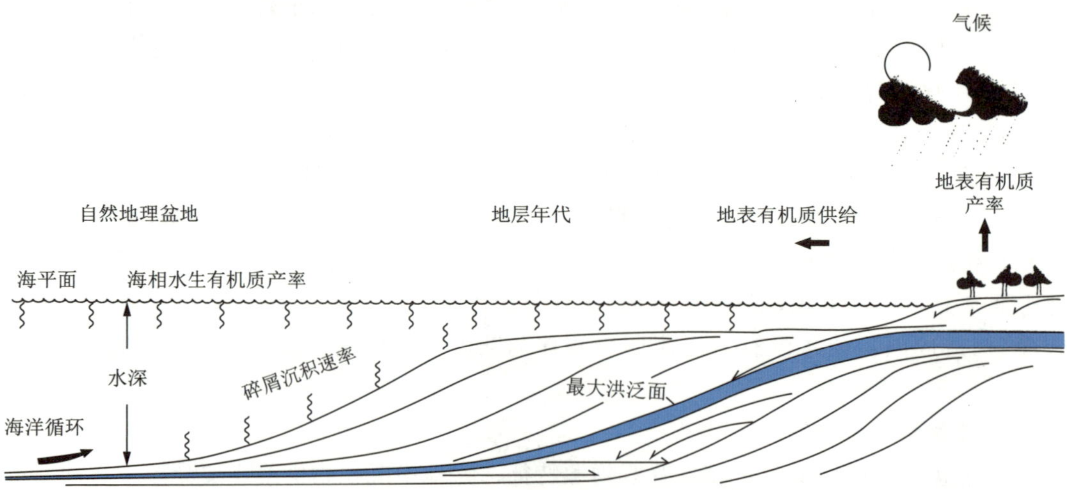

图4-41 影响沉积物有机质丰度的地质因素（据Myers等，1996）

构造运动强烈活动期是一致的(图 4-42)。被动大陆边缘拉张构造背景盆地、内克拉通和弧后盆地是海相烃源岩最为发育的沉积盆地。在构造活动收缩期和广泛的冰期，即石炭纪和二叠纪，海相烃源岩相对不太发育。

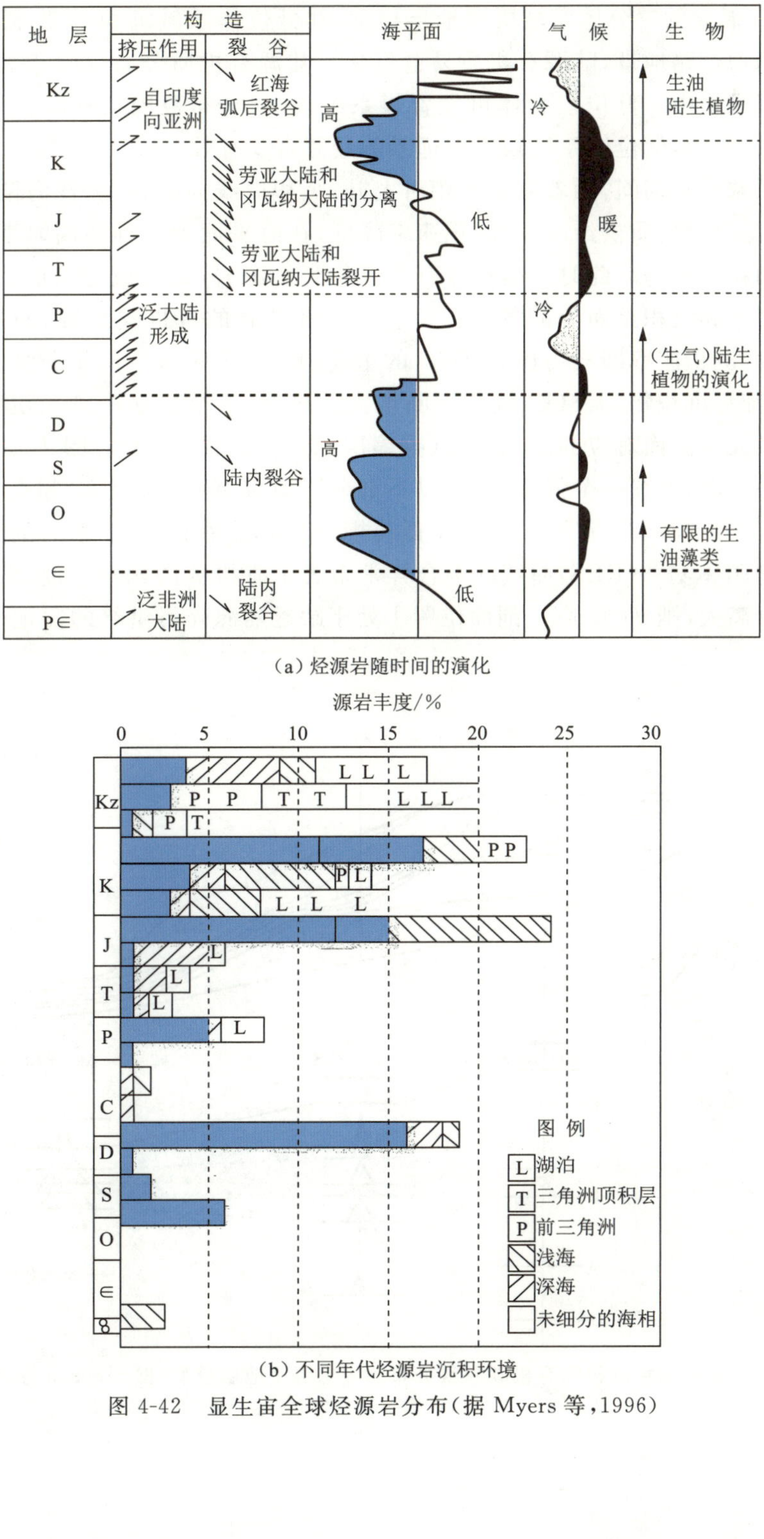

图 4-42　显生宙全球烃源岩分布(据 Myers 等,1996)

对于评价一个含油气盆地的油气资源和进行油气勘探来说，能够成功的关键在于发现优质烃源岩和有效盖层（成藏组合）。因此，应根据层序地层学研究，准确预测能充当烃源岩和盖层的细粒沉积岩的分布。下面将分别讨论在一个相对海平面变化旋回中各体系域中烃源岩的发育状况。

根据 Vail 倡导的三分体系域层序地层模型，在低位体系域沉积时期，陆架以及斜坡上部均为沉积物过路地带，陆源有机质易遭氧化。陆源有机质分布仅限于大陆斜坡下部和深海盆地沉积物中。低位楔状体可发育煤系沉积，但分布范围仅局限在下切谷附近。因此，在整个层序中，低位体系域缺乏有远景的烃源岩及有效盖层。

海侵体系域发育期间，随着海平面相对上升，沉积岸线向陆后退，浅海陆架沉积范围不断增大，陆源碎屑物质供给减少，沉积速率降低，在海平面上升到最高时期形成分布广泛的凝缩层细粒沉积物。此时的细粒岩石既可作为烃源岩，又可成为盖层。海侵体系域较低的沉积速率和沉积界面处的贫氧环境会影响烃源岩的有机碳总量（*TOC*）。一旦确立了缺氧环境，沉积速率即成为控制 *TOC* 的主要因素。若可容空间不断加大、沉积速率不断降低，则细粒沉积物的 *TOC* 就会不断增大。显然，一个层序中细粒沉积物的 *TOC* 最大值应与最大海泛面对应的沉积层段（凝缩层）相对应（图 4-43）。图 4-43 所示层序底界为Ⅰ型层序界面，上覆一个低位楔（A 以下部分）、海侵沉积（A 至 C）和高位沉积（C 至 E），接着是层序顶界面（E）和第二个层序低位楔（LSW）。在图 4-43 垂向剖面中，用声波时差（Δt）和电阻率测井（RES）曲线的叠合异常来表示有机碳的相对丰度，若声波和电阻率测井曲线分离大，则 *TOC* 高。剖面位置①处于缺乏陆源碎屑供给的盆地中央，整个层

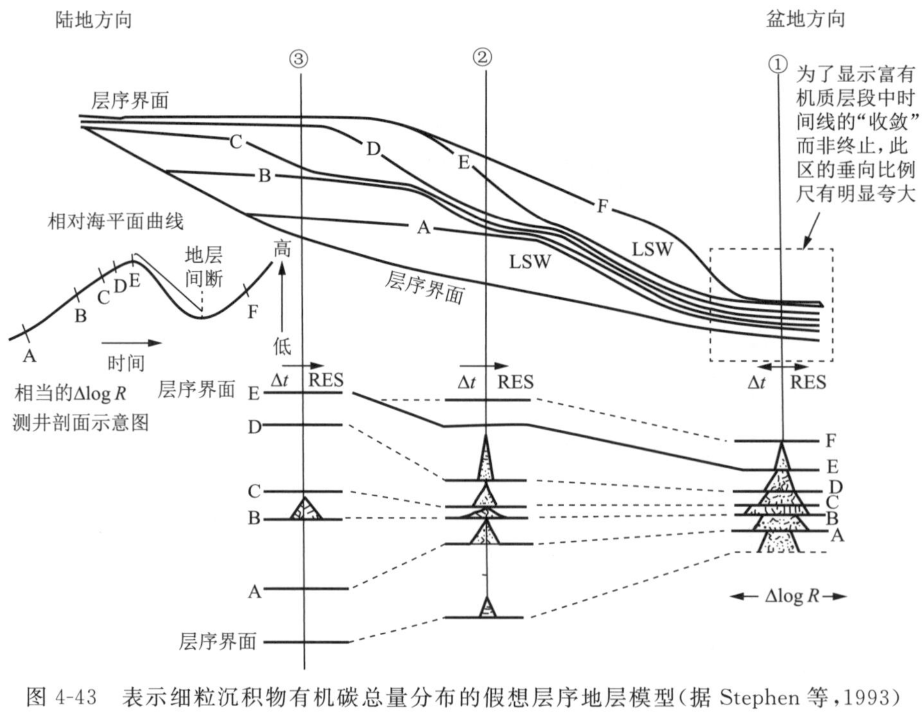

图 4-43　表示细粒沉积物有机碳总量分布的假想层序地层模型（据 Stephen 等，1993）

序细粒沉积物的 *TOC* 值均较高，并且与最大海泛面对应的密集段 *TOC* 值最高(B至C)。对于剖面位置②和③来说，由于陆源碎屑供给相对较多，因此 *TOC* 值相对较低，但每个进积单元的下部比上部具有较高的 *TOC* 值。

在高位体系域沉积中，斜坡和盆地细粒沉积物均可作为烃源岩和盖层。三角洲平原分支河道间、煤沼环境沉积也可构成潜在的烃源岩和盖层。

2. 体系域与有利储集层分析

海相碎屑岩层序各体系域都包含着不同成因类型且利于油气富集的储集层。由于可容空间变化速率和沉积环境的变化，以及储层与烃源岩、盖层的关系不同，各体系域中不同类型储层的物性和有效性有较大的差别。常见的具有较好储集物性的储层类型有以下几种(图4-44)：

(1) 相对独立的低位盆底扇舌状浊积砂体。这些砂体的储层特性主要取决于砂体的骨架孔隙度、渗透率和连续性以及埋深，它们常被深海、半深海页岩分隔开来，形成富有勘探前景的地层岩性圈闭。

(2) 低位斜坡扇水道砂体和溢岸砂层。这些砂体是陆上河流经陆架下切搬运到盆地的，水道砂单层厚度较大，侧向不连续；溢岸砂层虽薄，但孔隙度、渗透率尚高，可形成由许多薄层砂构成的大型地层岩性圈闭。

(3) 低位前积楔状体前缘叠瓦状浊积砂体、进积楔状体上部三角洲和临滨砂体以及充填于海底峡谷的砂体。这些砂体具有良好的顶部盖层，但侧向封闭性差，常需要构造圈闭来聚集保存油气。

(4) 海侵体系域海滩临滨砂体。这些砂体经海岸高能波浪作用改造，分选变好，孔渗性好。海岸波浪改造作用有助于使临滨砂体平行海岸分布。海侵临滨砂体阶梯状后退有助于形成互层的砂泥岩，利于形成地层与构造岩性圈闭。

(5) 高位体系域的河道和三角洲砂体(可包含三角洲前缘滑塌成因砂体)。这些砂体遍布于陆架区且沉积厚度大。若在油气逸散之前这些砂体的上倾方向的逸散通道被封堵，则可形成构造岩性圈闭。

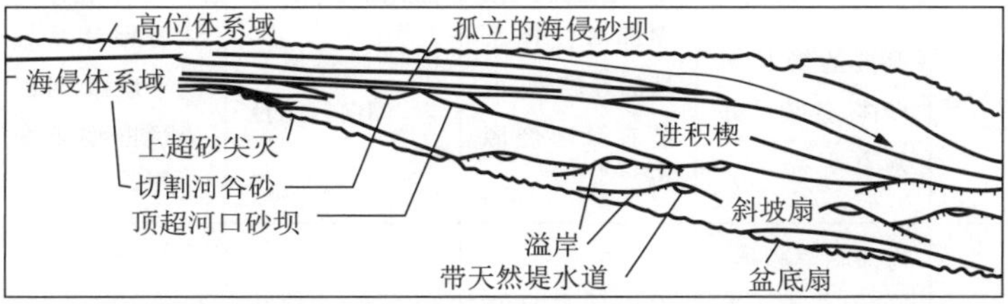

图4-44　硅质碎屑体系域中有利的储集砂体(据Sangree等，1991)

3. 体系域的成藏条件分析

由于可容空间变化速率和沉积物供给的差异，各硅质碎屑体系域形成了不同的成藏条件(表4-4)。但在油气勘探中，应注意勘探低位体系域盆底扇和斜坡扇地层岩性圈闭，勘探低位体系域下切谷砂体，预测低位进积楔状体、海侵临滨砂体的顶超和上超尖灭，以及识别不连续的高位体系域砂体形成的地层岩性圈闭。

对于陆架边缘体系域来说，三角洲、海滩和临滨沉积可因加积作用形成叠置的厚层砂体，海湾沼泽环境可形成厚的煤层。若储盖层配置恰当，又有下伏海侵体系域烃源岩生烃供油，则也可形成良好的油气圈闭。

表 4-4　不同体系域的生储盖层和运移及圈闭条件(据 Sangree 等,1991)

体系域		储　层	生油层	盖　层	运　移	圈　闭
低位体系域	盆底扇	具有极好的孔隙度、渗透率,连续性可变,水道化叶状体可能存在储层问题	来自较深层的渗漏,顶部和侧向的凝缩层段页岩可能为烃源岩	深海凝缩层段页岩极好,如被斜坡扇覆盖,则有缺失盖层的危险	从较深部生油层垂向运移,也可能从凝缩层段向下和侧向运移	典型的地层圈闭
	斜坡扇(带天然堤水道)	水道砂 5～40 m 厚,溢岸砂薄,为 1～30 cm 厚,水道砂不连续,溢岸砂可广泛分布,但难于识别和评价	不确定	内部的页岩盖层,顶部凝缩层段页岩盖层。天然堤限制了溢岸砂和裙边式尖灭	不确定,可能经过断层通道或从低位扇体垂向运移	典型的地层圈闭,一些为构造圈闭
	进积复合体	可变的、堆叠的河流-三角洲和滨岸相,连续性可变	较深层或顶部的海侵体系域烃源岩	海侵体系域顶部盖层好,侧向封闭性可能差	较深部油源可能取决于断层通道,也可能从体系域向下运移	典型的构造圈闭,可能有压实圈闭
	海底峡谷充填	变化大,海底水道浊积砂体等,连续性差	不确定,同期烃源岩可能以生气为主	局部的页岩盖层	不确定,通过断层的垂向运移可能较佳	地层尖灭
	下切谷充填	典型的辫状河砂体,连续性好到中等	顶部海侵体系域的烃源岩,可能有深部烃源岩	海侵体系域页岩,侧向封闭性差	从海侵体系域向下运移,可能通过断层垂向运移	典型的构造圈闭或鼻状构造圈闭
海侵体系域	临滨	海滩临滨砂体,孔隙度、渗透率极好,潟湖相可变,可预测的线性砂体展布	海侵体系域顶部和侧向为好的生油层	海侵体系域顶部盖层好,侧向和底部可变	在海侵体系域内向下和侧向运移	孤立砂体形成地层圈闭

续表

体系域		储　层	生油层	盖　层	运　移	圈　闭
高位体系域	河流-三角洲	以不连续的河流相、三角洲相为主，临滨相次之	通常是个问题，高位体系域页岩生油通常较差，且以生气为主	向上倾方向渗漏到海侵体系域，侧向渗漏，海泛沉积常是顶部盖层	气和贫油一般来自同期烃源岩，好的油源通常需要垂向的断层通道	构造圈闭为主，形成时间早是关键
	冲积扇	冲积砾和砂，连续性差到中等，最好的储层位于海侵体系域滞留砾岩的顶部	难以构成油源，最可能的是深部老生油层	无盖层风险，与海侵体系域有关的页岩最佳，但被水道切割	经断层垂向运移或通过高位体系域侧向运移	构造圈闭最佳，深部盆地具有地层圈闭

二、坡折带/下切谷与地层岩性圈闭勘探

1. 坡折带类型及其地质特征

经典层序地层学起源于被动大陆边缘海相沉积盆地，即具有陆架坡折边缘的盆地。陆架坡折带的存在不仅为体系域划分提供了依据，还控制了不同体系域砂体的展布和生储盖层的空间配置，控制了不同地区油气成藏组合。

坡折带是指地形坡度发生突变的地带，是从坡折（地形由缓变陡的转折点连线，为上凸的脊）到坡脚（地形由陡变缓的转折点连线，为下凹的槽）及其附近明显受斜坡控制的沉积和侵蚀作用活跃区域，不论是沉积盆地还是剥蚀区都可存在。

不同学者根据坡折带的成因、发育部位、平面组合样式、形态提出了多种划分方法。坡折带的成因决定坡折带的发育和演化，进而决定砂体的发育，对层序地层学和油气成藏的研究有重要的意义。根据坡折带的成因，可将其分为断裂坡折带、挠曲坡折带、沉积坡折带和侵蚀坡折带。

坡折带在地形上具有上缓、中陡、下缓的特征，其上、下的可容空间形态和演化复杂多变，使沉积相和沉积厚度发生突变，控制了层序和体系域的发育。坡折带在地质图、地震剖面、地层厚度平面图上均有明显的表现。在地质图上，坡折带的特征主要表现为沉积相突变、沉积厚度急剧增加。在地震剖面上，坡折带表现为同一地震反射层序的地震反射时间、厚度急剧变化，存在可识别的同沉积断层或挠曲，坡折带下部沉积层数明显增多，厚度明显增大，反射同相轴增多，可识别出上超反射现象，坡折带之下发育地层超覆，坡折带上部可有削截。通过地震剖面的识别可确定坡折带的发育位置、坡度和成因类型及其对沉积的控制作用。在地层等厚图上，坡折带表现为在斜坡处等值线变密，从坡折到坡脚沉积厚度急剧增大，而坡折之上和坡脚之下等值线稀疏，坡折之上向上倾方向地层厚度逐渐减薄，坡脚之下向下倾方向地层缓慢增厚，反映了坡折带上缓、中陡、下缓的地貌特征。因此，可通过地层等厚图及地层厚度梯度图的编制恢复沉积时或沉积前的古地貌特征，识别

坡折带在平面上的发育部位。

被动大陆边缘盆地由于地貌三分特点，存在大陆架到大陆斜坡的地貌（地形）坡度变化，形成陆架边缘坡折带。

2. 坡折带控砂作用

坡折带控制可容空间和沉积物供给通量的比值（A/S）的变化，进而控制砂体成因类型和形态。伴随着海平面升降变化，不同区域发生不同的剥蚀、沉积作用，形成成因类型多变、不同形态和厚度的砂体。

1）坡折带/下切谷对砂体展布的控制作用

随着海平面升降变化，陆架坡折带上、下可容空间不同，形成的砂体性质也不相同。在海平面处于低位阶段，陆架上部可容空间小或无，易发生侵蚀作用，形成规模较大的下切谷。由河流下切形成的沟谷控制水系入盆、不同类型三角洲和重力流扇体发育的位置、砂体厚度和规模，可形成良好的储集层。

大规模的河流水系、明显的坡折带及其迁移轨迹控制大规模的重力流砂体发育。陆架坡折带下方是低位砂体发育的有利部位，河流携带沉积物越过陆架坡折，由于地形坡度变陡、可容空间骤然增大，沉积物容易在斜坡处卸载，发育斜坡扇、盆底扇以及低位前积楔状体。下切谷河流规模大、后期海平面上升速率和幅度低、低位三角洲（陆架边缘三角洲）向盆地中央显著前积均利于形成规模较大的低位三角洲和盆底扇砂体。坡折带的坡角控制了低位砂体厚度、面积和延伸距离。通常坡度越陡，则沉积物厚度越大，平面分布范围越小；坡度越缓，沉积物离开坡脚向前滑移的距离越远，形成广泛分布的薄层砂体。

沉积作用还受到坡折带平面组合的影响，不同的坡折带组合方式控制不同的砂体发育位置和厚度，坡折带走向控制砂体的展布方向，决定着沉积物的卸载和有利储集体发育的位置。多级坡折带的阶梯状组合控制沉积体系的相态变化，不同坡折带往往成为沉积相带的分界线，从物源区到沉积区通常发育下切谷（辫状河或曲流河）-三角洲-深水重力流沉积，具有较强的沉积类型分布规律性，每级坡折带上的砂体都可成为很好的储集体。随着坡折带坡降、坡折带间距的变化，沉积砂体的性质也可发生变化，例如辫状河可向曲流河转化。在个别地区由于受多个坡折带复合影响，引起坡降骤然增大，可以沉积巨厚的砂体。因此，坡折带的横向发育特征也会引起储集体的横向变化。

2）古地貌特征对砂体分布的控制作用

古地貌特征对砂体的分布有很强的控制作用。古地貌形态主要包括古高地、古凸起、古火山、古沟谷和坡折带。古高地、古凸起、古火山在海平面下降期暴露地表，可成为小型物源区，又可以对注入盆地的水流起到分隔、限制、阻挡、改道的作用，影响水系的延伸与分布，进而制约沉积体系的分布。

古山口、侵蚀沟谷、古河道等决定着物源的搬运通道与沉积区域。远离盆地的古沟谷主要起到沉积物搬运通道的作用，而近盆地或陆架上发育的古沟谷/下切谷，除了作为物源通道外，其本身也是重要的储层发育区。沟谷状地貌向下游方向终止往往意味着沉积物卸载区的位置，形成盆地内源-汇系统。

陆架坡折带以及古断层、古斜坡决定着沉积物卸载场所。沉积物卸载可能主要发生在两种情况下：一是当地形坡度明显减缓，重力势梯度降低时，大多数河流搬运物发生卸载，如形成三角洲体系；二是在坡折带顶部地形突然变陡，限制水流流动的河道突然消失，沉积物搬运流体性质发生改变，在大陆斜坡和深水盆地发育重力流扇体。因此，由古沟谷/下切谷、坡折带构成的地形梯度变化带是储集体和岩性圈闭分布的有利场所。

3. 坡折带/下切谷与油气成藏的关系

坡折带对砂体分布和油气成藏有着重要的控制作用。它不仅控制烃源岩、储集岩的发育位置及生储盖的空间组合类型，还控制油气运移的通道和聚集的场所。可以说，坡折带在油气生成、运移、聚集、保存等多个环节中都起到了重要的作用。

1）坡折带控制下的生储盖组合

受海平面升降变化和陆架坡折带性质影响，在海平面升降不同阶段分别沉积不同的岩性，形成良好的生储盖组合。低位体系域沉积时期，坡折带上倾端、暴露地表的陆架上发育纵横交错的下切谷，形成孔渗较好的河道砂岩储集层，坡折带下倾端发育斜坡扇、盆底扇和低位前积楔状体，由于距离油源近，封堵条件好，可形成良好的储集层。海侵体系域发育时期，岸线向陆方向迁移，可形成有物源供给的退积型三角洲或无物源供给的退积型滨岸沉积，三角洲前缘席状砂体和滨岸砂体受到海水反复淘洗，细粒物质被带走，可在层序界面上形成孔渗良好的超覆砂岩储层。最大海泛期形成的分布广泛、富含有机质的凝缩层泥页岩覆盖了下伏砂岩，不仅可以成为烃源岩，还可以形成泥岩遮挡，成为区域性盖层。高位体系域沉积时期，海平面开始下降，物源供给充足，岸线向盆地方向迁移，发育大规模进积型三角洲沉积体系和深水重力流沉积，构成分布广、厚度大的储集层。因此，在低位期、海侵期和高位期均可形成物性良好的储集层，且与烃源岩相互叠置，构成有利的生储盖组合，加上断层、不整合面的输导作用，更有利于形成大型地层岩性圈闭。

2）坡折带对油气运聚的影响

在陆架坡折带附近，断裂可以作为油气运移的通道，连接低位域砂体和上覆海侵、高位早期的优质烃源岩，断裂宁静期可以封堵油气。与物源方向垂直的断层可以成为下切谷充填砂体岩性或地层圈闭的侧向封闭，顺物源方向的断层则分隔盆地的水系，形成不同的砂体，并作为岩性圈闭的侧向封闭。此外，断裂还可作为压力封存箱的侧向封隔层，而断裂活动期或压力封存箱释放时油气将沿断层运移至上覆高位域砂体和低位域砂体中。

陆架坡折带向盆地边缘方向，在海侵和高位期可形成大规模的地层超覆或削截，层序边界不整合面上既可以发育低位域、高位域形成的物性良好的砂岩，也可以发育由大规模海侵形成的海泛泥岩。因此，不整合面有时可以作为油气运移的通道连接砂岩和烃源岩，有时则可以形成与不整合面有关的地层圈闭和不整合遮挡圈闭。

3）坡折带与非构造圈闭的关系

不同成因机制下形成的不同形态、不同类型的坡折带可以进一步控制地层超覆、剥蚀，并引起层序和体系域叠置方面的差异。因此，沿多级坡折带可发育性质不同、大小不等、规模不同的非构造圈闭。对现有非构造圈闭及油气藏与坡折带展布关系的研究以及结合坡折带背景下岩性、封堵性、圈闭和油源条件等的分析结果表明，坡折带对非构造圈闭的发育具有明显的控制作用，且形成的非构造圈闭的储集物性、封堵条件以及油源条件的组合十分理想。非构造圈闭紧邻多级坡折带发育，通常呈串珠状展布。受构造运动阶段性、幕式活动演化的影响，坡折带也表现出阶段性和幕式活动的特点。由于坡折带在纵向上有继承性，非构造圈闭在纵向上的发育亦具有继承性的特点。顺物源方向，非构造圈闭的发育随着断裂和坡折带所处的地理位置的不同存在很大差异，可形成以下切谷侧向尖灭、地层超覆或削截为主的地层岩性圈闭。陆架坡折带下倾方向发育的重力流沉积体可形成岩性圈闭。由于构造活动强度在平面上的不均衡性，同一坡折带在不同位置上沉积砂体也表现出不同的规模和性质，其控制的非构造圈闭类型亦相应地发生变化。

易于形成地层岩性圈闭的沉积砂体包括陆架坡折带上部下切谷中充填的砂体、低位域中发育的水下扇和低位三角洲、海侵域发育的滨岸超覆砂体、高位域发育的三角洲前缘和滑塌浊积砂体等。因此，坡折带控制下的地层岩性圈闭的含油性十分有利。需要注意的是，上述物性良好的储集层可以与同沉积断层互相配合，形成构造-岩性或构造-地层-岩性圈闭。

4）下切谷与地层岩性圈闭

下切谷的规模较大，宽度可达数千米或几十千米，长度可达几十千米，深度可从十几米变化到上百米。下切谷的形成和充填分为两个阶段：第一个阶段对应于海平面的相对下降阶段，主要发生侵蚀作用、沉积物穿越侵蚀谷以及在低位域岸线处的沉积作用。第二个阶段对应于海平面的相对上升阶段，在低位体系域晚期或海侵体系域发育时期发生了下切谷沉积充填作用。因为下切谷是在上述两个不同阶段形成的，所以其充填物可由沉积于各种环境的不同岩石类型所构成，既可充填砂岩，也可充填砾岩或泥岩，这取决于后来的相对海平面上升速率和沉积物供给速率。下切谷沉积物位于层序边界之上，一般直接覆盖在层序边界之上并被后期外陆架泥岩覆盖，可形成岩性圈闭（可考虑断层改造作用形成岩性-断层圈闭）。

应该注意的是，陆架上下切谷的分布不仅受到物源供给影响，还受到基底断裂、生长断层、盐构造等不同构造背景及其古地貌的影响。

三、陆架边缘三角洲与岩性圈闭勘探

1. 陆架边缘三角洲概念和基本特征

根据海平面升降变化，可将海相三角洲划分为内陆架三角洲、中陆架三角洲、陆架边缘三角洲和湾头三角洲等。内陆架三角洲（inner-shelf delta）形成于海平面高位时期，发育在大陆架内部，具有进积伴随加积层序；中陆架三角洲（mid-shelf delta）形成于海平面下降时期，水体退至大陆架中部，发育向下坡推进的进积层序；陆架边缘三角洲（shelf-margin delta）形成于海平面明显下降阶段，水体退至大陆架边缘，发育前积到退积的层序地层模型（Porebski 等，2003）。

陆架边缘三角洲是指发育于大陆架边缘的一种特殊类型的三角洲，常常发育于海平面下降或低位期间，随着物源不断向陆坡方向推进，陆架坡折也逐渐向远陆方向迁移。根据海平面变化、物源供给、内部重力诱导机制的强弱、陆架边缘和上斜坡是否发生断层活动，可将陆架边缘三角洲划分为稳定型陆架边缘三角洲和不稳定型陆架边缘三角洲。不稳定型陆架边缘三角洲常以厚层沉积物(几百米)、伴生同生断层和沿着斜坡的反转活动为识别特征,通常具有较大的可容空间,在物源供给充足、海平面下降至陆架边缘以下时,直接将沉积物搬运至盆地形成盆底扇;而稳定型陆架边缘三角洲常发育平缓的陆架边缘,不发育断层,不发育大规模的垮塌沉积体,不发育斜坡反转滑动,大多数第四纪陆架边缘三角洲属于此类范畴(Porebski 等,2003)。

2. 陆架边缘迁移轨迹和斜坡叠置样式

陆架边缘迁移轨迹(shelf edge trajectories)反映地层叠加样式,可以用来描述层序地层格架构成特征和变化规律。陆架斜坡体(shelf clinoforms)由两部分组成:上部为陆架部分的斜坡沉积体,代表海退或海侵沉积物搬运经过的低坡度的陆架平台,通常陆架部分坡度小,小于 0.1°;下部为陆坡部分的斜坡沉积体,由陆架边缘坡折处到陆坡底部深水区的沉积体组成,平均坡度略大,但很少超过 6°。陆架边缘迁移轨迹可分为抬升型、平缓型和下降型。抬升型由受到波浪控制的三角洲将沉积物加积在陆架边缘之上,少有砂体沉积在斜坡或者深水区。平缓型和下降型主要由河流控制的三角洲将沉积物以前积的方式输送至陆坡甚至深水区,且当陆架边缘存在水道充填或下切谷时,暗示斜坡和盆底扇富砂;当陆架边缘不存在水道充填时,暗示仅斜坡存在砂体沉积,并由此形成陆架边缘的斜坡沉积层序。当陆架斜坡仅发育上半部分时,陆坡至深水区主要覆盖泥质沉积;当陆架斜坡下半部分也较为发育时,盆底扇趋向于砂质沉积(图 4-45)。

根据陆架边缘迁移轨迹和陆架边缘斜坡发育样式可预测深水沉积类型,即强烈抬升的陆架边缘迁移轨迹、强烈加积的陆架斜坡发育样式,均暗示深水区的物质传输体系偏泥质;水平—轻微下降的陆架边缘迁移轨迹、强烈前积的陆架边缘斜坡发育样式,均暗示大量砂质沉积物被搬运至深水区,形成富砂的海底扇沉积体系;轻微抬升的陆架边缘迁移轨迹、加积混有前积的陆架边缘斜坡发育样式,暗示深水沉积特征介于上述二者之间。

3. 陆架边缘三角洲-深水扇砂体与油气勘探

陆架边缘三角洲-深水扇砂体毗邻优质烃源岩,具备多种类型的油气运移通道,成藏条件良好,是油气勘探的有利领域。

墨西哥湾、印度哥伦布盆地、中国南海和非洲海岸等陆架边缘三角洲沉积体系-深水扇的油气勘探不断获得成功,极大地推动了石油工业的发展。陆架边缘三角洲砂体-深水扇砂体具有成藏条件好、生储盖组合优越的特征。

(1) 毗邻优质的烃源岩。烃源岩主要来源于两个方面:其一,深水区的厚层泥质沉积物,作为良好的烃源岩;其二,被陆架边缘三角洲搬运的陆源有机质,大量的有机质等碎屑物质经过河流的搬运作用、潮汐作用、浊流,伴随偶尔的风暴沉积作用,最终沉降在深水区,在深水高压缺氧的环境下形成烃源岩。

(2) 丰富的砂质储层。陆架边缘三角洲-深水扇的储层类型主要为陆架边缘三角洲前缘的河口坝、远砂坝、水下分流河道等中—细粒砂质沉积体,以及在低可容空间情况下形成的盆底扇砂质沉积体。陆架边缘三角洲本身的砂体以及重力流成因砂体均有良好的储

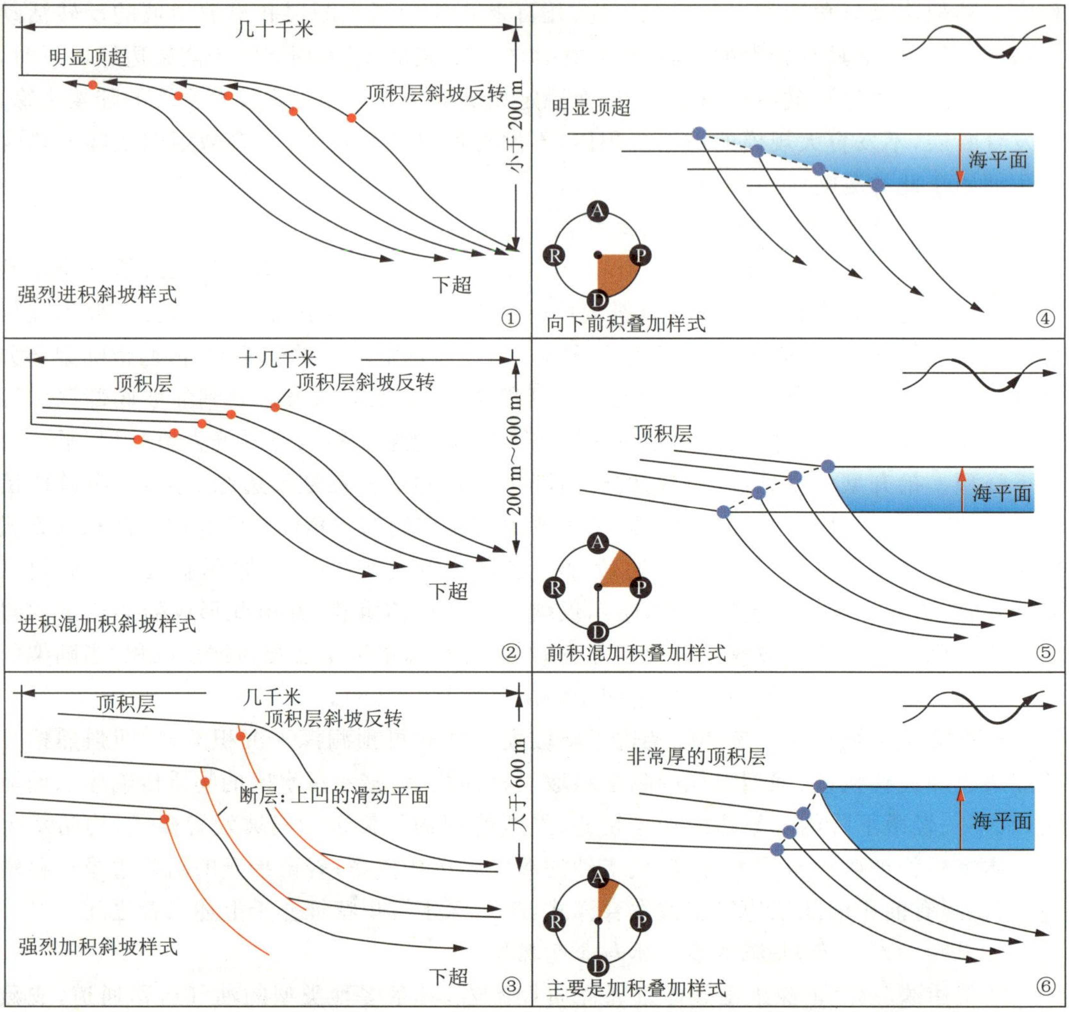

(a) 陆架边缘斜坡发育样式　　(b) 陆架边缘迁移轨迹样式

图 4-45　陆架边缘斜坡发育样式及其对应的陆架边缘轨迹迁移样式(据 Gong 等,2015)

集性能,可以较好地储集油气。例如,珠江口盆地白云凹陷珠海组陆架边缘三角洲砂体由灰色中—粗粒岩屑长石砂岩组成,储层孔隙度为 20%～25%,平均渗透率为 $731.7\times10^{-3}\ \mu m^2$,储层条件较好。

(3) 多种类型的运移通道。陆架边缘三角洲作为陆坡深水沉积体系主要的物源供给,与深水区富集油气的盆底扇等深水沉积体存在着良好的"源-汇"关系。由于陆架边缘的独特性,三角洲体系进积到深水区时变得不稳定,这一点与稳定陆架上沉积的三角洲体系有很大的不同。不稳定陆架边缘三角洲产生了多种同沉积(早期)构造,包括生长断层、滑移断层以及许多的组合断层、底辟和重力滑塌构造,因此,陆架边缘三角洲及深水扇体往往是极好的油气勘探目标。

四、层序地层模型与油气勘探开发

1. 层序地层模型与地层岩性圈闭分布

层序地层学为确定沉积体系类型及其分布，预测有利的烃源岩、储集层和盖层分布及其组合提供了良好的概念模型，这就允许人们通过硅质碎屑层序和准层序的详细研究，结合盆地构造特征分析，预测富有油气勘探潜力的地层油气藏和地层-构造油气藏及其组合类型，以提高油气勘探成功率和油气勘探经济效益（图4-46、表4-5）。表4-5中序号1，2，3，…，9与图4-46中序号①②③…⑨是一致的。层序成藏组合类型研究表明，层序地层学为人们寻找非构造油气藏提供了新的思路和勘探方法。

碎屑岩层序地层模型与地层岩性圈闭分布

见于：衰减陆壳到洋壳上的大陆边缘盆地

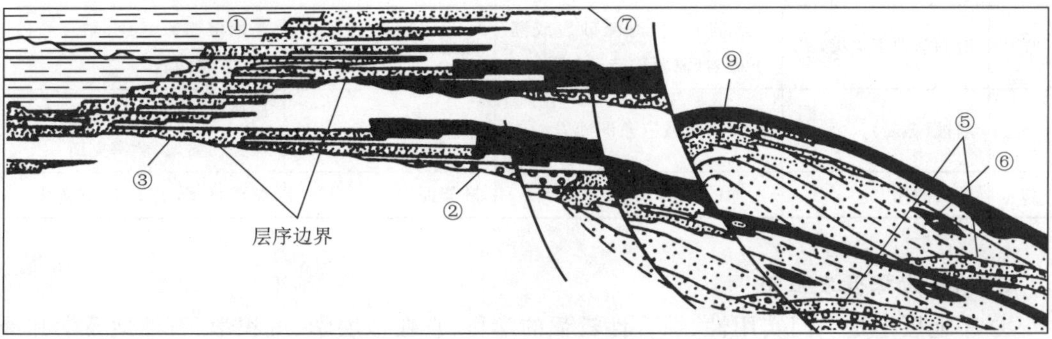

(a) 陆架边缘

见于：陆地上的克拉通盆地、衰减陆壳上的大陆边缘盆地、陆壳或衰减陆壳上的湖成盆地

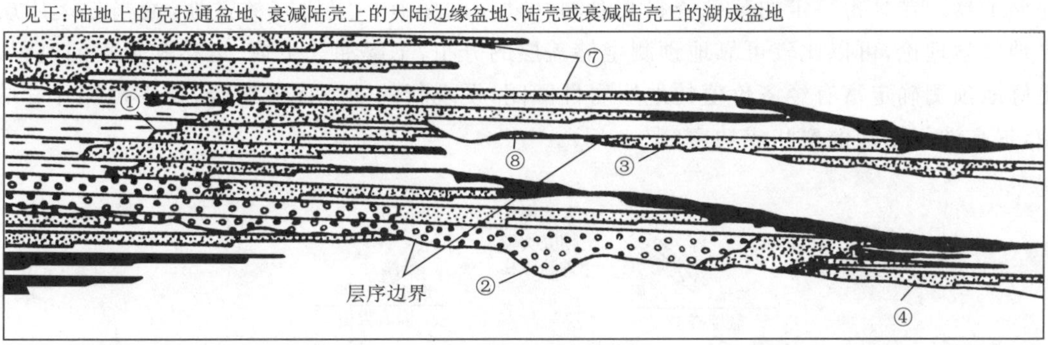

(b) 斜坡边缘

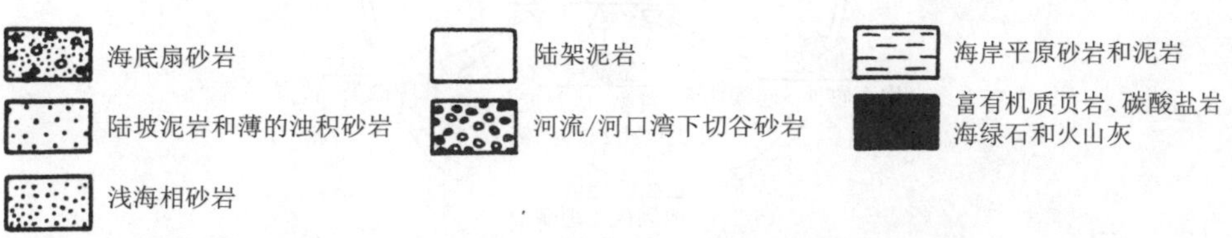

图4-46　具陆架坡折和缓坡边缘盆地的层序成藏组合类型（据 Van Wagoner 等，1990）

表 4-5 具陆架边缘和缓坡边缘的Ⅰ型层序成藏组合类型(据 Van Wagoner 等,1990)

序 号	成藏组合类型	储层岩相类型	可能的盖层	实 例
1	沿倾斜向上尖灭	海滩砂岩或三角洲砂岩	海岸平原泥岩	美国保德河盆地,福尔河砂岩
2	下切谷	辫状河流砂岩或河口湾砂岩	陆架泥岩	墨西哥湾,耶瓜,中新统;美国保德河盆地,马迪
3	陆架上超	海滩砂岩、三角洲砂岩、河口湾砂岩或潮下到潮坪砂岩	陆架泥岩	墨西哥湾,塔斯卡鲁撒、五德拜恩
4	受盆地限制的上超	三角洲砂岩	陆坡/盆地泥岩	
5	海底扇	海底扇砂岩、浊积砂岩	陆坡/盆地泥岩	墨西哥湾,更新统
6	低海平面楔状体	由薄层浊积岩组成的面积有限的小扇体	陆坡/盆地泥岩	墨西哥湾,耶瓜
7	沿倾斜向下尖灭	三角洲砂岩、海滩砂岩或潮下砂岩(需要构造掀斜)	陆架泥岩	美国保德河盆地,帕克曼砂岩、香农砂岩
8	削蚀(截断)	海滩砂岩或三角洲砂岩	陆架泥岩	墨西哥湾,威尔科克斯;美国保德河盆地,萨塞克斯
9	断层圈闭	上面的 1,2,3	陆架泥岩	墨西哥湾,上新统、更新统

2. 油气勘探开发应用

层序地层学是一门实用性、综合性较强的学科,它在地层学、沉积学、石油地质学和地球物理学之间架起了互为因果的桥梁,为油气勘探开发提供了崭新的思维方法和有效的地质工具。在具备一定的基础资料和对油气勘探问题有一定研究的盆地,恰当地运用层序地层学理论,可以比较可靠地预测生储盖层的分布,了解油气生成、运移和聚集的过程,更好地预测确定富有经济价值的地层岩性圈闭,发现新的油气成藏组合,减少勘探开发风险,提高油气勘探效率和成功率(图 4-47)。

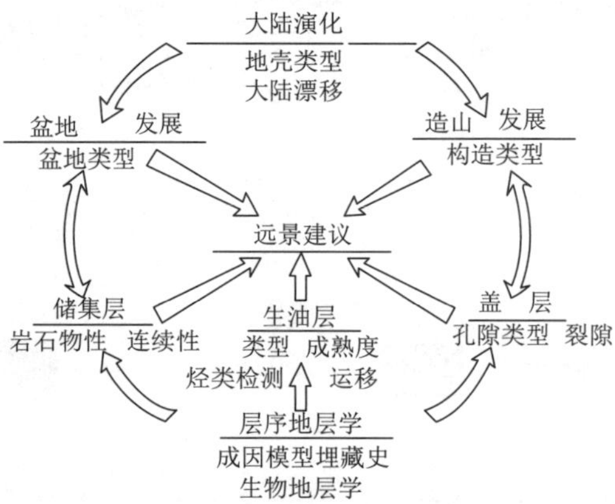

图 4-47 油气勘探网络中的相关因素(据 Sangree 等,1991)

层序地层学提出了一套全新的概念体系，它在油气勘探开发中发挥了积极的作用，具体表现在未成熟探区的勘探应用、成熟探区的勘探应用和油田开发区的应用。

1）未成熟探区油气勘探中的应用

未成熟探区是指勘探资料稀少的勘探新区，仅有少量的钻井资料及地震资料、尚未进行有效的生储盖等成藏要素评价的地区。若这些地区存在剧烈的构造形变、地震资料品质较差、储盖层及圈闭尚未钻探等不利条件，层序地层学的应用常常存在较大的风险。但是，若这些地区存在品质良好的地震资料、存在有一定远景的深水砂体和地层岩性圈闭，那么层序地层学在未成熟探区进行勘探也会取得良好的效益。

未成熟探区的层序地层学研究可在下列方面发挥积极作用。即：① 在盆地骨干地震测网上建立层序地层格架，确定较准确的年代地层等时界面以用于地层对比和沉积相研究，并为制作多种图件提供年代地层格架和作图单位；② 在骨干地震测线确立的层序格架内基于层序界面细分体系域；③ 在年代地层格架内，可通过地震相研究确定主要沉积体系类型和分布演化；④ 根据沉积类型与油气成藏要素之间的关系，预测烃源岩、储集层和盖层分布以及含油气远景区带，预测不同构造带的圈闭类型，进行油气勘探。

2）成熟探区油气勘探中的应用

成熟探区是指具有丰富的油气勘探资料并具有油气勘探成果的地区。这些丰富的油气勘探资料包括较好的露头剖面、钻测井资料、生物地层资料、品质优良的三维地震资料及大量的多种室内分析化验资料。在成熟探区应用层序地层学能够降低勘探风险，在提高油气勘探成功率等方面发挥积极作用：① 为预测沉积体分布、生储盖层分布提供可信的概念模型；② 以海泛页岩作为高频级次地层对比的标志层，评价砂岩储层的产状和连续性；③ 预测井间潜在的生储盖组合，确定更为准确的油气勘探方向或趋势，更好地确定富有经济价值的地层岩性圈闭；④ 建立更为综合的地层格架以探索新的成藏组合。

3）油田开发区中的应用

油田开发区是指具有丰富的开发钻测井资料和地震资料的地区。依据层序地层学的理论可重新评价正在生产的油气田，在增加油气田产量、提高采收率以至延长油田寿命等方面发挥作用：① 更好地了解储层非均质性、流体连通性、流体压力系统等油田开发面临的问题；② 充分利用钻测井资料，通过地震沉积学研究预测储集砂体及其连续性，通过详细的地震层序分析预测含油气层的体积和连续性，预测断层面和流体渗漏点；③ 研究岩石物理性质，估算油气田储量；④ 在了解地层构型及其对流体单元影响的基础上，更好地制定注水驱油和提高采收率的开发方案等；⑤ 通过层序和海泛面的精细层序地层对比，确定储层和隔层的分布情况及储层含油气性，为编制高效的油气田开发方案提供地质基础。

当把层序地层学理论体系和研究成果应用于油气勘探开发工作中时，除了要消除地震资料及其他资料的层序地层解释陷阱以外，还要收集充足的、品质良好的露头、钻测井资料和地震资料以及地球化学等多方面资料，通过综合分析和类比研究，利用层序地层学的研究思路对含油气远景区做出评价分析（表 4-6）。

表 4-6　层序地层学远景评价的影响因素(据 Sangree 等,1991)

主要影响因素	具体影响因素
基础资料因素	① 有无足够密的地震测网和足够高的地震分辨率;② 合成地震记录(VSP)是否与关键井联结起来;③ 是否做了测井曲线的编辑和分析工作;④ 在测井曲线分析中是否综合了岩芯和岩屑资料;⑤ 生物地层年代是否准确,资料是否充分;⑥ 层序能否与海岸上超图表严格对比;⑦ 是否做了岩芯封堵毛细管压力分析
远景分析因素	① 是否有充分的标志识别体系域和储集层;② 是否对储层、盖层交界面进行构造成图;③ 是否做了岩性横向尖灭或横向相变模型及检验;④ 是否做了振幅频率异常模型并检验了烃类的存在;⑤ 是否经过处理检验排除了相干噪声;⑥ 是否排除了层序解释的勘探陷阱
类比研究因素	① 是否从正确的体系域中选择了类比内容;② 类比的规模和地震模型是否合适、匹配;③ 类比的区域背景是否相似;④ 储采比是否合适;⑤ 类比中是否遇到储层不连续问题;⑥ 油层是水驱还是溶解气驱;⑦ 油气是否充满到溢出点

第五章 海相碳酸盐岩层序地层学

核心知识点：碳酸盐岩镶边台地、孤立台地、缓坡沉积模式及其主要控制因素，碳酸盐岩层序类型和边界特征，碳酸盐岩镶边台地、缓坡、孤立台地等环境的层序体系域类型和沉积特征、层序地层模型，混积沉积层序地层模型和深水碳酸盐岩层序地层模型，海相碳酸盐岩层序地层模型与油气勘探开发的关系。

第一节 碳酸盐岩沉积背景及控制因素

碳酸盐岩的沉积背景和形成机理明显不同于碎屑岩。现代碳酸盐沉积物主要形成于气候温暖、水体清澈的滨浅海环境。碳酸盐主要形成于化学作用、生物化学作用以及有机械作用参与的化学或生物化学作用。

在现代沉积环境中，碳酸盐沉积作用总体上具有如下特点：

(1) 温暖气候、浅水动荡、水体清澈的正常海水，最利于碳酸盐沉积。

(2) 碳酸盐形成过程可与机械作用密切相关。如鲕粒、内碎屑的形成及细粒灰泥等物质被簸选，均与机械作用有关。礁的发育和叠层石的堆积更与水体深度和能量密切相关。

(3) 沉积作用主要发生在两种类型碳酸盐岩台地中，即与大陆毗连的台地、孤立于大海中的浅水台地。

(4) 碳酸盐沉积持续发育的最根本要素是保持浅水环境，即海底下沉速率与碳酸盐沉积物的补偿速率基本均衡，或者说可容空间相对稳定。

(5) 半深海-深海环境也发育多种微体和超微体浮游生物堆积的碳酸盐软泥及各种碳酸盐重力流沉积。深水碳酸盐沉积受控于碳酸钙沉积作用补偿深度。随着水深增加，二氧化碳溶于水的能力加强，水体酸性加大，碳酸盐被溶解的能力加大，沉积作用减弱。

显然，碳酸盐岩与碎屑岩的物源性质、形成背景、沉积机理和扩散方式及其保存都存在很大的差异。硅质碎屑沉积主要来源于沉积盆地周边的母岩区，经过搬运在沉积盆地中发生沉积。碳酸盐岩沉积主要与盆内生物作用、化学作用和机械作用密切相关，多沉积在海洋盆地浅水环境。

尽管碳酸盐岩沉积作用机理明显不同于硅质碎屑岩，但起源于被动大陆边缘盆地硅质碎屑岩沉积的层序地层学基本原理仍适用于碳酸盐岩的层序地层分析，即碳酸盐岩层序地层样式和沉积分布同样受构造沉降、全球海平面升降变化、沉积物供给和气候四个主要变量控制(Sarg,1988)。构造沉降产生了可供沉积物沉积的可容空间，全球海平面升降变化控制地层分布样式，沉积物供给的多少控制了古水深，气候控制了沉积物类型，气候中的降雨量和温度对碳酸盐岩形成、蒸发岩分布、硅质碎屑沉积类型和数量均产生重要影响。

对于碳酸盐岩层序地层研究，需要从海平面升降、构造作用与气候变化、物源供给特征、碳酸盐岩成因、台地类型与演化、台地淹没与暴露、碳酸盐岩沉积相类型等方面进行综合研究。

一、碳酸盐岩沉积背景

1. 碳酸盐岩沉积背景

碳酸盐岩台地几何形态会影响海平面升降变化的沉积响应，台地地形坡度的陡缓变化会影响海平面下降期间的碳酸盐岩沉积厚度和分布范围(图 5-1)。台地边缘坡度大小和是否存在坡折会影响碳酸盐岩沉积。台地边缘坡度越陡，低位碳酸盐岩沉积范围越小；台地边缘坡度越缓，低位碳酸盐岩沉积范围越宽广。碳酸盐岩台地边缘的坡度受控于沉积过程和物源供给，碳酸盐工厂提供的粗粒沉积物比细粒沉积物更易形成更陡的斜坡(可达 35°)，而泥级沉积物会形成平缓斜坡。

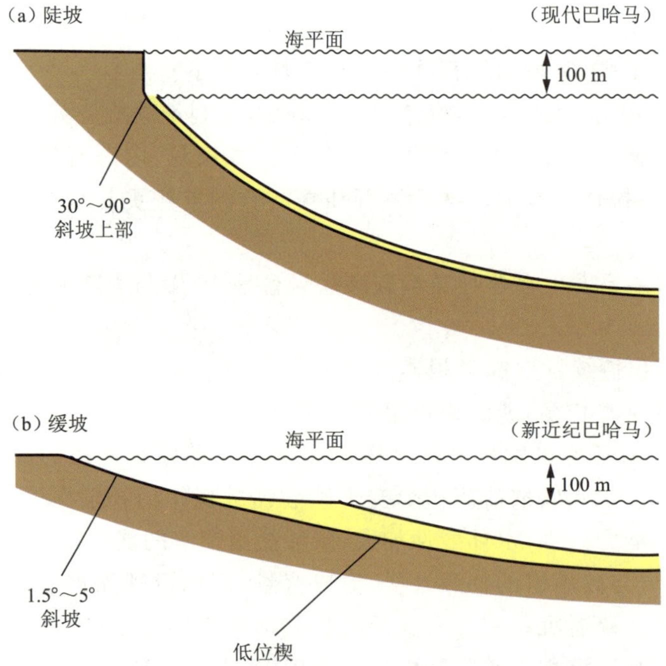

图 5-1 台地边缘斜坡坡度和形态对低位体系域碳酸盐沉积规模的影响
(据 Emery 等，1996)

碳酸盐岩台地和礁滩是碳酸盐岩沉积最为活跃的地方。Tucker 等(1990b)认为存在五种类型的碳酸盐岩台地类型，即镶边陆架型、缓坡型、孤立型、陆表海型及淹没型。

根据台地在盆地中的位置和地层剖面坡度，可将碳酸盐岩台地和礁滩边缘剖面划分成三种类型(图 5-2)：一是位于盆地边缘的区域性碳酸盐岩台地和缓坡剖面，其沉积坡度小于或等于 5°；二是镶在盆地边缘的区域性前积滩和台地剖面，其前缘斜坡坡度为 5°～35°；三是远离盆地边缘的浅海台地或孤立台地剖面。

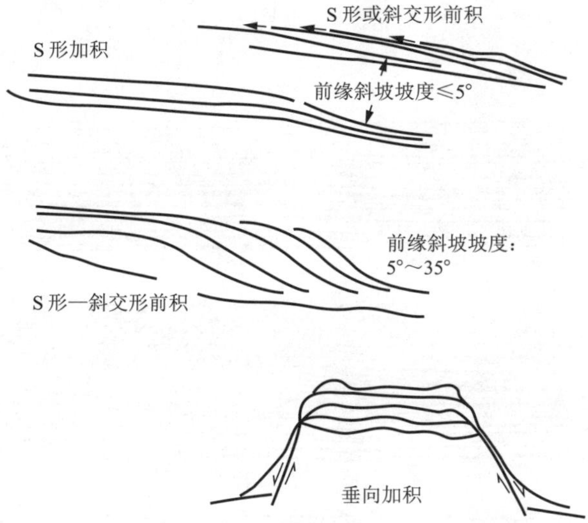

图 5-2　不同碳酸盐岩沉积剖面示意图(据 Sarg,1988)

(a) 区域性台地和缓坡；(b) 区域性前积滩和台地；(c) 孤立台地

1) 盆地边缘的区域性碳酸盐岩台地和缓坡剖面

盆地边缘的区域性碳酸盐岩台地和缓坡沉积坡度都不大于 5°，但其沉积厚度可以变化很大，从几米到几百米，生长模式可以呈从加积到进积的形式(图 5-2a)。碳酸盐岩缓坡是在正地形区发展建设而成的，向海单向低角度倾斜并顺着平缓的古斜坡发生沉积，斜坡上相带宽缓、不规则，受风暴和潮流影响可将浅缓坡沉积物搬运到深缓坡环境，没有明显的镶边和地形坡折。缓坡沉积类型主要受海平面升降和气候变化的影响。由于碳酸盐产率不同，碳酸盐岩缓坡可发展成为镶边台地(陆架)。在地震剖面上，盆地边缘的区域性碳酸盐岩台地和缓坡剖面表现为低角度的 S 形或叠瓦状前积结构(图 5-3a)。

2) 盆地边缘的区域性前积滩和台地剖面

盆地边缘的区域性前积滩和台地剖面以具有前缘斜坡的前积模式为特征，这种碳酸盐岩镶边台地(陆架)具有明显的斜坡，前缘斜坡的坡度为 5°～35°。镶边沉积常常由碳酸盐滩或礁组成并受到海洋波浪、潮汐以及风暴浪的影响。前积礁滩的同期沉积厚度为几米到几百米，前积距离可达数百千米。它们呈 S 形、S 形—斜交形和斜交形前积模式(图 5-2b)。在碳酸盐岩层序地震剖面中，常见碳酸盐岩前积滩和台地剖面呈缓坡或低角度 S 形前积到斜交形前积形式(图 5-3b)，这常是高位体系域海平面相对下降、沉积物不断向盆地中央前积的沉积响应。

3) 浅海孤立台地剖面

浅海孤立碳酸盐岩台地作为一种厚层大型复合建造，多出现在远离区域性盆地边缘缓坡或台地的地方(如巴哈马台地)。孤立碳酸盐岩台地上覆沉积水体较浅,周缘陡峭并被深水环境包围。浅海孤立碳酸盐岩台地边缘往往是镶边的或呈陡崖式。海底火山、拉张盆地中地垒式断块常诱发孤立台地的发育。这些海底火山、地垒式断块可以作为沉积浅海碳酸盐岩的场所,而地堑内往往沉积深水泥质沉积物。在地震剖面上,孤立碳酸盐岩台地常响应于明显的宽缓丘形反射(图 5-2c、图 5-3c)。

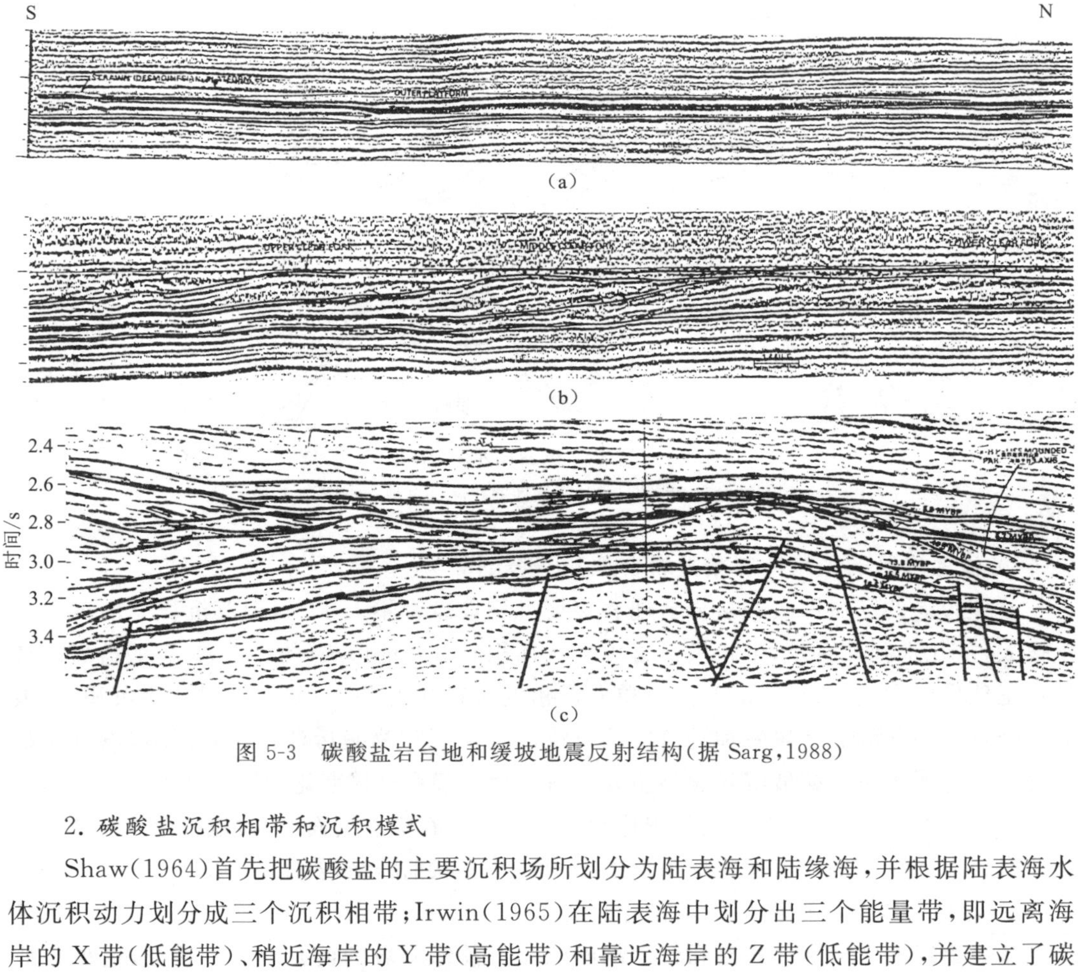

图 5-3　碳酸盐岩台地和缓坡地震反射结构(据 Sarg,1988)

2. *碳酸盐沉积相带和沉积模式*

Shaw(1964)首先把碳酸盐的主要沉积场所划分为陆表海和陆缘海,并根据陆表海水体沉积动力划分成三个沉积相带;Irwin(1965)在陆表海中划分出三个能量带,即远离海岸的 X 带(低能带)、稍近海岸的 Y 带(高能带)和靠近海岸的 Z 带(低能带),并建立了碳酸盐岩沉积模式;Armstrong(1974)建立了碎屑岩-碳酸盐岩混合沉积模式,后来 Wilson(1975)基于陆架上碳酸盐岩台地和边缘温暖浅水环境中碳酸盐岩沉积类型及其地理分布特征分析,提出了一个理想化的碳酸盐岩综合相模式;Read(1985)提出了包括碳酸盐岩缓坡、与陆地相连的镶边碳酸盐岩台地、孤立碳酸盐岩台地等三种沉积模式;Tucker(1991b)根据陆表海沉积特征和 Wilson(1975)的碳酸盐岩综合相模式,将碳酸盐岩沉积划分成两个相区,即碳酸盐岩台地-陆表海相区和盆地较深水斜坡相区。

前述的碳酸盐岩沉积模式和沉积类型都有各自的沉积相带特征,相带的宽度和复杂程度以及对水深、水化学性质的敏感程度都是不同的。在陆架狭窄和陆架边缘陡峭的地方，相带分布窄而规则；在台地、边缘区和陆架区等宽阔的地方，相带分布较宽而复杂。Sarg(1988)不仅提出了能够描述镶边台地、缓坡和孤立台地的碳酸盐岩沉积模式，而且将其引入碳酸盐岩层序地层学研究，故下面主要介绍 Sarg 提出的碳酸盐岩沉积模式。该模式可识别出潮上-潮间带、浅海陆架相、台地礁滩边缘相、前缘斜坡相和盆地相(图 5-4)。

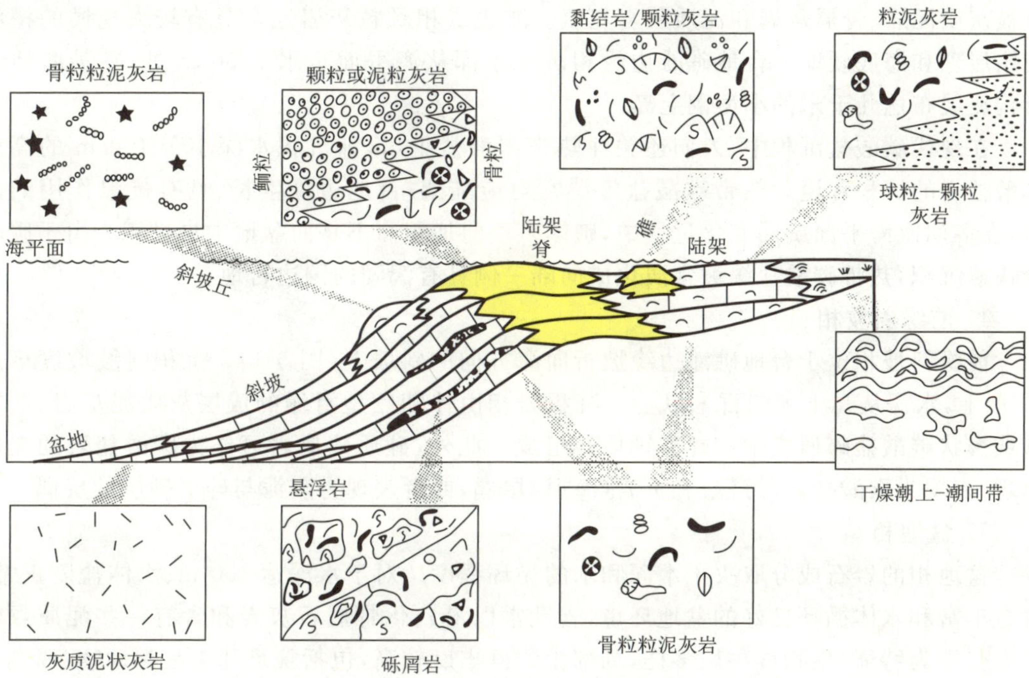

图 5-4 碳酸盐岩沉积相带及其典型的沉积结构(据 Sarg,1988)

1）潮坪相

潮坪相常作为一种向上变浅、规模较小的潮下带到潮上带的沉积旋回或准层序方式产出。沉积厚度为数十米，沉积持续时间可达百万年。潮坪沉积环境由潮上带、潮间带和潮下带三个次级沉积环境构成(图 5-4)。潮上带由泥或粉砂级颗粒沉积物或膏盐岩组成，具有较发育的风暴成因纹层、藻纹层、内碎屑层，其中藻纹层可延伸到潮间亚相。由于潮上环境位于平均高潮线以上，从而具有泥裂、鸟眼构造。潮间带潮汐水道含有内碎屑和碳酸盐岩岩屑的底部滞留沉积，上覆具有潜穴的颗粒灰岩；潮汐水道间通常富含泥质。潮下带由颗粒灰岩以及粒泥灰岩组成，可见多种交错层理等原始沉积构造。

2）浅海陆架相

浅海陆架相常由潮下骨屑泥灰岩、粒屑灰岩和砂屑灰岩等岩性构成的，向上变浅的准层序组成。该相带海水盐度为正常到中等盐度，水体循环程度从低到中等偏高，这主要取决于台地边缘礁滩对潮汐和潮流的限制程度(图 5-4)。若存在正常海水，则该相带动植物群发育，包括珊瑚、软体动物、腕足动物、海绵类、有孔虫及藻类等，生物扰动普遍，可见规模较小的生物礁。当陆架受限时，则可能形成广泛的蒸发岩潟湖，并以被石膏或硬石膏覆盖的泥质支撑石灰岩构成的、向上咸化的准层序为特征。

3）台地礁滩边缘相

台地礁滩由生物礁、砂屑灰岩、鲕粒灰岩等岩相复合体组成，这种复合体组成特征取决于可供利用的有机质类型和水体条件（图 5-4）。礁滩可同时存在并构成台地边缘，也可单独构成台地边缘。生物礁表现为含有生物或胶结物黏结的块状和斑状礁体，其间隙可被灰质泥岩、骨屑灰岩和泥质灰岩充填。滩边缘相颗粒灰岩通常具有较大规模的槽状交错层理和海底硬地。台地礁滩边缘相沉积水深从海平面至水下 50 m 处，在某些地方可构成展布达几千米的小型潮上岛。

在现代碳酸盐沉积中，人们还关注热带碳酸盐工厂，即沉积水深小于 100 m 的高产碳酸盐岩的沉积环境。热带碳酸盐工厂常对应陆架/台地边缘生长、具有抗浪作用的礁体，在多期次海平面旋回变化过程中，礁体多垂向加积而不是向盆地中央进积。由于碳酸盐快速沉积，热带碳酸盐缓坡常演化成向陆一侧具有潟湖的镶边台地。

4）前缘斜坡相

前缘斜坡相位于台地礁滩边缘坡折向海方向的斜坡上（图 5-4）。沉积斜坡坡度可达 35°以上，水深从几十米到百米以上。沉积岩相由伴随巨型滑塌的成层灰质泥灰岩、透镜状或楔状碳酸盐碎屑或生物碎屑钙质砂组成。此外，硅质碎屑岩可作为碳酸盐岩的夹层出现，表现为碳酸盐岩（海侵）和页岩（海退）层偶，或者表现为灰泥与碎屑砂层的层偶。

5）盆地相

盆地相的岩石成分取决于水深和水的循环程度。对于水深达 100 m、水体盐度正常、含氧丰富和水体循环良好的盆地环境，岩性常以潜穴化骨屑石灰岩和含有一些泥质颗粒的石灰岩为特征，生物群种属多样，局部生物群丰度较高，包括腕足和头足类动物、珊瑚和棘皮类动物。在水深几百米、贫氧、水静的盆底，岩性以薄层和纹层状黑色泥灰岩为主要结构类型，常见燧石以及远洋浮游生物。若盆地非常局限，则会出现盐度成层现象，在盆地碳酸盐岩中可能含有准同生石膏和硬石膏。

二、碳酸盐岩沉积控制因素

1. 相对海平面变化的控制作用

对于碳酸盐产率、台地或滩的发育及相应岩相分布来说，相对海平面的变化是控制碳酸盐岩沉积、岩相类型和地层构型的首要因素。相对海平面变化控制可容空间的变化，进而控制碳酸盐沉积潜力、岩相类型和地层分布。比如大多数厚层且广泛分布的碳酸盐岩层序都形成于海平面高位期。

碳酸盐沉积物多是在海洋沉积环境中原地生长的。大部分碳酸盐沉积物是由生物产生的，其中不少是光合作用的产物，因此这种生成过程取决于光照程度。随着水深增加，光照程度迅速降低。高碳酸盐产率主要发生在海水浅于 100 m 的水体中，因为该深度范围内悬浮着大量能进行光合作用的生物。在 10 m 水深内碳酸盐产率最高，而在 10～30 m 内锐减（图 5-5）。这种碳酸盐产率的狭窄深度限制，是碳酸盐产率能否与海平面变化保持同步的重要因素。显然，碳酸盐产率受控于水体深度（温度）或可容空间的变化速率。实际上，相对海平面变化会控制可容空间的变化，也影响水体的盐度、营养成分、温度、含氧量及水深等因素的变化，从而最终控制沉积层序的构型。

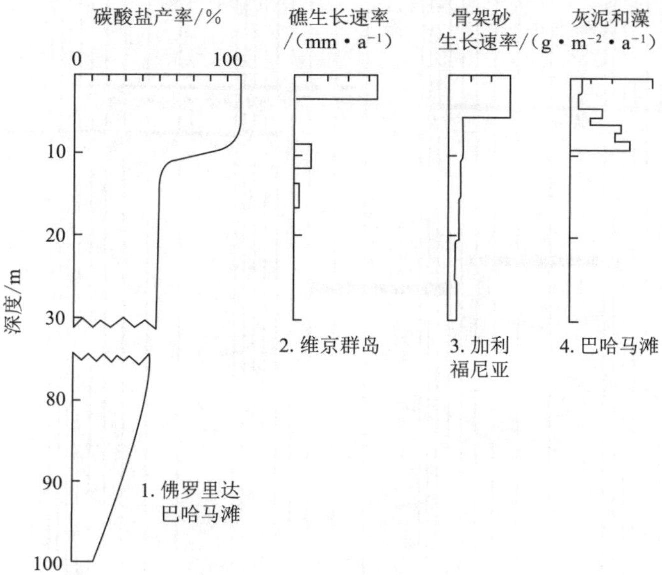

图 5-5　碳酸盐产率与水深关系(据 Sarg，1988)

古生代碳酸盐岩台地礁滩的长期沉积速率远小于全新世的沉积速率(图 5-6)。古生代碳酸盐沉积速率为 13～365 μm/a，而全新世碳酸盐沉积速率为 500～1 100 μm/a(鲕滩和潮汐沉积)，全新世珊瑚礁的沉积速率可达 10 000 μm/a 以上。

2. 构造沉降和沉积背景的控制作用

大地构造作用决定碳酸盐沉积作用背景。大地构造背景下的盆地结构是影响碳酸盐岩层序几何形态的一个关键因素。

若不发生构造沉降，就不会发生长期的碳酸盐沉积物的沉积和保存。由地壳变薄、热冷凝和负载作用引起的构造沉降与海平面升降一起构成可供海洋沉积物沉积的空间。构造沉降速率取决于地壳的类型、地壳的地质年代、引起沉降的应力场类型、岩石圈流变特征、岩石圈板块中的位置或构造背景。另外，沉积负载作用也会加强构造驱动的沉降作用。聚敛性、离散性、转换性板块边缘分布的以及位于板块内的浅海碳酸盐岩台地可由洋壳或陆壳作为基底。总的来说，构造背景决定了沉降盆地的基底形态、浅海碳酸盐岩沉积区的初始形态、海洋影响的范围和形式等。

构造沉降作用亦会影响碳酸盐岩台地的暴露。碳酸盐岩台地出露地表将会造成碳酸盐岩停止生长并对暴露的碳酸盐沉积物产生化学侵蚀。碳酸盐沉积矿物常是不稳定的，易遭受酸性大气水的改造。不稳定矿物文石和高镁方解石易转变成更为稳定的低镁方解石。若气候湿润，出露的碳酸盐岩台地有时会形成喀斯特地貌以及次生孔洞发育的碳酸盐岩储层。碳酸盐岩台地暴露地表(低位期)所发生的大多数风化成岩作用都是化学性质的，物理作用不明显。若有陆源碎屑供给，则河流可下切碳酸盐岩台地，将碎屑物质输送

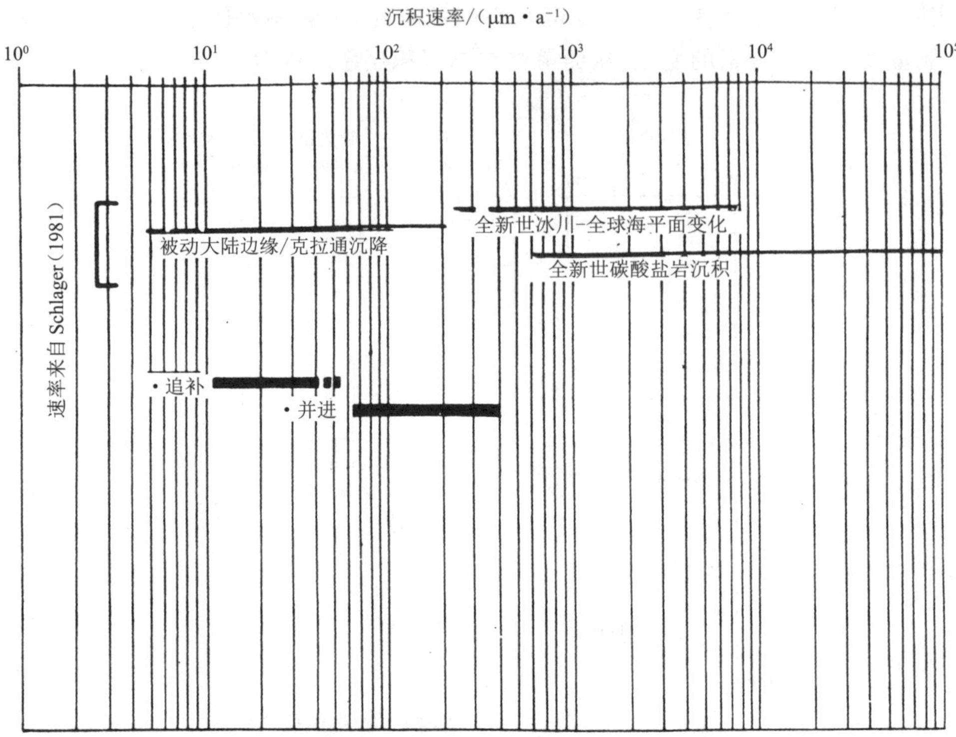

图 5-6　碳酸盐岩沉积速率与全球海平面变化速率的关系(据 Sarg,1988)
碳酸盐追补沉积速率明显低于并进沉积速率

到盆地。需要指出的是,低位期盆地原地碳酸盐岩体积的多少主要取决于碳酸盐斜坡特点。

盆地结构也是影响碳酸盐岩层序几何形态的另一关键因素。非局限性盆地具有正常的、循环良好的水体,为大量原地生物繁盛提供了合适的生态环境,表现出较大的碳酸盐岩发育潜力。而盐度高、含氧量低的盆地只有少量或已异化的生物群落,碳酸盐岩发育潜力较低。

3. 气候和物源的控制作用

作为气温、降雨量、大气圈湿度和风的度衡,气候决定了水体的盐度和循环程度,影响碳酸盐沉积物的产率、稳定性、沉积类型和早期成岩作用。热带海洋浅水比中纬度温带海洋具有更高的碳酸盐饱和度。除影响碳酸盐沉积以外,气候还决定沉积层序中的沉积物类型。在干旱气候和水体循环较局限的环境下,在陆架、潟湖、潮坪等环境会产生蒸发盐沉积物。若陆源沉积物供源点邻近碳酸盐岩台地,那么气候的差异将会影响硅质碎屑沉积物供给的类型。潮湿气候利于河流、三角洲硅质碎屑沉积物的沉积,而干旱气候利于风成硅质碎屑沉积。这些在碳酸盐岩地层序列中出现的沉积物类型不仅反映气候条件,还反映相对海平面变化。次生岩溶孔隙的发育不仅与地层出露的时代和时间长短有关,而且与降雨量的多少密切相关。

在高纬度地区,少见生物礁格架,主要表现为规模更小的礁复合体和生物碎屑滩。

浅海热带海洋是现今陆源碎屑供给较少的碳酸盐沉积工厂，主要碳酸盐沉积类型是生物格架碎屑等碳酸盐颗粒。有机与无机成因的碳酸盐沉积物是不同的，有机碳酸盐产率往往大于无机碳酸盐产率。由于存在上述差异，无机成因的碳酸盐岩层序地层样式（几何形态）要比有机成因的更类似于碎屑岩层序样式。

第二节　碳酸盐岩层序地层学

一、层序类型和层序边界

碳酸盐岩层序地层分布样式和体系域类型受控于相对海平面的变化以及碳酸盐沉积背景。根据层序边界类型、海平面升降速率和盆地构造沉降速率的变化，可以将碳酸盐岩层序划分成Ⅰ型和Ⅱ型两种类型。Ⅰ型层序由低位体系域、海侵体系域和高位体系域构成（也可细分出下降体系域），Ⅱ型层序由陆架边缘体系域、海侵体系域和高位体系域构成（图 5-7）。

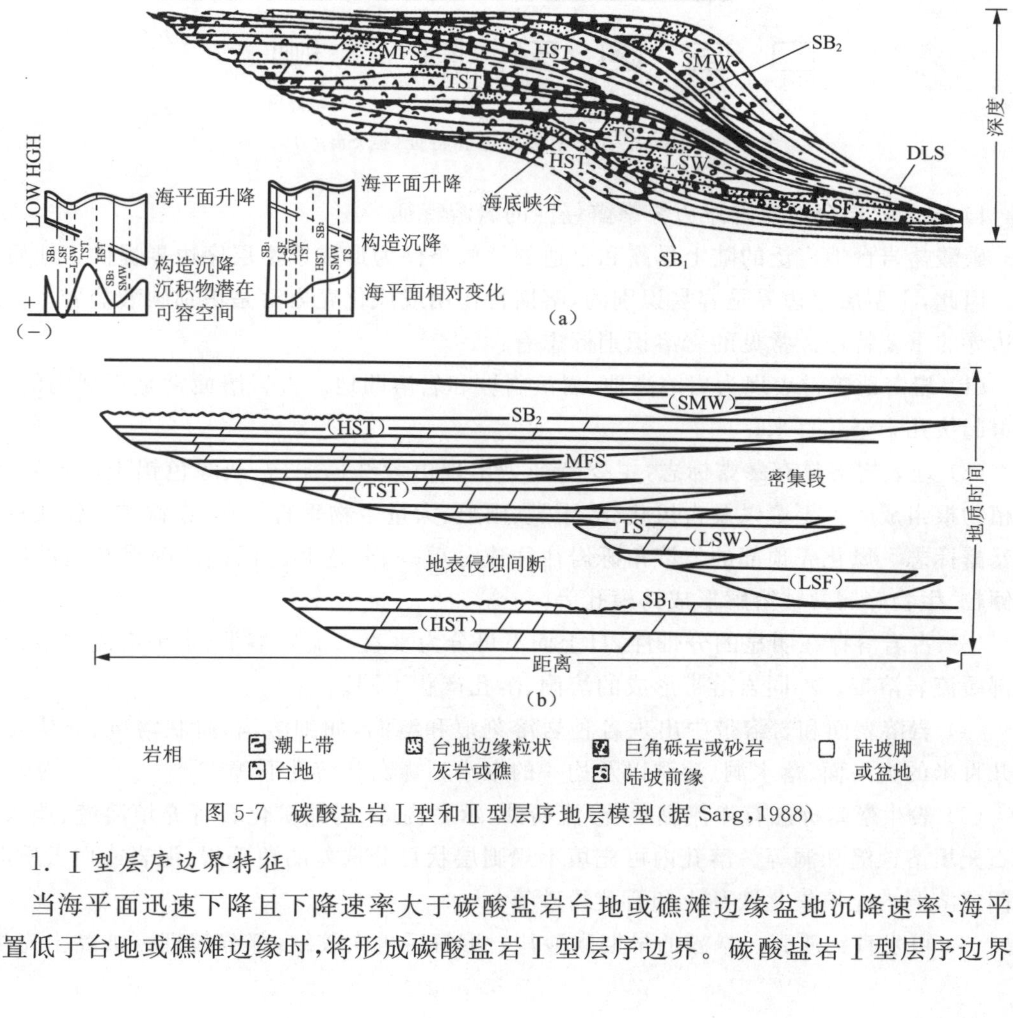

图 5-7　碳酸盐岩Ⅰ型和Ⅱ型层序地层模型（据 Sarg，1988）

1. Ⅰ型层序边界特征

当海平面迅速下降且下降速率大于碳酸盐岩台地或礁滩边缘盆地沉降速率、海平面位置低于台地或礁滩边缘时，将形成碳酸盐岩Ⅰ型层序边界。碳酸盐岩Ⅰ型层序边界除具有碎屑岩Ⅰ型层序边界特征外，还以台地或礁滩的暴露和侵蚀、斜坡前缘侵蚀、区域性淡水透镜体向海方向的运动以及上覆地层上超、海岸上超向下迁移为特征(图 5-8)。

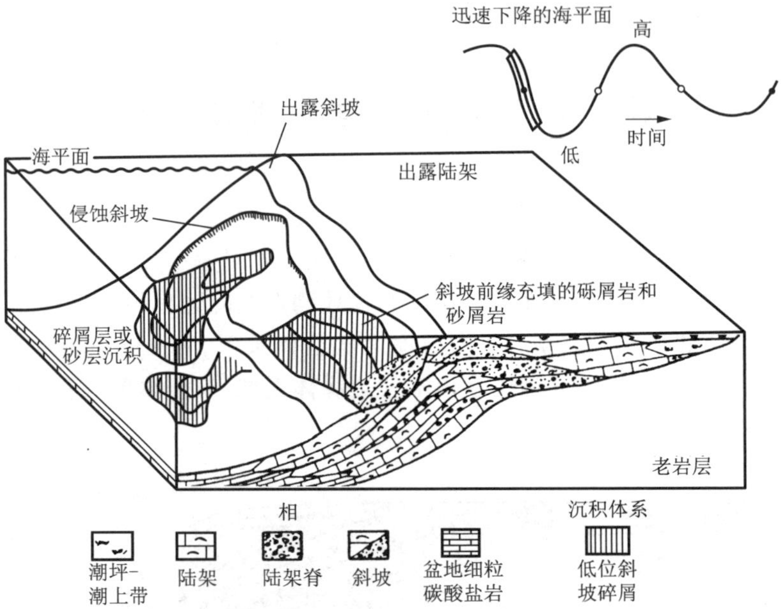

图 5-8　碳酸盐岩Ⅰ型层序边界特征(据 Sarg,1988)

1) 碳酸盐岩台地或礁滩边缘暴露侵蚀的岩溶特征

碳酸盐岩台地广泛的陆上暴露和合适的气候条件为形成Ⅰ型层序边界提供了地质条件。因此，Ⅰ型层序边界是容易识别的，喀斯特作用或风化壳岩溶是识别碳酸盐岩Ⅰ型层序边界的重要特征。常见的岩溶识别标志有：

(1) 岩溶地貌常表现为岩溶高地、岩溶斜坡和岩溶凹地。古岩溶面常是不规则的，纵向可起伏几十至几百米。

(2) 地表岩溶具有暴露标志，主要特征为出现由紫红色泥岩、灰绿色铝土质泥岩、钙化植物根组成的古土壤以及古风化壳、干裂、雨痕、大量生物垂直钻孔、赤铁矿及铁质浸染等暴露标志。风化壳顶部的岩溶角砾岩往往成分单一、分选和磨圆差。碎屑灰岩的碎屑如鲕粒、生物碎屑常被溶解形成铸模孔等。

(3) 古岩溶存在明显的分带性，自上而下可分为垂直渗流岩溶带、水平潜流岩溶带和深部缓流岩溶带。不同岩溶带形成的溶洞、溶孔产状不同。

(4) 岩溶表面和岩溶带中出现各种岩溶刻痕和溶洞，如细溶沟、阶状溶坑、起伏几十至几百米的夷平面、落水洞、溶洞以及均一的中小型蜂窝状溶孔洞等。

(5) 表生暴露标志有渗流黏土、渗流粉砂、示底构造、褐铁矿化石膏充填溶缝、淡水方解石充填溶蚀缝和洞等。溶孔内可充填不规则层状且分选差的角砾岩、泥岩或白云质泥，隙间或溶洞内充填氧化铁黏土和石英粉砂等。

(6) 可发育钙质壳。暴露的早期碳酸盐岩溶解后再次胶结，部分解理可被黏土充填，选择性溶解孔隙分布广泛。

(7) 岩溶地层具有明显的电测响应,如相对较低的电阻率、较高的声波时差、较高的中子孔隙度、较明显的扩径、杂乱的地层倾角模式和典型的成像测井响应以及钻井放空现象。

(8) 古岩溶面响应于起伏较明显的不规则地震反射,古岩溶带常对应明显低速异常带。在地震剖面上,可见溶洞的地震响应特征(羊肉串状)。现代地震技术可以通过成像处理或多种反演技术来反映古岩溶表面和剖面特征。

另外,古岩溶面上下地层产状、古生物组合、微量元素及地化特征也有明显的差别。

2) 斜坡前缘侵蚀特征

在Ⅰ型层序边界形成时,由海平面相对下降诱导,常发生明显的斜坡前缘侵蚀作用,导致台地和礁滩边缘及斜坡上部大量早期沉积物被侵蚀掉,造成大量碳酸盐岩砾屑顺坡而下的滑塌沉积作用和碳酸盐岩砂屑的密度流沉积作用(图 5-8)。斜坡前缘侵蚀作用可是局部性的或区域性的,向上可延伸到陆架区形成发育良好的海底峡谷,滩前沉积物可被侵蚀掉几十至几百米。

在碳酸盐岩台地边缘和斜坡,可出现由河流回春作用引起的下切谷粗粒充填灰岩,从海相到陆相、由碳酸盐岩到碎屑岩的相变沉积物以及向上变浅的沉积序列也是Ⅰ型层序边界的标志。

3) 淡水透镜体向海方向的运动特征

Ⅰ型层序边界形成时发生的另一种特征作用是淡水透镜体向海盆中央方向的区域性迁移。区域性淡水透镜体向海方向迁移实质上与成岩作用有关。淡水透镜体渗入碳酸盐岩剖面的程度与海平面下降速率、海平面下降幅度和海平面保持在低于台地或礁滩边缘的时间长短有关。在大规模Ⅰ型层序边界形成时期,当海平面下降 75～100 m 或更多并保持相当长的时间时,在陆架上会长期产生淡水透镜体,它的影响会充分地深入地下,并可能深入下伏层序。若降雨量大,明显的天水淋滤和溶解作用会出现在剖面浅部,大量的淡水胶结物会出现在深部潜水带中。不稳定的文石和高镁方解石颗粒可能会被溶解掉,并以低镁方解石的方式重新沉淀下来(Sarg,1988)。Vail 的海平面升降曲线表明,在全球海平面下降中,多数海平面下降幅度不超过 70～100 m,故常见规模较小、位于陆架地层浅部的淡水透镜体。

4) 混合水白云石化作用

在Ⅰ型层序边界形成时期,通过喀斯特作用,造成台地顶部地貌起伏,可发生不同规模的混合水白云石化和高盐度白云石化作用。

在海平面开始下降的高位晚期,可容空间大幅度减少,干燥区蒸发作用强烈,可以形成萨巴哈环境。在潮湿区,天水淋滤溶解早期沉积物,高镁方解石和文石被低镁方解石交代,镁离子出溶、迁移而发生白云石化;或者天水与少量海水混合,构成大规模的混合白云石化;或者在潜流带及大气水-海水混合带中发生白云石化。总之,白云石化往往与台地暴露相关联。

5）Ⅰ型层序边界的其他识别标志

构造不整合面。当相对海平面迅速下降时，台地上方可容空间急剧减小，甚至为零，早期地层出露地表遭受剥蚀，致使地层缺失和出现削截现象。

沉积间断面。上覆地层超覆，包括滨岸上超和陆坡上超。

事件性沉积界面。为沉积环境、岩性岩相组合和生物组合发生明显变化的界面。

滨岸相向海洋盆地中央方向迁移。由于海平面下降，导致浅水相直接覆盖在深水相沉积之上，或由于物源供给和沉积作用发生变化，造成硅质碎屑岩覆盖在清水碳酸盐岩沉积之上。

在孤立碳酸盐岩台地上，常见淹没不整合。

2. Ⅱ型层序边界特征

在碳酸盐岩台地边缘，当海平面下降速率小于或等于盆地沉降速率时，多形成Ⅱ型层序边界。此时，盆地可容空间扩大，仅在高频海平面变化周期，台地潮缘区和台地浅滩较短期出露地表遭受侵蚀(图 5-9)。在碳酸盐岩沉积记录中，与Ⅰ型层序边界相比，Ⅱ型层序边界是比较少见的，但在台地边缘向海一侧的低角度斜坡处可发现Ⅱ型层序边界。

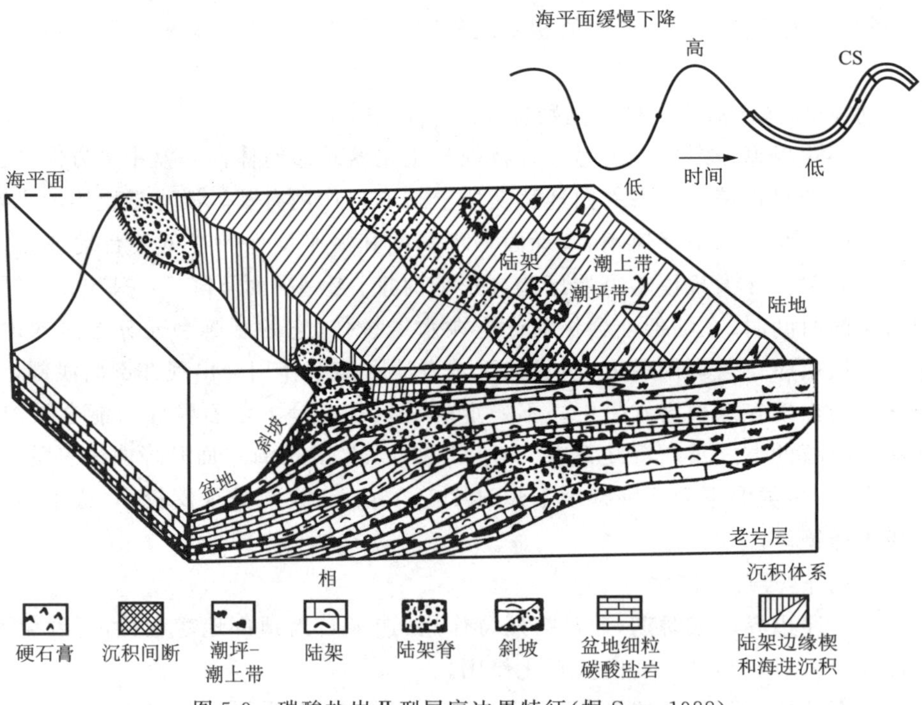

图 5-9　碳酸盐岩Ⅱ型层序边界特征(据 Sarg,1988)

在Ⅱ型层序边界形成期间，当海平面高频下降恰好处于或略低于台地或礁滩边缘处，台地局部出露地表，会发生类似小规模Ⅰ型海平面下降时所产生的淡水成岩作用，包括颗粒溶解，特别是不稳定文石和高镁方解石的溶解，还包括少量渗流和潜水胶结物的沉淀和混合带白云石化作用。在Ⅱ型层序边界形成时，也会发生超盐度白云石化作用。与Ⅰ型层序相反，Ⅱ型层序边界形成时海平面在相对短的时间内就开始上升并淹没台地。Ⅱ型层序底部台地和滩边缘楔形体将会在下伏的台地边缘处或稍低的位置发生沉积并向陆地方向上超（图 5-9）。

Ⅱ型层序边界对应上覆地层上超、沉积相带向陆迁移的区域性界面，该界面可以发生暴露但没有发生明显侵蚀。

Ⅱ型层序边界缺乏明显的台地斜坡的侵蚀作用和明显的沉积相带向盆地中央方向的迁移。在陆架（台地）边缘，Ⅱ型层序边界上覆的地层一般是平坦和加积的，而Ⅰ型层序边界上覆的地层主要是斜向和进积的。

二、盆地边缘碳酸盐岩镶边台地层序地层模型

碳酸盐岩
镶边台地层序
地层模型

起源于被动大陆边缘海相盆地碎屑岩的层序地层学基本原理（Vail，1987）强调构造作用、海平面升降、气候和沉积物供给综合影响层序成因和层序地层构型。尽管碳酸盐沉积环境和台地几何形态也会对碳酸盐岩沉积层序样式产生影响，但碳酸盐岩沉积过程和层序地层构型同样受到构造作用、海平面升降、气候和沉积物供给综合影响。因此，起源于被动大陆边缘海相盆地碎屑岩的层序地层学基本原理适用于碳酸盐岩层序地层学研究。

层序地层学是分析碳酸盐岩沉积充填和发育演化的一种有效理论和方法。现今大多数碳酸盐岩层序地层学的工作都是应用或修订美国 Exxon-Mobil 石油公司（Vail，1987）提出的被动大陆边缘海相盆地硅质碎屑岩层序地层模型来解释碳酸盐岩沉积层序的演化。然而，Exxon-Mobil 石油公司层序地层模型均假定所有盆地沉积物都是通过河流和三角洲等水系将盆外沉积物输入盆地内的，而碳酸盐岩沉积物并不完全是盆外成因的，它主要是由盆内有机和无机沉积过程形成的，因此碳酸盐岩沉积层序不能做出如同碎屑岩层序的假设。另外，碳酸盐岩沉积时的地貌特征也与碎屑岩的地貌特征存在差别。那么，人们就会提出疑问，是否能采用 Exxon-Mobil 石油公司的硅质碎屑岩层序地层模型来解释碳酸盐岩台地层序地层和相对海平面的演变历史。现今人们认为，虽然 Exxon-Mobil 石油公司的硅质碎屑岩层序地层模型的基础能合理地应用于许多碳酸盐岩层序研究，但是由于上述碎屑岩与碳酸盐岩沉积的重要差别，要求人们建立不同的碳酸盐岩层序和体系域模型来说明不同碳酸盐岩沉积背景下的层序地层模型和海平面相对变化对层序叠置样式的控制作用。因而，本书就碳酸盐岩镶边台地（陡崖）、碳酸盐岩缓坡、孤立碳酸盐岩台地等多种沉积环境的层序地层模型进行讨论。

碳酸盐岩台地是一个广义的概念，是指发生碳酸盐沉积的广阔浅水海洋环境（常为暖水环境）。碳酸盐岩镶边台地可以形成于不同方式，可形成于陆架边缘或构造高点的非碳酸盐岩基底之上海侵期间，也可以由缓坡演变而成。台地边缘是指高能浅水沉积变化为斜坡或深水陆架沉积的地方，并具有像陆架边缘坡折一样的地形坡度变化（镶边台地、陡崖边缘，但不包括缓坡）。

以Ⅰ型层序界面为底界的Ⅰ型碳酸盐岩层序由低位、海侵和高位体系域构成（Hunt 提出一个三级层序可由四个体系域组成，参见第四章），而以Ⅱ型层序边界为底界的Ⅱ型

碳酸盐岩层序由陆架边缘、海侵和高位体系域构成。两种类型层序中的海侵和高位体系域具有较好的相似性,而低位体系域与陆架边缘体系域则各具特征。

1. 低位体系域

低位体系域形成阶段,海平面下降并低于镶边台地边缘/陡崖边缘,造成台地及其周围沉积岩性、相和形态的一系列变化。陆源碎屑的输入会造成碎屑岩与斜坡碳酸盐岩交叉沉积,台地顶部出露地表可遭受喀斯特作用和河流下切作用,碎屑沉积物可沉积在盆地中并上超在碳酸盐岩斜坡上,陆源碎屑形成的砂岩位于Ⅰ型层序界面之上,等等。

Ⅰ型层序低位体系域沉积主要由两部分组成,即物源来自前缘斜坡侵蚀的他生碎屑沉积和沉积于海平面低位期斜坡上部的自生碳酸盐岩楔(图 5-10)。

1) 他生碳酸盐岩沉积

他生碳酸盐岩沉积是在海平面迅速下降并低于碳酸盐岩台地边缘/陡崖边缘时,由斜坡前缘侵蚀作用和重力流作用提供的碳酸盐岩碎屑沉积而成的,这与硅质碎屑岩Ⅰ型层序的低位盆底扇成因类似,常呈海底扇和斜坡裙位于台地斜坡和深水盆地中。他生碳酸盐岩沉积呈楔形,但与高位期形成的位于斜坡与斜坡底部的他生碎屑楔不同,后者可逆斜坡地形向上追踪到同时代的地台沉积物,但没有伴生广泛的斜坡侵蚀作用(图 5-10)。

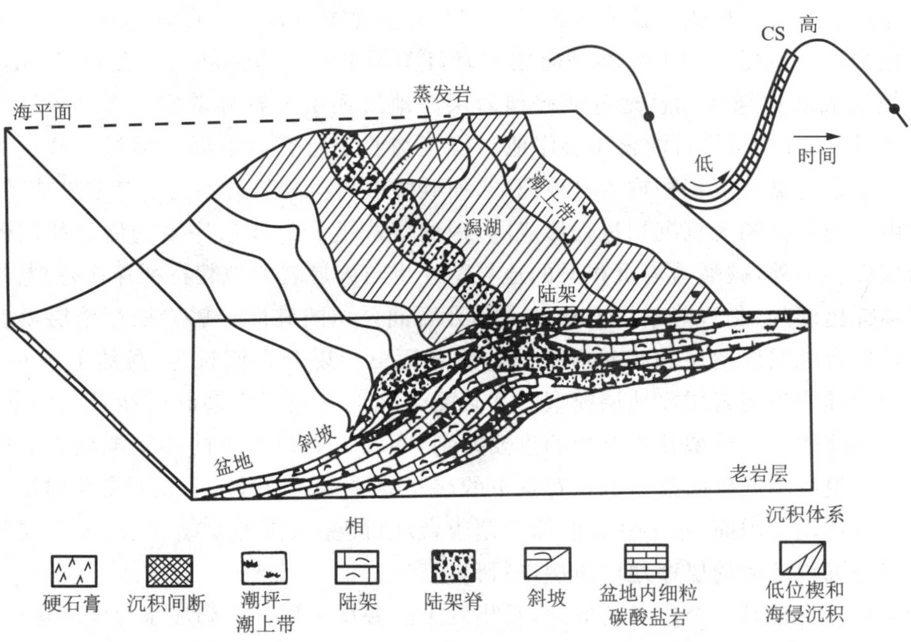

图 5-10　碳酸盐岩镶边台地Ⅰ型层序低位和海侵体系域(据 Sarg,1988)

在海平面相对下降阶段,海平面处于斜坡地带,常以缓坡低角度过渡到深水区,发育较窄的低位体系域及规模较大的重力流成因的低位楔状体,沉积物主要由鲕粒灰岩或生物碎屑灰岩组成。

2）自生碳酸盐岩楔

在低位体系域沉积的中后期，海平面发生相对缓慢的上升，在斜坡上部和外台地形成新的可容空间。随后，低位自生碳酸盐岩楔将跨过斜坡和外台地向陆架方向上超。自生碳酸盐岩楔状体的发育既受盆地水体性质的影响，又受下伏层序前缘斜坡角陡缓的影响。若盆地处于正常水体条件且循环良好，下伏的沉积斜坡平缓，则可形成大面积的、丰富的、向上变浅的浅水碳酸盐岩沉积（礁滩）低位楔。若盆地处于局限环境，下伏沉积斜坡又陡，则会阻止低位楔的发育。在不同地质特征的盆地中，自生碳酸盐岩低位楔的沉积物组成和特征差异很大，它们可以是生物礁、丘、台缘粒屑灰岩和较深水的泥灰岩，也可以是白云岩或蒸发岩（图 5-10）。

在海平面下降、台地出露地表阶段，也会出现一些受气候影响的地质现象。如果气候干旱，台地上方可形成蒸发岩沉积或发生白云石化作用；如果气候潮湿，则形成喀斯特地貌和河流下切。

2. 海侵体系域

海侵体系域是在海平面上升速率加快、海水逐渐变深并淹没台地的情况下形成的。它的顶、底界面分别是首次海泛面和最大海泛面（图 5-10）。

首次海泛面是指首次越过碳酸盐岩台地边缘的海泛面，它是确定海侵体系域的关键标志。该海泛面上下沉积物性质、沉积相类型、沉积作用方式和生物化石组合存在明显的差异。首次海泛面之下多表现为向上水体变浅、沉积物变粗序列；而首次海泛面之上多为水体向上变深、沉积物变细序列。在盆地斜坡和盆地区，首次海泛面之下为低位体系域或陆架边缘体系域；而在台地区，首次海泛面常与层序界面一致。

随着海平面的上升，海水将沿原斜坡面上涨，以至淹没整个陆架，沉积水体向上加深，形成一系列退积式准层序组。这些退积式准层序组向陆架方向加厚，然后由于不断上超而减薄（图 5-10）。海侵体系域沉积可表现为并进型（keep up）和追补型（catch up）两种沉积方式，这主要取决于海平面上升速率、盆地水体性质和沉积物的沉积速率（碳酸盐产率）。并进型碳酸盐岩沉积常出现于正常海水的陆架环境，海平面上升速率相对较慢，足以使碳酸盐产率与可容空间的增加速率保持同步，其沉积以前积式或加积式颗粒碳酸盐岩沉积准层序为特征，并且只含极少的海底胶结物。追补型碳酸盐岩沉积是在海平面上升速率较快、水体性质不适宜碳酸盐岩产生的情况下形成的，此时碳酸盐岩的沉积速率明显低于可容空间的增长速率。追补型碳酸盐岩沉积往往由分布较广的泥晶碳酸盐岩组成，可有较多的海底胶结物。

凝缩层是在海平面上升到最高时期即最大海泛面形成发育时期形成的，此时可容空间相对最大，处于缺氧还原环境，外源沉积物供给速率及内源碳酸盐产率最低，浮游生物或微体生物丰度最高、分异度最大。凝缩层通常由沉积缓慢的薄层泥质微晶灰岩构成，并包含薄层（厘米级）、发育生物扰动构造的泥灰岩到泥粒灰岩层和大量海底石化的硬底。凝缩层又以分布广、富含多种生物组合为特征。比如内蒙古桌子山地区奥陶系典型的凝缩层由黑色笔石页岩和暗色泥岩组成，也可由泥灰岩、灰质页岩夹泥质层的微亮晶灰岩及海底硬底组成。在近岸部位，特别是陆源碎屑沉积与碳酸盐岩混积的环境中，凝缩层可由含生物屑灰岩或生物屑粉砂质灰岩组成。

在海平面上升过程中，海侵体系域发生退积，沉积水体加深，退积式准层序顶部的颗粒灰岩或潮坪沉积减少。最大海泛时期（MFS），泥质、富含化石的开阔海潮下沉积占主导地位。

与碎屑岩相比，海侵期碳酸盐岩具有向上加积沉积特征，特别是在镶边陆架处可见加积和进积沉积特征，进而形成陡崖。

3. 高位体系域

高位体系域位于层序的最上部，呈前积S形到斜交形下超在最大海泛面之上。它以相对较厚的加积至前积几何形态为特征，形成宽阔的台地、缓坡和进积滩及浅海孤立台地上的对应沉积体。通常认为，碳酸盐岩高位体系域是在相对海平面上升晚期、相对海平面静止期和下降早期沉积形成的（图5-11）。

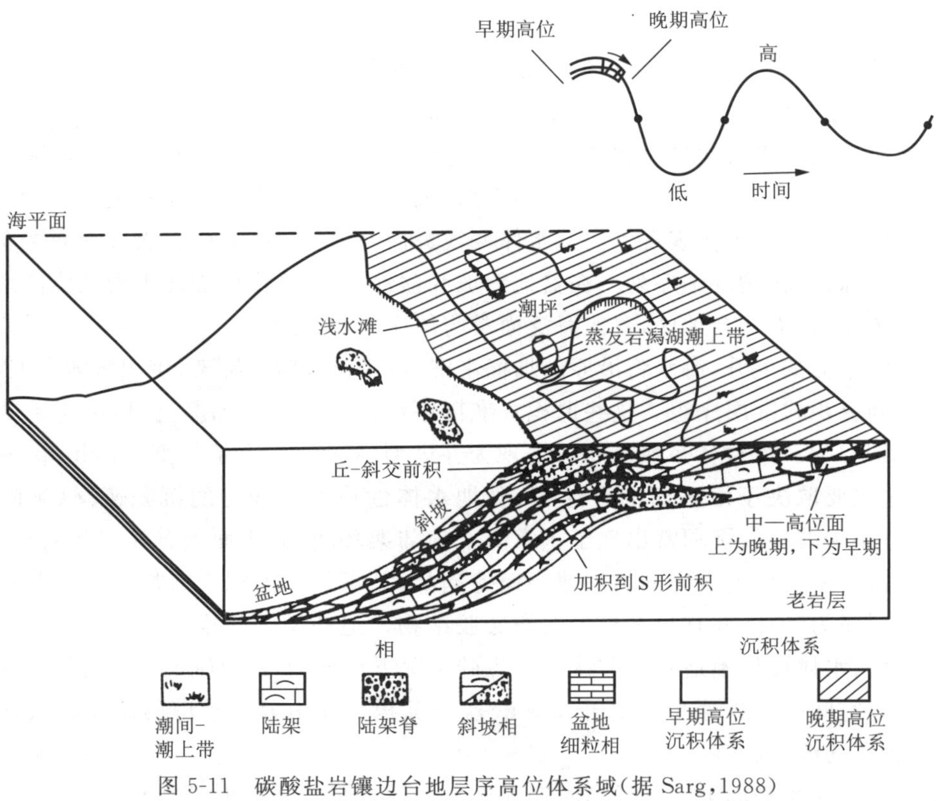

图5-11　碳酸盐岩镶边台地层序高位体系域（据Sarg，1988）

高位体系域的沉积作用可被划分成早、晚两个阶段，这反映了高位早、晚期可容空间及与之相关水体性质、沉积速率的变化。高位体系域沉积早期的可容空间增长相对较快，而碳酸盐产率不高，沉积作用缓慢，陆架上发生追补型加积作用。高位体系域沉积晚期海平面开始下降，陆架地区可容空间增加的速率减小，水体趋于稳定且循环良好，结果碳酸盐产率增加，形成一段向上变浅、向海进积的并进型颗粒灰岩沉积序列和相组合，响应于地震剖面上的滩或台地边缘的加积到斜交前积模式。显然,高位体系域经历了两个不同的沉积历史阶段,即早期追补型沉积和晚期并进型沉积,其特点是台地边缘相的微晶灰岩含量和海底胶结物含量明显不同。追补型碳酸盐岩沉积以富泥、贫粒的准层序为主,在台地边缘沉积中含有大量的早期海底胶结物。并进型碳酸盐岩沉积以富粒、贫泥的准层序为主,在台地边缘沉积中,早期海底胶结物含量较少。这种差异与追补型、并进型的沉积速率不同有关(图 5-11)。

在滩砂镶边碳酸盐岩台地层序高位体系域中,表现出整体变浅的沉积过程。即台地边缘生物碎屑灰岩或鲕粒灰岩向海进积,同时潟湖不断变宽、变浅和更富颗粒。在高位体系域沉积晚期,可容空间增长较少,潟湖达到最宽,导致高能浅滩和砂坪的滨岸带颗粒灰岩快速向台地边缘进积,最终覆盖陆架脊部。如果潟湖足够宽,滨岸带也可被潮坪或萨巴哈主控并向台地边缘进积(图 5-12)。

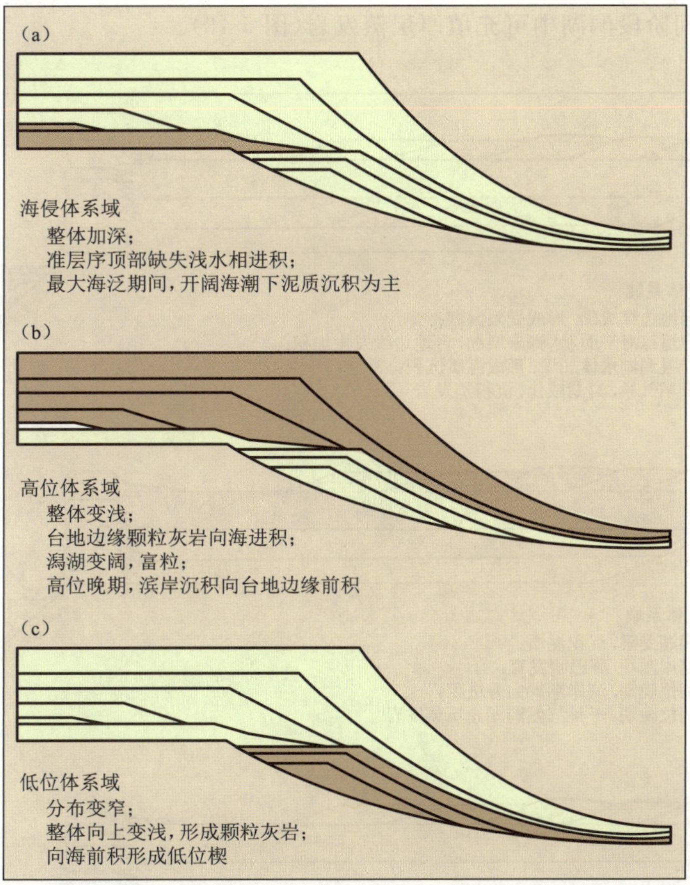

图 5-12　中等斜坡的滩砂镶边碳酸盐岩台地三级层序不同体系域特征(据 Schlager,2005)

台地边缘为陡崖(多由礁生长而成)的碳酸盐岩层序模式中,除发育高位体系域外,也包含低位、海侵体系域(图 5-13)。

在礁镶边碳酸盐岩台地层序高位体系域早期沉积中，台地边缘礁分隔了开阔海与广泛分布的台地潟湖。潟湖主要为加积的泥质沉积并且向上越来越局限。因为潟湖为低能局限环境，利于发育潮坪或萨巴哈。在高位体系域晚期沉积中，可容空间增长较小，潟湖充填物、潮坪或萨巴哈向海进积，台地及其边缘礁生长受限，大量碳酸盐沉积物可以通过浊流搬运离开台地。在干旱气候条件下，潟湖可充填蒸发岩(图 5-13)。

在礁镶边碳酸盐岩台地层序低位体系域沉积时期，海平面下降低于台地陡崖边缘，台地顶部暴露地表发生河流下切和喀斯特作用，硅质碎屑沉积物可沉积在盆地、上超在碳酸盐斜坡上，陡崖边缘失稳可形成斜坡上的碎屑锥，故缺少原地碳酸盐沉积。

在礁镶边碳酸盐岩台地层序海侵体系域沉积时期，海平面上升覆盖了前期台地边缘。礁体能够追踪海平面上升并快速形成新的陆架边缘陡崖式礁体以及受保护的潟湖。在台地边缘，由于礁体邻近海平面，沉积水体没有加深，但台地内部沉积速率较低，沉积水体不断加深，沉积了受限的潮下较深水泥质物质，而几乎不发育潮坪沉积。在干旱气候条件下，最大可容空间阶段潟湖中可充填厚层蒸发岩(图 5-13)。

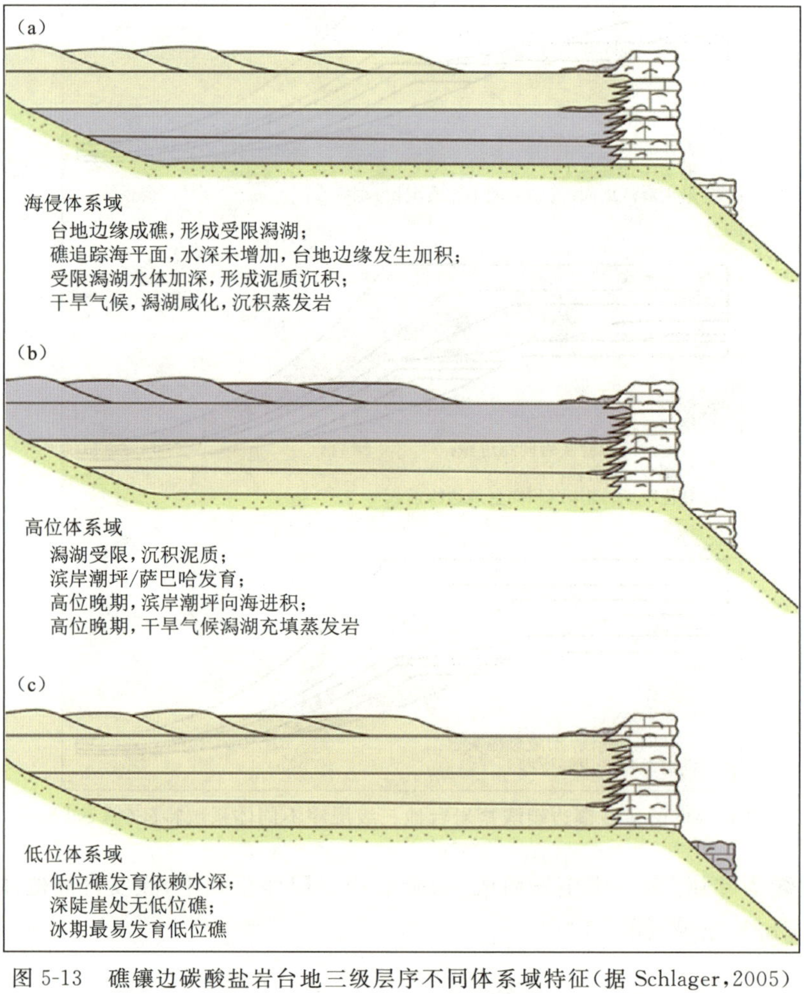

图 5-13　礁镶边碳酸盐岩台地三级层序不同体系域特征(据 Schlager,2005)

现代热带碳酸盐工厂沉积物主要由文石和高镁方解石组成。在准层序顶部由于短暂陆上暴露，上述不稳定矿物发生溶解，形成方解石胶结物并使沉积物快速石化，长期暴露会产生喀斯特作用(潮湿气候)。因为早期石化作用，热带碳酸盐工厂高位体系域沉积保存良好。在高位体系域沉积时期，热带碳酸盐工厂碳酸盐沉积远大于可容空间的增加，造成所有粒级沉积物长距离搬运进入相邻盆地。

4. 陆架边缘体系域

邻近陆地的镶边碳酸盐岩台地可发育Ⅱ型层序边界和陆架边缘体系域。如果碳酸盐岩台地顶部发生差异性沉降，就可能发育陆架边缘(楔)体系域。

陆架边缘体系域是Ⅱ型层序边界之上的一个体系域，它常由一个或多个微弱前积到加积的准层序组组成，朝陆地方向和朝盆地方向均下超到层序边界之上。该体系域形成期间，浮游生物往往形成厚的旋回性沉积，但在海侵体系域沉积期间变成薄层凝缩层沉积。虽然Ⅰ型层序低位进积复合体也是沉积在陆架/台地边缘的，但陆架边缘体系域楔状体一般以厚层加积退覆为特征，层序显示出S形进积几何形状，在陆架上由整合的、向上变浅的准层序组成，到外陆坡上转变为主要由浑圆形骨屑灰岩组成的较厚生物碎屑楔状体。向盆地方向，该楔状体表现为由加积退覆或逐渐过渡到层理发育的灰岩和半深海泥灰岩组成的平坦地层形式。

5. 碳酸盐岩台地形态主控因素和体系域与海平面升降关系

热带碳酸盐岩台地几何形态主要受控于三个地质因素：台地内部生长速率、台地边缘生长速率和可容空间增长速率。

在滩砂镶边台地，可容空间增长速率在海平面升降变化过程中是变化的。在海平面相对上升期间，可容空间增长速率达到最大值并超过台地内部和边缘生长速率，碳酸盐岩相域处于退积状态。当海平面达到高位时可容空间增长速率逐步减慢，碳酸盐岩台地内部和边缘生长速率大于可容空间增长速率，台地发生进积。当海平面下降到低位时，可容空间增长速率成为负数。如果水深处于碳酸盐生产窗(水深小于碳酸钙补偿深度)内，台地边缘生长速率大于可容空间增长速率，发育形成低位前积复合体。

控制礁镶边热带碳酸盐岩台地几何形态最重要的因素是台地边缘礁生长速率。实际上，浅水礁的生长速率可追踪海平面的上升速率。台地边缘礁的快速生长及其习性控制了多旋回的礁体叠置形态。

如果缓坡或滩砂镶边台地具有平缓斜坡，那么礁镶边台地沉积层序海侵、低位和高位体系域几何形态与滩砂镶边台地相同。海侵体系域沉积时期，海平面横交礁陡崖或斜坡，可形成低位楔或低位礁。低位体系域具有退积特点，而高位体系域具有进积特点。如果进积到大于碳酸钙补偿深度时，礁停止进积生长并改变成向上加积生长，形成向海陡倾的陡崖。

碳酸盐岩层序的形成发育与全球海平面相对变化的周期性密切相关。全球海平面升降变化和构造沉降等因素共同控制相对海平面的变化以及可容空间的变化，从而进一步影响体系域的类型和分布(图5-14)。若假定构造沉降速率不随时间变化，那么低位体系域是在全球海平面快速下降、静止和开始上升早期形成的厚层楔状沉积体系；海侵体系域是在海平面快速上升、可容空间快速增大时形成的薄层深水沉积体系；高位体系域是在海平面快速上升末期、静止期和开始下降早期沉积而成的，此时可容空间开始减小，相对海平面处于稳定和下降阶段(图 5-14)。

Mallorca露头区海平面演化历史及碳酸盐沉积地层发育响应特征(据Pomar，1991)

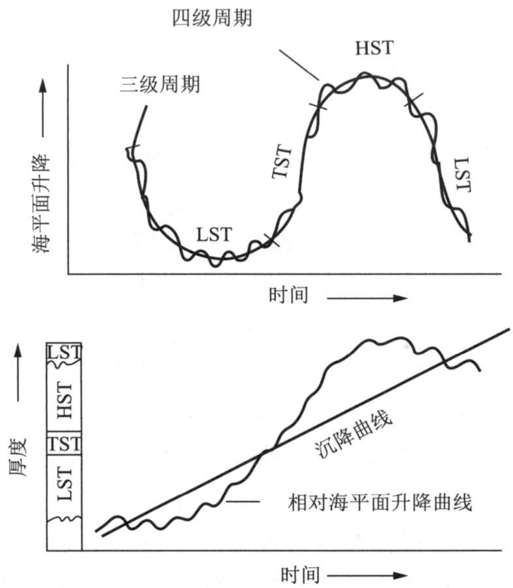

图 5-14　碳酸盐岩层序中体系域类型与海平面变化的关系(据 Hardford 等，1993)

三、盆地边缘碳酸盐岩缓坡层序地层模型

碳酸盐岩缓坡(ramp)是指介于滨线和大陆斜坡之间的平缓斜坡，它没有明显的斜坡坡折或陆架边缘，缓坡的平均坡度小于 0.1°。缓坡的沉积相带与碳酸盐岩斜坡等有较大差异，因而它具有典型的与海平面相对变化的关系和层序地层样式。碳酸盐岩缓坡因为没有陆架边缘坡折带，故不发育陆架边缘体系域。

缓坡的沉积环境划分主要依据正常浪基面和风暴浪基面(图 5-15)。正常浪基面(NWB)与平均海平面(FWWB)之间称为内缓坡，以含叠层石藻和蒸发岩的潮缘及萨巴哈相、受生物扰动的层状灰泥岩潟湖相和具交错层理的滨面相为特征。中缓坡介于正常浪基面与风暴浪基面(SWB)之间，海底受风暴浪影响较大，发育具粒序层理和丘状交错层理的粗碎屑风暴岩。外缓坡介于风暴浪基面与密度跃层(PC)之间，可出现与风暴作用有关的沉积作用，形成分散的、具粒序的远源重力流。缓坡盆地常以纹层状粉屑碳酸盐岩、生物扰动灰质泥岩等沉积为特征。

碳酸盐岩缓坡层序地层模型反映了沉积体系对可容空间变化幅度的响应。缓坡层序的基本单元是由一系列相似的、向上变浅的沉积序列构成的。三级缓坡层序的厚度较小，很少超过 200 m，反映了碳酸盐岩缓坡发育时可容空间是有限的(图 5-16)。

1. 低位体系域

低位体系域的沉积特征主要取决于相对海平面下降的幅度、下降速率、持续时间、可

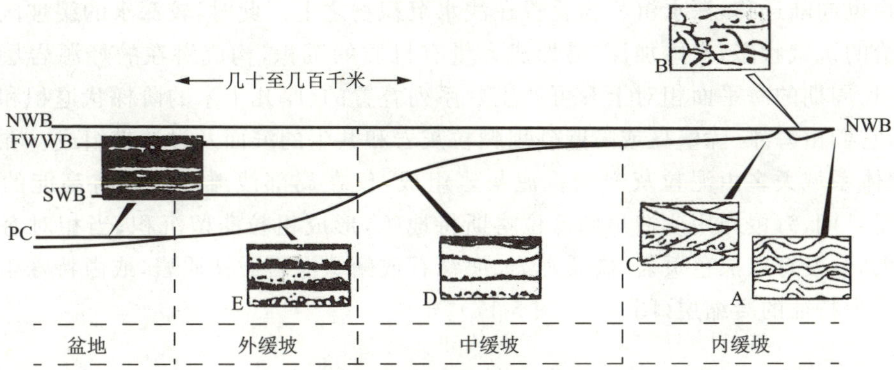

图 5-15　碳酸盐岩缓坡沉积相带(据 Burchette 等,1992)

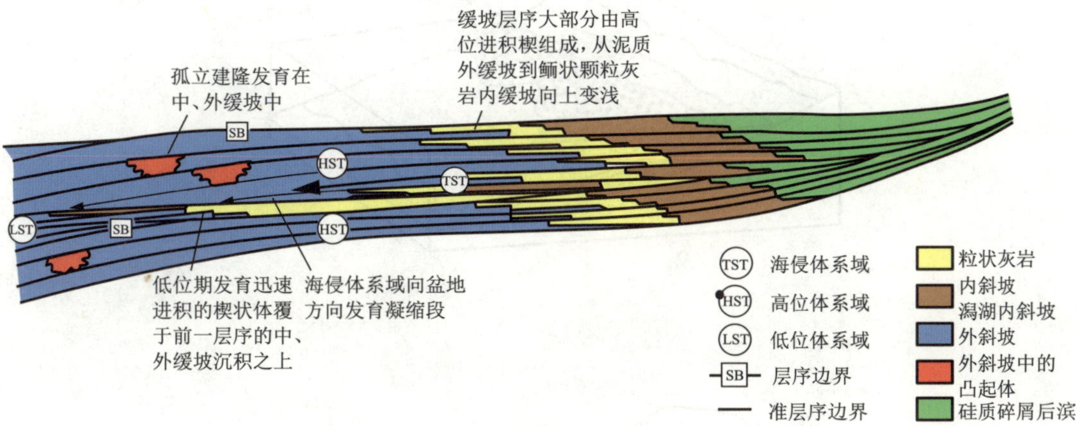

图 5-16　碳酸盐岩缓坡层序地层模型(据 Burchette 等,1992)

容空间的大小以及滨线迁移规模等。若海平面相对下降幅度偏小(4～5 级),碎屑沉积物供给速率较低,则缓坡上部的相带可能会以退覆形式向盆内迁移,内缓坡暴露,中、外缓坡处于浅水环境。此时,难以将这种低位体系域与下伏的高位滨面或浅滩沉积区分开来。若相对海平面下降幅度较大(3 级)并低于前期正常浪基面或缓坡边缘时,中缓坡和外缓坡沉积环境突然变浅以至出露地表,内缓坡完全暴露地表并发生喀斯特化(气候潮湿),河流硅质碎屑沉积物可覆盖或下切下伏的早期高位缓坡沉积物(气候干旱),也可能阻碍中缓坡和外缓坡碳酸盐岩沉积。由于缓坡坡度很缓,所以不发育低位斜坡扇或斜坡裙沉积物。当气候潮湿时,由于化学风化侵蚀作用,暴露地表的内缓坡沉积可发育成为古土壤和具有典型特征的喀斯特;如果有较多碎屑物源供给,可使碳酸盐沉积停止并形成碎屑岩。若气候干燥,在暴露的缓坡地区可形成钙结核或广泛分布的萨巴哈沉积,甚至河流、风成沉积以及碎屑岩与蒸发岩的混积;在碎屑物源供给较少的地方,碳酸盐沉积物向陆架方向退覆(图 5-16、图 5-17)。

2. 海侵体系域

当海平面相对上升发育海侵体系域时,海侵体系域沉积物不断向陆迁移,同时海岸上超沉积物也向陆迁移,深水沉积物叠置在浅水沉积物之上。此时,较深水的缓坡区处于沉积物供给的饥饿状态,水体加深,易形成大量有机质的沉积,构成潜在的烃源岩层。在高能缓坡,长周期的海平面相对上升可产生一系列叠置的、厚几十米的阶梯状退积和上超的准层序,它们由海滩、障壁岛或障壁砂坝颗粒灰岩和共生的滨面及过渡带组成。在低能缓坡,海侵体系域大多由泥粒灰岩和粒泥灰岩组成,仅在局部浅滩环境含有高能的颗粒灰岩。海侵早期,海侵作用改造早期低位喀斯特地貌,形成粗粒滞留沉积;当相对海平面上升到最大时,发育以黑色页岩、磷质泥岩、海绿石或鲕绿泥石质铁质岩,或由特殊生物组成的灰岩等为特征的凝缩层(图 5-16、图 5-17)。

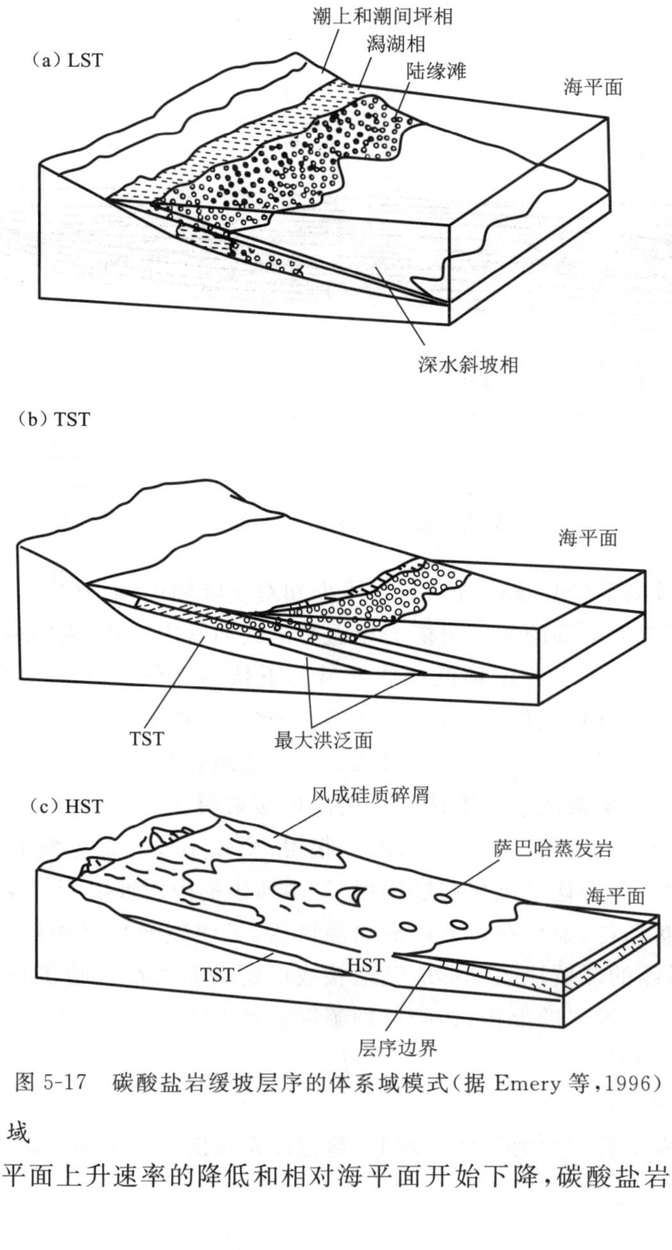

图 5-17 碳酸盐岩缓坡层序的体系域模式(据 Emery 等,1996)

3. 高位体系域

随着相对海平面上升速率的降低和相对海平面开始下降,碳酸盐岩缓坡体系域将趋于向盆内进积。在高位体系域发育早期,可容空间向陆仍有增加,从而发育潮上、潮间和潟湖沉积物并作为顶积层存在。在高位体系域发育晚期,可容空间不断减少,此时几乎不发育顶积层沉积物,而产生较明显的一系列单向前积层。碳酸盐岩加积和进积是碳酸盐沉积物在原地生成、聚集和搬运的结果。碳酸盐岩进积速率取决于沉积水深、水体能量、沉积物产率、沉积过程、地貌和风向等地质因素。高位体系域沉积物比海侵体系域更富含碳酸盐岩颗粒、鲕粒灰岩等浅滩沉积,趋于构成海滩或障壁岛体系的主体部分,局限潟湖比其他时期更发育,构成内缓坡的大部分(图 5-16、图 5-17)。高位体系域的垂向剖面可能表现为一系列叠置的,向上变粗、变浅和变厚的沉积序列。

4. *冷水碳酸盐岩层序地层模型*

高纬度和低纬度海洋均不饱和文石和高镁方解石,低镁方解石是其主要沉积类型。

冷水碳酸盐沉积物可由砾石级到泥级的生物格架物质组成,粒径大小与沉积能量相关。粗粒物质形成于浅水高能环境,细粒物质形成于深水低能环境。

冷水环境不利于浅水格架礁的发育,也不利于形成浅水潟湖。冷水环境中的礁与阳光无关,礁体小,随机出现在沉积松散沉积物的斜坡上。冷水碳酸盐产率与阳光无关,在深水环境可形成冷水碳酸盐岩,形成冷水碳酸盐岩的最大水深大致与远洋生物作用或陆源泥质沉积有关。

冷水碳酸盐沉积背景类似于边缘被深水包围的缓坡,或类似于碎屑岩陆架沉积环境,因此 Vail 的层序地层模型适用于冷水碳酸盐岩沉积。

Schlager(2005)提出了冷水碳酸盐岩层序地层模型(图 5-18),该模型类似于 Vail 的被动大陆边缘碎屑岩层序地层模型,但是在碎屑岩层序地层模型中,陆架上具有典型的点物源供源特征,而冷水碳酸盐陆架(台地)具有分散的海洋碳酸盐沉积物源。

在低位体系域沉积时期,虽然陆架主体暴露,但由于生物碎屑沉积方解石的矿物学特性,胶结作用较弱,此时文石与方解石生物碎屑共存。在陆上环境,由于文石发生溶解和同期方解石沉淀,可发生快速的胶结作用。

在波浪作用带,常见沉积物磨损、侵蚀和潜在的胶结。因为冷水碳酸盐岩沉积水深比热带碳酸盐工厂更深,低位楔可由原地生长格架生物组成,也可由早期沉积旋回的异地产物组成。低位楔向陆架边缘和盆地中央方向均变薄,在风暴浪基面之下,可见苔藓虫灰泥丘。

在海平面相对上升海侵体系域沉积阶段,沉积水体加深,沉积物由颗粒灰岩向泥灰岩转化,海侵体系域沉积物不断变薄并超覆在陆架上。

在高位体系域沉积时期,形成大量由生物格架物质组成的原地沉积物并沉积在整个碳酸盐生产带,滨岸带发生的波浪磨损侵蚀作用为前积沉积体提供了少量异地沉积物。最细的沉积物向盆地搬运形成进积的向上变浅的沉积序列(图 5-18)。

四、碳酸盐岩斜坡/盆地层序地层模型

由于相对海平面变化引起碳酸盐岩斜坡带物理化学条件、深水生物群落以及各种沉

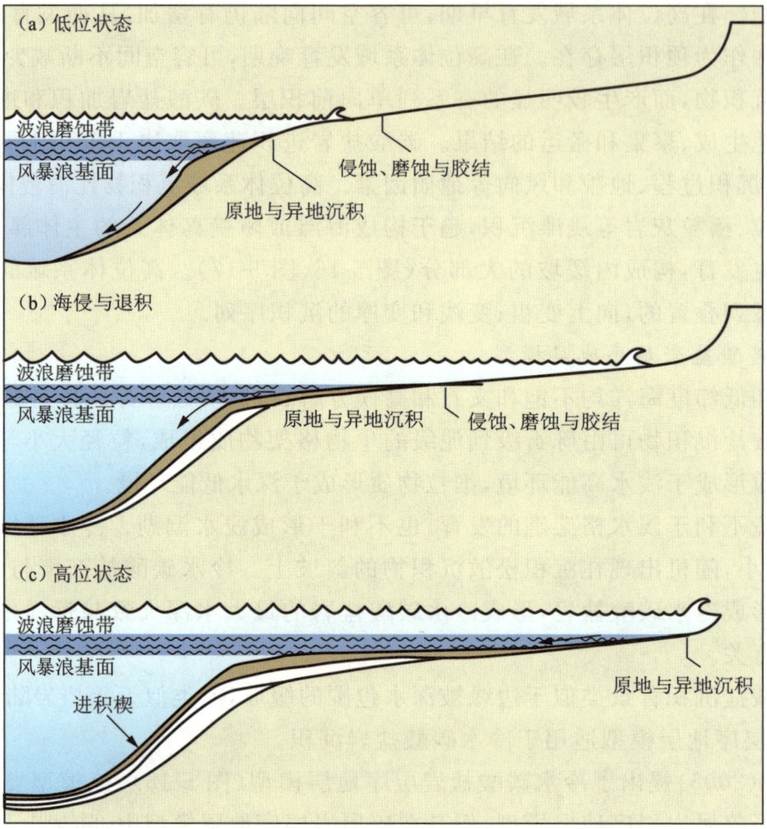

图 5-18　冷水碳酸盐岩层序地层模型(据 Schlager,2005)

积作用的变化,使得碳酸盐岩斜坡/盆地的层序地层分析明显比碎屑岩复杂得多。尽管如此,斜坡/盆地的沉积作用和层序发育也明显受控于相对海平面的变化,形成特有的层序地层模型(图 5-19)。

1. 低位体系域

当海平面下降至低于台地边缘时,台地边缘甚至斜坡中上部暴露地表,物理化学作用的影响加强,从而导致沉积物重力流发育及滑动和崩塌作用的发生,低位早期,形成低位体系域或陆架边缘体系域的碳酸盐岩斜坡裙和海底扇(盆内钙屑与陆源碎屑混合的混屑重力流,少量钙屑浊积岩)(图 5-19)。低位晚期,相对海平面由静止转为上升,台缘物源供给减少,斜坡中上部主要沉积生物泥粒灰岩或颗粒灰岩,斜坡中下部和台盆主要沉积富含浮游生物的厚层泥灰岩和灰泥岩。

低位进积复合体是该时期的另一主要沉积类型,向陆方向上超到以前高位体系域的台地边缘退覆坡折附近,向海则进积到盆地中。斜坡浅水地区以块状颗粒灰岩为主,随着水深增加逐渐变为粒泥灰岩,最终成为泥岩或泥灰岩。低位期的浮游生物往往形成厚的旋回性沉积,并在海侵体系域沉积期间变成薄的凝缩层。低位期碳酸盐岩斜坡裙主要分布于台缘斜坡上部至侵蚀峡谷中,形成镶边台地斜坡裙和斜坡基底裙。

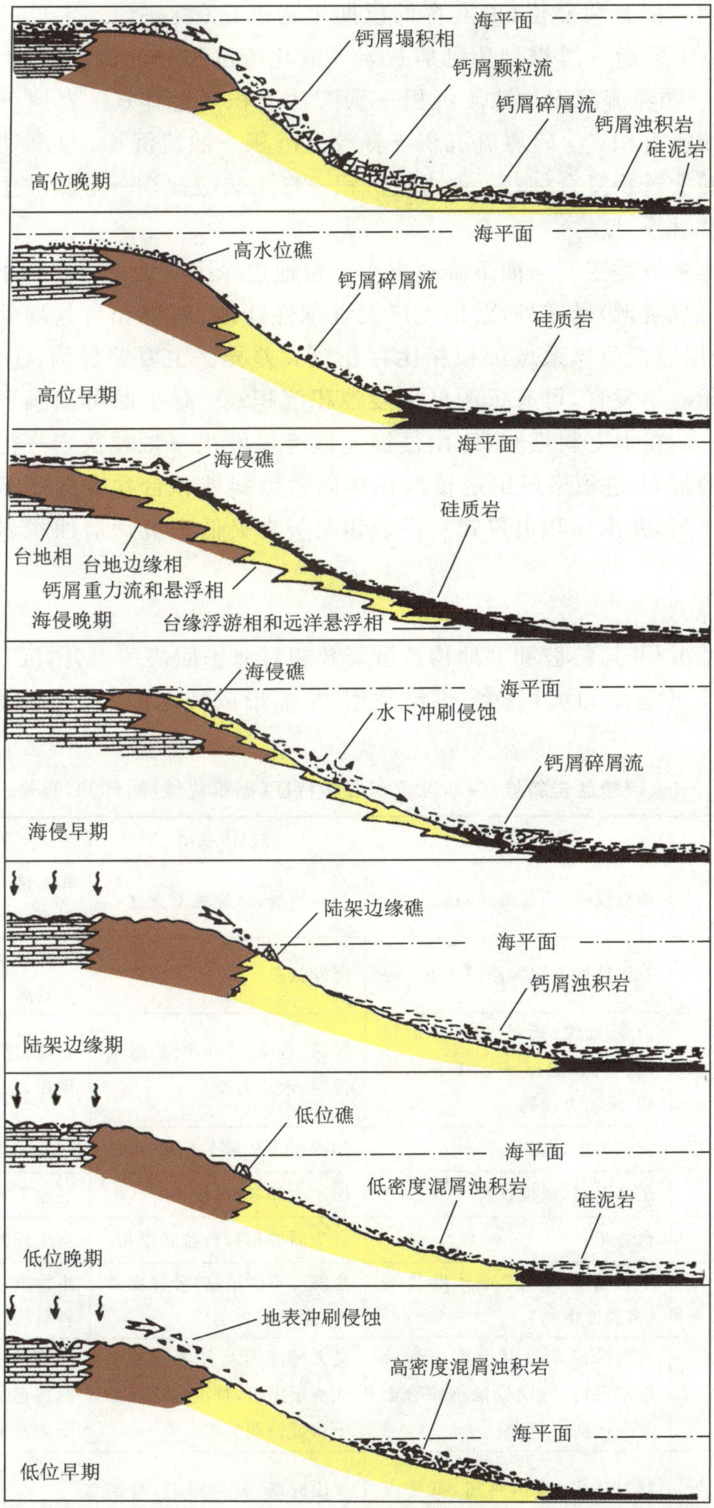

图 5-19　碳酸盐岩斜坡层序地层模型(据覃建雄等,1999,有修改)

在低位晚期局部有利部位，可发育低位期生物礁丘（表 5-1）。常见的低位体系域沉积序列主要有：① 岩崩→滑塌型角砾屑灰岩→液化流沉积→浊流沉积→自生碳酸盐楔；② 碎屑流沉积→颗粒流沉积→浊流沉积→碳酸盐进积复合体；③ 岩崩→角砾屑灰岩→碎屑流沉积→浊流沉积；④ 碎屑流沉积→颗粒流沉积→浊流沉积；⑤ 重力流沉积→自生碳酸盐楔和碳酸盐进积复合体；⑥ 重力流沉积→自生碳酸盐楔→上斜坡生物礁丘。

2. 陆架边缘体系域

陆架边缘体系域是在海平面下降速率小于台地边缘沉降速率时形成的。除继承性台缘、台内沉积高地（礁滩）暴露外，台地上广大继承性洼地、斜坡和台盆均处于海水淹没状态，因而与Ⅰ型层序低位体系域沉积相比存在较大差异。主要差异为：① 陆架边缘体系域重力流沉积相对不发育，可有远源低密度浊积沉积；② 海平面可高频下降到台缘附近但持续时间短；③ 在中上斜坡相带，由侵蚀充填垮塌堆积→颗粒灰岩→生物碎屑灰岩或丘礁灰岩构成的加积-进积型厚层退覆沉积体向盆地斜坡和台盆方向逐渐转变为向上变深变细的沉积序列，并由加积退覆式灰泥岩和泥灰岩夹低密度钙屑浊积岩透镜体构成厚层楔状体。

3. 海侵体系域

海侵体系域沉积时，斜坡和盆地构造沉降及相对海平面快速上升，沉积作用主要取决于相对海平面上升速率和沉积物源供给类型，从而形成特定的海侵体系域内部结构（图 5-19、表 5-1）。

表 5-1　碳酸盐岩斜坡/深水区沉积层序特征（据覃建雄等，1999，有修改）

标　志	低位体系域	海侵体系域	高位体系域
地貌特征	相对较缓，凸起微地貌较发育	相对较缓，微地貌不发育	相对陡，各种凸起微地貌发育
环境特征	上斜坡处于暴露侵蚀状态	淹没状态	上斜坡处于浅水状态，偶尔暴露
水动力特点	台缘、陆缘、远洋供源，地表风化、剥蚀、搬运→水下充填堆积，水动力较弱	深源、台缘、远洋供源，海水侵蚀，水动力强	台缘、远洋供源，重力垮塌堆积，水动力较强
沉积方式与形态特征	进积为主，楔状	加积和退积，零星丘状、舌状	进积为主，裙体和扇状体
产状及规模	层序下部，规模较大	层序中部，规模较小	层序上部，规模最大
沉积类型及组合	台盆相	自生斜坡相和台盆悬浮相	自生丘滩礁组合
生物群丰度及分异度	生物群丰度低，分异度较高（多源型生物）	生物群丰度最高，分异度最高（远洋型为主）	生物群丰度较高，分异度较高（浅海型和远洋型）
顶、底特征	首次海泛面及其上覆退积式准层序组，冲刷侵蚀不整合面及下伏高位期沉积	最大海泛面及其上覆进积式准层序组，首次海泛面及下伏低位期沉积	冲刷侵蚀不整合面及上覆混屑重力流沉积，最大海泛面及下伏海侵期沉积
成分和成因特征	陆源硅屑、盆内钙屑，低密度浊流为主	火山碎屑、盆内钙屑，高密度碎屑流沉积为主	盆内钙屑，岩崩、坍塌、颗粒流、碎屑流、浊流、液化流沉积

续表

标　志	低位体系域	海侵体系域	高位体系域
岩石类型与结构特征	混屑浊积岩为主，总体粒度较细，磨圆度较好，分选性较差	火山碎屑浊积岩、高密度碎屑流沉积，碎屑为主，分选性较好，磨圆度较差	岩崩巨角砾岩、滑塌角砾岩、碎屑流角砾屑灰岩、滑褶岩、岩崩碎屑堆、高密度钙屑浊积岩、颗粒流沉积、液化沉积物流沉积；颗粒大小不等，方向不定，混杂排列，粗细混杂，粒度较粗，磨圆度、分选性差
成岩特征	填隙物和碎屑组分中发育暴露成因和淡水成岩相	海水成岩相	淡水成岩相和海水成岩相
相序特征与共生礁	向上变浅→向上略变深，低位礁	向上变深，海侵礁	向上变浅，高位礁
化石特征	异地化石埋藏相为主	原地化石埋藏相为主	原地化石埋藏相和异地化石埋藏相
共生的火山碎屑浊积岩特征	含量少，以火山碎屑灰流-悬浮型为主	含量丰富，崩屑流-浊流型、火山碎屑浊流和钙屑浊流叠复型、热云尘屑-悬浮沉积型	含量较少，以热云尘屑-悬浮沉积相为主
沉积环境和沉积成因	盆缘，地表侵蚀—重力垮塌搬运再堆积	中下斜坡，水下侵蚀—垮塌改造再沉积	上斜坡—中下斜坡—盆缘，重力垮塌堆积
储集意义	孔隙度较高，储集意义较大	孔隙度较高，储集意义较大	孔隙度高，储集意义重大

当相对海平面上升速率大于碳酸盐产率时，海侵碳酸盐岩沉积退覆在早期暴露的低位台地之上。海侵早期，相对海平面上升速率较快并大于碳酸盐产率，追补型碳酸盐岩台地沉积向陆上超，在中上斜坡形成下部海侵体系域（放射虫灰泥岩、硅灰岩和薄层泥灰岩），在斜坡下部和台盆区，发育浮游相硅灰岩、硅泥岩夹钙屑碎屑流沉积。海侵晚期，若相对海平面上升速率较快、海侵时间延续较长，碳酸盐产率明显降低，则斜坡/盆地进入深水环境，发育厚层加积的远洋浮游相以及硅质岩，台地边缘海侵礁可形成陡的台缘斜坡，进而导致海侵期钙屑重力流。当相对海平面上升速率接近最大时，斜坡/盆地沉积水深大于碳酸钙补偿深度，形成由放射虫岩、深水硅岩组成的分布广、厚度薄的凝缩层（图 5-19）。

4. 高位体系域

碳酸盐岩斜坡/盆地高位体系域沉积受控于构造沉降、相对海平面变化、碳酸盐自身沉积作用以及台缘重力流、半远洋悬浮沉积等因素。

当相对海平面上升速率降低并低于碳酸盐产率时，发育进积到下伏海侵体系域之上的 S 形或斜交形高位体系域斜坡沉积，它以富粒、贫泥的岩相为特征。高位体系域沉积期的斜坡加积和进积作用使斜坡坡度变陡，促进了钙屑重力流沉积物的发育。

高位体系域沉积早期，相对海平面上升速率减低，台地边缘礁滩生长较快，造成斜坡地形变陡，斜坡/盆地主体处于深水状态，发育深水浮游相沉积夹小规模钙屑浊积岩透镜体。高位体系域沉积晚期，相对海平面开始下降，生物繁盛，碳酸盐产率增加，台缘增生变陡，斜坡不够稳定，容易在斜坡和盆地沉积互层的深水浮游相与较大规模多类型钙屑重力流。

5. 层序地层模型

碳酸盐岩斜坡/盆地沉积层序的发育受控于相对海平面变化和盆地基底地形等多种地质因素，其中相对海平面变化直接影响碳酸盐岩斜坡/盆地层序的组合特征、几何形态、充填序列和内部构型。在海平面升降旋回的不同时期，由于沉积环境的变化，层序内部体系域构型发生有规律的改变(图 5-19)。低位体系域沉积早期，海平面快速下降至台缘以下位置，斜坡中上部和台地暴露地表，仅斜坡下部和台盆深水区位于水下，此时斜坡失去稳定导致斜坡带滑动滑塌，发育由不同粒级钙屑和陆源碎屑构成的、不同厚度的混积浊积岩。低位体系域沉积晚期，相对海平面开始缓慢上升，台缘物源逐渐减少，斜坡相对浅水区以生物泥粒灰岩或颗粒灰岩为主，向台盆方向逐渐相变为薄层泥灰岩、灰泥岩。若相对海平面下降至台缘附近并随后发生缓慢上升，此时台地暴露时间短，侵蚀量少，陆源碎屑供给较少，形成原地厚层浮游相灰岩加积退覆体夹透镜状钙屑浊积岩，有时发育陆架边缘礁。海侵体系域发育早期，海平面相对快速上升，沉积作用主要取决于海平面上升速率、远洋悬浮沉积和台地边缘物源供给，整体沉积物供给受到抑制，发育浮游相硅灰岩、放射虫灰泥岩夹不同类型的浊积岩。在海侵体系域发育晚期，相对海平面继续上升，台地碳酸盐产率不断降低，斜坡和台盆区发育深水浮游相硅灰岩、硅泥岩、放射虫岩以及钙屑浊积岩。高位体系域沉积早期，相对海平面缓慢上升，台地和台缘碳酸盐产率接近海平面上升速率，大量来自台地的细粒沉积物被风暴或洋流搬运到台地外，以悬浮状态缓慢沉积在斜坡/盆地，但斜坡/盆地主体仍处于较深水环境，仍以浮游相沉积及斜坡失稳岩石垮塌形成的高位钙屑浊积岩沉积为特征。高位体系域沉积晚期，相对海平面处于静止和下降状态，碳酸盐产率明显加大，台缘相带不断向外增生加积、加厚、加宽，逐渐变陡的台缘礁滩组合成为斜坡/盆地的主要沉积物来源，进而导致斜坡/盆地的加积和进积作用，以富粒、贫泥的重力流沉积及垮塌沉积为特征(图 5-19)。

五、孤立碳酸盐岩台地层序地层模型

孤立碳酸盐岩台地是远离区域性盆地边缘的浅海沉积地区，其平面形态多为不规则圆形；剖面形态可是对称的，也可是不对称的；可是镶边的，也可是不镶边的；可是孤立单体，也可是多个单体的组合。孤立台地宽度为几至几百千米，台地边缘主要由礁、颗粒滩组成，或二者混合组成。孤立台地发育的主要控制因素包括海平面升降、构造背景、台地规模、波浪和潮汐作用、碳酸盐产率和风向等地质因素。在孤立碳酸盐岩台地沉积区，由于无陆源碎屑供给，所以它的层序地层模型主要受控于相对海平面升降速率、碳酸盐和生物生长速率、气候的变化以及生态序列、孤立台地的基底地形等因素。

1. 低位体系域

当相对海平面快速下降并低于孤立碳酸盐岩台地边缘时，孤立碳酸盐岩台地出露地表，遭受风化剥蚀，碳酸盐岩沉积基本停止。若气候比较潮湿，由雨水、空气和土壤中CO_2形成的化学活性水体会在孤立碳酸盐岩台地顶部发生大面积的喀斯特化作用，形成层序边界（古岩溶、钙红土等）。喀斯特的形成及其地貌多样性随降水减少而减少，也受到原岩性质和断裂作用的影响。若气候比较干旱，则在孤立碳酸盐岩台地顶部可形成钙结层、沉积蒸发岩或发生混合水白云石化作用，因表流流经距离短而不发育下切谷。在相对海平面下降期间，孤立台地的礁丘滩相向盆地中央方向发生迁移。台地边缘礁丘滩相的发育程度主要取决于台地边缘的地形坡度。若孤立台地边缘地形坡度较平缓，则礁丘滩相比较发育；反之，礁丘滩相分布范围就窄，发育较差。特别是在较陡的孤立台地边缘，由于快速的海平面下降，台地边缘沉积物处于不稳定状态，并呈碎屑流形式向盆地方向运动，形成台地边缘低位盆底扇和低位楔状体（图 5-20）。因此，孤立台地低位体系域以广泛出露地表的喀斯特地貌、台地边缘低位前积礁丘滩和低位楔、盆底扇为特征。

2. 海侵体系域

海侵体系域是在海平面迅速上升、孤立碳酸盐岩台地被动荡海水淹没时形成的（图 5-20）。在大多数情况下，海侵体系域的发育经历三个阶段：起始阶段，此时碳酸盐可容空间增长速率滞后于海平面上升速率；追补阶段，此时可容空间增长速率大于海平面上升速率；并进阶段，此时可容空间增长速率基本与海平面上升速率相当，孤立台地处于或接近海平面。在起始阶段，碳酸盐产率低于初始海侵速率，沉积作用难以追踪海平面的上升，海水淹没台地顶部，冲刷形成喀斯特地层或钙结层的滞留粗粒沉积。在追补阶段，一旦水深足以保证水体循环，沉积作用发生并追踪海平面的上升，形成细粒加积型沉积序列。在并进阶段，沉积作用速率较快，在台地边缘发育加积型礁丘滩，这些礁滩体一般分布范围较窄，礁体近于直立，造礁生物群落属于中等水深型，在台地内部可分布少量的补丁礁。在最大海侵期，礁丘滩可以停止生长，发育分布较广、厚度较薄、沉积速率较慢的含有海绿石、磷灰石、丰富的浮游和游泳生物的凝缩层。

3. 高位体系域

高位体系域是在海平面上升末期、静止期和开始下降期形成的。由于海侵期间孤立台地边缘碳酸盐增生形成障壁礁滩，导致高位期间台地内部海水循环不畅，利于台地蒸发岩的形成和保存。足够的干旱气候条件可以造成台地上方水体与开阔海隔绝，海水蒸发形成快速沉积的蒸发岩（0.1～1 cm/a）。

高位体系域沉积时期，浅海碳酸盐沉积速率一般大于盆地沉降和海平面上升速率，从而发生台地碳酸盐岩的加积和进积作用，造成台地沉积水体不断变浅。碳酸盐岩台地的进积速率主要依赖于水体能量、水深、沉积过程及沉积速率。例如，大巴哈马滩西部边缘在距今 5.6 Ma 以来向深水区进积了 400 m。在更新世海侵以来，巴哈马台地顶部西南侧的安德鲁斯岛潮坪沉积速率为 5～20 m/a。孤立台地边缘沉积物的沉积速率往往大于周缘环境的沉积速率，可容空间迅速地被早期加积和后期进积作用沉积物所充填，这可造成沉积物向盆地中央方向的进积、进一步滑塌形成重力流成因的扇体。在孤立台地的周缘、迎风侧多发育加积型到进积型礁，而在背风侧多发育粒屑滩，台地内部多为潟湖沉积，有时发育少量的补丁礁（图 5-20）。

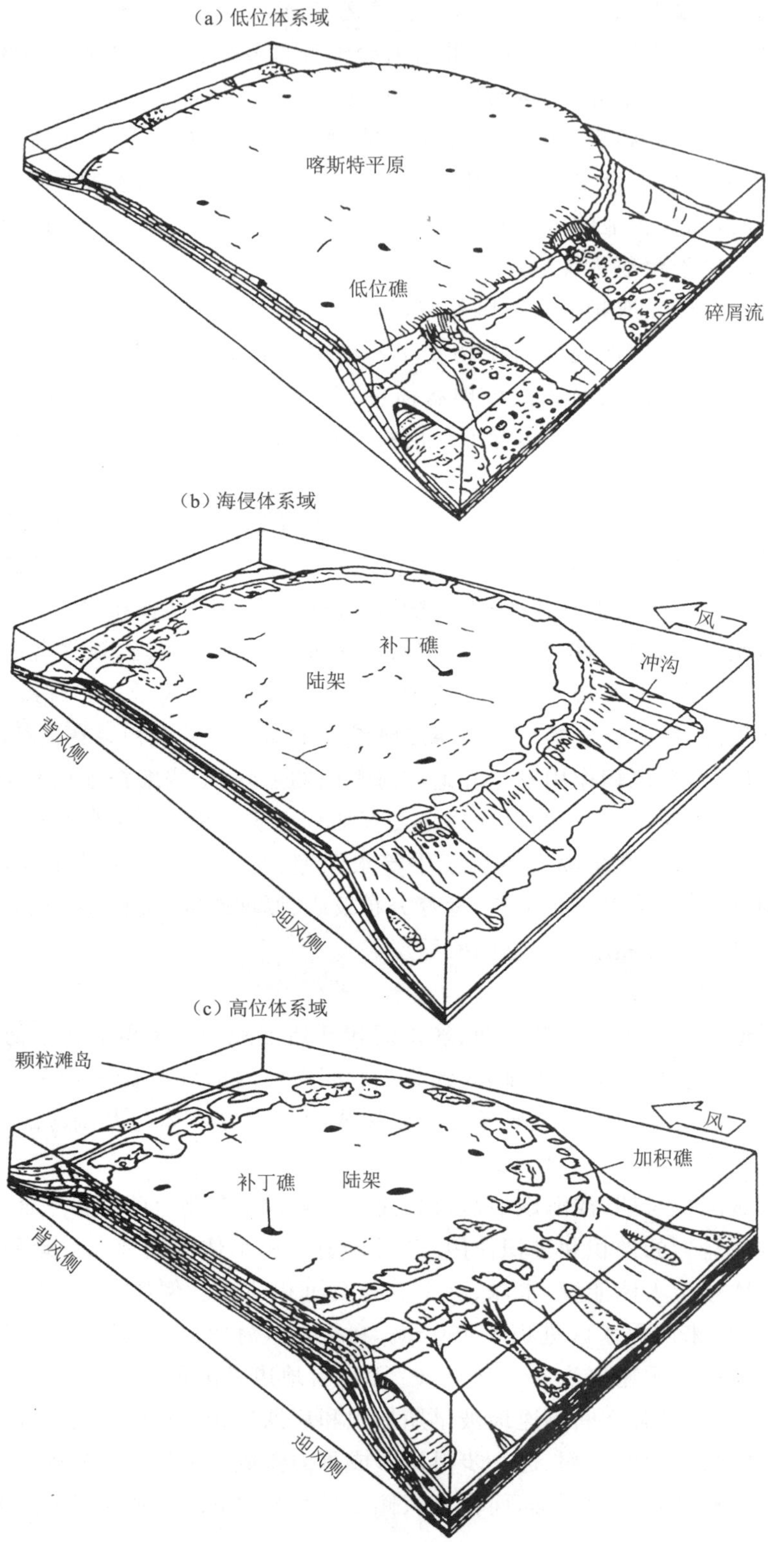

图 5-20　孤立碳酸盐岩台地层序地层模型(据 Handford 等,1993)

六、碳酸盐岩与碎屑岩混合沉积层序地层模型

1. 碳酸盐岩与碎屑岩混合沉积定义

在沉积学研究的传统理论中，碳酸盐岩与碎屑岩具有截然不同的沉积环境：碳酸盐岩主要是化学或生物化学的产物，通常沉积在温暖清澈、不受陆源碎屑影响的水体中，其沉积环境俗称“清水”，而碎屑岩的沉积环境通常被称为“浑水”，二者此消彼长，故以往常常将碎屑岩沉积体系与碳酸盐岩沉积体系分开研究。但随着研究的深入，人们逐渐发现除了纯的碳酸盐岩和碎屑岩以外，二者的混合沉积现象非常普遍，从古代沉积到现代沉积、从陆相湖盆到海相盆地都有发现。

Mount(1984)首次在浅海陆架研究中正式提出了硅质碎屑-碳酸盐混合沉积物的概念，将其定义为“硅质碎屑与碳酸盐在结构上的相互掺杂，或者成分上纯的硅质碎屑岩与碳酸盐岩旋回性互层及侧向彼此交叉”，并提出了间断混合、相混合、原地混合和蚀源型混合四种混积类型。21 世纪以来，在越来越多的地区发现了混合沉积类型。混合沉积最常出现在海陆过渡带-浅海和陆相半咸水/咸水湖盆中，此外斜坡-深海平原亦能发育重力流混合沉积。在海相盆地，不同级次的海平面变化通常是控制混合沉积的最主要因素，而陆相湖盆的混合沉积更多受气候控制。比如，滨岸、潮坪、潟湖以及浅海陆架是最常出现混合沉积的相带。这些相带具备生产碳酸盐组分的水体条件，同时拥有充足的陆源碎屑供给，海平面变化可能导致相边缘混合或原地混合沉积的发生。此外，上述滨浅海环境常受风暴作用影响，间断混合也较为常见。

混合沉积层序地层模型同样受控于海平面升降、物源供给、构造、气候等地质因素。比如，区域性的海平面变化(以及部分全球海平面变化)控制混积层序格架，陆源碎屑注入变化控制每个沉积序列中的沉积样式。在混积层序中，碳酸盐岩多沉积在干旱气候条件下，碎屑岩多沉积在潮湿气候条件下。在碳酸盐岩台地形成过程中，若向陆一侧有陆源碎屑物源供给，那么就可以形成碳酸盐岩与碎屑岩的混合沉积。

碳酸盐岩与碎屑岩混合沉积主要出现在层序的高位体系域。

2. 碳酸盐岩与碎屑岩混合沉积层序地层模型及体系域组成

多数碎屑岩-碳酸盐岩的垂向变化常常是高频海平面变化的结果。这被人们称为互动沉积(reciprocal sedimentation)，即碳酸盐岩形成于海侵和高位体系域(TST 和 HST)，碎屑岩形成于下降和低位体系域(FSST 和 LST)。当然，没有海平面变化而由气候驱动的沉积物供给变化也会形成上述互动沉积。这表明自旋回过程，如三角洲迁移亦会在低速陆源碎屑供给和海侵过程中造成碎屑岩向碳酸盐岩的转化。

碳酸盐岩-碎屑岩混合沉积 Sedpak 三维模拟

一个典型的混积层序由下部碳酸盐岩(TST 和 HST)和上部碎屑岩(FSST 和 LST)组成(图 5-21a,b)。多个实例说明碳酸盐岩层可以由碳酸盐岩台地/缓坡沉积相组成，主要形成于陆源碎屑供给减少的海侵和高位时期；碎屑岩层由滨岸或三角洲楔构成。然而，也有一些实例说明 TST 可由碎屑岩和凝缩介壳层或钙质有机沉积组成，HST 由碳酸盐岩组成，FSST 和 LST 沉积仍为碎屑岩(Zecchin 等,2017)。

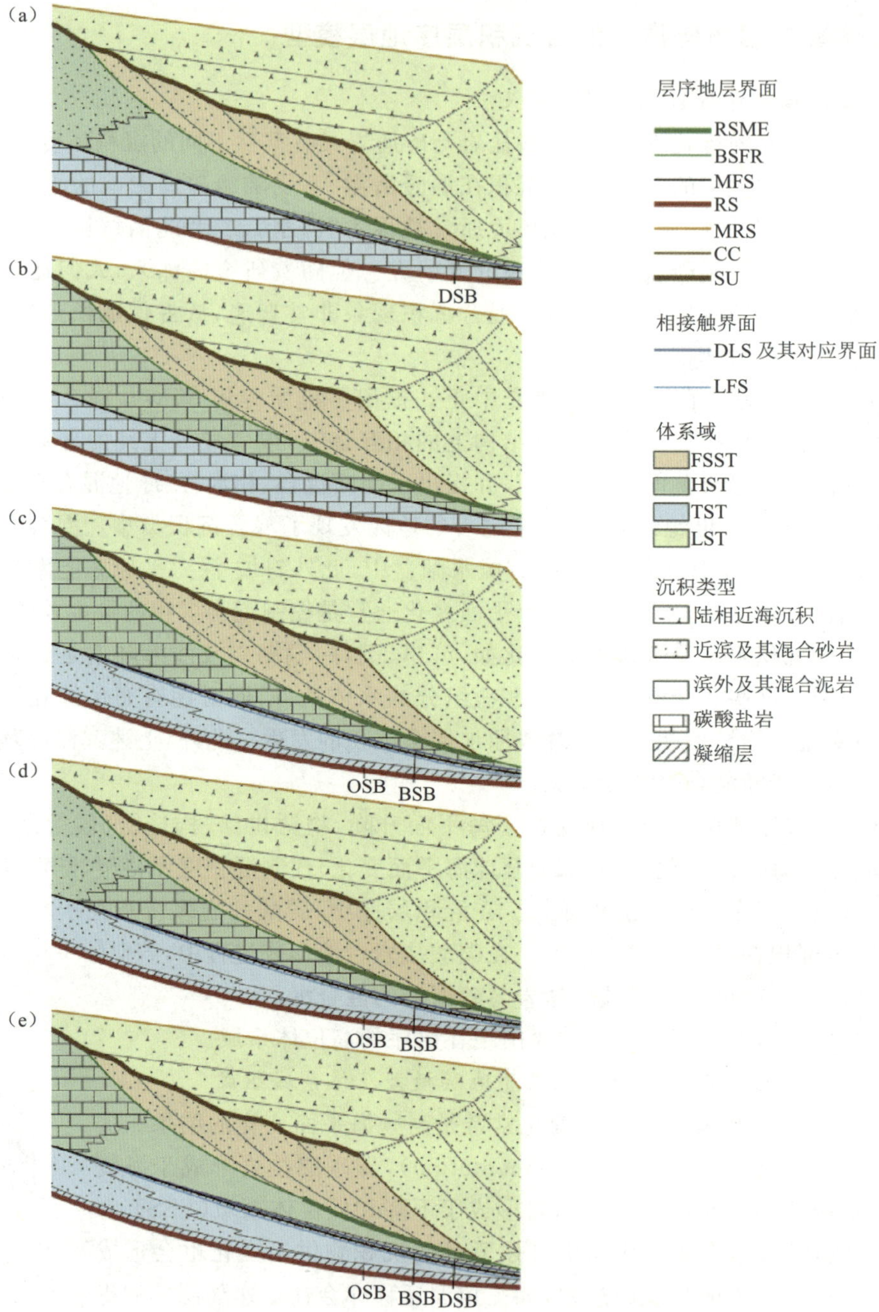

图 5-21　碎屑岩与碳酸盐岩混积层序界面和体系域样式(据 Zecchin 等,2017)

(a)(b)(c)表示碳酸盐岩 TST 和 HST;(d)(e)表示碎屑岩与碳酸盐岩混积的 HST

BSB—退覆介壳层;BSFR—强制海退底面;CC—可对比的整合面;DLS—下超界面;DSB—下超介壳层;FSST—下降体系域;HST—高位体系域;LST—低位体系域;TST—海侵体系域;LFS—局部海泛面;MFS—最大海泛面;MRS—最大海退面;OSB—上超介壳层;RS—再作用面;RSME—海洋侵蚀的海退面;SU—陆上不整合面

混积层序近陆一侧往往由碎屑岩组成,远陆一侧多由碳酸盐岩组成(图 5-21d)。在沉积走向方向,也可由三角洲的迁移造成沉积类型发生变化。

一个碳酸盐岩与碎屑岩混合沉积的层序可以包含海侵体系域(TST)、高位体系域(HST)、下降体系域(FSST)和低位体系域(LST)(图 5-21,参见第四章 Hunt 四分体系域模型)。

海侵体系域(TST)顶界面为最大海泛面(MFS),底界面为最大海退面/退积面(MRS)或再作用面。大多数碳酸盐岩 TST 由厚层碳酸盐泥、颗粒碳酸盐岩和生物礁组成的多种碳酸盐岩台地/缓坡沉积组成。混积的碎屑岩-碳酸盐岩 TST 通常由分散在碎屑砂泥中的大量软体动物碎屑以及其他碳酸盐组分组成,顶界面附近可出现介壳凝缩层。可见,TST 沉积组成可以变化很大。

高位体系域(HST)沉积在最大海泛面之上,顶界为陆上不整合面,后期在海侵阶段可遭受海洋侵蚀。HST 可是混积的或以碳酸盐岩沉积为主,最下部可富含碳酸盐介壳,向上形成进积楔状体或礁体。在 HST 沉积时期,碎屑物质沉积在滨线(内陆架)和台地内部,碳酸盐岩沉积在台地边缘或陆架边缘和盆地中央。

在碎屑岩与碳酸盐岩混积的沉积层序中,下降体系域(FSST)和低位体系域(LST)通常是由碎屑岩组成的,其内部结构和边界特征完全相同于碎屑岩体系域特征(参见第四章)。碳酸盐岩 FSST 也可由干旱冰期形成的厚层颗粒碳酸盐岩组成,LST 楔状体亦可由碳酸盐岩组成,尽管该期碳酸盐产率低于 HST(图 5-21)。在 LST 沉积时期,台地暴露地表,碳酸盐岩停止沉积,碎屑物质被搬运至台地边缘、过路并通过浊流进入斜坡和盆地中央形成 LST 盆底扇和斜坡扇。

Deaf(2021)以埃及 Matruh 盆地早白垩世(距今 132.4～120.8 Ma)为例,开展了碎屑岩-碳酸盐岩混积层序地层学研究。

沉积层序主要受控于海平面变化、气候和构造等地质因素造成的异成因作用和自成因作用(如三角洲迁移)。理解上述控制因素会更利于了解沉积层序的发育特征。

低位体系域(LST):该体系域沉积主要受区域气候变化和海平面变化等异成因作用控制,以三角洲顶积层和前积层碎屑退积沉积为特征,岩性组成主要受控于气候变化。潮湿气候利于形成局部含有煤层的碎屑沉积,干旱气候利于碳酸盐岩沉积。

海侵体系域(TST):该体系域沉积由前三角洲至陆架泥质砂岩、粉砂岩和白云岩组成,向上随着气候由潮湿向干旱转变,沉积物由碎屑岩向碳酸盐岩转变。海平面逐步上升和低速碳酸盐岩沉积可形成厚层 TST。TST 后期最大海泛造成泥质沉积物中有海绿石广泛分布。

高位体系域(HST):区域气候相对温暖干旱,利于碳酸盐岩沉积。HST 早期气候相对潮湿,可沉积厚层海相页岩;HST 晚期气候相对干旱,可沉积厚层碳酸盐岩。

下降体系域(FSST):该体系域对应主要海退阶段的沉积组合,主要由三角洲泥质砂岩和砂岩组成,沉积类型受控于潮湿气候和海平面下降以及区域构造隆升。

鄂尔多斯盆地二叠系本溪组沉积层序充填在陆表海沉积环境,地形坡度平缓,不发育明显的滨岸坡折带。鄂尔多斯盆地在本溪期经历了三次自东向西的海侵,陆表海海床坡度极缓,海侵具有突发性及短时间可波及数千千米的特征。层序地层模型由海侵体系域和高位体系域组成,由于海水频繁进退,呈现出大范围潟湖、潮坪环境。沉积相序具有明显的不连续性，海相灰岩可以大面积直接覆盖于浅水或暴露沉积物上，多期次海侵造成海平面升降频繁，垂向上形成碳酸盐岩和碎屑岩垂向叠加序列。

鄂尔多斯盆地本溪组高位体系域由潮坪沉积的砂泥岩组成，准层序组呈现出加积特征，而进积作用不明显，体现出缓慢海侵、局部水退的特点。

海侵体系域有四种岩性序列：① 由中粗粒厚层潮道砂岩组成，向上变为互层砂泥岩和泥岩，组成一个或多个向上变细的退积型准层序，代表碎屑潮坪沉积；② 由潮坪相细砂—粉砂岩向上变为泥岩和灰岩，组成退积式准层序，代表混积的潮坪沉积；③ 由灰岩向上变为潮坪相细砂—粉砂岩，再相变为泥岩和灰岩，代表混积潟湖和混积潮坪过渡区沉积；④ 包含多套互层叠置的灰岩与泥岩，灰岩代表多次的海侵，泥岩为潟湖沉积，总体呈现出退积式准层序叠置样式，代表混积潟湖沉积。

在海侵体系域沉积早期，海平面快速上升，陆源碎屑沉积速率逐步小于可容空间增长速率，可容空间增大，小范围内呈现出混合沉积特点。在潮坪区主要岩性组合为砂泥岩和灰岩的叠置，在潟湖区主要为泥岩夹灰岩。在海侵体系域沉积中晚期，随着海平面的升高，可容空间增长速率明显高于陆源碎屑沉积速率，陆源碎屑沉积受到限制，此时混合沉积范围明显扩大，主要岩性组合为潟湖沉积泥岩和灰岩的交互叠置。

鄂尔多斯盆地本溪组是以陆源碎屑岩沉积为主的混积层系，混积层系主要发育在 SQ2 海侵体系域。不同沉积区域自下而上混合沉积的岩性、岩相组合有差异。混积潮坪区表现为潮道砂岩上覆叠置潮间带砂泥岩再到灰岩；混积潟湖区灰岩上覆叠置潟湖泥岩；混积潮坪和混积潟湖过渡区由灰岩叠置潮下带砂岩和潮间带砂泥岩组成(图 5-22)。

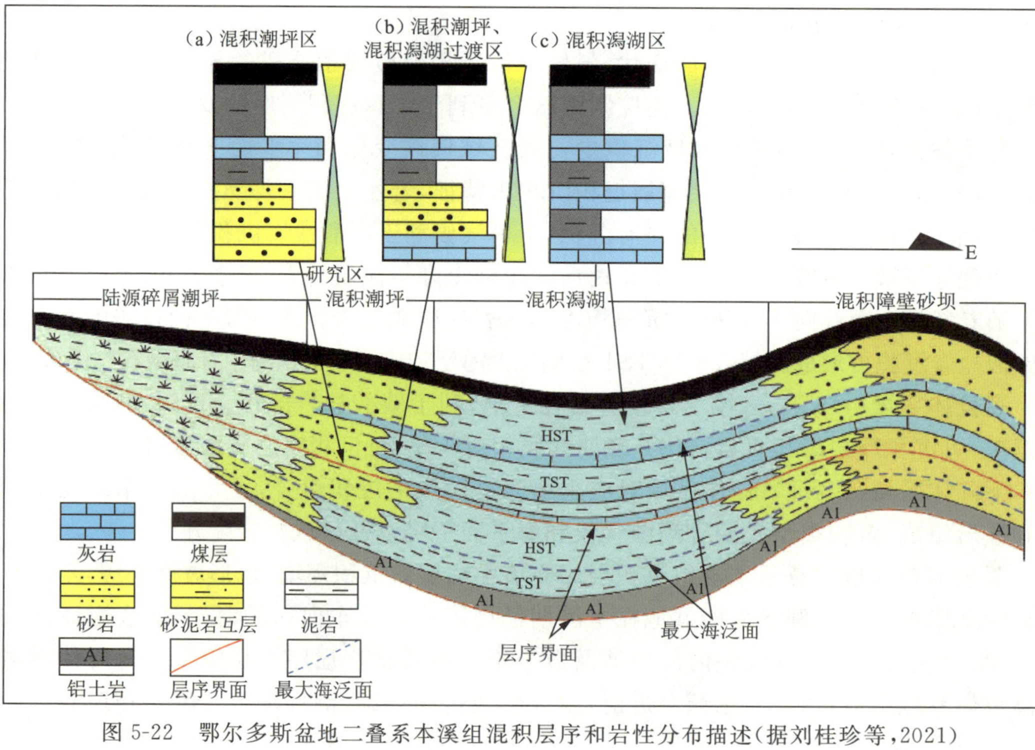

图 5-22　鄂尔多斯盆地二叠系本溪组混积层序和岩性分布描述(据刘桂珍等,2021)

第三节　海相碳酸盐岩层序地层与油气勘探

一、碳酸盐岩层序地层与油气勘探

层序地层学为地质人员提供了以不整合面为界面的层序内部地层的几何形态及相互叠置样式、沉积相类型及其与油气成藏要素之间的时空关系，因而能够指导油气勘探和开发工作，开阔地质人员寻找新的油气勘探领域的思路，有效地提供油气勘探和开发靶区。

随着海平面升降的周期性变化，形成了具有特定地层叠置样式的碳酸盐岩地层组合序列。由于碳酸盐岩的沉积过程和沉积方式除受相对海平面升降变化、构造沉降速率以及气候等因素的影响外，它还受盆地水体性质、生物种属类型和数量以及盆外沉积物供给多少的影响。因此，碳酸盐岩层序地层叠置样式表现出多样性和复杂性的特点。加之碳酸盐岩成岩后生变化比碎屑岩成岩后生变化更复杂，从而增加了人们确定或预测有利碳酸盐岩储层、寻找有利勘探区带的难度。为更好地将碳酸盐岩层序地层学研究成果用于指导油气勘探，应根据碳酸盐岩层序地层概念模型，结合含油气盆地勘探现状和资料特点，采用适宜的工作思路和勘探方法，来明确有利的油气勘探目标。

碳酸盐岩层序地层学对于指导油气勘探具有重大的实际意义。在油气勘探中应遵循下述原则和工作思路：充分利用多种可获得的资料；明确碳酸盐沉积物沉积时的盆地结构和古地理背景；建立反映盆地古地貌特征的不同沉积背景条件下的碳酸盐岩层序地层模型；密集采样确定有利烃源岩、储集层和盖层的位置及其与体系域类型之间的关系；确定有利于烃源岩发育的凝缩层段，加强不同成因类型碳酸盐岩储层成岩后生作用的研究，根据海平面升降变化和可容空间变化的特点，确定古岩溶的发育部位、淡水淋滤作用发育的层段等，寻找能够捕获油气的碳酸盐岩储层；明确生储盖组合方式，制定高效可行的油气勘探方案，对勘探靶区实施油气勘探，以发现和探明油气资源。

二、碳酸盐岩层序成藏条件分析

1. 有利烃源岩和盖层分析

国内外碳酸盐岩油气勘探实践已证明，要在碳酸盐岩盆地中发现大量的油气资源和富集油气的油气藏，重要的是发现富含有机质的烃源岩和具有良好储集性的碳酸盐岩储层。碳酸盐岩层序地层模型为人们预测在贫氧环境下形成的烃源岩及盖层提供了良好的基础。

碳酸盐岩盆地良好的烃源岩往往形成发育在海侵体系域形成期间，该时期海平面快速上升，盆地中某些地区处于缺氧和贫氧环境，并且沉积速率极低，通常形成以灰黑色泥质灰岩和灰质泥岩为主、富含有机质、分布广泛的烃源岩。控制碳酸盐岩中有机质丰度的主要因素是盆地地貌特征、地层年代、气候、沉积物沉积速率、古水深、海洋有机质产率以及陆源有机质供给速率等因素，其中关键因素是贫氧的底水环境。若在干旱气候条件下发育碳酸盐岩沉积，陆源有机质供给所起的作用就会比较小。碳酸盐岩沉积不同于碎屑岩沉积，它能通过快速的海平面上升产生局限性的贫氧环境，利于有机质的保存。根据碳酸盐岩沉积体系的几何形态可以确定出四种成因类型的碳酸盐岩烃源岩，即发育于碳酸盐岩台地内部或边缘建隆之间的烃源岩、台地内部凹陷中的烃源岩、非限制性盆地边缘的烃源岩和深水洋盆中的烃源岩。

在海侵体系域相对海平面快速上升期间，可以在先前的台地上形成一系列孤立的碳酸盐岩建隆。这些碳酸盐岩建隆之间受限的循环水体导致缺氧环境的发育。伴随着碳酸盐岩建隆的快速加积，在海侵体系域形成最大水深起伏期间，沉积了富含有机质的碳酸盐岩和泥页岩。由于碳酸盐岩稀释速率很低，有机碳含量得以增大。在高位体系域沉积期间，进积的沉积体系可以充填在海侵体系域早期发育的地貌低洼处，利于烃源岩的保存(图 5-23)。

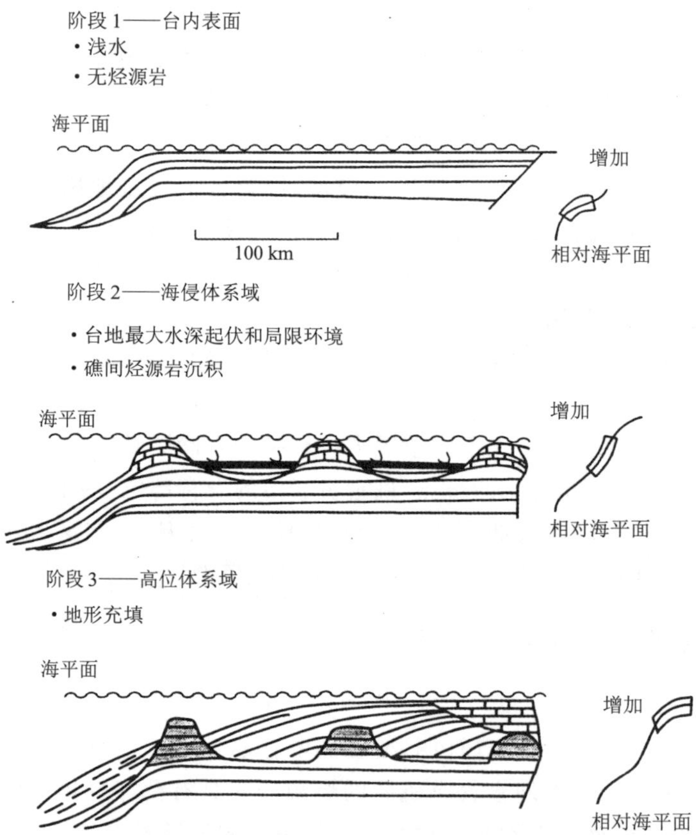

图 5-23　海侵体系域沉积早期碳酸盐岩建隆之间的烃源岩(据 Myers 等，1996)

在海侵体系域海平面快速上升期间，碳酸盐岩台地内部由于差异沉降作用而形成台内坳陷。在该坳陷内受限的循环水体形成了缺氧环境，利于富含有机质的沉积物的沉积，从而形成有利的烃源岩。后来的高位体系域的前积充填作用也利于碳酸盐岩台地内部坳陷烃源岩的保存。

非限制性盆地边缘烃源岩的沉积形态有些类似于碎屑岩地层海侵体系域的烃源岩。这些烃源岩是在盆地外陆架处于饥饿状态、碳酸盐产率很低的情况下沉积而成的，主要沉积物为远洋碳酸盐岩沉积物。若陆架或斜坡区远洋深水环境处于缺氧状态或浮游生物产率很高,则利于烃源岩的沉积。

深水洋盆碳酸盐岩烃源岩是在深水缺氧环境下形成的,在海侵和高位体系域发育期间,均可发育这类烃源岩。它们以有机碳含量较高、分布广、沉积厚度大为特征。

实际上,随着相对海平面的升降变化,在海侵和高位体系域发育期间,广海陆架-深海盆地相的沉积物有机质丰度和氯仿沥青"A"含量最高(表 5-2),而斜坡和台地相烃源岩的有机质丰度较低。所以说,在最大海泛时期形成的、富有机质的细粒沉积物是最好的烃源岩。

表 5-2　塔里木盆地寒武系与奥陶系不同相带烃源岩有机质丰度指标(据童晓光,1996)

沉积相	岩　性	有机碳含量 /%	氯仿沥青"A"含量 /%	总烃含量 /($mg \cdot L^{-1}$)	S_1+S_2 /(kg 烃 · t^{-1}岩石)
广海陆架-深海盆地	暗色泥岩	1.27	0.015	1.58	0.10
	暗色灰岩	0.73	0.007 9	17.07	0.07
斜　坡	暗色泥岩	1.09	0.009	29.5	0.088
	暗色灰岩	0.43	0.008	63.5	
开阔台地	暗色灰岩	0.13	0.013 9		0.83
局限-半局限台地	暗色灰岩	0.12	0.004 3	6	0.084

根据海平面升降变化和体系域发育的特点,在碳酸盐岩层序中,与海泛事件密切相关并分布广泛的海泛沉积或凝缩层是良好的盖层。这类盖层的岩性多为泥灰岩和灰质泥岩,以厚度较大、区域性分布为特征。在海侵体系域沉积早期和高位体系域发育时期,台地内部或潮缘地区由于缺乏陆源碎屑物质供给,水体循环受阻,加之炎热干旱的气候,形成了充填盆地斜坡、台地的膏岩、盐岩等蒸发岩,覆盖了台地内部及其边缘的碳酸盐岩建隆储层,构成了有效的区域性盖层。

2. 有利储层分析

从世界范围来看,碳酸盐岩储层中蕴藏着约 52%的油气资源量,这除与碳酸盐岩沉积盆地中存在优质烃源岩密切相关外,还与碳酸盐岩储层发育孔、缝、洞储集空间有着密切的联系。在碳酸盐岩沉积盆地中,碳酸盐岩储层性质的优劣受多种因素的控制,比如沉积相带、气候、碳酸盐岩沉积速率、成岩后生变化以及构造作用等,其中沉积相带是控制碳酸盐岩储层原生孔隙的主要因素。因此,本书将根据碳酸盐岩储层层序地层演化特点来讨论各体系域中有利碳酸盐岩储层的发育情况。

随着海平面升降的旋回变化,形成了具有特定叠置样式和岩性的地层序列。当海平面快速下降并低于台地边缘时,发育碳酸盐岩低位体系域,其中由前缘斜坡侵蚀滑塌而形成的他生碳酸盐岩碎屑楔状体可成为有利的碳酸盐岩储层。该类储层以分布范围相对较小、单层厚度较薄、砂砾屑混杂、原生孔隙度变化较大为特征,平均孔隙度和渗透率相对较低。这类储层往往具有高含量的砂砾屑,分选磨圆差,发育滑塌变形构造,具有典型的碎屑流和浊流沉积序列以及丘形地震反射结构,所以在钻测井和地震资料上易于识别。加之被良好的斜坡-盆地相烃源岩所包裹，易形成有利的岩性圈闭。

在海平面下降处于低位时期，广大的碳酸盐岩台地出露地表，遭受风化淋滤，易形成孔洞发育、储层厚度大、分布范围广的古岩溶碳酸盐岩储层。古岩溶储层可由石灰岩和白云岩组成。石灰岩型古岩溶常表现为溶缝、落水洞和大中型溶洞，甚至地下河，岩溶垂直分带性很强；而白云岩和灰质白云岩型古岩溶以中小型蜂窝状溶孔洞大量均一发育为特征，孔洞直径一般小于 1 cm，往往缺乏充填物质，常构成良好的油气储集空间。从岩溶垂向分带来看，最上部的垂直渗流岩溶带多以垂向溶缝及溶洞为主，灰岩型溶缝溶洞常被充填，孔隙性差，白云岩型溶缝溶洞一般未被充填，是很好的储集空间；中部的水平潜流岩溶带以发育水平孔洞、大型溶洞、地下河为特征，储集空间多未被完全充填，其中白云岩型岩溶带较灰岩型具有更好的储集性能；最下部的深部缓流岩溶带以零星发育的溶孔溶缝为主，多被充填。从平面上来看，古岩溶地貌可划分成岩溶高地、岩溶斜坡和岩溶谷地三个单元，其中岩溶高地是岩溶水补给区，垂直渗流带厚度大，岩溶高地边缘是储层发育的有利地区；岩溶斜坡地下水以垂直渗入和水平运动为主，是储层发育最有利地区；而岩溶谷地是地下水的排泄区，垂直渗流带和水平潜流带岩溶不发育，孔渗性差（图 5-24）。

海平面变化及层序组合

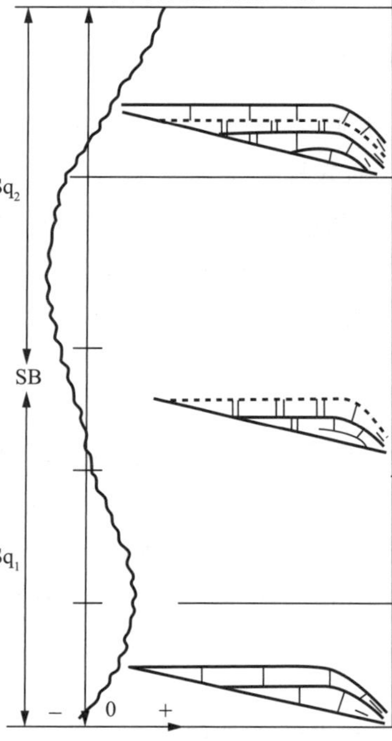

成岩环境	成岩类型	组构标志	其他标志	孔隙类型
海水潜流带埋藏环境	海水胶结深压实作用压溶作用	两个世代马牙状环边，压溶缝合线，晶洞充填	环带状阴极发光，$\delta^{13}C$和$\delta^{18}O$较海水稍偏负，$w(Sr)/w(Ba)\geqslant 1$，$w(Mn)/w(Fe)$降低	粒间残余孔，晶间残余孔，压溶孔
淡水渗流带	喀斯特化	新月形胶结，渗滤砂	喀斯特地貌，$w(Sr)/w(Ba)<1$，$w(Mn)/w(Fe)$高，$\delta^{13}C$和$\delta^{18}O$低负值	晶间孔，粒间孔，扩溶孔，溶蚀洞穴
淡水潜流带	淡水胶结，去膏化	淡水亮晶方解石，膏盐假晶	环带状阴极发光，$\delta^{13}C$和$\delta^{18}O$低负值，$w(Sr)/w(Ba)<1$	晶间孔，粒间孔，膏模孔
混合水带	白云石化，硅化	细—粉晶结构，燧石结核或条带	$w(Sr)/w(Ba)\approx 1$，$\delta^{13}C$低正值，$\delta^{18}O$低负值	晶间孔，粒间孔
海水潜流带	胶结作用，浅压实作用	纤状等厚环边胶结结构	$w(Sr)/w(Ba)>1$，弱阴极发光，正常海水同位素组成	粒间孔，微孔

孔隙度

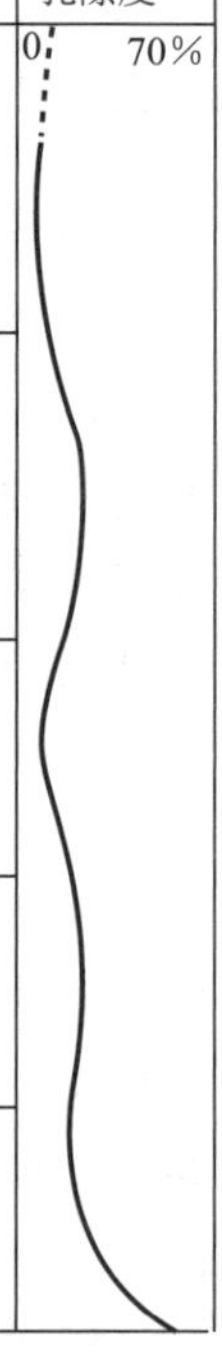

图 5-24　碳酸盐岩层序地层的孔隙演化（据刘波，1997）

随着层序地层研究的不断深入，碳酸盐岩岩溶储层研究发现，无论是形成于向上变浅的米级旋回顶部的岩溶，还是由于局部性大地构造作用或海平面下降使得大部分碳酸盐岩台地暴露于大气淡水作用带下形成的局部性岩溶，以及与在区域性或全球性大地构造事件作用下形成与区域性不整合面有关的大型风化壳古岩溶，它们均发育在不同级别的层序界面以下。这些现象说明，层序地层格架对碳酸盐岩岩溶储层的发育具有重要的控制作用。不同级别的层序界面对其下碳酸盐岩储层的发育具有重要的控制作用。高频层序、三级层序界面导致的碳酸盐岩周期性暴露形成了多期次的岩溶发育段，且随着海平面降低，呈进积型叠置的高频层序顶部岩溶发育段的规模有增大的趋势，由此决定了与二级或一级高级别层序界面所对应的大型不整合面是控制碳酸盐岩岩溶储层发育的关键。

在沉积过程中，不同类型的气候条件可控制碳酸盐岩沉积物的类型，决定其溶蚀程度。一般来讲，潮湿的气候条件对于碳酸盐岩岩溶作用的发生更有利。

在海平面快速上升、海侵体系域发育时期，由于海平面上升速率与沉积物沉积速率的不同匹配关系，形成了海侵体系域的追补型和并进型沉积。追补型沉积是沉积物沉积速率较低、沉积物粒度较细的一种碳酸盐岩沉积，往往以泥晶灰岩、泥质灰岩或钙质泥岩沉积为特征。由于这种追补型沉积粒度细，所以难以构成原生孔隙发育的有效储层，除非后期遭受淋滤或构造作用，形成溶洞或裂缝储集空间。并进型碳酸盐岩沉积是一种碳酸盐岩沉积速率与海平面上升速率基本一致的沉积，它常以台地边缘礁和滩、台地内部补丁礁以及斜坡礁的形式出现。碳酸盐岩台地边缘是生物礁发育的最佳场所，该处水体浅而清洁、水动力较强、营养丰富，利于生物繁盛和生物礁的生长发育。台地边缘生物礁往往是在中高能的台缘粒屑滩的基础上发育起来的(奠基期)，然后通过较小个体生物的生长，阻碍水流并拦截碎屑及灰泥，构成生物的定殖期。随后，生物礁的生长进入繁殖期，大量发育骨架岩和胶结岩，形成厚达几十至几百米的生物礁的主体，构成原生孔隙极发育的储层。台缘生物礁顶部常被生屑灰岩或粒屑灰岩沉积所替代，生物碎屑的增多会抑制造礁生物和胶结生物的生长发育，使礁体逐步衰亡。台地内部的生物礁常呈补丁状零星分布，虽然其规模相对较小，但也可发育较多的原生孔隙，并邻近台地内部海侵体系域烃源岩，构成一种有利的碳酸盐岩储层。斜坡生物礁属于生物灰泥丘类型，岩性以中厚层泥晶生物碎屑灰岩、颗粒泥晶灰岩为主，生物化石含量丰富，但灰泥充填明显，会影响斜坡生物礁原生孔隙的发育。碳酸盐岩台地边缘粒屑滩可为鲕粒滩、生物碎屑滩或砂砾屑滩。由于受波浪强烈的淘洗，粒屑滩颗粒之间灰泥含量极少，加之颗粒分选磨圆好，从而形成原生孔隙极为发育的碳酸盐岩储层，但这类储层常被后期亮晶方解石胶结物充填，储层物性受到明显破坏。

碳酸盐岩层序高位体系域发育时期，由于海平面升降速率的变化，早期形成追补型沉积，晚期形成并进型沉积。追补型碳酸盐岩沉积以贫粒、富泥的准层序为特征，在台地边缘沉积物中常含有大量早期海底胶结物，储层物性较差。晚期并进型沉积以富含碳酸盐岩颗粒、向上变浅的准层序为沉积特征，由于碳酸盐产率较高，所以缺少早期的海底胶结物，易形成原生孔隙发育的礁滩相碳酸盐岩储层。高位体系域台地边缘的生物礁或粒屑滩常沿台地边缘展布，沉积厚度可达数百米，在地震剖面上响应典型的丘形反射和前积型反射，易被识别。

总之，随着海平面的升降变化，碳酸盐岩层序海侵和高位体系域并进型碳酸盐岩礁滩沉积成为原生孔隙最为发育的一类储层，低位体系域他生碎屑楔状体也是比较好的一类碳酸盐岩储层。需指出的是，碳酸盐岩储层储集性能的好坏受后期成岩作用和构造运动的影响较大。因此，在研究碳酸盐岩储层时，除对碳酸盐岩沉积进行层序地层学研究，确定原生孔隙发育的相带外，还应加强碳酸盐岩成岩作用和构造运动期次、活动方式的研究，在有利的沉积相带中寻找储集性能良好的储层(图 5-24)。

3. 碳酸盐岩层序有利地层岩性圈闭的分布

碳酸盐岩层序地层模型为人们预测碳酸盐岩层序中的体系域和沉积体系类型提供了良好的概念性模型。在上述对不同体系域中有利烃源岩、有利储集层和盖层综合分析的基础上，人们有可能根据层序地层模型对有利的地层岩性圈闭做出预测。

体系域类型不同程度地控制了油气成藏要素及其分布。如海侵体系域和高位体系域发育有利烃源岩，低位体系域和高位体系域是寻找良好储层的有利场所。在碳酸盐岩油气成藏和富集的关键性条件中，有利的沉积相是台缘生物礁滩，有利成岩相包括次生孔隙发育带、白云石化带和风化淋滤带等。

碳酸盐岩地层岩性圈闭的发育分布往往与碳酸盐岩建隆发育与否、地层侧向尖灭，以及孔隙度、渗透率的侧向变化等因素密切相关。对于一个发育完整的碳酸盐岩层序来说，在低位体系域发育期间，他生碳酸盐岩楔状体的上倾和下倾方向由于岩性的变化易形成岩性圈闭(图 5-25 中 4,5)；在低位体系域发育中晚期，斜坡上部可形成以礁滩等碳酸盐岩建隆为特征的地层圈闭(图 5-25 中 6)；在海侵和高位体系域并进型碳酸盐岩建隆沉积时，台地边缘的礁滩沉积向盆地方向相变为斜坡细粒碳酸盐岩，向陆地方向变为非渗透性潟湖泥岩，形成台地边缘地层岩性圈闭(图 5-25 中 8,9)；在海侵和高位体系域并进型碳酸盐岩沉积期间，台地内部也可发育分布较零星的碳酸盐岩建隆补丁礁，其侧向上相变为礁缘或潟湖相富泥沉积物，构成台内地层岩性圈闭(图 5-25 中 10)；在高位体系域沉积中后期，台地边缘滩相沉积物不断向盆内进积，在其下倾方向相变为斜坡盆地细粒沉积物，上倾方向相变为蒸发岩，构成高位滩边缘地层圈闭(图 5-23 中 7)；在碳酸盐岩台地内部，由于白云石化作用的差异，使得多孔的白云岩侧向上变化为致密的灰岩，形成准同生期成岩地层圈闭(图 5-25 中 11,12)；在低位体系域发育期，台地出露地表遭受剥蚀淋滤，形成与不整合或古岩溶密切相关的地层圈闭(图 5-25 中 13)；在缓坡背景中，盆地斜坡中的碳酸盐岩建隆(图 5-23 中 1)、台地边缘及顶部碳酸盐岩建隆的侧向相变也可以形成地层圈闭(图 5-25 中 2,3)。因此，在碳酸盐岩层序中存在多种类型的、值得重视的地层岩性圈闭。

碳酸盐岩层序地层模型与地层岩性圈闭分布

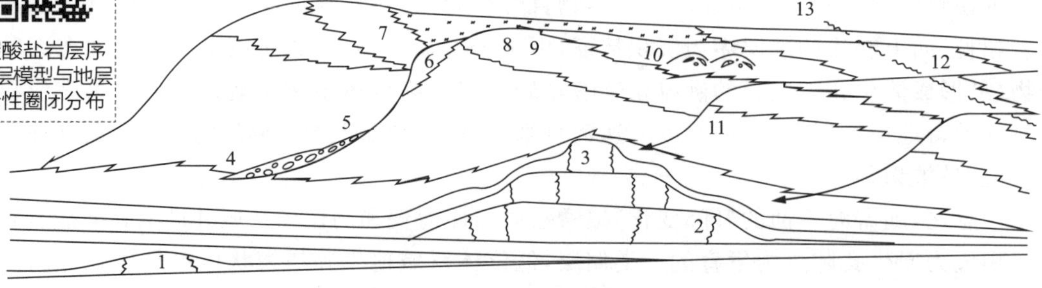

图 5-25　碳酸盐岩层序地层模型与地层岩性圈闭分布(据 Greenlee 等,1993)

第二篇
其他主流层序地层学

第六章　Cross 高分辨率层序地层学

核心知识点：高分辨率层序地层学相关基本概念，地层基准面及其旋回变化原理、沉积物体积分配原理、沉积相分异原理，沉积物可容空间与沉积物供给通量比值(A/S)，基准面旋回级次及其基本特征，基准面旋回叠加样式及其主要识别标志，基准面旋回识别与对比法则，海陆相地层高分辨率层序地层研究以及高分辨率层序地层与油气勘探。

起源于被动大陆边缘海相盆地的层序地层学特别强调海平面相对周期性变化对地层层序样式的重要影响，并通过建立以不整合面为边界的年代地层格架，将具成因联系的地层内部单元进一步细分，在考虑全球海平面升降、沉积物供给、构造沉降和气候等控制因素的基础上，建立层序地层分布模型并做出成因解释，再结合石油地质基本条件评价、预测烃源岩、储集层和盖层的分布以及有利地层岩性圈闭位置，为油气田勘探指明方向。层序地层学的这套理论方法和研究思路已得到大多数地质学家的认同，并在推动传统地质学、石油地质学和煤田地质学等方面发挥了积极作用。但是，石油地质学、煤田地质学等相关学科的发展，要求层序地层学能够提供更为全面、系统、精确(储层规模)的年代地层格架，在这种背景下，高分辨率层序地层学分析理论和方法技术便应运而生了，其中以美国科罗拉多矿业学院 Cross(1994)提出的高分辨率层序地层学最具代表性。Cross 等人在对浅海环境沉积层序分析研究的基础上，提出了利用基准面旋回和可容空间与沉积物供给通量比值(A/S)进行层序地层划分和描述的新理论、新技术及新方法。Cross 认为，在基准面旋回升降过程中，由可容空间与沉积物供给通量比值(A/S)变化以及相域(体系域)沉积物体积变化，可导致沉积物保存程度、岩石结构、地层沉积方式、相类型与相序等发生变化。这些变化是受基准面旋回变化控制的，是有规律可循的，也是可以预测的。因此，Cross 高分辨率层序地层学受到人们的高度重视，并在油气勘探开发等领域发挥了积极作用，取得了显著的社会效益和经济效益。

第一节　高分辨率层序地层学理论基础

Cross 高分辨率层序地层学的理论核心是在基准面旋回变化过程中，由于沉积物可容空间与沉积物供给通量比值(A/S)的变化，相同沉积体系域中沉积物体积发生再分配作用，导致沉积物叠置样式、相类型及相序、岩石结构、保存程度发生变化。这些变化是沉积体系域在基准面旋回中所处位置和可容空间的函数。基准面旋回变化控制了地层单元的分布样式，这种具有一定规律的层序样式为人们进一步预测沉积储层的分布提供了概念性模型。高分辨率层序地层学是对地层记录中反映基准面旋回变化的时间地层单元进行“基准面上升与下降半旋回的二元划分”，其关键是在地层记录中识别代表不同级次基准面旋回的对应地层旋回，进而进行高分辨率等时地层对比，探讨等时地层格架内的地层分布模式，预测有利烃源岩、储集层和盖层的分布位置。

高分辨率层序地层学理论基于成因地层分析的沉积基准面原理、沉积物体积分配原理、相分异原理和旋回等时地层对比法则，其实质是指“对不同级次地层基准面旋回进行高精度时间分辨率的划分和等时对比”。它既可应用于油气田勘探阶段长时间尺度的层序地层单元划分和等时对比，也适用于油气田开发阶段短时间尺度的层序地层单元划分和等时对比（郑荣才等，2010）。显然，Cross 高分辨率层序地层学强调不同时间尺度高精度的地层单元划分、等时对比和旋回特征分析。与 Vail（1987）经典层序地层学强调海平面相对升降控制沉积层序形成和构型不同，Cross（1994）高分辨率层序地层学强调利用非物理界面——基准面及其旋回变化来分析不同地理位置地层沉积响应，从而实现不同沉积环境、不同时间尺度等时地层对比和有利成藏要素预测。

一、地层基准面原理

高分辨率层序地层学理论基础

1. 相关基本概念

1）相序

相序是指具有成因联系的沉积物（相、亚相）的垂向组合，可对应沉积序列。

相序具有三种形成机理：特定位置水动力改变，如水动力减弱形成向上变细的河道相序；地貌要素的侧向迁移，如河道的侧向迁移；有成因联系的环境的侧向迁移，如从海岸平原到浅海的进积。

2）相域

相域是沉积体系的地层记录，是同一时间段内相序的三维组合（Cross，1994）。相域相当于 Vail（1987）提出的体系域概念。

组成相域的相序应具有相同的沉积环境，且受同样的物理、生物、化学作用的控制。

2. 基准面及基准面旋回

Cross（1994）引用并发展了 Wheeler（1964）提出的基准面概念，分析了基准面旋回与成因层序形成的过程-响应原理。Wheeler（1964）认为，基准面（base level）是反映地球表面与地表过程之间不平衡程度的势能面，不是指海平面（湖平面）或一个相当于海平面的向陆延伸的水平面，也不是指地貌学上的平衡剖面，而是指一个相对于地球表面波状升降的、连续的、略向盆地方向下倾和呈抛物线状的抽象势能面（非物理面），其位置、运动方向及升降幅度不断随时间发生变化（图 6-1）。

基准面处于不断运动变化之中，它相对于地表波状升降，伴随着沉积物可容空间的变化而发生变化（图 6-1）。地层基准面与地表或沉积界面之间的相对位置决定了沉积或侵蚀之间存在四种地质关系：当基准面位于地表之上时，提供可供沉积物沉积的空间，发生沉积作用，任何侵蚀作用均是暂时的或局部的；当基准面位于地表之下时，可容空间消失，发生侵蚀作用，任何沉积作用均是暂时的和局部的；当基准面与地表重合时，既不发生沉积作用也不发生侵蚀作用，任何沉积作用或侵蚀作用均是暂时的或局部的，沉积物主要发生过路作用；当基准面远高于沉积表面时，可容空间明显增大，沉积物处于非补偿状态，可出现无沉积间断(图 6-1)。因而，在基准面变化的同一时间域内，在地表的不同地理位置上可表现为沉积作用、侵蚀作用、沉积物过路作用乃至沉积物非补偿($dA/dS\rightarrow\infty$)产生的饥饿性沉积作用等不同类型的地质作用状态(图 6-1)。在地层记录中，代表不同地理位置基准面旋回变化的时间-空间事件可表现为岩石-界面的等时对比关系(图 6-2)。

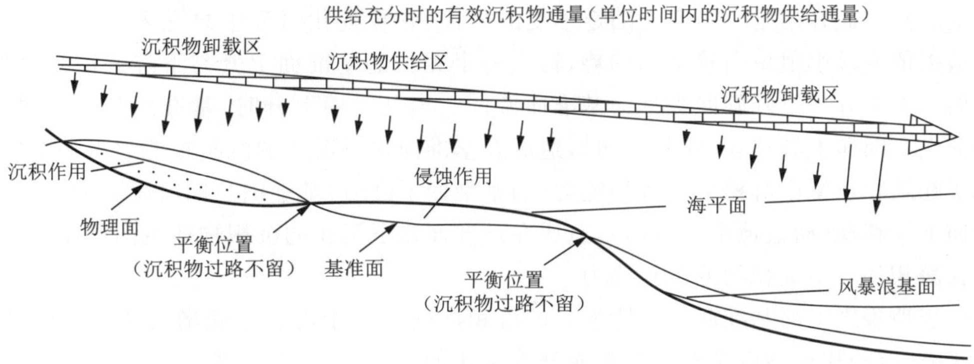

图 6-1　基准面、可容空间和反映可容空间与沉积物供给之间平衡时的地貌状态
(据 Cross，1994)

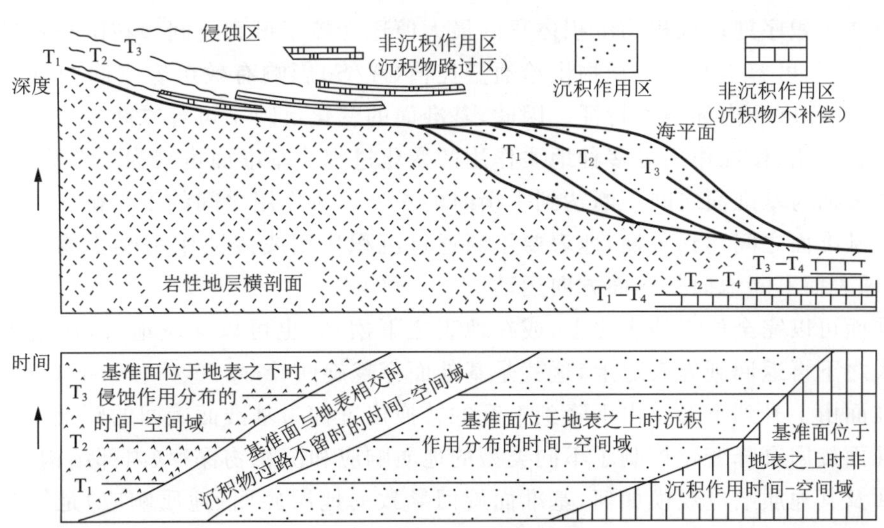

图 6-2　岩性地层剖面及侵蚀作用、沉积物过路作用、沉积作用和非补偿沉积作用的时空迁移对比图
(据 Wheeler，1964)

由于基准面始终处于不断上升和下降的反复运动状态，当基准面位于地表之上并相对于地表进一步上升时，可容空间增大，沉积物在该可容空间内潜在的沉积体积和速率增加，但沉积物沉积的实际体积和速率还受控于母岩供源和风化产物的地质搬运过程。也

就是说，可容空间、物质来源及搬运营力共同控制某一时间内某一地理位置沉积物沉积体积的最大值。假如沉积物供给速率不变，可容空间与沉积物供给通量比值（A/S）就决定了可容空间沉积物最大沉积量、沉积速率、保存程度及内部结构特征。当基准面位于地表之下并进一步下降时，侵蚀速率和下切幅度将增加。如在有地表径流作用的位置，侵蚀速率相对较快，下切侵蚀幅度相对较大，延续时间较长；在无地表径流作用的位置，侵蚀速率变慢，下切侵蚀幅度减小，时间相对滞后。因此，基准面升降运动可以抽象地描述可容空间的形成与消失、基准面升降与沉积作用、侵蚀作用和过路作用之间的相互关系及其变化过程。显然，地表要不断地通过沉积或侵蚀作用改变其形态，达到地球表面的平衡状态。

地层基准面并不是一个完全固定不变的界面，它在变化过程中总是表现出向基准面幅度最大值或最小值单向移动的趋势，构成一个完整的基准面上升与下降旋回。这种基准面的一个上升与下降旋回被称为基准面旋回。当基准面上升时，基准面与向海倾斜的地面交点不断向上坡移动（向陆方向），造成在基准面之下沉积的沉积物地表面积增加，并增加了在陆相环境中沉积物的沉积能力；当基准面下降时，基准面与向海倾斜的地面交点不断向下坡移动（向盆地中央方向），造成在基准面之下沉积的沉积物地表面积减少，并减少了在海相环境中沉积物的沉积能力。

位于地表之上的基准面上升所形成的沉积序列取决于可容空间增长速率、沉积物的沉积速率、沉积相类型以及海（湖）平面升降变化的影响。位于海（湖）平面之下的基准面上升会造成沉积水体的不断加深，若沉积速率低于可容空间增长速率则形成向上变细的沉积序列，若沉积速率等于或大于可容空间增长速率则形成向上粒度不变的加积序列或向上变粗的沉积序列。沉积物沉积体积的最大值还受控于可容空间。在沉积物供给速率不变的情况下，可容空间与沉积物供给通量比值（A/S）影响有效可容空间中沉积物的沉积速率、保存程度和内部结构特征。因此，基准面的变化反映了可容空间的建立和消失过程以及沉积作用、侵蚀作用等多种地质作用的变化过程。基准面可视为一个势能面，它反映在地球表面与基准面之间不断达到平衡时的一种地质作用之间的不平衡状态。要使地球表面与基准面之间达到平衡，地表要不断通过沉积作用或侵蚀作用改变地球表面的形态，使地球表面不断地向基准面方向运动。

基准面可以完全位于地表之上，或在地表之下摆动，也可以穿越地表，从地表之上摆动到地表之下再返回到地表之上，这就是基准面穿越旋回（base level transit cycle）。

基准面由上升到下降或由下降到上升的转换位置称为基准面旋回的转换点。

基准面旋回升降变化控制了不同类型的地质响应和沉积物保存（内部结构）。无论基准面旋回及其地质响应规模如何，基准面旋回导致的地层旋回（地质响应）是等时的。因为这个单元是在基准面旋回运动期间，由具有成因联系的沉积环境沉积的地层记录构成，故该单元是时间地层单元。

在一个基准面旋回变化过程中保存下来的岩石为一个成因地层单元，即以等时界面为边界的时间地层单元。由于基准面旋回运动在地表之下时产生剥蚀作用，在地表之上时产生沉积作用，因此在地层记录中，代表基准面旋回变化的时间-空间地质事件表现为不同岩石类型与沉积间断界面的组合（图 6-2）。显然，上述成因地层单元或成因层序（在一个基准面旋回变化过程中形成的不同沉积样式的地层单元)是由基准面上升半旋回和基准面下降半旋回所形成的沉积物组成的。一个成因地层单元或成因层序的半旋回边界对应基准面上升到下降或下降到上升的转换位置。在不同沉积环境,这些转换位置或表现为地层不连续界面(侵蚀不整合面、沉积间断面、沉积物过路不留界面等),或表现为一套具有成因联系的、满足相序定律(walther law)的整合地层(可被基准面上升到下降的界面或下降到上升的界面分隔)。显然,转换界面可以通过地层旋回对称性、地层结构和相序变化来识别。

3. 基准面旋回变化的控制因素

地层基准面是一个非物理界面,受海平面、构造沉降、沉积负荷补偿、沉积物补给、沉积地形等因素的综合影响,通过制约可容空间变化而控制地层沉积过程和保存。基准面相对于地表位置的变化控制层序发育特征,它是理解地层层序成因并进行层序划分的主要格架——成因层序的基础。

在海相沉积盆地中,基准面的变化主要受控于全球海平面升降、气候变化以及构造作用。在陆相沉积盆地,周期性的构造作用、交替变化的气候和沉积物供给主要控制基准面变化、湖盆水体深浅和水域大小,以及沉积物供给速率的变化,最终控制可容空间的变化和地层旋回的形成,其中构造作用及气候变化的控制作用更加明显。例如,渤海湾盆地形成早期(古近纪),由于太平洋板块向欧亚板块俯冲,造成中国东部软流圈上涌,产生拉张裂陷,形成分隔性强、边界断层差异活动的箕状凹陷。盆缘同生断层活动明显控制着盆地形成发展并表现出不连续、间歇性活动,即幕式活动。盆缘同生断层幕式活动造成盆地基底沉降的阶段性、差异性和可容空间周期性变化,它的活动规模、幅度和强度控制着可容空间的变化速率,进而充填多旋回级次的地层。

形成不同级次的基准面旋回的主控因素是不同的。地层旋回或成因地层单元的多级次特征是由基准面旋回多级次造成的。区域构造运动控制构造旋回的形成,常对应由区域不整合面或沉积间断面分隔的不同盆地演化阶段。盆地构造旋回持续时间越长或级别越高,形成的基准面旋回沉积厚度越大并在盆地范围可对比性越好。区域性构造运动形成的长期基准面旋回往往被区域性不整合面分隔,可在盆地范围内追踪对比;二级断裂活动形成的次一级基准面旋回可在局部或二级构造单元范围内进行地层对比;更次一级的基准面旋回主要受控于构造沉降和沉积物供给;短期基准面旋回的形成除受构造活动、沉积物供给影响外,还受不断加强的自旋回作用影响,如河流改道、三角洲迁移,此时只能在相同沉积体内部进行等时地层对比追踪。

基准面旋回的形成发育除受构造作用控制外,气候变化也会影响不同层次的基准面旋回特征。气候变化会影响沉积物供给、植被发育、地形坡度和沉积物类型。气候变化持续的地质时间长,对应形成厚度较大的基准面旋回;气候变化持续的地质时间短,则对应形成厚度较小的基准面旋回,以至纹层状旋回。

4. 基准面旋回与 A/S 值

基准面旋回过程及其地质响应受控于构造作用、海平面升降、气候和沉积物供给等地质因素。构造作用、海平面升降、气候变化的共同作用反映可容空间的变化,因此,可容空间(accommodation)与沉积物供给通量(sediment supply)及其比值(A/S)可以充分说明基准面旋回变化形成的多种地质响应。

可容空间是指在地质时间进程中产生或消失的供沉积物沉积的累积空间，它决定沉积物的体积分配，形成不同地层叠加样式，导致相分异(相的变化)。

可容空间主要受控于构造运动、沉积负载和热释放的岩石圈响应、海平面升降、气候变化、沉积压实作用等地质作用。可容空间又控制在基准面上升或基准面下降过程中形成的沉积物及其保存的潜力。相对于地表，地层基准面向上运动时，沉积物形成和保存的潜力增加；反之，地层基准面向下运动时，沉积物形成和保存的潜力减小，剥蚀潜能增加。沉积物供给控制沉积产物及其(再)分布。沉积物供给的增加，可使地表向上、靠近基准面运动，发生沉积物沉积作用的潜力逐渐减低，而发生沉积物过路作用的潜力增加；沉积物供给的减少，可使地表向下、远离基准面运动，发生沉积物沉积作用的潜力增加。所以说，可容空间控制某一时间内、某一地理位置沉积物沉积体积的最大值，A/S 则决定可容空间内沉积物的沉积速率、保存程度和内部结构(如沉积样式)。

A/S 的变化影响地层叠置样式(stacking patterns)。按 A/S 变化和地层几何形态可分为三种地层叠置样式(图 6-2)。

1) 沉积物供给速率大于可容空间增长速率($A/S<1$)

当 A/S 降低，沉积物供给通量相对大于可供沉积物沉积的空间，则特定地理位置处单位时间内保存下来的沉积物体积减小。

由于沉积物供给速率快、沉积物体积大于可容空间体积，可容空间向陆减小，那么多余的沉积物就会向尚有可容空间的盆地中央方向进积，晚期的粗粒沉积物会沉积在早期的相对细粒沉积物之上(如三角洲)，形成向海进积(seaward stepping，简称 SS)的地层叠置样式。

2) 沉积物供给速率等于可容空间增长速率($A/S=1$)

在沉积物供给量与可容空间增加量相近状态下，可容空间基本不变，所有的沉积物可以沉积在具有可容空间的沉积环境中，沉积环境(如水动力和水深)没有发生明显变化，沉积物在相似沉积环境中发生沉积，形成垂向加积(vertical stepping，简称 VS)的地层叠置样式。

3) 沉积物供给速率小于可容空间增长速率($A/S>1$)

当 A/S 增加，可供沉积物沉积的空间相对大于沉积物供给体积，则特定位置处单位时间内保存下来的沉积物体积增大。沉积物供给量小于可容空间增加量，沉积水深不断加大，可容空间向陆增大，有限的沉积物不断向陆地方向迁移，那么晚期的细粒沉积物就会沉积在早期的相对粗粒沉积物之上，形成向陆进积(landward stepping，简称 LS)的地层叠置样式。

上述 A/S 的变化不仅控制地层岩性、叠置样式，还会控制沉积类型及其地貌要素变化以及地貌要素保持能力。在基准面旋回升降变化的不同阶段，A/S 发生变化，会造成地层岩性、地层厚度、沉积类型、沉积组合以及地层结构发生变化。以海岸带有物源供给形成的三角洲为例，随着 A/S 不断变大，河流供源作用减弱，海浪和潮汐作用不断加强，三角洲沉积类型由河控三角洲向浪控和潮控三角洲演变，海岸地貌由凸向海洋中央向凹向陆地方向变化，三角洲沉积岩性、沉积构造及其组合类型均发生相应变化(图 6-3)。

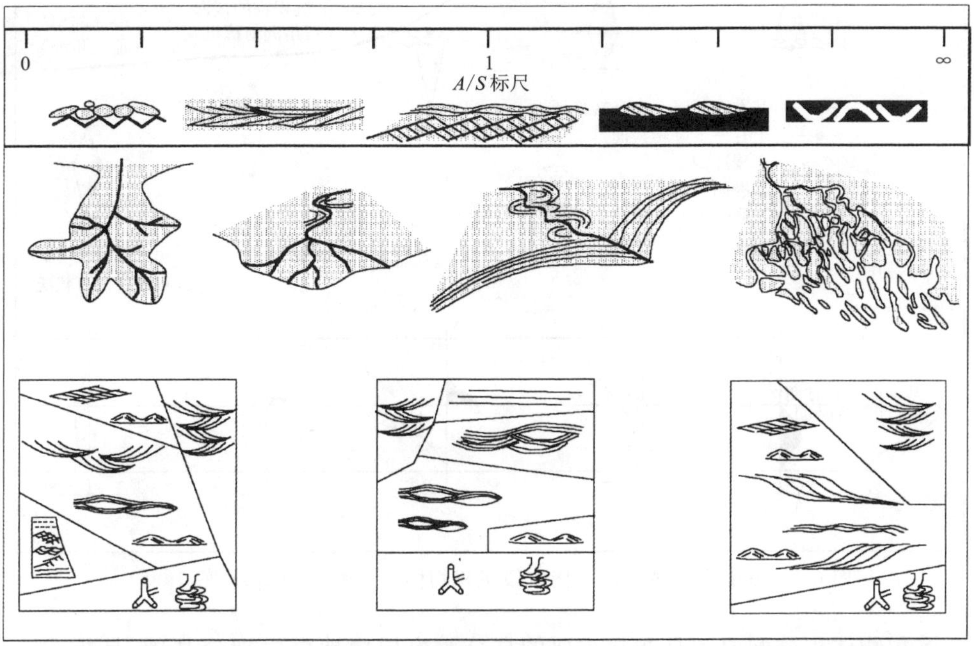

图 6-3　随 A/S 变化的三角洲沉积类型和构型要素的变化(据 Cross 等，1998)

二、沉积物体积分配原理

1. 沉积物体积分配概念

Barrell(1912)和 Cotton(1918)最早指出，在基准面旋回变化过程中，沉积物体积会发生分配作用，即不同沉积环境可容空间动态变化造成沉积物体积变化。后来，Cross 等(1998)将沉积物体积分配(volumetric partitioning)定义为在基准面旋回变化中，可容空间随地理位置变化而引起的沉积物体积变化，或理解为在基准面旋回变化期间，相域内保存不同沉积物体积的过程。在基准面上升过程中，基准面与地表的交点向上坡(陆地)方向移动，可容空间范围扩大，增加了向盆地边缘部位沉积物的沉积体积和存储能力，进而造成盆地中心位置沉积物体积的减少。在基准面下降过程中，基准面与地表的交点向下坡(盆地中央)方向移动，盆地边缘可容空间减小甚至消失，盆地边缘沉积物体积变小或发生路过、剥蚀作用，被搬运到盆地中央的沉积物体积相对增加。这种在基准面旋回上升和下降变化过程中，沉积物体积发生再分配和保存的过程就是“沉积物体积分配”(图 6-4)。

2. 沉积物体积分配原理

基准面旋回及其伴随的可容空间变化动力学系统控制着地层的结构和沉积特征。为了进一步理解这一地质过程及其响应关系，Cross(1994)提出了沉积物体积分配原理，重点强调沉积物体积分配过程是描述不同沉积环境内可容空间与沉积物供给之间的动力学

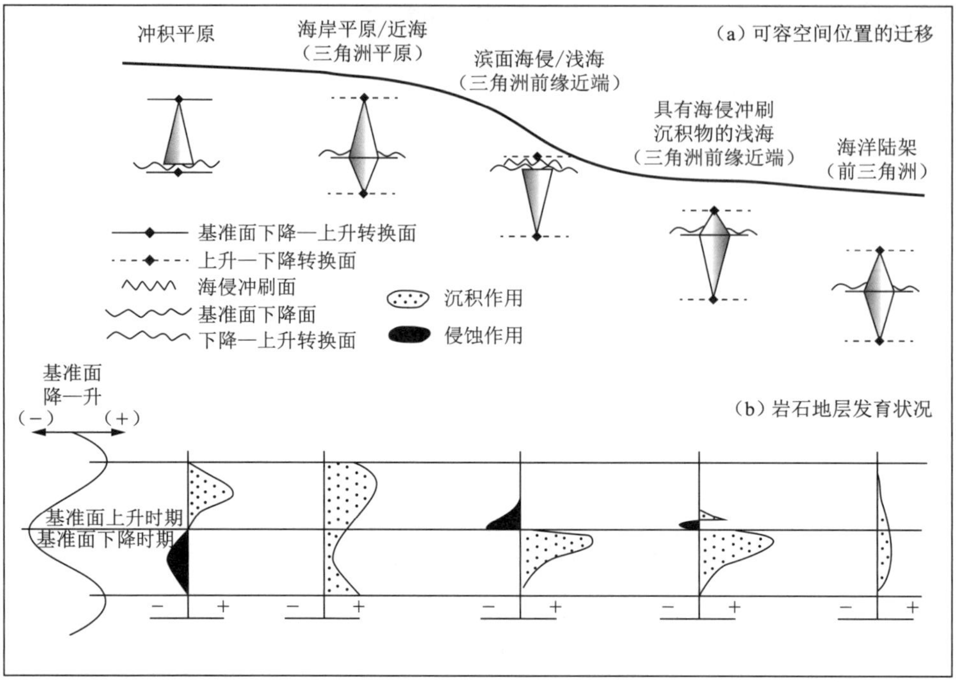

图 6-4　基准面穿越旋回不同阶段沉积物体积分配(据 Cross 等,1998)

关系。沉积物体积分配原理是非常重要的高分辨率层序地层学理论基础,是指在一个基准面变化形成的成因地层单元内,沉积物可以被划分成不同的相域(沉积体系组合)的过程。沉积物体积分配或变化反映了 A/S 的时空变化,直接控制着地层旋回的对称性和地层叠置样式,并伴随原始地貌形态的保存程度、沉积物厚度和沉积物内部结构等诸多沉积学和地层学的响应(图 6-4)。例如,伴随着有效可容空间位置的迁移,海岸平原至滨浅海(三角洲)沉积体积(厚度)可发生变化。沉积物体积分配作用直接表现为相同沉积体系地层厚度在相同时间单元内、不同地理位置发生变化。在基准面下降期间,有效可容空间位置向海方向迁移,可容空间向海增大,向陆减小,所以滨浅海(三角洲)砂岩沉积体积不断增大,海岸平原沉积体积逐渐减小。当基准面上升时,有效可容空间位置向陆方向迁移,可容空间增大,因而堆积在陆地的海岸平原沉积体积逐渐增大(图 6-4)。

在基准面旋回及其伴随的可容空间变化过程中,沉积物的体积分配作用表明地层过程-响应系统遵循能量守恒定律。由于沉积物体积分配作用,某一地区地层记录所具有的信息(地层保存程度、几何形态、内部结构等)必然包含着在时间上与其相同的另一地区地层(或不整合)属性的信息。比如,某个地区存在一个不整合面,那么在不整合面的下坡终点位置必然存在着与时间相当的、由不整合面对应的母岩风化区剥蚀搬运形成的沉积物。又如,低位时期下切河谷的存在意味着沿盆地斜坡的下倾方向会发育重力流成因的同期盆底扇或类似沉积体。显然,基准面旋回变化使得地层记录的时空分布具有有序性和三维空间分布的可预测性。

三、相分异原理

1. 相分异原理

相分异是指在基准面旋回中，岩石的沉积学和地层学属性的变化(Cross 等，1998)。或者说，伴随着可容空间的变化和沉积物体积的再分配，某个时间段内保存在相同沉积环境中的地层几何形态、沉积岩性和沉积构造、相序和相组合以及岩石物性等表现出多样性特征，这种现象被称为相分异(facies differentiation)。

2. 相分异的地层响应特征

相分异是指在同一地理位置，伴随着基准面上升和下降过程，沉积环境或沉积相几何形态、沉积岩性、沉积序列和储层物性发生变化和分异的过程。相分异反映了原始地貌要素保存的程度以及存在于不同时期沉积环境中的地貌要素类型的变化。也就是说，相分异过程直接影响着储层的三维空间几何形态、岩性和岩相类型、储层的连续性和非均质性。

相分异可以造成单个相属性的变化，也可以造成相同位置相序的变化。

1）单个相属性变化

在基准面旋回变化过程中，单个相属性可以发生变化，比如高可容空间与低可容空间条件下河道砂体成因特征的差异变化(图 6-5)。

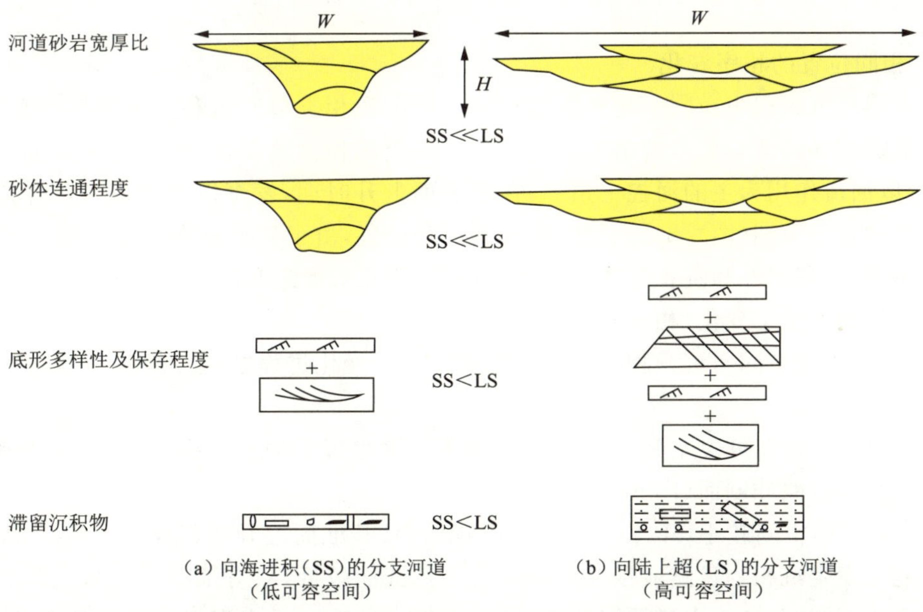

图 6-5　不同可容空间条件下河道沉积相分异作用及其结果(据 Cross,1994)

高可容空间与低可容空间形成的河道砂体的几何形态(宽度与厚度之比)、时空连续性、相互截切程度、保存程度、沉积序列特征和沉积物组合特征均存在显著差异。高可容空间形成的河道砂体侧向连续性好，相互截切程度低，保存程度高，河流“二元结构”完整；

而低可容空间形成的河道砂体侧向连续性差，相互截切程度高，保存程度较低，河道砂发育，河泛平原沉积不发育(图 6-5)。又如，同是辫状河流沉积，尽管原始地貌要素相同，但受控于可容空间变化，河道砂体内部结构和沉积序列特征发生变化。在低可容空间时期沉积形成的河道砂体遭受不断冲刷，河流沉积要素的多样性及保存程度均低；而在高可容空间时期沉积形成的河道砂体容易被保存，河流沉积要素的多样性及保存程度均高(图 6-6)。显然，在不同可容空间条件下形成的河道砂体内部构型和储层物性是不同的。

相分异原理及地层响应

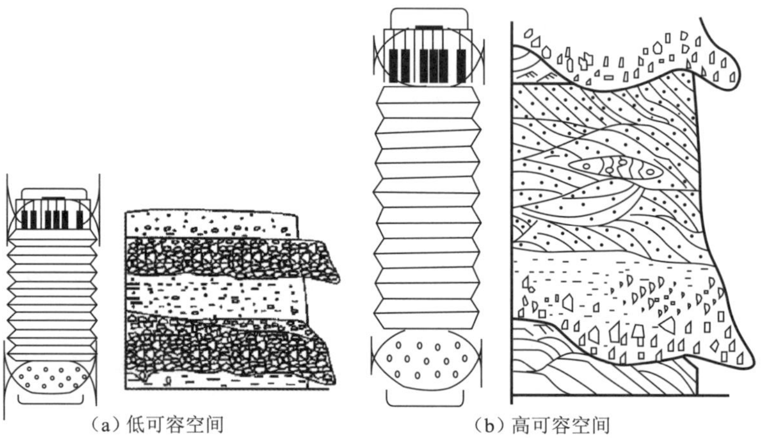

(a) 低可容空间　　(b) 高可容空间

图 6-6　不同可容空间条件下河道沉积相分异作用及其内部结构特征(据邓宏文等，2002)

2) 相同位置的相序变化

相分异还可表现为在同一地形剖面相同位置沉积相类型和沉积序列的完全变化，它们反映了沉积环境地貌要素的组成变化。以海岸至沉积盆地剖面为例，在基准面下降时期，发育以河流作用为主的河控三角洲；在基准面上升时期，发育以波浪或潮汐作用为主的浪控或潮控三角洲(图 6-3)。显然，在相同沉积位置，由于基准面旋回变化或 A/S 发生规律性变化，沉积岩性和沉积构造及保持程度、沉积几何形态和沉积序列等多种地层学和沉积学特征均发生了变化(相分异)。

总之，在可容空间与沉积物供给通量比值(A/S)变化过程中，会出现如下几种地质现象(图 6-7)：

(1) 如果不存在可容空间($A/S \to 0$)，就不会发生沉积物的沉积，地层记录表现为侵蚀面或沉积物过路冲刷面(图 6-7a)。

(2) 在可容空间较小($A/S<1$)的沉积背景中，基准面上升沉积物发生沉积，基准面下降可能会发生沉积物过路或侵蚀作用。由于基准面较低，只有那些具有较大保存潜力的地貌要素(如陆相环境中最深河道充填物)才能在地质记录中保存下来并重复出现，冲刷面等不连续界面出现频率增加，相分异作用不够明显，沉积相结构要素较为单一(图 6-6、图 6-7b)。

(3) 在可容空间较大或基准面上升过程中，可容空间与沉积物供给通量比值保持稳定($A/S=1$)，在这种情况下，沉积物容易发生沉积作用并得到最大程度保存，罕见地层不连续界面，沉积物相分异作用明显增加，沉积相结构要素变得复杂多样(图 6-5、图 6-7c)。

(4) 基准面显著上升、可容空间明显增大，可容空间与沉积物供给通量比值大于 1 ($A/S>1$)，伴随着沉积水深加大，向陆方向沉积物沉积储存的能力增强，向盆地中央方向沉积物减少，沉积作用缓慢，沉积物粒度变细，沉积厚度变薄，形成连续的、沉积类型趋于均一、相分异程度降低的地层序列(图 6-7d)。

(5) 基准面上升达到最高点，相应的可容空间达到最大值，A/S 明显增大直至无穷大($A/S\to\infty$)，地层记录表现为无沉积物供给而形成的饥饿沉积或无沉积作用的沉积间断(图 6-7e)。

后来，基准面又重新进入下降和可容空间减小状态，A/S 趋于变小，可容空间重新成为沉积物的沉积量和相分异的限制因素，即重复上述沉积相分异过程(图 6-7)。

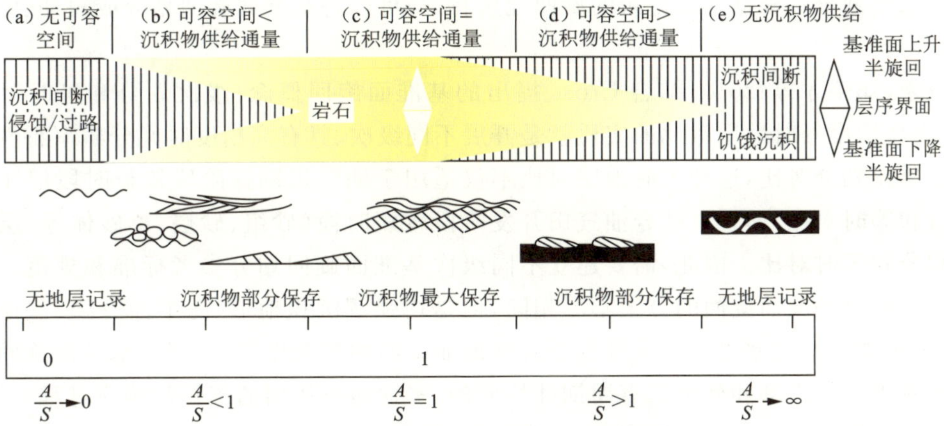

图 6-7　A/S 与基准面旋回及沉积学属性变化(据邓宏文等，2002)

由上述分析可以看出，相分异作为可容空间与沉积物供给通量比值(A/S)的函数，在沉积过程中单位时间内不连续界面出现频率、地层厚度及旋回对称性、地层属性的保持数量和比例均发生规律性变化(图 6-7)。

从基准面和可容空间变化的动力学观点出发，相同沉积体系域的体积分异(不同沉积环境中沉积物体积之比)、沉积物保存程度、地层叠置样式、相序特征和相类型不是固定不变的，而是随着沉积体系域处于基准面旋回中的位置和可容空间的变化而发生变化。因此，根据沉积动力学的观点，分析沉积物沉积期间基准面变化导致的可容空间变化，解释地层结构和沉积学特征，这种分析具有等时地层对比、动态分析沉积过程的优越特点，它不同于传统的静态的沉积相模式类比分析方法。

第二节　基准面旋回识别和对比法则

一、基准面旋回级次

1. 基准面旋回级次划分

不同级次的基准面旋回必将形成不同级次的地层旋回。因而，在地层记录中如何识别代表多级次基准面旋回的多级次地层旋回就成为高分辨率层序地层学地层对比的关键。根据基准面旋回和可容空间变化原理，地层的旋回性是基准面相对于地表位置变化产生的沉积作用、侵蚀作用、沉积物过路作用和沉积非补偿造成的饥饿性乃至非沉积作用等多种地质作用随时间发生空间迁移的地层响应。地层记录中不同级次的地层旋回记录了相应级次的基准面旋回。

一般来说，高分辨率层序地层学是对地层记录中反映基准面变化旋回的时间地层单元进行二元划分。根据地层记录的旋回地层特征，可以将基准面旋回划分成短期、中期和长期旋回。

近来，郑荣才等(2010)结合 Cross 提出的基准面旋回概念、级次划分和等时对比原则，认为高精度等时地层对比的实质就是开展不同级次、具有高精度时间分辨率特性的时间地层单元划分对比，这种等时地层对比不仅适用于油气田勘探阶段较长时段层序单元的划分和等时对比，而且也适合油气田开发阶段较短时段(砂组、砂层、单砂体等)层序单元的划分和等时对比。因此，需要建立不同级次基准面旋回划分参考标准和规范。虽然不同学者划分基准面旋回的方案不尽相同，但是均强调沉积地形、海平面升降、盆地构造沉降、沉积物供给速率以及气候等变量对基准面旋回的控制作用。显然，基准面旋回是基准面相对于地球内部和外部具有周期性特质的、多种地质作用的沉积学响应过程。比如，人们认为周期为 500～600 Ma 的基准面旋回与泛大陆旋回有关，较短周期的基准面旋回多与米兰科维奇旋回(偏心率、斜率、岁差)相关。这说明地质作用的旋回性存在分级显现，那么受旋回地质作用控制的基准面也存在着旋回分级和层次特点。

根据层序界面及其与地层旋回之间对应关系，将基准面旋回划分为巨旋回、超长期旋回、长期旋回(时限百万年)、中期旋回(时限几十万年)、短期旋回(时限几万年至几十万年)和超短期旋回(时限几万年)六个层级(表 6-1)。以盆地资源勘探为目的的层序地层研究多关注中长时限的统、组、段等地层单元研究，以盆地资源开发为目的的层序地层研究多关注较短时限的段、砂层组、砂层(小层)以及单砂体等地层单元研究。

2. 不同级次基准面旋回基本特征

基准面旋回级次的划分不仅考虑了控制基准面旋回形成的主要地质因素和地质记录，总结了不同级次基准面旋回的基本特征，而且明确了不同级次基准面旋回的时限变化范围和主要控制因素，建立了与其他学派层序级别之间的关系(表 6-2)。在 Cross 高分辨率层序地层学研究中，通常使用长期、中期和短期旋回开展层序划分对比。长期基准面旋回持续时限为百万年，沉积厚度数百米，对应 Vail 和 Van Wagoner 的标准三级层序、

Johnson 长周期三级 T-R 旋回；中期基准面旋回持续时限为几十万年，沉积厚度数十米，对应 Vail 和 Van Wagoner 的四级层序（准层序组）、Johnson 中周期四级 T-R 旋回；短期基准面旋回持续时限为几万年至十几万年，沉积厚度数米至数十米，对应 Vail 和 Van Wagoner 的五级层序（准层序）、Johnson 短周期五级 T-R 旋回（表 6-1、表 6-2）。

表 6-1 不同学者基准面旋回划分及其时限对应关系（据郑荣才等，2010）

作 者	Van Wagoner	Allen	Mitchum	Vail	王鸿祯	郑荣才	Cross
层序名称 时限/Ma	巨旋回	一级旋回 300～225	大层序 200	一级旋回 >50	大层序 60～120	巨旋回 30～100	一级层序 >10
	超层序组 29～30 超层序 9～10	二级旋回 10～80	超层序组 29～30 超层序 9～10	二级旋回 3～50	中层序 30～40 正层序组 9～12	超长期旋回 10～50	二级层序 9～10
	层序 0.5～5	三级旋回 1～10	层序 1～2	三级旋回 0.5～3	正层序 2～5	长期旋回 1.6～5.25	三级层序 （长期）1～2
	准层序组 0.1～0.5	准旋回 0.1	高频层序 0.1～0.2	四级旋回 0.08～0.5	亚层序 0.1～0.4	中期旋回 >0.2，≤1	四级层序 （中期） 0.1～0.2
	准层序*		五级层序 0.01～0.02	五级旋回 0.03～0.08	小层序 0.02～0.04	短期旋回 0.04～0.20	五级层序 （短期） 0.01～0.02
	岩层组**			六级旋回 0.01～0.03		超短期旋回 0.02～0.04	

*层序时限为数万年；**层序时限为数百年至数千年。

表 6-2 不同级次基准面旋回时限和基本特征（据郑荣才等，2001）

旋回级次	界面类型	时限范围/Ma	层序定义	层序发育规模（厚度/m）	主要控制因素		与 Vail 相当的层序地层单元对比	
巨旋回	Ⅰ类	30～>100（视盆地延时而定）	包括盆地演化各阶段原型盆地完整的沉积充填序列	千余米至数千米级	构造因素	区域构造运动	不能完全对比	相当Ⅱ级层序
超长期	Ⅱ类	10～50	以盆地演化各阶段为单位的构造充填序列（或构造层序、构架层序）	数百米至千余米级		构造演化阶段的应力场转换		相当Ⅲ级层序组
长 期	Ⅲ类	1.0～5.0	一套具较大水深变化幅度的、彼此间具成因联系的地层所组成的区域性湖进-湖退（或海侵-海退）沉积序列	百余米至数百米级		各构造演化阶段中的构造幕式性强弱变化		相当Ⅲ级层序

续表

旋回级次	界面类型	时限范围/Ma	层序定义	层序发育规模（厚度/m）	主要控制因素		与Vail相当的层序地层单元对比	
中　期	Ⅳ类	＞0.2且≤1	一套水深变化幅度不大的、彼此间成因联系密切的地层叠加所组成的湖进-湖退（或侵进-海退）沉积序列	数十米至百余米级	天文因素	偏心率长周期	可基本对比	Ⅳ级层序（准层序组或体系域）
短　期	Ⅴ类	0.04～0.16	一套具低幅水深变化、彼此间成因联系极为密切，或由相似岩性、岩相地层叠加组成的湖进-湖退（或海侵-海退）沉积序列	数米至十数米级		偏心率短周期		Ⅴ级层序（准层序）
超短期	Ⅵ类	0.02～0.04	一套代表最小成因地层单元的单一岩性或相关岩性的叠置样式	分米至数米级		岁差周期		Ⅵ级层序（韵律层）

二、基准面旋回界面特征和叠加样式

1. *基准面旋回界面特征*

基准面旋回升降变化过程主要受控于海平面变化、构造沉降、沉积负载、沉积物供给通量和沉积地形等多种地质因素的综合作用。一个基准面升降旋回形成的沉积充填序列即一个成因层序单元，其沉积界面对应基准面上升早期低点位置或基准面下降晚期高点位置的不整合面或冲刷面，由该界面限定的沉积旋回级次取决于地层基准面旋回周期长短（Cross，1994）。因此，不同级别的基准面旋回界面具有不同成因特征和识别标志。利用野外露头、岩芯、测井和地震资料是识别不同级次基准面旋回界面的有效方法。

由区域性构造运动形成的、在盆地范围内大面积稳定分布的不整合界面常常构成巨旋回成因地层的边界；由盆地构造演化不同阶段应力场转换形成的不整合界面可构成超长期旋回成因地层的边界；由区域性海（湖）退作用或周期性幕式构造活动形成的大型冲刷间断界面或不整合界面可构成长期旋回成因地层的边界；受天文因素偏心率周期气候变化引起的较大规模的侵蚀冲刷面、沉积序列结构转变界面或间歇性暴露面常构成中期旋回成因地层的边界；受天文因素斜率周期气候变化和局部构造活动形成的间歇性暴露面、相变界面和相关整合界面可构成短期旋回成因地层的边界；受天文因素岁差周期气候波动形成的分布范围较小的弱冲刷面和对应的整合界面常常构成超短期旋回成因地层的边界（表 6-2）。

2. *地层旋回对称性*

沉积物体积分配作用控制沉积相域（沉积体系组合）几何形态、岩性特征、地层叠置样式、地层旋回对称性、地层不连续界面、沉积相分异、原始地貌要素保存程度和地层格架的等时地层属性。只有从基准面旋回和可容空间变化产生的沉积物体积分配过程响应动力学观点出发，才有可能理解沉积物体积分配作用导致的诸多地层学和沉积学性质变化特征，并根据这些变化特征反演基准面旋回变化，开展高分辨率等时地层对比，建立等时地层格架，并进一步解释和预测地层属性时空分布变化。

地层旋回是基准面变化过程中上升和下降半旋回形成的岩石记录。

地层旋回对称性是基准面上升和下降变化过程中形成的岩石记录的一种特征。对称型旋回是指基准面旋回上升和下降半周期内形成的大致相同厚度和镜像沉积序列（类型）。不对称型旋回是指以基准面下降时期沉积的沉积物为主或基准面上升时期沉积的沉积物为主的地层旋回，不存在沉积序列（类型）的镜像关系，但沉积序列或类型可重复出现（图 6-8）。

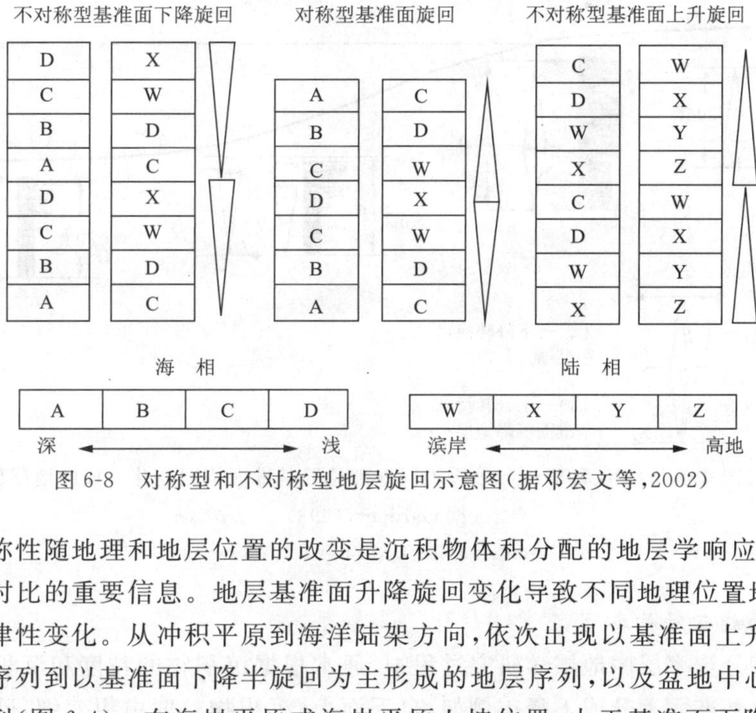

图 6-8　对称型和不对称型地层旋回示意图（据邓宏文等，2002）

地层对称性随地理和地层位置的改变是沉积物体积分配的地层学响应，也是高分辨率等时地层对比的重要信息。地层基准面升降旋回变化导致不同地理位置地层旋回对称特点发生规律性变化。从冲积平原到海洋陆架方向，依次出现以基准面上升半旋回为主形成的地层序列到以基准面下降半旋回为主形成的地层序列，以及盆地中心位置近于对称的地层序列（图 6-4）。在海岸平原或海岸平原上坡位置，由于基准面下降期间该处大量沉积物过路或被剥蚀并被搬运到下坡沉积，因而地层旋回由基准面下降不整合（或沉积间断）和上覆基准面上升期间沉积的沉积物组成，整体形成由基准面上升期沉积构成的不对称型旋回；在海岸平原下坡位置，由于基准面上升和下降期间均有较大的可容空间而使沉积物保存，形成对称的地层旋回；向海方向，由于海泛作用加强，基准面上升形成的地层保存较少或发生海底侵蚀而形成沉积间断，从而基准面上升形成的对应沉积序列厚度较小，主要由基准面下降形成的临滨或三角洲前缘组成；到海洋陆架位置，由于基准面升降均可形成对应沉积物，地层的旋回对称性变好（图 6-4）。

地层旋回对称性变化表明，在基准面旋回变化形成的沉积地层单元或成因地层单元中，由于沉积物体积分配作用，沉积物的沉积作用可是不连续和不对称的。因而，在不同地理位置，一个基准面旋回形成的地层响应可由岩石＋岩石组成，也可由岩石＋不连续界面组成（图 6-4）。也就是说，冲积平原环境基准面下降期间形成的地层不连续界面在时间上等同于沿斜坡向下在临滨或三角洲前缘环境由基准面下降形成的地层；冲积平原环境基准面上升期间形成的地层在时间上等同于沿斜坡向下在临滨或三角洲前缘环境基准面上升形成的海侵冲刷沉积间断面（图 6-4）。美国犹他州白垩系 Ferron 砂岩形成于滨岸平原-临滨（滨面）沉积环境，在不同地理位置基准面旋回变化形成了具有不同对称性的地层旋回（图 6-9）。

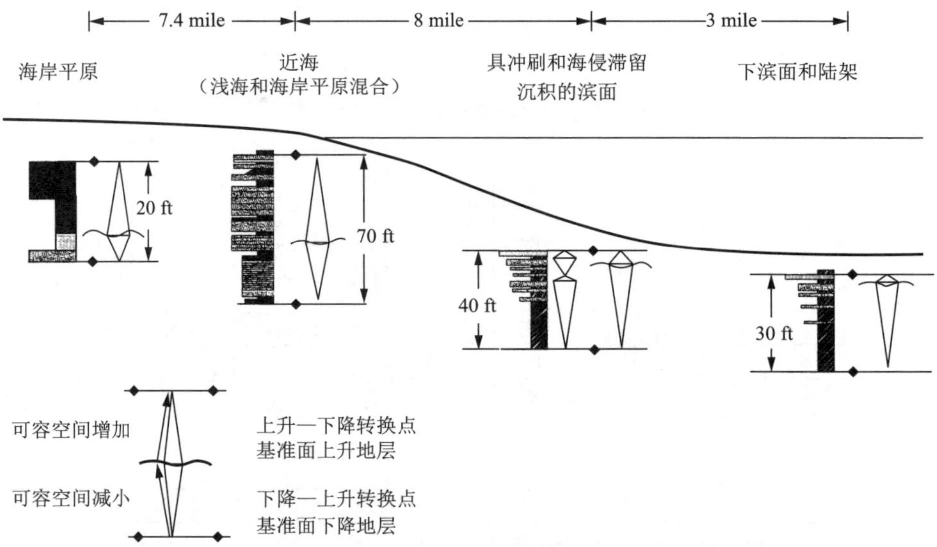

图 6-9　美国犹他州白垩系 Ferron 砂岩不同地理位置基准面旋回变化形成的地层旋回特征

（据 Gardner，1993）

1 mile＝1.609 km；1 ft＝0.3048 m

3. 基准面旋回结构类型

在开展高分辨率层序地层学研究过程中，通常根据沉积物的粒度和沉积厚度变化来表示不同级次基准面上升或下降。例如，自下而上，沉积物粒度由粗变细、砂岩沉积厚度由厚变薄代表基准面上升或可容空间增加、水体加深；反之代表基准面下降或可容空间减小、水体变浅。通常，用正三角表示沉积物粒度由粗变细的基准面上升半旋回，用倒三角表示沉积物粒度由细变粗的基准面下降半旋回（图 6-10）。

根据基准面旋回单元及其组合方式，可将基准面旋回结构类型划分为：基准面上升（向上变深）的不对称型、基准面下降（向上变浅）的不对称型和由基准面上升与基准面下降组合而成的对称型。进而可根据沉积岩性、沉积厚度对基准面旋回结构进行亚类划分（图 6-11）。

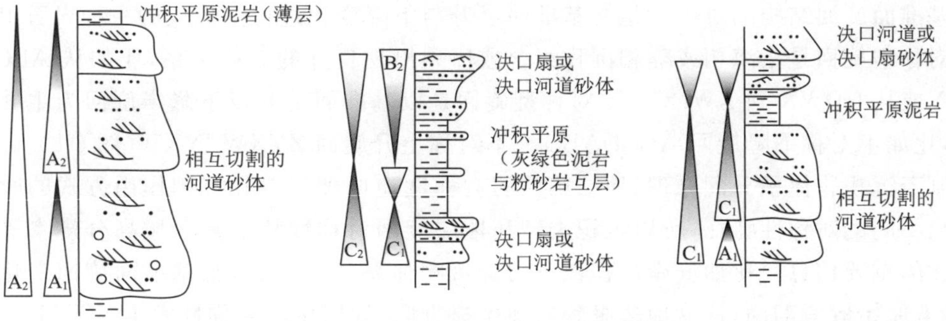

图 6-10　不同级次基准面上升和下降的沉积特征及其表达方式(据郑荣才等,2010)

A_1—基准面持续上升和高幅下降并遭受强烈侵蚀;A_2—基准面持续上升和低幅下降并遭受弱侵蚀;B_2—基准面持续下降;C_1—基准面高幅缓慢上升和加速下降;C_2—基准面低幅缓慢上升和缓慢下降

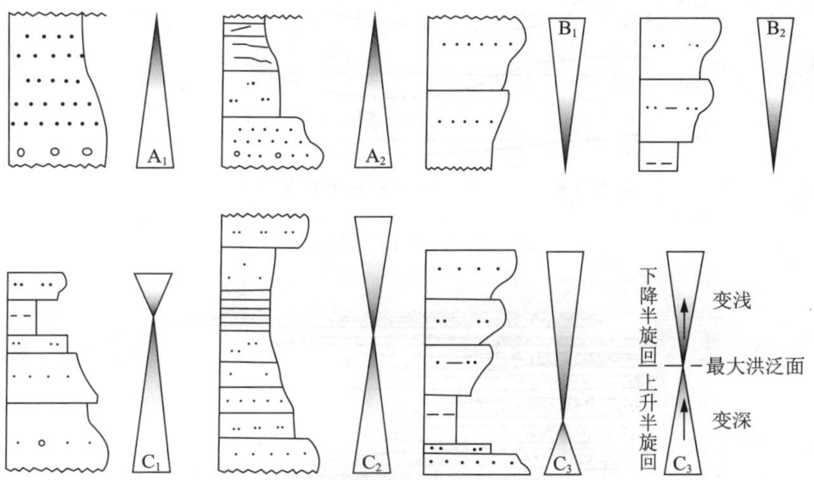

图 6-11　基准面旋回的主要结构类型(据郑荣才等,2010)

A—向上变深的不对称型;A_1—低可容空间亚类型;A_2—高可容空间亚类型;B—向上变浅的不对称型;B_1—低可容空间亚类型;B_2—高可容空间亚类型;C—包含向上变深和向上变浅旋回的对称型;C_1—以上升半旋回为主的不完全对称型;C_2—上升与下降半旋回近于对称的完全对称型;C_3—以下降半旋回为主的不完全对称型

研究表明,具有相同结构类型的基准面旋回可以出现在不同沉积亚微相组合中,它们往往具有相似的岩性组合和沉积物粒度变化特征;在相同沉积亚微相中,不同部位可以出现不同类型的基准面旋回结构类型以及岩性组合、沉积物粒度变化。上述特征说明基准面旋回结构类型并不完全受控于沉积环境,而是受控于可容空间与沉积物供给通量之间的关系(A/S)。通常,具有低可容空间和较高沉积物供给通量的沉积环境($A/S<1$,如河流和三角洲)沉积水动力较强,多发育向上变深或变浅的不对称型旋回结构(A_1或B_1);具有较高可容空间和较低沉积物供给通量的沉积环境($A/S>1$,如深水沉积)沉积水动力较弱,多发育对称型和向上变浅的不对称型旋回结构(C_1,C_2,C_3和B_2)。显然,可容空间变化机制是控制基准面旋回结构类型及叠加样式的主要因素(图 6-11)。

基准面旋回结构的对称性是在基准面上升与下降变化过程中形成的一种岩石组合响应。对称型旋回是指海相或陆相沉积组合或序列出现良好的对称关系，比如从 ABCD 到 DCBA 或从 CDWX 到 XWDC。不对称型旋回是以基准面上升或下降半旋回为主并重复出现，比如不对称下降旋回 ABCDABCD、不对称上升旋回 ZYXWZYXW(图 6-8)。

基于沉积物体积分配原理，地层旋回的对称性随地理位置和沉积作用方式的改变而表现出不同的对称性特征，所以沉积类型和地层旋回对称性特征是区域高分辨率等时地层对比的重要信息。比如滨岸沉积或三角洲沉积体系(图 6-12)，在基准面旋回变化过程中，沿着原始倾斜剖面，从盆地边缘到盆地中央方向，地层旋回对称性发生了下列变化：

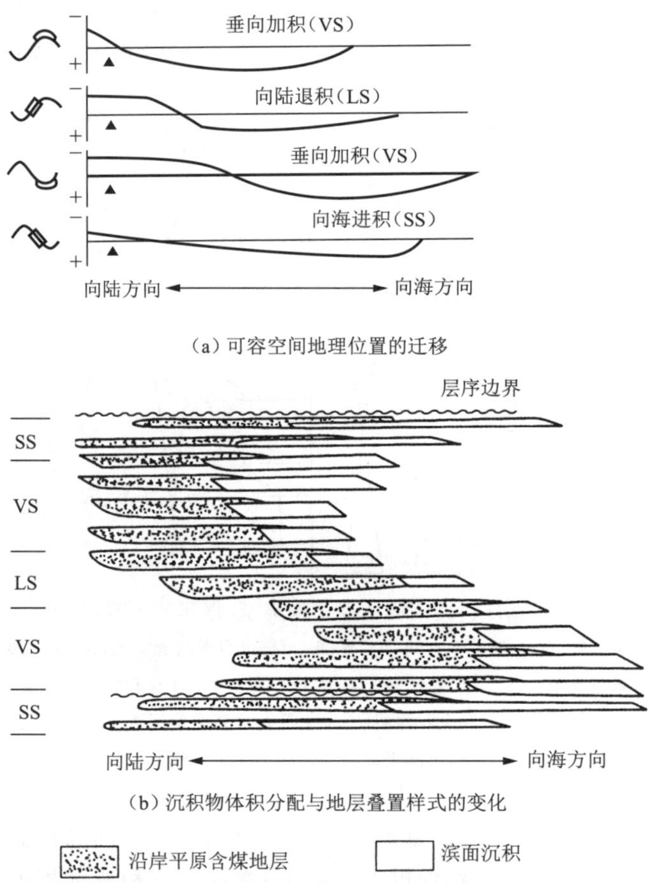

图 6-12 可容空间迁移导致沉积物体积分配和成因地层叠置样式的变化(据 Cross，1994，有修改)

SS—进积序列；VS—加积序列；LS—退积序列

(1) 在冲积平原或海岸平原，由于基准面下降，沉积物过路或被剥蚀形成不整合间断面或未见基准面下降半旋回对应形成的沉积序列；在基准面上升、可容空间增加时期，形成以冲刷面为旋回底界、向上变深的不对称型地层旋回(图 6-12 中三角洲平原位置，可能保存有薄层基准面下降旋回序列)。

(2) 在三角洲前缘或海岸平原进入沉积盆地部位，在基准面下降和上升期间均有足够的可容空间使得沉积物得以保存，形成以弱冲刷面或以整合界面为旋回边界的对称型地层旋回。

(3) 向盆地中央方向(浪基面附近)，随着水进(海泛或湖泛)作用加强，基准面上升半旋回保存不够完好(可能厚度较薄)，形成以洪泛面为底界的由三角洲前缘或临滨砂岩组成、向上变浅的不对称型地层旋回。

(4) 进入盆地中央，在基准面上升时期，A/S 增大，处于饥饿沉积状态；在基准面下降期接受沉积，形成以无沉积间断面为旋回边界、向上变浅的不对称型地层旋回(图 6-12)。

在一定沉积区域，由于沉积物体积分配作用，地层旋回的对称性变化及分布具有良好的规律性(图 6-9)。在不同地理位置或沉积环境，有时由岩石与岩石组成对称型旋回，有时由岩石与不连续界面组成不对称型旋回。虽然不同地理位置的地层旋回特征不同，但是它们均形成于相同的一个基准面旋回变化过程中，是同期形成的，是开展等时地层对比的基础。

4. 成因地层单元叠置样式

在长期基准面旋回(百万年周期)中，沉积物体积分配决定了连续沉积地层的进积、加积和退积叠置样式。

在基准面升降变化过程中，伴随着有效可容空间的迁移，滨岸或三角洲沉积体系会出现完全不同的沉积物体积分配和地层叠置样式。如在基准面下降半旋回相域期间，有效可容空间向盆地方向迁移，直至沉积速率与有效可容空间增长速率相等的位置，滨岸或三角洲沉积向盆地下超形成进积序列，同期在向陆方向出现基准面开始下降穿越地表形成暴露和侵蚀作用，滨岸平原主要由不对称的基准面上升半旋回组成；在基准面上升半旋回相域期间，有效可容空间向陆方向迁移并逐渐加大，滨岸或三角洲沉积向陆上超形成加积、退积序列，滨岸平原旋回对称性变好，反映出随基准面上升，储存能力增加(图 6-12、图 6-13)。

向盆地方向迁移的地层进积样式形成于较长期基准面旋回的下降晚期至下降到最低点位置期间；随之产生的垂向加积样式形成于基准面下降至上升的转变阶段或基准面旋回上升的开始阶段，此时可容空间没有明显变化；向陆方向迁移的连续地层退积样式是在基准面上升晚期形成的并延伸到最大海泛时期；随之产生的垂向加积样式是基准面上升末期和下降早期的产物(图 6-12)。

可根据沉积序列的开始、末尾沉积类型(相)来判断地层叠置样式。如果上部叠置的新沉积旋回开始相沉积水深浅于下部沉积旋回开始相沉积水深，那么该沉积旋回是进积的；如果上部叠置的新沉积旋回开始相沉积水深与下部沉积旋回开始相沉积水深相同，沉积序列重复出现，那么该沉积旋回是加积的；如果上部叠置的新沉积旋回开始相沉积水深深于下部沉积旋回开始相沉积水深，那么该沉积旋回是退积的(图 6-14)。

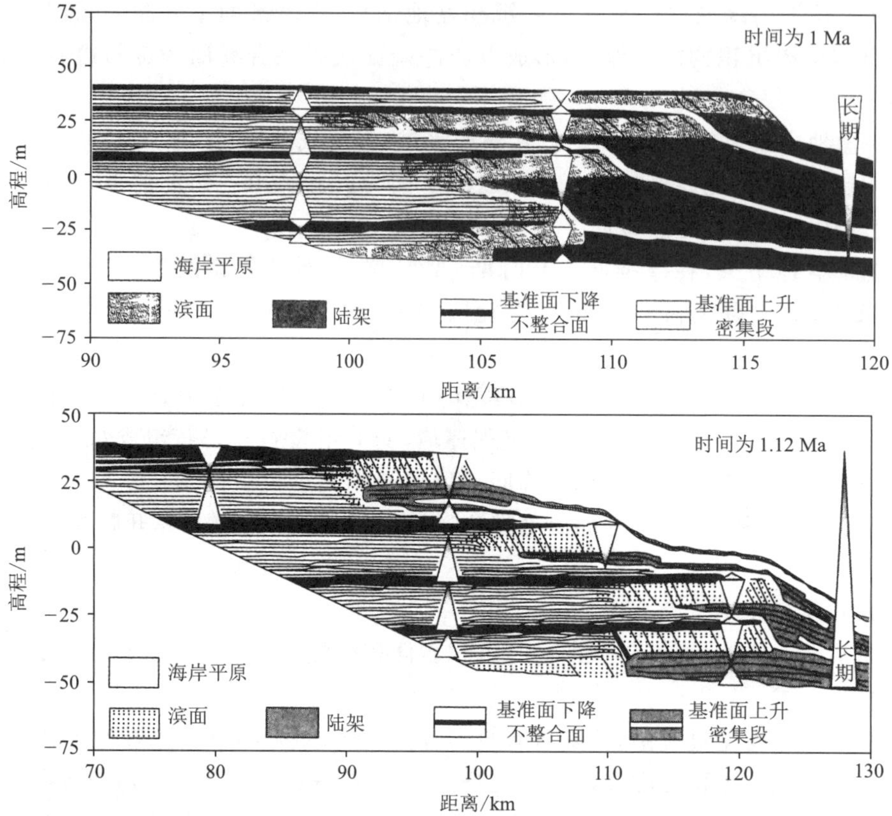

图 6-13　长期基准面下降和上升期间形成进积和退积成因层序(据邓宏文等,2002)

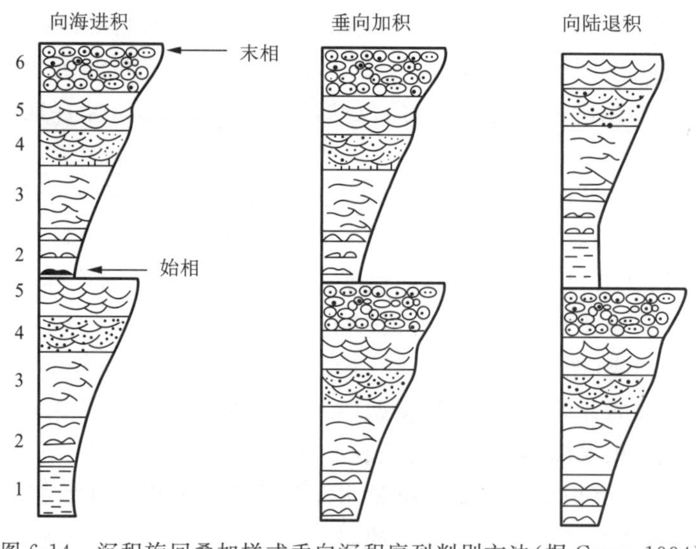

图 6-14　沉积旋回叠加样式垂向沉积序列判别方法(据 Cross,1994)

1～6 代表不同的相

三、基准面旋回识别与对比法则

1. 基准面旋回识别标志

高分辨率层序地层学的研究基础是地层基准面识别和沉积相序分析。向上逐渐变深的相序代表基准面上升半旋回相域，向上逐渐变浅的相序代表基准面下降半旋回相域。显然，从地层记录中可以识别沉积相序和基准面旋回变化。

露头、岩芯、测井和地震资料是识别多级次基准面旋回的可信依据。由于不同资料识别基准面旋回的垂向分辨率不同，所以在不同级次基准面旋回识别中发挥的作用不同。

基准面旋回界面的岩性识别标志：① 沉积序列中的冲刷面及其上覆的滞留沉积，不同成因和规模的侵蚀冲刷面或不整合面是划分不同级次基准面旋回的主要依据；② 沉积相序不连续，如河流沉积直接覆盖于较深水沉积之上；③ 岩相类型或相组合的垂向转换，如向上变细变深的相序或相组合转变为向上变粗变浅的相序或相组合代表基准面上升达到最高位置（最大洪泛面），反之代表对应基准面下降到最低位置；④ 砂泥岩沉积厚度旋回变化，如层序界面之下砂岩厚度较大、粒度较粗、砂泥比较大，层序界面之上砂岩厚度逐渐减薄、粒度变细、砂泥比减小。根据上述岩相及其变化特征可以识别出具有不同岩性特征的短期和超短期旋回（图 6-15）。

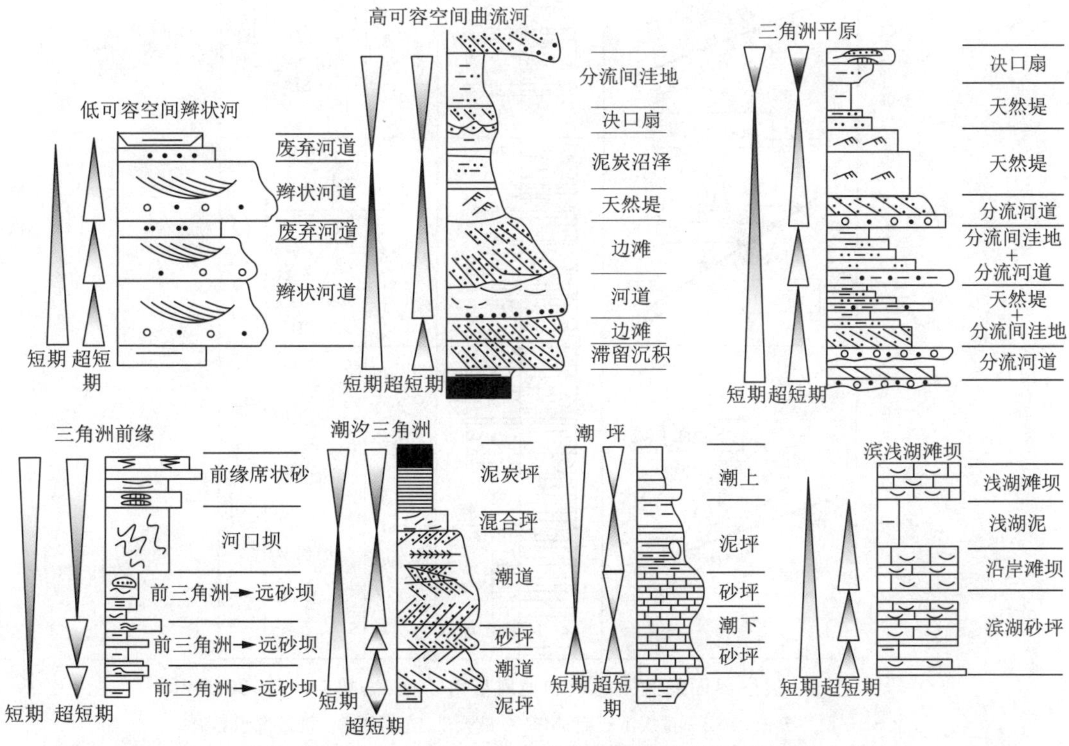

图 6-15　不同沉积环境形成的短期和超短期旋回层序特征（据邓宏文等，1996）

基准面旋回界面的测井识别标志：在含油气沉积盆地层序地层分析中，经过岩芯刻度的测井信息是识别层序地层界面和划分短期、中期、长期基准面旋回的有效途径。这是因为在中长期旋回地层中，短期旋回地层往往是在较长期基准面旋回上升与下降过程中单向移动的阶段性产物，对应不同的沉积演化阶段。在大致相似的地质背景下，短期旋回通常具有特定的旋回结构、叠置样式和测井响应（图 6-16）。

（1）在较长期基准面旋回上升早期和下降晚期，沉积物供给速率大于可容空间增长速率，容易形成向盆地中央方向迁移的叠置样式（进积样式），即叠置的短期旋回自下而上出现可容空间减小、沉积物增多加粗的变化特征。

（2）在较长期基准面旋回上升中晚期和下降早期，沉积物供给速率小于可容空间增长速率，容易形成向盆地边缘方向迁移的叠置样式（退积样式），即叠置的短期旋回自下而上出现可容空间增大、沉积物粒度变细的特征。

（3）在较长期基准面旋回上升晚期和下降早期的转换阶段，沉积物供给速率与可容空间增长速率相当，容易形成原地沉积的加积叠置样式（加积样式），即叠置的短期旋回特征没有发生明显变化。上述短期旋回的叠置样式在测井曲线中具有良好响应（图 6-16）。

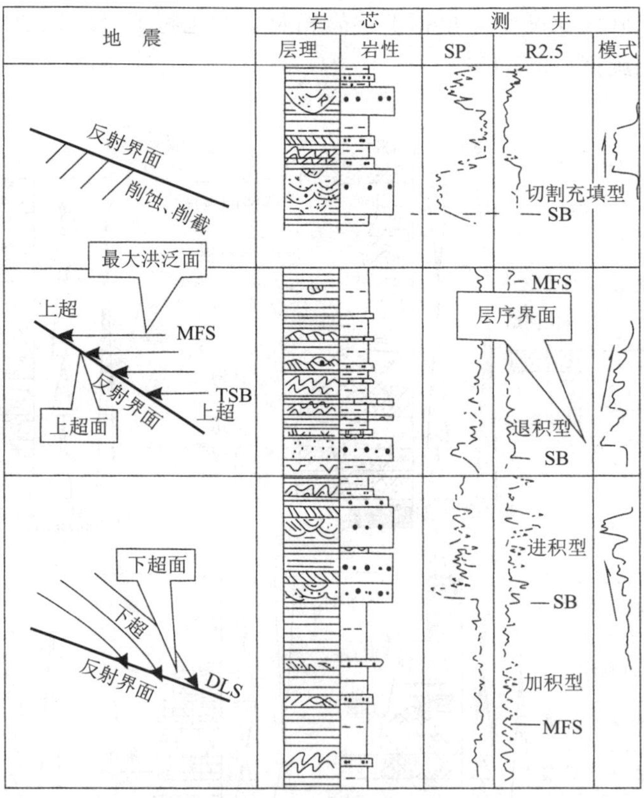

图 6-16　层序界面的测井响应和地震反射特征（据郑荣才等，2010）

SB—层序界面；TSB—首次洪泛面；MFS—最大洪泛面；DLS—饥饿沉积界面

基准面旋回界面的地震识别标志：在较大区域范围内，地震反射界面对应的不整合面和层面是等时的，进而可以利用地震反射界面（基于岩芯和测井资料刻度）开展层序界面解释和基准面旋回划分。受地震资料垂向分辨率限制，常常采用地震资料识别划分长期基准面旋回。

(1) 反映区域不整合面或地层不整一关系的地震反射终止关系是确定层序界面的良好依据。

(2) 振幅强、连续性好、分布范围广的地震反射往往对应基准面上升与下降转换位置的最大洪泛面。

(3) 制作合成地震记录或采用 VSP 建立地震层序划分与钻井层序划分之间的对应关系。

(4) 建立特有地震反射内部结构和外部形态(比如前积、丘状地震反射)与利用岩芯和测井资料确定的中短期旋回的对应关系，确定地层叠置样式的变化特征，进而综合多种资料分析不同周期基准面旋回发育分布特征(图 6-16)。

2. 不同基准面旋回级次响应特征

前文分析了基准面的旋回级次(表 6-1、表 6-2)，在科学研究和油气勘探开发实践中，短期、中期和长期基准面旋回形成的沉积序列是主要研究对象。因此，下文主要讨论这些相关基准面旋回的识别标志。

1) 短期旋回

短期旋回系指成因上有联系的岩相组合，记录了一个短期基准面旋回可容空间由增加到减少的过程。短期旋回中代表基准面上升半旋回的地层记录以反映沉积水体逐渐变深的相组合为特征(位于海盆或湖盆中，且沉积物供给速率低于可容空间增长速率)；代表基准面下降半旋回的地层记录则以沉积水体逐渐变浅的相组合为特征。短期基准面旋回形成的短期地层旋回边界一般为代表短期基准面下降期地表冲刷作用形成的小型侵蚀面，或既无沉积又无侵蚀的非沉积作用面，或对应于相组合的垂向转换位置。实际上，短期基准面旋回主要是通过露头、岩芯及钻井岩性序列等具有高分辨率特征的地质资料来确定的。

常见的短期基准面旋回识别标志：① 地层剖面中冲刷现象及上覆的滞留沉积物。它代表基准面下降至地表之下时的侵蚀冲刷作用，或代表基准面上升时的水进冲刷过程。② 滨岸上超的向下迁移。在钻井剖面中常表现为沉积相向盆地中央方向的迁移，深、浅水沉积之间往往缺失过渡环境沉积。③ 岩相类型及其组合在垂向上发生变化的地方。如向上水体变浅的相组合转变为向上水体变深的相组合的转换处。④ 砂泥岩厚度旋回变化及地层叠置样式变化。例如在旋回边界之下为向上砂岩厚度减薄、砂泥比降低的沉积序列，旋回边界之上则为向上砂岩厚度加大、砂泥比增大的沉积序列。

短期基准面的旋回变化可以在地层记录中表现出对称型和不对称型的地层旋回。例如低可容空间下形成的河道砂沉积由相互切割的复合河道砂岩组成，仅发育大型槽状、板状交错层理和块状层理砂岩以及较薄的冲积平原泥岩，多个基准面上升半旋回垂向上叠加起来，表现出不对称特点，但在潮坪沉积中，随着基准面上升到下降的变化，就形成了相应的潮下带、潮间带和潮上带沉积组合(图 6-17)，并表现出对称特点。

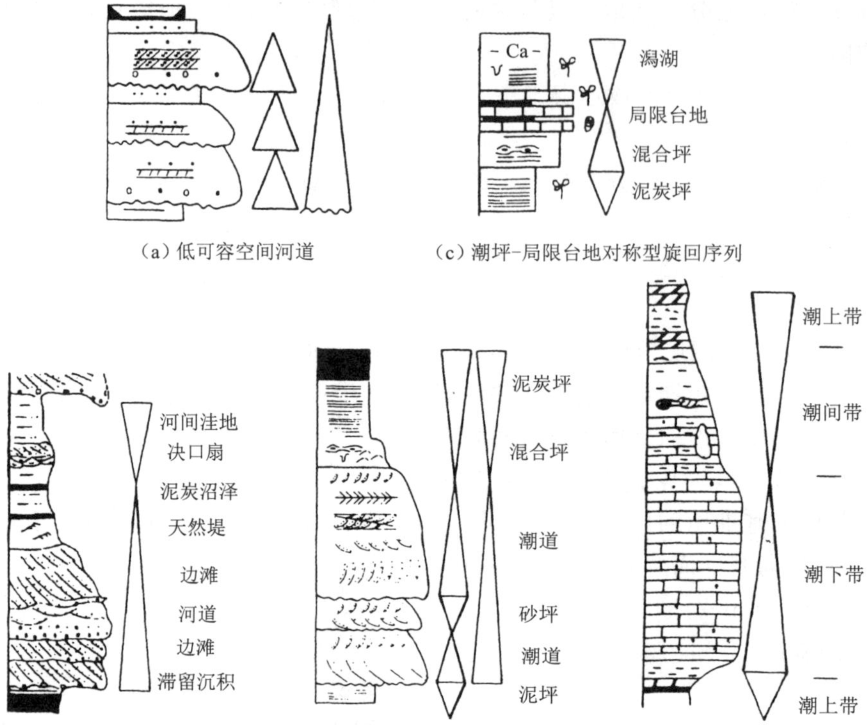

(a) 低可容空间河道　(c) 潮坪-局限台地对称型旋回序列

(b) 高可容空间河道　(d) 潮汐三角洲对称型旋回　(e) 潮汐沉积对称型旋回

图 6-17　短期基准面旋回及其岩相组合(据邓宏文等,1996)

2) 中期旋回

中期旋回是指在大致相似地质背景下形成的一系列具成因联系的短期旋回的组合,包括中期基准面上升和下降半旋回。中期基准面上升半旋回由一系列代表水体逐渐变深的短期旋回叠加而成,中期基准面下降半旋回由一系列代表水体逐渐变浅的短期旋回叠加而成。在中期基准面上升和下降半旋回中可能出现相似的相和相组合,但由于在地层中的位置不同,内部结构存在差异,可以将它们区分开来。中期基准面旋回的识别可以通过露头、岩芯以及测井资料的分析来完成。特别是在覆盖区,可以根据岩芯井段对测井资料的刻度进行标定,建立不同短期基准面旋回的测井响应模型来分析短期旋回的叠加样式,进而确定中期旋回的界面和中期旋回特征。

一般来说,在中期基准面下降期,沉积物供给速率大于可容空间增长速率($A/S<1$),所以沉积序列反映出可容空间不断减小的特征,沉积序列表现出向上砂岩厚度加大、砂泥比加大的短周期旋回叠加样式(图 6-18～图 6-20);在中期基准面上升期,可容空间增长速率大于沉积物供给速率($A/S>1$),上覆的短期旋回的沉积特征与下伏相邻短期旋回相比,泥岩厚度加大,砂泥比降低,反映可容空间增大的特征(图 6-18、图 6-19);短期旋回的垂向加积样式是在较长期基准面上升旋回到下降旋回的转换时期形成的,此时可容空间增长速率几乎等于沉积物供给速率($A/S=1$),也就是相邻短期旋回形成时的可容空间变化不大,新增可容空间近乎为零,各个相邻短期旋回的沉积性质具有良好的相似性(图 6-18)。

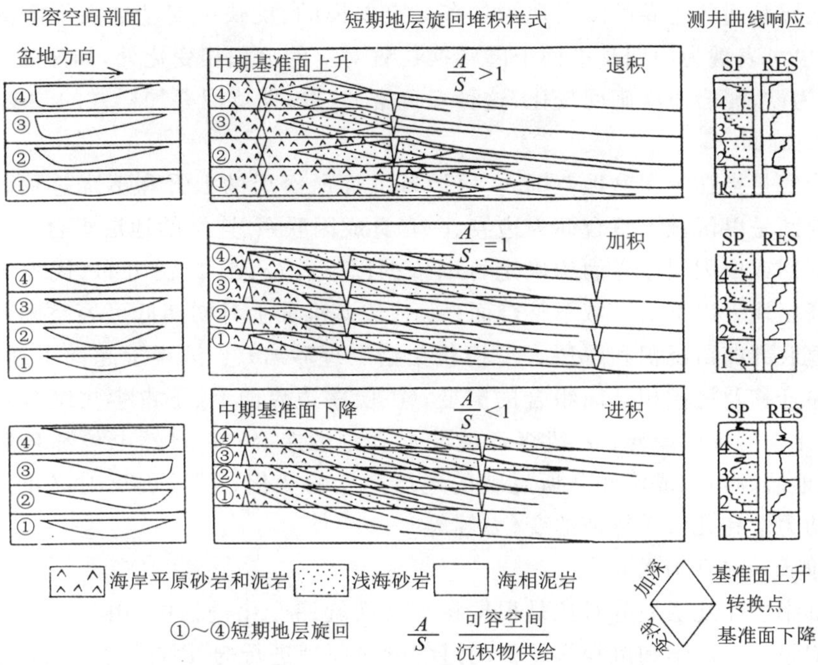

图 6-18　短期旋回叠加样式及其测井响应(据邓宏文等,1996)

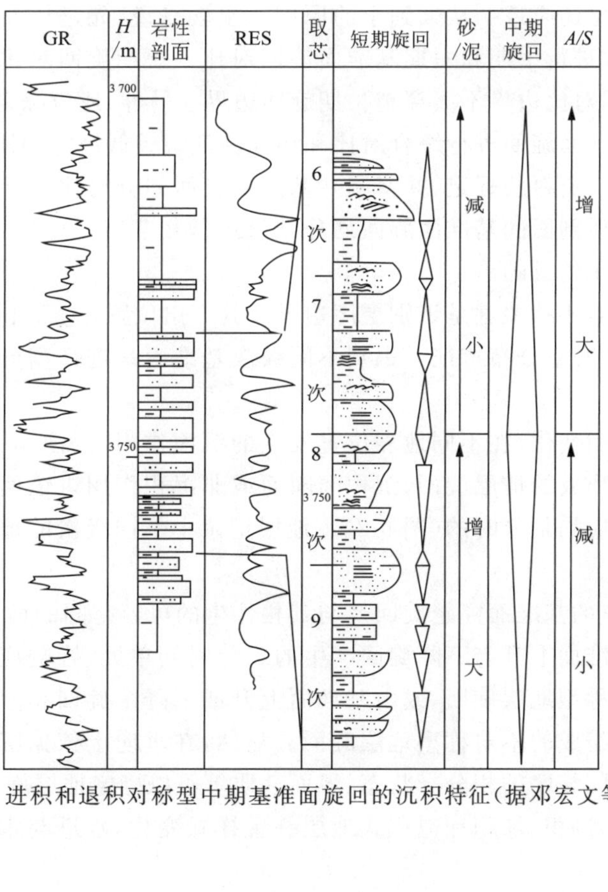

图 6-19　进积和退积对称型中期基准面旋回的沉积特征(据邓宏文等,1996)

中期地层旋回的边界可以表现为具有一定规模的、反映中期基准面下降的河道冲刷不整合面；也可表现为中期基准面下降转换位置对应的沉积相变化处，如海陆过渡相变化处，或表现为砂、泥岩厚度旋回变化，这种变化常通过短期旋回叠加样式的改变表现出来。

3）长期旋回

长期旋回是指在沉积盆地范围内，区域基准面所经历的上升和下降过程。它形成的长期地层旋回是以区域不整合面为边界、一套具成因联系、连续的地层组合。

长期旋回或成因层序界面的确定可以依据以下特征：① 广泛分布、代表区域基准面大幅度下降至地表以下的区域不整合面；② 代表基准面上升初期低可容空间时河流充填作用的河道底部滞留沉积和厚层大型槽状交错层理砂岩；③ 滨岸上超向下迁移、沉积相向盆地方向迁移及沉积相垂向组合的突变；④ 层序边界面上、下古生物组合及微量元素含量、地球化学特征的差异；⑤ 成煤环境及煤组分的差异；⑥ 自然电位和自然伽马测井值的变化、地层倾角和成像测井所反映的地层产状的变化；⑦ 地震反射终止关系以及地震反射波动力学和几何学特征的变化；等等。

3. 基准面旋回等时对比

高分辨率层序地层划分对比是根据在基准面旋回变化过程中，由可容空间变化所导致的岩石记录的地层学和沉积学特征的过程响应原理进行的，因此，可以通过相序及其组合变化进行成因层序的划分和对比。

基准面旋回对比还应遵循从大到小的原则。也就是说，先进行盆地范围的长期基准面旋回对比，再依次进行中期和短期基准面旋回对比。短期旋回对比边界不能穿越中期旋回边界，中期旋回对比边界不能穿越长期旋回边界。另外，还应综合应用露头、岩芯、测井和地震资料对基准面旋回进行综合对比和相互验证。较低级次的测井基准面旋回对比必须通过岩芯（露头）资料的标定，并将测井基准面旋回划分对比的结果通过合成地震记录的方法与地震反射剖面的基准面旋回划分结果进行相互对比验证，从而达到多种资料基准面旋回综合对比的目的。

成因层序划分对比的关键是识别层序边界及其产出位置，进而分析层序结构类型、叠加样式、排列组合和时空分布特征。识别不同级次基准面是进行高分辨率层序地层划分对比的基础。

由于基准面旋回变化，在不同地表位置发生的沉积作用、侵蚀作用、沉积物过路作用和欠补偿作用对应形成的地层旋回、沉积间断面或非沉积作用饥饿面等随时间变化发生空间迁移的地质响应均是等时的（图 6-2）。地层记录中不同级次的地层旋回响应于相应级次的基准面旋回。

因此，一个完整的基准面穿越旋回及与其相伴生的可容空间的增加和减少，在地层记录中对应表现为基准面上升与下降旋回产生的二分时间单元，皆响应于基准面上升和下降半旋回形成的对称型地层旋回，或由基准面上升或下降半旋回相域与代表侵蚀作用或非沉积作用间断面组成的不对称型地层旋回。显然，在垂向上依据沉积物的沉积类型及旋回特征、保存程度、相序的相分异状态、界面性质等可以确定地层旋回的对称程度，并可根据旋回厚度变化，进积、加积和退积式地层叠置样式变化，水进与水退转换面等标志确定不同地理位置基准面旋回和界面的等时对比关系(图 6-20)。因此,无论是海相还是陆相沉积环境,代表基准面下降半旋回的地层旋回均是以反映沉积环境逐渐变浅的相序为代表,而代表基准面上升半旋回的地层旋回均是以反映沉积环境逐渐变深的相序为代表。层序的叠加样式具有下述基本规律:在较长期基准面旋回中,代表基准面下降半旋回的地层通常由多个呈进积样式的较短期基准面旋回叠加而成,而代表基准面上升半旋回的地层通常由多个呈退积样式的较短期基准面旋回叠加而成。

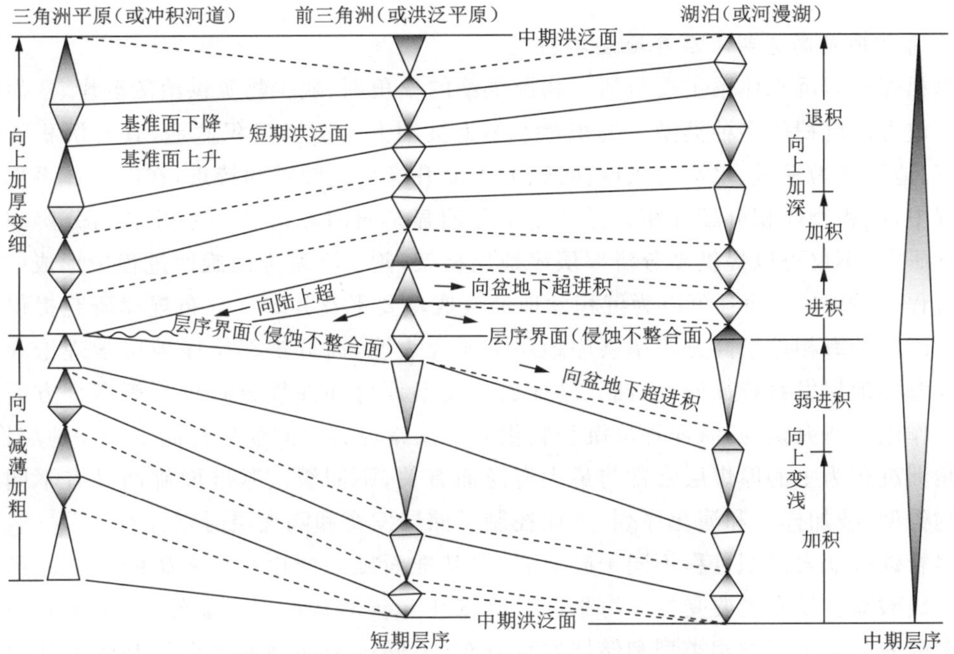

图 6-20　三角洲环境成因地层/界面等时对比示意图(据 Cross,1994)

Cross(1994)认为,高分辨率层序地层学地层对比是相同时代地层或界面之间的对比,不是旋回幅度或岩性之间的简单对比(图 6-20)。在成因层序对比中,基准面旋回的转换点(turnround point),即基准面由下降到上升或由上升到下降的转变位置,可作为时间地层对比的优选位置。因为转换点是可容空间增大到最大值或减小到最小值的单向变化极限位置,即基准面旋回的两个时间单元的划分界线。在地层记录中,转换点有时表现为地层不连续面,有时则表现为连续的岩石序列。那么,在地层对比中,如何进行不同地方的岩石序列与岩石序列对比、岩石序列与不连续面对比,或不连续面之间相互对比,则取决于可容空间和沉积物供给通量之间的关系。时间-空间图解(图 6-2)是对地层剖面进行时间-空间反演的最有效方法,有助于对地质过程(时间+空间)的地层响应(岩石+界面)的理解,有助于确定何时进行岩石对比岩石、岩石对比界面,或界面对比界面,以检验层序对比的准确可靠性。

由于基准面变化的地层记录是以多级次旋回形式出现在区域范围内,可跨越各种沉积环境,因而以地层基准面识别为基础的地层对比不依赖于沉积环境,也不需要了解海平面的位置与运动方向。例如，在海岸平原至浅海沉积环境的层序地层对比中，可以依据基准面变化特征、砂泥岩厚度变化特征把不同沉积环境的相同基准面旋回对比起来（图 6-9）。

第三节　高分辨率层序地层学研究

一、海、陆相地层高分辨率层序地层学研究

1. 海相地层高分辨率层序地层学研究

海相碎屑岩沉积体系主要包括有物源供给的三角洲、缺少物源供给的滨岸、浅海陆架和深海重力流沉积等多种类型。沉积背景多为被动大陆边缘沉积盆地，具有沉积物源供给丰富、地形较为平缓、水动力条件活跃、海平面升降变化频繁的特点，在沉积体系形成演化过程中，沉积物体积分配和相分异作用十分明显。对海相沉积体系开展高分辨率层序地层学研究，不仅可以提供高分辨率层序地层格架，阐明在基准面旋回过程中形成的海相地层过程-沉积响应，而且可以为沉积盆地油气成藏要素及其时空分布规律研究提供地层基础。国内外海相地层高分辨率层序地层学研究表明，高分辨率层序地层学理论和方法技术在海相地层发育特征研究、油气勘探成藏要素评价和油气分布预测等多个方面发挥了重要作用。研究认为，海洋环境沉积物供给和滨岸可容空间变化控制了层序地层性质，以三角洲沉积为主的厚煤层常常与最大海泛面有关，不同级次基准面旋回具有不同的层序结构类型、叠加样式和演化序列，进而控制了储层发育和隔夹层时空分布。

尽管碳酸盐岩沉积过程不同于碎屑岩，但基准面旋回变化会影响碳酸盐岩的形成和分布。碳酸盐岩发育主要受控于海平面升降变化和碳酸盐产率。显然，基准面旋回变化会控制碳酸盐岩沉积微相类型和储层发育分布，不同级别层序界面会控制碳酸盐岩台地边缘（建隆）同生期和表生期岩溶作用。目前，由于碳酸盐岩沉积的控制因素以及影响碳酸盐岩 A/S 的因素较多，所以，海相碳酸盐岩高分辨率层序地层学研究还处于探索之中。

Cross（1994）曾对海相地层进行高分辨率层序地层学研究并建立了海岸平原至浅海沉积硅质碎屑岩的对比模式（图 6-21），进而来说明基准面旋回过程中滨岸平原-浅海相域的体系划分及旋回对比方法。伴随着长期和短期基准面旋回变化所发生的可容空间地理位置的迁移，在海岸平原和浅海沉积环境中的不同地理位置沉积了不同的沉积序列，并表现出地层加厚与减薄、相序对称性等方面的规律性变化。沉积厚度变化反映可容空间与沉积该可容空间的沉积物之间比值（A/S）的变化。在基准面上升时期，海岸平原和砂丘沉积序列不断加厚；在基准面下降时期，海岸平原和砂丘沉积序列不断减薄以至遭受剥蚀。在滨岸后滨和前滨沉积区基准面上升期间，表现出“向上变深”的不对称型旋回，而基准面下降旋回则表现为侵蚀不整合面或薄层“向上变浅”的不对称型旋回。滨岸临滨沉积主要发育基准面下降时沉积的不对称的“向上变浅”的沉积序列，而基准面上升时期以海侵冲刷面为特征，沉积物遭受侵蚀或保存了薄层沉积。自临滨向海盆中央方向，基准面旋回变化所形成的沉积序列对称性增加。

在基准面上升和下降旋回变化中，沉积相序的对称性反映了可容空间与沉积物供给通量(A/S)的变化，这种沉积相序的对称性与古地形特征具有密切的关系(图 6-21)。

在海岸平原至浅海陆架和盆地斜坡的沉积环境中，成因层序及组成该成因层序的沉积序列随基准面升降变化而发生迁移。在基准面长期下降期间，尽管短期旋回具有更高频次的周期性变化特征，但可容空间总的变化趋势是逐渐减小。随着可容空间的逐渐减小，浅海陆架沉积区出现更多的基准面下降不对称型旋回。当可容空间减小到接近或处于可容空间极小值时，沉积旋回厚度减小，顶部为基准面下降不整合面或沉积物过路时形成的非沉积作用面。在海岸平原沉积区，随着基准面的下降，沉积旋回厚度逐渐变薄以至遭受剥蚀，进而形成以基准面上升旋回为主的不对称型旋回。从长期基准面下降到上升的转变，标志着可容空间增大的趋势，开始了另一个时间幕沉积过程。随着可容空间的增加，浅海陆架旋回由不对称向对称变化，沉积序列厚度逐渐减薄。在海岸平原沉积区，随着可容空间的增加，沉积序列厚度逐渐加大，对称性变好(图 6-20、图 6-21)。

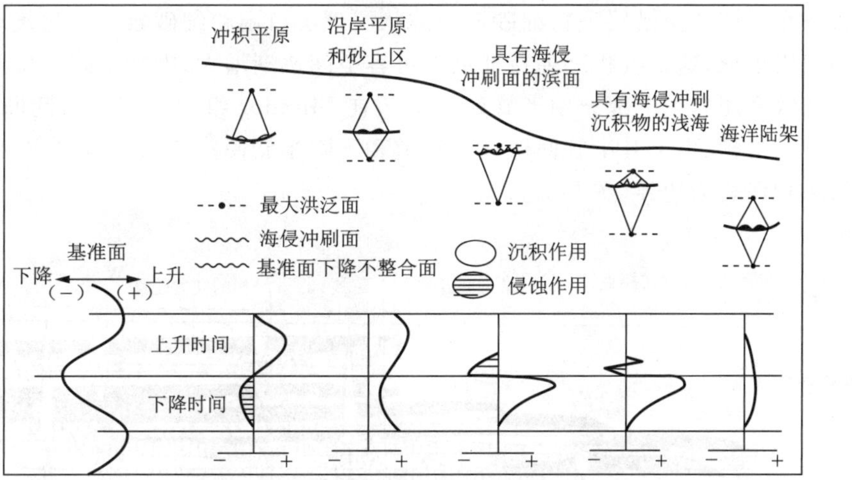

图 6-21　基准面穿越旋回海岸平原-浅海相域体积划分与旋回对称性的变化

(据 Cross，1994)

2. 陆相地层高分辨率层序地层学研究

陆相沉积盆地层序地层形成的主控因素不同于海相沉积盆地，高分辨率层序结构、叠加样式和发育特征也与海相沉积盆地存在一定差别。但陆相沉积盆地构造运动的阶段性、断层活动的幕式特点、气候变化的周期性均会影响沉积物源供给、湖平面升降变化、沉积物可容空间变化，进而导致基准面旋回升降变化，形成具有成因上有联系、沉积类型规律分布的基准面旋回地层响应模式，这是陆相沉积盆地开展高分辨率层序地层学研究的理论基础。

在陆相(湖相)沉积盆地开展高分辨率层序地层学研究过程中，首要工作是根据地质和地球物理资料识别不同级次的基准面旋回边界和最大洪泛面，建立高分辨率地层格架；描述不同级次基准面旋回的结构特征、地层叠置样式，建立不同地理位置和沉积环境的层序地层样式；分析不同级次基准面旋回地层中的成藏要素，特别是不同级次基准面旋回与生储盖之间的关系；在油气田开发阶段加强小层（单层）等时地层对比，明确等时地层格架中小层砂体的发育位置和结构类型；通过 A/S 的变化分析，阐明不同级次基准面旋回的砂体发育、储层物性以及非均质性特征；编制不同级次基准面旋回的层序-岩相古地理图件，以指导油田勘探开发工作。

高分辨率层序地层学在陆相（湖相）沉积盆地冲积扇、河流、三角洲、湖泊、湖底扇等多种沉积类型研究中得到广泛应用。比如，哥伦比亚 Lianos 盆地 Cusiana 油田是近期发现的大油田。最初认为始新统 Mirador 组储层主要为下切于冲积平原中的河道砂岩和下切于海湾砂泥岩中的微咸水河道砂岩。由于这些河道砂岩横向不稳定，不仅地层对比困难，而且难以确定河道砂岩的展布规律。但是，运用基准面旋回对比技术，可以在始新统 Mirador 组内识别出两个不对称的长期基准面旋回（图 6-22），每个长期基准面旋回中又可识别出 3～4 个对称和不对称的中期旋回。下部长期旋回由上超到古新世不整合面之上的三个向陆方向退积的中期旋回组成。每个中期旋回的上升半旋回均由槽状交错层理河道砂岩→小型槽状交错层理粉细砂岩→波状层理决口扇粉细砂岩→生物扰动发育的纹层状湖相泥岩组成，这种沉积序列特征反映可容空间逐渐增大；中期下降半旋回则多为洪积平原杂色致密泥岩。上部长期半旋回由上超在 Mirador 组中部页岩内间断面之上、一系列向海方向进积、由上升半旋回微咸水河道和下降半旋回三角洲砂岩组成，顶部则以区域分布的海相泥岩为边界（图 6-22）。

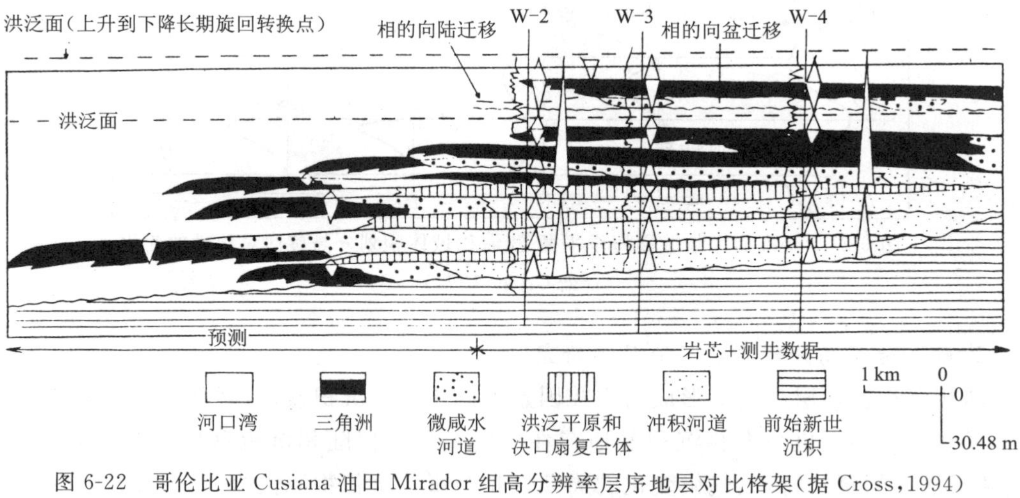

图 6-22　哥伦比亚 Cusiana 油田 Mirador 组高分辨率层序地层对比格架（据 Cross，1994）

近年来，浅水三角洲成为沉积学研究热点。浅水三角洲是指发育于构造活动较弱、地势较为平缓、沉积水体较浅、以水下分流河道为主体的三角洲，鄂尔多斯盆地延长组发育富含油气资源的浅水三角洲沉积体系（朱筱敏等，2013），其沉积作用和砂体分布受控于物源供给、气候变化和湖平面升降变化。地质和地球物理资料分析表明，延长组浅水三角洲沉积时期，A/S 较小，主要发育“向上变深”的不对称型和以“向上变深”半旋回为主的对称型短期基准面旋回。在中长期基准面旋回变化过程中，旋回下部多为“向上变深”不对称型短期基准面旋回，向上对称型短期基准面旋回增多；顺物源供给方向，或从浅水三角洲平原至前三角洲，中期旋回由“向上变深”的不对称型短期基准面旋回过渡为对称型中期基准面旋回。在中短期基准面上升半旋回的下部沉积砂体厚度较大、物性较好，是有利的油气储集单元。

二、高分辨率层序地层学与油气勘探

海陆相高分辨率层序地层学研究表明，Cross(1994)创立的地层基准面、体积分配、相分异等基本原理和高分辨率层序地层划分对比技术能够指导海相和陆相盆地深浅水地区、河口部位以及陆上沉积地层的油气田勘探，特别是在描述储层的几何形态、确定储层空间展布、预测储集体物性、确立生储盖组合、预测有利勘探目标等方面发挥了积极作用。

基准面旋回变化影响可容空间的变化。可容空间控制了某一地质时间内、某一地理位置沉积物沉积体积的最大值。可容空间与沉积物供给通量比值(A/S)决定了在有效可容空间内沉积物的保存程度、沉积速率以及内部结构。A/S 的变化直接控制着储集体的几何形态(宽度与厚度之比)、砂体的侧向连续性、相互截切程度等。例如，低可容空间形成的河道砂体由于彼此切割、相互叠置程度强烈(图 6-5)，表现出砂体的低宽厚比、良好的砂体连通性能、较薄的滞留沉积和较差的保存程度。随着可容空间增大，河流类型逐渐由辫状河向低弯度曲流河发展，砂体由席状分布特征渐变为下切到冲积平原内、较少叠置的孤立状，侧向连续性差，伴生的泥岩厚度加大(图 6-5、图 6-17)。

根据成因层序之间沉积样式、成因层序单元内体积划分及其相互叠置的短期地层旋回关系，可以预测未知地区相域分布、沉积相特征、储层物性以及生储盖组合。根据单个砂体的厚度、层理类型、沉积相序和最大湖泛面的分析，在基准面上升半旋回中，随着可容空间增大，A/S 增加，沉积砂体厚度变薄、粒度变细、孔隙度降低、物性变差，但邻近最大湖泛面富含有机质的暗色泥页岩增多，构成有利的烃源岩；在基准面下降半旋回中，随着可容空间逐渐变小，沉积物供给通量增多，A/S 减小，砂岩孔隙度自下而上明显增加，物性变好，但泥页岩的有机质含量降低，生烃潜能变差(图 6-23)。

根据具有时间意义的地层界面和流体流动单元岩石物性边界一致性原理，高分辨率地层对比等时地层格架为流体流动单元数值模拟提供了基础。在基准面旋回变化中，通过对沉积序列和岩石物性的综合研究，可以预测成因层序岩石物理性质，反映不同沉积类型的砂体或储层构型，为油田高效开发提供地质依据。

高分辨率层序地层学正处于不断发展完善之中。可以相信，通过海陆相地层高分辨率层序地层学的系统研究，高分辨率层序地层学基本理论和等时对比方法技术将会在油气田勘探开发中得到更为广泛的应用。

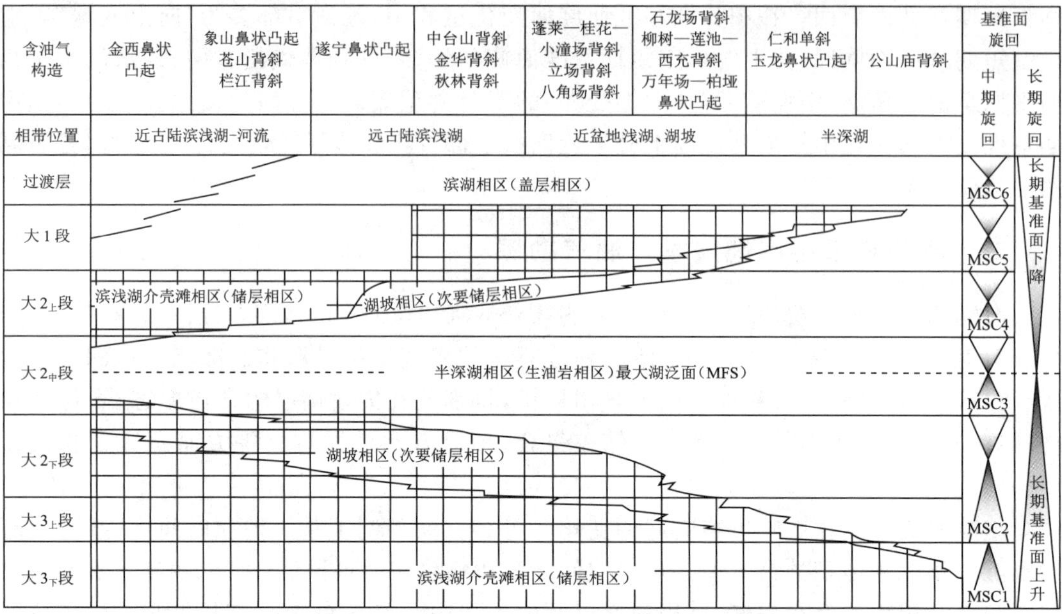

图 6-23 四川盆地侏罗系大安寨组生储盖组合与中长期基准面旋回关系(据郑荣才等,2010)

图中田字格为储层发育层位;折线为相变线

第七章　Galloway 成因层序地层学

核心知识点：成因层序地层学沉积事件与沉积幕等相关基本概念，成因层序地层研究的基本原则，沉积幕与成因地层组合、成因地层层序边界与地层对比、成因地层层序组成和时空变化，海相与湖相（断陷与拗陷湖盆）成因层序地层研究及其特征对比分析。

对于沉积盆地分析中成因地层的划分与对比，美国学者 Galloway(1989a)提出了成因层序地层学理论和方法体系，它是建立在 Frazier(1974)提出的沉积幕(depositional episode)概念基础上的，与 Exxon-Mobil 石油公司 Vail(1987)等研究人员所提出的成因地层划分对比方法和标准不同。Galloway(1989b)通过对美国墨西哥湾岸盆地和米德兰盆地古生界充填历史的综合分析，认为一个沉积盆地的沉积充填历史过程通常具有幕次或旋回性特征。这种以重复的进积作用幕为特征的海相盆地边缘的充填作用，都是由沉积台地上间断出现的海泛作用造成的。在沉积幕概念基础上发展起来的成因层序地层学，不但强调盆地边缘的建造和盆地的充填过程，还强调盆地边缘的区域性水进过程。成因地层层序是沉积幕的产物，它是以最大海泛面为边界并由区域古地理稳定期形成的进积相、加积相和退积相组成的。成因地层层序的边界是一种记录沉积间断的薄层界面，强调三维沉积体系的地层完整性，而不是依赖于海平面下降产生的陆上侵蚀面来划分层序边界，认为相对于海泛作用造成的各种薄层的、广泛分布的沉积相序，显著的侵蚀面和凝缩段才是易于识别、便于对比和能够准确定时的良好层序界面。

第一节　成因层序地层学理论基础

一、基本概念

1. 沉积事件与沉积幕

沉积事件(depositional event)是 Frazier(1974)针对不同幅度的局部沉积脉冲提出的一个概念。它是指在一个相对短的时期内发生的由初始前积、准同生和过渡加积到最终海侵（退积）过程的产物（图 7-1）。每一个沉积事件由一个相序列记录并加以确定。每一个相序列的所有沉积相在成因上均与同一个沉积物源有关。Frazier(1974)建立了适用于具有顶超沉积特征的碎屑岩沉积盆地内发育的成因层序地层单元及其内部组成概念模型，并认为局部沉积、短时间间断、同一物源以及可预测的内部结构（前积、加积、退积）是沉积事件及其产物——相序列的重要特征。

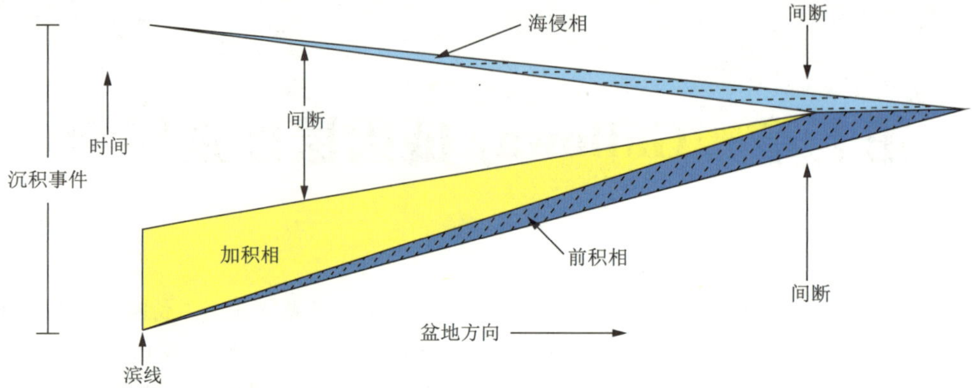

图 7-1　沉积事件及其内部结构示意图(据 Frazier,1974,有修改)

沉积幕是 Frazier(1974)提出的另一个重要概念。它是指由多个沉积事件构成的大型成因层序地层单元(图 7-2)。这种大型成因层序地层单元是由一个沉积复合体记录的。沉积复合体依次由若干个相序列[Van Wagoner 等(1988)将相序列命名为准层序]组成,是在构造和气候背景均相对稳定的时候,由盆地边缘点物源所形成的若干相序列(准层序)的复合体。沉积幕记录了两次最大洪泛事件之间的一个完整的相对海平面升降周期。实际上,沉积复合体的内部结构是非常复杂的,这主要是因为内部相序列(准层序)叠置关系复杂。所以,沉积幕在规模(区域乃至盆地范围)、时间间隔(一个相对海平面变化周期)、物源(沿盆缘的全部点物源)、内部结构(取决于准层序叠置样式)以及最大海侵终止等方面均与沉积事件不同(表 7-1)。

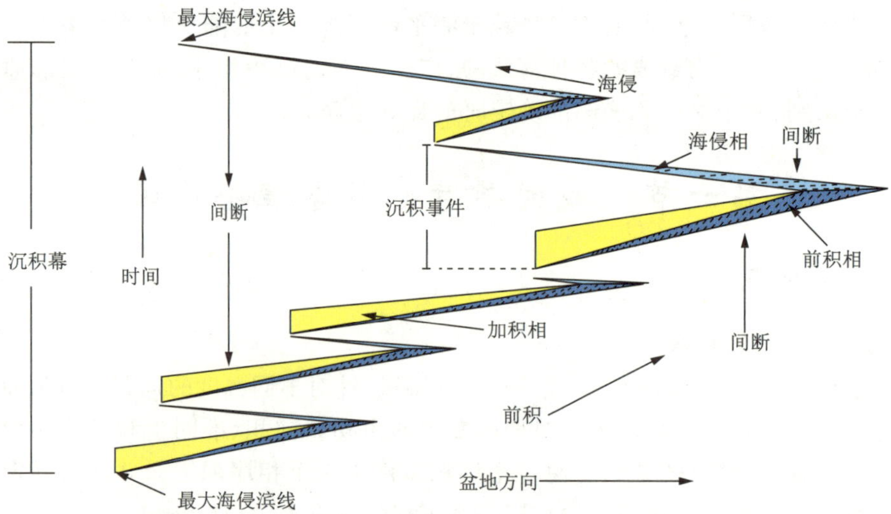

图 7-2　由多个沉积事件构成的沉积幕示意图(据 Frazier,1974,有修改)

Frazier(1974)在墨西哥湾岸盆地第四纪沉积体系三维地层研究的基础上,认为成因层序地层研究的基本原则如下:

表 7-1 沉积事件与沉积幕特征对比表(据薛良清,2000)

特 征	沉积事件	沉积幕
规 模	局 部	区域性的或盆地范围的
时间间断	前积脉冲	一个相对海平面变化周期或沉积物补给周期
物 源	单点物源	所有周边点物源组合
内部结构	前积-超覆	连续的前积、加积和退积叠置样式
最终事件	局部洪泛事件	最大洪泛事件
岩石地层单元	准层序	成因地层层序

(1) 陆源碎屑物质均来自盆地外部,碎屑物质开始一定由河流搬运到盆地边缘。因此,碎屑沉积物充填的沉积盆地古地理主要布局必然涉及河流主要轴向的变化。

(2) 盆地是被沉积期(退覆)和非沉积期(海侵)沉积物充填的。在任何一个沉积过程内,活跃的沉积作用总是集中在沉积盆地的一个区域内。在其他地区,沉积量很少或以无沉积作用或侵蚀作用为主。因此,沉积段将被无沉积的间断面分隔。

(3) 尽管海底间断面或水下沉积间断面所代表的时间间隔各处不一,但是海底各地的间断面均可将不同沉积事件的沉积物分开,因此,这个海底间断面具有年代地层意义。

(4) 每个沉积事件都以间断面(从初始滨线到最大海侵滨线之间)与其他事件分开。每一个简单的沉积事件都是由进积、加积和海侵退积组成的,并在沉积相序中呈有规律的排列。

(5) 多个沉积事件构成了沉积幕(图 7-1、图 7-2)。

2. 成因层序地层组合

成因层序地层组合是指几种相关沉积体系的集合体。所谓沉积体系,是指具有成因联系的、相的三维空间组合。沉积体系类型与自然地理单元特征密切相关,所以同期沉积体系的组合能够反映古地理单元的特征。

3. 边界间断面

边界间断面是分隔成因地层组合和反映盆地沉积历史发生重要中断的标志。这些边界间断面可以是在无沉积作用期或非常缓慢的沉积作用期形成的。边界间断面之上可以存在也可以不存在陆上或海底的侵蚀作用。边界间断面具有多种成因,它可以作为分隔不同时期体系域和成因层序地层单元的界限。

不整合面是截切下伏地层的一种间断面,其主要类型包括陆上侵蚀面(包括下切谷),海侵期侵蚀形成的冲刷面,反映沉积未补偿、流水破坏侵蚀作用形成的陆架和斜坡上的侵蚀面。

凝缩层是沉积速率非常缓慢的沉积产物,也是成因层序地层组合边界间断面的一种类型。在陆源碎屑海相沉积盆地中,分布广泛、沉积厚度薄、富含有机质的半深海和深海沉积,即凝缩层反映了沉积物的欠补偿作用,与其伴生的薄层泥灰岩、海绿石、硅质页岩和磷酸盐等沉积也反映极其缓慢的沉积作用。在陆缘碎屑陆相沉积盆地中,广泛分布的古土壤和煤层代表湖泛缓慢时的侵蚀和碎屑沉积作用。

4. 层序地层构型

层序地层构型是指地层的叠置样式，常见的地层叠置样式表现为进积、加积和退积特点。利用地层构型可以描述沉积体系内部或成因层序地层组合边界面上地层之间的几何关系，提高人们依据地层关系解释沉积作用过程和盆地充填历史的能力。

二、沉积幕与成因层序地层

1. 沉积幕与层序单元

Galloway(1989a)在沉积幕概念的基础上提出了成因层序地层模型，所建立的成因层序地层学非常适用于具有前积特征的碎屑岩沉积盆地研究。

Galloway(1989a)认为，成因层序地层是沉积幕的沉积产物。一个理想的成因层序地层模型(图 7-3)表明，在海侵期间基本上不发生沉积，主要是一些不连续的、薄层的、覆盖在海侵侵蚀面之上被改造后的沉积物；成因层序的主体沉积是在海退(进积)过程中形成的，此时沉积物源供给充分，三角洲前缘与前三角洲组成前积单元，三角洲平原覆盖其上。当前积层进积延伸到陆架边缘时，重力作用将厚层前积沉积物搬运到大陆斜坡和深海平原，形成重力流沉积。在三角洲朵叶之间沉积地区，富砂或富泥的海岸沉积在陆架上发生加积和前积，陆架边缘沉积速度慢、以泥质沉积为主；由于陆架坡度平缓，后期海平面上升没有明显破坏海退期间海岸加积和前积沉积物，并上覆了薄层海侵沉积(图 7-3、图 7-4)。

成因层序由三个重要部分组成，即下超前积部分、上超海侵部分及反映最大洪泛作用的顶底界面(图 7-3、图 7-4)。

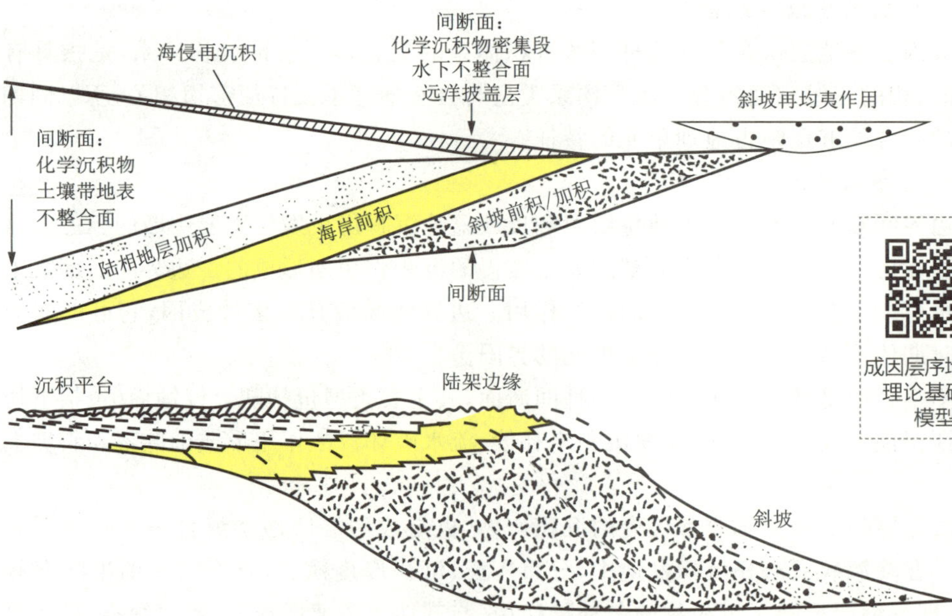

成因层序地层学理论基础和模型

图 7-3　沉积旋回产生的成因层序地层理想格架(据 Galloway，1989a)

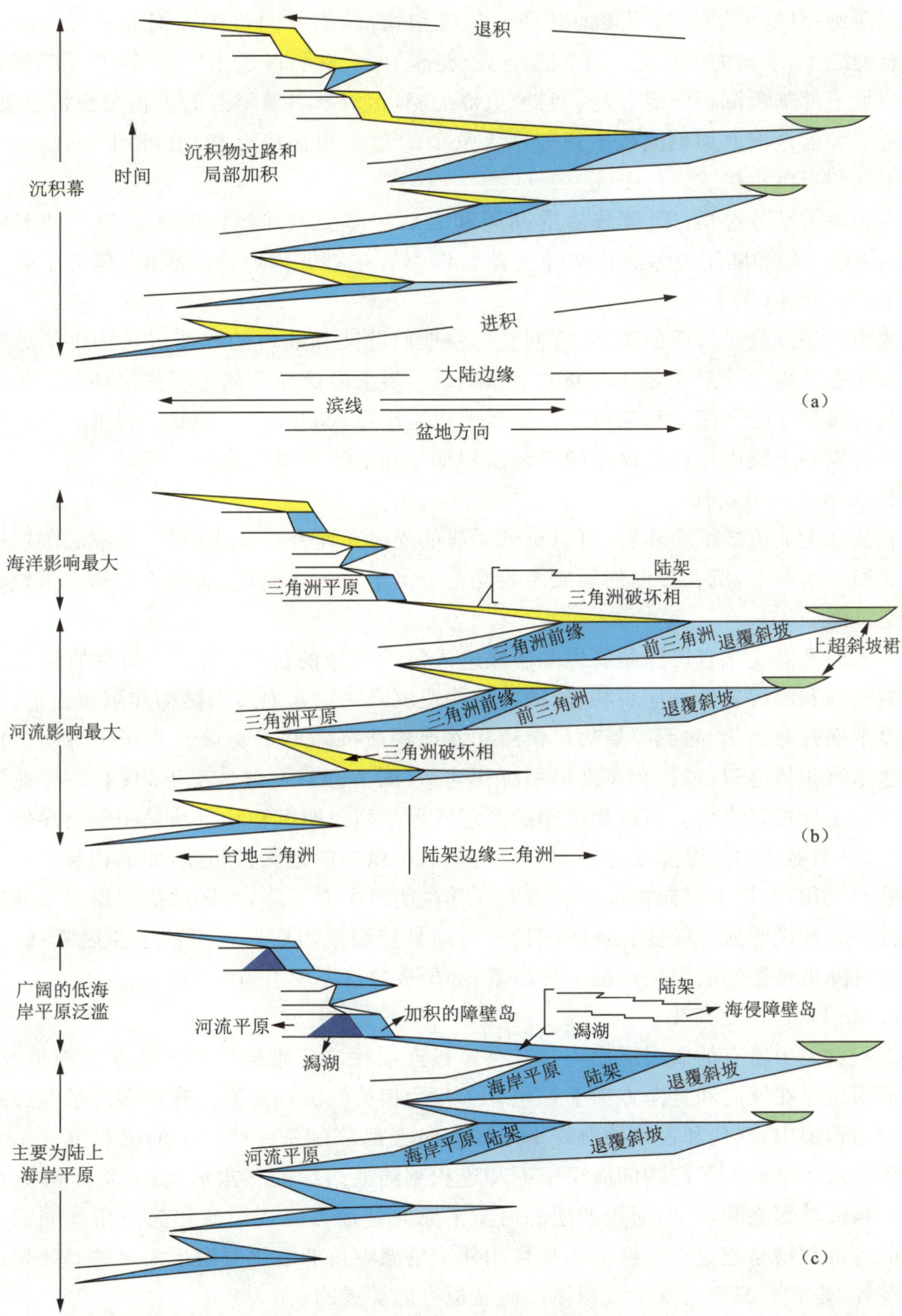

图 7-4　表示沉积幕典型前积与退积作用复杂历史的理想时空图(据 Galloway,1989a,有修改)

(a) 沉积幕;(b) 沉积于三角洲沉积中心的常见成因相组合;(c) 沉积于三角洲间的常见成因相组合

下超前积部分由三个次级单元组成:① 反映海岸平原加积作用的砂质河流、三角洲平原和海湾-潟湖相。② 海滨带的砂质前积沉积物，向陆方向位于先期沉积层序的海泛沉积台地之上，而向海方向则位于同期下超（退覆）的大陆斜坡之上。③ 斜坡上部进积沉积与斜坡下部加积沉积的混合物。斜坡上部的、显示清晰斜坡形态的进积沉积是主要的，斜坡下部和盆地平原加积沉积序列表现为复杂的超覆和丘状形态，故可用 Mutti（1985）的Ⅱ型浊积扇沉积模式进行描述。

上超海进部分包括：① 滨线后退期间和之后立即沉积并经过改造的海滨相和陆架相；② 斜坡上部和陆架边缘沉积物经受重力作用后在斜坡脚重新沉积的、超覆于斜坡沉积之上的裙状体（图 7-4）。

成因层序以最大海泛面为界，它们是海侵期间陆架和陆坡的碎屑沉积物供给处于相对饥饿状态及随后的最大海泛时期的沉积记录。最大海泛面分隔了下伏层序的上超海侵部分与上覆层序的下超前积部分。在成因地层层序中，Galloway（1989a）利用陆上间断侵蚀面来分隔一个成因地层层序中的下超前积部分和上超海侵部分。

2. *沉积旋回形成机制*

在被动大陆边缘沉积环境，可以见到明显的受海平面升降变化控制、形成成因层序的沉积旋回。实际上，沉积旋回的形成主要受控于海平面升降变化、陆源碎屑物质供给和盆地构造沉降。

海平面升降变化直接控制滨岸和河流进入沉积盆地的位置，陆源碎屑物质供给取决于区域气候和源区岩性及地貌特征，而盆地构造沉降决定盆地边缘结构和沉积建造。

海平面升降变化、陆源碎屑物质供给和盆地构造沉降单个变量或共同作用均会形成盆地边缘沉积物进积、加积和海侵退积沉积建造（图 7-5）。一般情况下，只有一种地质变量会起到主导控制作用。高沉积速率的厚层成因序列说明沉积物供给是控制层序发育的主要因素；明显的构造沉降或海平面升降变化的沉积响应是明显相变，如下切谷下切侵蚀早期陆架沉积；海岸上超向盆地中央方向迁移说明海平面下降；大区域成因层序及其边界对比的等时性说明海平面变化或区域构造运动是控制成因层序发育的主要因素；较大规模构造沉降也是控制成因层序的主导因素，如形成角度不整合（图 7-5）。

3. *成因层序时空变化*

沉积盆地中所有的成因层序均是具有区域连续性的三维地层单元。在理想情况下，每个成因层序在倾向和走向方向上都包含了几个相关的沉积体系。在许多离散型边缘盆地和前陆盆地中，现代和古代的海岸平原在侧向上都常存在一种伴生的沉积单元。大型的盆外河流体系产生了广阔的海岸平原和进积到陆架边缘的三角洲沉积（图 7-6）。在河流或三角洲轴部之间，小型河流产生的河流平原向盆地方向逐渐变化为三角洲间湾。三角洲间湾沉积物是通过部分河流和来自相邻三角洲岬角的沿岸流搬运而来的。陆架边缘位于滨外，是从海滨带的海湾沉积体系向盆地方向扩展的。

三角洲岬角和三角洲间湾的相组合时空关系具有良好的规律性。在海岸后退期间，最初的三角洲进积作用首先使前期沉积幕的海泛台地发生再次沉积作用。随着前三角洲和三角洲前缘不断向前进积，三角洲平原会覆盖在具进积特征的三角洲前缘之上。当进积作用扩展到下伏的陆架边缘时，三角洲前缘、前三角洲和陆架边缘的沉积厚度得以加大

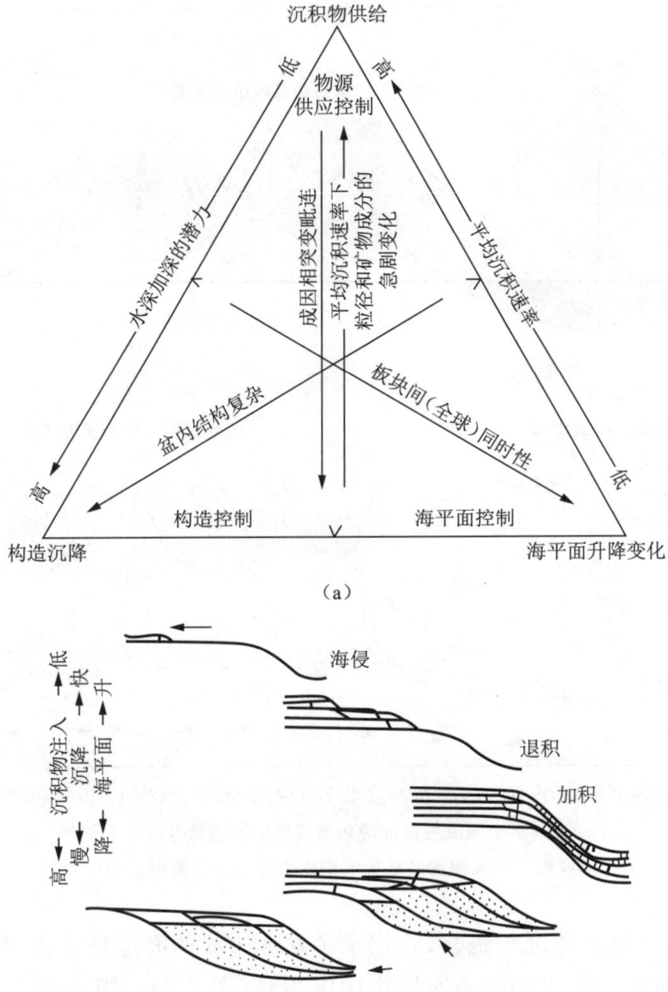

图 7-5　成因层序沉积建造类型及其控制因素(据 Galloway,1989a)

(发育陆架边缘三角洲),而且重力流沉积可能会成为一种较为重要的沉积作用。海退作用建造的斜坡包括由三角洲体系和退覆的海底扇体系构成的进积单元(图 7-4)。同时,由于内陆三角洲平原的连续加积,最后会形成一种分布广泛的加积冲积裙。在这种加积冲积裙上,主干河流的大规模决口会导致三角洲朵叶体的变迁。陆上的海岸平原通常是由许多小型河流沉积构成的河流平原。向岸退积作用产生的三角洲前缘和前三角洲是十分局限的。海平面相对上升会增强三角洲和河流平原的加积作用。不稳定的陆架边缘三角洲沉积可延续到上斜坡沉积区,产生不断上超的斜坡裙。大型的海底峡谷可以深切广阔的陆架(图 7-6)。在陆架边缘,海退建造的速率是缓慢的,陆架边缘的泥质沉积物可一直延伸到斜坡。斜坡退覆沉积也是由进积和加积的再沉积物混合而成的。包括富砂相在内的各种陆架体系沉积可能都形成于海泛期,因为陆架沉积来自再次活动的海侵沉积或同期的退积沉积,所以陆架沉积体系的分布反映了以前沉积幕的古地理特征。

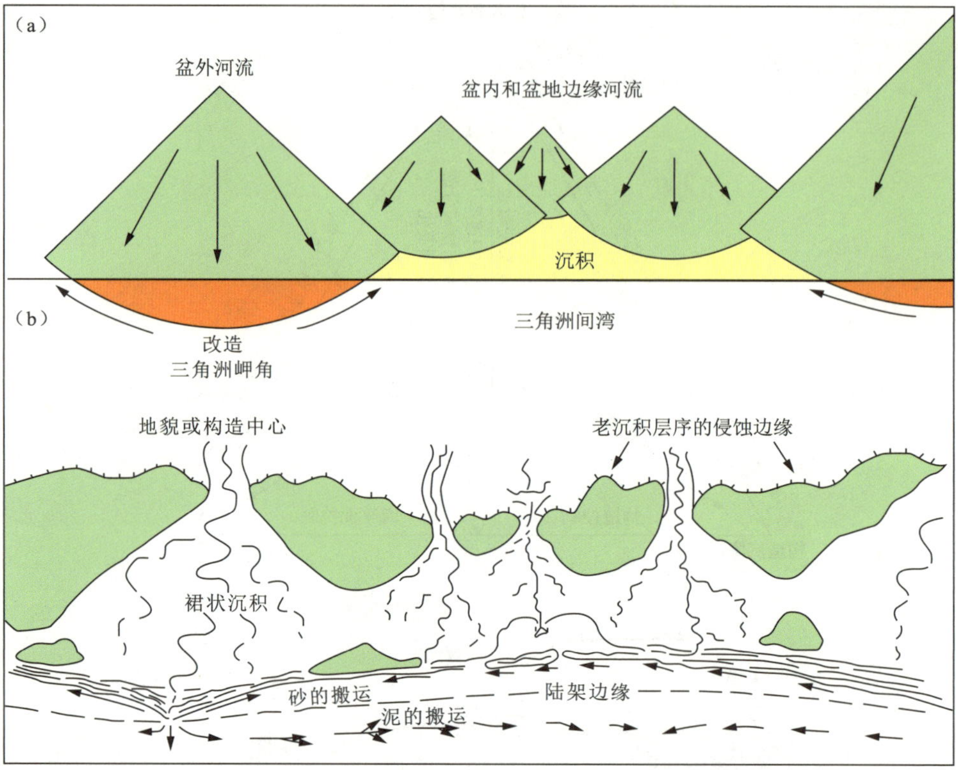

图 7-6 进积的碎屑海岸平原和陆架及海底峡谷的古地理单元(据 Galloway,1989a,有修改)

(a) 一个或多个河流三角洲岬角推进到陆架边缘并进入上斜坡;

(b) 滨线和三角洲间湾的陆架沉积物主要是沿岸流搬运的砂和泥

总之,成因层序是一种沉积组合,它记录了盆地边缘的海退建造作用和以广泛分布的盆地边缘海泛期沉积为边界的盆地充填作用沉积幕(图 7-7)。限定最大海泛作用时间的薄层沉积或海泛面通常构成主要三维沉积体系之间的边界。典型的海侵薄层沉积和记录最大海泛作用的凝缩段都可成为许多沉积盆地地层对比的标志。这种以海泛面为边界的成因层序沉积体系研究不同于 Vail(1987)提出的以不整合面为边界的沉积层序研究(图 7-7)。Galloway(1989a)认为,在成因层序中,海岸平原河流、三角洲及它们之间的海滨带、陆架和斜坡沉积体系的沉积作用演化模式是可以识别和预测的。

三、沉积层序与成因层序对比分析

1. 层序边界对比分析

Vail(1987)倡导的沉积层序是以不整合面及与之可对比的整合面为界的一套具成因联系的、连续的沉积单元,一个沉积层序可以包括几个海泛面和最大海泛面。而 Galloway(1989a)提出的成因层序是以最大海泛面为边界的沉积幕的沉积产物,所以沉积层序边界与成因层序边界是不同的。

Vail(1987)认为,全球海平面升降变化是形成沉积层序的根本因素,全球海平面变化、构造沉降、沉积物供给和气候共同控制了沉积层序的地层构型。成因层序是沉积幕的产物，它强调两个因素，一个是盆地边缘的建造与盆地的充填过程，另一个是盆地边缘的区域性水进/水退过程。区域性水进过程达到最大范围时，所形成的最大洪泛面就构成了成因层序的边界。

在表示重要事件(脉冲)和相对海平面稳定性关系的演化模式中，成因层序与沉积层序的边界存在明显差异(图 7-7)。沉积层序的边界往往是在海平面下降时期，陆架广泛出露地表遭受风化剥蚀形成的区域性不整合面及与之可对比的相关整合面，而成因层序的边界是区域性水进达到最大范围时形成的最大洪泛面。

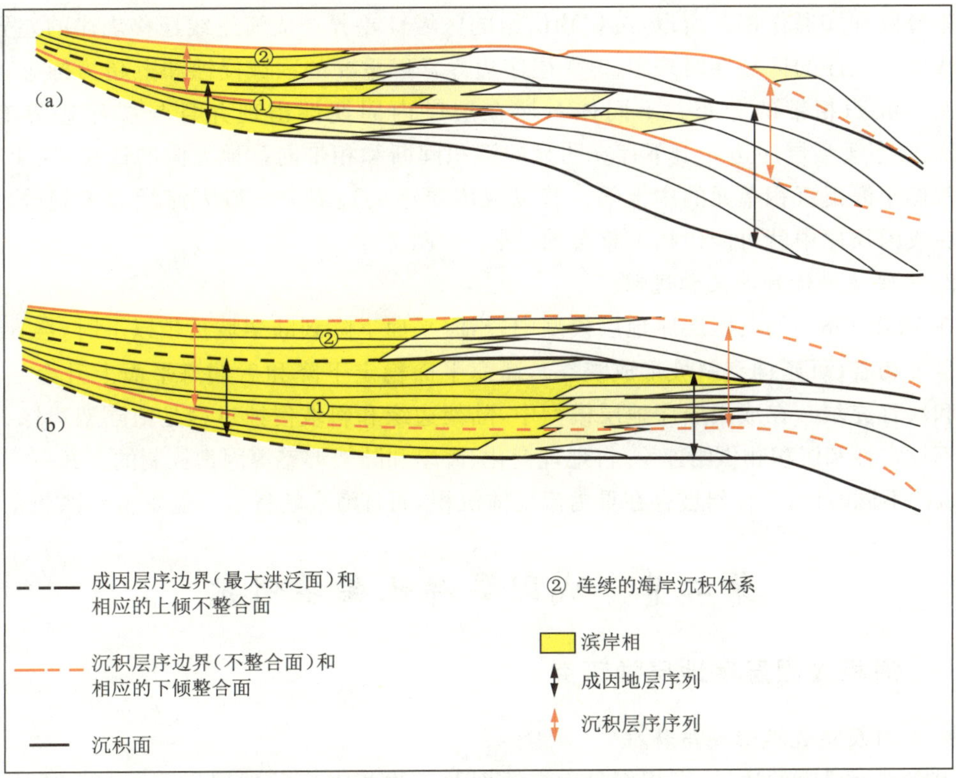

图 7-7　沉积层序边界与成因层序边界的比较(据 Ewing 等，2019，有修改)

(a)(b)图分别为 Vail 倡导的Ⅰ、Ⅱ型层序模式

Galloway(1989a)指出，成因层序格架及其模型能够使人们更好地理解全球海平面升降变化历史、构造演化历史和盆地沉积历史(图 7-3、图 7-4)。这是因为：海泛作用在盆地边缘产生的、分布广泛的海底侵蚀面作为一种物理界面，容易通过地质和地球物理资料来识别；沉积缓慢的、富含深水古生物化石的最大海泛面作为成因层序边界在地震剖面上常常响应于强振幅、高连续的反射同相轴，能够为区域地层等时对比提供年代地层格架标志；最大海泛面能够有效地将海相和非海相沉积体系区分开来，对应形成的凝缩层中的古生物化石可在确定地质时代和进行地层对比中发挥重要作用；最大海泛期由海侵引起的

沉积间断和薄层沉积物均可作为层序边界对比和沉积体系编图的区域标志层。

总之，成因层序地层模型强调的是确定基本地层组合中相的相关性，认为沉积物供给和沉降速率的变化与海平面波动对层序的形成同等重要。

Vail(1987)认为，以不整合面或与之对应的整合面作为沉积层序的边界要比以海泛面作为成因层序的边界更加合理。这是因为：① 层序边界是在盆地范围内将新老地层分开的唯一界面，它具有年代地层学意义。② 层序边界不受沉积物供给的控制。当海平面相对快速下降并伴随沉积物大量供给时，形成了以削截为标志的层序边界；当海平面相对迅速下降而沉积物供给缓慢时，将会形成以广泛出露地表为标志的层序边界。而海侵和海退过程受沉积物供给的明显控制，即使在一个给定的沉积盆地内，在不同部位也不会同时发生海侵和海退作用。所以，沉积物供给的区域性差异造成海岸线迁移规律的差异，从而造成成因层序的区域穿时现象。③ 层序边界常以重要的区域侵蚀和上超为标志，它明显控制了沉积相带的分布。不同体系域在层序内周期性出现并且与层序边界有关。④ 沉积层序Ⅰ型层序边界上下存在明显的沉积间断和相带向盆地方向的迁移，这个沉积间断常位于海退沉积单元的中上部。若以成因层序的边界——最大海泛面来划分地层，那么在成因层序中就可能包括不整合面(图 1-1、图 7-7)。

2. 陆架边缘侵蚀和沉积过程

在 Vail(1987)的沉积层序地层模型中，当海平面下降到陆架坡折带以下时，会在陆架上产生下切谷(可延伸到斜坡形成峡谷)，而海平面稳定下降和后期海平面上升会导致下切谷和峡谷充填。在成因层序地层模型中，陆架边缘和斜坡侵蚀过程是由陆架边缘、斜坡上部不稳定性和沉积物供给速率、古地理变化、海岸和陆架形态等因素控制的。在一个沉积幕形成的不同时代，不仅斜坡存在重力流扇体沉积，而且海底峡谷也可能发生冲蚀和充填。

第二节　成因层序地层学研究

一、海相成因层序地层学研究

1. 成因层序边界形成与特征

识别成因层序的边界，即识别最大海泛面及与之相对应的地层界面是确定成因层序的关键。

最大海泛面形成于陆架的最大海侵期。此时，沉积中心不断向陆地方向迁移，盆地沉积范围不断扩大，沉积物的供给受到一定抑制，结果在陆架中部、外部和向海盆中心方向的斜坡、盆地平原等沉积地区表现出极为缓慢的沉积特征。在该沉积环境中沉积而成的沉积物主要为富含较深水化石或富含自生矿物海绿石、菱铁矿和磷酸盐矿物的半远洋、远洋泥岩。该沉积物分布广，沉积厚度薄，常被人们称为凝缩层。在凝缩层中心部位，存在着最大海泛时期形成的最大海泛面。最大海泛面沉积不仅响应于地震反射剖面上最远的滨岸上超点，而且常被若干个前积斜层下超，所以下超面常是凝缩层存在的一个良好标志。在测井曲线上，凝缩层和最大海泛面常对应于：① 富含铀、磷、海绿石的高自然伽马泥页岩；② 低自然电位、高电阻率、高密度的薄层钙质泥页岩或泥灰岩；③ 低电阻率和低自然电位的纯海相泥岩；④ 沉积物粒度向上变细再变粗的测井响应转折处，反映海平面相对上升到最大海侵期而后又转为相对海平面的下降期。

最大海泛面和凝缩层的识别判断要综合利用露头、岩芯、钻测井资料和地震资料，进行相互对比验证分析，以准确确定最大海泛面和凝缩层的区域分布特征。

2. 美国墨西哥湾新生代成因层序研究

Galloway(1989a)将以最大海泛面为边界的沉积组合称为成因层序，它是由在时间和空间上持续不变的沉积体系和成因上共生的相组成的。成因层序有些类似于 Van Wagoner 等(1988)的准层序组。

Galloway(2001)通过对墨西哥湾岸盆地充填历史的分析，认为一个沉积盆地的充填历史常具有旋回特征。美国墨西哥湾岸盆地西北部新生代充填序列以发育沉积物连续不断地快速注入的、呈明显重力变形的厚层前积层序为特征。尽管后期的海侵通常都不如前期向陆方向海侵得那么远，但每个沉积幕均以滨线的向陆退积和随后数十千米的向海前积为特征。墨西哥湾岸盆地新生界由一套海岸平原和近海沉积的砂岩与海相泥岩的交互层组成。海岸平原和近海相砂体不断向盆地方向延伸并被厚层海相泥岩覆盖、分隔(图7-7)。这种以海相泥岩为成因地层层序边界的沉积旋回为区域地层对比和沉积体系分析提供了基础。美国墨西哥湾岸盆地北部大陆边缘新生代地层记录反映了两方面的幕式特征：一是以海滨带位置来定义的整个相位发生广泛的沉积脉动，反映继前积作用之后又发生了退积或海侵作用(图 7-8)；另一个是根据陆架边缘来定义的大陆边缘存在着活跃的建造期与相对稳定或微弱退积期的相互交替作用(图 7-9)。

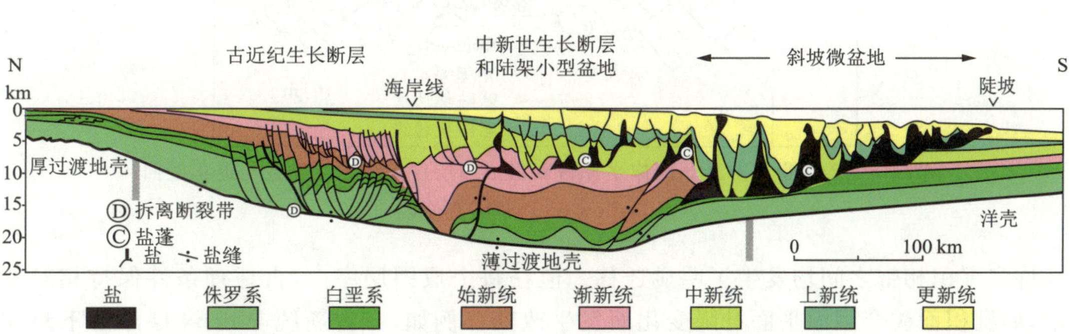

图 7-8 墨西哥湾岸盆地北部大陆边缘新生代南北地层剖面(据 Galloway,2001,有修改)

墨西哥湾岸盆地西北部大陆边缘海退建造作用对应的主要新生代沉积幕与构造事件、气候和海平面变化密切相关(图 7-10)。尽管这个离散洋盆的沉陷是由沉积负载作用引起的，但陆架边缘发生的脉冲式前积作用仍与沉积物供给的大规模变化有关。

造成大陆边缘前积作用的主要沉积幕与北美板块内的主要构造事件相对应。物源区和盆地周缘的构造作用是富砂质层序沉积时间和位置的主要控制因素。依据区域性最大海泛面划分的成因层序记录了侧向相关的沉积体系组合的演变。墨西哥湾岸盆地西北部新生界包括九个沉积幕。在不同成因层序中，盆地河流体系及其相关的三角洲沉积中心

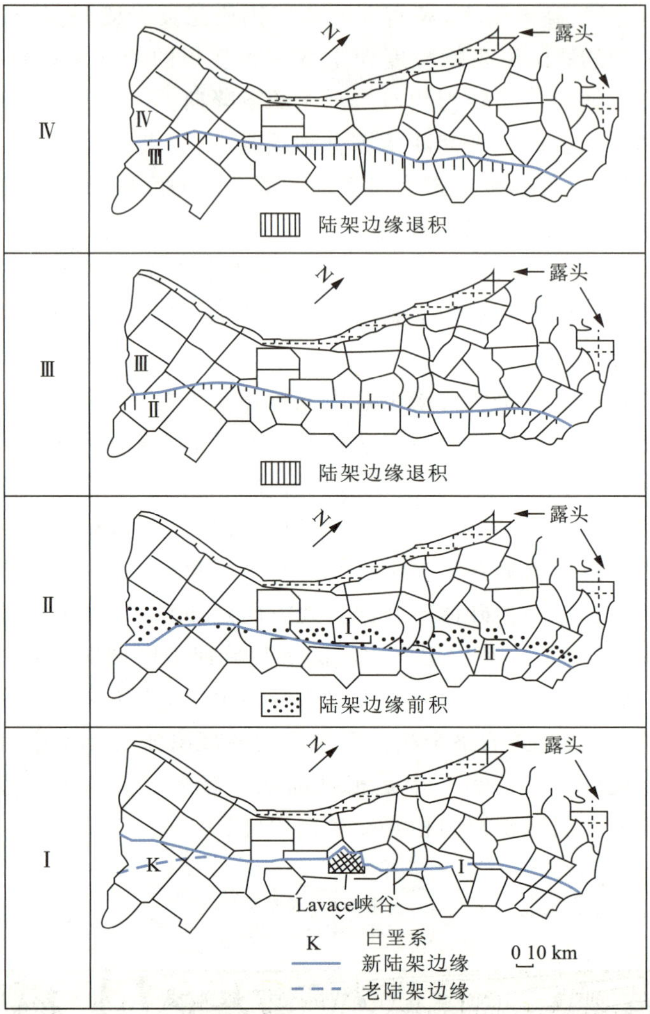

图 7-9　美国得克萨斯州滨岸平原古新世成因层序大陆边缘建造与退积旋回
（据 Galloway，1989b，有修改）

在许多沉积相带之间均发生了明显迁移。但在每个成因层序内，古地理条件保持相对稳定，而沉积面貌会因海平面升降变化而发生改变。例如，在古新统 Wilcox 层序的下超前积部分，河流能量的影响相对较弱，三角洲体系多呈河控或波浪轻微改造的鸟足状、舌状三角洲；在成因层序的上超海侵部分，盆地能量的影响相对较强，三角洲体系常为弓形尖头状浪控三角洲（图 7-11）。

二、湖相成因层序地层学研究

根据海相盆地研究发展起来的沉积幕与成因地层序列等概念（Galloway，1989a）同样适用于湖相盆地。应用成因地层分析的思路，诸多学者对中国鄂尔多斯盆地、四川盆地、松辽盆地、东部一系列断陷盆地等内陆盆地开展了大量应用研究（夏文臣，1991；夏文臣

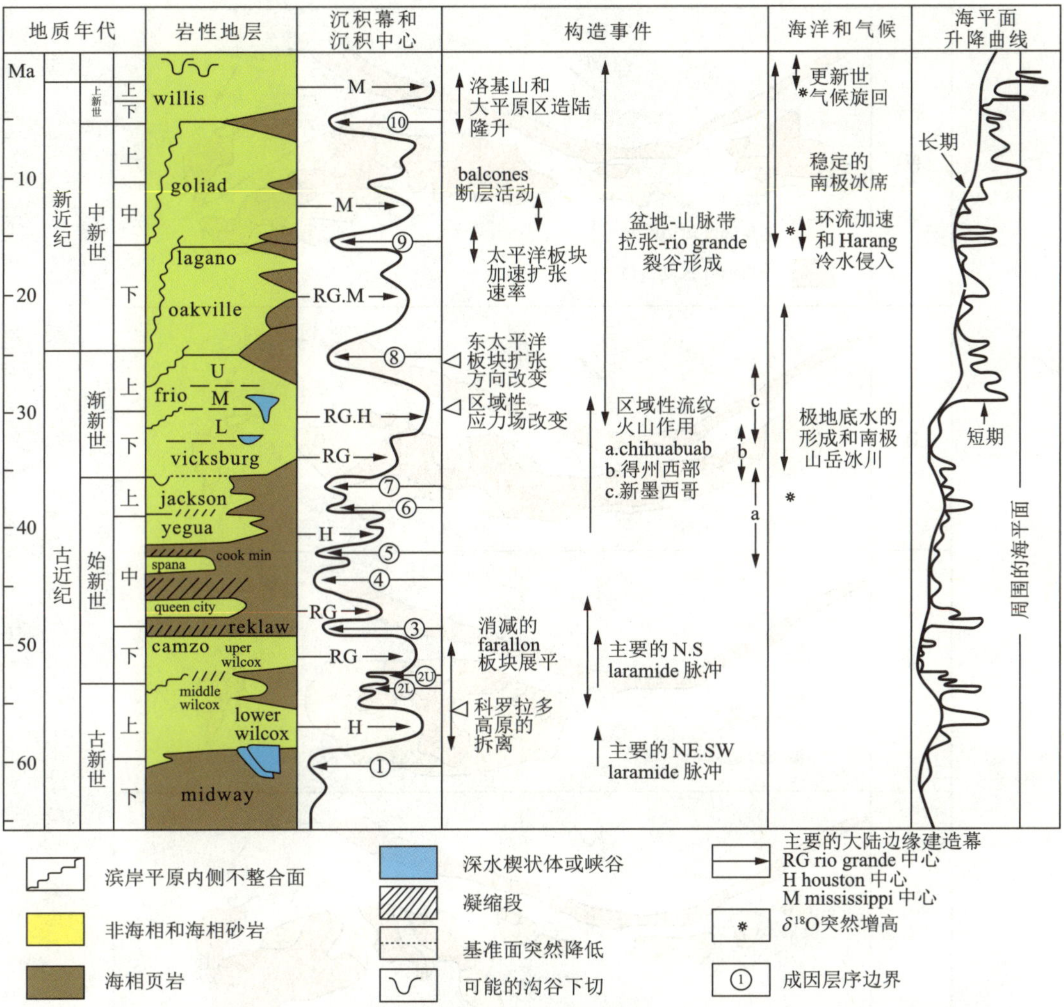

图 7-10 墨西哥湾岸盆地新生代沉积幕及其与构造事件、气候变化、全球海平面变化的对比

（据 Xue 等，1993b，有修改）

等，1994a，1994b；薛良清，1993；吴因业，1996；朱炎铭，1996）。

1. 断陷盆地成因地层序列研究

夏文臣（1991）对中国东部中、新生代断陷盆地的成因地层格架进行了系统分析，发现各断陷盆地虽然在发育时间上不尽相同，但在成因地层构成和演化过程上有很多相似性，主要表现在五个方面：

（1）发育完整的断陷盆地都具多元构成特征。除盆地基底面和顶界面为古构造运动面之外，内部还常出现 1～2 个古构造运动面或沉积间断面，并将整个沉积盆地分割为 2～3 个构造沉积幕（图 7-12）。每个构造沉积幕包含数个具不同充填样式的沉积幕，多个沉积幕垂向叠置时常构成一个完整的充填序列。不同构造沉积幕虽然在充填序列上不完全相同，但都代表沉积盆地演化的一个构造旋回，即由盆地初始沉降阶段开始，到加速沉降和最大扩张阶段，最后以萎缩阶段而告终。

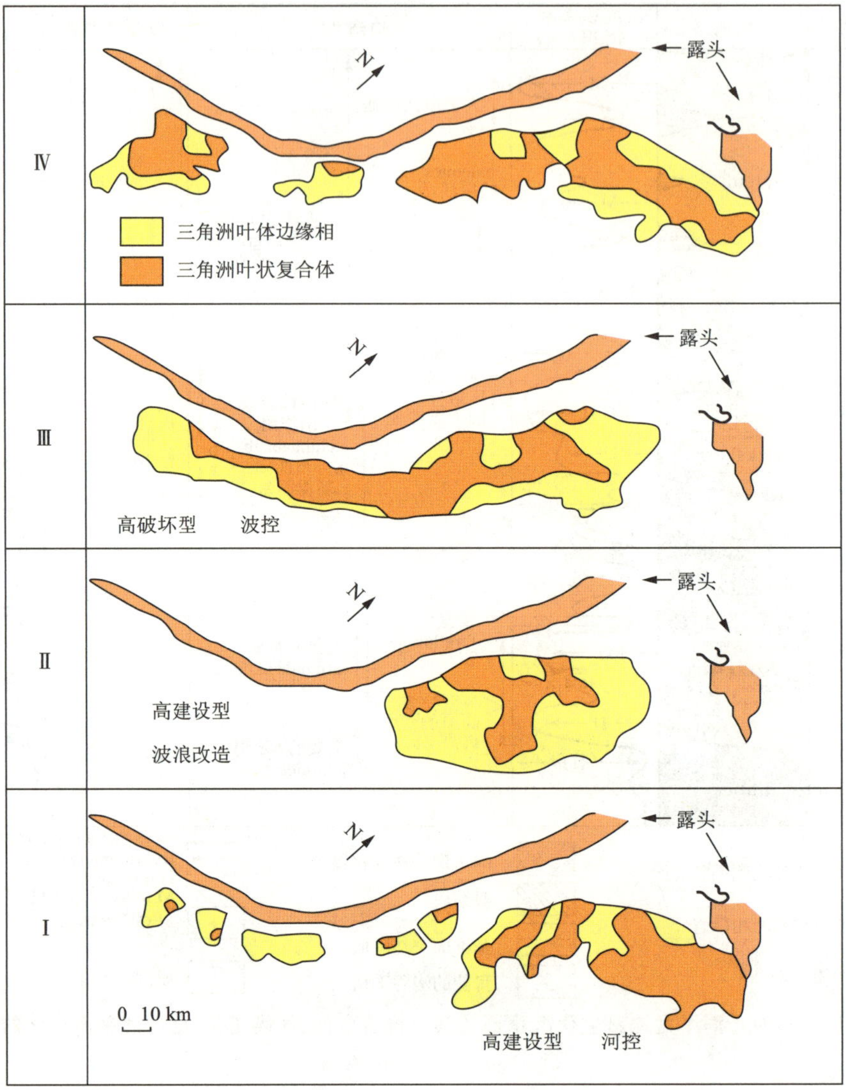

图 7-11　墨西哥湾岸盆地古新统 Wilcox 成因层序中的三角洲类型
（据 Xue 等，1993b，有修改）

(2) 断陷盆地中多个构造沉积幕发育不同充填序列。下部的第一构造沉积幕由干旱的粗粒浅水充填序列组成，其底部为冲积扇-辫状河型充填样式，向上变为扇三角洲及湖滨带-浅湖型充填样式，顶部出现冲积扇-冲积平原型充填样式。第二构造沉积幕通常发育最完整，其底部由退积型扇三角洲及湖滨带-湖泊型充填样式开始，向上变为近岸水下扇-深湖型、扇三角洲-深湖型或湖泊三角洲及湖滨带-深湖型充填样式，顶部以进积型扇三角洲-湖泊型充填样式而结束。上部第三构造沉积幕又出现潮湿型粗粒浅水型充填序列，其底部出现冲积扇-冲积平原型充填样式，向上变为扇三角洲及滨浅湖-深湖型充填样式，顶部又以冲积扇-冲积平原型充填样式而结束。

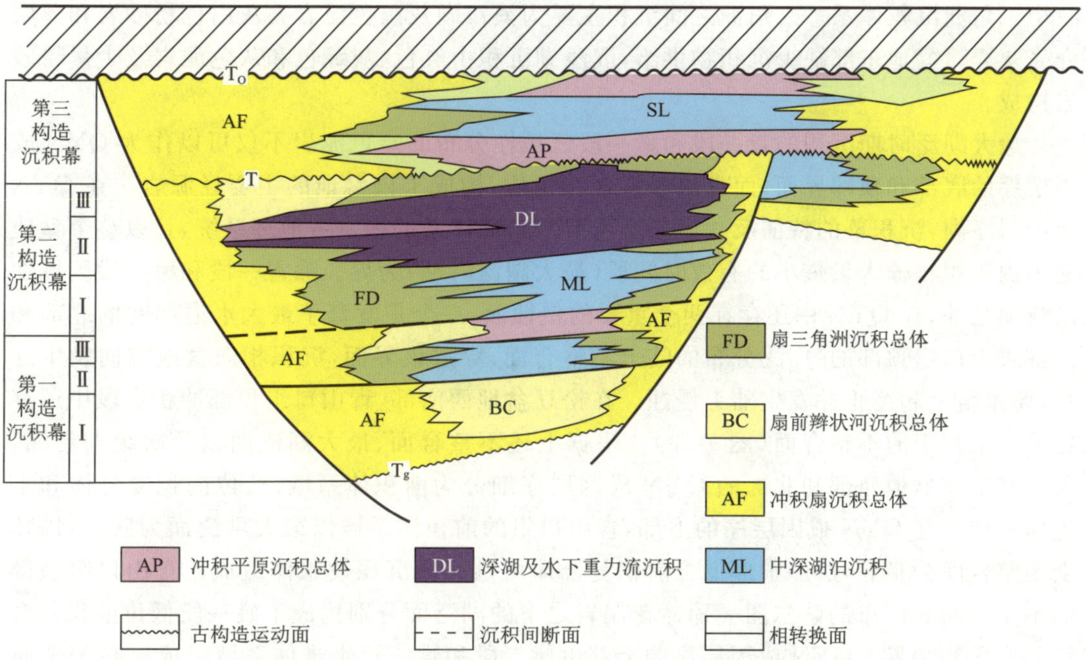

图 7-12　中国东部中、新生代断陷盆地成因地层格架模式（据夏文臣，1991，有修改）

(3) 从断陷盆地的整体成因地层格架来看，经常出现上覆构造沉积幕超覆在下伏构造沉积幕之上的特征，这反映了沉积盆地多旋回性扩张的演化过程。

(4) 断陷盆地的第一构造沉积幕中，有时出现火山岩或火山碎屑岩，其顶界面或内部等时界面也常为火山活动标记面，这表明盆地发育早期阶段是张裂性的。

(5) 在每个构造沉积幕中，各沉积幕之间除充填样式互不相同之外，相邻沉积幕之间还被相转换面分割。不同沉积幕代表构造演化旋回中的一个沉积演化阶段。

2. 拗陷盆地成因地层序列研究

Galloway(1989a)在海相沉积盆地中总结的成因层序分析的基本原则完全适用于湖相沉积盆地。在广泛发育陆上不整合面并存在明显的沉积相向盆地方向迁移的条件下，应将成因层序进一步细分为前积体系域、低位前积复合体和水进体系域。在不同体系域中形成的三角洲体系具有各自的沉积特征，Xue 等(1993a)曾以松辽盆地中生界白垩系沉积旋回为例，阐述了成因层序的结构特征、级别以及各成因层序的沉积特征等。

1) 松辽盆地上白垩统成因地层结构及等级

Xue 等(1993a)依据成因层序地层学的基本原理，自下而上对松辽盆地上白垩统青山口组、姚家组和嫩江组(简称 QYN)进行了成因层序分析研究。

青山口组一段属于最大洪泛期沉积，主要由广布的、富含有机质的湖相泥岩组成，面积达 87 000 m^2。青山口组二、三段反映快速前积的三角洲沉积体系。姚家组沉积期间，湖平面上升，滨线向陆后退。嫩江组一段沉积期间，湖平面上升达到高峰，水域面积超过 100 000 km^2。显然，青一段和嫩一段广泛分布的暗色泥岩构成了成因层序顶、底界。松辽盆地 QYN 沉积时期，盆地周缘存在三个主要物源区，分别形成了北、西和西南方向的三个三角洲沉积体系。三角洲之间沉积主要为滨浅湖灰黑色泥岩夹灰白色粉砂岩和薄层介壳灰岩。盆地东部缺少沉积物供给，滨浅湖沉积由红色、灰绿色和灰色泥岩及少量粉砂岩构成。

最大湖泛时期沉积的青一段和嫩一段区域性分布的暗色泥岩不仅可以作为QYN成因层序的底部和顶部界面，而且由于富含有机质，构成了该盆地的主要烃源岩。在QYN成因层序内，沉积幕的特征反映为三个主要三角洲体系的稳定古地理系统，且以整个盆地范围内沉积物输入量最小的有效时间段（最大湖泛时期）为界。除青一段和嫩一段区域性洪泛面之外，在QYN中还存在两个重要的侵蚀面：一个是发育于最大水退期间的北部和西部青山口组顶部的、广泛分布的陆上不整合面，穿过该界面，沉积相向盆地方向发生迁移，姚家组上超终止并发生陆上侵蚀。在松辽盆地西南部，青山口组顶部冲积层段中还存在另一个相应的不整合面（图7-13）。根据上述不整合面、最大湖泛面以及次级湖泛面，可以将松辽盆地西部和北部的QYN成因层序细分为前积体系域、低位前积复合体和水进体系域。在QYN成因层序的下部，青山口组的前积体系域以最大洪泛面为底界，以陆上不整合面为顶底，层序中部低位前积复合体由姚一段沉积楔状体组成。青山口组顶部的不整合面和广布的萨尔图—葡萄花泥岩之下的湖泛面分别构成了姚一段低位前积复合体的底界和顶界。QYN成因层序的上部由姚二段和姚三段水进体系域组成。在湖平面

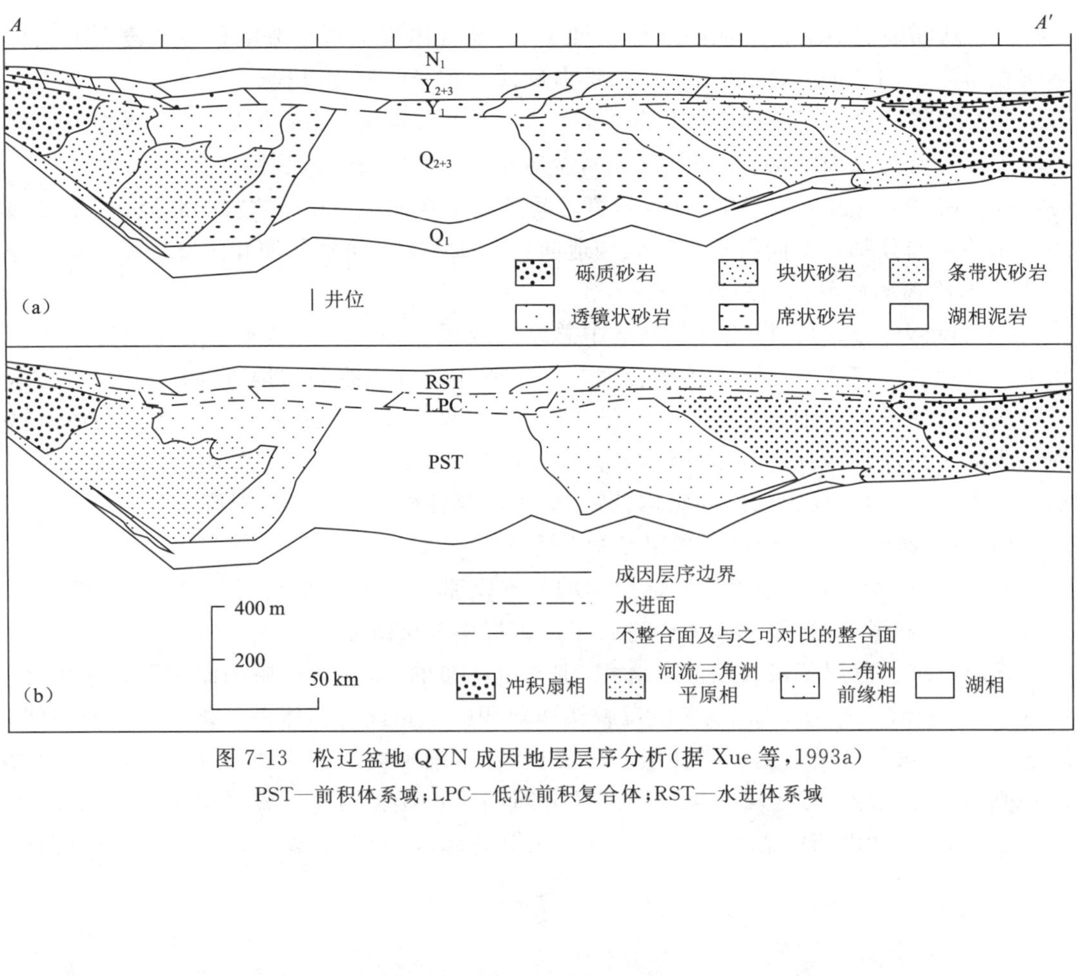

图7-13　松辽盆地QYN成因地层层序分析（据Xue等，1993a）

PST—前积体系域；LPC—低位前积复合体；RST—水进体系域

长期上升期间，沉积形成了向陆迁移叠置的三角洲朵叶体(图7-13)。显然，松辽盆地QYN成因层序研究成果提供了具有斜坡边缘湖相盆地的成因层序地层样式。

湖相成因层序在地层模式、组成和界面类型等方面均类似于海相沉积盆地，但松辽盆地QYN成因层序的持续地质时间很长。Galloway(2001)所描述的墨西哥湾岸盆地西北部新生代成因层序持续的地质时间平均为4～5 Ma，类似于Vail(1987)所定义的三级层序。松辽盆地QYN成因层序形成时间为25 Ma，提供了一个二级低频层序的实例。

2) 松辽盆地北部QYN成因层序三角洲体系沉积特征

松辽盆地白垩系QYN成因层序可以细分成前积体系域、低位前积复合体和水进体系域(图7-13)。尽管每一个体系域都是由河流、三角洲、湖滨平原等沉积体系组成的，但它们具有不同的特征。松辽盆地北部白垩系三角洲体系提供了一个良好实例。北部三角洲是松辽盆地最大的三角洲，面积为20 000 km^2，厚度为500～600 m，分别以与青一段和嫩一段时期最大洪泛事件相伴生的暗色厚层泥岩为顶、底界。北部三角洲体系由青山口组前积三角洲、姚家组姚一段低位前积三角洲、姚二与姚三段水进三角洲组成。前积三角洲为受波浪和河流混合控制的三角洲，低位前积三角洲为以河流作用为主的三角洲，水进三角洲为受波浪控制的三角洲(图7-14)。

(1) 前积体系域。

松辽盆地白垩系青山口组沉积期间，由于盆地基底快速沉降，形成非常狭窄的台地和陡倾斜坡，沉积了巨厚的前三角洲和三角洲前缘以及陡倾前积斜坡沉积物(图7-14)。巨厚的三角洲前缘和前三角洲与海相盆地中陆架边缘三角洲特点相似。青口山组前积三角洲形成了朵叶状砂岩体，反映了一个受波浪改造的河控三角洲类型。河口坝和前缘席状砂十分发育并具有一种特定的前积叠置样式。前积体系域沉积初期，湖盆覆盖面积达87 000 km^2，至后期，湖盆覆盖面积减少到35 000～68 000 km^2。

(2) 低位前积复合体。

姚一段低位前积复合体的发育是由构造掀斜导致湖平面迅速下降和强制水退以及随后的早期湖平面相对上升造成的。在松辽盆地北部，湖平面快速下降极大地降低了水动力的调节潜力，因此姚一段低位三角洲沉积厚度相对较薄。沉积早期，盆地面积仅10 000 km^2，低位三角洲砂体呈鸟足状向盆内延伸，形成典型的河控三角洲。三角洲前缘河口坝和前三角洲不甚发育，三角洲平原分支河道砂体和三角洲前缘水下分支河道砂岩普遍发育，有时部分分支河道可以直接覆盖在前三角洲或湖相泥岩之上。

(3) 水进体系域。

松辽盆地白垩系姚家组姚二、姚三段水进三角洲复合体是由向陆后退的三角洲朵叶组成的。此时，湖平面处于相对上升时期。砂岩体平行于湖岸线展布，反映该三角洲砂体受到了波浪作用的改造。三角洲分支河道砂体和受到波浪改造的三角洲席状砂体构成水进三角洲的主体框架。姚二、姚三段水进三角洲的特点是厚度均匀，前积斜坡极平缓，三角洲前缘和前三角洲极不发育且厚度相对较薄(图7-14)。水进三角洲单个朵叶体的叠置样式则是岸线逐步向陆迁移的产物，这反映了姚二、姚三段沉积时期，由于湖平面缓慢上升所形成的水进到加积的沉积序列。

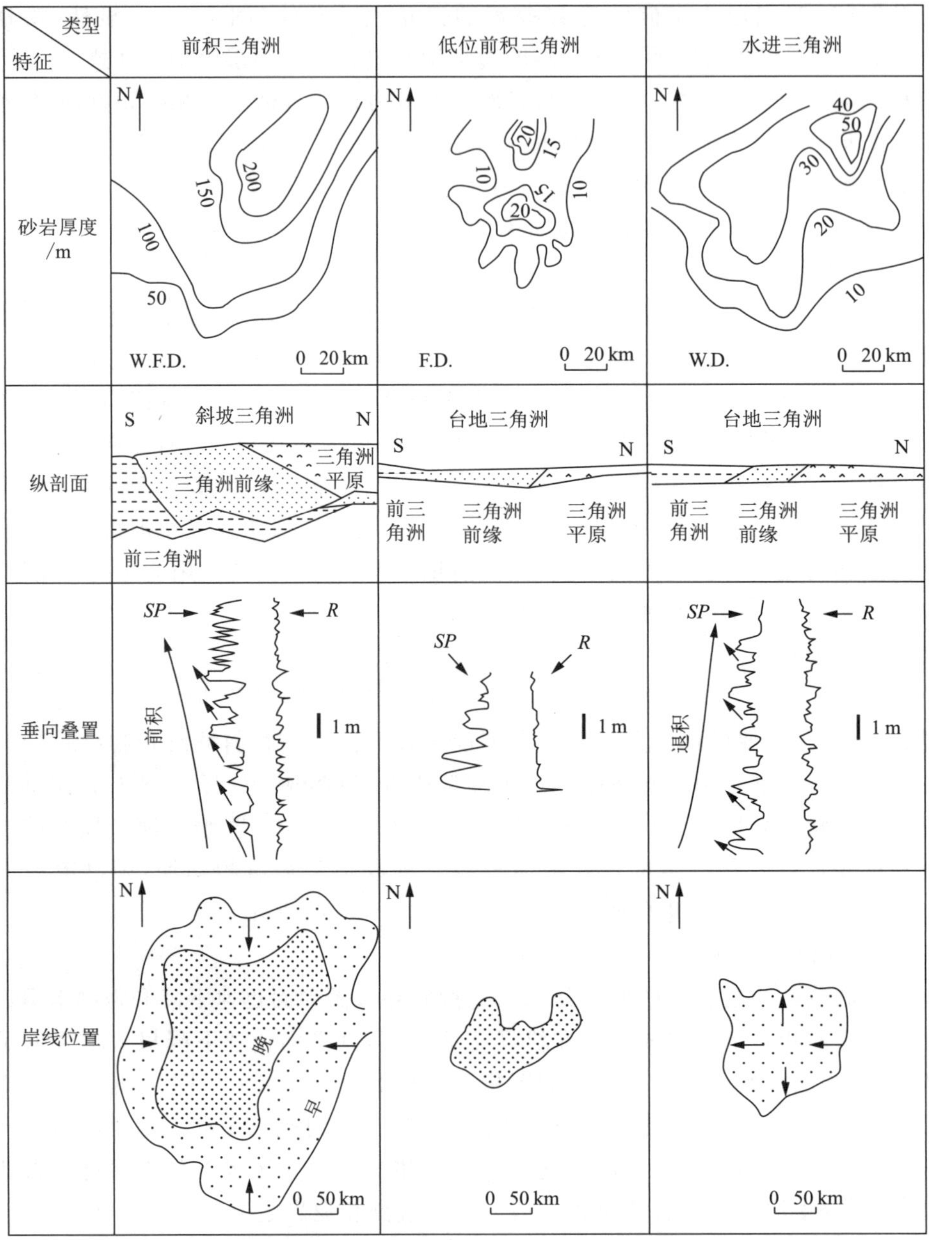

图 7-14　松辽盆地北部白垩系成因层序三角洲沉积类型及特征(据 Xue 等,1993a,有改动)

W.F.D. —受波浪和河流混合控制的三角洲;F.D. —受河流控制的三角洲;

W.D. —受波浪控制的三角洲

总之,松辽盆地北部三角洲体系的青山口组前积三角洲是以厚层三角洲前缘和前三角洲及陡倾古斜坡为特征的一个斜坡型三角洲,姚家组姚一段低水位三角洲和姚二、姚三段水进三角洲却是以薄层三角洲前缘和前三角洲及缓倾古斜坡为特征的三角洲。可以说,松辽盆地白垩系 QYN 成因层序中三角洲体系的发育为拗陷型陆相盆地三角洲研究提供了一个典型实例(图 7-13、图 7-14)。

虽然松辽盆地白垩系 QYN 成因地层序列的地层模式、组成和界面类型等方面均类似于海相盆地,然而在持续时间、沉积速率等方面仍表现出差异。首先,相比于 Galloway (1989a)所描述的墨西哥湾岸盆地西北部的新生代成因地层序列持续时间平均为 4～5 Ma,以及其他学者定义的三级层序序列、沉积层序的时间间隔变化范围,松辽盆地 QYN 层序的形成时间很长,持续了约 25 Ma,符合二级旋回的较长时间间隔。其次,与墨西哥湾岸盆地西北部古近系层序中稳定台地三角洲体系沉积速率(30～210 m/Ma),以及大陆架边缘背景三角洲沉积速率(大于 1 000 m/Ma)相比,松辽盆地白垩系 QYN 三角洲沉积复合体沉积速率(最大为 46 m/Ma)比海相环境三角洲沉积速率低得多。

3. 湖相盆地与海相盆地成因地层序列异同

1989 年,Galloway 列举了构成碎屑岩充填盆地中成因层序基础的五条原则,Xue 等(1993a)在其基础上进一步对比了湖相盆地与海相盆地成因层序级别特点,并指出了二者在应用成因层序地层学上的异同:

(1) 海相盆地中的陆源碎屑沉积物是异地的,最初常由河流体系搬运到盆地边缘。湖相盆地中的陆源碎屑可来自盆地外围,并由河流体系和冲积扇体系搬运到盆地中。然而,湖盆接受来自其四周的陆源沉积物,与仅有来自一侧的充填物的海相盆地大陆架不同。

(2) 海相盆地由沉积(退覆)和无沉积(超覆)层段交替充填。在特定时间段,有效的沉积可能集中在整体淹没的盆地区内的一小部分区域。类似地,湖盆也由侧向加积与最大洪泛作用有关的岸线后撤(超覆)交替充填,但有效的沉积不一定集中在盆地的一小部分区域,这是因为湖盆的规模小,且具有多个物源输入体系。

(3) 海相盆地水下间断面所代表的时间间隔可能在区域上是不同的,然而这种间断面能够分隔不同沉积事件的沉积物,因此,可区分新老沉积物,建立等时地层格架。

(4) 每一个沉积脉冲或事件产生一个 Frazier(1974)命名的"相序列"成因地层单元。一个相序内可预测的地层配置关系为前积相、加积相和海侵(退积)超覆相。

(5) 在大多数盆地中存在一系列前积-海侵超覆沉积序列。该序列可被多次沉积事件中断,整体叠置在一起构成一个沉积复合体。

显然,对前两条原则来说,湖相和海相盆地有所差异,后三条原则对二者同时适用。然而,湖盆与海盆之间尚有其他方面的明显差异:

(1) 湖相盆地显然不受全球海平面升降变化的影响,湖平面随构造和气候因素变化。构造因素控制抬升、沉降及为湖盆供源的集水单元面积;气候变化改变蒸发和沉淀速率,直接影响湖平面升降变化。

(2) 湖盆无潮汐作用,且波浪能量受湖盆规模的限制,小型湖盆中波浪作用很弱,甚至不存在。这些差异对湖相盆地成因地层序列发育起到重要的控制作用。

前文论述了湖相盆地成因地层序列与海相盆地的异同,在实际分析过程中,湖相盆地的成因层序边界往往是一套以泥质岩为主的区域分布的较深水沉积地层。

区域性分布的煤层因具有可对比性与等时性等特点,可以作为成因层序的边界(吴因业,1996)。区域展布的煤层具有成因层序边界的基本属性,是碎屑沉积物沉积间隔期间的生物化学沉积物,记录了沉积物源的中断。局部或次区域展布的煤层是小规模间断面的例子;而区域展布的煤层规模较大,相当于限定一个沉积幕的沉积复合体或成因层序的边界。需要注意的是,以煤层作为成因层序的边界与 Galloway(1989a)选用的最大洪泛面作为成因层序边界至少存在两点差异:第一,区域性展布的煤层不一定代表最大洪泛面,而可能是海侵面或水进体系域内物源中断事件的产物。特别是存在海相或湖相地层的情况下,选用煤层作为成因层序的边界应该慎重,因为海相、湖相较深水沉积地层往往更可能是最大洪泛面的产物。第二,在以冲积-河流相为主的沉积环境中,煤层是沉积物源中断的产物,但并不代表它在相对水平面变化中的位置。因此,也就很难在这种成因层序内进行体系域的分析。

第八章　Embry 海侵-海退旋回层序地层学

核心知识点：T-R(海侵-海退)旋回层序地层学理论基础及其概念体系，T-R 旋回层序关键界面、T-R 层序体系域组成，T-R 旋回层序地层研究方法，海相沉积 T-R 旋回层序地层学研究，陆相沉积 T-R 旋回层序地层学研究，T-R 旋回层序地层研究的优势。

由于美国学者 Vail(1987)倡导的经典层序地层学理论和研究方法不能有效应用于加拿大北极圈(Arctic Canada)斯沃德鲁普盆地(Sverdrup)中生界三叠系层序地层研究，故 Embry 等(1992)、Embry(1993)提出了一种全新的、能够满足特殊类型沉积盆地层序研究的新理论方法，即海侵-海退旋回层序地层学。

根据 Wheeler(1958)提出的基准面概念和美国 Exxon-Mobil 石油公司(Posamentier 等，1988)倡导的经典层序地层学，发育于盆地边缘的陆上不整合面(SU)常被用来作为层序边界，但要强调的是，在很多情况下，陆上不整合面部分或完全地被滨岸海蚀面(SR-U)所代替，滨岸海蚀面代表美国 Vail(1987)提出的海侵面向陆地方向的延伸。这种层序边界从盆缘不整合面(陆上不整合面 SU 与不整合型滨岸海蚀面 SR-U)沿着最大海退面(MRS)向盆地中心延伸，而最大海退面代表海侵面的整合部分(图 8-1、图 8-2)。

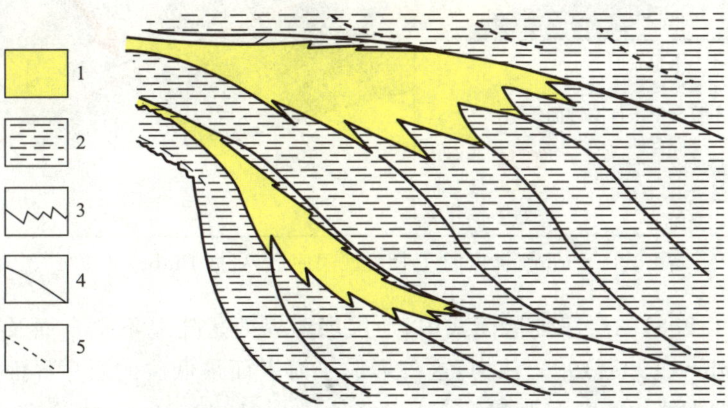

图 8-1　Embry 提出的 T-R 旋回层序地层模型(据 Embry，1988)

1—砂岩；2—粉砂岩、页岩；3—陆上不整合面；4—沉积间断面；5—时间线

由于最大海退面向陆地方向与滨岸海蚀面相连接，因而，陆上不整合面(SU)、不整合型滨岸海蚀面(SR-U)和最大海退面(MRS)可以组合成一个能够客观识别的从盆地边缘一直延伸到盆地中心的完整层序边界。由于这个层序边界能够把海退期间形成的地层与

其上的海侵地层分开，因而这个新定义的层序边界所限定的地层单元被称为海侵-海退旋回层序，即 T-R 旋回层序。

第一节 T-R 旋回层序地层学理论基础

一、T-R 旋回层序基本概念

T-R 旋回是从一个水体(海水)加深事件到另一个相同规模的水体加深事件之间沉积而成的地层，沉积厚度数百米。T-R 旋回层序包括两个部分，下部 T 旋回是由薄层海侵(退积)单元构成的，主要岩性为粉砂岩和页岩，与下伏前一旋回地层呈(超覆)不整合接触关系；上部 R 旋回是由厚层海退(进积)单元构成的，主要岩性为砂岩及页岩，砂岩之上为陆上不整合面(图 8-1)。

T-R旋回层序边界与组成

T-R 旋回边界是陆上不整合面及其对应的水下整合面(图 8-2)。

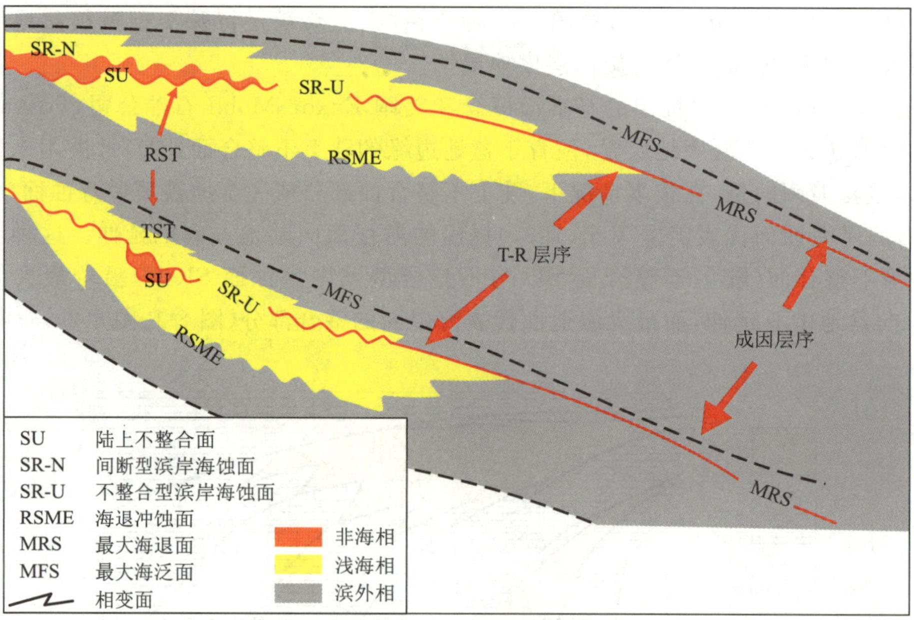

图 8-2 Embry 提出的 T-R 旋回层序边界(据 Embry，1993)

在 Vail 等(1988)的层序地层模式中，地层层序界面是陆上不整合面及与之对应的水下整合面。Embry(1993，1995)认为，这一形成于海平面最低位的层序界面并没有岩性含义，在多数地层剖面上难以客观确定。因而，Embry(1993，1995)建议在 T-R 旋回层序中，用海侵面代替其对应的界面。海侵面被定义为“一个整合面，其上为海侵地层，其下为海退地层”。海侵面附近通常有显著的岩性变化，而且在许多缓坡和陆架到斜坡的海相序列中都能识别(图 8-2)。

T-R 旋回层序由海侵和海退两个体系域组成。海侵体系域包括下部界面到最大海泛面之间的地层，海退体系域是从最大海泛面到上部界面之间的地层(Embry，1993)。T-R

旋回层序的海侵体系域与 Vail(1987)层序地层模型的海侵体系域一致，其海退体系域则包含 Vail(1987)层序地层模型的高位体系域以及其上的低位和陆架边缘体系域(图 8-2)。

不同地质年代的 T-R 旋回层序可具有不同的沉积厚度和持续地质时间，并形成特定的地层组合形式。根据层序形成时间规律、层序界面物理特性及其分布范围，Embry(1993,1995)提出了层序级别划分体系。研究表明，美国中西部上白垩统单个 T-R 旋回层序与 Vail 等(1977)的三级层序相当(Ryer 等，1984)。

T-R 旋回层序地层学的优势表现在，它既可应用于以碎屑岩为主的大陆边缘盆地，也可应用于以碳酸盐岩为主的具有明显陆架斜坡位置的盆地边缘环境。但是，需要指出的是，Embry(1993,1995)确定的陆上不整合面与发育明显低位沉积的海侵面之间可能存在穿时性。无论针对哪个级别的层序开展研究，关键问题是如何确定陆上不整合面及其对应的盆地中整合面的等时性问题。

二、T-R 旋回层序关键界面

层序界面是层序地层学用于地层划分对比的重要基础。层序界面可包含基于物质的界面和基于时间的界面。基于物质的界面是根据可观测的地层物质属性定义的，包括界面上、下地层性质的差异及地层几何关系的变化；基于时间的界面是根据人为解释、局限于特定地点、与滨线迁移方向或基准面升降有关的界面，如经典层序地层学中的首次海泛面等。T-R 旋回层序地层学采用基于物质的界面来定义和对比地层(Embry,1993)，具体包括以下六个界面：

1) 陆上不整合面

陆上不整合面(subaerial unconformity,SU)是重要的层序界面，代表着长期的地层间断。它被定义为非海相或黑色海相地层所覆盖的侵蚀界面或风化带。值得注意的是，定义中明确其上覆地层必须为非海相或黑色海相地层。这实际上是强调界面上、下时间跨度很大，以致产生了明显的相变。与之相反，陆上间断面所代表的河道冲刷面形成于洪泛平原的河道迁移作用，尽管同样穿时但仅指示十分短暂的沉积间断。在地层记录中，后者往往更常见。为明确区分两者，往往需要确认界面上、下地层岩性或通过地层削截关系来指示(图 8-3)。

2) 海蚀退水面

海蚀退水面(regressive surface of marine erosion,RSME)或海退冲蚀面是在海平面下降过程中形成的、伴随沉积物向海盆中央进积(海退)的明显侵蚀面，界面之下常为远岸(常为中—外陆架和陆坡)细粒沉积组合，界面之上以向上变粗的海相地层为特征。海蚀退水面(RSME)的识别对于层序地层格架约束下的沉积相分析起着重要作用(图 8-4)。

3) 滨线冲刷侵蚀面

滨线冲刷侵蚀面(shoreline ravinement,SR)或滨岸海蚀面常表现为突变的侵蚀界面，其上覆盖向上变细的河口或海相地层，其下可为非海相或海相地层。滨线冲刷侵蚀面作为侵蚀界面，具有自沉积至非沉积的趋势，可代表或长或短的沉积间断(不整合型或侵

图 8-3　陆上不整合露头剖面的地质特征(据 Embry,2008)

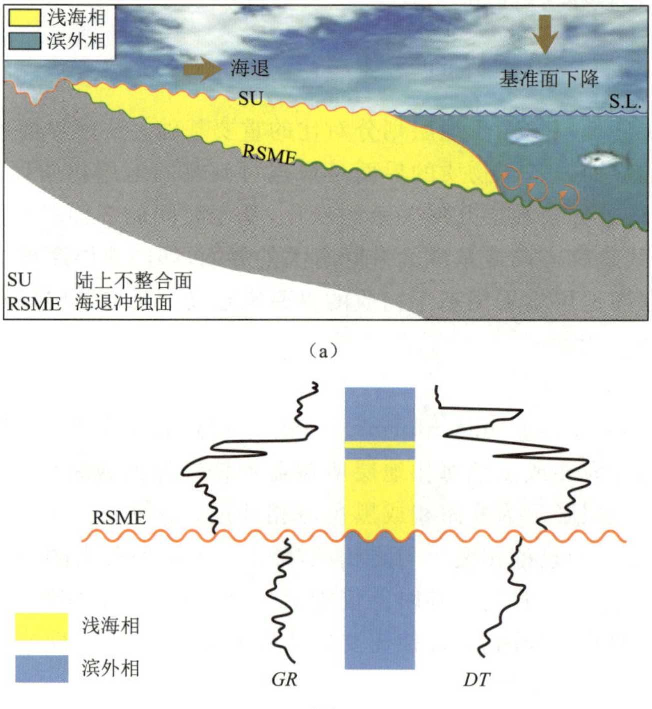

(b)

图 8-4　海蚀退水面形成过程及其岩-电响应特征(据 Plint,1988)

蚀型)。其中,不整合型滨线冲刷侵蚀面(SR-U)与下部地层呈区域性削截关系,与上部地层呈超覆关系,且下部地层常为海相地层;侵蚀型滨线冲刷侵蚀面(SR-D)以下为准同期的非海相地层,且保存有先期发育的陆上不整合面(图 8-5)。

4) 最大海退面

最大海退面(maximum regressive surface,MRS)是指与沉积间断面可对比的整合界面,是在海平面下降到最低点时期形成的(图 8-2),界面之下沉积物粒度向上变粗,界面之上沉积物粒度过渡为向上变细。

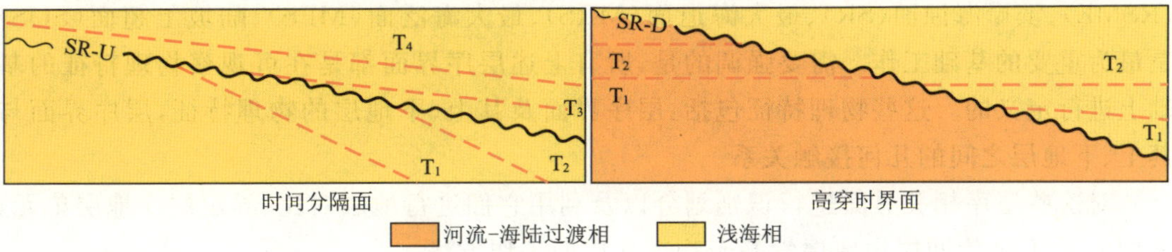

(a) 不整合型　　(b) 侵蚀型

图 8-5　滨线冲刷侵蚀面剖面地层特征(据 Embry,2008)

5) 最大海泛面

在海相碎屑岩地层中,最大海泛面(maximum flooding surface,MFS)是一种整合界面(图 8-2),是在海平面上升到最高点时期形成的,界面之下沉积物粒度向上变细,界面之上沉积物粒度向上变粗,标志着碎屑颗粒粒度由向上变细到向上变粗的过渡。与最大海退面相似,滨岸地区容易识别相对海平面变化与粒度粗细变化之间的关系。在非海相地层中,最大海泛面相对不明显,但仍会是沉积物粒度变化转换界面。一般来说,常表现为向上减少的河道数量与向上增加的河道数量之间的分界面。

6) 斜坡超覆面

斜坡超覆面(slope onlap surface,SOS)或陆坡上超面是斜坡环境下明显的不整合(不整一)界面,以地层超覆于斜坡之上为特征。界面之下的地层既可与界面呈整合接触,也可呈削截或侵蚀接触。倘若两者为整合接触,则界面常形成于相对的饥饿环境。相反,若出现削截或侵蚀关系,指示该界面在一定程度上形成于水流侵蚀或重力滑塌过程。斜坡超覆界面可与滨线冲刷侵蚀面在横向上进行等时对比(图 8-6)(可参见第二章强制海退概念)。

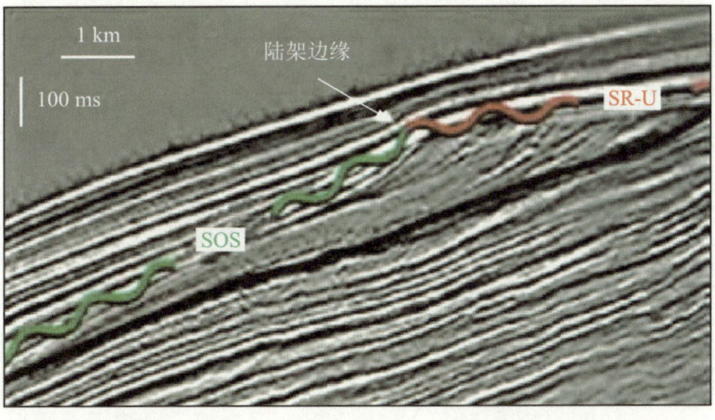

图 8-6　墨西哥湾岸盆地陆架边缘斜坡超覆界面的地震响应特征(据 Posamentier,2003a)

第二节　T-R 旋回层序地层学研究

一、T-R 旋回层序研究方法

在开展 T-R 旋回层序地层学研究过程中,确定陆上不整合面(SU)、海蚀退水面

(RSME)、滨岸海蚀面(SR)、最大海退面(MRS)、最大海泛面(MFS)、陆坡上超面(SOS)是最为重要的基础工作。需要强调的是,所有上述层序界面都是在可观察物理特征的基础上进行定义的。这些物理特征包括:层序界面及其上、下地层的物理特征,层序界面与其上、下地层之间的几何接触关系。

对这些层序相关界面进行识别划分以及利用它们进行地层对比、界定层序地层单元,就构成了 T-R 旋回层序地层学基于物理性质的工作方法。

Hunt 等(1992)、Posamentier 等(1999)和 Catuneanu(2006)推崇另外一种层序地层工作方法,即时间界面层序地层工作方法。该方法基于时间界面来定义一些层序地层界面,而不是基于可观察的物理特征或几何关系来定义层序地层界面。Posamentier(2001)认为"识别岩石序列中的等时界面是层序地层分析的关键"。时间界面是公认的等时地层界面,是以特定地点发生的特殊事件来定义的。从根本上说,等时地层界面代表了特定事件发生时期存在的沉积界面。如 Catuneanu(2006)所述,"层序地层界面都是相对于基准面旋回的主要事件来定义的",这些主要事件要么与基准面变化方向的改变(如基准面下降转向上升)有关,要么与滨岸迁移方向的改变(如滨线向陆迁移转变为向海迁移)有关。

基于时间界面的层序地层工作方法和四个基准面旋回事件可开展旋回划分。这四个旋回事件和对应的界面分别为(图 8-7):

(1) 基准面开始上升①对应于可对比整合面(CC);

(2) 开始海侵②对应于最大海退面(MRS);

(3) 开始海退③对应于最大海泛面(MFS);

(4) 基准面开始下降④对应于强制海退面(BSFR)。

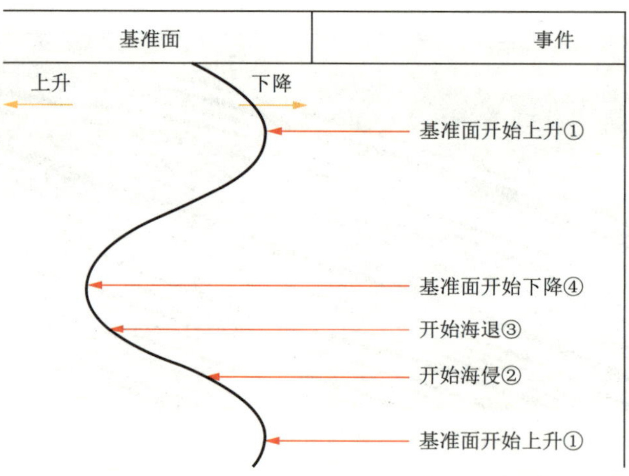

图 8-7　表明层序地层四个时间界面事件的示意图(据 Embry,2008)

基于时间界面的层序地层分析方法不同于基于物理性质的分析方法,主要表现在以下两个方面:① 两种层序地层分析方法共有的界面(如最大海退面)的定义方式不同;② 增加了两个(可对比的整合面、强制海退面)在基于物理性质的分析方法中没有对应性的新界面。Hunt 等(1992)根据基准面开始下降和基准面开始上升事件,在层序地层学中引入了两个新的时间界面。第一个时间界面是强制海退面(BSFR),另一个是可对比的整合面(CC)。这两个新的时间界面是在 Vail(1987)的层序地层模型基础上提出的,是与模型有关的(即“没有模型就没有界面”)两个假想界面,代表基准面曲线上的两个特定事件。

两个重要的层序地层物理界面分别为最大海退面(MRS)和最大海泛面(MFS),已经在前面章节中进行了定义和描述。这两个界面在很长时间里都是依据经验识别并有不同的称谓,在确立层序地层学方法和准确模型之前,可根据物理特征进行定义和描述。在现代层序地层学理论中,最大海退面(MRS)和最大海泛面(MFS)都被认为是由基准面变化和沉积过程之间相互作用而产生的。

为了说明在层序地层分析中物理界面与时间界面之间的关系,构建了三个用于说明不同物理界面之间相互关系的模型剖面,并在其中加上强制海退面(BSFR)和可对比整合面(CC)的时间界面。它们代表与地理位置及初始基准面上升速率相关的三个不同场景:

(1) 缓坡背景,初始基准面快速上升(图 8-8)。图 8-8 说明时间界面 BSFR 和 CC 发育在介于物理界面 MFS 和 MRS 之间的向上变粗沉积序列中。BSFR 在上倾方向被 SU/SR-U 削截,CC 在接近 SR-U 一侧被削截。

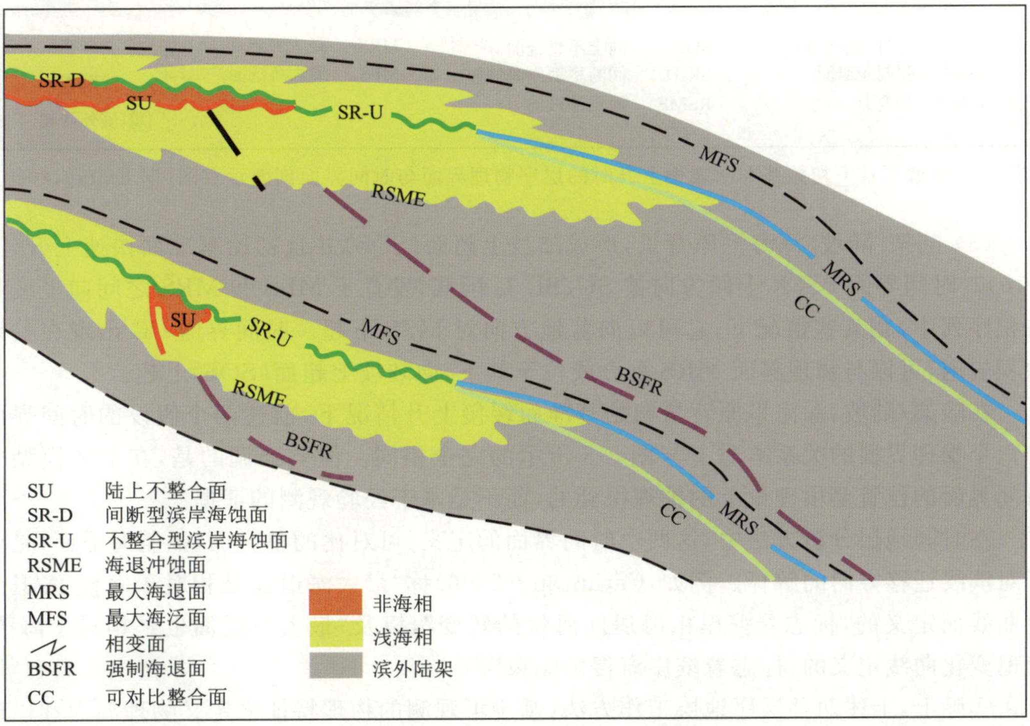

图 8-8 缓坡背景下初始基准面快速上升时的层序物理界面与时间界面剖面示意图(据 Embry,2008)

(2) 缓坡背景,初始基准面缓慢上升(图 8-9)。时间界面 BSFR 和 CC 发育于介于 MFS 和 MRS 之间的向上变粗沉积序列中。CC 向陆方向的末端与 SU 向盆地方向的末端相接。

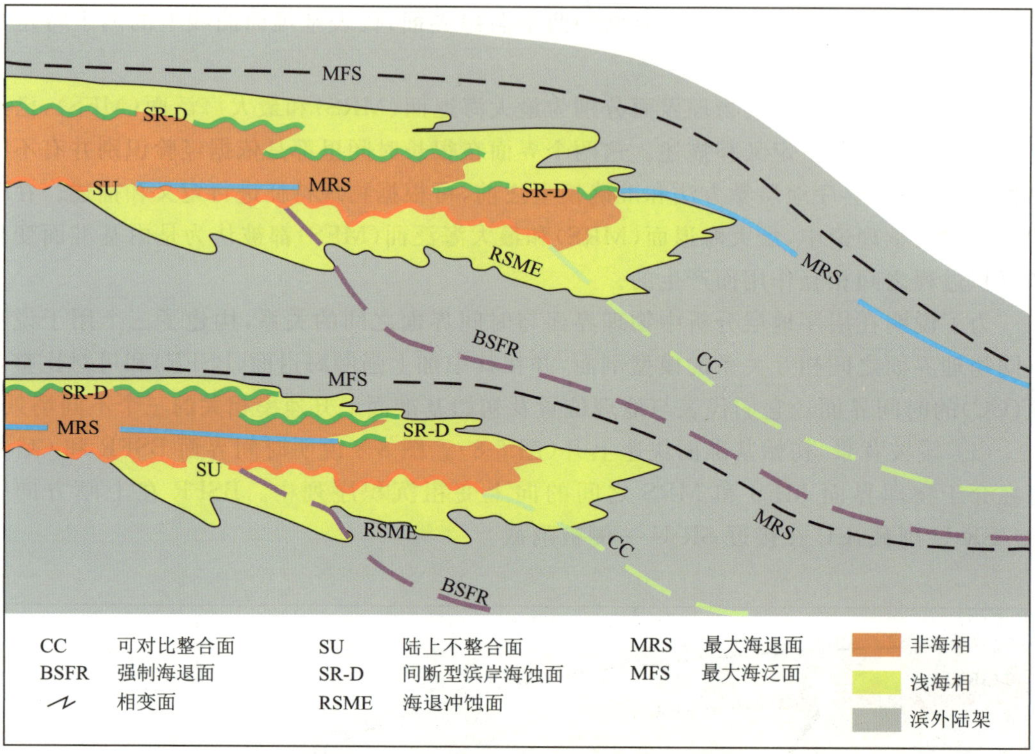

图 8-9　缓坡背景下初始基准面缓慢上升时的层序物理界面与时间界面剖面示意图(据 Embry,2008)

(3) 陆架/陆坡/深海平原背景,形成陆坡上超面(SOS)并且初始基准面快速上升(图 8-10)。时间界面 BSFR 上倾方向被 SU/SR-U 削截,发育于 MFS 和 MRS 之间向上变粗沉积序列中,在某些情况下,它可以向盆地方向对 MFS 下超。时间界面 CC 出现在盆地浊积岩内,可以与物理界面 MRS 重合或位于其下,向陆坡上超面(SOS)上超。

在陆架/陆坡/深海平原背景初始基准面缓慢上升情况下,前述两个假设的时间界面与六个物理界面的关系本质上与图 8-5 所示的完全相同。但要强调的是,在上述模型中时间界面的位置是由理论上的推理得到的,而不是基于经验观测的证据。

在时间地层分析方法中,这两个时间界面的定义(可对比的整合面、强制海退面)是基于对滨线迁移方向的解释。例如,Catuneanu(2006)称"最大海退面是相对于海侵-海退变化曲线而定义的,标志着滨岸由海退向海侵的转变",以及"最大海泛面也是相对于海侵-海退变化曲线定义的,标志着滨岸海侵的结束"。

实际上,上述两种层序地层工作方法(基于可观测的物理特征来定义物理界面和以理论事件为基础来定义时间界面)对最后的层序地层研究结果并没有很大的影响。这是因为,用来定义物理界面的可观测物理特征正是与该界面相关联的特定事件发生的证据。因此,理解这两种工作方法在定义层序界面上的区别还是很重要的,因为这种区别对于在时间地层研究中引入这两个新的时间界面具有重要的意义。

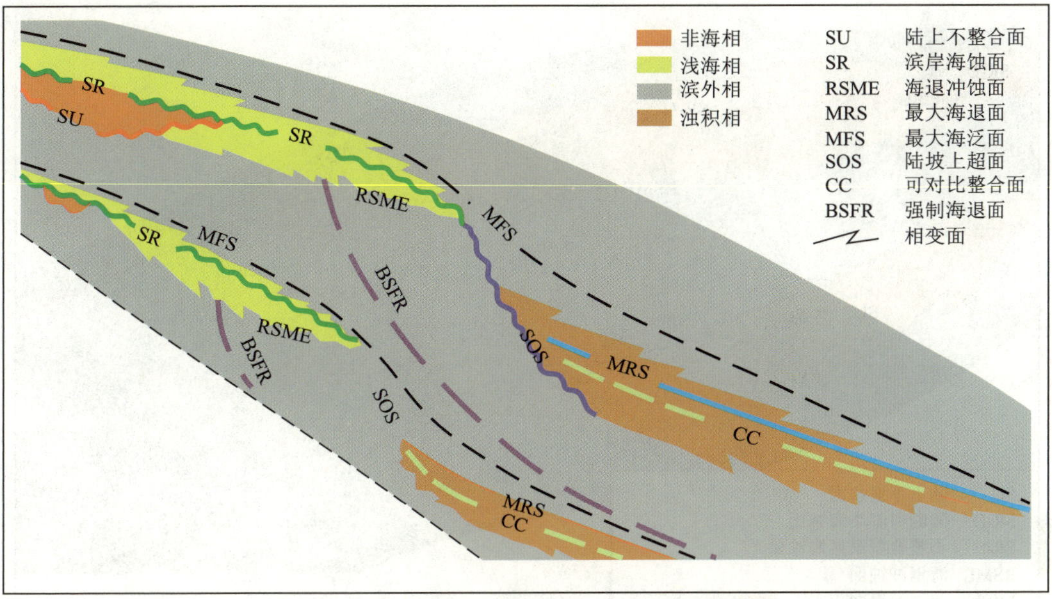

图 8-10 陆架/陆坡/深海平原背景下层序物理界面与时间界面剖面示意图
(据 Embry,2008)

二、海相 T-R 旋回层序研究

1. 滨浅海地层 T-R 旋回层序研究

在滨浅海硅质碎屑岩层序地层研究过程中,Embry(2008)倡导的 T-R 旋回层序地层模型发挥了重要作用,三个层序地层界面,即不整合型滨岸海蚀面(SR-U)、最大海退面(MRS)和最大海泛面(MFS)具有良好的可对比性(图 8-11)。图 8-11 中最大海泛面分布非常广泛且极易识别和对比,代表着由向上变细再向上变粗趋势的转变界面,对应伽马测井值最高处。

滨浅海地层发育的两个最大海泛面之间一定会有一个最大海退面或不整合型滨岸海蚀面(图 8-11)。最大海退面指示由向上变粗再向上变细转变的界面,对应伽马曲线最低值点处。最大海退面侧向上与不整合型滨岸海蚀面(SR-U)可对比,二者共同构成一个较大范围内可对比的层序界面。在伽马测井曲线上,不整合型滨岸海蚀面通常表现为突变接触,其上地层向上变细,但要完全证实不整合型滨岸海蚀面存在,还需要其下伏地层具备削截特征。

加拿大阿尔伯达西北部上三叠统 Charlie Lake 组主要由互层的页岩、粉砂岩和砂岩组成,含少量灰岩和硬石膏,沉积背景为浅水局限海道。Charlie Lake 组单个地层单元可以在大范围内进行对比。对比基准层是 Charlie Lake 组底界的一个岩性标志层,即一个硬石膏层覆盖在 Halfway 组顶部砂岩之上。这个岩性接触面看起来是低穿时的,因为它与其上大约 10 m 处的一个很容易识别的最大海退面几乎是平行的(图 8-12)。

通过多井自然伽马测井曲线对比可识别最大海退面和最大海泛面。在大多数情况下,由于井点密集,且剖面不太长,最大海泛面和最大海退面会相互平行,因为在短距离内

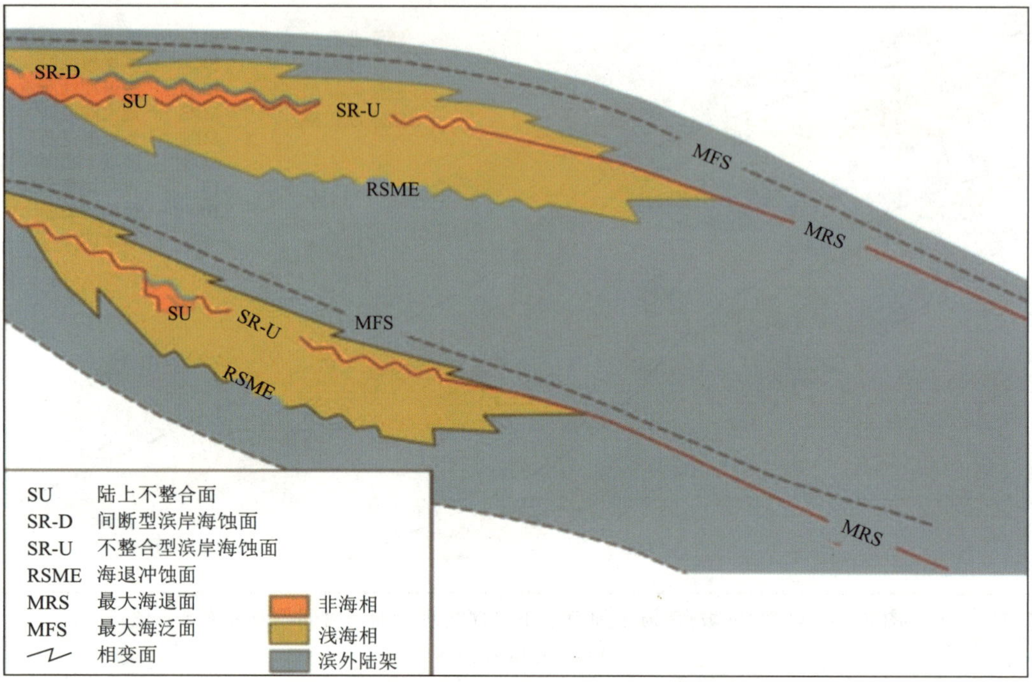

图 8-11 硅质碎屑岩缓坡背景的 T-R 旋回层序地层模型(据 Embry,2008)

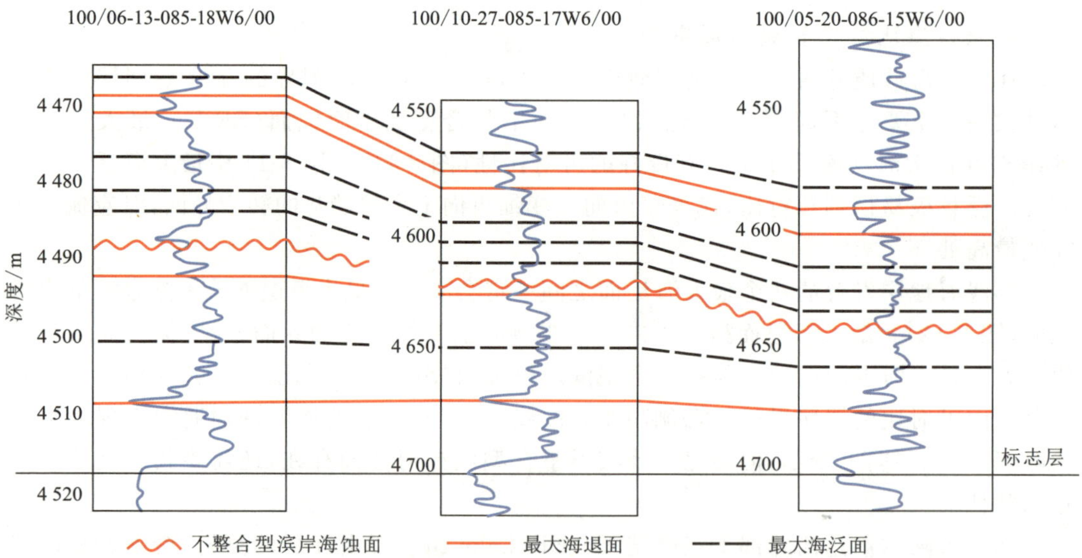

图 8-12 加拿大阿尔伯达西北部 Charlie Lake 组下部层序地层界面对比剖面(据 Dixon,2009)
标准层位于 Charlie Lake 组底部岩性变化界面。剖面上对比了多个最大海退面、最大海泛面和一个不整合型滨岸海蚀面。不整合型滨岸海蚀面对剖面右侧的地层削截,其上有轻微上超现象

沉降速率差异不大。如果存在两套相交的最大海退面-最大海泛面组合,且在每套组合内部海退面与海泛面相互平行,那么就应该怀疑可能存在着不整合。据此,Embry(2008)在

阿尔伯达西北部上三叠统一套底部突变、向上变细的灰岩地层(通俗地称为 A 标准层)之下解释出一个不整合型滨岸海蚀面(SR-U)(图 8-12)。最大海退面之下的削截现象,以及位于 A 标准层和该标准层之上第一个可对比最大海退面之间的地层向东逐渐减薄,都说明这种解释是可信的。所有不整合型滨岸海蚀面之上的可对比界面都几乎平行于该海蚀面,同时该海蚀面及其上最大海泛面之间的地层轻微减薄表明地层向东有小幅度的超覆。

加拿大北极地区 Melville 岛斯沃德鲁普盆地西南翼上三叠统滨浅海沉积层序地层大尺度对比表明(图 8-13),对比标志层为剖面顶部的一个明显的不整合型滨岸海蚀面(SR-U),向盆地方向逐渐过渡为易识别的最大海退面。因为这个界面在沉积时基本上就是水平的(海平面附近的临滨冲刷),所以是一个非常好的标志层。可根据自然伽马曲线和岩性特征对比最大海退面和最大海泛面,在存在削截的地方可确认不整合型滨岸海蚀面。在下倾方向可以见到个别地层单元略微增厚,但是绝大部分地层厚度变化是由盆缘不整合对下伏地层削截造成的。

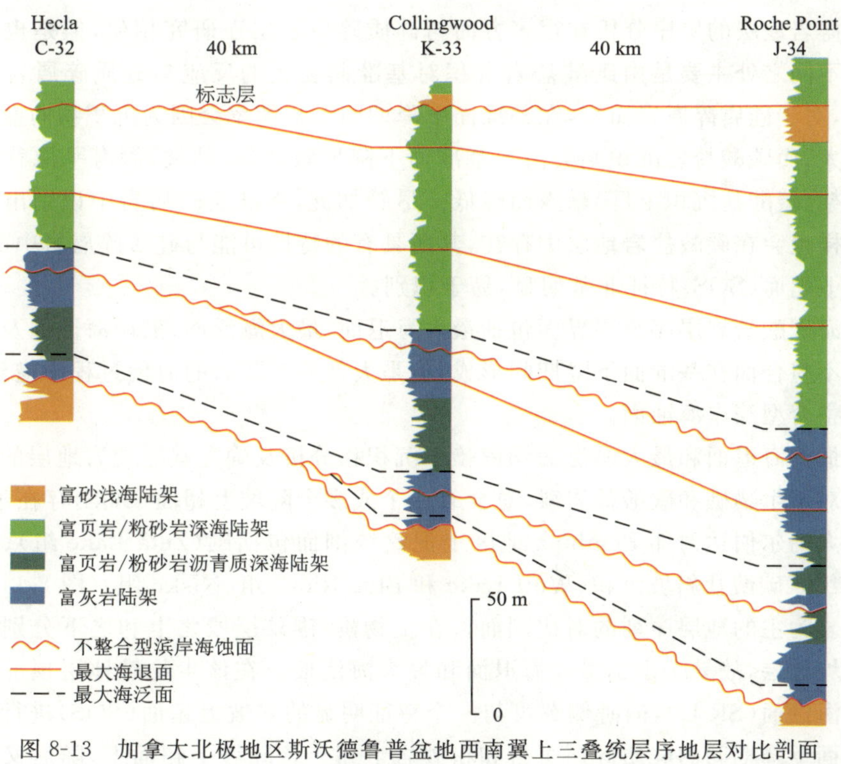

图 8-13　加拿大北极地区斯沃德鲁普盆地西南翼上三叠统层序地层对比剖面
(据 Embry,2008)

总之,最大海泛面、最大海退面和不整合型滨岸海蚀面是不同级次滨浅海层序地层对比中最理想的界面,其中大级别、大规模的最大海泛面、最大海退面和不整合型滨岸海蚀面是最容易对比的,而小级别、小规模相关层序界面只有在井点较密时才能够对比。

2. 深海碎屑岩地层 T-R 旋回层序研究

深海硅质碎屑沉积地层的层序地层分析还面临着很多挑战。在深海环境中会出现陆坡上超面(SOS)、最大海退面(MRS)和最大海泛面(MFS)三个层序地层界面。

在叠加的海底扇沉积层段中,可以把最大海退面确定在向上变粗的浊积扇沉积单元的顶部。实际上,最大海退面可以位于浊积序列顶部,也可以出现在浊积序列内部。最大海泛面位于深海最细的沉积层段中并分隔厚层浊积岩。陆坡上超面(SOS)的识别相对较为困难,最好是在地震剖面上通过确定以页岩为主的厚层陆坡沉积地层的形态来完成(图 8-6)。有研究者把第一套浊积岩的底面解释为可对比的层序界面(Posamentier 等,1988;Van Wagoner 等,1990)。然而,在很多情况下这样的界面只是一个具有冲刷特征的相接触面(向上变粗的海退序列中的沉积间断面),而没有沉积趋势的改变,可能不是一个层序地层界面。在个别情况下,浊积沉积会向陆坡超覆,这时浊积序列的底面与陆坡上超面(SOS)刚好吻合。

3. 碳酸盐岩 T-R 旋回层序研究

碳酸盐岩地层的层序分析在很多方面与硅质碎屑岩层序研究相似,但是也有一些不同。这些不同之处主要是由碳酸盐岩沉积对基准面变化的反应与硅质碎屑岩不同造成的。例如,对于硅质碎屑岩而言,在基准面下降期间沉积速率会因为沉积物向盆地供给的增加而增大;而碳酸盐岩沉积则会由于基准面下降导致陆架/陆坡/深海平原背景中的碳酸盐岩陆架(碳酸盐沉积工厂)暴露而降低。尽管如此,在硅质碎屑岩中识别出的层序地层界面同样也会在碳酸盐岩地层中存在,其所具有的特性可能与硅质碎屑岩中的不同,特别是陆坡上超面(SOS)特征非常明显,易于识别。

滨浅海碳酸盐岩层序地层界面包括最大海退面、最大海泛面、滨岸海蚀面及海蚀退水面。陆上不整合面在基准面下降期间形成,但是大部分在随后的海侵过程中遭到侵蚀,被改造成不整合型滨岸海蚀面。

确定最大海退面和最大海泛面均依赖于沉积相分析及确定碳酸盐岩地层的沉积物供给趋势。对于生物礁和碳酸盐岩滩,总会有一个或多个陆坡上超面(SOS)存在于陆坡上。

加拿大阿尔伯达西部 Pembina 地区上泥盆统剖面包括礁(Zeta Lake 组)、礁外沉积(Cynthia 组)、碳酸盐斜坡沉积(Wolf Lake 和 Blue Ridge 组、Nisku 组)(图 8-14),为一个以碳酸盐岩为主的地层序列的对比剖面。在生物礁/礁外层段之上和之下分别各有一套碳酸盐斜坡地层,故易于识别最大海退面和最大海泛面。在该生物礁地层顶部存在不整合型滨岸海蚀面(SR-U),向礁侧翼可与一个特征明显的陆坡上超面(SOS)进行对比。形成于基准面下降期间的硅质碎屑页岩和粉砂岩上超于该陆坡上超面上,随后又被基准面上升期间进积的斜坡碳酸盐岩覆盖(Wendte 等,1995)。陆坡上超面和不整合型滨岸海蚀面都形成于基准面下降期,前者是由基准面下降导致陆坡处于饥饿沉积状态造成的,而后者是因为绝大部分礁暴露造成的。在基准面下降后期,泥质硅质碎屑岩进积到该区,并上超于陆坡上超面之上(图 8-14)。

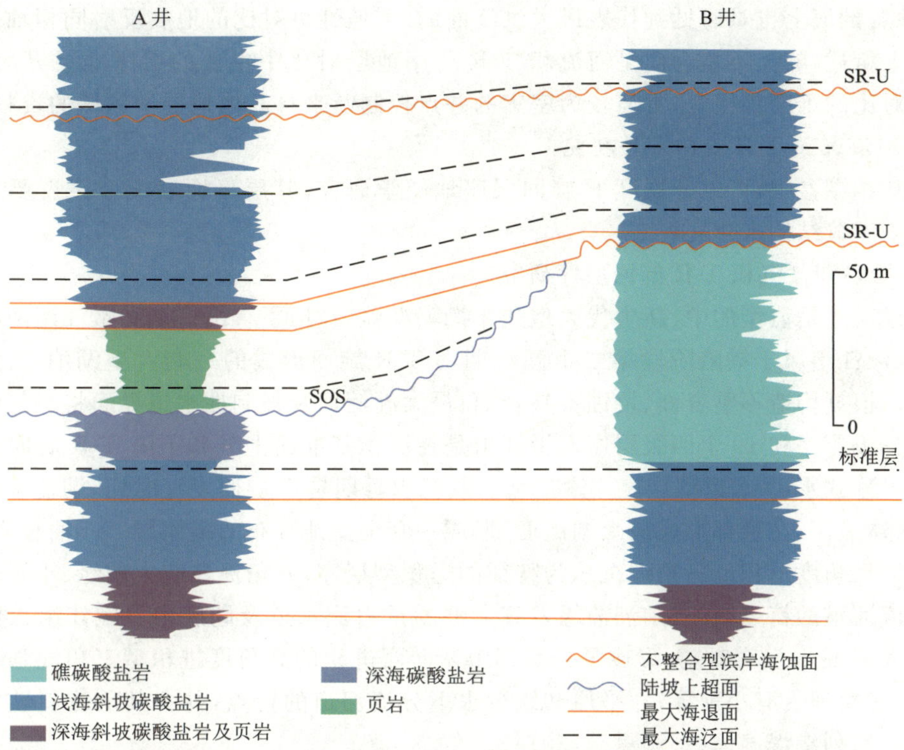

图 8-14 加拿大阿尔伯达西部 Pembina 地区上泥盆统碳酸盐岩层序地层对比剖面(据 Embry,2008)

三、陆相 T-R 旋回层序研究

1. 河流沉积 T-R 旋回层序研究

因为 T-R 旋回层序界面与最大海泛面、最大海退面等海平面升降旋回变化的时间界面相关,所以在完全没有海相地层的河流相地层中进行 T-R 层序对比难度很大。在河流相地层剖面上,唯一常见的层序地层界面是陆上不整合面,它位于河道沉积底部或古土壤的顶部。在河流相地层对比中,区分具有区域削截性质的陆上不整合面和基准面上升过程中河流摆动造成的陆上沉积间断面(河道冲刷)是很重要的。

位于下切河谷底部的陆上不整合面代表着区域性基准面下降,因此,很可能是一个大规模的层序边界,该陆上不整合面可与河间古土壤层进行对比。前人研究表明,河流相层序地层对比需要非常密集的井点控制。

识别和对比可能存在的大规模的陆上不整合面是非常重要的。这些不整合面有时与颗粒组分和(或)碎屑粒度的显著变化相伴。也可以结合其他地层资料,如化学地层和磁性地层资料来帮助识别这些区域性的陆上不整合面(SU)。

在河流相地层对比中,有时能够识别出最大海泛面,表现为地层受到海洋影响(例如半咸水相)。对于没有海洋影响的河流相地层剖面,可以把最大洪泛面划在具有最高越岸细粒沉积与河道沉积比值(即由向上变细向向上变粗转换)的层位中,该层位也常是煤层最多、最厚的层段。总的来说,在河流相地层中一般很难见到广泛发育的最大洪泛面。因此，在地震剖面上也难以见到代表最大洪泛面的、区域性可对比的地震反射同相轴。

综上所述，陆上不整合面是河流相 T-R 层序地层对比中主要的层序地层界面，但是识别和对比的难度都很大，常需较为密集的井点控制及来自其他地层学领域的资料。

2. 湖泊沉积 T-R 旋回层序研究

在陆相湖盆中，可以开展 T-R 旋回层序地层学研究，其层序地层模型还需要考虑拗陷和断陷湖盆结构来建立。

1）拗陷湖盆沉积 T-R 旋回层序研究

松辽盆地是典型的中、新生代大型陆相拗陷湖盆，经历了青山口期和嫩江期两次大的湖泛期，嫩江组属于拗陷阶段第二个湖泛期由 T-R 旋回形成的一套大型湖泊-三角洲沉积地层。根据构造不整合面、侵蚀不整合面、最大湖泛面及强制性水退界面将嫩江组划分为 2 个三级层序和 10 个四级层序。嫩江组是在沉积基准面上升和下降 T-R 旋回控制下形成的对称式水进-水退型层序。嫩江组一段沉积时期是 T 旋回发育时期，湖盆水域范围最大、水体最深，在顶部形成最大湖泛面，形成一套全盆地分布的凝缩层——油页岩，总体形成了以低角度退积型三角洲沉积为特征的退积型层序，三角洲具有大前缘、小平原和多水下分流河道的特点，在三角洲前缘发育大型的重力流水道及湖底扇。嫩江组二段沉积时期进入 R 旋回发育时期，形成了一系列由东向西进积的高角度进积型三角洲强制性水退层序，三角洲具有小前缘、大平原和缺少水下分流河道的特点，并在其前缘斜坡发生滑塌形成一系列滑塌扇体（张晨晨等，2014）。

柴达木盆地是在前侏罗纪地块基础上发育起来的中、新生代陆内沉积盆地。柴达木盆地英西地区下干柴沟组上段沉积时期为一典型的陆相盐湖盆地，广泛发育岩盐、石膏岩等蒸发岩类，气候干旱寒冷，湖盆规模较小，盆地边缘不具典型意义的坡折带，且不发育不整合，沉积层序具有典型的湖侵-湖退沉积旋回特征。这与 Embry 旋回层序地层学 T-R 旋回层序相对应，即一个完整的层序由湖侵体系域（LTST）与湖退体系域（LRST）构成，代表从一个水体加深事件到另一个具同等规模的水体加深事件开始之前的一段时间沉积下来的岩层。

柴达木盆地英西地区下干柴沟组上段层序发育受控于构造运动、气候变化及湖平面升降。根据最大湖泛面将其划分为两个三级层序，时间跨度约为 3.0 Ma，层序界面主要为岩性突变面，各个层序均发育湖侵体系域与湖退体系域，并都具有快速湖侵、缓慢湖退的特征（徐彬等，2020）。

最大湖泛面代表湖侵作用的顶峰，此时水体最深、沉积物最细，在测井曲线上表现为 *GR* 的最高值。最大湖泛面之下湖侵体系域表现为向上 *GR* 逐渐增加的漏斗形，代表环境还原性逐渐增强；最大湖泛面之上湖退体系域表现为向上 *GR* 逐渐降低的反漏斗形，代表环境氧化性逐渐增强。

英西地区下干柴沟组上段经历了多期湖侵-湖退事件，旋回性特征明显。各层序体系域发育完整，湖侵体系域与湖退体系域的不对称特征明显，代表快速湖侵、缓慢湖退。整体上以湖退为主，其间夹有多次短期快速湖侵事件，表现为自下而上水体不断变浅、岩盐厚度逐渐增加的特征。

英西地区下干柴沟组上段层序发育受构造运动、气候变化及湖平面升降控制，沉积物多具有混合沉积成因。当气候由相对干旱转为相对湿润时，湖平面上升，陆源碎屑物质供应相对充足，此时湖水盐度降低，湖侵体系域发育，且湖侵速度快，持续时间短，沉积物厚度较小，可发育烃源岩。当气候由相对湿润转为相对干旱时，湖平面下降，陆源碎屑物质供应相对匮乏，此时湖水盐度不断升高，湖退体系域发育，且湖退速度慢，持续时间长，沉积物厚度较大。由盆地边缘向盆地中心依次沉积滨浅湖泥—混积型碳酸盐岩—蒸发岩，沉积物平面分布具有典型的环带状特征(图 8-15)。

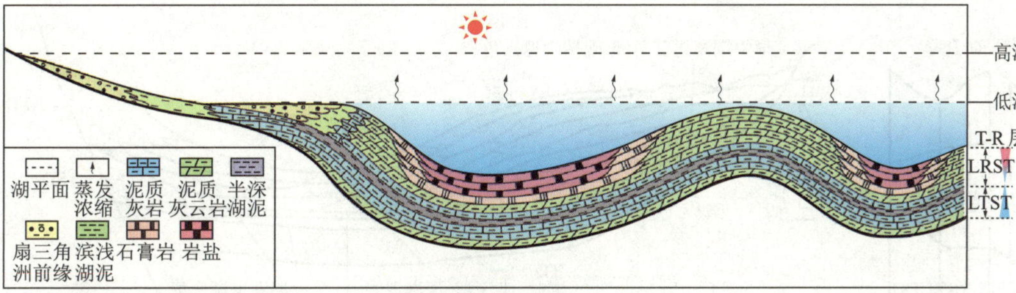

图 8-15　柴达木盆地英西地区下干柴沟组上段(E_3^2)T-R 成因层序发育模式(据徐彬等，2020)

LTST 和 LRST 分别表示湖侵体系域与湖退体系域

2）断陷湖盆沉积 T-R 旋回层序研究

陆相断陷湖盆的沉降机理、湖盆形态等均有别于拗陷沉积盆地，沉积层序的内部构成及层序边界发育特征也不同。断陷湖盆 T-R 旋回层序发育的主要控制因素是构造运动、气候变化与沉积物供给，而不同级别旋回层序形成的主要控制因素有差别。三级 T-R 旋回层序形成主要受控于构造沉降，四级和五级 T-R 旋回层序形成主要受控于气候变化和物源供给作用。

在一个断陷湖盆 T-R 旋回层序中，有三个客观存在的物理界面，即层序的底界面、顶界面及层序内部由湖侵体系域向湖退体系域转换的界面。这种旋回层序的上、下边界均是以初始湖侵面为界，表现为准层序组的叠置样式由进积向退积转换，层序内部的湖侵体系域与湖退体系域是以最大湖泛面或下超面为界，准层序组叠置样式表现为由退积向进积转换。主控凹断层陡坡侧发育扇三角洲及深湖浊积岩砂体，缓坡侧发育辫状河三角洲砂体，湖底扇主要形成于湖侵体系域的中晚期和湖退体系域的早期(图 8-16)。

断陷湖盆 T-R 旋回层序湖侵体系域底界以一个明显的湖泛面或湖侵面开始，盆地边缘有可能出现一个由暴露形成的底部侵蚀边界，顶界则以最大湖泛面结束。由于湖侵期湖面上升、湖盆扩张，沉积速率与可容空间增长速率比值小于 1，因此，湖侵体系域表现为退积式准层序组叠置样式，主要的沉积体系类型是扇三角洲、辫状河三角洲、滩坝、滨浅湖、半深湖-深湖、湖底扇等。

断陷湖盆 T-R 旋回层序湖退体系域的底界面为一个下超面，它代表了湖平面变化相对下降、湖盆收缩，沉积速率与可容空间增长速率比值大于 1，因此，湖退体系域表现为准层序进积叠置样式，主要的沉积体系类型是扇三角洲、辫状河三角洲、半深湖-深湖、湖底扇等。

湖侵体系域与湖退体系域间以最大湖泛面为界，它是沉积速率最慢、粒度最细、有机质含量丰富、生物化石最密集的沉积层段，电性上则表现为放射性绝对值最高、电阻率值最低，地震反射界面常为一个分布广、连续性好的强地震反射并被上覆地层下超，对应退积式准层序组向进积式准层序组的转换面。

需要注意的是，在断陷湖盆陡坡，由于边界陡峭断层的存在造成地貌坡度较陡，因而难以识别湖侵体系域湖岸上超现象。

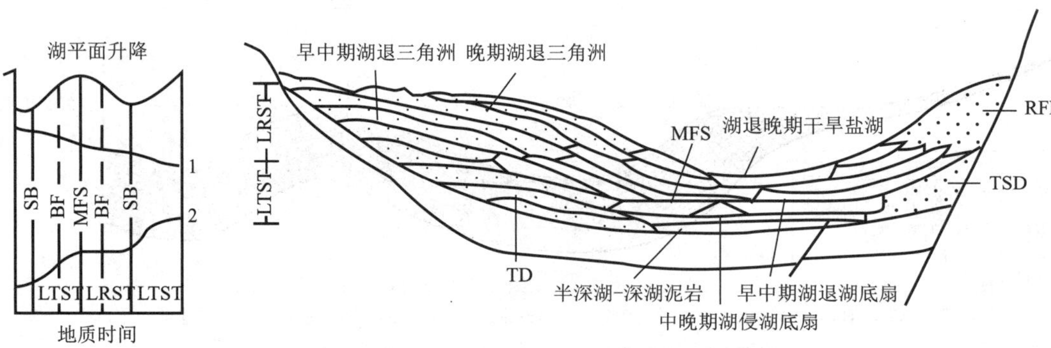

图 8-16　东濮凹陷（断陷湖盆）T-R 层序地层模型（据程晓玲等，2003）

SB—层序边界；BF—盆底扇；MFS—最大湖泛面；LTST—湖侵体系域；LRST—湖退体系域；TD—湖侵三角洲；RFD—湖退扇三角洲；TSD—湖侵河流三角洲

第三篇

陆相盆地层序地层学

第九章　陆相沉积盆地地质特征

核心知识点：陆相沉积盆地成因机制和地质特征，陆相沉积盆地分类和时空分布，中国中、新生代陆相沉积盆地沉积特征，构造作用、气候变化对陆相沉积作用的影响，米兰科维奇天文周期与湖泊沉积旋回，湖平面升降特征与控制因素、湖平面升降测量方法，构造坡折带及其对陆相沉积作用的影响、砂体分布与层序发育的控制作用等。

陆相盆地层序地层学研究的核心是层序的成因问题。层序成因的合理解释是确定层序划分标准，建立层序演化规律和层序地层模型等研究工作的前提。Shanley 等(1994)讨论陆相层序地层学研究的现状和前景，认为随其所处地理背景不同，控制层序发育的因素差别较大(图 9-1)。

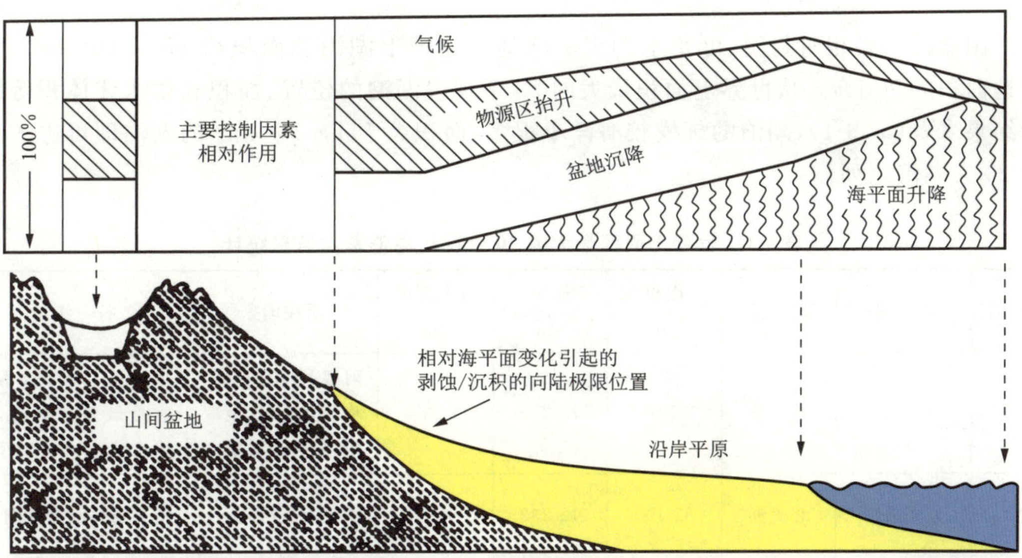

图 9-1　海相不同部位与陆相沉积盆地层序发育的主控因素对比分析示意图(据 Shanley 等，1994)

海相盆地沉积层序主要受控于海平面升降变化。向陆地方向，海平面变化的影响逐渐减小，构造作用、气候和物源区抬升成为陆相盆地沉积层序发育的重要控制因素。与被动大陆边缘盆地相比，① 陆相盆地主要受控于构造因素，而且沉积盆地内构造分区明显，沉降分异大；② 陆相盆地具物源近、沉积快等特点，沉积物中突发性事件沉积所占比例较大，气候变化对沉积物供给影响更明显；③ 陆相盆地具有多物源、多沉积中心、相变快、相带窄、水域面积变化大等特点，其沉积体系类型比大陆边缘盆地更多样化和复杂化；④ 陆相盆地内深水重力流沉积主要发育于深湖泥岩段。

层序地层学研究的成功经验主要来源于被动大陆边缘盆地。在陆相盆地层序地层学研究中，国内外地质学家普遍认为，起源于被动大陆边缘的海相盆地层序地层学基本原理和方法（Vail，1987）能够应用于陆相湖盆层序地层学研究。这是因为湖泊等陆相沉积环境的异旋回沉积作用与受控于海平面相对变化的海相盆地沉积作用具有相似性。但是，由于陆相湖盆的地质特征，如受构造和气候作用影响大、盆地类型和结构复杂、湖盆水域浅小、近物源和多物源供源方式、湖平面升降变化频繁、沉积体系类型多且相变快、湖盆缺少明显的地形坡折等不同于海相沉积盆地，所以海平面升降变化曲线对湖泊层序研究无指导意义，控制地层构型的主要因素是构造活动和气候的变化。研究表明，要成功地在陆相地层中运用层序地层学的基本概念，就必须要对陆相盆地构造活动、气候变化以及基准面和沉积物的供给进行全面了解和研究，探索陆相沉积盆地层序地层发育特征和规律，这样才能根据陆相湖盆的地质特征，做出能够反映陆相盆地地质特征的层序地层研究成果。

第一节　陆相沉积盆地类型与分布

一、现代湖泊发育特征

湖盆是地表相对封闭、可蓄水的天然洼池。地球上湖泊总面积约 $270\times10^4\ km^2$，占陆地面积的 1.8%。从世界上面积最大的 20 个现代湖泊的位置、面积和蓄水体体积等统计结果来看（表 9-1），湖泊的规模较海洋小很多，面积大于 $1\times10^4\ km^2$ 的湖泊即可进入全球 20 大湖泊之列。

表 9-1　世界上面积最大的 20 个现代湖泊基本信息统计

排　名	湖　名	位　置	面积 /km^2	体积 /km^3	最大深度 /m	所在国家	备　注
1	里　海	欧　亚	371 000	78 200	1 025	阿塞拜疆、伊朗、哈萨克斯坦、俄罗斯、土库曼斯坦	世界第一大湖，蓄水量最多的湖泊，咸水湖
2	苏必略湖	北美洲	82 100	12 232	406	加拿大、美国	世界第一大淡水湖
3	维多利亚湖	非　洲	68 870	2 760	80	肯尼亚、坦桑尼亚、乌干达	非洲第一大湖
4	休伦湖	北美洲	59 600	3 540	229	加拿大、美国	北美洲五大湖之一
5	密歇根湖	北美洲	57 800	4 920	282	美国	北美洲五大湖之一
6	坦干伊喀湖	非　洲	32 900	18 900	1 470	布隆迪、刚果、坦桑尼亚、赞比亚	世界第二深湖

续表

排　名	湖　名	位　置	面积 /km²	体积 /km³	最大深度 /m	所在国家	备　注
7	贝加尔湖	亚　洲	31 494	23 600	1 637	俄罗斯	世界第一深湖、最古老的湖泊
8	大熊湖	北美洲	31 153	2 292	446	加拿大	北美洲五大湖之一
9	马拉维湖（尼亚萨湖）	非　洲	29 500	7 775	706	马拉维、莫桑比克、坦桑尼亚	非洲第三大湖
10	大奴湖	北美洲	27 000	2 088	614	加拿大	加拿大第二大湖
11	伊利湖	北美洲	25 700	484	64	加拿大、美国	北美洲五大湖之一
12	温尼伯湖	北美洲	24 500	371	36	加拿大	加拿大第五大湖
13	安大略湖	北美洲	18 960	1 640	244	加拿大、美国	北美洲五大湖之一
14	巴尔喀什湖	亚　洲	17 580	122	27	哈萨克斯坦	东半部为咸水湖，西半部为淡水湖
15	咸　海	亚　洲	17 158	193	40.4	哈萨克斯坦、乌兹别克斯坦	咸水湖，1960 年时面积约 68 000 km²
16	拉多加湖	欧　洲	16 400	908	230	俄罗斯	欧洲第一大湖
17	马拉开波湖	南美洲	13 010	280	60	委内瑞拉	南美洲第一大湖
18	洞里萨湖	亚　洲	13 000	40	10	柬埔寨	东南亚最大淡水湖
19	帕图斯潟湖	南美洲	10 140	—	5	巴西	南美洲第二大湖
20	奥涅加湖	欧　洲	9 890	280	120	俄罗斯	欧洲第二大湖

湖泊按成因可分为构造湖、冰川湖、火山口湖、堰塞湖、喀斯特湖、河成湖、风成湖、海成湖和人工湖（水库）等。构造湖是由地壳的构造运动（如断裂和褶皱等）形成的，如云南滇池、洱海和抚仙湖；冰川湖是由冰川挖蚀形成的坑洼和冰碛物堵塞冰川槽谷积水形成的，如北美五大湖；火山口湖是火山喷发后火山休眠形成的，如长白山天池；堰塞湖是指山崩、滑坡或火山喷发使物质阻塞河谷或谷地形成的，如河北山海关堰塞湖。此外尚有大陨石撞击地面形成的陨石湖等。

二、陆相沉积盆地类型和沉积特征

1. 陆相沉积盆地成因机制

陆相沉积盆地成因机制以及盆地演化史一直是人们长期讨论的主要课题。人们不仅从大地构造方面研究盆地的成因机制，而且结合沉积学研究成果，利用地壳均衡补偿原理来阐述盆地的形成过程并由此提出了多种陆相沉积盆地成因机制的观点。例如，岩石圈内部物质重新分配造成岩石圈弯曲变形形成盆地，岩石圈温度变化造成岩石体积变化及岩石圈变形形成盆地，沉积物负载作用形成盆地等。但总的来说，人们普遍接受的有两种盆地形成机制。第一种盆地形成机制是洼地内沉积物按地形法则发生沉积，由岩石圈的负载作用导致岩石圈发生弹性变形。岩石圈凭借其弹性可承受宽度等于其深度量级的负载，这种均衡下沉可以使沉积物的总厚度达到初始地形异常的2～3倍。属于这种成因机制的盆地主要分布在大陆边缘和大陆裂开的地区。第二种盆地形成机制是热沉降作用。由于地幔深部物质上涌，大陆岩石圈受热被拉张变薄。随着均衡上隆，在地壳上部足以产生断陷盆地，从而导致盆地的沉降和沉积物的沉积。这种断陷盆地的沉降受多种因素控制，如盆地中若充填大量沉积物，则会因负载大导致盆地明显下沉，且断陷盆地宽度越窄，下沉幅度越大；若盆地周围基岩密度小于盆地底部基岩密度，则盆地下沉也会比较明显。随着盆地中沉积物负载作用的加大，盆地区域下沉作用会显得更加明显，此时盆地就由断陷向拗陷转化，构成一个盆地演化和沉积充填发展旋回。这种由断陷向拗陷转化的盆地发展过程在中国东部中、新生代断陷盆地中是非常普遍的。

关于中国东部中、新生代陆相沉积盆地的成因机制，目前比较一致的看法是热沉降作用，即由于太平洋板块向欧亚板块俯冲和印度板块向北挤压，造成东部地壳向东蠕散、拉张减薄，拉张作用造成软流圈上拱，盆地早期以裂陷为特征，晚期因热流扩散，岩石圈冷却收缩，盆地下沉，以拗陷为特征。陆相断陷盆地的拉张裂陷作用具有阶段性、旋回性的特点，是一个不连续的幕式沉降过程，这个阶段沉降作用控制了盆地充填物的旋回性。

2. 中国中、新生代陆相沉积盆地类型

印支运动以后，中国陆块受太平洋板块向西推动力、印度洋板块向北推动力及西伯利亚向南推动力的相互作用的影响，改变了古生代以来东西构造走向的格局，发育了大小不等、盆地结构不同的沉积盆地。

中国陆相沉积盆地类型多种多样，按形成机制划分，主要有三大类，即伸展类(extensional)、挠曲类(flexural)和走滑-伸展类(strike-slip & extensional)。这些盆地的形成期主要是三叠纪晚期至第四纪，它们在中国沉积盆地中占优势地位，特别是包括了石油储量及产能占重要地位的松辽、渤海湾、准噶尔及鄂尔多斯等大型陆相沉积盆地(图9-2)。

上述三种类型盆地构造活动性强，对陆相湖盆层序形成、沉积体系类型和分布具有重要控制作用。下面简述不同类型盆地构造活动对层序形成演化的重要影响。

1）伸展类盆地中构造活动对沉积充填的控制

伸展类盆地形成于岩石圈拉伸和减薄背景下，主要受深部地幔动力过程控制。在中国，此类盆地主要分布于东部及海域，其中最重要的有松辽和渤海湾等大型裂谷盆地和以断陷(半地堑或地堑)盆地群形式存在的规模较小的伸展类盆地，如二连盆地群和海拉尔盆地群。中国东部的伸展类盆地内基底断裂发育，盆地均以正断层为界，盆地经历了燕山期、喜山期的演化过程，都具有明显的断陷-拗陷双层结构。盆地内部正断层的差异活动造成了凹凸相间的盆地结构，盆地一侧为陡坡带，另一侧为缓坡带，有时盆地中央发育隆起带。这类盆地在裂陷阶段基底快速沉降和快速充填，在特定的阶段形成深水湖盆，构造沉降和构造反转都是幕式的，并控制了高级别层序地层单元的形成；物源补给充分，近物源和多物源是这类盆地的普遍性特征，并造成了岩相变化的复杂性；半地堑是最主要的构造样式，造成陡坡带、缓坡带以及深洼带的沉积条件存在明显差异；凹陷内同沉积断裂活

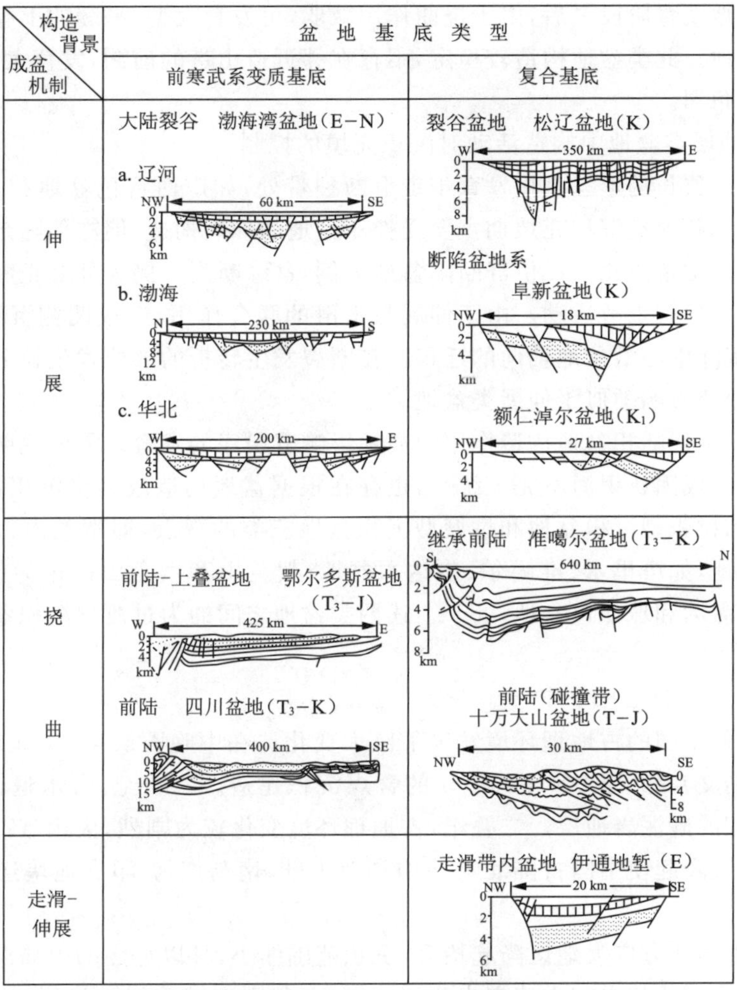

图 9- 2 中国东部中、新生代盆地主要类型及构造样式（据蔡希源等，2003，有修改）

动明显，所形成的坡折带对沉积物路径系统和重力流沉积体有重要控制作用。这类盆地在裂后期形成了构造平缓的广阔坳陷，为大型湖泊和三角洲的发育提供了条件，如松辽盆地青山口期和嫩江期形成的大型湖泊及大型三角洲体系，而在渤海湾盆地则形成了新近纪的广阔冲积平原。

2）挠曲类盆地中构造活动对沉积充填的控制

大型挠曲类盆地主要分布于中国中西部地区，如鄂尔多斯、准噶尔、塔里木和四川盆地等。这些盆地中、新生代的演化与相邻造山带的造山运动形成耦合关系，其中以晚三叠世的演化最为典型，造山带隆升的同时发生向盆地方向的推覆作用，挤压和负载效应导致前陆式坳陷的形成。鄂尔多斯西南部上三叠统研究表明，前陆充填过程中旁侧挤压作用强弱交替。在构造作用强化阶段沉积充填加速，边缘碎屑沉积体系向湖推进；在构造活动强度衰减时，物源补给减少，碎屑沉积体系后退，从而控制了旋回式的层序地层序列的形成。

在前陆盆地发育阶段之后，由于挠曲作用减弱，可发育大型、平缓的上叠坳陷，如鄂尔多斯侏罗纪盆地。此类盆地构造较稳定，不存在邻近造山带的前渊，发育大型浅水内陆湖盆及其周缘三角洲。

3）走滑-伸展类盆地中构造活动对沉积充填的控制

此类盆地以狭长的形态直接发育于走滑断裂带处，如广西百色盆地和吉林伊舒断陷盆地。古近纪和新近纪沉积充填期主要受控于盆地的伸展构造，但亦伴随走滑活动，在沉积后期走滑活动常常强化。以伊舒断陷盆地为例，盆缘断裂一侧为伸展正断层形式，另一侧为陡倾角断层并有走滑活动。由于伸展与走滑的联合作用，造成两侧沉积充填的不对称性和沉积、沉降中心沿盆地轴向的迁移。在断裂发生转折的部位发生拉分效应，盆地快速沉降，对充填的影响类似于伸展类盆地。

中国中、新生代陆相盆地构造作用明显地影响着层序的发育。需要说明的是，目前对中国陆相盆地的成因认识尚不完全统一，也存在根据盆地构造成因将沉积盆地划分成挤压型沉积盆地、拉张型沉积盆地和过渡型沉积盆地三类的观点，即贺兰山、六盘山以西为挤压型沉积盆地，如塔里木、准噶尔、柴达木盆地；贺兰山和六盘山以东为拉张型沉积盆地，如松辽、渤海湾和珠江口盆地；处于上述两类盆地之间的为过渡型沉积盆地，如四川和鄂尔多斯盆地。

3. 中国陆相沉积盆地分布

海西运动使中国的古地理环境发生了巨大变化。在中晚石炭世，华北地台又一次下沉，发育了海陆交互相、厚200～400 m的含煤沉积建造。二叠纪，海水退出华北地台大陆，沉积了陆相的砂泥岩地层。二叠纪，古地理环境变化较为剧烈，天山-兴安海槽及东南沿海一带的褶皱隆起使中国古陆北与西伯利亚大陆、南与南海-印支地块连接，形成巨大的古亚洲大陆。

三叠纪，中国北方广大地区隆起抬升，沉积范围缩小，且以分隔的内陆沉积盆地为主；南方海盆东部在三叠纪末完全演变为陆相沉积，西部则在三叠纪末发展为特提斯洋。三叠纪晚期气候潮湿，沉积物有机质含量高，是有利烃源岩发育时期，比如鄂尔多斯盆地延长组。

侏罗纪，除台湾、完达山地区处于海域或海陆交互地带外，中国大部分地区处于大陆环境，内部形成大小不同的湖盆，如中西部鄂尔多斯、柴达木、吐哈、准噶尔和塔里木等大型内陆湖盆，西南部的四川、西昌和滇西湖盆区以及东部北东走向的断陷湖盆区。侏罗系是中国重要的生储油层，其中西北地区侏罗系盆地含煤地层构成了良好的烃源岩。

白垩纪，一直保持大陆环境，仅在陆块外围为海相或海陆过渡相沉积；西北、西南地区的大型内陆拗陷盆地继续发育，东部地区也形成一系列较大的拗陷盆地，如松辽盆地、华北盆地和江汉盆地。中国北部处于潮湿气候带，沉积有丰富的暗色泥岩和含煤层、油页岩以及不同类型的沉积砂体，具有良好的生、储、盖组合。

古近纪和新近纪，海相环境仅局限分布在台湾、东海、南海、塔里木西部和藏南喜马拉雅一带，在广大的大陆范围内由于断裂的差异升降，形成许多隔绝的、大大小小的陆相沉积盆地。中国东部陆相沉积盆地受盆地断裂差异活动的控制，沉积类型明显被盆地古地貌影响，在陆相断陷盆地中沉积了巨厚的、旋回性明显、沉积体系不对称分布的砂泥岩沉积序列。在中国西部的陆相沉积盆地中，由于气候干燥，沉积充填了发育有蒸发岩的河、湖相沉积序列。虽然古近纪和新近纪中国陆相湖泊星罗棋布，但主要的产油盆地分布在东部的渤海湾盆地、苏北盆地、南阳盆地和江汉盆地，这同样是由于中国东北、华北及华南地区在古近纪和新近纪时处于潮湿-半潮湿气候区，沉积了巨厚的富含有机质的深灰色泥岩、泥灰岩、油页岩等烃源岩。

4. 中国陆相沉积盆地结构特征

根据盆地构造成因，可将沉积盆地划分成挤压型、拉张型和过渡型沉积盆地。中国东部拉张型沉积盆地内基底断裂发育，盆地均以正断层为界，盆地经历了燕山期、喜山期的演化过程，具有明显的断陷-拗陷双层结构。盆地内部正断层的差异活动造成了盆地凹凸相间的盆地结构，盆地一侧为陡坡，另一侧为缓坡，有时盆地中央发育隆起带。中国西部挤压型盆地结构受控于印度洋板块和西伯利亚板块相互作用的影响，盆地往往呈不对称状，发育明显的中、新生代山前坳陷，无明显岩浆活动，盆地边界受逆冲断层控制，盆地局部构造多呈线状或雁列式排列。中国中部的过渡型沉积盆地的基底坚硬，是中国陆块上最稳定的一部分，比如鄂尔多斯盆地结构表现为东西不对称的特点，盆地西缘多发育逆冲断裂带。总之，中国中、新生代陆相沉积盆地受基底性质、断裂构造运动的影响，盆地结构类型多样且复杂。

在不同结构类型的陆相沉积盆地中，由于盆地基底存在差异沉降作用，形成了具有构造坡折带的不同构造古地貌特征，进而充填了具有不同叠置样式的盆地沉积序列。不同结构类型陆相沉积盆地层序形成的主控因素的影响程度也存在差异，因此了解盆地结构是进行陆相层序地层研究的基础。

5. 中国中、新生代陆相沉积盆地沉积特征

中国中、新生代发育有370余个陆相沉积盆地，沉积岩分布面积为$584\times10^4\ km^2$，其中单个湖盆面积大于$10\times10^4\ km^2$的陆相沉积盆地共有18个，它们分布于不同的地质构造背景之中。在盆地构造演化的不同阶段，由于盆地边界断层的差异活动、母岩区类型的改变、沉积古地理条件的变化，在陆相沉积盆地中沉积发育了不同类型的沉积体系，即冲积扇、曲流河和辫状河及网状河、正常河流三角洲、扇三角洲、辫状河三角洲、滩坝、近岸水下扇、深水浊积扇（滑塌浊积扇）、轴向重力流水道、风暴流、漫湖和沼泽、盐湖以及碳酸盐滩礁沉积。受大地构造活动和海水由北向南退却以及气候变化的影响，中国陆相沉积盆地始发于晚二叠世，并自西向东直至大陆边缘由老到新发育。西部陆相沉积盆地规模大、持续时间长，多发育河流三角洲和湖泊（沼泽）沉积；东部陆相沉积盆地始发于燕山早期，盆地具典型断-坳结构，发育以河流作用和重力流作用为主的沉积体系类型。

由于中国大地构造特征的复杂性和多期次的幕式构造升降作用，在不同的大地构造背景下出现了不同类型的陆相沉积盆地。这些盆地具有不同的构造演化历史、盆地结构以及古地理背景，因而发育了明显受构造作用控制、具有不同时空展布特征的沉积体系类型（表9-2）。

表 9-2 中国中、新生代陆相沉积盆地湖盆构造类型及主要沉积特征(据蔡希源等,2003,有修改)

湖盆构造类型 / 沉积特征	克拉通内拗陷湖盆	陆内裂谷湖盆	前陆湖盆	碰撞造山带内湖盆	大陆边缘湖盆
湖盆几何形态	受基底结构及深大断裂控制,呈不同形态的开阔湖盆,如长方形、菱形	受深大断裂控制,沉积凹陷多呈狭长形	山前沉降带呈平行于褶皱带方向的狭长形	湖盆平行于褶皱带,呈狭长形	早期陆相断陷湖盆的沉积凹陷呈狭长形
湖盆内部结构	内部结构简单,大型隆起和坳陷,或平缓斜坡	内部结构复杂,呈多隆多坳多凸多凹相间,高低错落	湖盆沉积横剖面呈箕状形态,包括冲断带、沉降带、斜坡带和前缘隆起	湖盆沉积横剖面呈箕状形态,包括冲断带、沉降带和斜坡带	早期陆相断陷湖盆内部结构类似(2)
周边地质演化与主要物源方向	周边长期隆起控制主要沉积体系,以纵向(轴向)物源为主	以横向物源为主,纵向物源为辅	以横向物源为主,早期来自克拉通方向,后期来自褶皱带方向,或来自双方向	以横向物源为主,物源供给方向受两侧褶皱山系发育期控制	来自大陆方向及盆内隆起区
主要沉积体系类型及相带展布	源远流长的河流-三角洲沉积体系,相带分异完整,相带宽,单一沉降、沉积中心,两者位置一致,位于盆地中心,深水区占盆地面积10%~15%	近源短程扇三角洲、辫状河三角洲和水下扇,相带分异不够完整,相带狭长。沉降中心紧邻陡坡生长断层一侧,沉积中心向湖方向偏移,深陷期深水区可占盆地面积的1/2	褶皱带一侧为扇三角洲,克拉通一侧为河流-三角洲。前者相带狭长,后者相带宽。沉降中心位于山前沉降带,沉积中心向克拉通方向偏移	辫状河三角洲和扇三角洲。沉降中心位于活动造山带一侧,沉积中心位于斜坡带下方	河流-三角洲和扇三角洲。沉降、沉积中心与陆内裂谷湖盆相同
沉积速率 /($mm \cdot a^{-1}$)	0.02	1.25	0.029~0.148		
实　例	鄂尔多斯盆地(Mz)	渤海湾盆地(E)	川西龙门山(Mz)	吐哈盆地(J)	珠江口盆地(E)

第二节　盆地构造演化及其对沉积的影响

一、构造演化与盆地充填序列

盆地构造演化往往被认为是形成陆相层序的一种主控因素，甚至是形成陆相层序的最主要的控制因素。分析中国东部中、新生代构造演化史可知，盆地构造演化具有明显的阶段性，也就是说，盆地的形成和演化不是连续的，是间歇的或幕式的。正是这种幕式的盆地构造旋回控制了某些陆相沉积盆地的层序地层样式。在沉积盆地沉降史分析中，常常可以看到盆地沉降曲线在不同地质时代具有不同的沉降速率。一般来说，一个盆地构造演化的阶段包括基底沉降的快速期和基底沉降的静止期或上升期，从而形成与百万年至千万年旋回相对应的构造层序。从这个意义上讲，盆地范围的阶段性构造作用控制了沉积层序的形成，该层序的边界往往是在盆地范围内可追踪对比的构造不整合面。在盆地构造演化的某个阶段，由于盆地基底沉降速率的变化，形成发育了陆相层序不同的体系域类型。

根据构造沉积幕的概念，构造层序与构造沉积幕基本相当，即代表在基本相同的构造机制作用下形成的一组相关的层序，指示盆地的一个构造演化阶段。沉积盆地充填演化受控于不同级次的幕式构造运动：直接控制盆地形成和消亡的一级构造运动具有持续时间长、波及范围广的特点，它控制构造层序的形成；导致沉降速率变化的二级构造运动（百万年级）控制盆地范围内层序的形成；三级和四级构造运动对准层序组和准层序的形成有一定的影响。

盆地构造沉降速率在盆地的不同部位随时间不断发生变化，这是影响沉积基准面变化的重要因素。因此，盆地内不同沉积期的沉积和剥蚀区域的分布及其变化、古地貌及沉积物分散体系的展布无疑与盆地构造沉降速率的时空变化密切相关。盆地构造沉降速率的变化是盆内可容空间变化的关键因素，对沉积层序的厚度变化和迁移、沉积体系类型和沉积相带的发育演化等起到了重要的控制作用。

盆地构造作用对各级层序界面的形成和叠置方式可产生重要影响。有些层序界面是构造作用的直接产物。盆地充填中的主要角度不整合面或微角度不整合面往往都属古构造运动面，是盆地演化过程中构造作用的结果。

盆地的充填演化受到盆地构造演化的总体控制。盆地充填过程常显示出阶段性，不同构造演化阶段发育特定的沉积层序和沉积体系分布样式。不同的构造演化阶段具有特定的古构造格架，可容空间变化、沉积物供给、沉积物路径系统、沉积和剥蚀区分布等的差异导致了盆地充填样式的不同。

盆地的充填序列是指盆地从形成到衰亡的沉积演化记录。盆地充填演化的阶段性与构造沉降速率、构造格架样式及构造古地理背景的阶段性演化有关。盆地构造演化的阶段性或多幕性，如多幕式的裂陷过程、多期次的构造反转或构造应力场转化往往是造成阶段性演化的主要原因。

构造作用对裂陷盆地的沉积充填起着主导性的控制作用。构造作用制约着盆内的沉降速率和可容空间、沉积古地貌、沉积物来源及路径系统等的变化，从而控制层序界面和层序构成样式、沉积体系发育和分布。以渤海湾盆地东营凹陷为例，盆地裂陷早、中、晚期至裂后拗陷期的沉积充填都存在差异，明显受到构造总体演化的控制。从底部的孔店组，沙河街组沙四段、沙三段、沙二上亚段至东营组构成了古近系四个二级层序或构造层序，代表了不同裂陷期的沉积充填，具有不同的沉积体系类型、沉积相配置样式及同沉积构造作用(图 9-3)。

二、构造活动对层序发育的影响

Vail 等(1977,1991)研究认为全球海平面变化是形成各级层序界面的主要原因，后来又强调了构造作用的影响。在陆相沉积盆地，特别是构造活动明显、邻近物源的陆相断陷盆地，构造活动对层序发育控制作用十分明显，许多高级别的层序和层序界面的形成都直接与构造作用有关。

1. 构造活动对不同级别层序发育的影响

中国东部中、新生代断陷盆地的充填序列一般可以划分为五个级别的层序地层单元。

盆地充填是沉积盆地从形成到衰亡整个构造演化的产物，代表一级构造事件所形成的层序单元。盆地底部角度不整合面往往是由大区域的构造挤压或裂前热隆起所产生的。断陷盆地裂陷期和裂后拗陷期的沉积充填被裂后不整合面所分隔，这一界面常常显示为盆地范围的角度或微角度不整合面。

二级层序一般由一个水进到水退的区域性沉积旋回组成，以盆地内大部分地区可追踪的不整合面或沉积间断面为界。二级层序的发育多与二级构造事件有关。二级构造事件常表现为构造沉降速率或物源区隆升速率的变化，区域性的水进、水退旋回的发育是这一级构造作用的结果。研究表明，断陷湖盆的二级层序一般都属构造层序，与幕式的构造沉降速率变化相对应，代表了盆地构造演化中不同裂陷构造幕的沉积充填(图 9-3)。层序界面大多数属于古构造运动面，具有角度或微角度不整合接触关系，发育有规模较大的下切谷充填或风化残积和底砾岩。构造沉降速率的幕式变化是这一级别构造层序的重要标志。

三级层序由不整合面(盆地边缘)及其对应的整合面(盆地中部)所限定，具有从水进到水退的内部结构。层序界面可显示出局部的微角度不整合，主要为下切侵蚀性不整合接触，在盆地边缘形成一定规模的下切水道。部分三级层序的发育无疑与构造作用有关。三级构造事件表现为同沉积断裂、褶皱、底辟、火山作用等，这一级构造事件可对盆内部分地区的层序发育和沉积作用产生重要影响。

四级层序和五级层序界面为相应的沉积旋回的水进界面和水退界面。水退界面或沉积相转换界面不存在明显的沉积间断或不整合，横向可对比性是局部的。四级和五级层序界面的形成可能与构造作用没有直接关系，但其叠置样式常常受到构造沉降速率变化的影响。快速构造沉降导致可容空间增加，形成退积式地层叠置样式(退积式准层序组)，反之则形成进积式地层叠置样式(进积式准层序组)。

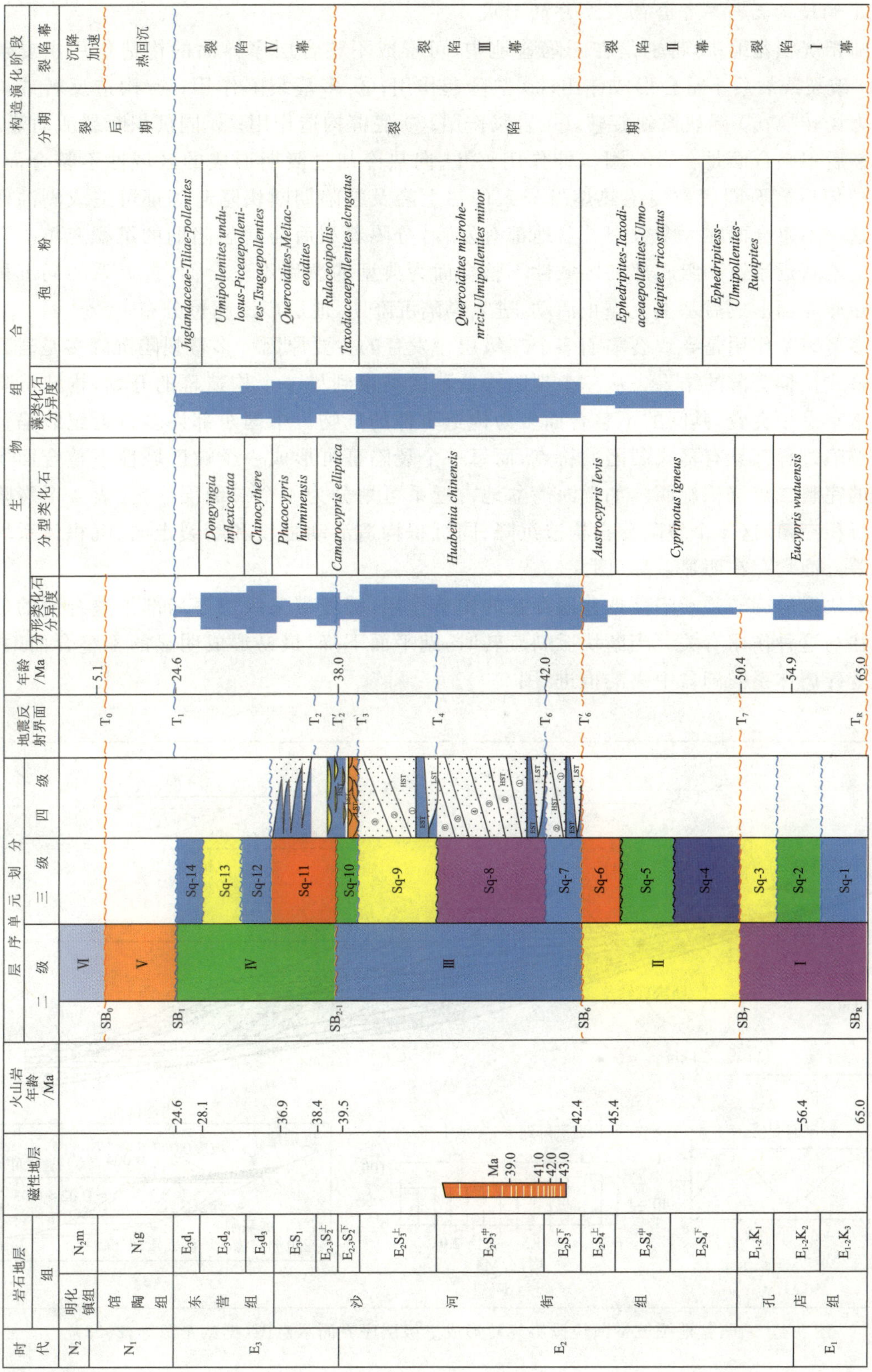

图 9-3　东营凹陷古近系—新近系层序地层序列(据陆永潮等,1999)

2. 构造活动与不整合面及层序的形成

陆相沉积盆地中，特别是在断陷盆地中，可形成不整合层序界面的构造作用主要包括：① 破裂或裂后不整合形成作用；② 热隆起作用；③ 多幕裂陷作用；④ 构造反转或构造应力场转换；⑤ 断块掀斜旋转；⑥ 岩浆作用；⑦ 底辟构造作用；⑧ 同沉积断裂活动等。

裂后不整合面是在岩石圈拉伸作用终止、向热冷却过渡期形成的区域性不整合面。最大拉伸后岩石圈底部由绝热熔融导致的热上隆及裂陷期断块隆起等都可造成剥蚀作用。这一不整合面在大多数裂谷盆地都有发育，分隔着裂后与同裂陷期的沉积充填。渤海湾盆地新近系馆陶组底部的区域性不整合面为典型的裂后不整合面，古近系的同沉积断裂在此界面形成后基本上停止活动，进入拗陷沉降期，地层广泛超覆分布。

多幕裂陷作用是导致裂陷期多个二级层序发育的主要原因。多幕裂陷沉降多是岩石圈的幕式拉伸变薄的结果。从一个裂陷构造幕的结束到另一个构造幕的开始，构造沉降速率常常发生突变，其间的不整合面多为构造事件的产物。中国东部许多古近纪裂陷盆地的裂陷过程都具有幕式裂陷的特点，而每一个裂陷幕可形成一个被区域性不整合面所分隔的完整二级沉积旋回。如渤海湾盆地古近系可划分为 4 个二级层序，代表 4 个裂陷幕的沉积充填，这 4 个裂陷幕在构造沉降、同沉积构造活动强度和断裂走向、沉积体系域展布等方面均存在明显差异（图 9-3）。

断块掀斜旋转是断陷盆地普遍存在的构造作用，缓坡带三级层序局部不整合面的形成往往与这种作用有关。当断块掀斜旋转时，湖平面下降，最易形成明显的不整合面，并伴随着碎屑体系向湖盆中央的推进（图 9-4）。

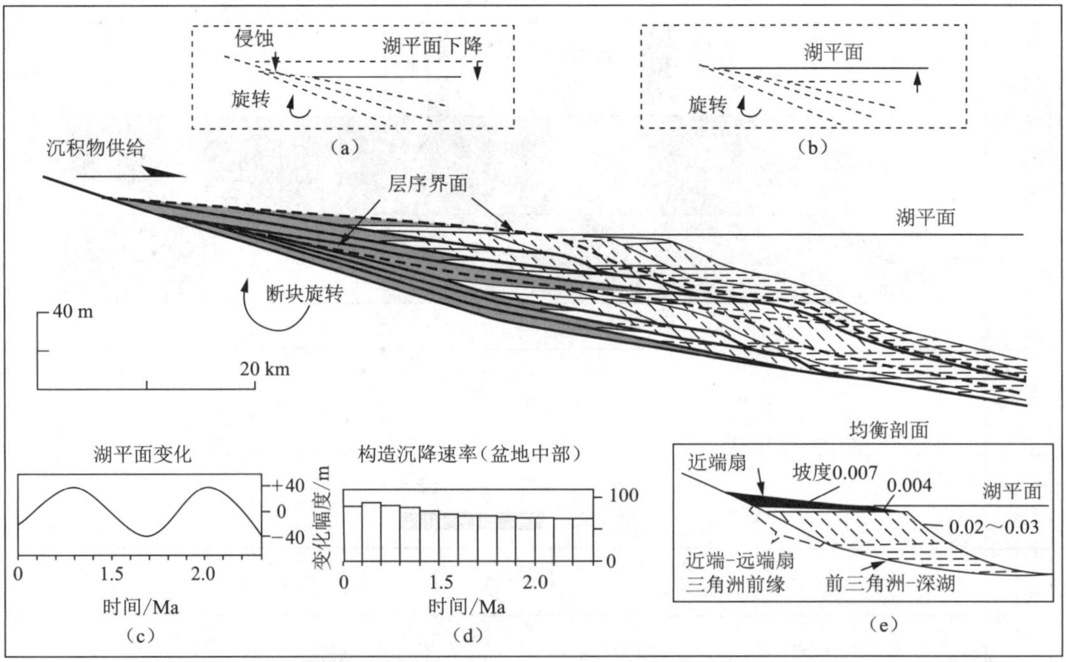

图 9-4　断陷盆地缓坡带断块掀斜旋转形成三级层序界面示意图（据蔡希源等，2003）

Ravnås 等(1998)讨论了层序几何形态、内部沉积体系域结构等与断块掀斜旋转、沉积物供给之间的关系(图 9-5),指出构造活动期和静止期沉积物供给的不同会造成断块慢速旋转时有大量沉积物供给、断块快速旋转时有少量沉积物供给、构造静止时有大量

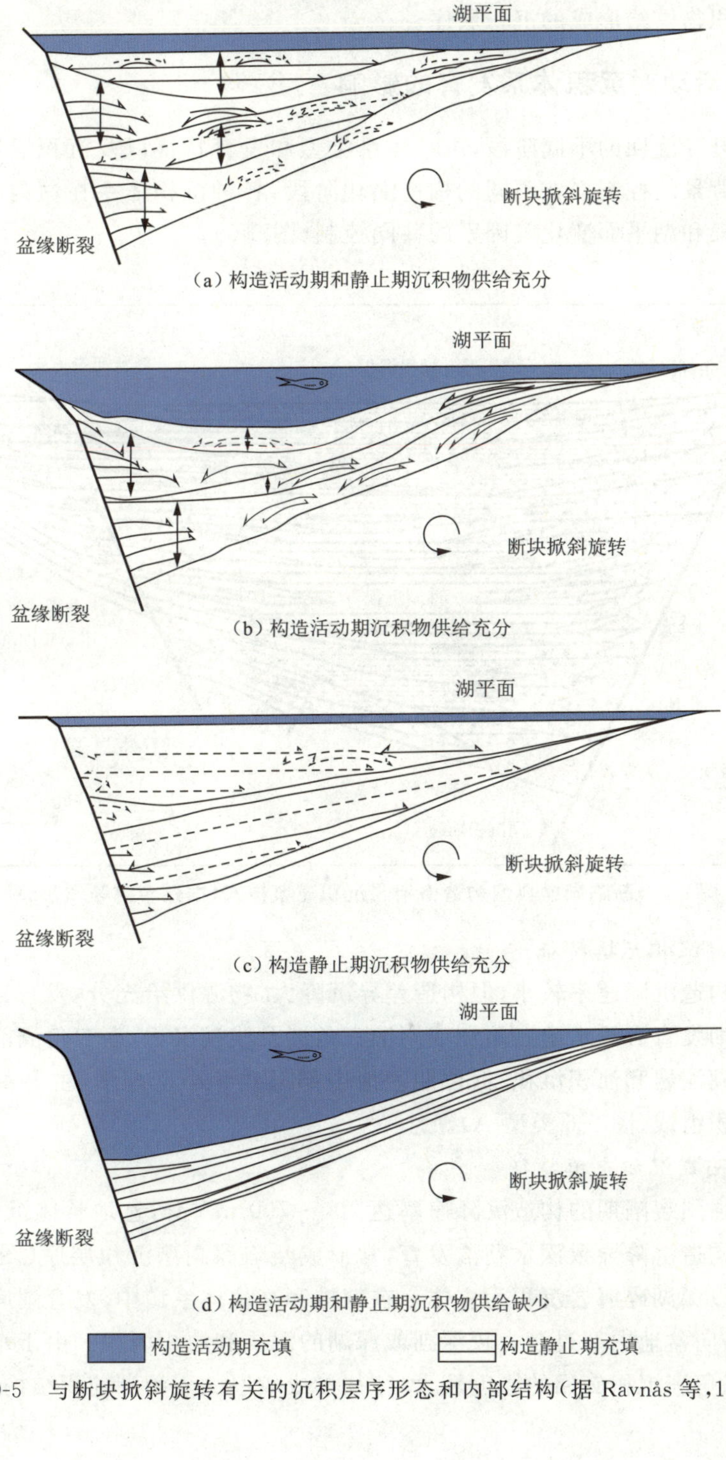

图 9-5　与断块掀斜旋转有关的沉积层序形态和内部结构(据 Ravnås 等,1998)

沉积物供给、构造静止时缺少沉积物供给，进而所形成的层序和体系域结构存在明显差异。在中国二连盆地许多断陷盆地充填中可观察到由断块掀斜旋转形成的沉积层序。在盆地底部一般发育构造掀斜旋转同时伴随有大量沉积物供给的沉积层序，在裂陷中期强烈沉降阶段可见快速掀斜旋转而缺少沉积物供给的层序。总体而言，多见构造旋转同时伴随有大量沉积物供给形成的沉积层序。

三、构造活动对沉积体系发育的影响

在湖平面升降旋回的不同阶段，沉积体系类型和发育特征以及沉积层序样式明显受盆地构造沉降背景的控制。在不同的构造演化阶段，各种沉积体系在盆内的配置样式反映出古构造格架和湖平面变化等因素的共同控制（图 9-6）。

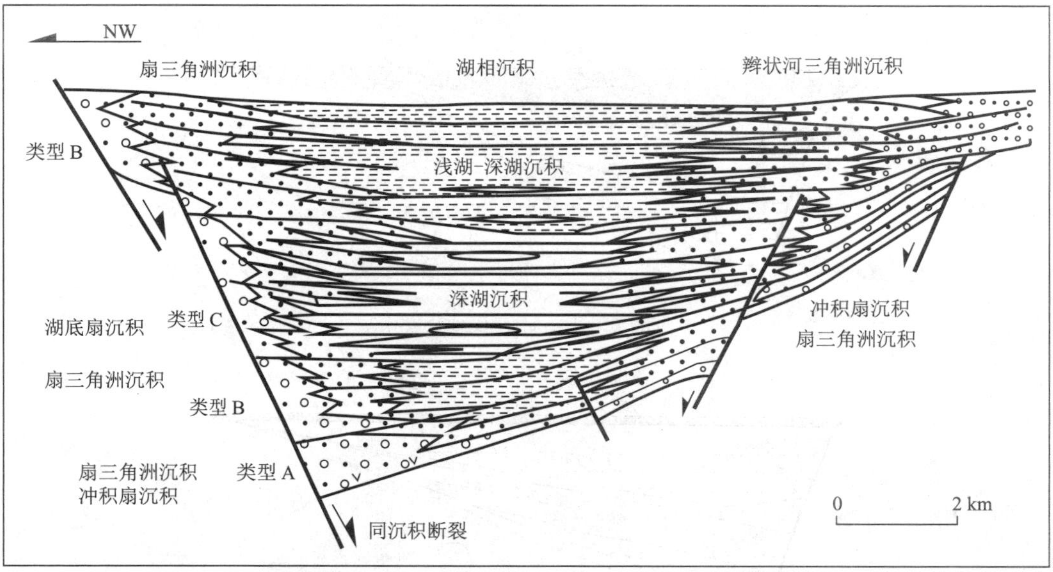

图 9-6 断陷湖盆典型构造格架与沉积充填样式（据蔡希源等，2003）

1. 裂陷初期沉积充填特征

裂陷初期构造沉降速率较小，但构造差异沉降大，物源供给充分，发育冲积-浅湖型沉积层序。高位期发育有浅水扇三角洲或湖泊三角洲及浅湖沉积，扇三角洲前积层厚度小，一般缺乏半深湖泥岩和浊积沉积；低位期盆地中部只残存小型湖泊，主要由冲积扇、河流和泛滥盆地沉积组成（图 9-6 类型 A）。

2. 强烈裂陷期沉积充填特征

断陷湖盆强烈裂陷期的构造沉降速率达 300～700 m/Ma，盆地整体沉降且断裂明显活动。快速的构造沉降导致深水湖泊发育，常形成断陷深湖型沉积层序（图 9-6 类型 B）。层序内部构成以深湖碎屑岩沉积为主体。在湖进和高位体系域中，发育湖底扇、扇三角洲或河流三角洲，向盆地中部过渡为较深湖或深湖的泥质和浊积沉积。由于水体较深、沉积物供给充分，三角洲沉积旋回的厚度较大，往往形成较厚的三角洲前积结构。

3. 裂陷晚期沉积充填特征

裂陷晚期湖泊较浅，但较开阔，相带分布宽，河流三角洲或辫状河三角洲体系发育（图9-6类型C）。这种层序形成于地形相对平缓的盆地背景，处于拗陷或断裂活动明显减弱阶段。这一阶段发育的沉积层序厚度相对稳定，低位体系域和湖进体系域主要为下切水道和部分浅水三角洲沉积；而高位体系域则广泛分布三角洲体系，特别是在裂陷晚期的最后阶段，湖盆由大面积的三角洲体系充填淤浅。

第三节　气候变化及其对沉积的影响

一、中国陆相盆地中、新生代气候特征

中国大陆中生代气候特点是：晚三叠世潮湿气候区主要在古昆仑—古秦岭一线以南，其北的广大地区在晚三叠世末期由干旱转为潮湿气候区。从早侏罗世开始，干旱和半干旱气候带向北逐渐扩大，潮湿气候带不断向北退缩。早侏罗世，川滇地区普遍发育了红层，呈现明显的干旱—半干旱气候特征，其他地区多为潮湿气候。中侏罗世，中国南方为干旱—半干旱气候区，发育了红色和杂色沉积，而华北和西北地区为潮湿气候区，含煤岩系发育。晚侏罗世至早白垩世，干旱—半干旱气候带进一步向北扩展，潮湿气候区萎缩到东北和内蒙古东部地区。

新生代气候不具明显的变迁特征。华北北部和东北地区为中国北部潮湿气候带，聚煤作用明显；南部潮湿气候带主要位于南岭以南粤桂地区，具有较好的聚煤作用。

新近纪，干旱气候带整体向北迁移，退缩到中国内蒙古和河北北部地区，其他地区均为受海洋环境气候影响的潮湿气候带。

二、米兰科维奇周期与湖泊沉积旋回

米兰科维奇周期（milankovitch cycle）是20世纪初期由南斯拉夫学者Milankovitch提出来的。由于地球轨道力的周期性变化，地球接受的日照量也发生变化，从而导致气候条件的周期性变化。地球轨道力的周期性变化包括偏心率、地轴倾斜度和岁差变化（图9-7）。

地球轨道的偏心率指地球轨道偏离正圆的程度，在0.005～0.06之间变化，其周期约为10×10^4 a。

地轴倾斜度指黄道面与赤道面之间的交角，变化范围在22.10°～24.50°之间，约以4.1×10^4 a为一个周期，主要影响年内季节长短的变化。赤黄交角越大，则季节之间的温度差异越大。

岁差指地球自转轴环绕黄道面垂直轴旋转一圈的时间，实际周期约为$(1.9\sim2.3)\times10^4$ a。岁差与地球公转轨道共同决定了地球近日点的时间。

米兰科维奇周期的变化会引起地球日照量的周期性变化，从而引起气候的周期性变化。这种周期性的气候变化引起极地冰盖层的消长，从而导致海水体积和海平面的周期

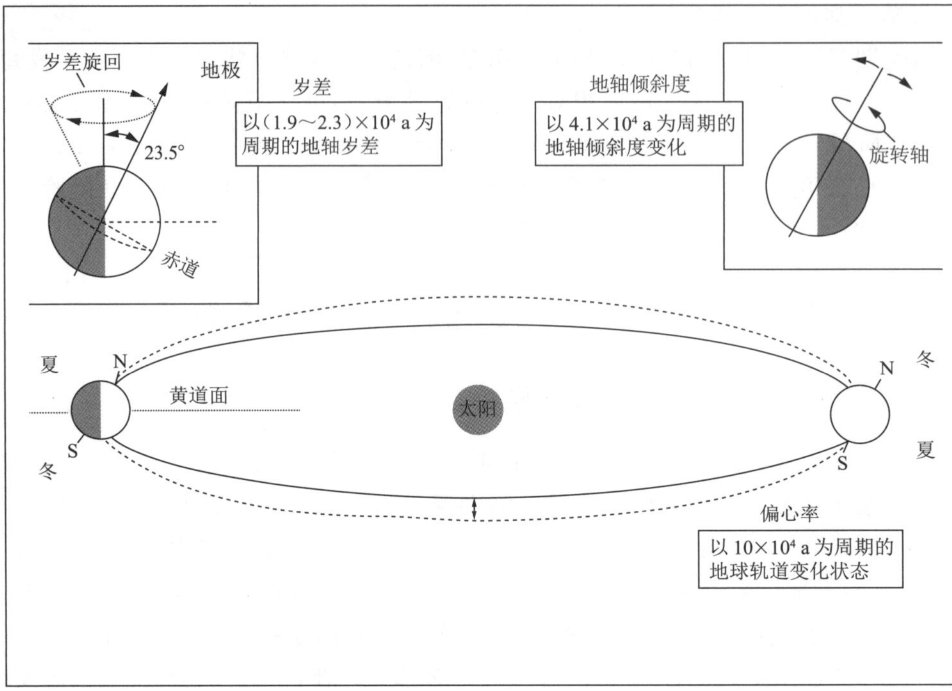

图 9-7 米兰科维奇周期偏心率、地轴倾斜度和岁差变化示意图(据蔡希源等,2003)

性变化。对深海沉积物中碳氧同位素等的研究广泛证实了最近 2 Ma 以来米兰科维奇周期的存在,并表明米兰科维奇周期对大陆冰川的消长和海平面变化产生重要的影响(Chappell 等,1986;Matthews,1986;Schwartz,1990)。大量研究表明,高频沉积旋回的形成与米兰科维奇周期导致的海平面或湖平面的变化有关(Anadon 等,1992)。许多盆地沉积充填中识别出的四级(0.08～0.5 Ma)、五级(0.03～0.08 Ma)沉积旋回或层序被广泛解释为是米兰科维奇周期引起气候变化的结果(Plint 等,1992;Reading,1996)。

研究表明,陆相湖盆充填中的一级、二级层序往往与构造沉降速率的变化有关,如构造演化的阶段性或幕式的构造作用直接影响了一级、二级层序的形成,部分三级和四、五级层序的发育则主要与气候变化引起的湖平面变化有关。Baltzer(1991)对非洲 Tanganyika 湖上新世和近代的高频沉积旋回进行研究发现,当湖平面上升时,湖盆沉积中的陆源碎屑和蒙脱石含量减少,沉积颗粒变细,而硅藻等生物成因的沉积增加,表明气候条件从相对干旱转向相对潮湿。

全球气候变化具有周期性或旋回性(表 9-3)。在陆相层序地层研究中,与气候相关的三级、四级和五级周期控制或影响了层序的形成发育。例如,分析塔里木盆地陆相三叠系米兰科维奇周期发现,米兰科维奇周期的沉积厚度为 24.8～73.7 m,周期频率为 0.298～0.776 Ma,对应米兰科维奇地球偏心率的长周期。总之,气候变化是有级次的,它对不同级次的层序产生不同的影响。实际上,层序地层成因驱动力分析表明,陆相层序的形成常受构造沉降和气候周期的双重驱动。

表 9-3 层序地层的周期分级及天文地质成因(据张映红等,1999)

层序分级	层序周期/Ma	层序动力学成因
超周期	450～600	双银河年
一级周期	60～120	克拉通热对流
二级周期	30～36	地球随太阳系穿越银道面,幔源热对流
三级周期	1～5	地球随太阳系周期性接近 Orter 星团,壳幔圈层活动性
四级周期	0.1～1	米兰科维奇地球偏心率长周期,壳内圈层活动性
五级周期	0.01～0.1	米兰科维奇地球偏心率短周期,潮汐被动事件层序

三、气候变化对湖平面和陆相沉积的影响

沉积层序的发育和内部构成特征受到盆地的构造作用、湖平面变化、沉积物供给以及气候条件等因素的控制,而湖平面和沉积物供给速率的变化又与气候条件的变迁密切相关。在陆相沉积盆地中,除构造作用外,气候变化对盆地沉积充填的影响尤为重要。

气候变化是海(湖)平面变化的重要控制因素。全球气候变化可引起冰盖的消长,从而导致海水体积和海平面的变化。气候变化对湖平面的影响更为明显,因为湖泊水体比海洋小得多,受气候变化的影响远比海洋大。湖平面变化常表现为湖泊水体的整体扩张或萎缩。气候条件是影响湖泊水量和水位变化的重要因素。气候的变化对大气降水量和湖泊水体的蒸发量有很大影响。气候干旱能引起湖泊水体的大量蒸发、水位降低甚至整体干化;而气候潮湿,湖泊供水量充沛,湖平面相对上升。特别是闭流湖盆,气候条件的变化对湖盆水体的蒸发量和湖平面的升降有更直接的影响。因此,干旱、潮湿气候条件的周期性变化就可能引起湖平面、沉积物供给以及沉积物类型的变化,对湖盆沉积充填和层序发育演化起到重要的控制作用。

气候条件在地质演化历史中的变迁对盆地充填的沉积物类型产生了深刻影响。在不同的气候条件下,地表具有不同的蒸发量和降雨量,干湿度、植被条件和地球化学环境等均有明显差异,进而导致风化剥蚀、搬运和沉积物沉积过程、沉积物类型等均有很大差别。大量研究表明,气候变化与构造作用是控制沉积层序和沉积体系发育分布及内部构成的最重要因素。不同气候条件下相同的沉积体系可由具有显著差异的沉积相构成。比如,干旱条件下的冲积扇与潮湿气候条件下的冲积扇的沉积构成就明显不同,前者含有大量的泥石流沉积,而后者缺少泥石流沉积并以发育辫状河沉积为主(Galloway,1989b;Reading,1996)。Carroll 等(1999)指出以红层、蒸发盐沉积为主的干旱盐湖盆与潮湿、半潮湿条件下的湖盆充填存在显著差异。

干旱气候条件下常发育浅湖盆沉积充填。盆缘断裂控制的陡坡带主要发育冲积扇或扇三角洲、风成砂丘砂、湖相泥岩和蒸发岩沉积,缓坡带主要发育浅水河流三角洲和风成砂丘。气候条件的高频周期性变化导致湖平面和沉积体系发生变化。高位体系域由浅水扇三角洲或河流三角洲以及湖相泥岩组成,低位体系域则发育冲积扇或扇三角洲、河流、

风成砂以及蒸发岩沉积(图 9-8)。

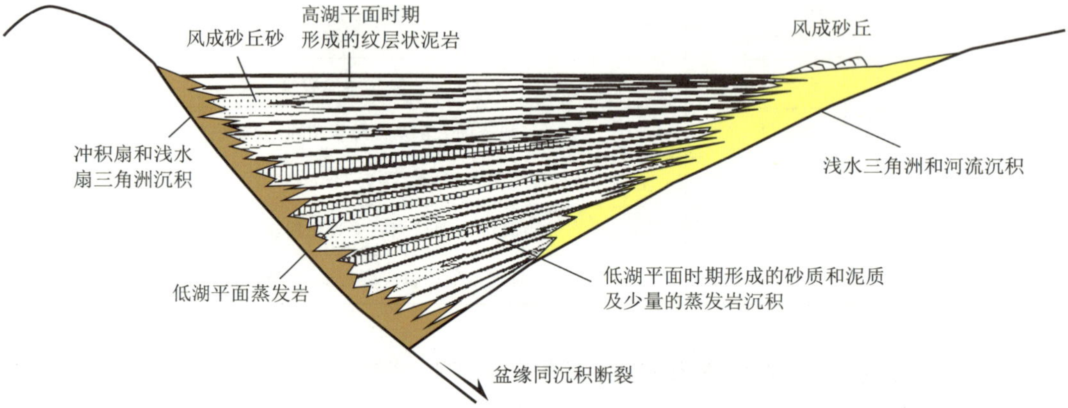

图 9-8　干旱断陷湖盆沉积充填样式(据 Olsen,1990)

中国东部中、新生代湖盆充填类型明显受到气候条件变化的影响。如渤海湾盆地东营凹陷、沾化凹陷的古近系孔店组及沙河街组沙四段沉积期,属于干燥炎热的亚热带气候,降雨量少,蒸发量大,砂砾岩扇体沉积以含有较多泥石流砾岩的洪积扇(分支河流体系)为主,与红色、杂色的湖相细粒沉积共生;而到沙四段沉积晚期至沙三段沉积早中期,逐渐变为多雨、潮湿气候,湖平面上升,形成了灰绿色、灰色的粗碎屑扇三角洲、湖底扇及厚层的暗色泥岩和油页岩。

气候的变化对陆相层序的影响是多方面的。首先是一种直接的影响,即气候变化对湖平面升降变化的影响。气候影响湖泊的蒸发量和注入量,进而影响湖平面的升降变化,而湖平面的升降变化控制了地层的叠置样式和沉积相的分布(图 9-9)。在气候由干旱向潮湿转化时期,湖平面快速上升,水体加深,沉积了湖泊扩张体系域,湖平面达到最高时形成最大湖泛面;在气候由潮湿向干旱转化时期,湖平面较大幅度降低,湖盆沉积物快速堆积,形成高位体系域;随后,水体变浅,早期沉积物出露水面,遭受剥蚀,形成层序边界,此时水位达到最低,形成分布范围较小的低位体系域(图 9-9)。显然,这种旋回性的气候变化构成了陆相层序的主要控制因素。

其次是间接的影响,即气候的变化会造成植被和降雨量的改变。若气候温暖潮湿,则植被发育、降雨量多,母岩的风化作用较显著,曲流河和网状河发育,沉积物供源较多且湖平面易于上升,利于陆相盆地层序的发育;反之,气候干旱炎热,植被不发育,降雨量少,辨状河较发育,粗粒物源短距离供给,湖平面易下降,不太利于层序的发育。气候的变化也会导致河流地貌的巨大变化,地貌变化又使得河流系统处于不均衡状态并形成不同河型的沉积。

气候是确定陆相地层层序的关键因素,可用米兰科维奇旋回来预测各种气候带的沉积相类型和沉积速率的瞬时变化情况。在了解有关古纬度和盆地类型之后,就可以利用与气候控制作用相关的旋回地层样式预测陆相地层主要沉积相的时空分布。

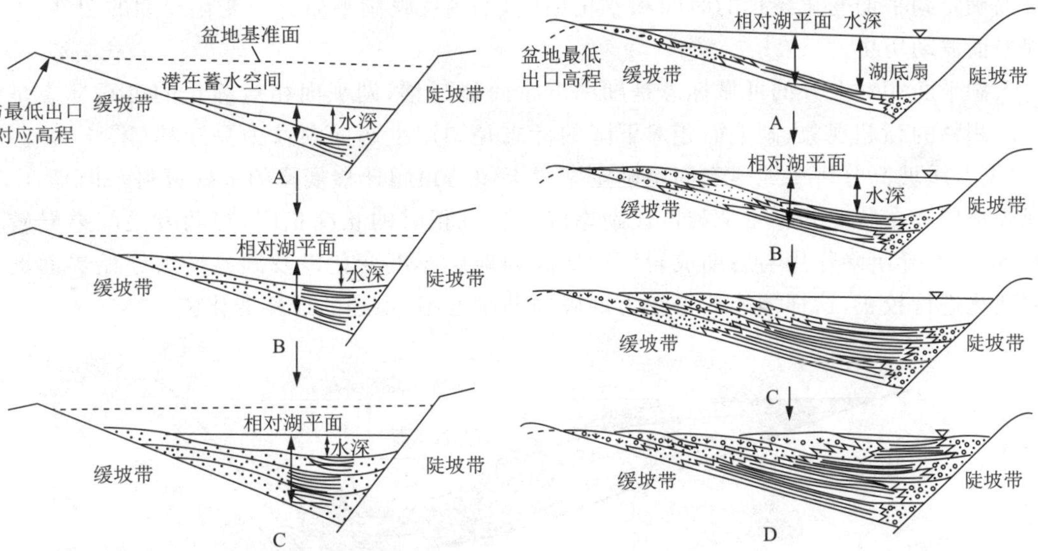

图 9-9　气候变化对闭流型(左)和敞流型(右)湖泊层序地层模型的影响(据纪友亮等,1996)

A—低位期;B—湖泊扩张期;C—高位期;D—湖泊收缩期

第四节　湖平面升降特征与控制因素

一、湖平面相关概念与研究方法

从水文地质条件出发,可以将湖相盆地分为敞流湖盆和闭流湖盆。闭流湖盆是指注入湖盆的水量小于蒸发量和地下渗流量之和,湖平面的位置常低于盆地最低溢出口高程的湖盆;敞流湖盆是指注入湖盆的水量大于蒸发量和地下渗流量之和,湖平面的位置维持在与湖盆的最低溢出口相同的高程上,多余的水通过泄水通道流出盆地的湖盆。无论是敞流湖盆还是闭流湖盆,湖平面变化都会影响湖相地层叠置样式。湖平面的变化首先决定着湖泊的可容空间和能量的分布。湖平面对湖相地层及其邻近的河流相地层起主要控制作用,其控制方式与相对海平面对海相和海岸平原地层的控制方式相同。因此,湖相地层结构反映了沉积物输入与湖面变化所决定的可容空间变化之间的相互作用。

1. 湖平面的定义

湖平面是指湖水面到盆地基底表面的距离,水深是指湖水面到湖底沉积物表面的距离。因此,湖平面升降是指湖盆中某处湖面到盆地基底高度的变化。湖平面变化决定着可容空间的变化,可容空间变化速率与沉积物供给速率比值的变化导致湖盆地层沉积格局发生变化。

2. 湖平面升降变化的研究方法

1) 基于滨线上超和轨迹分析的间接求取法

湖平面的波动变化可控制沉积层序的分布及其内部岩相组合演变。反映湖平面相对变化最直接、最可靠的地层标志是湖相层序中的湖岸上超和顶超现象,利用湖岸上超标志可以确定湖平面变化持续的时间和变化幅度，编制反映湖平面升降变化周期的图件，确定湖平面波动历史。

湖平面相对上升的可靠标志是湖岸上超向陆迁移，湖平面相对静止的可靠标志是湖岸沉积物的顶超现象，湖平面相对下降的标志是湖岸上超向湖盆中央迁移（图 9-10）。显然，湖盆缓坡高分辨率地震剖面是确定湖岸上超与顶超迁移规律的最好资料。但是，由于现今地层展布状况并不完全与古代湖岸沉积物沉积时的状况相同，当两者之间差异较大时，应对差异沉降作用与后期成岩作用造成的地层厚度变化以及湖盆缓坡原始界面坡度的变化进行校正，这样才能获得较为准确的湖岸上超、顶超的迁移变化值。

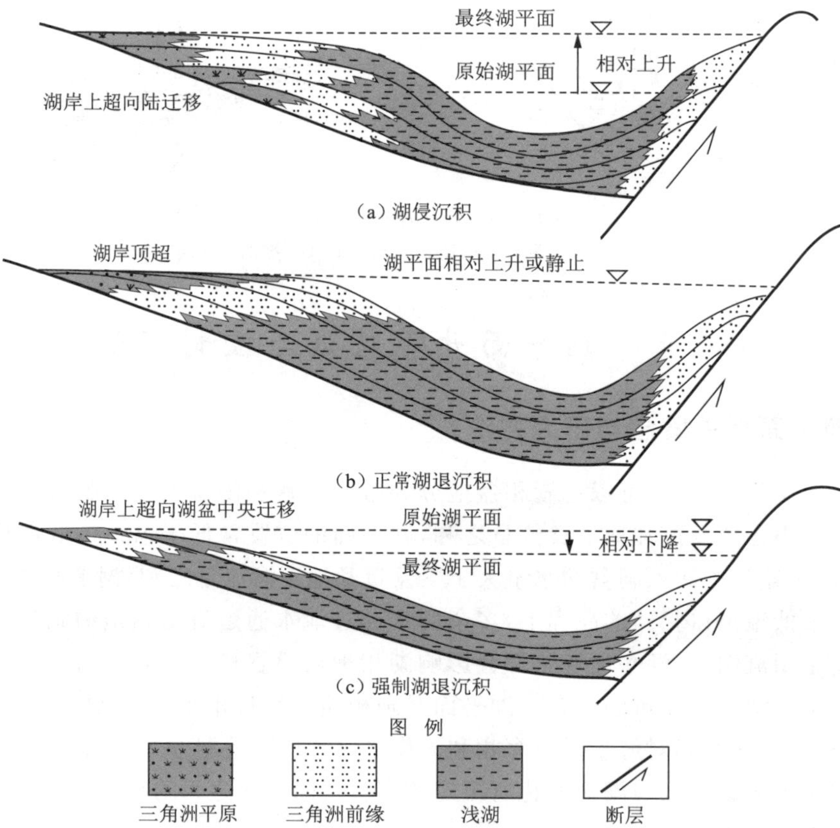

图 9-10　相对湖平面升降与上超、顶超等地层发育样式的关系示意图（据纪友亮等，2020）

湖平面升降变化曲线的编制步骤如下：熟悉研究区盆地构造演化、盆地结构、盆地古地貌等古地理背景资料；选择那些穿过不同构造单元和不同地貌带的地震测线构成区域性测网，地震剖面应具有清楚的湖岸上超记录、较为简单的构造变形和较充足的控制井；选择典型地震剖面，结合钻测井资料，根据地层的不整一关系对陆相地层进行层序划分和层序的追踪闭合，特别是追踪上超点和顶超点靠近物源方向上的沉积边界；根据 VSP、合成地震记录、古生物化石组合、同位素测年资料对划分的沉积层序进行详细的年代标定；编制层序年代地层对比图，将地震剖面上解释的层序地层剖面转换为纵坐标为地质年代的地层横剖面，以表示各个层序的持续地质年代、横向分布以及层序之间的接触关系等；确定湖平面升降变化周期，测量湖岸上超点的垂向分量(湖岸加积量)，确定湖平面升降变化与地质年代之间的关系，进而确定各个湖岸加积量的增量，直至计算出每个沉积层序的湖岸加积量，即这个层序的湖平面上升的幅度(可考虑地层剥蚀量和差异沉降等)；重复测定每个层序上超点的垂向分量(湖岸加积量)与地质年代之间的关系，编制其他层序的湖平面升降曲线，从而得到全盆地各个层序的湖平面升降变化曲线(图 9-11)。

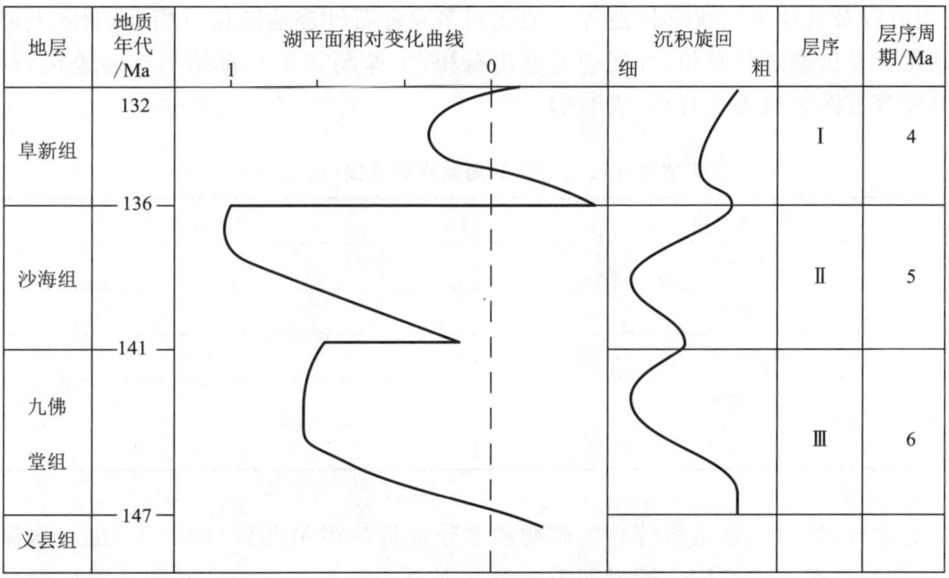

图 9-11　陆家堡坳陷陆西凹陷早白垩世湖平面升降曲线(据朱筱敏等，2002b)

2）基于古水深分析的直接求取法

根据沉积物的岩性、沉积构造、古生物类型及生态习性等多方面的标志可确定盆地的古水深。

一般情况下，湖盆的粗碎屑为浅水沉积，由浅水至深水，砂砾沉积减少，黏土质沉积递增，较深和深水区主要是黏土质沉积。当湖盆的化学岩发育时，由盆地边缘至湖盆中心，依次呈现陆源碎屑沉积区—颗粒碳酸盐岩及生物碳酸盐岩沉积区—泥晶碳酸盐岩沉积区—膏盐沉积区。由于湖水进退、沉积作用的演化与发展，在垂向上呈现由陆源碎屑岩过渡为碳酸盐岩-蒸发岩沉积旋回，或由碳酸盐岩-蒸发岩过渡为陆源碎屑岩沉积旋回。

沉积构造也是常用的古水深恢复的重要依据。湖泊沉积中可发育多种类型的沉积构造，其类型变化取决于水体深浅和水动力条件。概括起来，盆地深水、较深水区主要形成微细水平层理，连续韵律发育，深湖浊积岩具复理石构造，槽模、沟模是其特征沉积标志；浅水区层理类型多样，间断韵律发育，波痕、冲刷侵蚀现象较常见，干裂、雨痕、细流痕等层面构造都是反映沉积物出露水面的标志。总之，不同沉积构造与水深关系复杂，与湖盆结构和湖面开阔程度有关。

生物光合作用和水体透光能力决定了水深与生物类型及生态习性之间的关系。根据现代生物研究,生物的属种组合、结构、构造及大小变化都与水深有关。浅水生物壳大而厚,纹饰发育;深水生物壳小而薄,纹饰简单。如东营凹陷沙一段介形虫以反映滨浅湖-较深湖的组合为特征:① 玻璃介、小玻璃介、华花介、惠民小豆介、伸玻璃介组合反映水深为1～2 m;② 普通小豆介、惠民小豆介、玻璃介、小玻璃介、华花介、中国玻璃介组合反映水深为15～20 m;③ 惠民小豆介、普通小豆介、玻璃介、华北介、湖花介和小玻璃介组合反映水深为2～15 m。

在缺少遗体化石的湖泊沉积环境中,可以采用遗迹化石来确定相对古水深,如潜穴、足迹、爬痕以及其他生物扰动构造等。滨浅湖多发育石针迹遗迹化石相,浅湖区上部和下部分别发育卷迹遗迹化石相、伸展迹遗迹化石相,半深湖区多发育始网迹遗迹化石相,深湖区多发育古网迹遗迹化石相(表 9-4)。

表 9-4　常见遗迹化石相对应的湖盆水深范围(据纪友亮等,2020)

遗迹化石相	形成时水深/m
石针迹相	1～2
卷迹相	2～10
伸展迹相	10～17
始网迹相	17～25
古网迹相	＞30

除此之外,铝、铁、锰结核等自生矿物和部分常量与微量元素(同位素)也对水深较为敏感,比如褐铁矿—赤铁矿—鳞绿泥石—鲕绿泥石—菱铁矿—白铁矿和黄铁矿的顺序反映水体由浅变深,由氧化环境向还原环境转换。

二、湖平面升降特征与控制因素

1. 湖平面升降旋回特征

中国中、新生代湖盆的湖平面相对变化具有明显的旋回性或周期性。根据湖岸上超点迁移规律编制的湖平面升降曲线是湖平面绝对升降、盆地基底沉降以及沉积物供给速率等多种因素综合影响的产物。

辽河盆地滩海地区古近纪湖平面升降变化曲线具有明显的旋回性。湖平面升降变化周期与沉积物的垂向旋回、古水深旋回之间具有良好的对应关系,旋回周期为1.3～6.2 Ma(图 9-12)。该区湖平面相对变化曲线具有明显的不对称旋回性,即具有湖平面快速上升、湖平面相对静止和湖平面快速下降的旋回特点。湖平面快速上升和相对静止持续时间很长,而湖平面快速下降持续时间相对较短。在辽河盆地滩海地区古近纪湖平面升降旋回中,沙河街组沙三段和东营组东三段沉积时期,湖平面升降幅度最大,东营组东一段沉积时期,湖平面升降幅度最小(图 9-12)。在湖平面相对上升最明显的时期,盆地边界断裂强烈活动,产生了最大幅度的湖平面变化旋回。对湖岸上超点湖岸进侵量(水平分量)进行研究发现,随着湖平面升降变化,湖岸向陆进侵也存在着明显的变化旋回。在盆地断陷时期，盆地断陷作用明显，造成水体深、沉积范围窄的箕状凹陷格局，所以层序A，B湖岸上超点向陆一侧的迁移量相对较小；在盆地发展的断拗阶段，盆地断裂活动与盆地整体下沉共同作用，形成沉积水体相对浅、沉积范围较大的断拗型盆地充填序列，层序C，D，E湖岸上超点明显地向陆迁移，湖岸上超的水平进侵量达到最大（图9-12）。

湖平面升降特征及控制因素

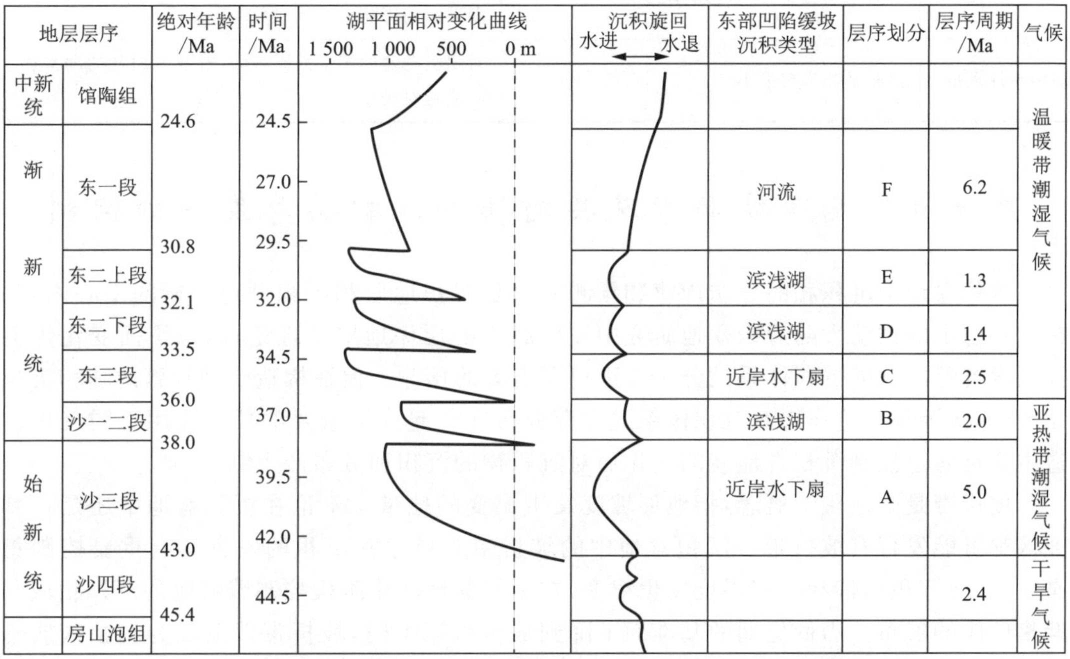

图9-12　辽河盆地滩海地区古近纪湖平面相对变化曲线（据朱筱敏等，2000b）

2. 湖平面升降控制因素

湖泊与海洋相比，体积、面积和水体深度均小，外界条件的稍微改变就会引起湖平面的变化，因此湖平面的变化比海平面的变化要更加频繁、变化频率更高。湖平面升降的主要控制因素包括盆地构造活动、气候变化和河流供源作用以及它们的耦合作用（表9-5）。盆地构造活动强烈、气候潮湿、河流供源作用明显，容易造成湖平面上升，反之亦然。

表9-5　湖平面与海平面变化的控制因素对比表（据纪友亮等，2020，有修改）

项　目	海　盆	湖　盆
面　积	大	小，仅相当于海盆的一部分
连通性	全球连通	孤立的
沉积物供给量	沉积物供给量比海水的体积小得多，对海平面变化的影响小	沉积物供给量相对于湖水的体积所占比例较大；对闭流湖盆的湖平面变化影响较大，但对敞流湖盆湖平面的影响相对较小

续表

项　目	海　盆	湖　盆
构造运动	全球性的构造运动(如洋中脊的扩张)对海平面的影响很大;区域性或局部性构造的升降对全球绝对海平面的影响很小,但对该区的相对海平面影响很大	与海盆中"区域或局部"面积相当的基底升降可能就是整个湖盆基底的升降,显著影响湖盆绝对湖平面和相对湖平面的升降。湖盆中的局部构造升降对海平面升降影响作用较小
气　候	对海平面影响大,但影响速度慢	对敞流湖盆湖平面的影响相对较小,但对闭流湖盆湖平面的影响大
河水注入量	对海平面影响很小	对闭流湖盆的湖平面影响大,对敞流湖盆的湖平面影响相对较小

第五节　构造坡折带及其对陆相沉积层序发育的控制

沉积盆地中沉积相的分布规律和预测一直是沉积地质和沉积盆地分析的中心内容。在相对稳定的被动大陆边缘盆地研究中发展起来的层序地层学理论,以海平面变化为主控因素解释了盆内沉积体系的分布并进行了有效的预测。但在构造活动频繁的陆相沉积盆地中,同沉积构造作用对沉积体系的发育分布往往起到更重要的控制作用。同沉积构造主要是通过控制沉积古地貌的变化而对沉积物的沉积和分布产生制约。

坡折带是个地貌学概念,指地形坡度发生突变的地带。不论在沉积盆地中还是在剥蚀区都可能发育有坡折带。沉积盆地中的坡折带对层序和沉积的发育具有重要控制意义,往往使沉积相带和沉积厚度发生突变,在不同盆地演化阶段控制着特定的沉积相域和储集砂体的展布。当低位期的基准面下降到坡折带以下时,坡折带以上成为剥蚀区或暴露区,形成不整合面和下切谷;坡折带以下成为沉积区,形成盆底扇、斜坡扇等陆坡体系和低位楔形体,进而构成地层岩性圈闭。显然,通过对不同级别层序的划分和体系域的识别,可在油气富集与各体系域沉积体之间建立时空配置关系,从而使油气资源预测更为有效。

一、构造坡折带与构造古地貌

1. 构造坡折带相关概念

在 Vail(1987)经典层序地层学中,陆架边缘坡折带是一个极其重要的概念,坡折带控制了层序边界不整合面的分布和沉积体系类型的发育。在陆相沉积盆地,特别是在断陷盆地中,规模较大的同沉积断裂常常形成坡折带,分隔着不同的构造古地貌单元。

陆架边缘坡折带和湖盆中多种类型坡折带是层序地层学研究的热点。信荃麟等(1988)曾提出"构造岩相带"的概念,揭示了断陷湖盆中同沉积断裂对沉积和油气的重要控制作用。后来,林畅松等(2000)对典型盆地进行层序地层学研究时提出了"构造坡折带"的概念,构造坡折带指由同沉积构造长期活动引起的沉积斜坡明显突变的地带。由于同沉积构造的长期活动,构造坡折带可对盆地充填的可容空间和沉积作用产生重要的影响,制约盆地沉积相域的空间分布。

构造坡折带可划分为两种基本类型，即褶皱型和断坡型。褶皱型构造坡折带是由同沉积褶皱作用形成的。挤压挠曲、基底构造活动、断弯或弯折等构造作用等都可产生对沉积起重要控制作用的褶皱型构造坡折带。断坡型构造坡折带是由同沉积断裂作用形成的。断陷盆地内各种断裂作用，如掀斜旋转断裂、犁形断裂和反向调节断裂等，均可形成洼陷边缘、凸起边缘、陡坡或缓坡内次级断阶等断坡型构造坡折带，它们长期构成盆内构造古地貌单元和沉积相域的边界（图 9-13）。

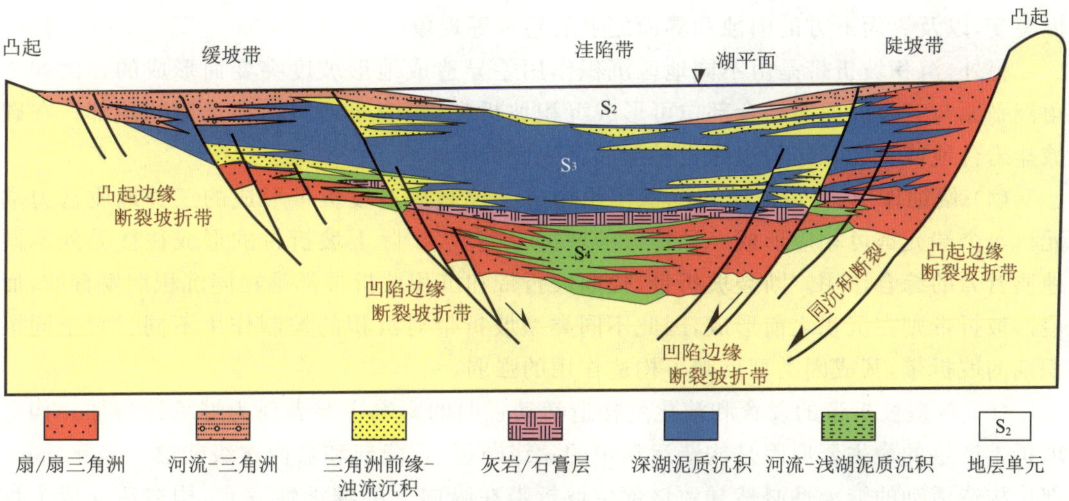

图 9-13　半地堑断陷湖盆断裂坡折带与沉积砂体分布示意图（据林畅松等，2000）

在拗陷湖盆和断陷湖盆中，坡折带分布广泛、成因类型丰富、组合样式复杂，断裂坡折带、挠曲坡折带、侵蚀坡折带及沉积坡折带等这些不同成因类型的坡折带对盆内沉积物堆积过程（分散体系）和沉积体系时空分布起到了主导控制作用。

2. 构造坡折带基本特点

（1）构造坡折带是古构造活动产生明显差异沉降的古构造枢纽带，主控沉积断裂生长系数一般大于 1.4～1.6。坡折带构造沉降差异为沉积物的沉积提供了潜在的可容空间。构造运动愈强烈，沉降差异愈大，坡折带之下的可容空间愈大；坡折带又是沉积物供给通量、供给速率和供给通道的重要影响因素。坡折带发育特征很大程度地影响到可容空间增长速率与沉积物供给速率的比值（A/S），并进一步控制地层的叠置样式。例如，在断裂坡折带下降盘一侧，沉积厚度加大，沉积旋回增多，砂体层数和厚度明显加大。构造坡折带是沉积相域分带的一个重要界线，它不仅控制着低位体系域的发育范围，而且构成高位体系域从浅水区向较深水区过渡的突变界线。

（2）构造坡折带所形成的构造古地貌一般都很复杂，与同沉积断裂的性质、活动性及分布组合样式密切相关，如剖面双阶或多阶组合样式、平面帚状或梳状组合样式等。同时，受物源供给、湖平面升降变化影响，不同的构造坡折带具有多样化的砂体分布样式。例如，在断陷湖盆陡坡或斜坡带发育多个断阶时，可以形成多个构造坡折带，对沉积体系发育分布产生重要影响。断裂坡折带往往控制着低位扇或三角洲砂体的发育部位以及下切水道和不整合面的分布位置(图 9-13)。

(3) 陆相盆地构造坡折带类型多样。断裂坡折带是同沉积断裂活动产生明显差异升降和沉积地貌突变而形成的古构造枢纽带,构成盆内古构造单元和沉积区域的边界,在整个裂陷期由于应力易于集中而长期活动。挠曲坡折带是由同期深部断裂活动使浅部地层发生挠曲变形而形成的,或是由同沉积褶皱活动形成的背斜或鼻状构造的两翼挠曲而形成的,或是在古梁、古断凸、古潜山之上由披覆作用而形成的。侵蚀坡折带是由风化侵蚀等外动力地质作用造成地形坡度突变而形成的,其主要特征是不整合面上所表现出的地形突变,以及界面下方的削蚀和界面之上的超覆等现象。

另外,沉积坡折带是由不同地区沉积作用差异造成地形坡度突变而形成的。比如三角洲平原与三角洲前缘结合部位可形成沉积坡折带,响应于地震前积反射的顶部。在碳酸盐岩台地或生物礁体的边缘也易形成沉积坡折带。

(4) 侵蚀作用、构造作用和沉积作用构成了控制构造坡折带形成的三种地质营力端元。每个端元都可相应形成一种特殊的坡折带类型,实际上坡折带的形成往往受到不同地质营力的综合作用。断裂坡折带、挠曲坡折带和沉积坡折带都是在同沉积期发育的,而侵蚀坡折带则在沉积之前形成,因此不同类型坡折带对沉积的控制作用不同。对于同沉积期的坡折带,其成因类型反映了构造作用的强弱。

(5) 构造坡折带的发育和演化受构造活动强弱的影响主要表现为继承性特征。构造坡折带产生的最主要原因是构造运动中的盆缘断裂、古隆起和盆内次级断层。因此,同一部位构造活动的继承性必然导致该部位坡折带在纵向上的继承性发育,构造活动成为坡折带发育的主要控制因素。当同沉积时期构造活动较强且频繁时,坡折带相对发育;当同沉积期构造活动较弱且少时,坡折带不发育。随着盆地沉降中心的迁移,坡折带也随之迁移。不同的构造演化阶段形成不同的构造古地貌,从而在不同构造部位发育不同类型的坡折带。

(6) 位于陆相盆地不同构造部位的构造坡折带控制形成的层序地层模型和体系域分布具有不同的特点,其组合样式是构造沉降、沉积物供给和湖平面升降综合作用的结果。坡折带影响沉积物的供给速率。由构造沉降差异而形成的坡折带沉降剖面的斜率大小影响水动力的大小,进而控制沉积物供给的快慢。坡折带的高差反映物源区地势的高低,也决定物源区与汇水区的势能大小和坡折带之上地层的剥蚀程度,对沉积物供给量以及沉积物性质、粒度等方面具有明显的控制作用。坡折带越靠近盆缘,沉积物供给量越大;坡折带越靠近盆地中央,沉积物供给量相对越少。一般坡折带规模越大,其斜率和落差的变化亦越大,具有较强的水动力条件,为较高的沉积物供给速率提供保证,同时坡折带之下可容空间的存在有利于沉积物的沉积。

(7) 湖平面升降和坡折带的发育直接决定着可容空间的大小。基准面旋回变化导致可容空间的变化,既影响坡折带形态改变,同时又明显控制沉积体系的发育和演化。随着基准面旋回变化,各种沉积体呈间歇性、时断时续的发展。当基准面下降,可容空间较低时,作为地貌形态对基准面升降变化的调节与响应,主要发育远源曲流河沉积,且三角洲穿过坡折带向盆地方向发育;当基准面上升,可容空间较高时,河道形态变宽变缓,发育辫状河或高弯度曲流河,在坡折带之上的地区形成三角洲沉积。整个基准面上升期主要表现为近岸沉积,沉积物以湖泛期厚层泥岩、高可容空间期的进积型三角洲前缘沉积物为主。

二、构造坡折带与沉积分布样式

1. 构造坡折带与沉积分布

1) 陡坡断裂坡折带与沉积分布

受控于构造应力场、先存断裂系再活动及重力调节作用,同沉积断裂具有多样化的组合样式。不同沉积断裂的组合样式具有特定的构造古地貌特征,从而控制着沉积物分散体系及砂体分布样式。同沉积断裂系与同裂陷期的砂体分布密切相关,反映了构造坡折带样式对水系和沉积过程的控制,这种内在联系的确定无疑有利于盆内砂体的预测。

断陷湖盆内发育的主要沉积体系有冲积扇、扇三角洲、河流和河流三角洲、滨浅湖和深湖、重力流沉积等。这些沉积类型在盆地中的总体分布首先受到古构造格架的控制。以半地堑断陷湖盆为例:陡坡带主要接受来自陡坡物源的冲积扇、扇三角洲或近岸水下扇沉积;缓坡带主要接受来自缓坡一侧物源的河流、三角洲、滨浅湖或湖湾沉积;盆地中部的洼陷带以深湖、半深湖、湖底扇或浊积扇以及三角洲等沉积为特征,沉积物可来自盆地两侧或纵向水系。纵向河流在盆地充填的中晚期可形成大型的轴向三角洲体系。沿陡坡带、缓坡带或中部洼陷带同沉积断裂的活动可形成多个断裂坡折带,控制着碎屑沉积体系的具体沉积和分布部位。

陡坡多级断裂坡折带与陡坡单一断裂坡折带对沉积砂体的发育具有不同的控制作用,所形成的沉积体几何形态和沉积体系类型都显示出明显的差异(图 9-14)。

陡坡单一断裂坡折带一直控制着盆地的沉积边缘,沿下降盘一侧粗碎屑沉积体系垂向加积,随着湖水的加深,边缘扇从早期的冲积扇向扇三角洲、深水近岸水下扇或湖底扇演化。在低位期,水系可越过早期的沉积高地貌向盆地中央方向推进,形成低位进积扇三角洲沉积。在高位期,陡坡扇三角洲前缘可发生重力滑动产生再搬运,形成湖底扇沉积(图 9-14)。

陡坡带发育两级、三级断裂坡折带,这些多级断裂坡折带在盆地不同的充填演化时期控制着多个相带的展布(图 9-14)。

2) 缓坡断裂坡折带与沉积分布

缓坡带调整性反向同沉积断裂形成的断裂坡折带对沉积体系的发育具有控制作用(图 9-15)。凸起边缘的断裂往往限定裂陷期的沉积边界,而斜坡与凹陷边缘断裂坡折带控制主要沉积边界。斜坡带发育的断裂坡折带制约着河流-三角洲平原沉积相带、三角洲前缘-滨岸浅湖及浊积-深湖相带的总体展布格局。

3) 洼陷断裂坡折带与沉积分布

洼陷带内也可发育多个断槽或断阶,这些断槽或断阶可控制湖盆中部重力流或浊流沉积,特别是来自纵向沉积物分散体系的沉积。洼陷边缘断裂坡折带控制着浊积砂岩分布,是形成砂岩油气藏群的最有利区带。

从缓坡到陡坡发育的各个断裂坡折带均对沉积砂体的分布起到重要的控制作用。

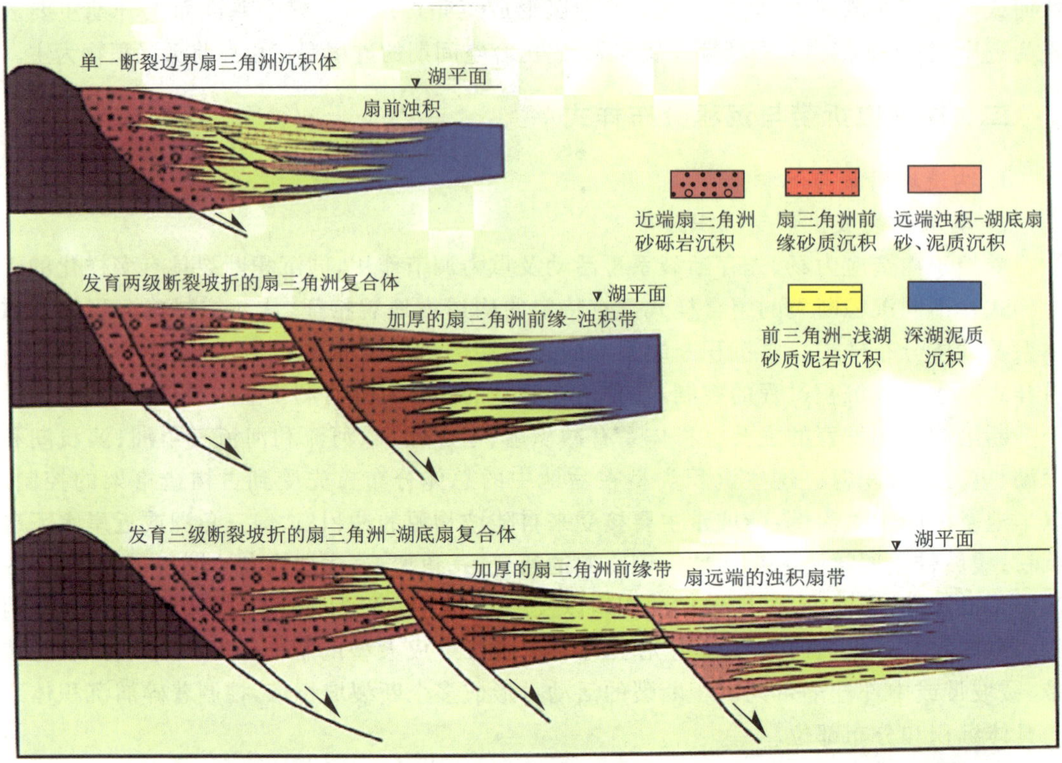

图 9-14　陆相断陷盆地陡坡断裂坡折带类型、地层叠置样式与沉积相分布示意图(据林畅松等,2003)

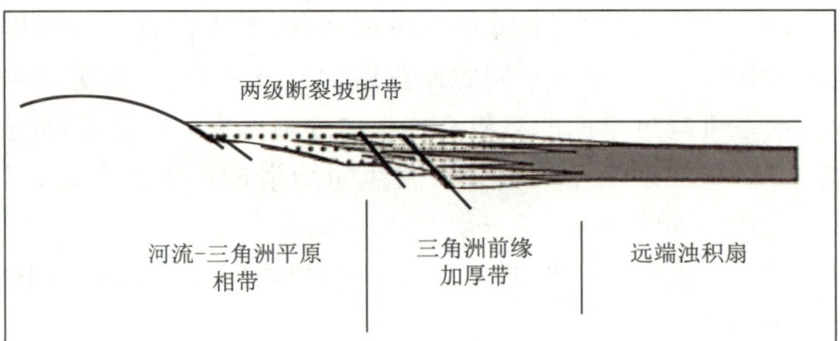

图 9-15　陆相断陷盆地缓坡断裂坡折带类型、地层叠置样式与沉积相分布(据林畅松等,2003)

2. 构造古地貌与砂体分布

受控于构造背景、先存断裂系再活动及应力转换调节作用,同沉积断裂可具有多种组合样式,形成特定的构造古地貌特征,从而控制着沉积物分散体系及砂体分布样式。下面重点讨论渤海湾盆地常见构造古地貌与分散体系分布样式(图 9-16)。

梳状同沉积断裂系是由主干同沉积断裂和与之垂直或大角度斜交的一组伴生次级调节断裂构成的,其中规模较大的断裂控制水道部位,次级同沉积断裂控制砂体推进(图 9-16),垂向的梳状断裂控制着主要砂体发育部位和延伸方向。

帚状同沉积断裂系一般是由主干断裂向一端分叉成多条规模变小、断距变小的次级断裂系组成的,平面上呈帚状。渤海湾盆地内的帚状同沉积断裂系多呈左步阶排列,这与盆地曾受到过右旋张扭作用有关。断裂系的主干断裂常控制着粗碎屑供给水系方向,帚状发散的部位一般控制着砂质沉积中心,帚状发散断裂的延伸方向控制着碎屑体系向盆内的推进方向(图 9-16)。

叉状同沉积断裂系是由两条同沉积断裂相交形成的叉形断裂构造,其内叉角处对应构造低部位,控制沉积中心,造成碎屑体系沿断裂带向洼陷推进(图 9-16)。

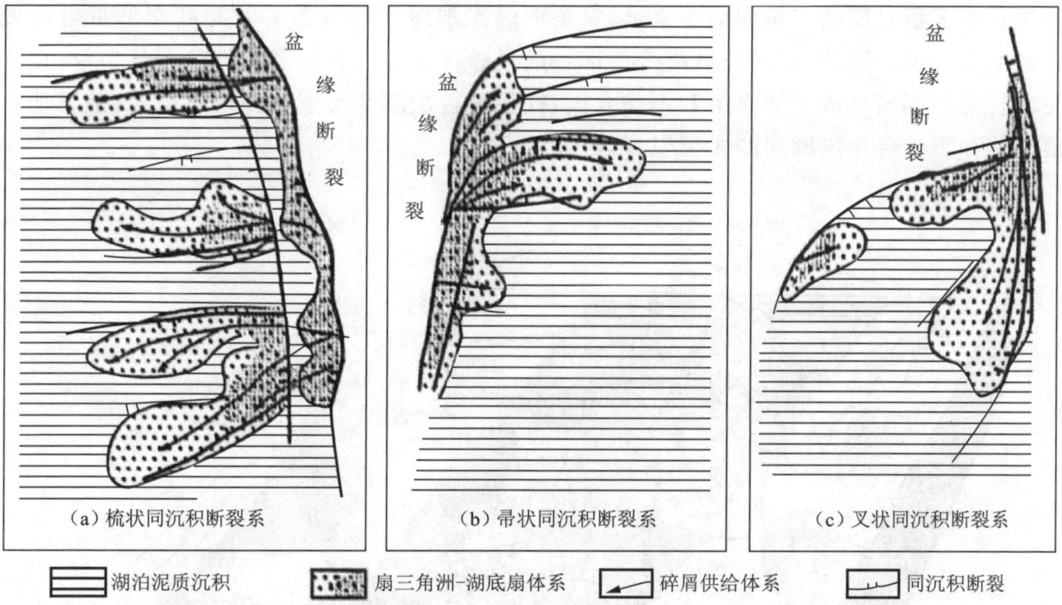

图 9-16　陆相湖盆常见同沉积断裂系与砂体分布样式(据林畅松等,2003)

另外,在斜列状同沉积断裂间的调节带往往为构造低地,易于水流的斜向注入并在前方形成三角洲或湖底扇。典型的例子见于东营凹陷滨南断裂带与胜北断裂带之间的构造调节带,古近系沙三下亚段沉积期沿该构造调节带发育有低位扇复合体。类似的情况也见于许多雁行状同沉积断裂系的末端,这里也是构造低地,易于捕获水系和沉积物。东营凹陷缓坡带的梁家楼断裂带发育的沙三段沉积期低位扇沉积就是发育于这种部位的。

3. 断裂坡折带与有利圈闭

近年来的研究和勘探实践已证实，构造坡折带是极其重要的形成油气圈闭的有利部位。在具有明显坡折带发育的地质条件下，沉积基准面旋回变化控制着陆相层序地层的形成与演化，并为预测陆相储层的发育与展布提供了一个参照格架。特别是沿断裂坡折带分布的低位体系域湖底扇和三角洲砂体可形成重要的砂岩油气藏(图 9-17)。这主要与下列因素有关：

(1) 断裂坡折带形成的构造古地貌制约着砂级沉积物分散体系的展布和砂体裙带的发育部位。多级断裂坡折带通过控制物源区的扩大与收缩、河流地貌的改造与变迁、沉积物的供给形式等控制储层形成条件与发育规律。储层沉积作用受到断裂坡折带发育的平面组合的制约，盆地内局部高地影响着水系的具体分布格局，古山口、侵蚀沟谷、古河道等决定着物源的搬运通道，同时断裂坡折带的存在又决定着沉积物的卸载场所。因此，与盆地多级断裂坡折带等地势梯度变化带相匹配的地理空间是储集岩分布的有利场所。

同沉积断裂影响和控制了湖盆的古地形，进而控制了水道、三角洲或扇三角洲、湖底扇砂体的发育和分布。低位体系域和湖侵体系域早期的粗碎屑沉积体主要分布于断裂坡折带的下斜坡至盆地中心的过渡带上，它受构造低地的控制。同样，高位体系域晚期或下降体系域沉积时期的三角洲前缘水道、三角洲前缘加厚带的分布等都与断裂坡折带的发育和活动有关。因此，在断裂坡折带下部一般是砂体集中发育区和岩性油藏富集带；在断裂坡折带上部则形成下切水道和不整合面，往往被首次湖泛形成的泥岩所覆盖，是下切水道砂体和不整合地层圈闭的主要发育区。

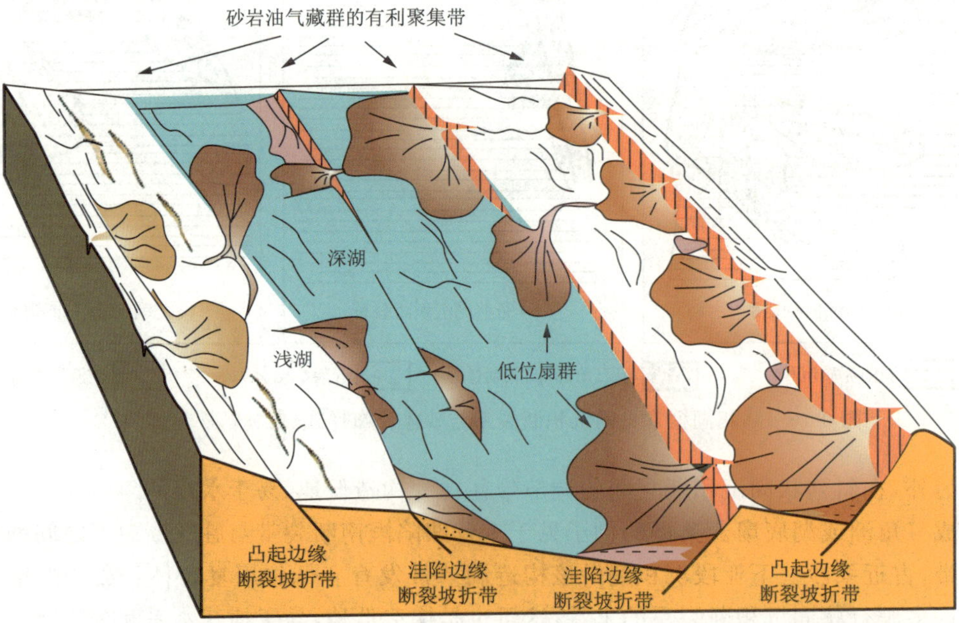

图 9-17　陆相断陷盆地断裂坡折带与砂岩成因及油气分布预测模式图(据林畅松等，2005)

断陷盆地洼陷带的形成与洼陷断裂坡折带的发育有关。这些断裂构成了深水区与浅水区分界的坡折带，洼陷边缘断裂坡折带附近发育多种成因类型砂体，是油气勘探的有利区域(图 9-17)。

(2) 构成断裂坡折带的断裂不仅控制了烃源岩发育地区，也可构成主要的油源通道。由于湖泛作用，往往形成分布广、富含有机质的烃源岩。断裂坡折带两侧发育的砂体可通过断裂与深部烃源岩沟通。同时，断裂坡折带处断裂生长系数较大，容易形成有利的断层侧向封堵。

(3) 断裂的活动可形成各种有利的圈闭构造。同沉积断裂的明显活动和砂体的发育有利于各种滚动背斜构造的形成。在盆地受到挤压或压扭时，断裂坡折带是最易于应力集中的部位，可形成各种反转构造圈闭。

(4) 挠曲坡折带、断裂坡折带、侵蚀坡折带和沉积坡折带等坡折带类型具有不同的成因机制，控制了不同级别层序和体系域的构成，也控制了地层超覆、削蚀的产生，以及不同体系域岩性圈闭的发育。因此，不同成因类型坡折带发育不同性质、不同大小的岩性地层圈闭。

第十章 陆相湖盆层序地层学

中国自中生代以来，发育了数量众多、面积较大的湖泊，如松辽盆地白垩系青山口组沉积时湖盆面积达到 $26\times10^4\ km^2$，鄂尔多斯盆地晚三叠世湖泊面积达 $9\times10^4\ km^2$。目前中国探明的石油储量和产量主体来自中、新生代陆相湖盆，显然，研究不同类型陆相湖盆层序地层特征对于探讨有利的烃源岩和储层发育地区，预测有利的地层岩性圈闭都是很有意义的。

由于湖泊构造特征、地理位置、充填沉积物类型和湖水含盐度的多样性，人们依据不同研究目的，提出了多种湖泊分类方案。根据湖泊层序地层主控因素分析，构造作用和气候变化是控制湖泊生成发展的最主要因素。因此，可根据湖盆构造特征、气候特征（湖水盐度）以及湖泊的地理位置将陆相湖泊划分成 12 种类型（表 10-1）。在不同类型的湖泊中，由于控制湖泊层序地层构型的主控因素不同会形成具有不同叠置样式的层序地层格架。显然，应在充分考虑层序地层主要控制因素的基础上，结合湖盆结构和充填物特征，研究不同类型湖泊的层序地层样式。

表 10-1 中国中、新生代湖泊类型（据吴崇筠等，1992）

构造特征 / 地理位置 / 湖水盐度	断陷湖泊		拗陷湖泊		断-拗过渡型湖泊	
	近海湖泊	内陆湖泊	近海湖泊	内陆湖泊	近海湖泊	内陆湖泊
淡水湖	近海断陷淡水湖	内陆断陷淡水湖	近海拗陷淡水湖	内陆拗陷淡水湖	近海断-拗过渡型淡水湖	内陆断-拗过渡型淡水湖
盐　湖	近海断陷盐湖	内陆断陷盐湖	近海拗陷盐湖	内陆拗陷盐湖	近海断-拗过渡型盐湖	内陆断-拗过渡型盐湖

第一节 陆相湖盆可容空间与层序边界

一、陆相湖盆可容空间及其研究

1. 可容空间

可容空间（accommodation）指可供沉积物潜在沉积的空间（Jervey，1998）。湖平面相对上升，可容空间增加，反之可容空间减少。同样，可容空间增减意味着相对湖平面的升降。也就是说，相对湖平面变化和可容空间的变化关系是互为因果关系的。沉积物的供给速率与可容空间变化也会影响沉积水深的变化。若沉积物供给速率大于可容空间增长速率，则沉积水体会变浅；反之，沉积水体会变深。

新增可容空间(newspace added or accommondation created)是指在沉积期间，由于湖平面、构造沉降等参数的变化所形成的、新增加的可容空间，它不包含沉积前未被沉积物充填而残存的空间。显然，新增可容空间是相对湖平面变化的函数。相对湖平面上升，则会形成新增可容空间，否则原来的可容空间会不断减少。

2. 可容空间控制因素

控制陆相湖盆可容空间变化或相对湖平面变化的主要因素是湖平面升降变化、构造沉降、气候变化以及压实作用，其中前两者起关键作用。构造沉降指湖盆基底遭受某些地质作用时发生的下陷，其中最重要的作用是岩石圈冷却作用和沉积负荷作用。这些地质作用造成湖盆基底下沉，形成新的可容空间。这种新的可容空间往往是陆相湖盆中供沉积物质沉积的最主要的场所。大量的沉积湖盆地质历史分析表明，陆相湖盆沉积物充填厚度主要受构造沉降作用的控制。沉积地层的分布形式和岩相分布则受控于湖平面相对变化速率。陆相湖盆的沉积水体是有限的，假如湖盆的沉积水体体积不发生变化，则断裂活动或湖盆基底的下沉会造成相对湖平面的下降(图 10-1)。假如一个陆相断陷湖盆的降水量大于湖盆水体的蒸发量，则在洪水期，多余的水会沿着某个泄水河流流出，湖盆的蓄水量基本不变。这时湖平面的变化可划分成三个阶段：第一阶段，湖盆边界断裂的差异活动造成湖盆陡坡基底下降明显，湖盆陡坡可容空间增加，湖盆缓坡可容空间减少，湖泊水体发生重新分配，湖盆缓坡湖岸线向陡坡构造沉降方向迁移并发生湖退，缓坡湖泊范围变小(图 10-1a，b)。第二阶段，湖盆继续发生沉降，假如此时区域性的降水量相对稳定，湖泊将发生扩张，可容空间不断增加，在湖盆的边缘形成一系列反映湖侵的上超(图 10-1c)。第三阶段，湖盆基底沉降有所减慢，可容空间的增加趋于停止，沉积物质的供给明显增加，最终造成可容空间减少(图 10-1d)。从可容空间变化的敏感程度来看，湖盆缓坡可容空间的变化明显，敏感程度高；湖盆陡坡可容空间的变化不太明显，敏感程度较差。

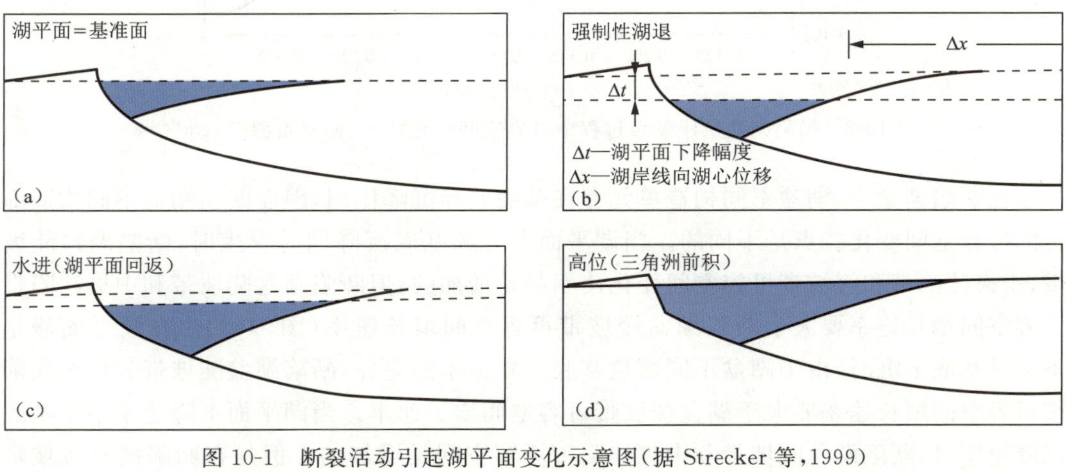

图 10-1　断裂活动引起湖平面变化示意图(据 Strecker 等，1999)

湖盆的构造沉降是影响可容空间的重要因素。中国东部中、新生代陆相湖盆构造演化史分析表明，湖盆的构造演化具有明显的阶段性。也就是说，湖盆的形成和演化不是连续的，而是间歇性的或幕式活动的。正是这种幕式的湖盆构造旋回控制了可容空间的幕式变化，在伸展型湖盆和挤压型湖盆中均有明显体现。

为了理解构造沉降对可容空间变化的影响，在湖平面变化规律相同的情况下，分析不同构造沉降速率所造成的可容空间的变化(图 2-17)。在发生缓慢构造沉降的部位，将在最高湖平面附近获得最大可容空间。随着构造沉降速率的增加，最大可容空间出现的时间渐次滞后。在湖盆构造沉降显著的部位，即使湖平面正在下降，可容空间也不会减少。实际上，可以根据地理位置预测可容空间的变化及沉积层序(准层序)的叠置样式。

3. 陆相湖盆可容空间发育规律

可容空间概念体系不仅可用于陆相湖盆层序成因分析，也可用于解释沉积层序、准层序(组)的形成过程及叠置样式。

在沉积速率基本不变的情况下，拗陷湖盆不同地区可容空间变化速率通常是基底沉降速率与湖平面变化速率之和。在基底沉降速率和湖平面变化速率均增加时，可容空间变化速率加大，反之亦然(图 10-2)。

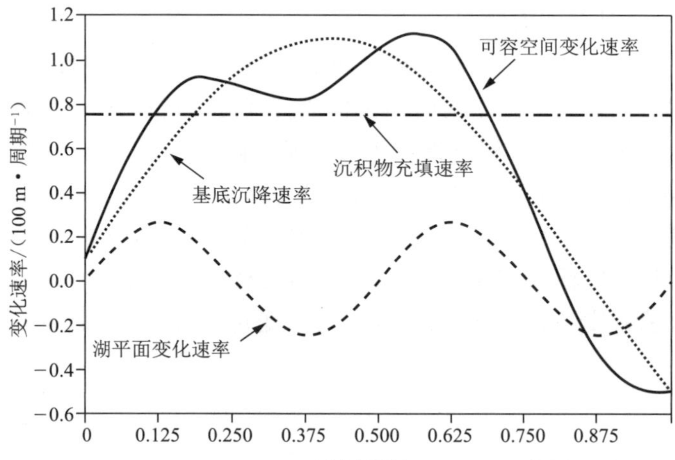

图 10-2　拗陷湖盆层序发育过程中可容空间变化特征(据蔡希源等，2003)

在断陷湖盆中，湖盆不同构造单元存在基底差异沉降作用，因而断陷湖盆不同构造部位的可容空间变化特点是不同的。当湖平面上升和基底沉降同时发生时，断陷湖盆陡坡带、中央洼陷带和缓坡带可容空间变化速率都是增加的，但断陷湖盆陡坡带和中央洼陷带可容空间增长速率要大于断陷湖盆缓坡带可容空间增长速率(图 10-3)。在湖平面静止不动且基底下沉时，由于湖盆不同部位基底沉降速率的差异，断陷湖盆陡坡带和中央洼陷带可容空间增长速率要大于湖盆缓坡带可容空间增长速率。当湖平面下降速率小于基底沉降速率时，断陷湖盆陡坡带和中央洼陷带可容空间是增加的。但是在断陷湖盆缓坡带存在一个可容空间变化的平衡点(湖平面下降速率等于基底沉降速率处)。在该平衡点，向湖盆中央一侧，基底沉降速率大于湖平面下降速率，可容空间是增加的；向陆地一侧，基底沉降速率小于湖平面下降速率，可容空间是减少的。当湖平面下降速率大于基底沉降速率时，湖盆陡坡带、中央洼陷带、缓坡带的可容空间都是减少的，但湖盆缓坡带可容空间减少的速率要明显大于其他地区（图 10-3）。湖盆不同部位可容空间变化速率的不同，可能造成断陷湖盆不同构造单元形成不同叠置样式的准层序组。

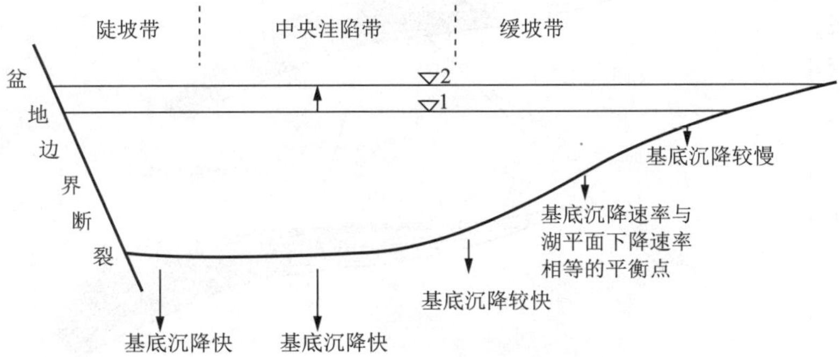

（a）湖平面上升和基底沉降，盆地整体可容空间增加

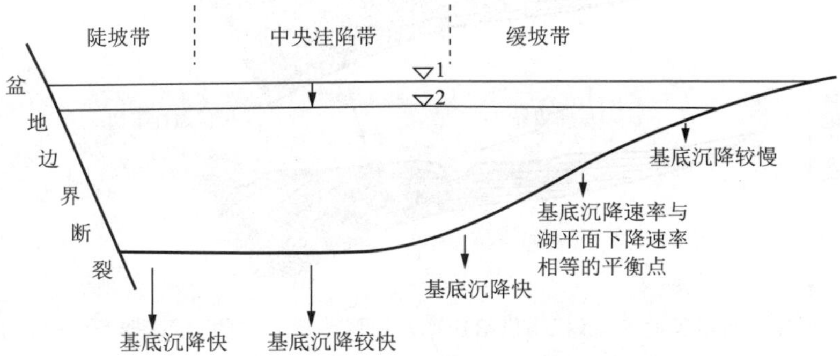

（b）湖平面下降速率低于基底沉降速率，盆地大部分地区可容空间增加

图 10-3　断陷湖盆可容空间变化与湖平面和基底沉降的关系（据纪友亮等，2020，有修改）

4. 可容空间变化对地层构型的影响

在地质历史时期，可容空间是不断变化的。当可容空间为正值时，地层构型受沉积物供给速率的强烈影响。若沉积物供给速率超过可容空间增长速率，则湖岸线不断向湖盆中央方向推进，形成进积式准层序地层叠置样式；若沉积物供给速率与可容空间增长速率相等，将形成加积式准层序地层叠置样式；若沉积物供给速率小于可容空间增长速率，则湖岸线将向陆方向后退，形成退积式准层序地层叠置样式。若可容空间为零，则发生沉积物过路现象。若可容空间为负值，则发生区域性侵蚀和下切作用（图 10-4、图 10-5）。

沉积湖盆的地层分布形式不仅受湖平面变化的控制，也受湖盆构造沉降作用及沉积物供给速率（多少）的影响。因此，在进行层序地层样式分析时，应充分考虑各种影响因素的综合作用。

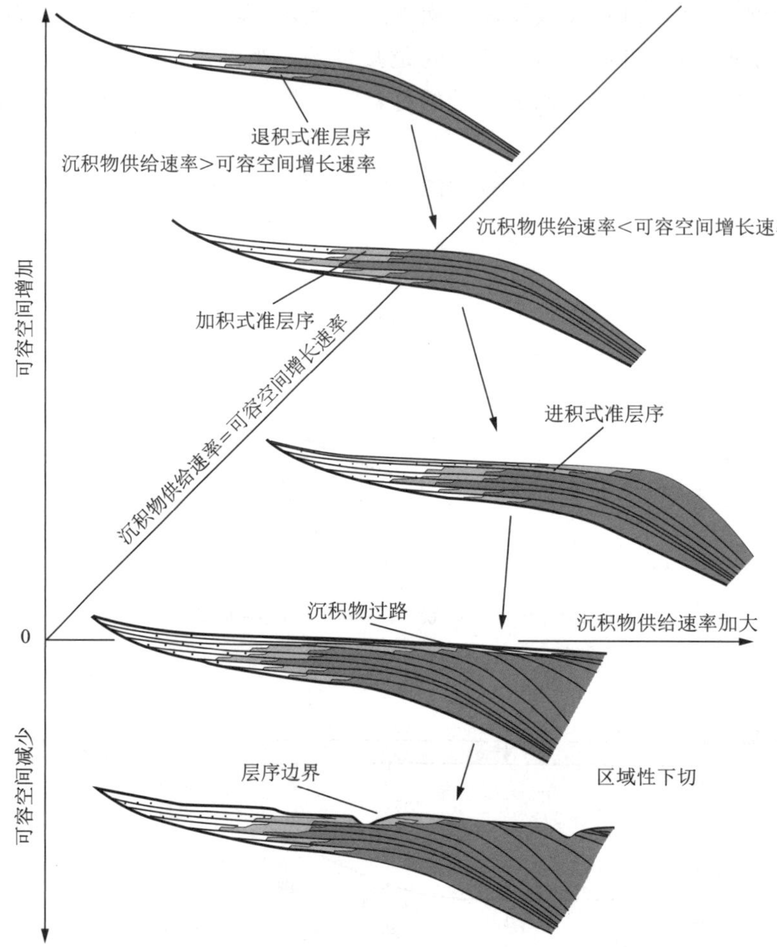

可容空间和
沉积物供给与
地层叠置样式

图 10-4　可容空间增长速率、沉积物供给速率及地层叠置样式的关系(据 Shanley 等,1991)

二、陆相层序形成机制与级别划分

起源于被动大陆边缘海相盆地的经典层序地层学理论,将层序界面定义为以不整合面及与之相对应的整合面为特征的、横向上连续的、广泛分布的界面,并对层序界面类型和特征进行了详细的阐述(参见第四章)。在陆相湖盆的沉积充填中同样也存在一系列不同规模的不整合面和沉积间断面,分割着不同规模的沉积层序单元,其展布形式决定了层序地层格架的基本样式。海相层序界面的识别标志已在第四章进行了详细的介绍,但陆相盆地层序的形成受构造作用控制明显,大部分构造活动不具周期性和旋回性的变化特征,而幕式活动和突变作用是构造活动的主要表现特征,在湖盆边缘往往发育多级不整合面,尤其是复合不整合面较多,这就给层序边界识别及层序边界级别的确定带来了很大的困难。因此,在陆相湖盆层序地层分析过程中,分析层序界面成因,识别、追踪和对比各级次层序界面是建立湖盆层序地层格架的关键,也是准确划分层序结构的前提和基础。

1. 陆相湖盆层序边界形成机制

1）构造成因的层序边界

受板块构造运动的影响，如大洋板块的碰撞所产生的水平挤压作用力可使湖盆基底发生区域性整体抬升，导致沉积物暴露于沉积基准面之上而遭受剥蚀，由于抬升幅度及范围较大，可形成分布较广甚至遍布全盆的剥蚀不整合面。这些不整合面纵向上持续遭受剥蚀的时间久，横向上展布范围广，常常形成一级、二级层序边界。这种受区域性构造抬升运动所形成的大规模的不整合面在地震、测井、岩性剖面上都有明显的反映，地震上多显示为角度不整合接触关系，削截特征明显，岩性上多表现为突变接触面，测井上多表现为旋回的转换面。

断陷湖盆边界断裂停止活动以后，湖盆可容空间便不再增加，并逐渐减少。沉积物可优先充填至沉积基准面，之后作为沉积物过路区不再接受沉积，形成沉积间断面，在地震剖面上表现为顶超的反射终止关系。沉积间断面的分布范围与边界断裂活动停止所持续的时间有关，持续的时间越长，沉积间断面所分布的范围占整个湖盆面积的比例就越大。断陷湖盆边界断层停止活动形成的层序边界常作为三级层序边界。

在箕状断陷湖盆中，边界断层的活动常表现为断块掀斜运动，具体表现为断层下降盘一侧在湖盆不同部位的差异沉降特征。陡坡带边界断层向湖盆一侧为沉降中心，构造沉降幅度最大，向缓坡带方向湖盆沉降幅度逐渐减小。一般而言，在湖盆陡坡带基底沉降的同时，湖盆缓坡边缘地带往往会发生构造抬升作用，且在缓坡带存在一个平衡点（又称枢纽点），在平衡点位置既不发生构造抬升也不发生构造沉降，自平衡点向湖盆方向构造沉降引起可容空间不断增加，自平衡点向湖盆缓坡边缘一侧构造抬升引起可容空间减少，高出沉积基准面的沉积物遭受侵蚀，形成不整合面（图 10-5）。断块掀斜运动形成的层序边界分布较局限，一般可作为三级层序边界。

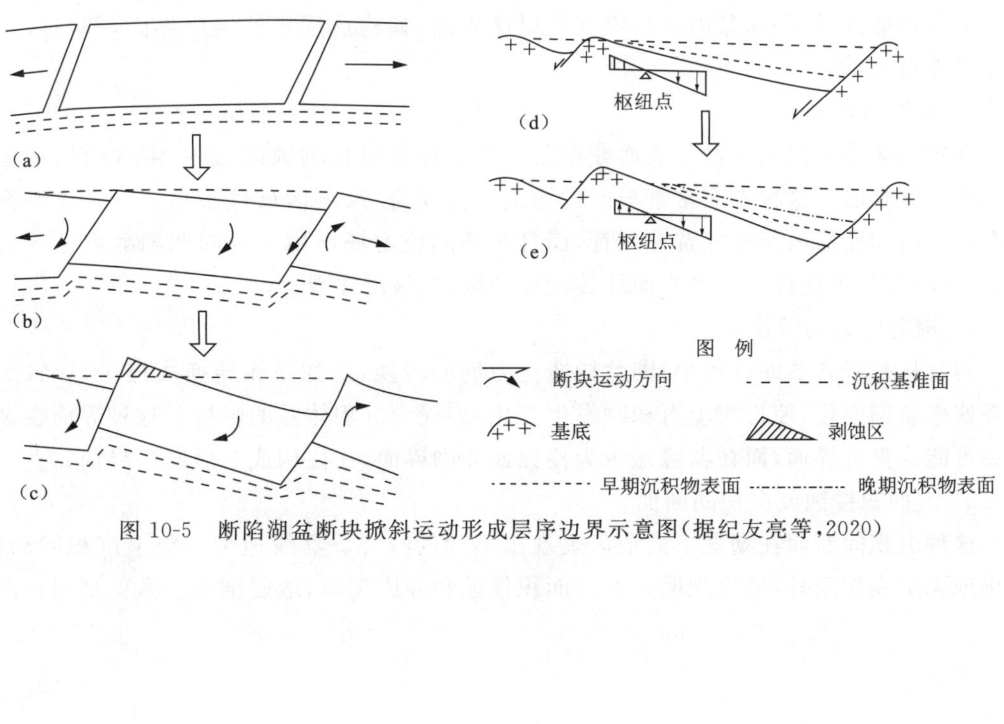

图 10-5　断陷湖盆断块掀斜运动形成层序边界示意图（据纪友亮等，2020）

在前陆湖盆中，存在着强烈的逆冲挠曲作用与相对平静过程的交替，一次逆冲加载导致挠曲快速沉降，在前渊远端边界发育一个上升的前隆隆起，其下部的黏弹性区产生应力松弛，导致前隆隆起向造山带迁移或卸载而形成不整合面(图 10-6)。应力松弛形成的削截不整合面在前隆带分布最广，向湖盆方向逐渐过渡为整合接触。

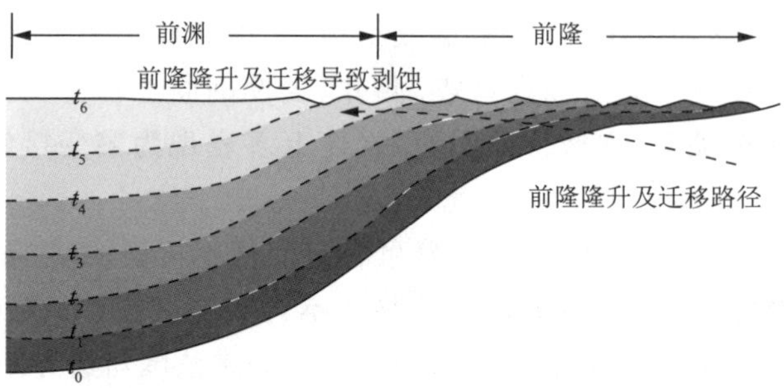

图 10-6　前陆湖盆前隆迁移形成不整合示意图(据王家豪等，2006)

2) 气候成因的层序边界

当气候变干旱时，如果湖泊水体蒸发量大于大气淡水注入量，则绝对湖平面会下降，湖岸上超并向湖盆中央迁移，发生强制性湖退。若湖盆基底保持稳定，则相对湖平面也发生下降，早期沉积物遭受剥蚀，形成层序边界。这种受气候影响而形成的层序边界范围比较局限，一般分布在湖盆边缘，多作为三级层序或四级层序边界。

2. 陆相湖盆层序界面类型

在陆相湖盆沉积层序分析过程中，不同级别层序界面的分析是准确控制各级层序地层单位的沉积构成及其相互关系研究的关键。由于陆相湖盆彼此相互分隔，湖盆内相变十分复杂，因此寻找区域性稳定的层序界面比较困难。但沉积湖盆的形成和演变过程仍具有某种相似性，沉积湖盆内较高级别的层序界面，如构造层序的层序界面，都与区域性构造事件有关。

1) 古构造运动面

古构造运动面代表湖盆基底面或湖盆萎缩阶段古风化剥蚀面，是一定规模构造运动形成的不整合面。这种界面常常与区域构造事件吻合，形成区域性不整合面。该界面不仅在同一沉积湖盆内等时并普遍发育，而且在相同应力场作用下的同期湖盆内也普遍发育，具有较好的可比性。这种界面往往构成一级、二级层序界面。

2) 构造应力场转换面

湖盆从扩张到萎缩过程中，湖盆构造应力场的转换(比如拉张转换成挤压)导致湖盆沉降速率急剧变化，使得充填沉积物发生变化，表现为沉积体系的转换。这种界面在湖盆中央可能为整合界面，而在盆缘地带为侵蚀或冲刷界面，往往构成三级层序界面。

3) 大面积侵蚀或沉积间断面

这种沉积间断面在湖盆不同地区表现出不同的特征。盆缘地带为陆上沉积间断面，除出现无沉积作用外，还出现明显的大面积侵蚀和冲刷现象，地震剖面上常见到明显的削蚀现象；坳陷中央为由沉积作用非常缓慢或无积作用所产生的沉积间断面，间断面上下不仅岩性差异较大，而且在有机质丰度和有机质类型上具明显差异。

4）大面积超覆界面

由于湖盆构造机制的改变，如断陷向拗陷转变，必然导致全湖盆范围内出现大面积的超覆界面。这种界面在湖盆周缘地带多为不整合面，而湖盆中央地带则可能为连续整合沉积或平行不整合面。

3. 陆相湖盆层序级别

经典层序地层学理论中，层序级别的划分以其持续的时限为标准。Vail(1987)确立的一级层序时限大于 50 Ma，二级层序时限为 3～50 Ma，三级层序时限为 0.5～3 Ma，四级层序时限为 0.08～0.5 Ma，五级层序时限为 0.03～0.08 Ma。

在构造相对活动、邻近物源的陆相湖盆中，构造对层序发育的控制十分明显，许多高级别层序的形成都直接与构造作用有关。陆相断陷湖盆中，二级、三级层序常常是构造阶段性演化的直接产物。从层序发育的控制机理看，低频层序的形成受构造因素控制，高频层序的形成受构造或气候因素控制。陆相湖盆的充填序列一般可以划分为五个级别的层序地层单元(表 10-2)。

表 10-2　陆相湖盆层序地层级别划分(据纪友亮等，2020，有修改)

层序级别	一级层序	二级层序	三级层序	四级层序	五级层序
层序边界	不整合面的面积超过盆地面积或占盆地绝大部分区域	不整合面分布面积广，占盆地面积大	不整合面分布在凹陷边缘及局部地区	不整合面分布在较大湖泛面与较大湖泛面之间	不整合面分布在较小湖泛面与较小湖泛面之间
成　因	板内构造运动	区域性构造运动	构造成因及气候变化引起湖平面升降	构造、气候、湖平面及物源变化	气候、湖平面及物源变化
对应沉积旋回	板内沉积旋回	区域性沉积旋回	盆地内沉积旋回(三级)	岩性组旋回(四级)	岩性旋回(五级)
与地层界线比较	相当于系或更小的地层单位	相当于统或更小的地层单位	相当于组或更小的地层单位	相当于段或更小的地层单元	相当于一个沉积旋回
时间/Ma	60～120	30～40	2～5	0.1～0.4	0.02～0.04
厚度范围	几米至数千米	几米至上千米	几米至数百米	几米至上百米	几米至几十米

一级层序代表一级构造事件所形成的层序单元，是沉积湖盆从形成到衰亡整个构造演化的产物，其顶、底界面多为盆内广泛发育的区域性角度构造运动不整合面。在叠合湖盆中，一级层序代表叠合湖盆不同构造旋回的沉积响应。在裂谷湖盆中，分隔裂陷期和拗陷期沉积的裂后不整合面可作为一级层序的分界面，如渤海湾盆地车镇凹陷新生代断陷、拗陷期沉积序列可依据大范围分布的不整合面划分出一级层序地层单元(图 10-7)。

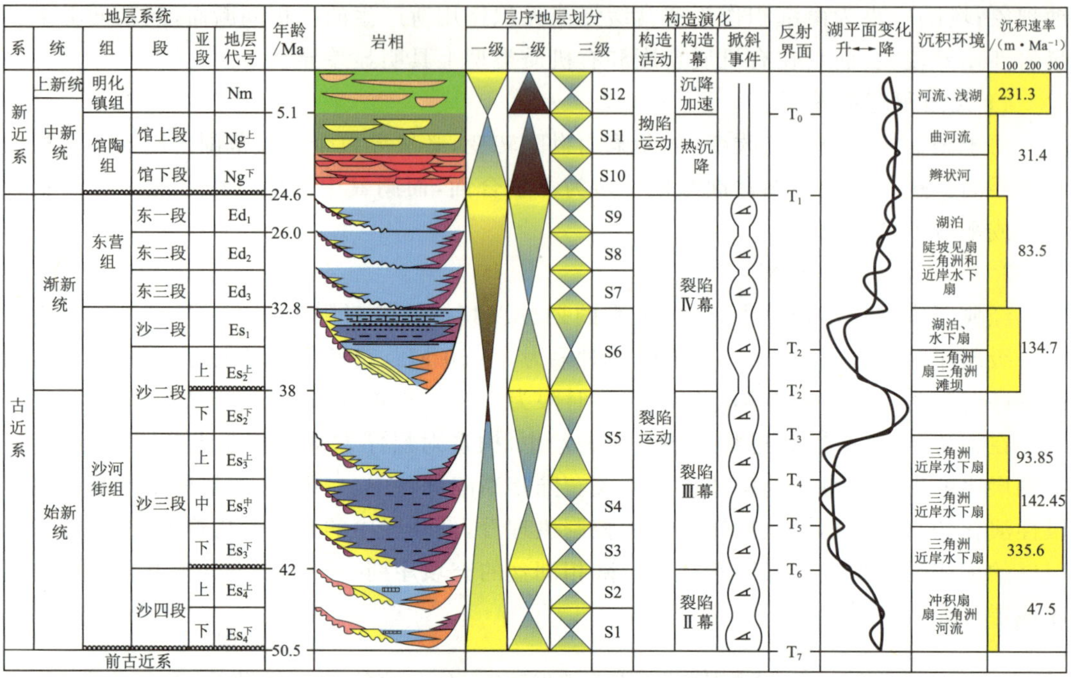

图 10-7　渤海湾盆地车镇凹陷新生代层序地层划分与演化(据郑四兵等,2008)

二级层序以湖盆内大部分地区可追踪的不整合面或沉积间断面为界,其形成受控于构造演化的周期性,多与二级构造事件有关。二级层序界面的形成与构造反转、区域应力场的改变等构造事件相吻合,二级层序与湖盆的幕式演化阶段相一致。例如,中国东部陆相湖盆古近纪裂陷期可以划分出多个裂陷幕,与之相应的层序地层单元相当于二级层序(图 9-3、表 10-2)。

三级层序是由湖盆边缘不整合面及与其对应的湖盆内部整合面所限定的沉积层序,具有从水进到水退的内部结构。在正常情况下,三级层序内部具有三个体系域,即低位体系域、湖侵体系域和高位体系域,其中的高位体系域有时可能被侵蚀。三级层序的发育与构造作用和气候变化有关,在断陷湖盆中许多三级层序界面的形成与普遍存在的断块掀斜旋转作用有关(图 10-6)。

四级层序界面为沉积旋回的水进界面,层序叠置样式往往受到构造沉降速率变化的影响。快速的构造沉降可导致可容空间增加,常形成水进式层序叠置样式;构造沉降速率减慢则易于形成进积式层序结构;当构造沉降、湖平面升降与沉积物供给达到平衡时,形成垂向加积式层序叠置样式。

五级层序是高频层序地层分析中的基本单元,大致相当于砂层组,其界线为湖泛面,并表现出规律性的地层组合,比如向上沉积水体变浅、沉积物粒度变粗的沉积旋回。

第二节　陆相坳陷湖盆层序地层模型

陆相坳陷湖盆往往是由裂后湖盆深部均一整体沉降而成的，因而整个沉积湖盆地形较为平缓和简单。湖盆边缘斜坡缺少活动的同生断层，地形较缓，湖盆长轴端常发育规模较大的宽缓斜坡，使湖区相对远离物源区。坳陷湖盆水域整体特征明显，深湖区位于坳陷湖盆的中央，虽湖泊深度不及断陷湖盆，但深湖区面积大，例如松辽盆地白垩系青山口组一段深湖沉积面积占湖泊总面积的80%，湖水深度一般为30 m。松辽盆地是一个典型的近海坳陷型沉积湖盆，充填了旋回性明显的碎屑岩地层。

一、层序界面特征

准确合理地划分层序，其关键是识别和追踪层序的边界。实际工作中，常以下述依据来划分层序：① 地震反射终止关系，以此识别较大分布面积的地层不整一关系，特别是以构造运动形成的不整合面为层序界面建立等时地层格架；② 厚度薄、分布范围较小的古土壤层、根土层或风化壳；③ 古生物化石断代或灭绝之处；④ 地震反射剖面上的上超点向湖盆中央的迁移；⑤ 地层颜色、岩性、粒度、沉积相、测井曲线的垂向突变以及地层产状的不一致。总之，要综合利用不同类型的资料来识别层序界面。

确定坳陷湖盆层序地层模型的关键是准确地将相互嵌套的不同级次层序界面划分开来。在覆盖区，如松辽盆地，常以钻测井和地震资料，综合考虑构造运动界面、岩性岩相突变及不整合面等标志，来识别不同级次的层序界面(表10-3)。

表10-3　坳陷湖盆层序界面的主要识别标志

资料类别	层序界面识别标志
构造资料	构造运动界面；构造应力场转换界面；大面积侵蚀不整合界面；大面积超覆界面
古生物资料	古生物组合类型和含量的突变；古生物的断带
岩芯资料	古土壤层或根土层；颜色和岩性突变界面；底砾岩；湖泛滞留沉积；沉积旋回类型的转化界面；深水沉积相突然上覆浅水沉积相；煤层；准层序组或体系域突变；有机质类型和含量的突变；地化指标的突变
测井资料	自然电位和自然伽马测井曲线突变接触界面；视电阻率的突然增大或降低；地层倾角测井的杂乱模式；密度测井的突变界面
地震资料	地震反射终止现象——削蚀、顶超、上超和下超；地震反射波组的产状；不同的地震反射动力学特征；不同的地震反射旋回特点

在层序界面识别过程中，应遵循下述几个原则：界面间断原则，即所划分的各级层序内部不应存在比层序界面更为重要的沉积间断面；等时性原则，即所划分的各级层序均为同期沉积物的组合体；统一性原则，即所划分的层序应在湖盆范围内统一；不同资料层序识别的一致性原则，即据不同资料划分的层序界面是一致的，能相互验证(池英柳等，1996)。

1. 层序界面在构造和古生物资料上的响应特征

近年来，人们已认识到大地构造背景与地层叠置样式之间的密切关系，认为阶段性的构造运动是形成高级别层序或称之为构造层序的主控因素。沉积湖盆演化过程中的构造运动可划分为两个级别：一级构造运动，它控制着湖盆的形成和消亡，构造作用持续时间长、波及范围广，相应的沉积记录为构造层序；二级构造运动，指导致沉降速率变化的构造事件，相应的沉积记录为层序（解习农等，1996）。例如，松辽盆地上侏罗统至第四系可划分成三个构造层序和 11 个层序（图 10-8）。层序界面在构造资料上的响应分别为构造运动面、构造应力场转换面、大面积侵蚀不整合面和地层超覆界面。湖盆的基底面或湖盆消亡阶段的古风化剥蚀面通常代表一定规模的构造运动形成的区域不整合面，该不整合面可以在同一区域地质背景的湖盆中进行等时对比，如松辽盆地上侏罗统与下伏变质古生界之间的区域不整合面。构造应力场转换面是由湖盆应力作用方式的改变导致湖盆沉降速率、湖盆充填物发生变化的界面，该界面常与湖盆内部的局部不整合面相一致，如松辽盆地下白垩统登娄库组与泉头组之间的不整合面（图 10-8）。大面积侵蚀和超覆界面是在湖盆边缘出现沉积间断、遭受侵蚀，后期又被上覆地层上超的界面，这种界面往往是局部性的不整合面，有时与构造应力转换面相一致。

与较大规模的构造运动面相一致，古生物化石也会出现较为明显的断带现象，例如松辽盆地上白垩统嫩江组发育的较咸水沟鞭藻 *Dinogymniopsis* 到了四方台组沉积时期已灭绝，被淡水沟鞭藻 *Adinium* 所代替。这种古生物化石种属的断带现象反映了沉积环境的突然变化。

生活在滨浅湖环境中的贝壳类生物，死亡后受湖浪、沿岸流等动力冲刷破坏，形成贝壳碎屑层。之后，湖平面快速上升，深水沉积物覆盖其上，构成准层序、准层序组或层序的边界。同理，还可以依据原生植物根迹和极浅水生物遗迹化石来推断沉积间断面，进而确定湖泛面或层序界面的位置。

介形虫化石丰度和分异度的变化也可用来判别层序界面。在滨浅湖环境，生物种类繁多、分异度较大；在半深湖-深湖环境，化石丰富但分异度较低；在湖岸河流、三角洲沉积环境，化石含量相对少且分异度低。因此，化石丰度和分异度数值的变化可说明最大湖泛面和层序界面。凝缩层由低速沉积的较深水沉积物构成，含有丰富的化石，但种属较为单调，层序界面以较高化石丰度和低化石分异度为特征。柴达木盆地第四系介形虫化石丰度和分异度的垂向变化规律很好地说明了层序界面和最大湖泛面存在的位置（图 10-9）。

2. 层序界面在岩芯资料上的响应特征

岩芯资料是分辨率很高的识别层序界面的可靠依据，它可以提供肉眼可以辨认的层序界面识别标志（图 10-10），也可以提供经室内分析化验所获得的层序边界地球化学识别标志（表 10-3）。

通过详细的岩芯观察，可以在岩芯上识别反映层序界面的特征，例如：几厘米到几十厘米厚的棕褐色、浅灰白色古土壤层或灰白色根土层；由于湖泛形成的滞留沉积砾岩和钙质结核；辫状河流棕红色砂砾岩与下伏浅湖浅灰色粉砂质泥岩直接接触，反映了岩性和颜色的突变以及相向湖盆方向的迁移；鲕粒灰岩和生屑灰岩与深湖灰、深灰色泥岩接触（松辽

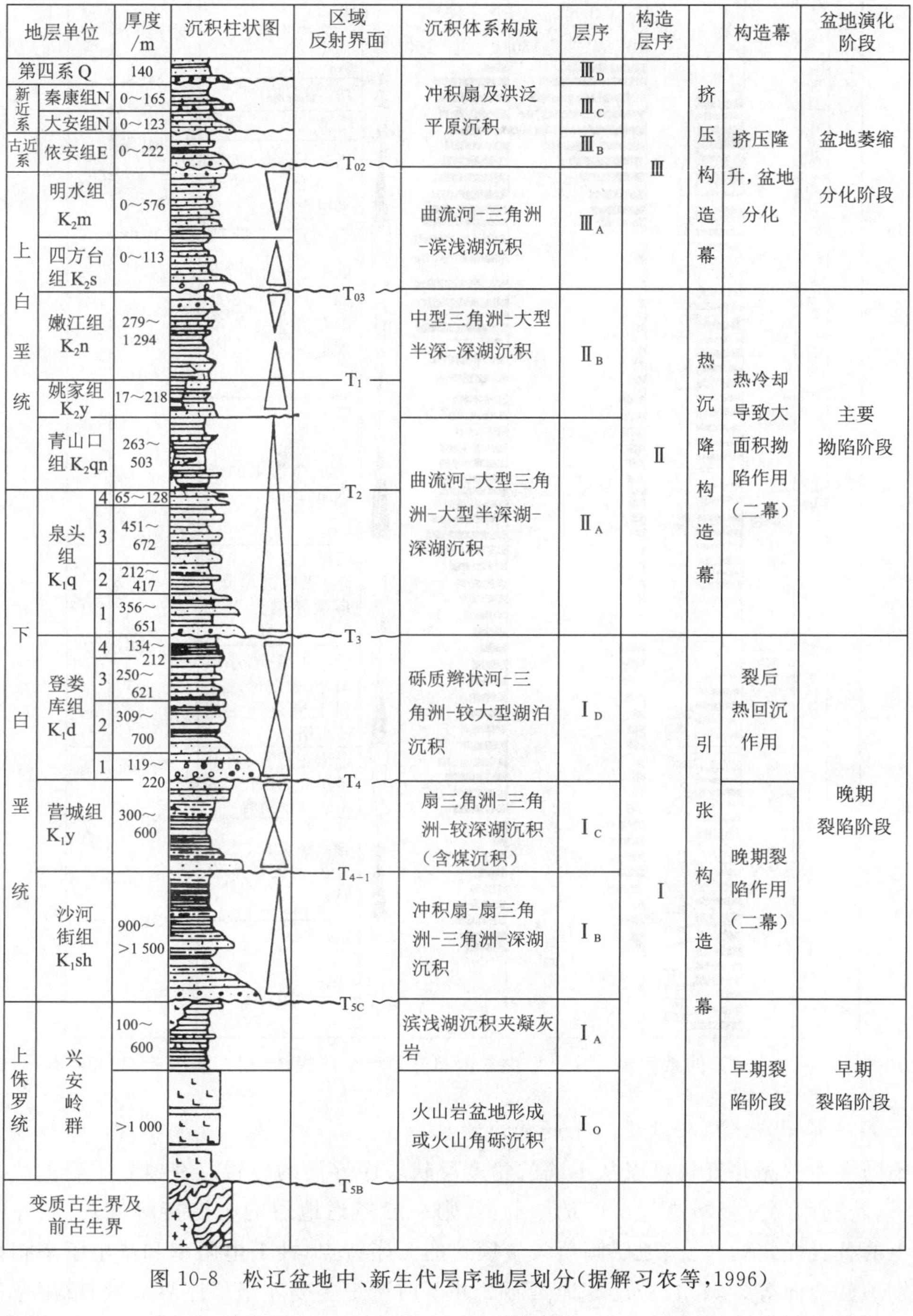

图 10-8　松辽盆地中、新生代层序地层划分(据解习农等,1996)

盆地 J17 井 1 876.4 m;据魏魁生等,1996);与层序暴露界面对应的较深水区发育可用鲍马序列描述的浊积岩;等等。在岩芯室内分析化验资料上也可见到古生物种属和地球化学指标的突变,例如古生物化石种属和含量的突然变化、低值有机碳的灰褐色泥岩与下伏高值有机碳灰色泥岩接触、层序界面上下地层微量元素含量发生明显的变化等。

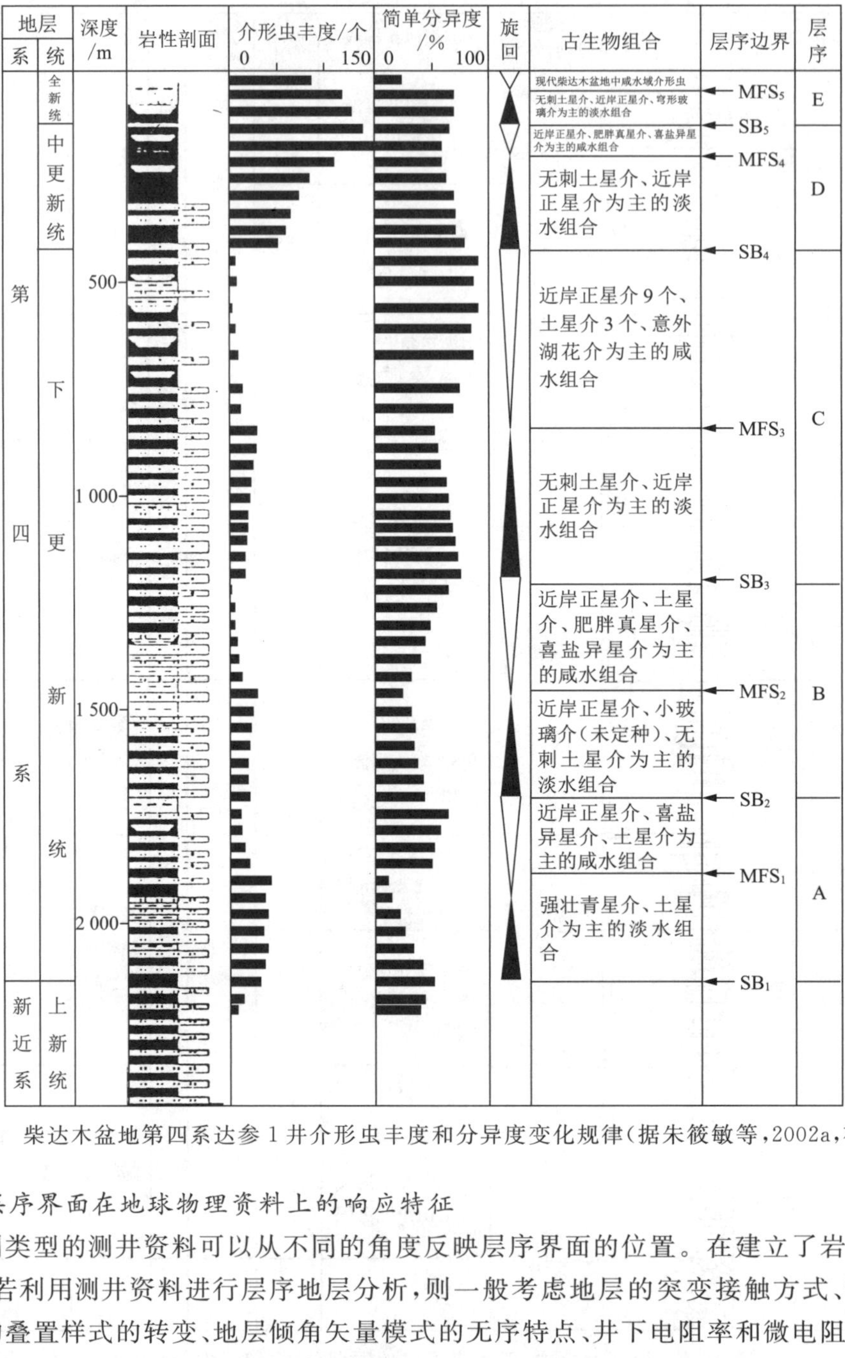

图 10-9 柴达木盆地第四系达参 1 井介形虫丰度和分异度变化规律(据朱筱敏等,2002a,有改动)

3. 层序界面在地球物理资料上的响应特征

不同类型的测井资料可以从不同的角度反映层序界面的位置。在建立了岩电关系的前提下,若利用测井资料进行层序地层分析,则一般考虑地层的突变接触方式、测井曲线垂向上的叠置样式的转变、地层倾角矢量模式的无序特点、井下电阻率和微电阻率扫描成像识别不整合面等。例如,松辽盆地肇源 2 井下白垩统登娄库组层序界面处,电阻率值及地层旋回的测井响应样式均发生了变化。

地震资料是一种识别层序界面最好的资料,它能通过识别削蚀、顶超、上超和下超地震反射终止关系,地震波动力学特征和地震反射同相轴的产状,在湖盆范围识别层序界面位置、层序不整合面的分布范围、层序界面湖岸上超点的迁移规律以及层序的厚度和空间

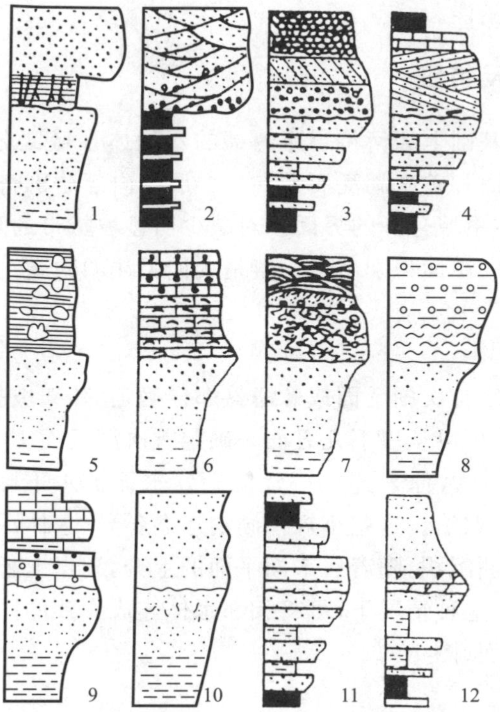

图 10-10　层序界面的岩性及其沉积序列标志(据魏魁生等,1997)

1—根土层;2—浅水相覆盖在深水相之上;3—河床滞留砾岩;4—水进滞留砾岩;5—钙质结核;6—上覆风暴岩;7—上覆洪积岩;8—上覆滑塌及碎屑流沉积;9—上覆鲕粒;10—上覆储集性能好的砂岩;11—沉积旋回变化;12—上覆火山岩

展布、层序界面之上的下切谷规模和位置等,进而可在地震剖面上划分层序和体系域。例如,可将辽河盆地古近系划分成 6 个层序(图 10-11)。

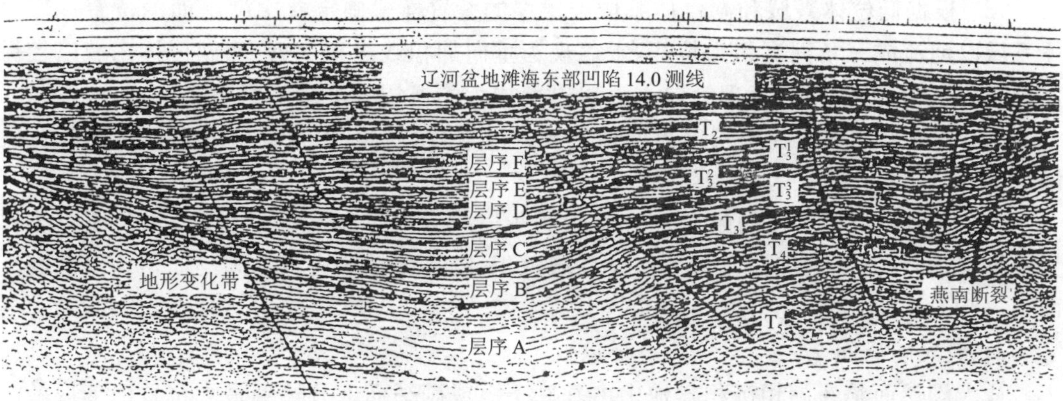

图 10-11　辽河盆地滩海地区古近系地震层序划分(据朱筱敏等,2000)

在实际工作中,应充分利用各种资料来识别层序界面,并进行不同资料层序划分的一致性研究。若仅依靠某一种资料划分识别层序,会由于某种资料识别层序的局限性或分辨率而导致层序划分的错误。

二、体系域类型及特征

在确定层序界面的基础上如何将层序内部的不同体系域区分开，其关键就是确定体系域的界面。最大湖泛面和首次湖泛面是在一个层序内部分别将高位体系域与湖侵体系域、湖侵体系域与低位体系域分开的界面。对缺少明显坡折带的陆相湖盆来说，如何有效地将最大湖泛面和首次湖泛面识别出来一直是人们关注的问题。

1. 体系域界面

1）首次湖泛面

在拗陷湖盆缓坡确定首次湖泛面或像海盆那样确定"陆架坡折带"是困难的。根据某些拗陷湖盆的沉积特征，可以从以下几方面来确定首次湖泛面。

(1) 当湖泊水位很低时，原来连成一片的湖盆水体被水下隆起所分隔，形成相对孤立、连通性较差的小规模湖泊。这些小规模湖泊形态各异、水体深浅不同、规模大小不一，发育河流以及小型三角洲沉积，随着后来湖平面的上升，湖岸上超向陆迁移并趋于使相对分隔的水体连成一片，在这种情况下，可将相邻水体连成一片的同相轴之下的上超点所对应的界面称为首次湖泛面(图 10-12)。

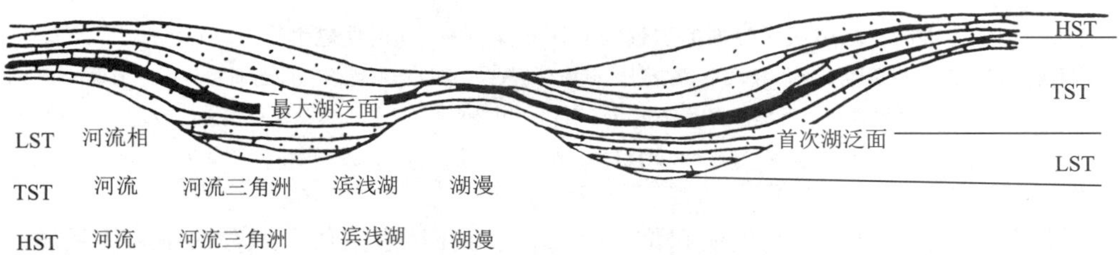

图 10-12　松辽盆地拗陷湖盆白垩系层序地层模型(据胡玉双等，1999)

(2) 根据低位体系域和湖侵体系域准层序的叠置样式确定首次湖泛面的位置。低位体系域以河流或三角洲沉积为特征，常表现为垂向加积或进积序列，而湖侵体系域以较深水的湖相沉积为特征，常表现为向上泥岩厚度加大的退积式准层序组。

(3) 首次湖泛面往往与层序界面即不整合面重合，因此，可根据层序界面来推断首次湖泛面的位置。

(4) 将斜坡带中发育的鲕粒灰岩及介屑灰岩作为小型碳酸盐岩台地，将台地边缘作为坡折带，而将其下的沉积定为低位体系域沉积，越过该台地边缘的湖泛面定为首次湖泛面。

2）最大湖泛面

最大湖泛面是在湖相沉积盆地中由基底下沉或湖平面上升达到最大位置而形成的沉积界面。随着湖平面的快速上升，可容空间加大，湖岸线不断向陆地方向迁移，该时期沉积物供给速率较低，湖盆处于欠补偿状态，缺乏粗碎屑沉积，而以机械悬浮沉积和化学沉积为主，形成分布范围广、色暗质纯、反映较深水环境的泥岩、泥灰岩沉积——凝缩层。

在陆相层序地层学研究中，识别最大湖泛面的依据如下：① 一个层序中的最远湖岸上超点对应最大湖泛面的位置，其上常存在上覆沉积层的系列下超点。② 岩石类型单一，常是厚层质纯的暗色泥岩、油页岩或泥灰岩，其中常发育反映稳定沉积环境的水平层理。③ 最大湖泛面沉积物中富含较深水环境的介形虫化石。④ 湖泛最大时期，湖盆边缘被沼泽化，形成泥炭层或煤层，因此可将泥炭层或煤层作为最大湖泛面的识别标志。⑤ 最大湖泛面上覆沉积序列与下伏沉积序列不同。最大湖泛面之下的准层序常呈退积式叠置样式，而最大湖泛面之上的准层序多呈进积式叠置样式。⑥ 最大湖泛面沉积物有机质丰度高，常构成主力烃源岩，因此又将最大湖泛面称为生油密集段。⑦ 具有明显的测井曲线典型响应，自然电位曲线多为低平值基线，视电阻率曲线呈低幅尖刀状、锯齿状。⑧ 最大湖泛面对应的地震反射界面常由 2～3 个强振幅、高连续的反射同相轴组成，在全区稳定分布，形成地震反射标志层(图 10-13)。

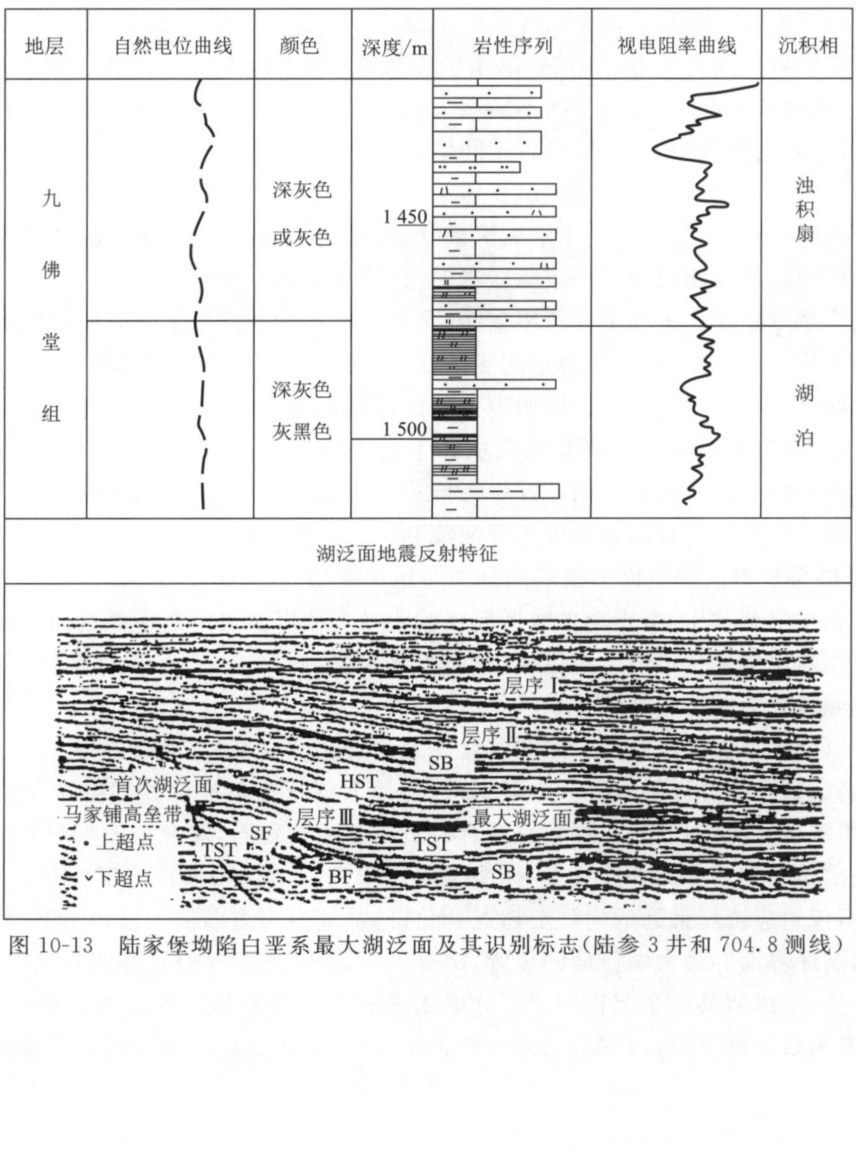

图 10-13　陆家堡坳陷白垩系最大湖泛面及其识别标志(陆参 3 井和 704.8 测线)

2. 拗陷湖盆体系域组成及特征

1）能够确定首次湖泛面的拗陷湖盆层序地层模型

拗陷湖盆地形坡度平缓，不像海相盆地那样发育陆架坡折带，从而难以确定低位、湖侵和高位体系域。因此，在拗陷湖盆层序地层和体系域研究中，重要的是如何在拗陷湖盆缓坡识别出首次湖泛面和最大湖泛面，进而确定出低位、湖侵和高位体系域。在确定了首次湖泛面和最大湖泛面之后，便可在拗陷湖盆层序中识别出低位、湖侵和高位体系域（图10-13、图10-14）。

低位体系域是在湖平面下降速率大于湖盆构造沉降速率时，湖平面下降到较低部位或低于坡折带，以至于连成一片的水体出现分隔状态时形成的体系域。在低位湖平面向陆一侧，出露地表的湖盆缓坡发育冲积扇、河流沉积，可形成下切谷；在低位湖岸线附近，可出现小规模的三角洲或扇三角洲沉积；而在低位湖盆水体中，可发育由洪水作用形成的浊积扇或由三角洲前缘滑塌形成的浊积扇，进而构成类似于具陆架坡折带海相盆地低位体系域的湖底扇、斜坡扇、低位楔状体及陆上暴露不整合面（图10-14a）。

湖侵体系域是在气候温暖潮湿、洪水频繁发生、湖平面上升速率大于沉积物供给速率，或湖盆基底快速沉降、可容空间不断增大的情况下形成的。湖侵体系域可形成于两种沉积背景：一是湖平面缓慢上升，可容空间增长速率略大于沉积物供给速率，此时发育滨浅湖滩坝沉积体系或水进型三角洲沉积体系；二是湖平面快速上升，可容空间增长速率明显大于沉积物供给速率，湖盆处于缺氧饥饿状态，此时可发育洪水型浊积扇、广泛分布的较深水暗色泥岩及可能的湖侵期碳酸盐岩（生物碎屑灰岩）（图10-14b）。

高位体系域是在湖平面上升速率变缓、保持静止不动和开始下降时期形成的，此时沉积物供给速率不断增加，因而可容空间逐渐变小，形成一系列进积式沉积。在高位体系域发育的早期，可容空间仍旧较大，因而携带陆源碎屑物质的洪水入湖后快速沉积，形成浊积扇。但是，高位体系域中最典型的沉积体系是水退型三角洲沉积，由于湖平面相对下降，可容空间减小，三角洲快速向湖盆中央推进，在其前方可发育三角洲前缘滑塌成因的浊积扇。高位体系域发育的晚期可出现河流和冲积扇沉积（图10-14c）。

2）不能确定首次湖泛面的拗陷湖盆层序地层模型

在某些拗陷湖盆中，由于缺少地形坡度的明显变化以及确定首次湖泛面的其他标志，只能在该类盆地中确定出最大湖泛面，进而将该类盆地中的一个沉积层序划分成水进和水退体系域或称为湖侵和湖退体系域。

对难以确定首次湖泛面的拗陷湖盆层序地层分析来说，其关键是在确定层序边界的基础上，确定最大湖泛面的位置。一般来说，与最大湖泛面对应的凝缩层常是由质纯、粒细、色暗的深水环境沉积物构成的，它富含有机质和生物化石，发育页理或季节纹理，可见自生黄铁矿等矿物。在测井曲线上，凝缩层表现出高自然伽马值泥岩等特征。在地震剖面上，它不仅对应滨岸最远的向陆上超点，而且向盆地中央方向被上覆地层下超。

依据层序界面和最大湖泛面的位置，结合岩性岩相、准层序叠置样式及相对湖平面升降变化特征，可以将某一个沉积层序划分成水进和水退体系域。水进体系域底界为层序界面，顶界为最大湖泛面，以湖泊水体不断扩张、发育退积式地层叠置样式为特征；水退体

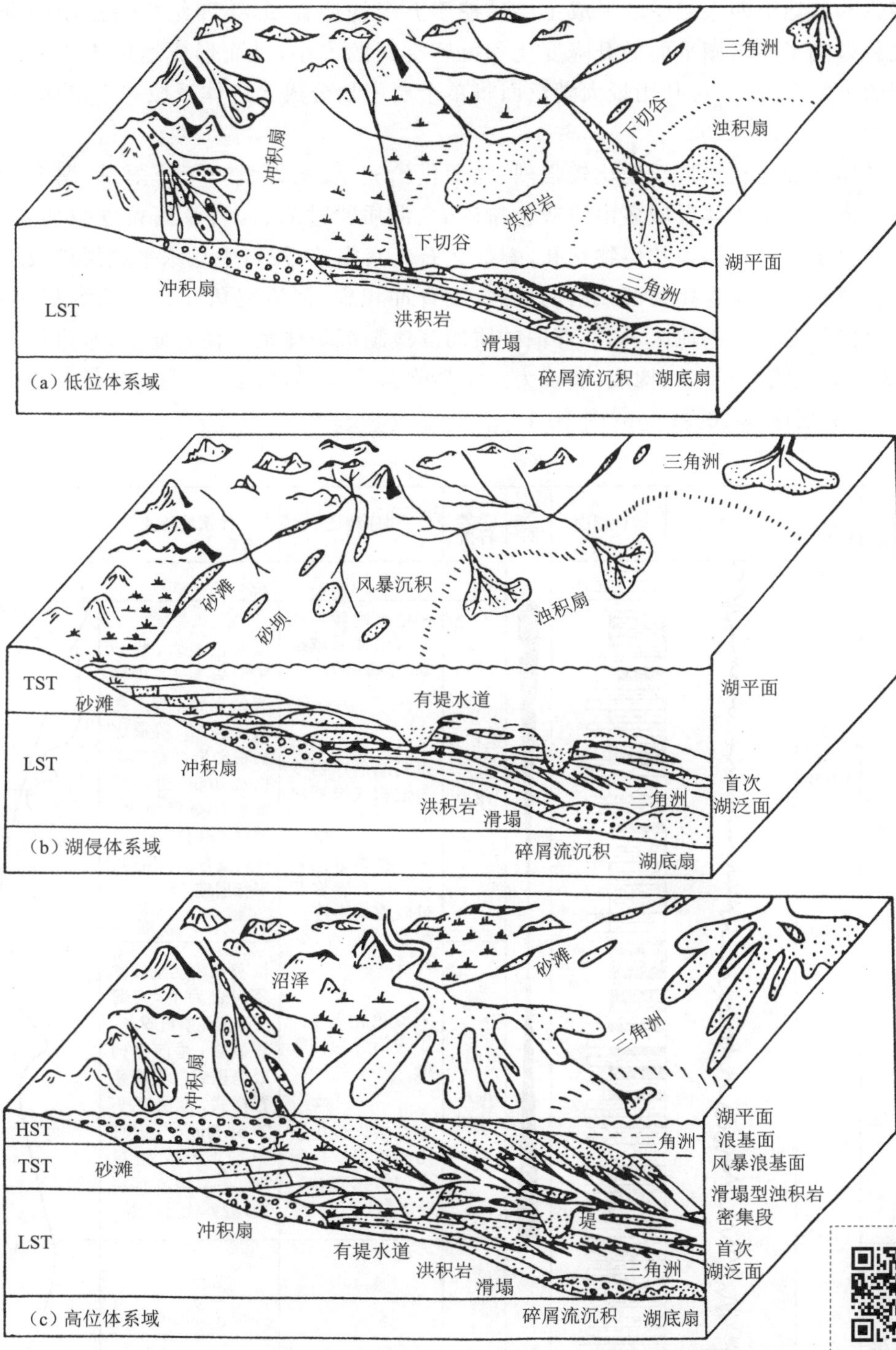

图 10-14 松辽盆地拗陷湖盆白垩系不同体系域特征(据魏魁生等,1996)

坳陷湖盆层序地层模型

系域底界为最大湖泛面,顶界为层序界面,以湖泊水体不断收缩、发育进积式地层叠置样式为特征。

柴达木盆地第四系层序的形成主要受控于五个构造旋回，第四纪构造活动的剧烈与平静交替影响了相对湖平面的升降变化和可容空间的大小，进而形成地层进积序列和退积序列的重复叠置，故可利用最大湖泛面将单个层序划分成水进体系域和水退体系域，层序周期为(20～60)×10^4 a。

水进体系域是在构造活动比较强烈、物源供给充足、蒸发量小于降雨量、湖平面相对上升时形成的。水进体系域多由浅灰色粉砂岩、泥质粉砂岩、泥岩及鲕粒碳酸盐岩组成，砂岩中发育小型波状层理和生物钻孔，螺蛛化石丰富完整，泥岩中具水平纹层以及层面生物扰动构造。在具有直接物源供给的地区，发育冲积扇、河流三角洲和湖泊沉积体系，而在缺乏直接物源供给的地区，则发育偏砂质的滨浅湖沉积体系。在垂向上，水进体系域常由 2～3 个退积式准层序组构成，表现为向上砂岩减少、泥岩增多、砂泥比降低的地层叠置样式，单个准层序厚 10～20 m(图 10-15)。

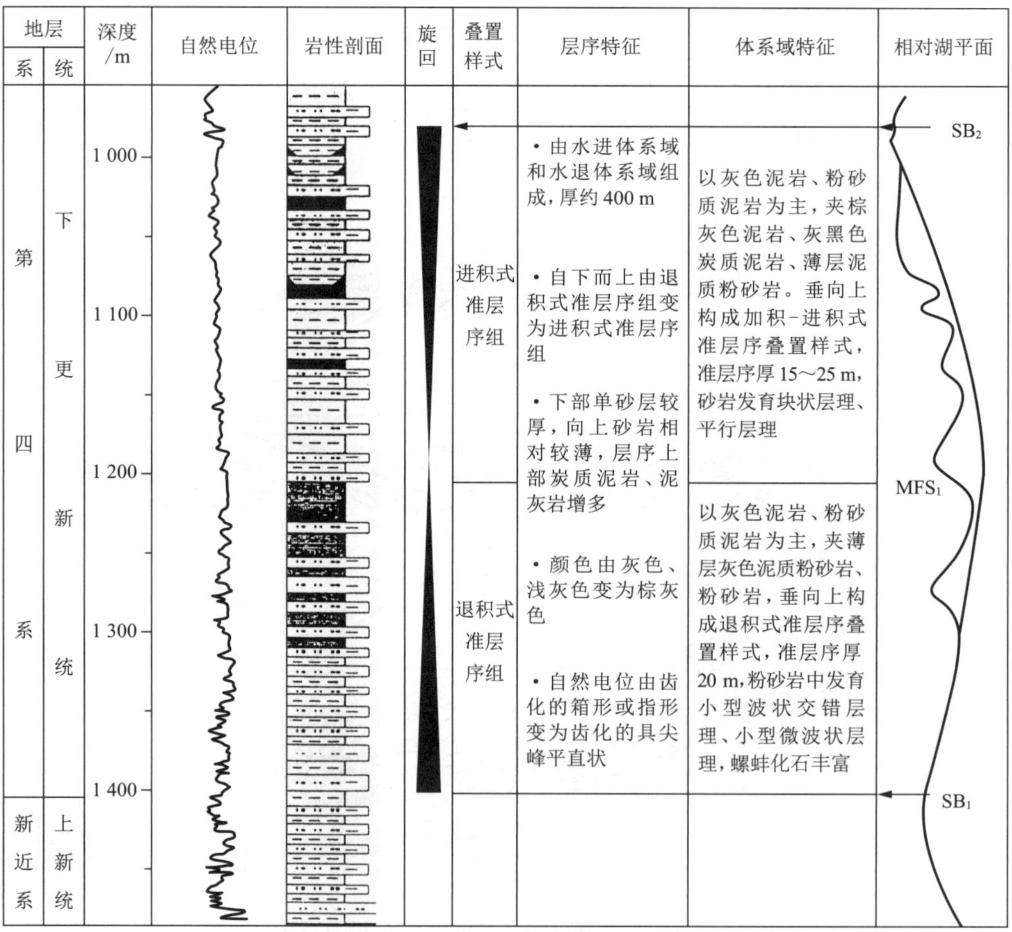

图 10-15　柴达木盆地涩 23 井第四系某层序体系域特征(据朱筱敏等，2002a)

水退体系域是在构造活动比较平稳、物源供给量减少、蒸发量变大、相对湖平面下降时形成的。水退体系域的主要岩性为浅灰色粉砂岩、泥质粉砂岩、棕灰色泥岩、炭质泥岩和薄层泥灰岩，砂岩中发育小型板状和波状交错层理，见有垂直虫孔。螺蚌化石丰富但多为碎片，含有层状植物化石。在缺乏物源供给的沉积区，形成大面积的滨湖沼泽相炭质泥岩和棕灰色泥岩，有时发育鲕粒滩，垂向上呈加积或进积式地层叠置样式；在有直接物源供给的沉积区，发育冲积扇、河流三角洲和湖泊沉积体系。在垂向上，向上砂岩逐渐增多、泥岩减少、砂泥比加大，构成进积式准层序组，其中的准层序厚度为 15～25 m(图 10-15)。当物源供给不够充足时，水退体系域对应的沉积环境多为滨湖和沼泽。

3. 陆相拗陷湖盆层序地层与油气勘探

根据拗陷湖盆层序地层模型(图 10-14、图 10-15)可以发现，由于湖平面升降变化速率和可容空间变化速率的差异，不同的体系域类型与烃源岩、储集层以及圈闭发育之间存在不同的关系(表 10-4)。

首先要明确烃源岩发育的部位。水进体系域末期的最大湖泛面对应的凝缩段不仅有机质含量较高，而且分布面积广，沉积厚度可达数十米，构成最重要的烃源岩。高位体系域中滨湖沼泽炭质泥岩也可构成良好的烃源岩。滨湖沼泽中草本植物和水生植物及藻类均繁盛，可形成富含有机质的数十层炭质泥岩，构成较为重要的烃源岩。有利的储集层主要发育于低位体系域的三角洲、湖底扇和高位体系域的三角洲沉积中。盖层的分布与烃源岩的分布密切相关，最大湖泛面对应的凝缩段主要由较深湖暗色泥岩和滨浅湖浅灰色、棕灰色泥岩构成，可构成良好的区域性盖层(表 10-4)。

低位体系域是在湖平面下降到最低时形成的，虽缺少良好的烃源岩，但低位三角洲砂体和重力流成因的砂体邻近烃源岩，若埋深较浅，孔隙度和渗透率等储集物性较好，可形成侧向砂体尖灭的地层油气藏。低位体系域下切谷河道砂岩侧向相变快，常上覆湖泛期的泥岩，若有较充分的油源供给，可形成富集油气的地层油气藏。低位期大面积出露地表

表 10-4 拗陷盆地低位、湖侵和高位体系域与油气圈闭的关系(据魏魁生等，1996)

埋藏深度/m	孔隙性质	储集层	生 油	封 闭	运 移	圈 闭
<1 700	原生孔隙发育	LST：辫状河道；TST：滩坝、网状河道；HST：曲流河道、三角洲	来自下方深部生油层	顶部常有泥岩封闭，侧向封闭多变	垂向二次运移(通过断层)	构造圈闭
1 700～2 800	混合成因孔隙发育	LST：改造的冲积扇、水道及河道砂；TST：滩坝、浊积砂、颗粒流砂、浅滩；HST：扇三角洲及三角洲前缘、河道砂	来自下方生油层	LST 及 TST：孤立砂体封闭性好，连续砂体顶部密集段为盖层，侧向及底部多变；HST：洪泛面常为盖层，侧向渗漏	垂向运移	LST 及 TST：孤立砂体形成地层圈闭，连续砂体要配置构造圈闭；HST：构造圈闭最佳

续表

埋藏深度/m	孔隙性质	储集层	生　油	封　闭	运　移	圈　闭
2 800～3 800	次生孔隙发育	LST：某些重力流沉积、洪积岩；TST：洪积扇、湖底扇、碳酸盐岩浅滩；HST：扇三角洲及三角洲前缘	LST及TST：顶部及侧向生油层良好；HST：产气和贫油的同期生油气岩，一般好油源在底部或深部	LST及TST：顶部封闭好，侧向及底部多变；HST：底部封闭好，洪泛面为顶部盖层，侧向渗漏	密集段生油向下或侧向运移；HST：好油源为垂向运移	LST及TST：地层圈闭或复合圈闭；HST：与构造圈闭有关
3 800～5 600	次生孔隙减少；裂缝可见	LST：某些重力流沉积、洪积岩；TST：洪积扇、湖底扇、碳酸盐岩浅滩；HST：扇三角洲及三角洲前缘	LST及TST：顶部及侧向生油层良好；HST：产气和贫油的同期生油岩，一般油源在底部或深部	LST及TST：顶部封闭好，侧向及底部多变；HST：顶部封闭好，洪泛面为顶部盖层，侧向渗漏	密集段生油向下或侧向运移；HST：好油源为垂向运移	LST及TST：地层圈闭或复合圈闭；HST：与构造圈闭有关
＞5 600	次生孔隙逐渐消亡，裂缝局部发育，具随机性	裂缝可形成于各种岩石中	生湿气和凝析油	封闭性好	侧向或垂向运移	构造圈闭或非构造圈闭

形成的不整合面不但是良好的油气运移通道，而且可以形成次生溶孔发育的储集层，进而形成与不整合面相关的地层油气藏(图 10-16)。

湖侵体系域是在湖平面较快上升时形成的。随着湖平面的持续上升，湖岸砂不断受到波浪的淘洗，形成分选和磨圆均较好的沿岸砂坝储集层，其向湖盆中央方向和上覆的地层是与凝缩层相关的优质烃源岩和盖层，可形成砂体向陆方向尖灭的或滩坝砂体侧向尖灭的油气藏。在湖侵体系域发育期间，由洪水作用形成的重力流也可在较深水区形成完全位于优质烃源岩之中的浊积砂体，该砂体自身储集物性较好，易形成岩性油气藏(图 10-16)，如松辽盆地古龙凹陷白垩系湖泛期浊积砂体已获得工业油流。

高位体系域代表性的沉积体系是进积型三角洲，它以沉积速率快、砂体发育为特征。三角洲前缘砂体受河流、湖泊等多种水流或波浪作用改造，细粒沉积物被淘洗干净，从而形成储集物性良好的储集体。该储集体下伏优质生油密集段，上覆湖泛泥岩，加之又发育同生断层和逆牵引背斜，从而易形成岩性油气藏以及岩性与构造配置的油气藏。另外，由于进积型三角洲不断向湖盆中央推进，三角洲前缘界面不断变陡，其沉积物易向前滑塌形成规模不大但储集物性良好、被烃源岩包裹的岩性油气藏(图 10-16)。

在根据层序地层学研究成果预测有利地层圈闭的实际工作中，应充分注意利用多种原始资料，对年代地层格架内的沉积体系进行成藏条件分析，结合储层成岩作用研究成果和石油地质及经济评价研究成果，预测或确定有利地层圈闭发育区和有效勘探靶区。例如，松辽盆地白垩系发现的岩性圈闭均分布于湖盆的长轴缓坡河流-三角洲复合体靠近深湖区的边缘地带(图 10-17)。

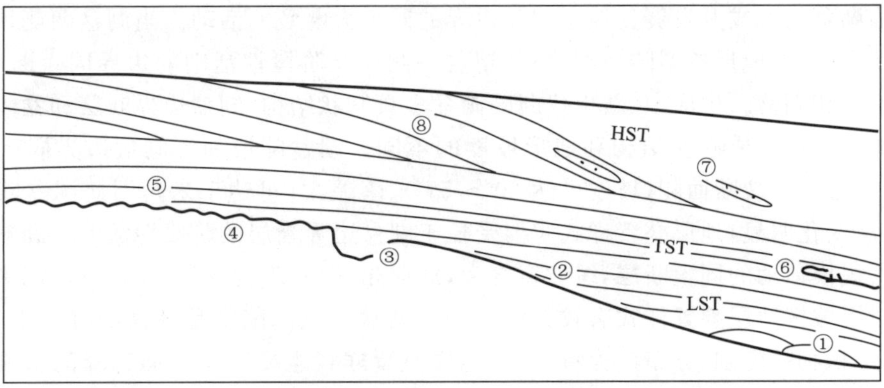

图 10-16 松辽盆地白垩系拗陷湖盆层序地层与地层圈闭关系(据蔡希源等，2003)

①—湖盆扇；②—低位三角洲前缘；③—下切谷；④—不整合面；⑤—湖侵滩坝上倾尖灭；⑥—湖侵浊积扇；⑦—高位滑塌浊积扇；⑧—高位三角洲前缘

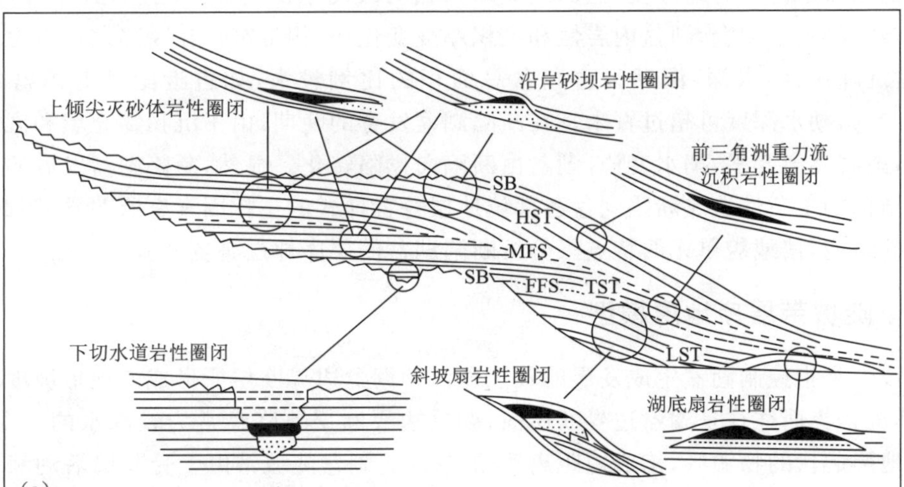

图 10-17 松辽盆地拗陷湖盆陡坡(a)和缓坡(b)部位岩性圈闭成因类型及分布模式(据蔡希源等，2003)

SB—层序界面；FFS—首次湖泛面；MFS—最大湖泛面；LST—低位体系域；TST—湖侵体系域；HST—高位体系域

第三节　陆相断陷湖盆层序地层模型

断陷湖盆的形成及发展受控于湖盆边界的同生大断裂的活动。当湖盆两侧均发育边界同生断层时，形成地堑型陆相湖盆；若湖盆一侧存在阶段性活动的边界同生断层，则形成箕状型陆相湖盆。中国中、新生代断陷湖盆多具箕状结构，湖盆边界断层和盆内同生断层活动的差异性造成湖盆结构和地形坡度的不同。湖盆陡坡邻近湖盆边界同生深大断裂，由于该边界断裂断面陡(坡度可达30°～50°)、落差大(可达千米)，因此湖盆陡坡的宽度窄，水深变化明显，地层叠置样式主要受控于湖盆边界断层的阶段性活动。湖盆缓坡区缺少较大规模活动的同生断层，缓坡宽度大，地形相对平缓，构造活动弱，所以湖平面的相对变化对缓坡区地层叠置样式有较大的影响。湖盆中央洼陷带是湖盆的沉积中心，以地势平缓、沉积物粒度细、分布广为特征，其地层叠置样式主要受湖平面升降的影响。在湖盆中央地带，由于湖盆边界断层差异活动，其底滑脱形成中央隆起带。中央隆起带两侧多为较深水沉积，当湖平面以较大幅度下降时，可出露地表遭受风化剥蚀。显然，中央隆起带的地层叠置样式不但受基底构造沉降的影响，而且受湖平面升降变化的影响。

断陷湖盆不但具有地形变化大、湖盆结构相对较复杂的特点，而且邻近物源，沉积中心往往与沉降中心吻合，湖盆内岩性和沉积厚度变化快，相带窄。在断陷湖盆发育的早中期，湖盆沉降快、湖水深，深湖区占湖盆总面积的比例较大，如古近纪渤海湾盆地可达60%～90%，湖水深度可超过百米。在断陷湖盆发育的晚期，由于沉积物充填和区域性抬升活动，湖底逐渐变平，湖水变浅，湖盆由断陷向拗陷转化。显然，断陷湖盆发展的差异性及湖盆结构的复杂性造成断陷湖盆各部位地层叠置样式的主控因素有所差异，因此，应根据湖盆的结构，按地貌单元的特点来分析断陷湖盆的层序地层叠置样式。

一、陡坡带层序地层模型

陡坡带是指控制湖盆生成发展的较强烈活动湖盆边界断层所形成的地形坡度较大的地区，其沉积界面往往是湖盆边界断层面，湖盆边界断层下降盘常为较深水的湖盆，上升盘常为地形起伏的物源区，构成短距离源-汇系统。湖盆陡坡带由于受断层活动和物源供给的影响很明显，所以层序地层叠置样式也主要受控于断层活动和物源供给，湖平面绝对升降变化的影响属于从属地位。

根据湖盆陡坡带边界断层及次级断层的发育特征及组合样式，利用断裂坡折带概念(林畅松等，2003)，可将陡坡断裂坡折带划分为单一断裂坡折带和多级断裂坡折带，前者指仅由一条断层控制形成的坡折带，后者指在坡折带上发育了多条同生断层。具有断裂坡折带的湖盆陡坡带层序地层模型主要特征(图10-18)如下：

(1) 层序底界面由两部分组成，一部分为断层面，另一部分为地层单元之间的不整合面或整合面；断裂坡折带的坡折面为断层面，断层的活动强度或落差控制坡折带的规模，断层的产状控制坡折带的倾斜角度。

(2) 断裂坡折带与湖缘下切谷存在一定的共生关系，特别在断陷湖盆的陡坡带，断裂

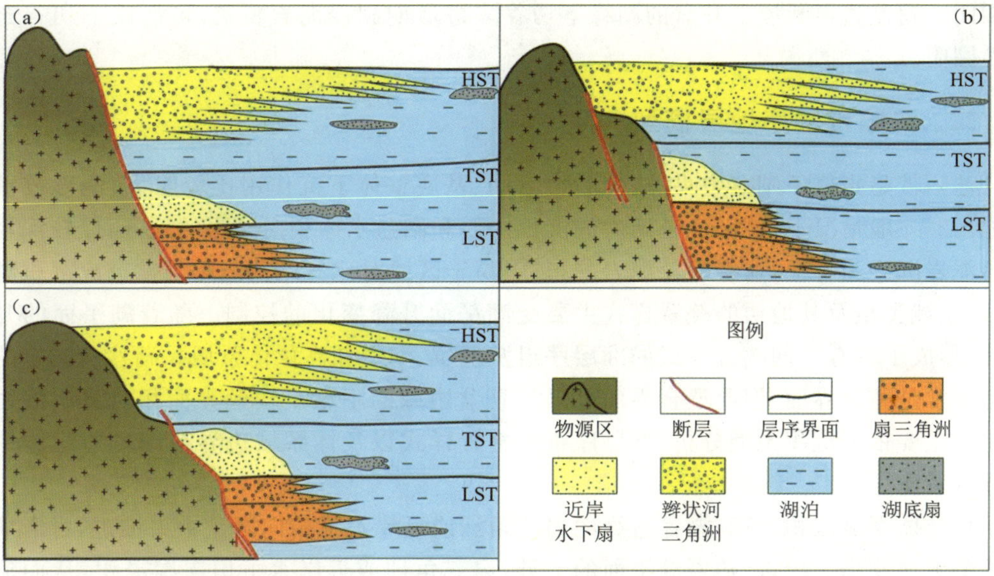

图 10-18　断陷湖盆陡坡带断裂坡折带层序地层模型(据操应长,2005,有修改)

坡折带之上常发育规模较大的湖缘下切谷,下切谷的形成和充填与层序的形成及演化有密切的关系。

(3) 不同类型的坡折带具有不同的沉积特征和层序地层的分布特征。一般受断裂坡折带控制的陡坡带沉积物粒度粗,沉积厚度大,向盆地中央延伸距离较短,多为扇体沉积,且在层序演化的不同时期扇体沉积特征存在差异。

(4) 断裂坡折带广泛分布于箕状断陷湖盆陡坡带,由于在湖盆演化不同阶段或不同层序形成时期断层活动、物源供给和古水深存在差异性,故每个层序的体系域及沉积相构成都有所不同。在断陷湖盆陡坡带识别体系域类型主要考虑湖平面的变化、沉积相组合以及准层序的叠置样式。

一般来说,湖盆演化早期,断裂活动较强烈,湖盆水体范围较小,地形高差大,低位体系域发育沉积物粒度较粗的扇三角洲或洪积扇沉积,垂向上表现为多个进积式准层序组的叠置样式;湖盆演化中期,断裂活动强烈,湖平面快速上升,湖侵体系域发育向湖盆中央推进距离较短的近岸水下扇沉积,垂向上表现出暗色泥岩加厚、砂岩厚度减薄、粒度变细、砂地比降低的退积式准层序组叠置样式;湖盆演化晚期,断裂活动逐渐停止,湖平面处于相对静止和开始下降阶段,高位体系域发育扇三角洲沉积或滨浅湖沉积、辫状河三角洲沉积,垂向上表现为进积式或加积式准层序组叠置样式。若陡坡断裂坡折带为多级坡折带,古地形呈断阶状分布时,低位体系域主要沉积于断阶之下,断阶之上形成下切谷,一般不接受沉积,随着湖平面上升,断阶逐渐接受沉积,形成超覆沉积(图 10-18)。

另外,断陷湖盆陡坡带具有良好的成藏条件,容易形成非构造圈闭。由于陡坡断层面倾角较大,地层多呈上超结构,易形成地层上超圈闭,特别是位于断层根部的低位扇砂体被湖侵泥岩覆盖,构成良好的成藏条件。同时,在断裂坡折带沉积扇体前部也常常发育有浊积扇砂体,易形成岩性透镜体圈闭。高位体系域沉积顶部可遭受剥蚀,形成不整合面遮挡圈闭。湖盆边界断层上升盘的湖缘下切谷多被后期湖侵泥岩覆盖，可形成下切谷充填岩性圈闭。

二、洼陷带层序地层模型

洼陷带是指位于湖盆中央、缺少断裂活动、基底整体下沉作用比较明显、地形较平坦的地区。一般情况下，该区也是湖盆的沉积中心和湖盆水体相对较深的地区，以较深水的暗色泥岩沉积为特征，这些暗色泥岩分布广，易于区域对比。湖盆洼陷带常远离沉积物源区，体系域类型及其地层的叠置样式主要受湖平面升降变化的控制。随着湖平面的升降变化，形成了具有不同叠置样式的准层序组及低位、湖侵和高位体系域。湖盆洼陷带的层序边界常是整合界面，但此整合界面可以与湖盆边缘的不整一接触界面相对比。体系域的识别主要依据沉积类型分析、准层序组的叠置样式以及体系域边界与湖盆边缘体系域边界的对比。

低位体系域沉积时期，湖盆边缘的扇三角洲或近岸水下扇向湖盆中央推进，可滑塌形成洼陷带浊积扇。后来，随着湖平面的上升，扇三角洲或近岸水下扇向岸退积，从而形成自下而上由多个进积式到退积式准层序组组成的低位体系域。湖侵体系域沉积时期，湖平面快速上升，水体加深，水域扩大，湖盆边缘扇三角洲或近岸水下扇发育规模有所减小，所以在洼陷带形成了分布广、厚度大、质地纯、富含有机质的深湖沉积，总体显示退积式准层序组叠置样式，砂地比低，为 0.05～0.1。高位体系域沉积时期，随着湖平面的相对静止和开始下降，在湖侵深水泥岩之上，又沉积了湖盆边缘三角洲或近岸水下扇前缘远端沉积物或浊积扇，总体构成进积式准层序组叠置样式，砂地比增大，为 0.1～0.2(图 10-18)。

三、斜坡带层序地层模型

斜坡带也称缓坡带，是调节陡坡带边界断裂强烈活动而发育的简单斜坡或具有次级同生断层的斜坡。根据缓坡带是否存在断层及其剖面组合和平面组合样式、坡度大小，可确定缓坡带的沉积坡折带、侵蚀坡折带、挠曲坡折带和断裂坡折带。不同类型的坡折带是在差异性的构造演化过程控制下形成的地貌单元，其对应的可容空间和沉积物供给也各有特色，控制着沉积相类型和砂体分散体系的时空展布，最终决定了层序构成样式的差异性(图 10-19)。

沉积坡折带是指由沉积作用形成的坡折带，沉积古地形坡度的明显变化与断层无关，此类坡折带的形成往往是三角洲前积作用形成的前积型坡折带。侵蚀坡折带常常是基底遭受侵蚀作用所形成的地形坡度变化，沉积坡折带和侵蚀坡折带的规模、坡角变化等明显要小于断裂坡折带。挠曲坡折带一般是在古潜山、隐伏断层等地貌单元之上由地层披覆产生的，其枢纽带一般不发育断层，而具有明显的地形坡度变化。缓坡断裂坡折带是同生断裂发育造成的地形坡度变化，断层面自身地形坡度较大，上下盘地层表面地形坡度较小。

断陷湖盆缓坡区具多种类型坡折带的层序地层模型(图 10-20)，其主要特征如下：

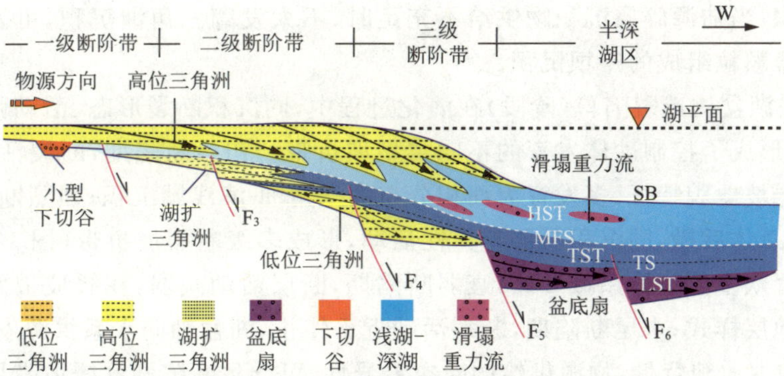

图 10-19　断陷湖盆缓坡同生断裂坡折带与层序地层模型(据葛家旺等,2017)

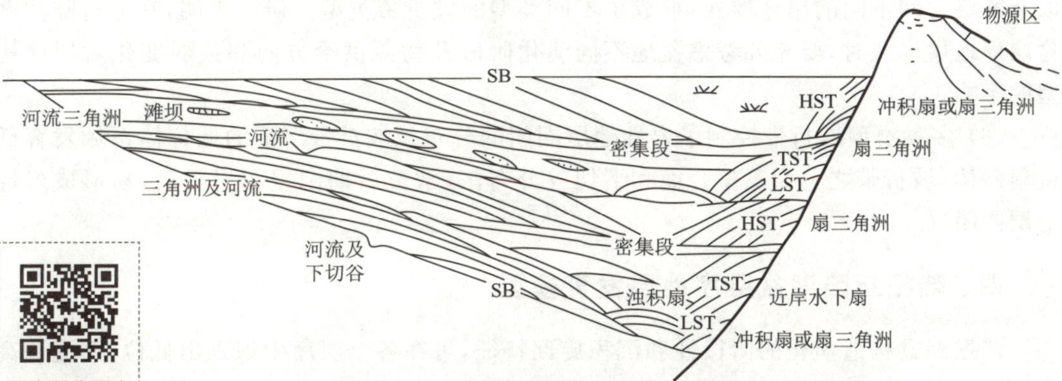

断陷湖盆层序地层模型

图 10-20　断陷湖盆层序地层模型与沉积体系(据朱筱敏,2000)

(1) 不同类型坡折带之上多为剥蚀不整合面,可发育下切谷;坡折带之下多为整合面,多发育构成低位体系域沉积主体的低位扇沉积。缓坡带坡度相对较缓,随着湖平面的较大幅度升降变化,坡折带上倾方沉积厚度明显小于下倾方沉积厚度。

(2) 坡折带是确定断陷湖盆首次湖泛面的参照标志。首次湖泛面是受湖盆构造作用、气候变化等因素影响导致湖平面下降后再次上升、越过坡折带的第一个湖泛界面。它的确定依据如下:① 首次越过坡折带的第一个湖岸上超点对应的界面,这个上超点可以超覆在前一个层序顶界面之上,这是识别首次湖泛面最重要的标志。② 存在湖泛滞留沉积。当湖泛面初次大幅度上升时,湖平面越过不同类型的坡折带,冲蚀缓坡河流沉积物,残留下较粗粒的沉积物。③ 沉积相类型发生突变,第一个上超点附近多为滨湖或三角洲沉积,而首次湖泛面之下多为浊流沉积。④ 准层序的叠置样式发生变化。首次湖泛面之下的准层序多为进积式叠置样式,而首次湖泛面之上的准层序多为退积式叠置样式。⑤ 沉积物的颜色、岩性、结构和古生物组合发生变化等。

(3) 最大湖泛面对应最远湖岸上超点的位置是区分湖侵体系域和高位体系域的边界面。湖侵体系域沉积期,随着湖平面的上升,可在坡折带向陆一侧形成一系列的超覆沉积,高位体系域可发育三角洲沉积。湖侵体系域和高位体系域沉积特征受沉积物供给条件控制明显。当陆源碎屑沉积物供给充足时,一般发育三角洲沉积,特别是发育高位体系域三角洲沉积；当陆源碎屑沉积物供给不充足时，不太发育三角洲沉积，可发育湖相碎屑颗粒或碳酸盐颗粒组成的滩坝沉积。

（4）断陷湖盆构造裂陷幕（阶段）在演化过程中，同沉积断裂形态、活动强度及组合样式具有差别，形成了控制砂体发育的不同类型坡折带。初始断陷期，断裂活动弱，总体表现为平缓的斜坡地貌特征，多发育大面积分布的三角洲-滨浅湖沉积；强烈断陷期，构造活动强烈，物源总体后撤，同沉积断层差异性活动，形成多级断裂坡折带（图 10-19），在较深湖背景下发育众多低位体系域砂体；衰弱断陷期，断层活动减弱，在缓坡带发育差异明显的多种层序地层样式；末尾断陷期，断裂活动近乎停止，湖盆轴向水系供源发育。

（5）沉积古地貌背景、物源供给的时空差异性，可导致断陷湖盆缓坡带层序样式平面分布和垂向演化的差异。断陷湖盆裂陷幕构造演化的阶段性、同沉积断层活动的差异性以及断层之间不同的组合样式，形成了不同类型的坡折带类型。研究表明，在分析陆相湖盆层序地层样式时，要充分考虑盆地不同演化阶段及物源供给方向和强弱变化对层序构型的影响。

（6）多种类型坡折带控制了岩性地层圈闭的分布。坡折带之下的低位体系域发育低位扇砂体，坡折带之上为不整合面和下切谷分布区，常被后期湖侵泥岩覆盖，易形成岩性地层圈闭。

四、陆相断陷湖盆层序地层发育模型

依据湖盆构造演化的阶段性和沉积旋回特征，可在各个层序中识别出低位、湖侵和高位体系域。由于各体系域形成时的古地理背景不同、体系域准层序组叠置样式的控制因素不同，所以在同一个层序中不同沉积部位的体系域叠置样式和沉积相类型不同。在湖盆缓坡带，地形坡度较缓，可容空间的变化明显受湖平面绝对升降变化的影响。三角洲沉积亚相类型随湖平面升降变化容易向陆退却或向湖盆中央推进。一般来说，低位期和高位期缓坡三角洲前缘向湖盆中央进积较多，而湖侵期三角洲明显向陆退却，形成退积式准层序组。在湖盆洼陷带，无论湖平面如何升降变化，对湖泊沉积物都缺少明显影响，湖泊水体深浅的变化只在一定程度上影响湖盆洼陷带沉积物粒度及地层叠置样式。湖盆陡坡带构造活动作用明显，在一个层序形成期间，湖平面升降变化会造成陡坡带水体深浅的变化，使近岸水下扇或扇三角洲（辫状河三角洲）沉积体发生退积或进积，从而形成由不同亚相沉积物组成的地层叠置序列（图 10-19、图 10-20）。

显然，断陷湖盆不同构造带的断裂活动影响了各个沉积层序的基本地质特征，随着湖盆断裂活动减弱，层序的厚度变薄、沉积速率降低，反映了湖盆的发展消亡过程。

五、陆相断陷湖盆层序地层与油气勘探

层序地层学基本原理为含油气断陷湖盆油气勘探评价提供了新的思路。人们可以在年代地层框架内，根据层序地层叠置样式来评价和预测不同体系域的生油潜力、储集性能、盖层分布以及有利的地层圈闭，从而指出有利的油气勘探目标区（表 10-5）。

低位体系域是与湖平面快速下降有关、位于湖泊层序底部的沉积体系集合体，此时湖

平面处于较低状态，断陷湖盆的缓坡较大面积出露地表，陆源沉积物通过下切谷搬运到湖盆之中形成相对独立的重力流成因浊积砂体。这些浊积砂体往往原生储集物性较好，构成被湖泛页岩分隔开的相对孤立的砂体。在湖盆陡坡，常存在冲积扇或扇三角洲砂体，这些砂体粒度粗、结构混杂，一般储集物性较差，难以储集油气。在湖侵体系域沉积早期，湖盆缓坡带下切谷的充填物被湖浪改造形成分选好、泥质含量少、侧向变化快的砂体，易形成地层圈闭(图 10-21)。由于低位期湖平面相对较低，湖盆缺乏沉积水体较深的还原沉积环境，加之湖盆范围较小，所以低位期往往不发育品质良好的烃源岩(表 10-5)。

表 10-5　陆相断陷湖盆层序地层学在油气勘探中的应用

体系域	烃源岩	储集层	盖　层	运　移	圈　闭
高位体系域	高位早期陡坡带和洼陷带较深水湖相泥岩，下伏生油密集段	缓坡带三角洲、陡坡带扇三角洲和洼陷带浊积扇	高位期湖泛泥岩，缓坡带和陡坡带岩性侧向变化封堵	同期烃源岩直接供油，下伏生油密集段油气向上运移	缓坡带三角洲前缘、洼陷带浊积扇和陡坡带扇三角洲前缘岩性圈闭
湖侵体系域	湖侵体系域顶部和向盆地中央一侧	洼陷带浊积扇、水进三角洲前缘	湖侵体系域顶部泥岩	生油密集段的侧向和向上、向下油气运移	洼陷带较孤立的浊积扇砂岩圈闭、水进三角洲前缘岩性圈闭
低位体系域	下部较深水泥岩，上覆生油密集段	盆底扇、下切谷及水进三角洲砂体	生油密集段和低位湖泛泥岩	生油密集段向下运移，深部油源的垂向运移	盆底扇、下切谷及水进三角洲前缘砂岩圈闭及不整合地层圈闭

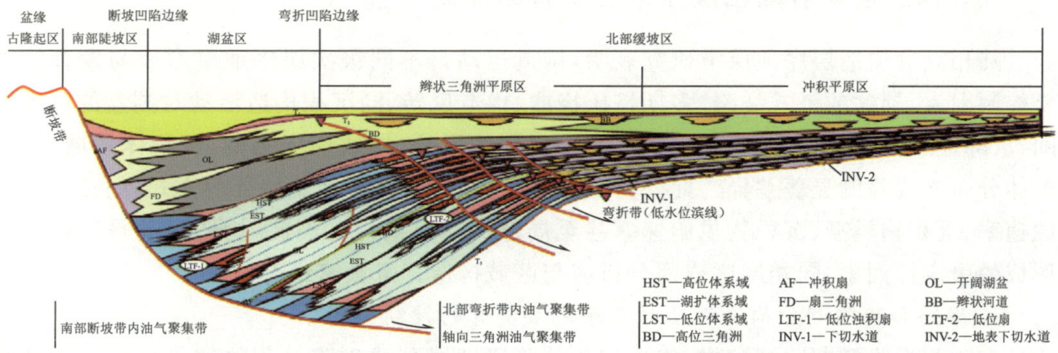

图 10-21　南阳凹陷古近系层序地层格架与油气成藏模式(据王华等,2010)

湖侵体系域是在湖平面快速上升、缺乏大量陆源碎屑供给、湖盆范围较大的情况下形成的。该体系域发育品质良好的烃源岩，即生油密集段。该烃源岩以厚度不大、分布广泛、质纯色暗、有机质丰度高、生烃强度大为特征。湖侵体系域不但发育了良好的烃源岩，而且在湖盆缓坡发育滨浅湖滩坝或水进式三角洲砂体储层。当湖平面上升时，较强动力的湖浪对断陷湖盆缓坡的滨浅湖砂或水进式三角洲前缘砂进行改造，淘尽黏土级沉积物，使得分选较好的粉细砂级沉积物沿湖岸线呈较薄层状分布，并与湖侵体系域的湖泛泥岩间互构成良好储盖组合。在断陷湖盆陡坡发育的洪水型浊积扇砂体可直接沉积在较深水暗色泥岩之中，形成良好的岩性圈闭（图 10-21）。

高位体系域的形成发育标志着湖平面实际开始下降，沉积物的供给速率明显加大，湖岸线逐步向湖盆中央退却，沉积物不断下超在生油密集段之上，形成一个或多个进积式准层序组。高位体系域发育早期，湖平面尚处于低缓上升或静止状态，可容空间仍旧较大，在湖盆洼陷带仍发育色暗质纯、分布相对较广的烃源岩。到了高位体系域发育晚期，可容空间明显减少，从而在湖盆缓坡发育河控型三角洲，在湖盆陡坡发育扇三角洲，沿湖盆长轴方向发育远源三角洲，而在湖盆洼陷带发育滑塌型浊积扇（图 10-21）。可以说，高位体系域是层序中储集砂体最为发育、砂体厚度稳定、储集物性最好、油气资源量最多的层段。在对高位体系域不同类型的砂体进行勘探时，应充分考虑高位体系域砂体与上覆沉积物之间的不整合破坏作用，该不整合有可能造成大量的油气漏失。

第四节　陆相湖盆层序地层控制因素

湖盆的层序地层格架和沉积充填样式取决于湖盆充填的动力学过程，即湖盆构造运动、气候和湖平面升降、沉积物供给等的综合作用。前已述及，陆相湖盆与海相盆地在层序形成的基本地质因素方面有着很大的差异。与海盆相比，湖盆具有规模小、结构复杂、多物源、近物源、构造作用明显等特点，湖盆内层序的发育受构造运动、气候、沉积物供给、湖平面升降等因素控制作用明显（姜在兴等，1996；纪友亮等，1998；朱筱敏，1998）。在特定的地质背景下，两个或者三个因素共同作用，影响湖盆层序形成、发展和消亡。

一、构造运动对陆相层序地层发育的控制

陆相湖盆构造层序地层学研究表明，构造运动是不同级次层序地层形成与发育的主要控制因素，湖盆的幕式裂陷、多期挤压挠曲、构造反转、同沉积构造活动对湖盆的可容空间、沉降速率、沉积物分散体系等都可产生深刻的影响，导致层序结构、沉积体系域构成、砂体分布样式等的显著差异。此外，构造因素还会通过改造地貌特征等方式，间接影响剥蚀速率、沉积物类型、沉积物供给速率甚至局部的气候条件。因此，构造运动是陆相层序形成的决定性因素，陆相层序成因分析应与区域构造背景紧密结合。

1. 拗陷和断陷湖盆构造运动对层序地层发育的控制

在陆相拗陷和断陷湖盆中，构造演化的阶段性或幕式裂陷过程往往是形成盆内高级别层序或沉积旋回及区域性不整合面的直接因素。中国东部中、新生代拗陷和断陷湖盆裂陷期发育的二级层序和部分三级层序的形成与幕式裂陷过程有着密切的成因联系，且裂陷期有大致的同步性。湖盆的裂陷阶段一般形成复式的半地堑构造，大型湖盆深部常由半地堑群及其间的断隆构成；裂后阶段形成坳陷，呈披盖式覆于断陷湖盆之上，形成“下断上坳”的双层结构。古近系二级层序与湖盆裂陷期发生的多幕伸展过程相吻合，各裂陷幕间不整合面的形成与每一裂陷幕末期的构造抬升和下一裂陷幕开始时的构造变动有

关。上述特征在中国东部古近系、新近系陆相断陷湖盆中具有普遍性，并可作为层序界面划分和对比的基础，说明区域构造运动对一、二级层序单元的形成具有主控作用。但三级层序界面及层序单元的沉积充填在各断陷湖盆中差异较大，其原因可能与该湖盆所处的构造及应力场背景、古气候带、物源供给、湖盆的可容空间等条件有关。

构造运动控制着可容空间和层序界面的形成，而湖平面的变化控制着地层的分布格局。不同的断陷湖盆或同一断陷湖盆不同的发育时期，其湖盆基底构造沉降方式不同，这主要取决于湖盆边界大断层的活动方式。因此，在陆相湖盆中研究构造对层序发育的控制主要是研究湖盆边界大断层的活动方式对层序发育的控制。

断陷湖盆断裂活动的表现形式主要有：① 一次性强烈断裂；② 同生（同沉积）断裂；③ 多期性断裂。

一次性强烈断裂活动持续时间短，活动强度大，在短期内使湖盆形成巨大的可容空间供沉积物充填，之后很长一段时间内停止活动，充填的层序结构较为简单。

同生断裂活动发育时间较长，活动强度初期较强，随后逐渐衰减，在沉积物沉积的同时，断层持续活动，使断陷湖盆的可容空间不断得到补偿，由于基底沉降速率和沉积速率比值的变化，发育同生断坳层序不同体系域类型和准层序叠加样式（图 10-22）。

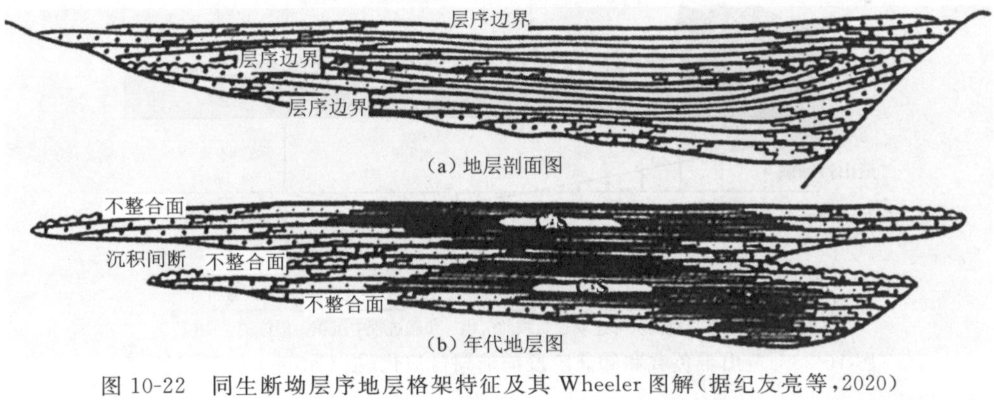

图 10-22　同生断坳层序地层格架特征及其 Wheeler 图解（据纪友亮等，2020）

多期性断裂活动发育时间较长，每次断裂强度较弱。不同类型的断裂活动，其活动方式上的差异造成湖盆的可容空间的产生、沉积物的充填及相对湖平面的变化不同，形成以进积式准层序组为特征的多期断坳层序。

2. 前陆湖盆构造运动对层序地层发育的控制

在中国西部前陆湖盆中，逆冲挠曲沉降过程控制着区域性沉积旋回或层序的发育演化，中、新生代以来的内陆前陆湖盆中的主要不整合面与前陆湖盆前陆带的多期挤压逆冲、前隆构造作用等密切相关。一次逆冲加载将导致挠曲快速沉降，随后逆冲作用的变弱和停止使得沉降减慢，并由剥蚀和应力松弛等造成回弹隆起，形成微角度不整合-侵蚀不整合面，标志着一次逆冲事件结束和构造层序界面的形成。这种过程可能是多次进行的，导致盆内古构造格架、沉积物分散体系和物源以及沉积体系域时空配置的多旋回变化。

前陆湖盆是挤压体制的产物，挤压应力既可使湖盆中心差异性沉降，又可使湖盆边缘差异性隆升，从而使湖盆呈现沉降与隆升交替的格局。造山带的负载与卸载控制了前陆湖盆的形成演化，并导致前渊带与前隆带的可容空间发育呈相反的趋势(图 10-23)。在造山带负载期间，近端前渊带挠曲沉降，可容空间增大，而远端前隆带则挠曲隆升，可容空间减小。在造山带侵蚀、卸载期间，由于基底弹性回弹隆升，造山带近端可容空间减小，而远端则发生沉降，可容空间增大。可容空间发育的不协调性在前渊至前隆部位表现突出，前隆带至前渊带强烈不对称楔形地层正是可容空间不协调发育的结果。

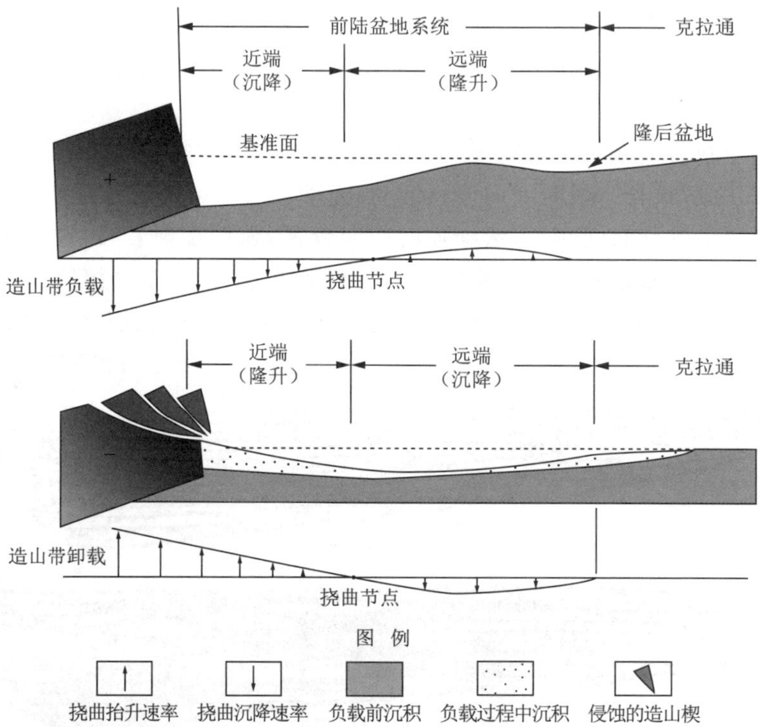

图 10-23 造山带负载和卸载阶段前陆湖盆演化(据 Catuneanu 等，1998)

前陆湖盆的形成过程是岩石圈对造山逆冲负载的挠曲响应过程。根据前陆湖盆岩石圈流变性质，前人主要建立了两种挠曲模型：弹性挠曲模型(Sinclair 等，1991)和黏弹性挠曲模型(Beaumont 等，1988)。不同的挠曲模型表明，挠曲变形过程、逆冲作用对前陆湖盆沉积充填的控制、层序边界的形成都有着较大的差异。

弹性挠曲模型下形成的层序结构特征如图 10-24 所示。在逆冲活动初期，因前隆的形成，地层向负载方向收缩，前渊带缓慢沉降，可容空间持续增大；前隆及其斜坡带则向造山带迁移，可容空间逐渐减小，顶部遭受剥蚀而发育不整合面。在随后的逆冲活动高峰期至构造宁静期，地层逐渐向克拉通方向超覆。在强烈逆冲活动高峰期，湖盆向克拉通方向扩展，前渊带持续沉降，可容空间不断增大；前隆及其斜坡带向克拉通方向迁移，可容空间亦逐渐增大。在构造活动相对宁静期，岩石圈回弹隆升，湖盆变宽、变浅，可容空间逐渐减小。

黏弹性挠曲模型下形成的层序结构特征如图 10-25 所示。构造活动期，造山带逆冲加载，前隆带不断向造山带方向迁移，地层分布逐渐向负载方向收缩；在强烈逆冲活动早

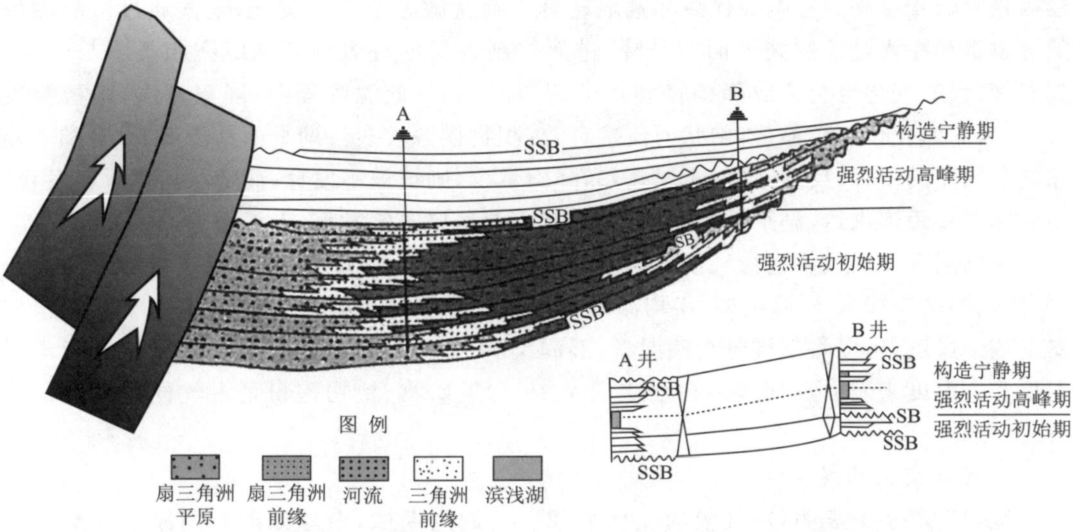

图 10-24　弹性基底前陆湖盆二级层序结构剖面图(据纪友亮等,2020)

SSB—二级层序界面;SB—三级层序界面

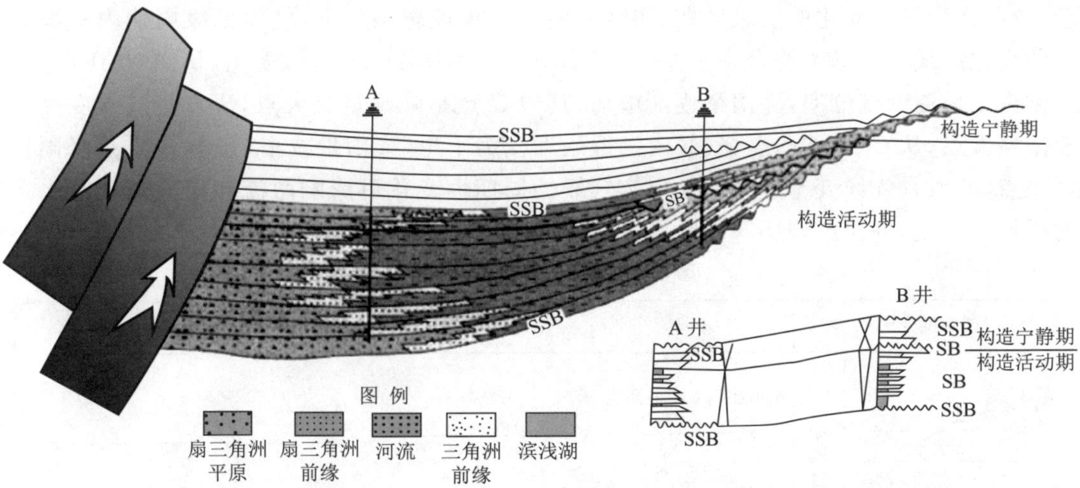

图 10-25　黏弹性基底前陆湖盆二级层序结构剖面图(据纪友亮等,2020)

SSB—二级层序界面;SB—三级层序界面

期,前渊带沉降速率较小,可容空间快速增大,前隆及其斜坡带继续向造山带方向迁移;在强烈逆冲活动高峰期,前渊带快速沉降,可容空间持续缓慢增大,前隆及其斜坡带向造山带方向迁移,顶部遭受剥蚀形成广泛分布的不整合面;在构造宁静期,岩石圈回弹导致前渊带可容空间逐渐减小,靠近造山带一侧地层减薄并且顶部遭受剥蚀,前隆及其斜坡带发生沉降并向克拉通方向迁移(图 10-25)。

二、气候变化对陆相层序地层发育的控制

众所周知,陆相湖盆无论是在规模上,还是在水体深度上均无法与海相盆地相比,气

候因素对陆相层序的影响要比海相盆地显著。湖盆敏感于气候变化，气候通过影响湖泊的蒸发量和注入量控制湖平面的升降，进而控制地层的叠置样式和沉积相类型与分布。同时，气候的变化也会造成降雨量和植被的差异，如气候温暖潮湿，降雨量多，则植被发育，母岩的风化作用较显著，网状河流发育，沉积物供源较多且湖平面易于上升，有利于陆相湖盆层序的发育；反之，气候干旱炎热，降雨量少，则植被不发育，而辫状河体系较发育，粗粒物源短距离供给，湖平面易于下降，不利于湖盆层序的发育（朱筱敏等，2000a）。

根据温度和湿度可进行气候类型划分。按照地表年均温度，可以将气候划分为炎热型（年均温度＞20 ℃）、温暖型（年均温度 10～20 ℃）和寒冷型（年均温度＜10 ℃）。根据湿度或干燥度，可以将气候分为潮湿型、湿润型和干旱型。实际研究中，常常综合考虑古温度和古湿度来表征古气候。在地质记录中，自生矿物、植物孢粉是古气候的良好记录者。

1. 气候变化的规律

地球发展历史表明，古气候的变化呈现一定的周期性，全球冰期和间冰期的交替出现，称为气候变化的一级周期；每个间冰期内部温度、湿度的次级周期性变化，称为气候变化的二级周期；以此类推，在高一级气候背景下还会出现更高频率的潮湿与干旱的周期波动，依次称为气候变化的三级周期、四级周期等。在理想条件下，气候二级周期内三级周期的变化曲线情况基本符合正弦曲线（图 10-26）。由图 10-26 可以看出，从 A 点到 C 点，气候由干旱逐渐变潮湿，降雨量逐渐增加，其中 C 点是降雨量最大点，B 点是气候变潮湿速率最大点；从 C 点到 F 点，气候由潮湿逐渐变为干旱，降雨量减小，其中 F 点是降雨量最小点，E 点是气候变干速率最大点。气候的周期性变化可影响敞流和闭流湖盆汇水量的周期性变化，进而影响层序的发育。

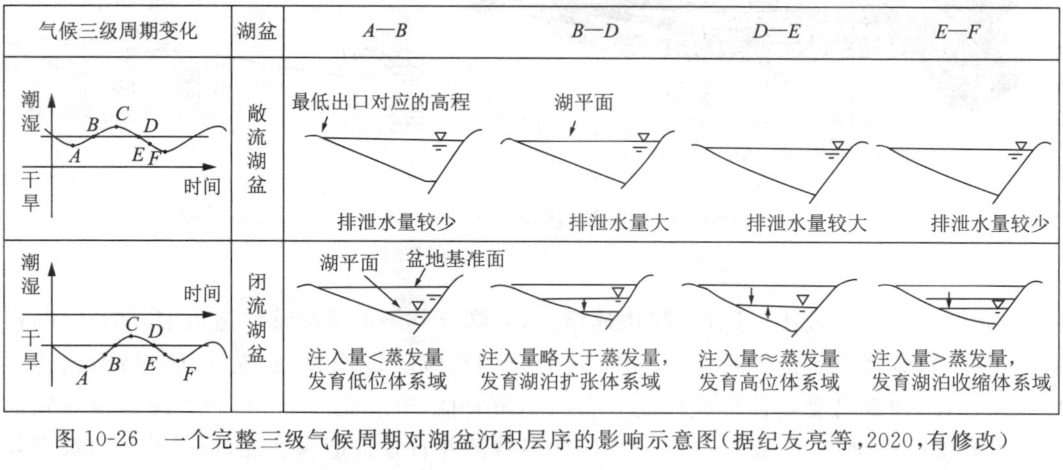

图 10-26　一个完整三级气候周期对湖盆沉积层序的影响示意图（据纪友亮等，2020，有修改）

2. 气候对层序地层发育的控制作用

湖泊与海洋相比，体积小、水体少，外界条件的稍微改变就会引起湖平面的变化，对气候变化的反映远比海洋敏感，因此湖相沉积被当作气候变化的良好记录，不仅可反映大的气候变化周期，对极高频的气候变化也有良好的反映。从地质历史角度来看，干旱气候条件使湖泊迅速咸化，变为盐湖直至湖水干涸并消亡，潮湿气候阶段又再次形成湖泊，此种情况可周期性地出现。在陆相层序地层研究中，与气候相关的三级、四级和五级周期控制或影响了层序的形成发育。例如，东濮凹陷始新统沙河街组沙四段为干热气候，沙三段为温暖气候，气候周期为百万年级。

1）气候对三级层序发育的控制

由于气候变化的旋回性和周期性，在干旱气候条件下，大气降水少，注入湖盆的水量小于蒸发量，陆源沉积物的供给量少，湖平面将不断降低，甚至消亡；在潮湿气候条件下，大气降雨量大，注入湖盆的水量大于蒸发量，沉积物供给量大，湖平面将不断上升。

气候对层序的控制是通过它对降雨量、蒸发量的影响，进一步引起湖平面的变化所完成的，湖平面低—高—低的一次周期变动，就形成一套气候层序。气候层序的体系域类型包含低位体系域、湖泊扩张体系域、高位体系域和湖泊收缩体系域。干旱气候期，水位最低，沉积了低位体系域，由盐湖和低位三角洲组成；在气候由干旱向潮湿转化时期，湖平面快速上升，湖面扩大，水深增加，沉积了湖泊扩张体系域；在潮湿期，湖平面达到最高，湖面最大，形成最大湖泛面，然后沉积了厚度较大的高位体系域；之后，气候由潮湿向干旱转化，湖平面相对降低，沉积物供给量减少，湖平面以上的早期沉积物遭受剥蚀，形成层序边界，沉积范围缩小（图 10-27）。

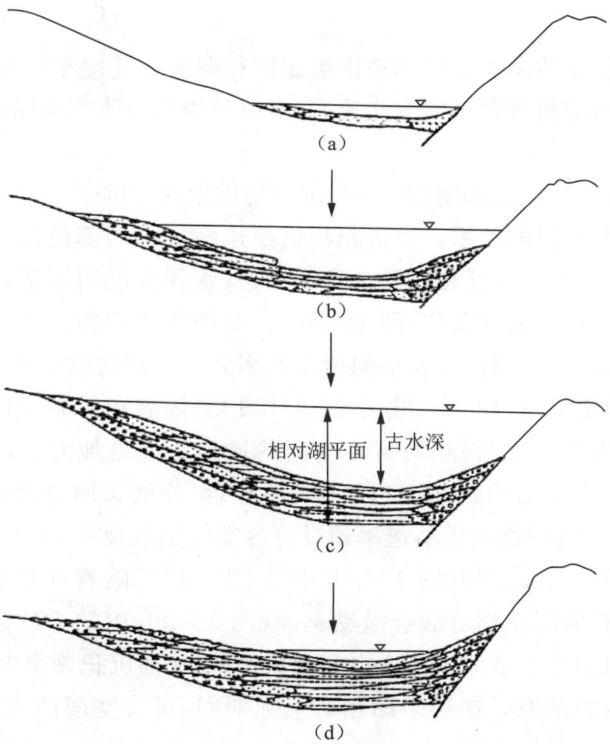

图 10-27 气候变化引起闭流湖盆湖平面的变化对层序发育的影响（据纪友亮等，1998）

(a) 低位期；(b) 湖泊扩张期；(c) 高位期；(d) 湖泊收缩期

2）米兰科维奇周期与高频湖泊沉积旋回

在湖盆充填过程中，一、二级层序往往与构造沉降变化有关，构造演化的阶段性或幕式构造作用对断陷湖盆的一、二级层序或沉积旋回的形成具有直接的影响；而部分三级、四级和五级层序的发育则主要与气候变化引起的湖平面变化有关。

高频气候变化旋回(四至六级的气候旋回)的动力学机制受米兰科维奇周期(milankovitch cycle)控制。地球轨道周期性变化会引起地球接受日照量的变化，进而引起地球表面气候的周期性变化。

根据米兰科维奇周期理论，周期性的气候变化会引起极地冰盖的消长，从而导致湖盆经历干旱或潮湿大气环境。大量研究表明，海或湖平面升降和高频的沉积旋回的形成与米兰科维奇周期导致的海或湖平面的变化有关。许多湖盆沉积充填中识别出的四级(0.08～0.5 Ma)、五级(0.03～0.08 Ma)沉积旋回或层序，广泛被解释为是米兰科维奇周期引起的气候变化所导致的结果。

三、沉积物供给对陆相层序地层发育的控制

沉积物供给对陆相层序形成过程具有重要影响，可以影响层序的规模及内部体系域的发育特征。一般而言，多物源和近物源是陆相断陷湖盆物源补给的重要特色。根据湖盆的长轴方向和物源方向，湖盆周缘物源可以分为两大体系，即轴向物源体系和侧向物源体系。

湖盆中堆积沉积物的多少是沉积物供给速率和湖盆邻近物源程度的函数。若一个湖盆不同部位具有相同的相对湖平面变化速率，但沉积物供给速率不同，那么就会产生不同的古水深和岩相变化(图 10-28)。

图 10-28 代表了距物源不同距离、不同沉积物供给速率的三个特定位置处，可容空间与沉积物沉积速率和水深的关系。在沉积物供给速率较小的部位，沉积物可容空间总是大于沉积物的体积，岸线向陆迁移并随之发生湖侵，水体深度明显增加，偏泥的湖相地层沉积于距湖岸线有一段距离的部位(图 10-28a)。对中等沉积物供给速率而言，湖底沉积物可以加积到湖平面。开始时，可容空间增长速率大于沉积物供给速率，使沉积表面处于湖平面以下，形成湖相沉积(图 10-28b 中的 *AB* 段)。随着相对湖平面上升速率的降低，沉积物供给量虽然没有变化，但相对可容空间的增加来说是加大了，开始发生岸线湖退(图 10-28b 中的 *BC* 段)，直至湖相沉积加积到湖平面，岸线又回退到初始位置(图 10-28b 中的 *C* 位置)。此后，沉积物的供给速率超过可容空间增长速率，沉积物表面保持在湖平面处，沉积了湖岸平原相沉积物(图 10-28b 中的 *CD* 段)。随着可容空间的减小(相对湖平面降低)，先前沉积的沉积物可能会遭受剥蚀(图 10-28b 中的 *DE* 段)。在沉积物快速注入处，沉积物供给速率总是大于可容空间增长速率，从而沉积湖岸平原或三角洲平原沉积物，持续发育岸线的湖退。在湖平面相对下降期间，可容空间消失，发生侵蚀作用(图 10-28c)。

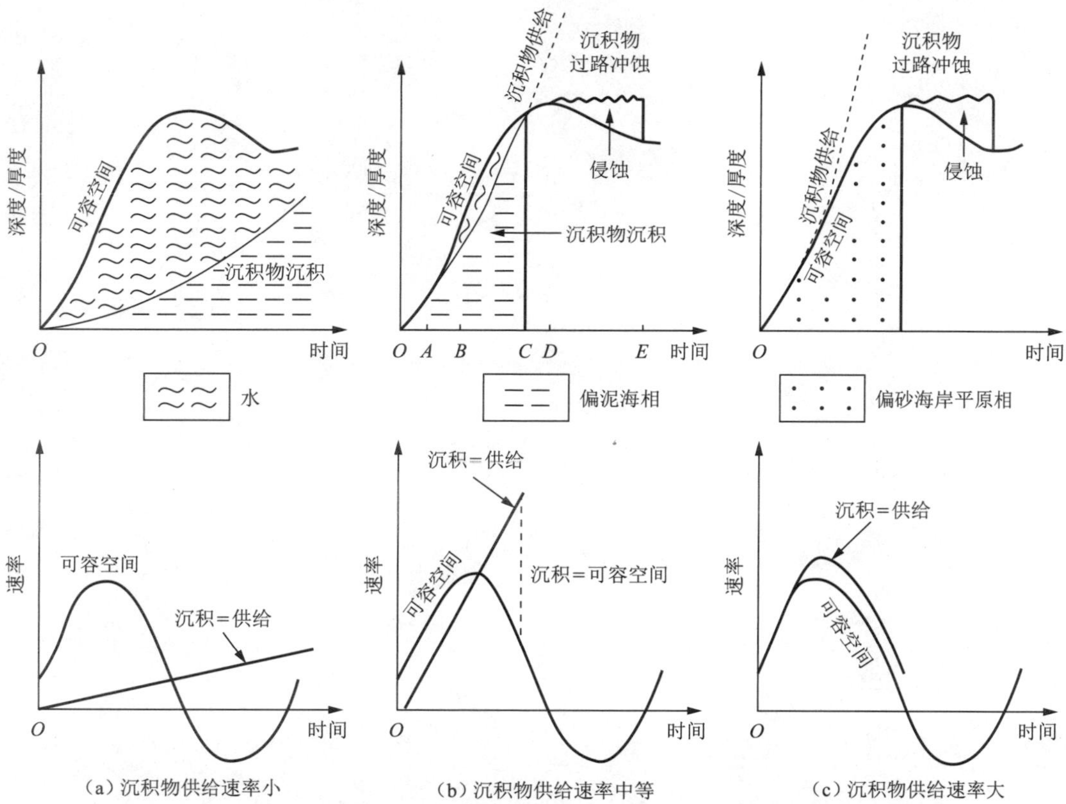

图 10-28　沉积物供给速率变化对沉积相和可容空间的影响(据 Jervey,1988)

第四篇
层序地层学研究方法与实例

第十一章　层序地层学研究方法

核心知识点：沉积盆地沉积背景、层序地层模型分析和预测有利成藏区带等研究内容，层序地层学研究流程，海平面升降变化分析，沉积速率、古气候和构造沉降分析，层序地层模型主控因素分析；沉积层序年代标定、可容空间分析、层序地层时频分析、滨线与陆架边缘轨迹分析、层序地层正演模拟、层序地层综合研究方法，地质、测井、地震资料层序地层研究流程、成果图件以及研究实例。

第一节　层序地层学研究内容

一、层序地层学研究内容和流程

1. 层序地层学研究内容

层序地层学的思想精华表现在综合利用露头、钻测井和地震资料对地层构型进行综合分析，这就意味着层序地层学的综合研究工作应是由不同学科的研究人员来承担的。在实际工作中，研究的盆地类型不同，以及研究者经验和学科知识结构的差异，造成理解层序地层学研究内容的差异。有人从资料来源角度认为，层序地层学的研究内容包括露头资料的层序分析、钻测井资料的层序分析、地震资料的层序分析以及层序地层学研究结果在油气勘探开发中的应用。也有人从层序地层学的基本理论出发，考虑实际资料来源情况，认为层序地层学的主要研究内容应该包括不同资料的层序划分与对比，建立年代地层格架，研究各层序不同体系域的沉积体系特征，分析层序样式的主控因素，建立能够反映盆地地层样式的层序地层模型，预测不同层序或不同体系域有利的生储盖层分布和有利的成藏组合（表 11-1）。

表 11-1　层序地层学主要研究内容

研究领域	主要研究内容
沉积背景	盆地类型及性质、盆地结构及古地形特征、盆地构造演化史和盆地沉积物类型
层序分析	露头、钻测井和地震资料的层序划分与对比，层序年代标定，建立等时年代地层框架，确定层序周期与级别，分析层序时频特征，分析层序成因机理，确定层序的主控因素
层序构型分析	确定体系域类型，分析各体系域的分布、地震相和地震平面属性特征、地震沉积学特征、沉积相平面展布特征，判断古水流体系，确定准层序的叠置样式，建立层序地层模型并进行计算机层序模拟

续表

研究领域	主要研究内容
预测有利成藏区带	烃源岩、储集岩和盖层的分布研究和评价，有利成藏条件分析，各体系域生储盖圈运保成藏条件分析，预测油气成藏规律和有利勘探区，提出勘探部署意见

2. 层序地层学研究流程

层序地层学是一门综合多学科理论知识、创造性的地层学分支学科。在实际工作中，需要整合尽可能多的露头、岩芯、钻测井和地震等各类资料进行综合研究。在研究程度不同的沉积盆地，应当针对研究对象的具体地质特征和实际资料情况确定层序地层学研究流程。本书就层序地层学的一般工作流程进行讨论。层序地层学工作流程的制定应遵循这样的原则，即既能反映层序地层学先进的理论性和很强的综合性，又能反映层序地层学工作流程方法的实用性，利用多种资料进行多学科的层序地层综合研究(图 11-1)。

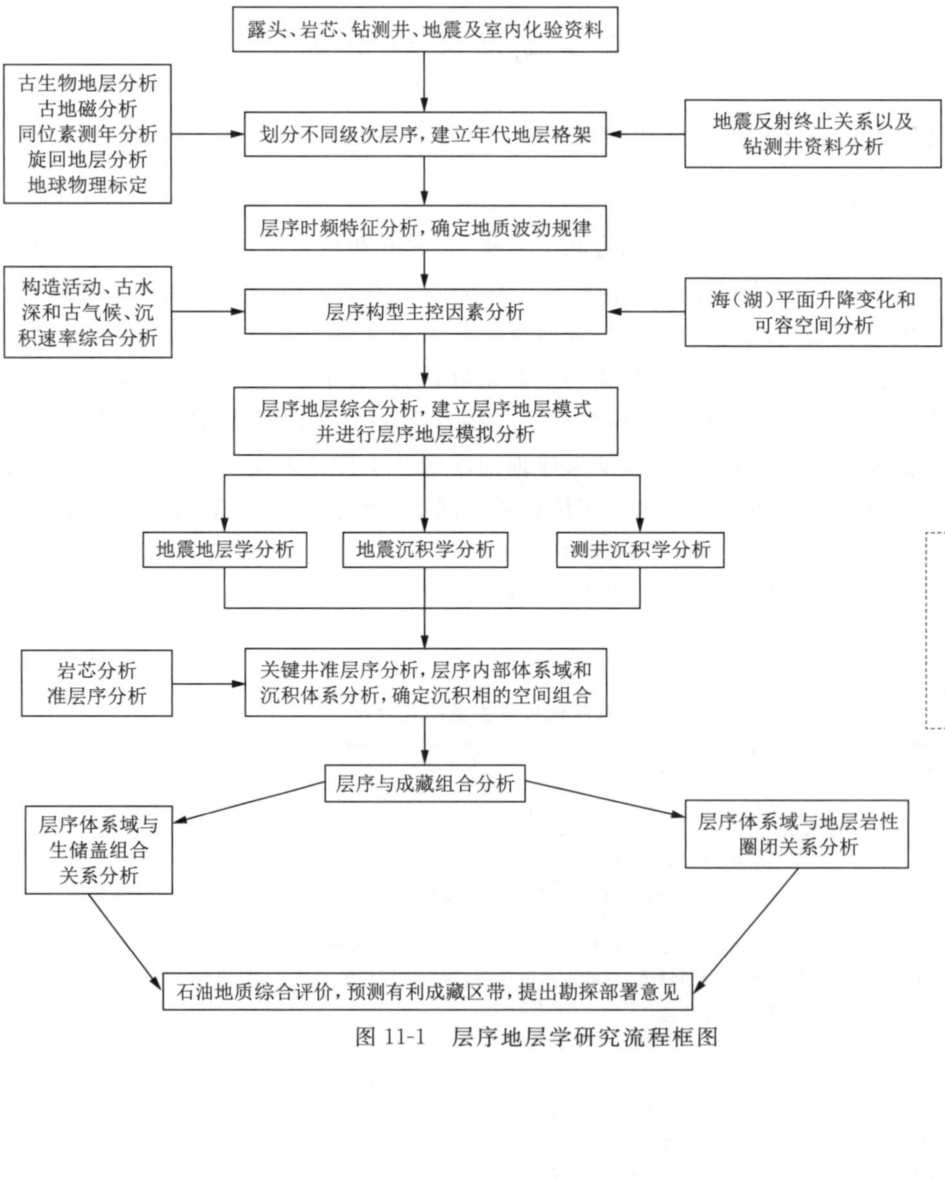

层序地层学研究流程

图 11-1　层序地层学研究流程框图

二、海平面升降变化分析

1. 估算全球海平面变化幅度的方法

全球海平面升降变化是在全球规模上海平面相对一个固定基准面(地心)的高程变化。全球海平面永恒的运动使人们不可能确定地心相对于古老沉积物的位置,人们只能确定全球海平面的相对变化。由于全球海平面的升降幅度不能直接测定,因此众多地质学家提出了许多估算全球海平面相对变化的方法。深时海平面变化的重建方法和技术主要可划分为地层学、沉积学、洋盆动力学、同位素地球化学及大数据分析五种类别(许艺炜等,2020)。不同研究方法通过直接或间接的手段恢复不同时间尺度的全球海平面变化(图 11-2)。但迄今为止,尚无一种能够准确确定海平面变化的规模、构造运动幅度和沉降速率变化的方法。相对而言,确定海平面相对变化幅度常用的方法包括层序地层学方法(即用大陆边缘海岸沉积物上超方法)和地层回剥方法,并结合 C,O,S,Si 等同位素信息来估算全球海平面相对变化。目前沿用较广的 Haq 曲线和 Miller 海平面曲线也是通过这些方法重建获得的。

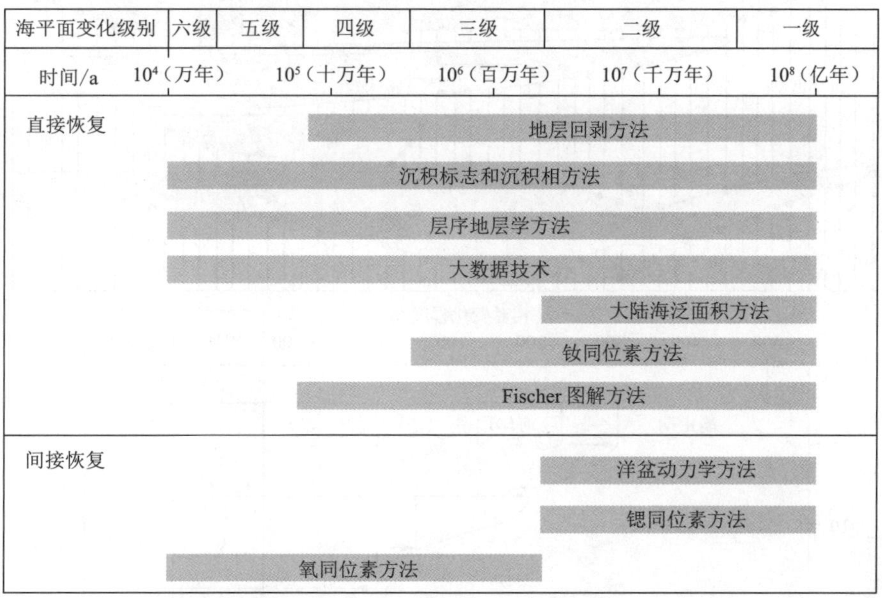

图 11-2　不同方法恢复全球海平面变化的时间精度(据许艺炜等,2020)

2. 用海岸沉积物上超确定海平面的相对变化

1) 海平面相对变化的标志

Vail 等(1977)开发了一种确定海平面相对变化的技术,认为连续地震反射近似于地层年代界面,海岸上超地震反射的位置受控于滨线迁移轨迹。因此,可将大陆边缘海岸上超作为确定海平面变化的可靠标志(图 11-3),即海平面相对上升的可靠标志是海岸上超向陆的迁移,海平面相对静止的可靠标志是海岸沉积物的顶超现象,海平面下降的标志是海岸上超向盆地中央方向的迁移。显然，盆地边缘的高分辨率地震剖面是确定海岸上超迁移规律和海岸顶超位置的最好资料。在实际工作中，由于现今地层展布并不完全相同于古代海岸沉积物沉积时的状况，所以应对差异沉降作用和后期成岩作用造成的地层厚度变化以及原始沉积界面的坡度变化进行必要的校正。

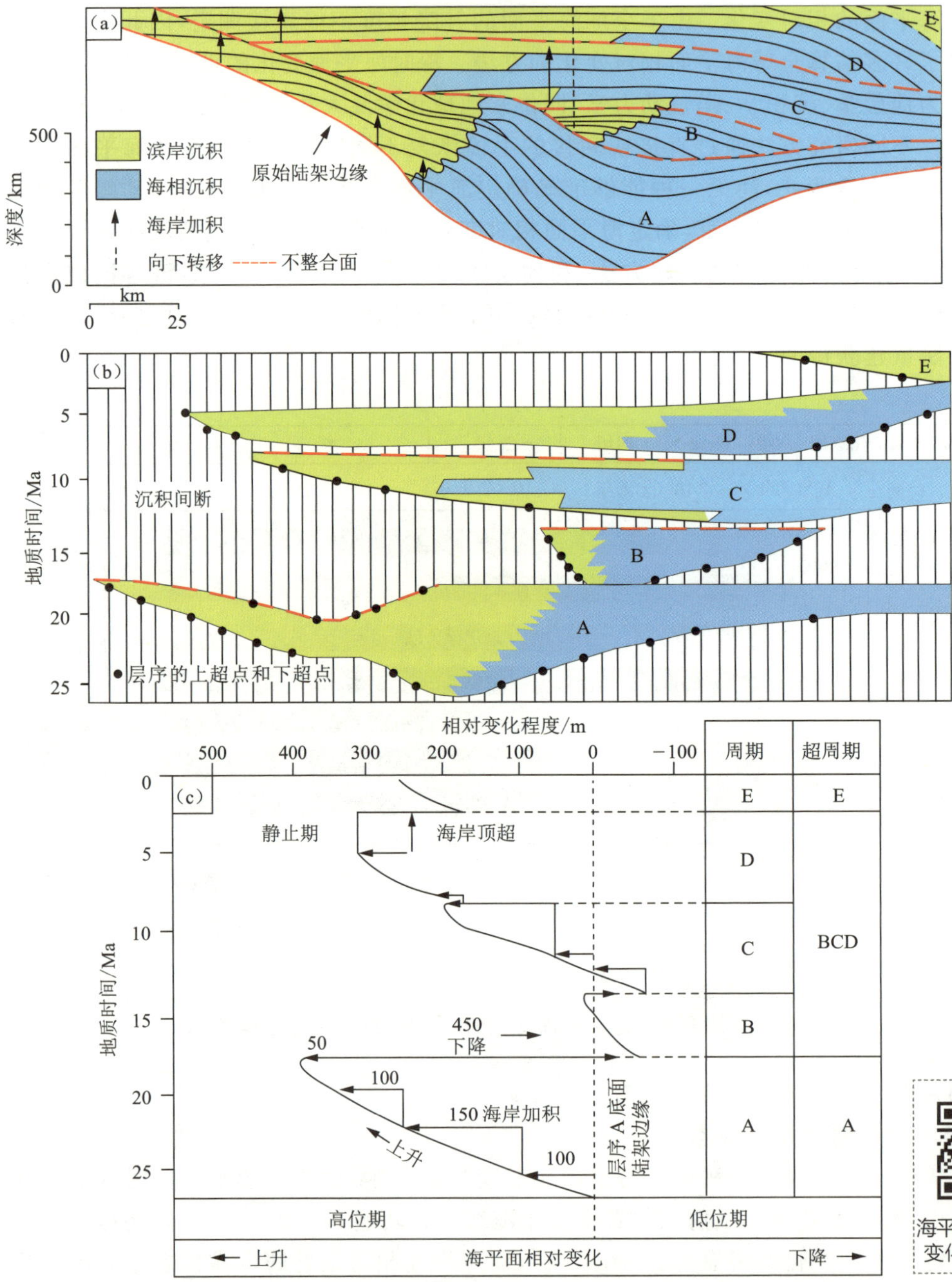

图 11-3 区域性海平面相对升降变化曲线的编制(据 Vail 等，1977)

(a) 假想的区域地震剖面；(b) 年代地层图；(c) 区域相对海平面变化周期图

海平面相对升降变化曲线编制

需要指出的是，海平面的相对上升与海进、海退之间没有必然的联系。在海平面相对上升期间，可能发生海岸线的海进或海退、海水的变浅或变深。一条海岸线的海进以一定地层单元中滨海相向陆地方向迁移为标志，而海退以滨海相向海方向迁移为标志。当海平面相对上升时，由于沉积物供给速率的差异，可以发生海进、海退以及海岸线的停滞不动。

2）区域性海平面相对升降变化曲线的编制

区域性海平面相对升降变化曲线的编制是在掌握区域地质背景的基础上进行的。具体的编制步骤如下：

(1) 熟悉研究区盆地类型和结构、盆地古地理特征以及盆地构造演化历史。

(2) 选择那些穿过不同构造单元和不同盆地地形带的高分辨率地震测线构成区域地震测网。地震剖面应具有清楚的海岸上超记录、较为简单的构造变形和较充足的控制井。

(3) 根据不整合面的地震反射终止关系，结合钻测井资料划分沉积层序，并追踪反映海岸沉积的海岸上超点和顶超点靠近物源方向的沉积边界。利用同位素测年、古生物组合和合成地震记录对沉积层序进行尽可能详细的年代标定。

(4) 编制层序年代地层对比图，将地震剖面上解释的层序地层剖面(纵坐标为时间或深度坐标)转换成纵坐标为地质时间的剖面图，以反映各个层序的地质年代范围、各层序相对接触关系及其空间展布(图 11-3)。

(5) 确定海平面相对升降周期，确定海岸上超的垂向分量即海岸加积量与地质年代的对应关系，从而确定同一层序内各个海岸上超点处的海岸加积量及其累积量，即这个层序的海平面相对上升幅度。然后测定该层序的最远海岸上超点与上覆另一个层序的最低海岸上超点之间的海岸加积量，并以此作为海平面下降的幅度。重复上述步骤，便可得出各层序的海平面相对升降变化曲线。

需要说明的是，以此方法作出的海平面相对升降变化曲线往往是不对称的，反映出缓慢的海平面上升到相对静止(图 11-3)。但是，若对盆地差异沉降、剥蚀厚度、古地形、古水深变化和沉积环境类型以及后期压实作用的影响进行校正的话，可得出近似正弦曲线的海平面相对升降变化曲线。

三、沉积速率、古气候和构造沉降分析

1. 沉积速率分析

沉积速率研究不但可以用于分析盆地沉积物的充填历史，而且可以为层序地层学的地层叠置样式研究、可容空间分析提供资料。沉积速率系指单位时间沉积的沉积物厚度。对于层序地层学研究而言，应求取不同地质历史时期沉积的原始地层厚度，这就要求我们做盆地埋藏史分析。目前，用于盆地埋藏史分析的方法有沉积速率法、回剥法和岩石骨架纵坐标法等，其中回剥法是最常用的方法。所谓回剥法，就是忽略地层横向拉伸等问题，认为单位地层在埋藏过程中其骨架厚度不发生变化，然后从今地层分层出发，依据孔隙度与深度的关系，自新到老逐层进行去压实校正，恢复各层在不同地质历史时期的地层厚

度，进而确定各地质时期的沉积速率。具体步骤(Falvey 等，1982)如下：

(1) 假设单位地层单元的地层骨架厚度不随埋深变化，那么地层骨架厚度 h_s 可表示为：

$$h_s = \int_{Z_1}^{Z_2} [1 - \Phi(Z)\mathrm{d}Z] \tag{11-1}$$

式中，Z_1，Z_2 分别为地层顶、底界深度；$\Phi(Z)$ 是指随地层埋深 Z 而发生变化的孔隙度。

(2) 在正常压力下且地层埋深较大时，砂岩孔隙度 $\Phi_s(Z)$ 和泥岩孔隙度 $\Phi_m(Z)$ 可表示为：

$$\Phi_s(Z) = \Phi_{0s}\mathrm{e}^{-C_s Z} \tag{11-2}$$

$$\Phi_m(Z) = \Phi_{0m}\mathrm{e}^{-C_m Z} \tag{11-3}$$

式中，Φ_{0s} 和 Φ_{0m} 分别为地层处于地表($Z=0$)时的砂岩和泥岩孔隙度；C 为压缩系数，其值可用岩芯孔隙度分析或声波测井来求取，通常砂、泥岩地层的压缩系数为 0.11～0.22 m^{-1}。

(3) 当已知某地层单元中砂岩与泥岩的厚度百分比(或砂岩与泥岩的百分含量)P_s，P_m 时，可将孔隙度 $\Phi(Z)$ 表示为：

$$\Phi(Z) = P_s\Phi_s(Z) + P_m\Phi_m(Z) \tag{11-4}$$

然后将式(11-2)、式(11-3)和式(11-4)代入式(11-1)并积分得到地层骨架厚度 h_s：

$$h_s = Z_2 - Z_1 + P_s\frac{\Phi_{0s}}{C_s}(\mathrm{e}^{-C_s Z_2} - \mathrm{e}^{-C_s Z_1}) + P_m\frac{\Phi_{0m}}{C_m}(\mathrm{e}^{-C_m Z_2} - \mathrm{e}^{-C_m Z_1}) \tag{11-5}$$

(4) 求取现今各层的地层骨架厚度 h_s，然后自上而下求取各层顶、底界深度。对于最上面一层，有 $Z_1=0$，而 Z_2 为：

$$Z_2 = h_s + Z_1 - P_s\frac{\Phi_{0s}}{C_s}(\mathrm{e}^{-C_s Z_2} - \mathrm{e}^{-C_s Z_1}) - P_m\frac{\Phi_{0m}}{C_m}(\mathrm{e}^{-C_m Z_2} - \mathrm{e}^{-C_m Z_1}) \tag{11-6}$$

对于相邻下伏层，可得它的底界深度 Z_{i+1} 为：

$$Z_{i+1} = h_s + Z_i - P_s\frac{\Phi_{0s}}{C_s}(\mathrm{e}^{-C_s Z_{i+1}} - \mathrm{e}^{-C_s Z_i}) - P_m\frac{\Phi_{0m}}{C_m}(\mathrm{e}^{-C_m Z_{i+1}} - \mathrm{e}^{-C_m Z_i}) \tag{11-7}$$

这样便可求取当剥去最上层地层时各个地层单元的厚度，对式(11-6)和式(11-7)来说，可用迭代法求解，从而得到不同地质时期的地层厚度及沉积速率。

值得注意的是，由于地层沉积过程中存在沉积间断，沉积地层的实际观测厚度要比根据现代沉积速率推测的结果小得多。基于前人收集的超过 25 000 个不同环境的沉积速率分析发现，这些沉积速率的变化幅度相当大，至少跨越了 11 个数量级，这些数据点分布呈现一个总趋势，即沉积速率随时间跨度的增大而降低，这就是所谓的 Sadler 效应(图 11-4)。

2. 古气候分析

沉积盆地的古气候直接影响盆地内外的多种地质作用，影响海(湖)平面的变化、沉积物的类型直至可容空间的变化，古气候是控制地层构型的主要因素之一。常用的古气候分析方法包括利用特殊岩石类型、岩石颜色、特定自生矿物组合、古生物组合等，亦可采用海水和底栖有孔虫残骸中的 $^{18}\mathrm{O}/^{16}\mathrm{O}$ 比值(质量分数，后同)随时间的变化来反映古气候，也包括常见的地球化学指标(Sr/Cu，Rb/Sr，Fe/Mn，Mg/Ca，CIA 风化指数等)、生物标志

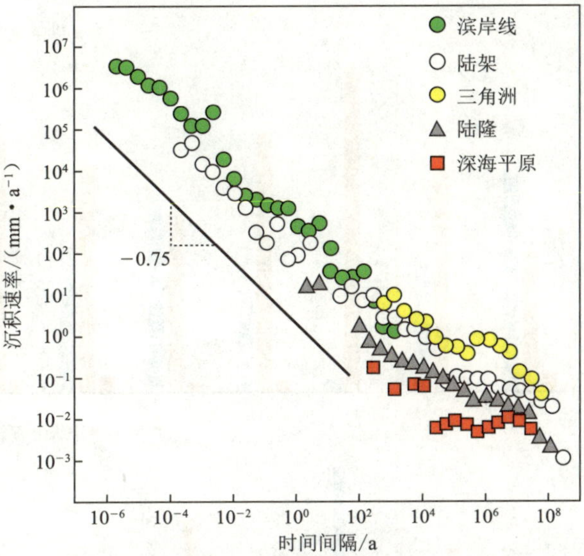

图 11-4　长期时间尺度下硅质碎屑陆架沉积的 Sadler 效应交会图
(据 Schumer 等,2009)

化合物(正构烷烃、四醚类脂化合物)等定性-定量分析手段,以及近年来新开发的碳酸盐岩团簇同位素古温度定量表征方法,等等。这些方法从不同时间尺度上反映了古气候的相对变化和绝对范围,成为盆地古气候研究的重要途径。

生物的分带性和群种成分的多样性能够反映气候的变化,其中孢粉类型、孢粉组合及含量变化是确定古气候的灵敏标志。不同的生态环境具有不同的孢粉组合,因此孢粉分析成为最为常见的古气候分析方法。以现存最近亲缘类群方法原理为基础,基于孢粉类型的共存因子分析方法可定量化重建古气候参数(Mosbrugger 等,1997)。该方法假定化石植物与其现存最近亲缘类群生长所需要的气候与生态环境条件相同或相近,采用多个化石的现存最近亲缘类群现代气候参数变化范围的叠加阐述共存区间,经转化得到古气候参数的定量数值。

以渤海湾盆地渤西海域沙垒田地区新近系明化镇组下段四级层序(SQm^1—SQm^4)为例,SQm^1 和 SQm^2 层序亚热带孢粉成分超过 60%,至 SQm^3 和 SQm^4 层序亚热带成分降至均值 45%,暖温带成分升至约 50%,反映气候逐渐变冷的特征(图 11-5)。此外,湿生、水生和沼生成分从 SQm^1 和 SQm^2 层序中的均值 52.4% 锐减至 SQm^3 和 SQm^4 层序中的均值 7.9%,对应于气候逐渐干旱化的趋势(谈明轩,2019)。

3. 构造沉降分析

构造沉降是控制地层构型的主要因素,它与全球海平面变化、气候和沉积速率等因素共同影响可容空间的变化。近期研究表明,构造沉降往往是长期的,并且具有旋回性。较大规模的构造沉降往往与全球地质历史中的重大事件密切相关。在某些类型的盆地中,构造沉降往往是控制层序地层构型的主要因素。

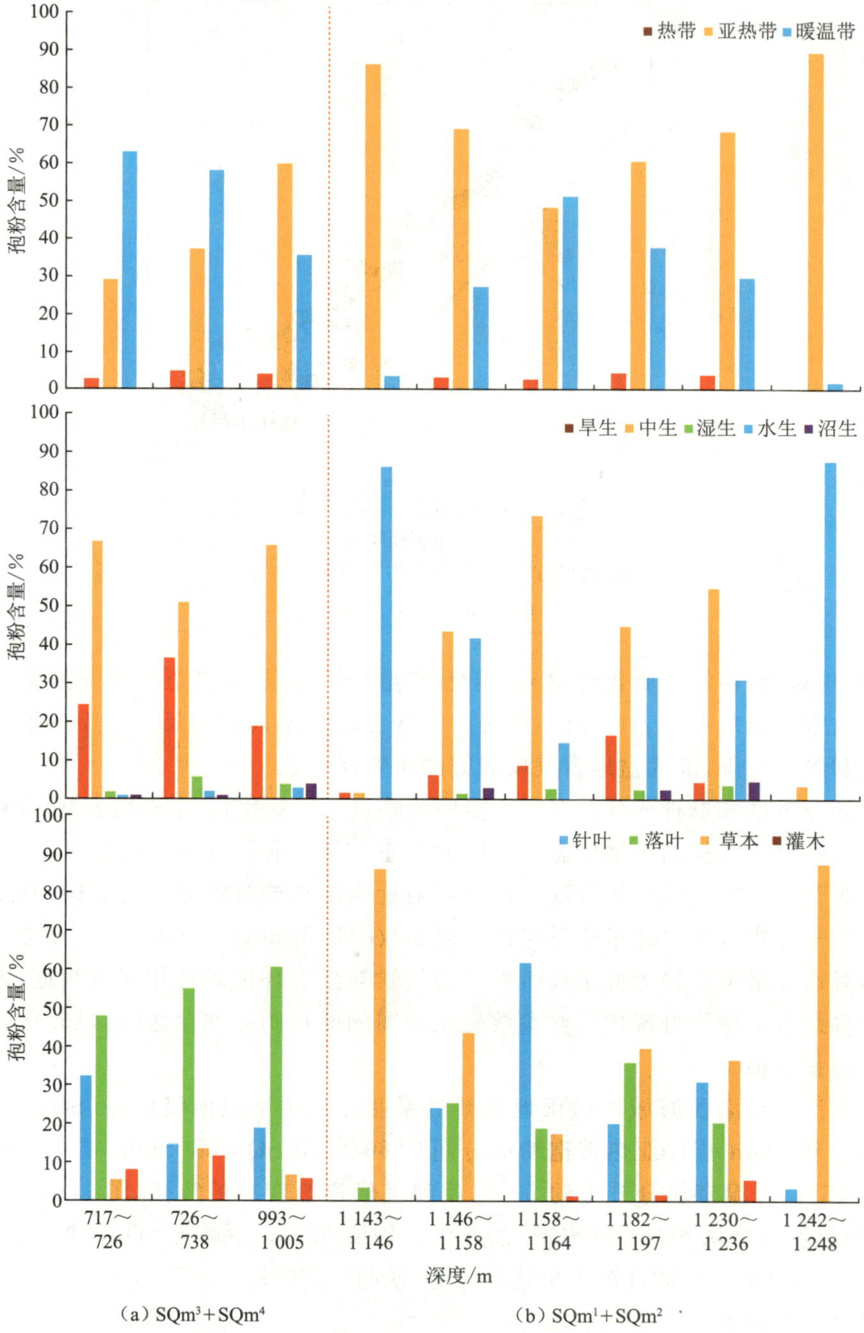

图 11-5　渤海湾盆地沙垒田地区新近系明化镇组下段气候带、生长环境及古植被类型发育特征（据谈明轩，2019）

构造沉降系指由地壳岩石圈的弹性变化和地应力方式的变化而产生的地壳下沉或下拗，而不是指由上覆沉积物的负载作用产生的盆地沉降。构造沉降可利用地层回剥法进行恢复。基于均衡原理，在运用地层回剥法过程中，由于地质背景的差异，常用局部均衡模型和挠曲均衡模型开展构造沉降分析。

1）局部均衡模型

局部均衡模型假设岩石圈对负载的响应仅局限于某一部分岩石圈正上方的负载作用，周围的岩石圈对这一部分没有丝毫的作用，故可采用完全的均衡补偿来解决。为了准确确定盆地构造沉降，在假设地壳是局部均衡补偿的基础上，还必须考虑海平面的升降变化、沉积物沉积时的古水深、沉积物在埋藏过程中的厚度变化以及大陆岩石圈的力学性质。基于局部均衡原理的构造沉降幅度 Y 为：

$$Y=\frac{\rho_m-\rho_s}{\rho_m-\rho_w}S+h_w-\frac{\rho_m}{\rho_m-\rho_w}E \tag{11-8}$$

式中，ρ_m，ρ_s和 ρ_w分别表示地幔、沉积物和水体的密度，一般对应取值为 3.33 g/cm^3，2.67 g/cm^{3}和 1.04 g/cm^3；S 为去压实后的沉积厚度，可用地层回剥法求得；h_w为沉积时的古水深，可用化石分异度来求得；E 为相对于今海平面，古海平面的高度变化。

2）挠曲均衡模型

岩石圈具有一定的刚度，在承受负载的情况下岩石圈会像弹性梁一样弯曲。挠曲均衡模型通常把岩石圈视为具有一定挠曲刚度的弹性薄板三维情况或弹性梁二维情况，施加于岩石圈上的载荷通过岩石圈的挠曲来补偿。这种弯曲对岩石圈层产生剪切力与黏滞力，从而阻碍负载沉降。因此，挠曲均衡模型下的沉降量小于局部均衡模型下的沉降量。其构造沉降幅度 Y 为：

$$Y=C\left(\frac{\rho_s-\rho_a}{\rho_w-\rho_a}S-h_w\frac{\rho_m}{\rho_m-\rho_w}\right)+h_w \tag{11-9}$$

式中，C 为补偿系数；ρ_a 为空气密度，取 1.2×10^{-3} g/cm^3。根据不同的负载和沉降量，即可求出构造沉降幅度 Y。

通常情况下，根据岩石圈挠曲性质，可选择局部均衡模型或挠曲均衡模型开展构造沉降研究。对于受挠曲机制控制的前陆盆地，挠曲均衡模型较为准确适用；对于伸展型盆地，局部均衡模型则更为适用。

在实际工作中，我们不但要注重研究不同性质沉积盆地构造沉降旋回的阶段性，同时还应注意盆地不同部位构造沉降的差异性，特别是要对沉积滨线坡折处的构造沉降进行详细的定量研究，以对比沉积滨线坡折处海平面升降幅度与构造沉降幅度的关系，进而研究可容空间的变化，以推断层序边界类型。

四、层序地层模型主控因素分析

层序地层学认为，层序地层单元的形成和构型受控于全球海平面变化、沉积物供给、构造沉降和气候以及这些控制因素的相互综合作用。构造沉降和全球海平面变化共同影响着海平面的相对变化，海平面相对变化又控制可容空间的大小及变化。构造沉降和气候控制着沉积物类型和沉积物供给通量以及可容空间被充填的过程。河流、湖泊和海洋环境中的沉积作用以及盆地的地形特征又决定了沉积相类型及组合序列。这些就是层序地层形成的基本控制因素及其相互关系。总之，不同级别的旋回沉积是海平面变化、气候、构造沉降和沉积物供给的综合作用产物。

1. 不同级别沉积旋回的形成及其控制因素

海平面变化、气候、构造沉降和沉积物供给对地层记录产生的影响常表现为具有不同时间跨度和空间分布范围的旋回特点。根据沉积形成的地质周期，一般可将地层记录中的沉积旋回划分成 4～6 个级别(图 11-6、表 11-2)。

分辨率	层序级别	层序术语
低分辨率 层序地层学	一级 沉积盆地充填 (构造背景)	巨层序
	二级 大陆尺度(Sloss 型层序)	超层序
	三级 地震尺度(油气勘探)	层序
高分辨率 层序地层学	四级或更低级别 亚地震尺度(油气开发)	准层序 小尺度旋回 高频层序

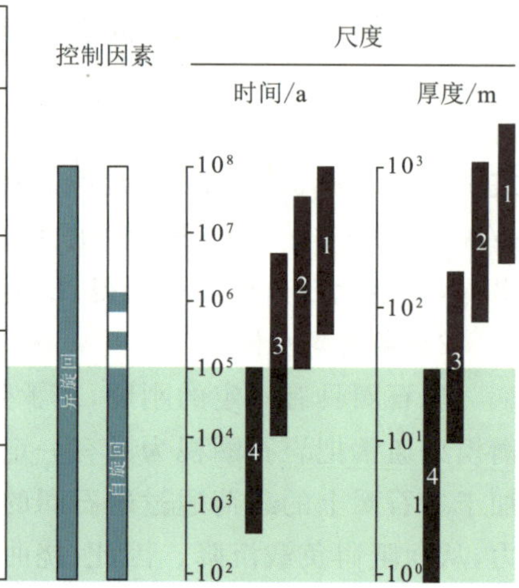

图 11-6 地层层序的分级、控制因素及研究尺度(据 Catuneanu,2019b)

图中 1,2,3,4 代表层序级次

表 11-2 不同级别沉积旋回及其控制因素(据赵宗举,2015)

层序级别	层序术语	形成时限/Ma	成因机制	
一 级	巨层序	200～400	泛大陆形成与解体引起的全球海平面变化	构造运动引起的构造型海平面变化
二 级	超层序	10～40	大洋中脊扩张体系引起的全球海平面变化	
三 级	层 序	1～10	大洋中脊变化及大陆冰川消涨引起的全球海平面变化	
四 级	准层序组	0.4	长偏心率旋回	米兰科维奇天文周期引起的冰川型海平面变化
五 级	准层序	0.1	短偏心率旋回	
六 级	韵 律	0.02 或 0.04	岁差旋回或黄赤交角旋回	

一级旋回也称为大陆泛旋回，对应的地层记录为巨层序。在显生宙中存在两个大陆的拼合和解体等长期构造作用控制形成的巨旋回：第一个巨旋回是从震旦纪到二叠纪，在奥陶纪处于全球高海平面时期；第二个巨旋回是从三叠纪至第四纪，白垩纪为大规模海泛时期。每个一级旋回形成的地质周期为亿年级，它的形成与全球板块活动造成的大陆拼合和解体有关，即全球海平面上升与最大规模的大陆破裂时期相一致，全球海平面下降与

大陆拼合时期相一致，全球低海平面与超级大陆的存在时期相对应。

二级旋回也是全球性的，它由若干个较大幅度海平面下降所形成的三级旋回组成，对应的沉积单元称为超层序，其边界常以特大的海平面下降（>50 m）为特征。显生宙共存在 14 个二级旋回，其延续时间为千万年级。通常认为，二级旋回的形成是由大洋中脊扩张、大洋中脊体积迅速增加、海泛面较大幅度升降变化造成的，或者说是由长期的构造演化诱发形成的长期的、不对称的沉积旋回。

三级旋回被许多人认为是全球性的，它形成的地层记录是层序地层学的基本单元和重点研究对象。三级旋回延续时间为几百万年，它的形成主要受控于冰川的形成和消融、大洋中脊的体积变化和构造沉降作用等。Miall(1991)认为，大多数三级旋回是由全球性或区域性构造因素形成的。Cloetingh 等(1989)通过热机制模拟认为，板块内应力的变化与沉积负载引起的岩石圈挠曲可在被动大陆边缘翼部产生高达 100 m 的视海平面变化，在被动大陆边缘处 1 kPa 的应力变化即可产生 50 m 以上幅度的视海平面波动。这些应力变化可能与板块的拉裂和破裂、收敛板块边界处的动力变化、板块碰撞作用引起的岩石圈应力场的重大改组有关。

四级、五级和六级旋回统称为高频旋回，与之对应的地层记录为体系域、准层序组和准层序。它们延续的地质时间为几万年至几十万年。准层序可以是周期性的，也可以是幕式的。幕式旋回常与自旋回沉积作用有关，持续时间较短。周期性准层序的形成被认为是与米兰科维奇级别的地球轨道旋回相伴生的气候波动所引起的，它以区域分布、较好的连续性和厚度系统变化为特征。米兰科维奇级别的地球轨道旋回包括长偏心率和短偏心率旋回（周期为 100～413 ka）、黄赤交角旋回（周期为 41 ka）和岁差旋回（周期为 19～43 ka）。根据米兰科维奇旋回假说，地球轨道要素控制着地球表面所能吸收的太阳能，并导致气候周期性变化，气候变化又诱发了大陆冰盖体积的变化，从而引起全球海平面变化和较小幅度的相对海平面变化，形成了高频沉积旋回。这一观点已得到远洋浮游有孔虫壳体和深海岩芯氧同位素、新生代远洋沉积层序旋回研究结果的证实，已被大多数地质工作者所接受。

2. 海平面变化、沉降作用及其对层序地层模型的影响

沉积层序的几何形态和分布取决于可容空间的大小及变化。可容空间是如何影响沉积层序单元的几何形态和相分布呢？Posamentier 等(1988)曾经提出一个针对被动大陆边缘碎屑盆地的概念模型。这个模型是建立在以下假设之上的：① 全球海平面变化曲线近似于正弦曲线；② 在盆地剖面任一位置上海底沉降速率维持恒定，因为全球海平面变化发生的频率比海底沉降变化的频率要大；③ 向盆地方向，总构造沉降量逐渐增加；④ 沉积物总是沿着滨岸、陆架、斜坡和盆地方向发生沉积；⑤ 沉积物供给保持稳定。由于全球海平面变化是一种近似于正弦波形的曲线函数，因此，在这个曲线的上升翼和下降翼可以找出两个绝对斜率或变化速率最大的拐点。上升翼拐点称为拐点 R，下降翼拐点称为拐点 F（图 11-7）。

盆地边缘沉积地层分布在很大程度上取决于全球海平面升降和海底沉降。被动大陆边缘的沉积作用都发生在海平面与向海方向下倾的海底之间的楔形空间中。沉积地层的分布和几何形态取决于该楔形空间可容空间的增长速率以及沉积物如何分配。在新增可容空间中，若沉积物供给能够持续加积到沉积基准面，那么随着可容空间增长速率的减慢，加积作用的速率也将逐渐降低，其结果是越来越多的沉积物发生前积作用。

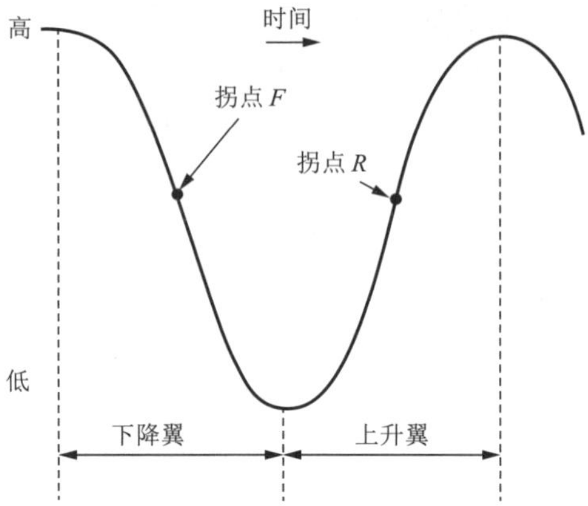

图 11-7　全球海平面升降变化曲线及其拐点（据 Posamentier 等，1988）

在被动大陆边缘盆地中任何地方所形成的可供沉积物充填的可容空间增长速率取决于海平面相对变化。当沉降速率为一定值时，全球海平面变化速率就决定了相对海平面变化速率。在海平面变化曲线拐点 F 处，海平面下降速率变化最大，可容空间的增长速率最低，此时加积作用最弱而前积作用最强。因此，在连续的准层序内部，随着向拐点 F 的靠近，海岸线向盆地中央迁移越来越快，形成层序边界不整合面。在海平面变化曲线拐点 R 处，可容空间增长速率最大，加积作用最强，最终导致海进和凝缩层的形成发育。实际上，凝缩层通常发育在海平面上升时期拐点 R 稍后的某个时期（图 11-7）。在全球海平面上升拐点 R 处陆架顶积层达到最大厚度时，其展布面积是最小的。随着这些地层向陆地方上超得越来越远，每个地层朝盆地方向尖灭点的位置也朝陆地方向迁移，在发生最大海泛之后（图 11-8 中 T_9 处），开始了海岸上超向盆地方向的迁移，形成了高位体系域。

从被动大陆边缘陆架到盆地方向，沉降作用逐渐增强，造成向盆地方向可容空间的增大。在外陆架处沉降作用最强，产生了最大的可容空间；在内陆架处沉降作用最弱，在某些时间段甚至没有可容空间的增大而出现河流侵蚀作用（图 11-9）。由此可根据平衡点（海平面变化速率等于沉降速率）的概念，将陆架分成两个部分：在平衡点向海一侧，构造沉降速率大于全球海平面下降速率，海平面相对上升，导致可容空间不断增大；而在平衡点向陆一侧，构造沉降速率小于全球海平面下降速率，海平面相对下降，可容空间减小。当全球海平面下降速率增大时，会造成平衡点向盆地方向迁移；当全球海平面下降速率减小时，会造成平衡点向陆地方向迁移。

3. 沉积物供给对层序地层模型的影响

沉积物供给及构造沉降速率的变化可以反映可容空间的变化。沉积物供给越多、供给速率越快，则可容空间越小。因此，沉积物供给速率和沉降速率的变化可以影响准层序组和体系域叠置样式的变化，主要表现在三个方面：① 沉积物供给速率影响层序边界不整合面的规模。沉积物供给速率越大，盆地将被快速充填，沉积间断面的分布面积就越大。② 沉积速率影响盆地充填物的叠置样式。在其他条件不变的情况下，若沉积速率大于盆地沉降速率，则易形成前积式地层叠置样式，反之则形成退积式地层叠置样式。③ 若在一个给定时间内盆地边缘处的构造沉降速率是相似的，那么沉积物供给的变化会影响体系域的叠置样式。若假定相对海平面变化曲线是恒定不变的，当沉积物供给速率较小时，海侵体系域沉积占主导地位（图 11-10a 中的 A 处）。这是因为在海平面上升期间，

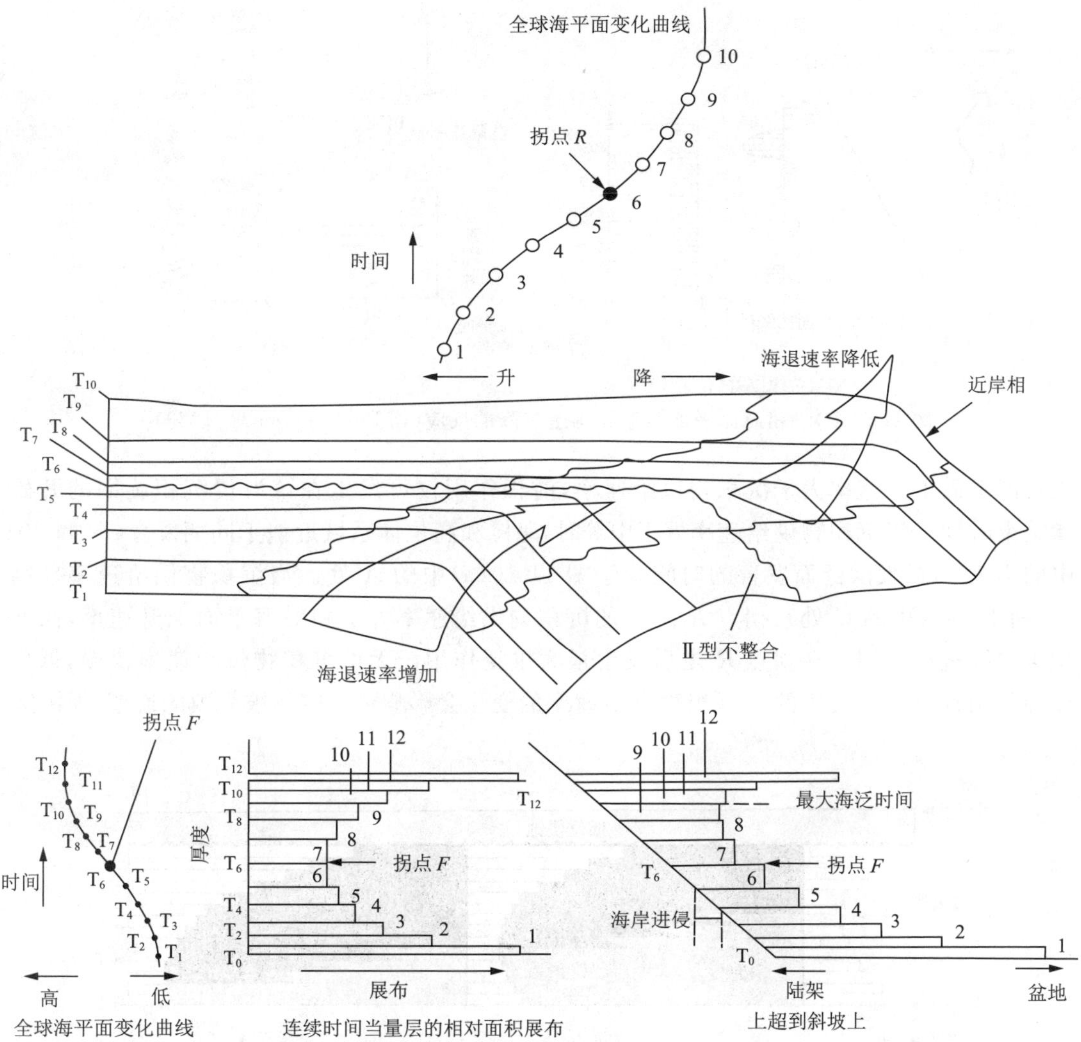

图 11-8　顶积层厚度和最大海泛时期对全球海平面上升的反应(据 Posamentier 等,1988)

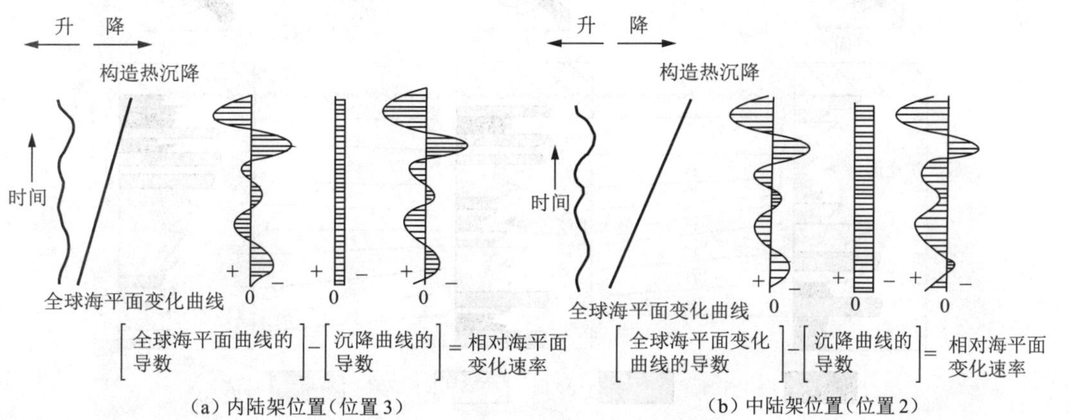

(a) 内陆架位置(位置 3)　　(b) 中陆架位置(位置 2)

图 11-9　相对海平面对差异构造沉降的反应(据 Posamentier 等,1988)

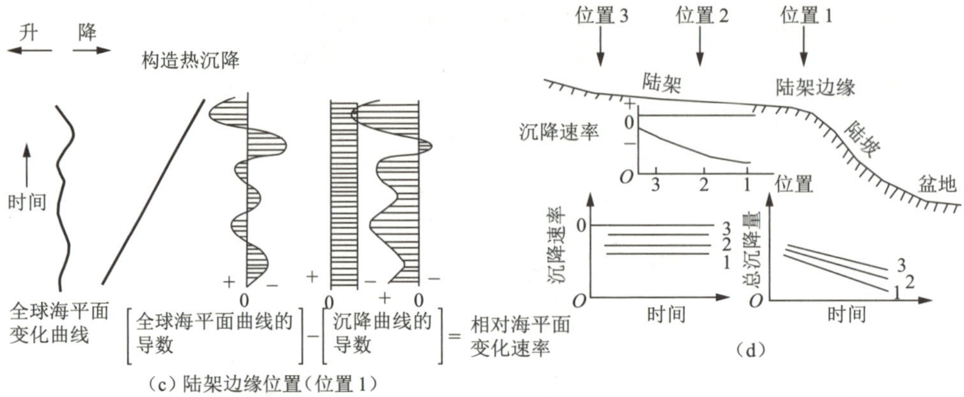

图 11-9(续)　相对海平面对差异构造沉降的反应(据 Posamentier 等,1988)

相对海平面上升速率大于沉积物供给速率,前积作用仅可发生在该海侵沉积旋回的开始和结束时期。当沉积物供给速率处于中等时,海侵和高位体系域近似于同期发育(图 11-10a 中的 B 处),最大洪泛面发育的时间早于图 11-10(a)中的 A 处。当沉积物供给速率较高时(图 11-10a 中的 C 处),拐点 R 附近的沉积物供给速率大于相对海平面上升速率,因而发生岸线进积作用。在拐点 R 之后发生最大洪泛作用。无论沉积物供给速率快慢,低位侵蚀作用都是同时发生的。沉积物供给速率的变化会影响可容空间被充填的速率,而沉降

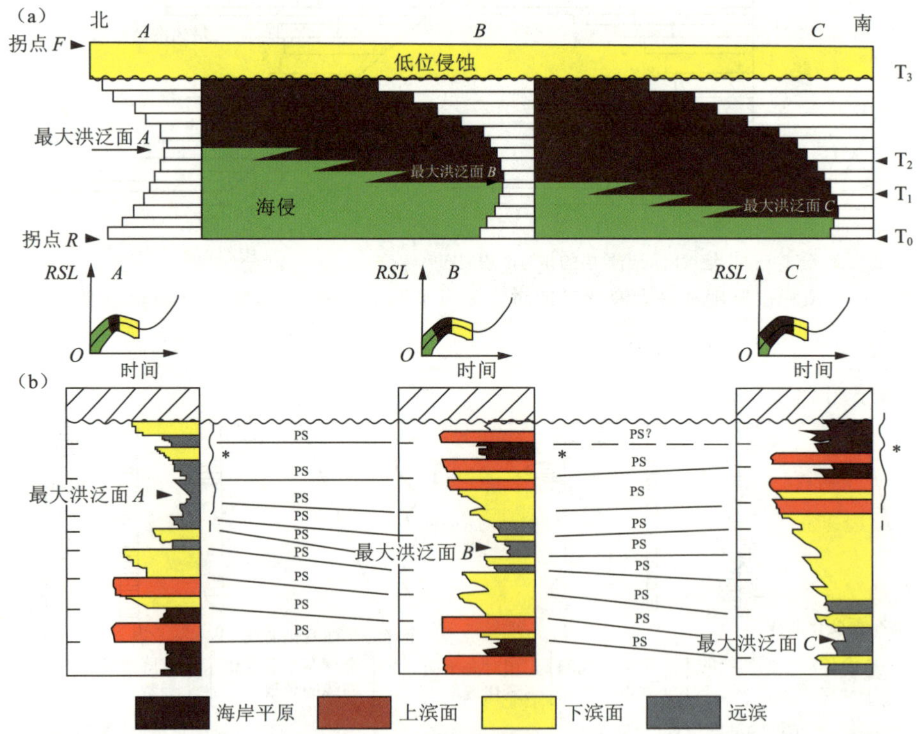

* 在低位期间河流下切形成的潜在改造　　PS　准层序　　RSL　相对海平面变化

图 11-10　盆地边缘沉积物供给速率的侧向变化及其地层叠置样式(据 Wehr,1993)

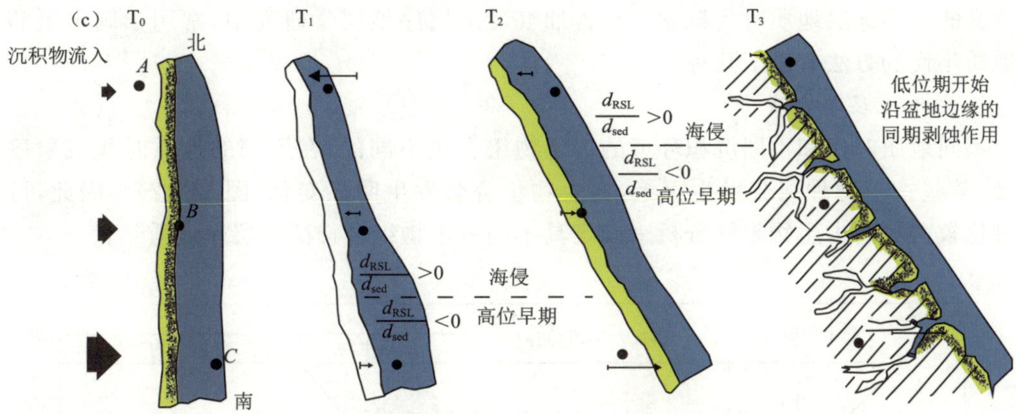

图 11-10(续)　盆地边缘沉积物供给速率的侧向变化及其地层叠置样式(据 Wehr,1993)

d_{RSL}—海平面变化幅度;d_{sed}—沉积物供给速率变化幅度

速率的变化会影响新增可容空间的变化。在相对海平面上升时期,沉积物供给的侧向变化(如三角洲朵叶迁移)将会影响体系域的侧向分布。所以,Wehr(1993)认为,在区域范围内,体系域不一定都是一个等时地层单元。

近年来数值模拟研究表明,单一沉积物供给的变化就能够产生层序界面,形成以沉积物供给主导的层序(Zhang 等,2019)。这种层序类型与强制海退所产生的层序界面较为相似(图 11-11),均以退覆(offlap)地层终止关系发育为特征,然而这种层序内部通常缺乏相对海平面下降的相关证据(如陆上暴露标志、滨线轨迹向下迁移等)。

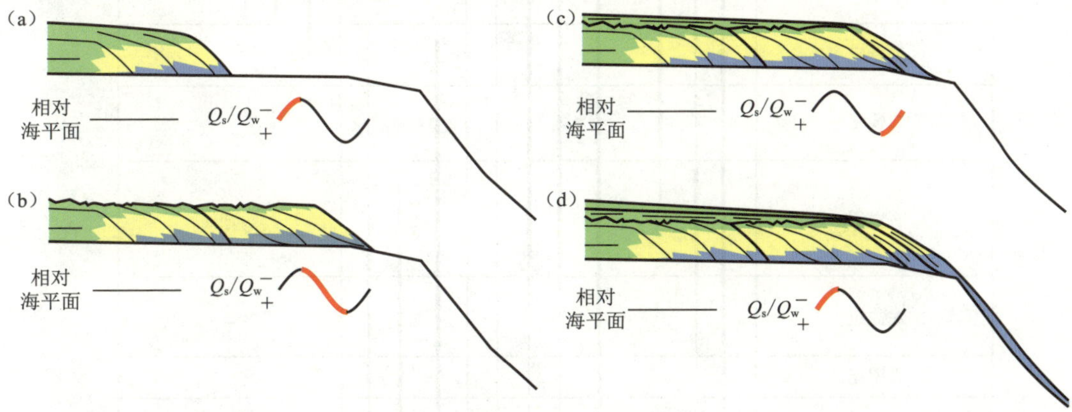

图 11-11　沉积物供给主导下的层序地层演化及层序界面形成模式(据 Zhang 等,2019,有修改)

Q_s—沉积物供给量;Q_w—河流流量

第二节　层序地层学研究方法

一、沉积层序年代标定方法

在利用多种标志确定了层序边界,建立了层序地层年代格架之后,应赋予具有年代地层意义的层序地层地质时代概念。在含油气盆地层序地层学研究中，常用于确定沉积层序地质年代的方法有以下几种。

1. 生物地层学方法

不同地质时代和不同沉积环境的古生物组合是不同的，在不同的地质时代或层序边界处，某些古生物种属会发生灭绝，古生物组合会发生明显变化（图 11-12）。因此，可以通过比较密集的古生物采样分析来确定具不同古生物组合特征的层序地质年代。

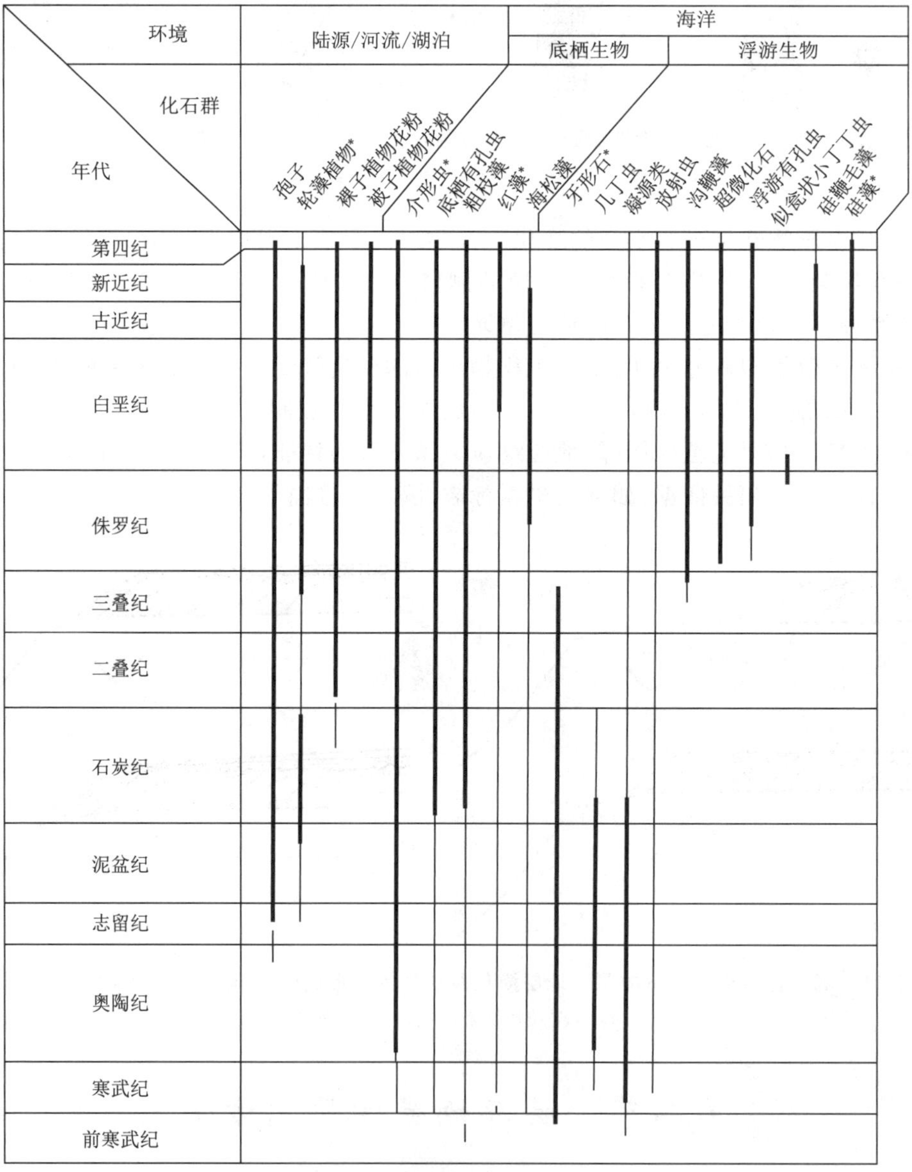

* 含淡水介形虫、咸水轮藻、底栖和淡水硅藻以及牙形石

图 11-12　海陆环境微体古生物地质时代分布（据 Emery 等，1996）

在利用生物地层学方法确定沉积层序地质年代时，要充分注意沉积厚度薄、分布广泛的凝缩层的古生物特征研究。凝缩层常由细粒沉积物组成，在考虑研究地点(露头、钻测井资料)所处的盆地位置以及层序级别和分布范围以后，应注意对生物密集层的研究。生物密集层具有以下特点：① 生物持续的时间较长；② 存在混生或共生的两个以上的化石带或化石亚带；③ 盆地中心的生物密集层多由大量密集分布的微体化石组成；④ 具有能够反映长期低速沉积、停积等特征的埋藏标志，诸如钙质化石多数被溶解、双凸形化石多数被压扁而又保存完整的特殊埋藏特征；⑤ 遗迹化石发育，在薄层黑色泥页岩层面上，遗迹化石十分发育，表明沉积速率很低；⑥ 伴生发育较多的自生海绿石、磷酸盐类矿物、生物潜穴以及地球化学异常等。

2. 同位素年代学方法

同位素地层定年的基本研究方法就是通过研究沉积地层中稳定同位素的变化特征进行地层划分对比，确定地层的地质时代。同位素地质年龄是根据自然界天然放射性同位素衰变规律进行测定的。目前，常用的古代地层同位素年龄测定方法有 K-Ar 法、Ar-Ar 法、Rb-Sr 法以及 U-Pb 法等，这些方法均有各自的优缺点。

K-Ar 法是基于^{39}K 衰变成^{40}Ar 这一机理进行定年的。K 作为地壳中丰度极高的元素，在沉积—成岩过程中会参与形成多种自生含钾矿物，如伊利石、海绿石、钾长石等。作为沉积—成岩过程的直接载体，它们的 K-Ar 年龄是恢复沉积时代和重建成岩过程的直接证据(韩志宇等，2022)。对于 U-Pb 法而言，通常利用其碎屑锆石的最小 U-Pb 年龄确定沉积岩沉积年龄的上限。如果地层被岩浆岩脉体切穿，则可采用锆石 U-Pb 法确定脉体，为沉积地层提供年代约束；当沉积岩层中夹有火山碎屑岩层时，也可作为一种间接定年的依据。例如，对鄂尔多斯盆地延长组长 7 深湖页岩中的薄层凝灰岩锆石进行锆石 U-Pb 法定年，确定其界面的绝对年龄分别为 241.06 Ma±0.12 Ma，241.558 Ma±0.093 Ma，从而将其归入中—下三叠统拉丁阶，打破了"延长组整体归属于上三叠统"的固有认识(Zhu 等，2019)。

对于富有机质沉积岩而言，Re-Os 同位素在定年方面也发挥了较好的作用(李超等，2014)。富有机质沉积岩能够吸附海水中的 Re，Os 元素，可以通过测量海水的 Re-Os 同位素体系进行定年。但陆源碎屑 Re 和 Os 元素的混入会造成 Re-Os 同位素体系不封闭，进而影响同位素年龄的准确性(韩志宇等，2022)。此外，通过与全球海水 O 同位素和 Sr 同位素的对比可以开展海相地层(主要是碳酸盐、硫酸盐及磷酸盐沉积)定年。近年来，碳酸盐岩 LA-MC-ICP-MS 法 Pb-Pb 和 U-Pb 定年技术的推广与应用为古老海相碳酸盐岩绝对地质年龄的测定提供了新的手段(沈安江等，2019)。由于碳酸盐岩后期成岩作用强烈，因此在其同位素定年分析及标准同位素变化曲线对比研究中应充分考虑后期成岩作用对该岩石组分的影响。

3. 古地磁地层学方法

岩石形成时，受当时地磁场影响而发生磁化，这种磁化的结果称为剩余磁性。岩石的剩余磁性方位反映了岩石形成时的地磁方位，全球具一致性。通过近年来的古地磁研究，人们已认识到，在过去地球发展历史中，古地磁极不是永远不变的，而是随着时间的推移发生周期性变化；不同板块在不同地质时期岩石的古地磁方位是可以不同的，但同一板块内相同地质时期岩石的古地磁方位基本上是一致的；在地质历史时期，地球磁场极性方向变化是一种十分频繁的现象，它有时与现今地球磁场极性方向相同，有时却相反。这种地质历史时期地球磁场的极性倒转现象具有全球性和同时性。当地质历史时期地球磁场极性与现今一致时称为正向极性，反之称为负向极性。根据古地磁极向的测定，综合考虑古生物和同位素（主要是火山岩 K-Ar 定年）年代资料，便可建立一个反映岩石地质年代的时间表。目前应用较为广泛的 CK95 地磁极性年表年龄及之后不断更新的古地磁极性年表 GPTS 都综合了天文调谐的研究成果，已应用于建立最新的地质年表工作中（图 11-13）。

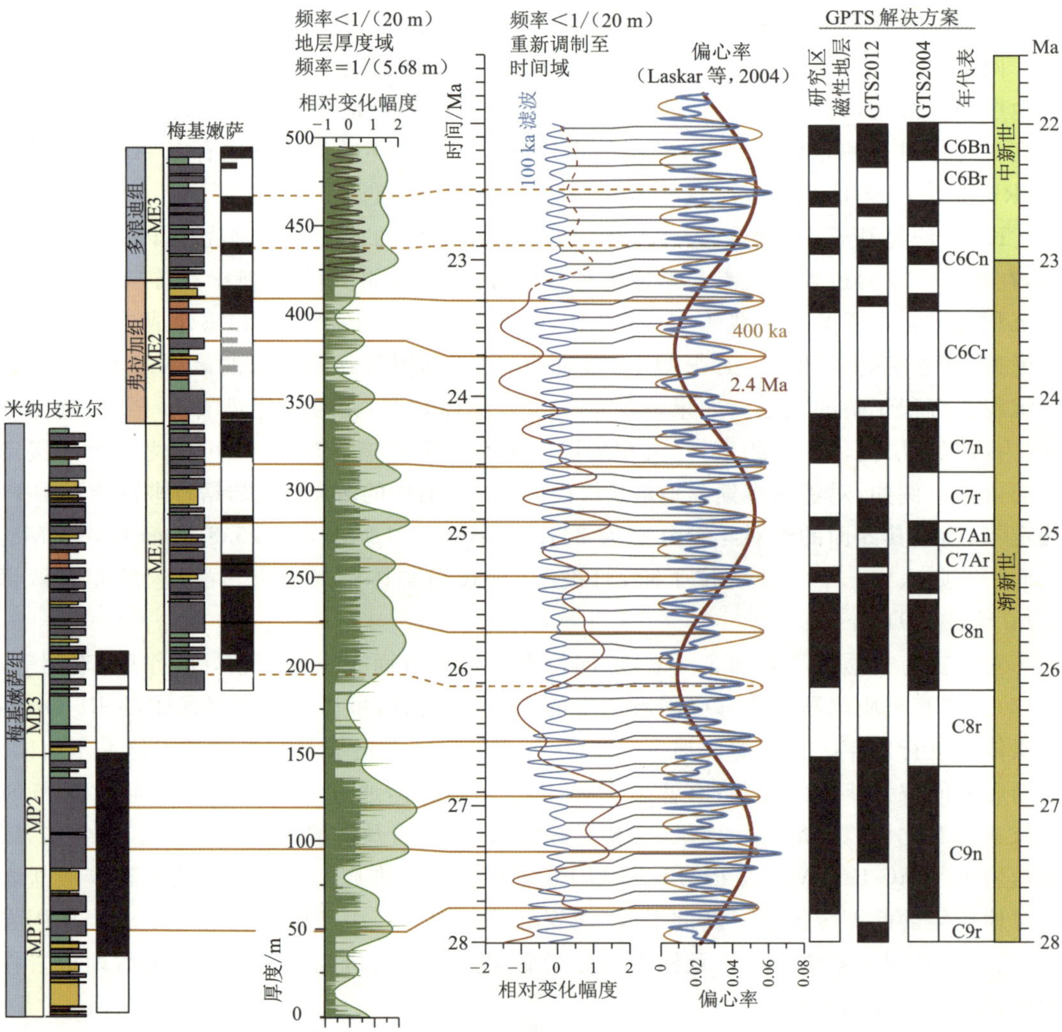

图 11-13　西班牙埃布罗盆地新生代古地磁-天文调谐年龄格架（据 Laskar 等，2004；Valero 等，2014）

岩石中的天然剩余磁性是由原生剩余磁性和次生剩余磁性组成的。若能将两者分离开来，岩石中保存的原生剩余磁性方向就是岩石形成时期的地球磁场方向。在野外露头或盆地覆盖区，通过了解岩性、古生物分布、地质环境、构造活动以及沉积速率等特征，选择很少风化、地质构造简单、连续的地层剖面，实施定向采样。采样的密度取决于连续地层剖面的岩性和沉积速率的变化，以保证逐层密集采样，不漏掉各种不同极性的磁化带。然后，通过测定岩石剩余磁性或分离岩石剩余磁性中的原生和次生组分，进而得出岩石剩余磁性的极性、平均剩余磁性方向以及所在地质时期古地磁极位置，并与标准古地磁极性年表进行对比，以确定沉积地层的地质年代。

4. 旋回地层学方法

太阳系中地球与太阳、月亮和其他行星之间的万有引力作用导致地球围绕太阳的公转运动和地球的自转轴发生周期性的摄动，表现为地球轨道参数地轴斜率、偏心率和岁差发生周期性变化，引起地球表面日照量的周期性变化，从而造成全球气候的周期性变化，并记录在对气候变化响应敏感的沉积系统中（吴怀春等，2011）。通过对古气候替代性指标的深入分析和数学方法的处理，如插值、去噪、频谱分析、小波分析、滤波和调谐等，人们有可能识别出可靠的米兰科维奇旋回，并建立天文时间标尺（图 11-13）。

目前，米兰科维奇旋回正不断地从不同地质历史时期的海、陆相地层中被揭示出来。将沉积记录或古气候替代性指标的旋回变化调谐到天文目标曲线上，所获得的天文年代标尺能够确定出各种地质事件和过程的年代和持续时间。即使没有绝对年代的控制，所建立的浮动天文年代标尺也具有相对时间概念，对于确定持续时间仍具有无可比拟的优势。

5. 地球物理标定方法

通常情况下，人们都是采用多种资料对覆盖区沉积序列进行层序地层综合研究的。如何将钻测井资料的层序划分方案与地震资料的层序划分方案进行对比并赋予地震层序的地质年代意义是一项十分重要的工作。当人们利用生物地层学方法、同位素年代学方法、古地磁地层学及旋回地层学方法等确定了钻测井资料所划分的沉积层序地质年代以后，常采用 VSP 和人工合成地震记录的方法对已划分的地震层序进行地质年代标定对比，建立钻测井资料上的沉积层序与地震层序的对应关系，进而赋予地震层序以地质年代意义。实践已证明，这是一种行之有效的方法（图 11-14）。

二、可容空间分析方法

1. 可容空间与全球海平面变化和构造沉降的关系

含油气盆地勘探开发前期储集层研究的重要内容之一是评价储集层的连续性。这些储集层的性质很大程度上依赖海平面升降、构造沉降和沉积物供给速率三种主要地质变量的时空作用关系。形成储集层的沉积物要想沉积下来，就必须存在一个可供沉积物堆积的可容空间，它是全球海平面升降变化和构造沉降的函数，也就是说海平面的相对升降变化特征决定了是否存在可供沉积物沉积的可容空间。许多沉积盆地地质历史分析表明，全球海平面升降变化的频率比构造沉降作用变化要大。因此，在一个有限的时间段内分析可容空间的增大与减小，可假定某一地区具有恒定的构造沉降速率。在一个沉积盆地中，尽管海平面升降变化特征相同，但构造沉降速率的变化会影响可容空间的增大与减

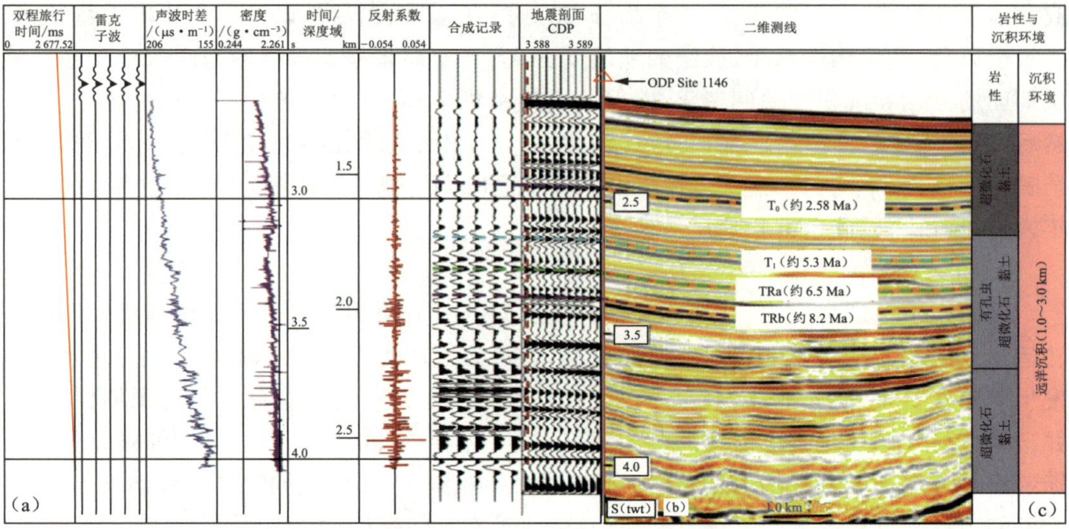

图 11-14　南海大洋钻探 ODP1146 井震标定及年代层序地层格架（据 Sun 等，2019）

小。可容空间随时间的增减变化曲线可以通过构造沉降曲线和海平面升降曲线叠加而获得。在构造沉降比较缓慢的盆地部位，最大可容空间位于最高海平面处。在海平面刚开始上升的时间零点处，可容空间仅仅由构造沉降的数值所表示。在中等构造沉降的盆地部位，最大可容空间出现的时间滞后于最大海平面出现的时间。在快速构造沉降的盆地部位，即使海平面处于下降状态，可容空间也未发生减小，这是由于构造沉降幅度大于海平面下降幅度的缘故（图 2-17）。如果自盆地边缘向中心方向构造沉降速率增加，则上述三种情况可以反映盆地边缘、中间和远离盆地边缘三个不同位置的可容空间变化情况。这种具有规律性的可容空间变化对于堆积沉积层序具有很大的影响。

在地质历史时期，可容空间的形态是不断变化的，仅考虑可容空间存在与否而不考虑可容空间变化速率与沉积速率之间的关系是不够全面的。一般来说，当可容空间为正值时，地层构型受沉积物供给速率的强烈影响。若沉积物供给速率超过可容空间增长速率，海岸线不断向海方向推进，形成进积式准层序叠置样式；若沉积物供给速率与可容空间增长速率相等，将形成加积式准层序叠置样式；若沉积物供给速率小于可容空间增长速率，海岸线将向陆方向后退，形成退积式准层序叠置样式。若可容空间为零，则发生沉积物过路现象；若可容空间为负值，则发生区域性侵蚀和下切作用（图 10-4）。

2. 可容空间与沉积物沉积速率的关系

盆地中堆积沉积物的多少是沉积物供给速率和盆地邻近物源程度的函数。若一个盆地不同部位具有相同的相对海平面变化速率，但沉积物供给速率不同，那么就会产生不同的古水深和岩相变化。图 10-4 和图 10-28 代表了距物源不同距离、不同沉积物供给速率以及三个特定位置处可容空间与沉积物沉积速率和水深的关系。在沉积物供给速率较小的部位，沉积物可容空间大于沉积物的体积，岸线向陆迁移并随之发生海侵，水体深度明显增加，偏泥的海相地层沉积于距海岸线有一段距离的部位。由于这些偏泥的海相沉积堆积于基准面之下，所以沉积物沉积速率受沉积物供给速率的控制，而不反映可容空间增长速率的变化。对于中等沉积物供给速率而言，海底沉积物能够加积到海平面的位置。在初始阶段，可容空间增长速率大于沉积物供给速率，以海侵为特征。后来随着相对海平面上升速率的降低，岸线不断向盆地边缘迁移，直至海相沉积物加积到海平面的位置。此后，沉积物供给速率超过可容空间增长速率，沉积物主要在海平面附近沉积，并发育海岸平原沉积，而未能被海岸平原容纳的过剩沉积物则向盆地方向搬运。随着可容空间逐渐减小，先前的沉积物可能会遭受剥蚀。在沉积物快速注入处，沉积物供给速率总是大于可容空间增长速率，发育海岸平原或三角洲平原沉积物，并同时伴有持续的岸线后退。在海平面相对下降期间，可容空间消失，先期沉积可遭受侵蚀作用(图 10-4、图 10-28)。

三、层序地层时频分析方法

层序地层学的旋回划分研究主要是层序地层单元界面和最大海(湖)泛面的识别。层序界面对应于侵蚀不整合面或无沉积间断面及与之对应的整合面，最大海(湖)泛面是划分海(湖)侵体系域和高位体系域的界面。根据沉积学理论，沉积物不同的韵律特征形成不同级次的地层沉积旋回。测井曲线上不同的幅度和频率特征可直接反映不同层序界面岩性和沉积特征的差异，利用测井曲线的形态、幅度和趋势的变化可直接反映沉积环境的改变，而沉积环境的改变形成层序界面。因此，岩性突变、沉积韵律是影响测井响应及测井形态的两个重要因素，测井曲线是载有地层沉积旋回信息的信号。

随时间变化的特征信号可分为平稳信号和非平稳信号。对于平稳信号，根据傅里叶分析方法，可以单独从时间域或频率域来观察。对于非平稳信号，单独从时间域或频率域观察不能显示非静态的统计特性并充分地描述信号的特征。当时间序列可能包含主周期信号时，这些信号在较长的时间周期中振幅和频率可能是变化的。该类信号在任意时刻的频率特征都很重要，因此促使人们研究一种新方法将时间域和频率域结合起来描述、观察信号的时频联合特征，建立信号的时频谱，这就是时频分析方法，又称时频局部化方法(胡昌华等，1999)。

1. 时频分析方法的原理

时频分析方法包括线性时频分析方法和非线性时频分析方法两大类。若信号 $h(t)$ 是几个分量的线性组合，并且 $h(t)$ 是每个信号分量的相同线性组合，则称为线性时频表示，否则称为非线性时频表示。通过短时傅里叶变换和小波变换方法进行的时频分析方法属于线性时频分析方法。

小波分析方法是一种窗口大小固定但其形态可改变、时间窗和频率窗都可以改变的时频分析方法，即在低频部分具有较低的时间分辨率和较高的频率分辨率，在高频部分则具有较高的时间分辨率和较低的频率分辨率。连续小波变换 $W_f(a,b)$ 定义为：

$$W_f(a,b)=|a^{\frac{1}{2}}|\int_{-\infty}^{\infty}h(t)\psi^*\left(\frac{t-b}{b}\right)\mathrm{d}t \tag{11-10}$$

式中，a 为尺度因子，$a\neq0$；b 为时移因子；ψ^* 为共轭小波函数；t 为时间。

连续小波变换具有时频局部化和时频窗口可调的特点，可实现测井资料和地震资料的时频分析。通过小波变换可以将一维深度域的测井曲线资料转换为二维的深度-波数域，也可以得到地震波的时频特征及其变化规律，提取不同尺度级别的信息，从而识别和划分不同级次的层序界面及沉积旋回。

2. 时频剖面的地质周期解释

测井信号通过小波变换处理后，其频率结构可显现出来，并可探测到反映沉积环境突变的各个频率段之间的突变点或突变区域。由多个不同周期（尺度）沉积旋回叠加的测井曲线通过小波变换被分解为各自周期独立的沉积旋回，以不同尺度的形式展示出来，通过考察小波时频能量图局部能量团的变化和多种伸缩尺度的周期性振荡特征，可分析沉积旋回特征。

进积型层序的砂层厚度、砂泥比向上逐渐变大，代表沉积水体环境从深到浅、沉积物粒度从细到粗、水动力环境逐渐增强的沉积环境。自然伽马曲线经小波分析后得到的时频特征图表现出能量团逐渐增大的特征（图 11-15a）。

退积型层序的砂层厚度、砂泥比向上逐渐变小，代表沉积水体环境从浅到深、沉积物粒度由粗到细、水动力环境逐渐减弱的沉积环境。自然伽马曲线经小波分析后得到的时频特征图表现出能量团逐渐减小的特征（图 11-15b）。

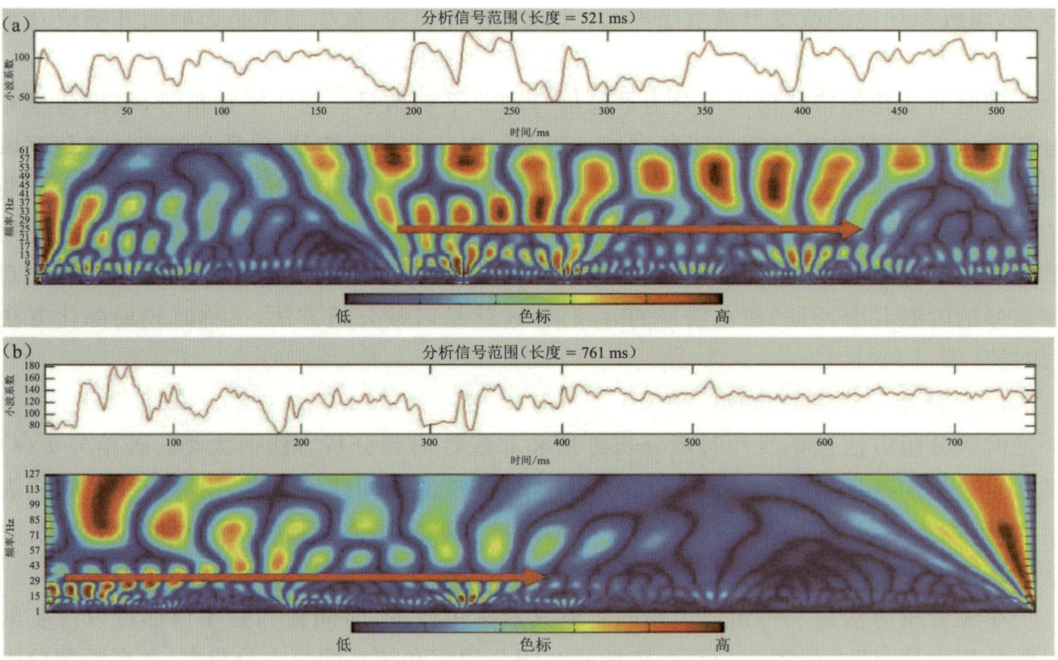

图 11-15　进积型与退积型地层叠置样式时频特征图（据周建，2014）

四、滨线与陆架边缘轨迹分析方法

斜坡地形指的是沉积地层向深水区进积或前积而形成的 S 形倾斜沉积面，由底积层、进积层和顶积层三部分构成，这种斜坡地形普遍存在于陆架和陆架边缘地区。根据轨迹迁移的研究尺度，坡折带地形分为滨线坡折带地形和陆架边缘坡折带地形两种（图 11-16）。

其中，滨线坡折带地形形成的前积层规模较小，记录的时间尺度为 $10^2 \sim 10^5$ a，其迁移轨迹记录了不同时期的滨线位置；陆架边缘坡折带地形形成的前积层规模较大，记录的时间尺度为 $10^4 \sim 10^6$ a，其迁移轨迹记录了不同时期陆架边缘的位置（Helland-Hansen 等，2009）。有时由于海平面的剧烈下降，滨线常被推进到陆架边缘，此时陆架边缘轨迹和滨线轨迹逐渐重合，难以分辨。迁移轨迹分析是对坡折带体系侧向和垂向地貌特征和相应沉积环境迁移的层序地层学研究方法，着重关注迁移路径及方向。相比传统层序地层学的研究方法，迁移轨迹分析具有四点优势：① 综合考虑可容空间与沉积物供给速率变化；② 在连续演化的背景下进行迁移轨迹分析；③ 没有既定的假设，特别是传统层序地层学理论中强调的 S 形海平面变化和固定的沉积物供给量；④ 不用过分关注和识别关键界面（如最大海泛面和层序界面）。

1. 迁移轨迹类型及定量表征方法

根据迁移方向，滨线及陆架边缘迁移轨迹可以分为两大类：向陆方向迁移和向盆地中央方向迁移（图 11-16）。虽然峡谷下切、溯源侵蚀等作用可能导致陆架边缘短时间内向陆迁移，但一般而言，能观察到的大规模陆架边缘轨迹主要是向盆地中央方向迁移。根据迁移轨迹的形态特征可将向盆地中央方向迁移轨迹分为上升型、平缓型和下降型三种类型。

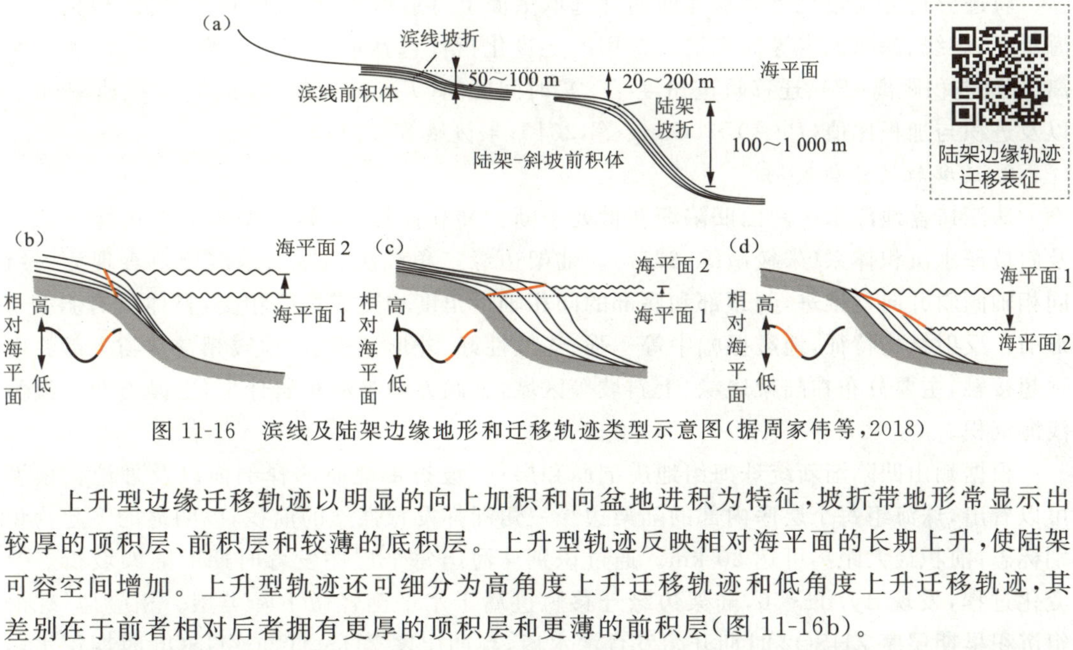

图 11-16　滨线及陆架边缘地形和迁移轨迹类型示意图（据周家伟等，2018）

上升型边缘迁移轨迹以明显的向上加积和向盆地进积为特征，坡折带地形常显示出较厚的顶积层、前积层和较薄的底积层。上升型轨迹反映相对海平面的长期上升，使陆架可容空间增加。上升型轨迹还可细分为高角度上升迁移轨迹和低角度上升迁移轨迹，其差别在于前者相对后者拥有更厚的顶积层和更薄的前积层（图 11-16b）。

平缓型边缘迁移轨迹以明显的进积为特征，坡折带地形发育较薄的顶积层及较厚的前积层和底积层，指示沉积时海平面相对稳定（图 11-16c）。

下降型边缘迁移轨迹以明显的进积为特征，坡折带地形不发育顶积层或发育极薄的顶积层，但发育较厚的前积层和底积层。下降型轨迹反映了相对海平面的长期下降，造成陆架可容空间变小。根据迁移轨迹的角度大小，可进一步细分为高角度下降迁移轨迹和低角度下降迁移轨迹（图 11-16d）。

在沉积层序低位体系域和高位体系域中，沉积滨线通常贯穿于顶积层的转换区域，从而响应于高频层序的旋回变化特征(图 11-17)。陆架边缘迁移轨迹则是更高级别的滨线迁移轨迹，仅在低位体系域或强制海退体系域晚期，滨线迁移轨迹才有可能与陆架边缘迁移轨迹重合(Catuneau，2019a)。

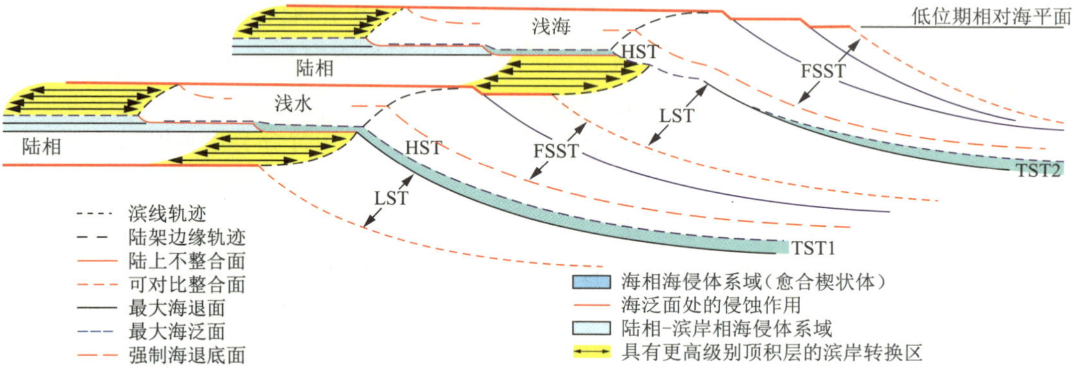

图 11-17　海相硅质碎屑体系滨岸轨迹与陆架边缘轨迹对比(据 Catuneau，2019a)

轨迹分析的定量化计算参考面通常选取平面上可追踪的、连续的古水平面，包括最大海泛面、煤线、深海泥岩等标志层。常用的定量化指标包括坡折带地形高度(R_c)、加积距离(A)、进积距离(P)、迁移轨迹角度(T_{se})、时间区间(T)、进积速率(R_p)、加积速率(R_a)以及进积与加积比值(P/A)等(Gong 等，2015；朱筱敏等，2017)。

2. 迁移轨迹分析实例

珠江口盆地深水区鹤山凹陷渐新世处于断坳转化阶段，发育典型的陆架边缘三角洲及斜坡深水沉积体系(朱筱敏等，2017)。陆架边缘三角洲沉积体的地震反射表现为一组同相轴倾斜并向盆推进，与顶部和底部的同相轴呈角度相交或切线相交，整体具有斜交-S形前积反射结构特征，地震振幅中等—强、连续性好，外形呈楔状，地震相常常与上部界面顶超接触，主要分布在陆架边缘、上斜坡等区域，下倾方向与浊积岩伴生，上倾方向过渡为浅海沉积。

根据鹤山凹陷渐新统珠海组地震剖面和层序、坡折带地质解释剖面以及理论化模型可以看出，珠海组每个层序内部的陆架边缘三角洲都发育强烈的前积，以明显的下超为识别标志，前积最大距离可达 20 km。通过识别珠海组每个层序发育时期的陆架坡折点及变化过程，发现 $dy/dx<0$，陆架边缘迁移轨迹属于水平至轻微下降类型。相应地，珠海组沉积早期层序 ZHSQ2 时期开始发育深水扇，晚期层序 ZHSQ5 与 ZHSQ6 时期深水扇规模达到最大，可见叠合连片的海底扇(图 11-18)。显然，鹤山凹陷渐新统珠海组海底扇沉积规律总体上符合陆架边缘迁移轨迹与深水扇发育关系的理论预测模型。

五、层序地层正演模拟方法

计算机数值模拟是借助运算功能强大的计算机系统，采用定量、预测或推导的方式来

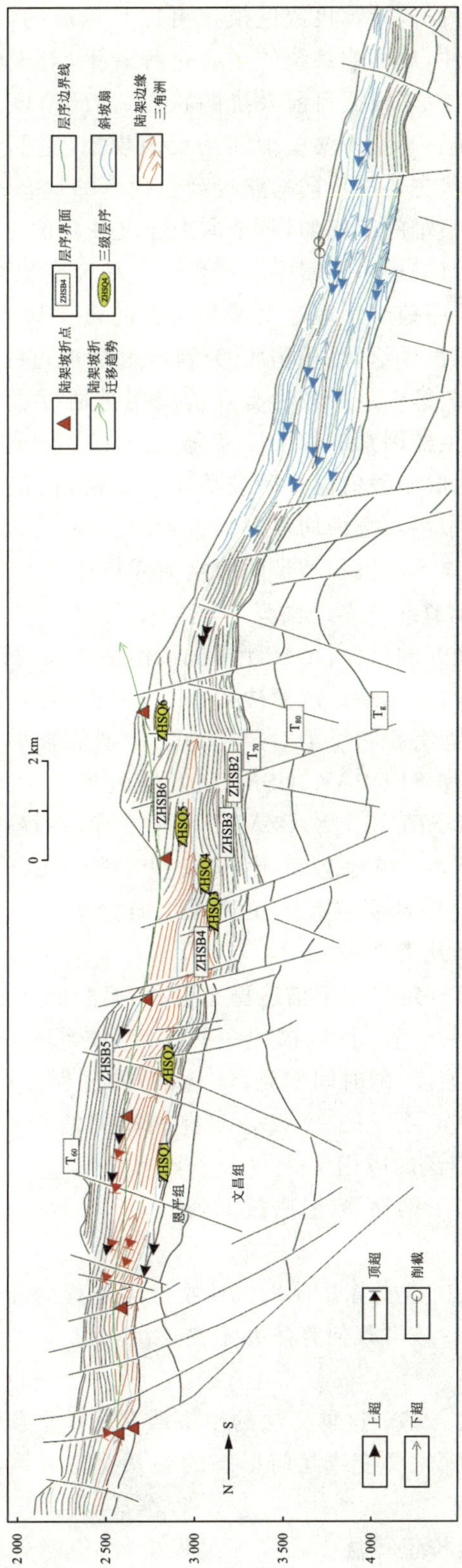

图 11-18 珠江口盆地鹤山凹陷渐新统珠海组陆架边缘迁移实例(据朱筱敏等,2017)

建立地质系统的数字响应特征。计算机数值模拟可以是正演的，也可以是反演的。在正演模拟过程中，给定边界条件，从影响系统的主要过程着手，对模型运行一段时间并观察模型系统的变化。反演模拟就是根据目前系统的状态，去模拟该系统的初始状态和到达目前系统状态所经历的过程。不论正演模拟还是反演模拟，它们都有自己的优缺点。众所周知，可以由一系列初始状态通过不同的路径到达现今的状态。也就是说，证明充分性是容易的，而证明必要性是很难的。例如，一个向上粒度变粗的序列可以是由海退进积旋回产生的，但无法说明只有海退进积旋回才能产生向上粒度变粗的沉积序列。

层序地层正演模拟是层序地层学理论发展与完善的重要研究手段与技术方法，是对盆地沉降，海平面变化，沉积物供给，沉积物压实、沉积和剥蚀过程及沉积体形态参数等的定量描述（朱红涛等，2007）。其中一种较为有效的应用是通过层序地层模拟方法验证层序解释方案，并进一步预测主控因素的相关性变化，进而校正盆地充填的地质模型。计算机技术的不断发展为层序地层学数值模拟研究奠定了基础，使得层序地层正演模拟技术从模拟尺度、模拟空间和模拟手段方面均取得了极大的发展，进而深入揭示了层序叠置样式和发育过程，明确了沉积体系和沉积相带的时空演变规律。

1. 常用的地层正演模拟程序及算法类型

基于层序地层学模拟研究的目标，结合计算机工作站强大的计算功能，一系列层序地层模拟程序逐渐形成和完善，可以通过改变边界条件，模拟不同时间尺度下盆地沉降、海平面变化、陆源碎屑和碳酸盐沉积物供给对层序地层构型的影响。层序地层数值模拟已经从早期的二维正演化程序 SEDPAK，CSM2D 发展到现今国内外常用的模拟程序如 SEDSIM，DIONSOSFLOW，SEDFLUX，CSM3D，GPM 等，在模拟算法和模拟精度方面有了显著提高。除此之外，一些地貌演化模拟程序如 LEOCODE，BADLANDS 和 FASTSCAPE 也可被用于层序地层构型的正演模拟研究中。以上这一系列的地层正演数值模拟程序主要基于以下几类算法：

（1）扩散算法。Fick 第一定律用于描述稳态过程，而非稳态过程则用 Fick 第二定律来描述。Fick 第二定律（扩散方程）可以描述一些参数（如沉积物分布）和影响这些参数的空间梯度（如斜坡或流体速度）随时间变化（非稳态）的过程。对于计算机数值模拟，变化率是与时间、空间有关的变量，而梯度仅是与空间有关的变量。在模拟沉积过程中，Fick 第二定律已经得到了广泛的应用。

（2）流体流动算法。基于网格-标记法技术，流体流动 Navier-Stokes 方程能够描述沉积物-水体的二维变化。

（3）几何控制沉积算法。这类算法使用沉积物搬运过程的几何逼近算法来控制沉积物的沉积、搬运及剥蚀过程。该类几何算法并不描述沉积过程，而是描述由沉积过程所形成的沉积体几何形态。

（4）经验数值逼近算法。基于这种算法的模拟通常用一个预设函数来描述沉积物响应与地质过程或条件（如水深）、梯度或几何形态的关系。这类算法的模型通常使用经验或地质数据来逼近沉积过程。

（5）沉积物搬运的构造校正算法。在模拟过程中，需要考虑导致沉积物变形的构造算法。许多正演的地层-沉积模型采用构造变形算法。此外，还出现了一些新的构造模拟方法，如应用于造山带-前陆盆地的综合动力学平台模拟和用于裂谷被动大陆边缘的精细构造模拟。

2. *层序地层正演模拟研究实例*

北海盆地南部荷兰海域 F3 区块上新世主要发育河流-三角洲体系，在地震剖面上表现为大型 S 形前积反射结构。在区域地震解释的基础上，重建研究区的地貌，同时结合 Haq 等(1987)全球海平面变化曲线及研究区沉降与隆升速率，利用 Petrel 软件 GPM 模块对上新世发育的大型三角洲三维建造过程和三级层序演化进行了正演数值模拟(图 11-19、图 11-20)。通过与钻井岩性和地震地层解释的对比，不断校正该研究区的层序地层模型，从而达到沉积相展布及有利储层预测的目的(Lejri 等，2017)。目前通过层序地层正演模拟方法，已经可以建立千年时间尺度的层序地层学数值模型，为高精度层序地层学精细研究提供了有效手段(Csato 等，2014)。

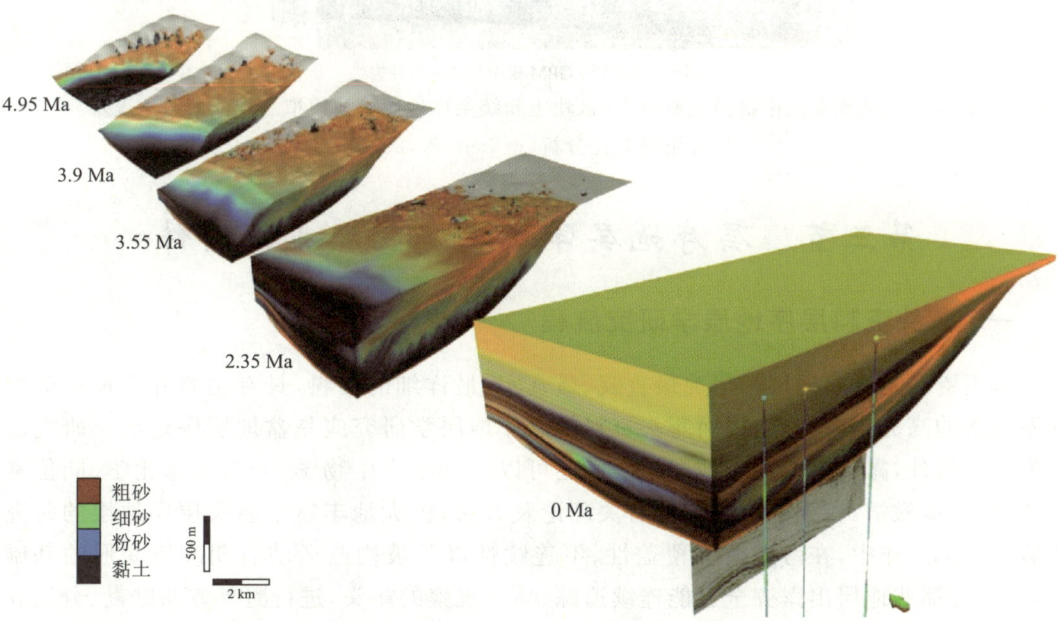

图 11-19　北海盆地南部荷兰海域 F3 区块上新统三维层序地层正演模拟结果
(据 Lejri 等，2017)

六、层序地层学综合研究方法

层序地层学综合研究就是根据地震、钻测井和露头资料，结合相关沉积环境和岩相特征，对地层分布样式做出综合解释。因此，从资料类型角度出发，露头、钻测井和地震资料的层序地层学研究是基本的层序地层学解释方法。也就是说，可充分利用露头和岩芯资料详尽的沉积特征、古生物组合和层序界面特征、测井资料的垂向沉积连续性和高分辨率优势以及地震资料所反映的沉积体几何形态、相互接触关系，完整系统地划分地层层序，建立年代地层格架，重建盆地沉积发展史和盆地演化历史。

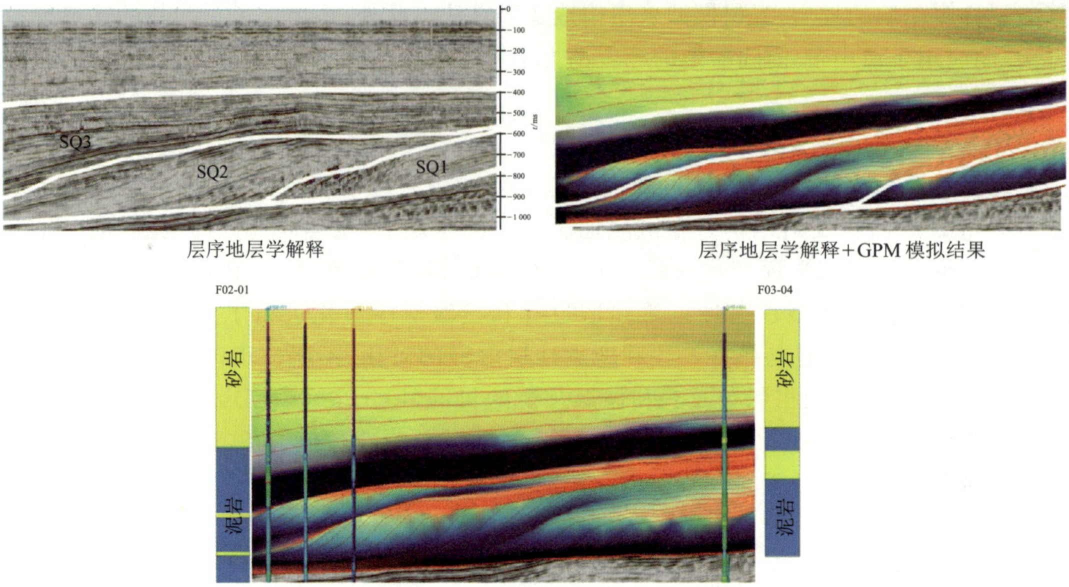

层序地层学解释　　层序地层学解释+GPM 模拟结果

层序地层学解释+GPM 模拟结果+钻井岩性

图 11-20　北海盆地南部荷兰海域 F3 区块上新统层序地层正演模拟二维剖面与地震及钻井资料对比分析(据 Lejri 等,2017)

第三节　层序地层学研究流程和成果图件

一、露头资料层序地层学研究流程

露头资料是层序地层学研究最直观、最真实、最详细的资料,具有钻测井和地震资料所不具备的高分辨率特点,因而露头资料的层序地层学研究应是盆地层序地层学研究的出发点。另外,露头资料层序地层学研究还可以借助于古生物学、岩石地球化学、同位素地质学、古地磁学,特别是沉积学的有关理论及方法,极大地丰富了露头层序地层的研究内容。实际工作中,在考虑露头覆盖性、不连续性以及被构造运动后期改造变形的基础上,可选择那些地层出露齐全且能连续追踪、易于观察的露头,进行野外露头踏勘、分层和丈量,收集层序边界、体系域和凝缩层及沉积相标志,进行高分辨率层序地层学解释。基本研究流程(图 11-21)如下:

(1) 识别层序界面,划分层序类型。层序界面的识别标志有构造不整合面、铁质和铝质风化壳、古土壤和植物根土层、底砾岩层、下切谷及其充填物、地层接触关系、颜色和岩性的垂向变化、沉积相突然向上变浅或地层叠置样式突然变化等。

(2) 从生物地层学的角度确定层序单元的年代,并努力使之与全球海平面升降曲线拟合。

(3) 以岩性、岩相以及地层叠置样式来确定各地层层序的凝缩层、体系域和准层序组特征,运用可容空间概念进行沉积相分析,明确各层序中体系域组合特征、准层序叠置样式以及沉积体系时空分布。

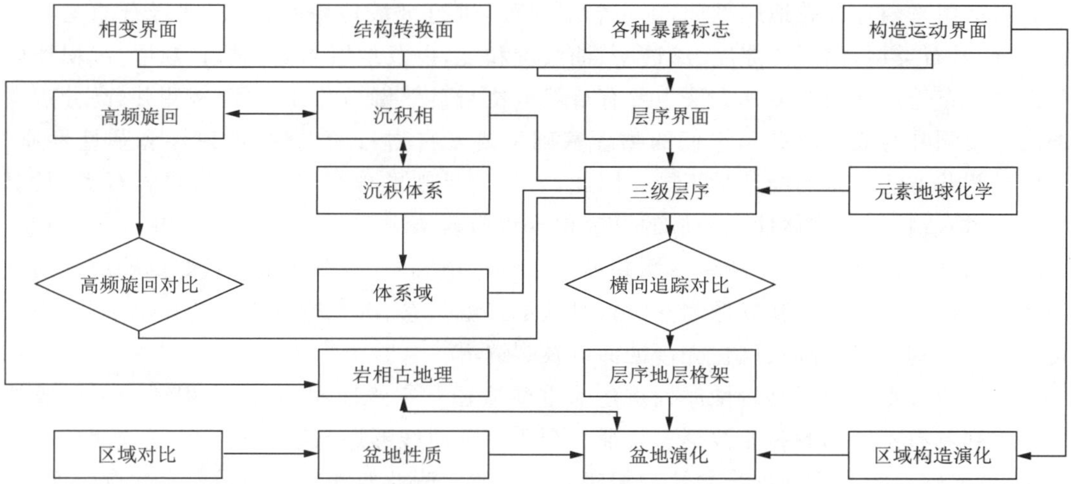

图 11-21　基于露头资料的层序地层学研究流程图(据王华等,2002)

(4) 对露头储层特征进行精细研究,包括沉积学分析、成岩作用分析、储层物性及非均质性分析,建立储层地质模型和地质知识库,以达到地下储层预测尤其是井间储层预测的目的。

(5) 编制露头层序地层学综合分析图及不同露头的层序地层对比图,并努力建立与钻测井和地震层序的对应关系。

(6) 对露头层序的生储盖等成藏要素进行初步评价,指出较有利的生储盖组合。

当然,露头层序地层学研究也存在一定的局限性。这主要表现为地表露头的不连续性。对大多数研究区来说,出露的沉积地层往往是有限的,加之地表的不均匀覆盖,使人们难以在三维空间观察研究层序边界、体系域类型和准层序叠置样式以及沉积体之间的几何接触关系。例如,在盆地不同沉积部位,层序边界的特点是不同的,在盆地内部层序边界上、下地层可能是连续沉积的,单凭一两个露头确定层序边界及其类型有时是困难的,甚至是不可靠的,所以要在区域范围内进行地质填图、精细岩相古地理研究,才能实现层序边界的等时追踪对比。

随着科学技术的不断进步,基于露头资料的层序地层学研究手段日益丰富,所建立的层序地层格架的精度也越来越高。目前的露头层序研究通常采用多种野外与室内测试分析技术,根据伽马能谱、元素地球化学、探地雷达探测、无人机测量结果,开展层序基准面的高精度厘定,建立露头-伽马能谱和元素捕获测量-元素地球化学-钻井-测井-地震综合高精度层序地层格架(朱如凯等,2011)。

二、测井资料层序地层学研究流程

在沉积盆地覆盖区,测井资料是较好的层序地层分析资料,它主要包括系统的岩芯和岩屑资料、各种测井资料,以及各种室内分析化验资料、合成地震记录、VSP 等。

利用测井信息分析沉积层序特征是利用测井资料开展层序地层学综合研究的重要内容。在层序地层学研究中,可通过测井资料研究沉积作用对沉积物组合的控制。而测井信息可被用来划分井孔地层剖面，确定岩层厚度，进行区域地层对比，识别岩石的主要矿物成分、岩石类型，储层孔隙度、渗透率、油气饱和度，以及地层倾向、倾角、断层、沉积环境与砂体分布等。常用的测井方法主要有自然电位与自然伽马测井、电阻率测井、高分辨率地层倾角测井与成像测井。它们的物理基础主要来自岩石的电性、放射性和弹性性质。不同的测井方法测量的物理量不同。因此，它们所反映的地层参数不同，对岩石类型、沉积结构、构造特征与流体性质响应的灵敏程度也有较大差异。自然电位测井、声波测井、电阻率测井、自然伽马测井和密度测井等方法对矿物成分、岩石类型有较好的响应。高分辨率地层倾角测井资料和成像测井资料对地层接触关系、沉积构造现象的显示十分清晰，可以识别层理、不整合面、风化壳侵蚀面以及裂缝等。

测井曲线形态分析是岩性序列重建的重要途径。实践证明，不同沉积环境下形成的岩性序列具有不同的测井曲线形态特征。利用测井曲线形态与砂体沉积特征之间的相互关系，就能够对测井序列进行岩性和相序列的重建。测井曲线分析的主要参数有幅度、形态、接触关系、曲线光滑程度和齿中线特征。Allen(1975)首先将自然电位测井曲线与微电阻率测井曲线组合在一起，提出了五种测井曲线组合形态的基本类型：顶部或底部渐变型、顶部或底部突变型、振荡型、块状组合型和互层组合型。通过进一步研究可以将其区分为单层形态和复合形态。单层形态指单个砂层的测井曲线形态，主要包括箱形、钟形、漏斗形。复合形态是单层形态的组合，根据接触关系可以分为渐变型与突变型。对于不同的类型，又可以按照曲线的光滑程度进一步区分为光滑型与锯齿型。通常用蛛网图表示岩性在不同类型测井曲线上的综合响应。根据不同曲线组合类型与蛛网图形式可以较准确地识别岩性与沉积相。

测井资料分析可用于地震地层学、生物地层学、同位素地层学、旋回地层学及磁性地层学建立的等时地层格架内的准层序与体系域的识别(王贵文等，2000)。在测井资料层序地层学解释时，应选择那些地层序列完整、取芯井段长、室内分析资料丰富、测井系列齐全的井作为关键井，进而进行不同维数域内的层序地层分析。具体的层序地层研究内容与解释方法(图 11-22)如下：

(1) 对关键井岩性序列、沉积旋回和沉积相进行研究，建立关键井岩性及其序列与测井曲线的响应关系，即岩芯刻度-测井研究。

(2) 依据风化壳、底砾岩、古土壤、生物化石的断带和岩性、沉积相的垂向突变以及地层产状的不一致性确定层序边界，并进行多井层序边界对比。通过古生物组合和同位素测年等方法，确定不同级别层序界面和层序年代，建立盆地覆盖区年代地层格架。

(3) 利用测井信息能够识别具有等时地层格架特征的不整合面、海泛面与侵蚀面。在识别并确定层序边界的基础上，识别最大海泛面或湖泛面，确定体系域类型。最大海泛面往往是由较深水环境下沉积、质纯色暗、富含有机质和古生物化石、广泛分布的薄层细粒沉积物组成的。据此可将海侵体系域与高位体系域区分开来。然后根据准层序组的叠置样式和初次海泛面的位置来确定低位、海侵和高位体系域。

(4) 对测井资料进行时频分析，以确定层序旋回周期的规律，探讨形成层序的主控因素。

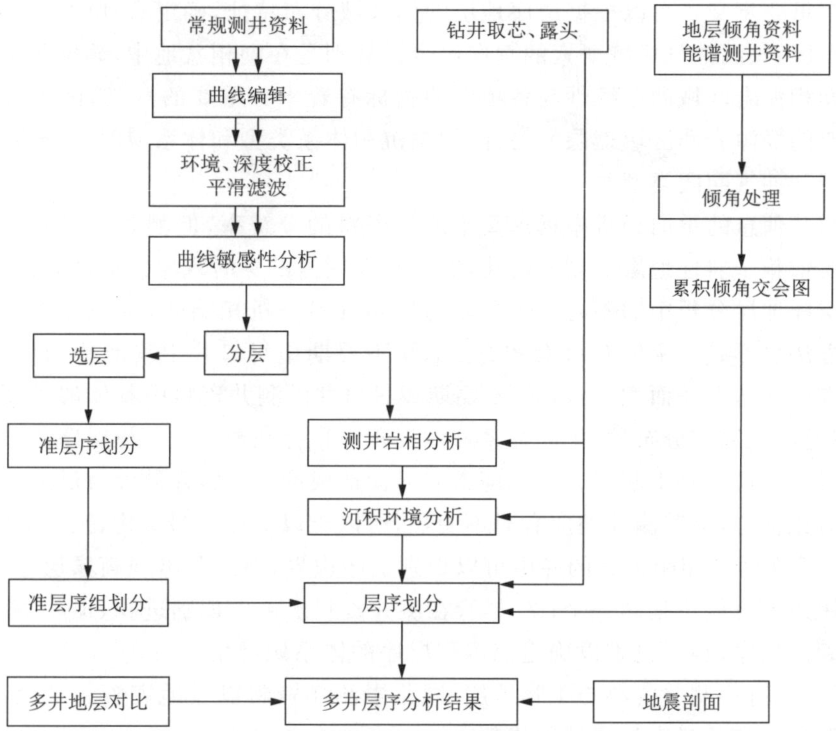

图 11-22　基于测井资料的层序地层学研究流程(据王贵文等,2000)

(5) 建立测井-地质岩相知识库。不同的岩性和流体性质将导致不同的测井响应。首先要建立完整的测井-地质岩相知识库,实现地质资料与测井资料的关联沟通。岩石类型与测井曲线特征间的关系是正确进行层序地层分析的基础。测井-地质岩相知识库可提供在测井曲线上识别岩石类型、准层序叠置样式、古水流流向以及砂体展布方向的基本准则和识别依据。

(6) 识别关键井岩相序列。通过实际测井曲线与标准测井-地质岩相知识库的比较分析可以有效地识别单井岩性。通过单井分析能够建立由下至上的垂向岩相序列。测井曲线上由细变粗的特征可以作为准层序的识别标志。关键井一般为取芯井,应利用岩芯资料对测井解释岩相进行刻度标定。

(7) 建立多井关键对比沉积层序剖面。一般来说,沿主要三角洲沉积中心和三角洲间地区建立沉积倾向剖面,沿各条倾向剖面中部建立沉积走向剖面。对沉积走向剖面的选择应尽量避开冲积扇、河流相和大陆坡、盆地平原相,而以砂泥比适中的三角洲前缘和陆架沉积为好。

(8) 详细分析沉积环境和古气候,编绘单井和多井层序地层综合分析图以及以层序或体系域为作图单元的地层等厚图、沉积相图。

(9) 建立岩性序列、沉积相类型、层序和体系域与地震反射之间的响应关系,为地震资料的层序地层分析和地震沉积学研究做好准备。

(10) 预测有利的烃源岩、储集层和盖层的分布。层序地层不同单元的平面分布对盆地分析具有重要意义。可以根据层序地层的体系域分布特征，确定有利的烃源岩、储集层和盖层分布区，预测油气成藏要素的垂向组合。特别是在湖相盆地中，确定与最大洪泛面相伴随的湖相泥岩区域的连续性与各项生油指标有着十分重要的意义，因为这些湖相泥岩是最主要的烃源岩和区域盖层。另外，根据沉积体系类型和体系域时空分布，可以预测油气聚集带和油气圈闭类型。

尽管测井信息的垂向分辨率远远高于地震资料的分辨率，但测井资料的层序和体系域划分往往依赖于岩性地层的划分对比，有时存在明显的穿时现象。因此，应了解测井信息在进行层序地层分析中的不足：① 即使与岩芯资料分析相结合，沉积环境和体系域的测井分析方法也不是一个绝对可靠的方法；② 不要期望每口井中均能找到层序边界，有时层序边界可能与海泛面相一致；③ 不要期望每口井的测井资料中都能够发现每个体系域，体系域通常是局部分布的，不同体系域的沉积面积存在差异；④ 与层序边界响应相似的测井曲线突变可能是由断层、滑塌、河道底界面造成的；⑤ 尽管最大海泛面及其凝缩层是良好的对比标志，但其测井响应有时不明显，所以难以对比以最大海泛面为边界的层序单元；⑥ 尽管在两口相距很远的井中可以识别层序边界，但是若出现高频层序，则这两口井中的层序边界可能不是同一个；⑦ 尽管在测井资料上可以识别进积、退积等沉积序列，但若不能确定层序边界，也难以确定该沉积层序的体系域类型。

很显然，只有将测井资料与生物地层、同位素测年资料以及地震资料结合起来，才能更加准确地建立高分辨率年代地层格架。

三、地震资料层序地层学研究流程

地震资料的地层学和沉积相研究是地震地层学、地震沉积学和层序地层学研究的重要方面。地震资料以其覆盖面积大，能够反映地层相互接触关系和沉积体宏观三维形态及其接触关系为显著特征。虽然地震资料的垂向分辨率低于露头和钻测井资料，但是其连续的地震反射具有相对年代地层意义，这为人们建立盆地范围内的年代地层格架提供了良好基础。在利用地震资料进行层序地层学研究时，一定要选择来自同一采集系统、同一处理系统的地震剖面，选择那些地层发育齐全、构造简单、地震反射清楚、能够反映全区地质面貌的地震剖面，建立地震测网，开展地震资料的层序地层学分析。地震资料的层序地层学综合研究主要包括以下内容和方法：

(1) 根据地震反射削蚀、顶超和下超、上超等地震反射终止关系，考虑露头和钻测井层序划分方案，对地震资料进行地震层序划分，利用合成地震记录、VSP、古生物和同位素测年资料对地震层序进行年代地层标定，建立露头和钻测井层序与地震层序的一致关系。

(2) 根据初次和最大海泛面的位置及上超点的迁移规律、地震反射形态，区分低位、海侵和高位体系域以及下降体系域，并努力在全区追踪闭合。

(3) 以层序或体系域为作图单元，研究地层厚度的展布特征、地震相类型及分布规律。

(4) 利用地震层速度或声波层速度制作砂泥岩量板，求得不同层序、体系域的砂泥岩百分含量、砂岩沉积厚度，确定砂岩相对富集区。

(5) 以关键井岩芯相分析为依据，考虑盆地结构和古地形特征，消除地震相解释的陷阱，结合地震沉积学研究，有机地将地震相转换为沉积相并进行沉积环境解释。

(6) 依据地震反射顶超点和上超点的迁移特征，制作海平面相对升降变化曲线，结合盆地构造沉降速率、古气候、沉积相类型和沉积速率等方面的研究成果，探讨层序地层构型主控因素，确定层序周期。

(7) 结合露头和钻测井层序地层学研究成果，建立具有年代地层意义的层序地层格架和反映层序主控因素的层序地层模型，加强露头、钻测井资料与地震资料之间的层序地层对比研究并尽可能进行层序地层的计算机数值模拟，以明确层序地层模型主控因素的作用，进而确定层序与生储盖层、非构造圈闭之间的关系，总结成藏要素特点和油气藏分布规律，指出有利的油气勘探区带，提供油气勘探部署意见，提高油气勘探及开发的经济效益。

四、层序地层学研究主要成果图件

层序地层编图是指对沉积盆地进行精细的层序地层学分析，并编制“点、线、面、体、时”的成果图件，从而更详细、全面和科学地再现盆地的层序地层学特征，并更好地为油气勘探和预测服务(王华，2008)。

1. 野外露头层序地层学成果图件

野外露头层序地层学编图是野外露头层序地层学的重点研究内容之一，其基本指导思想可以归纳为：精细编制“点、线、面、体、时”系列成果图件；将露头资料和地下资料进行相互结合、相互对比、相互印证，建立露头资料与覆盖区资料的层序地层对应关系。

1) “点”式成果图件

“点”式成果图件包括样品解析图、观测点素描写实图、观测点上单个沉积结构或构造的放大图、与地质界面相关的剖面点图件、观测点沉积充填序列图。

(1) 样品解析图。包括样品照片及其描述(包括颜色、厚度、岩石类型、结构和构造等)，主要为沉积相的判别提供依据。

(2) 观测点素描写实图(垂向剖面图)。针对露头进行沉积学写实并绘制垂向剖面图，其中包括岩性、厚度、沉积结构和构造等(图 11-23)。这是在露头实测基础上完成的大剖面写实。如今的野外露头研究也可利用全景云台相机或无人机完成更为高清和全面的照片拍摄，以辅助层序和沉积分析。

(3) 观测点上单个沉积结构或构造的放大图。如大型交错层理、平行层理和生物扰动构造等的放大显示。

(4) 与地质界面相关的剖面点图件(包括物化探、钻测井资料的综合使用)。如微量元素变化与层序边界关系图、层序界面附近地层倾角矢量图、剖面点伽马能谱曲线的变化特征图、高密度露头元素捕获仪或伽马能谱仪实测曲线和用于表征露头剖面砂体构型的探地雷达数据等(图 11-24)。

(5) 观测点沉积充填序列图。主要包括地层名称、层序名称、体系域、旋回分析、岩性柱状图和沉积相(或沉积微相、沉积亚相)分析等内容。

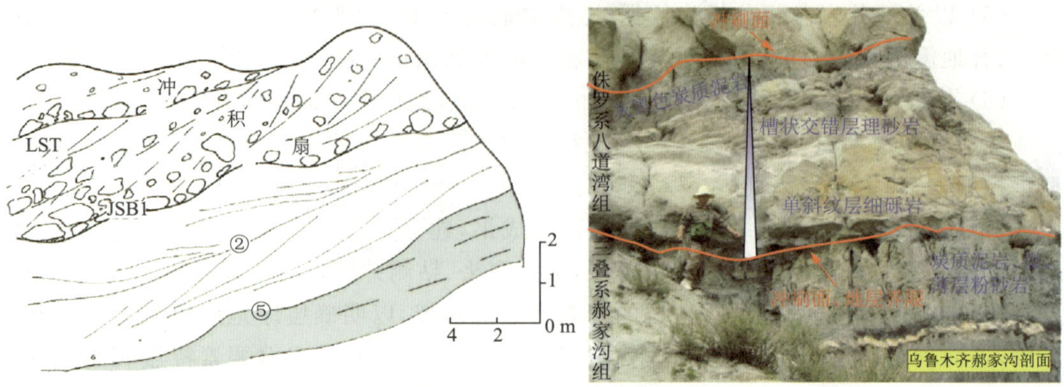

(a)　　(b)

图 11-23　准噶尔盆地侏罗系底层序界面的野外露头特征及素描图(据李德江等,2005)

(a) 克拉美丽西大沟 J_1S_1 层序底界面素描图;(b) 乌鲁木齐郝家沟 J_1S_1 层序底界面特征

2)“线”式成果图件

“线”式成果图件包括野外露头实测剖面图、露头剖面某层序段全景照片及其地质解释图、地质体的二维展布特征写实图、露头井间对比图、区域地质界面示意图和各级地质界面的剖面追索图等。

3)“面”式成果图件

“面”式成果图件包括野外露头或现代沉积的地质体平面(示意)图、全景云台相机或无人机数据平面特征图、各种沉积基本要素的平面展布图、各种沉积相的平面展布图、岩相古地理图和各级别的地质界面平面展布图等。

4)“体”式成果图件

“体”式成果图件主要包括典型沉积体的三维展布和各类沉积体系的三维模式图,如曲流河的经典曲流砂坝立体模式图等。

5)“时”式成果图件

“时”式成果图件实际上是野外露头研究和地下研究的综合,主要是对比地震和钻测井资料,寻找地表露头证据来研究地质实体,反映包括断层等构造在内的随时间演化的系列图件。如可依据露头多期河道的相互切割关系恢复河道的发育历史,反映盆地充填序列和层序地层格架演化特点等。

需要说明的是,就层序地层学而言,仅仅研究野外地表露头是不够的,因为有时不能利用露头资料全面了解并确定层序地层边界、地层时空分布等特征。在实际工作中,要尽可能多地使用多种资料开展层序地层学综合研究,不断提高层序地层学分析的精度和准确性。

2. 室内(地震-测井)层序地层学成果图件

随着层序地层学的广泛应用和不断深入,需要编制的图件也在不断深化。最初层序地层学研究的目的主要是编制海平面变化曲线(Wilgus 等,1988),后来海平面变化曲线已作为基础图件之一,现在的高精度层序地层学研究要求编绘大量直观、精细、简明的图件及表格。

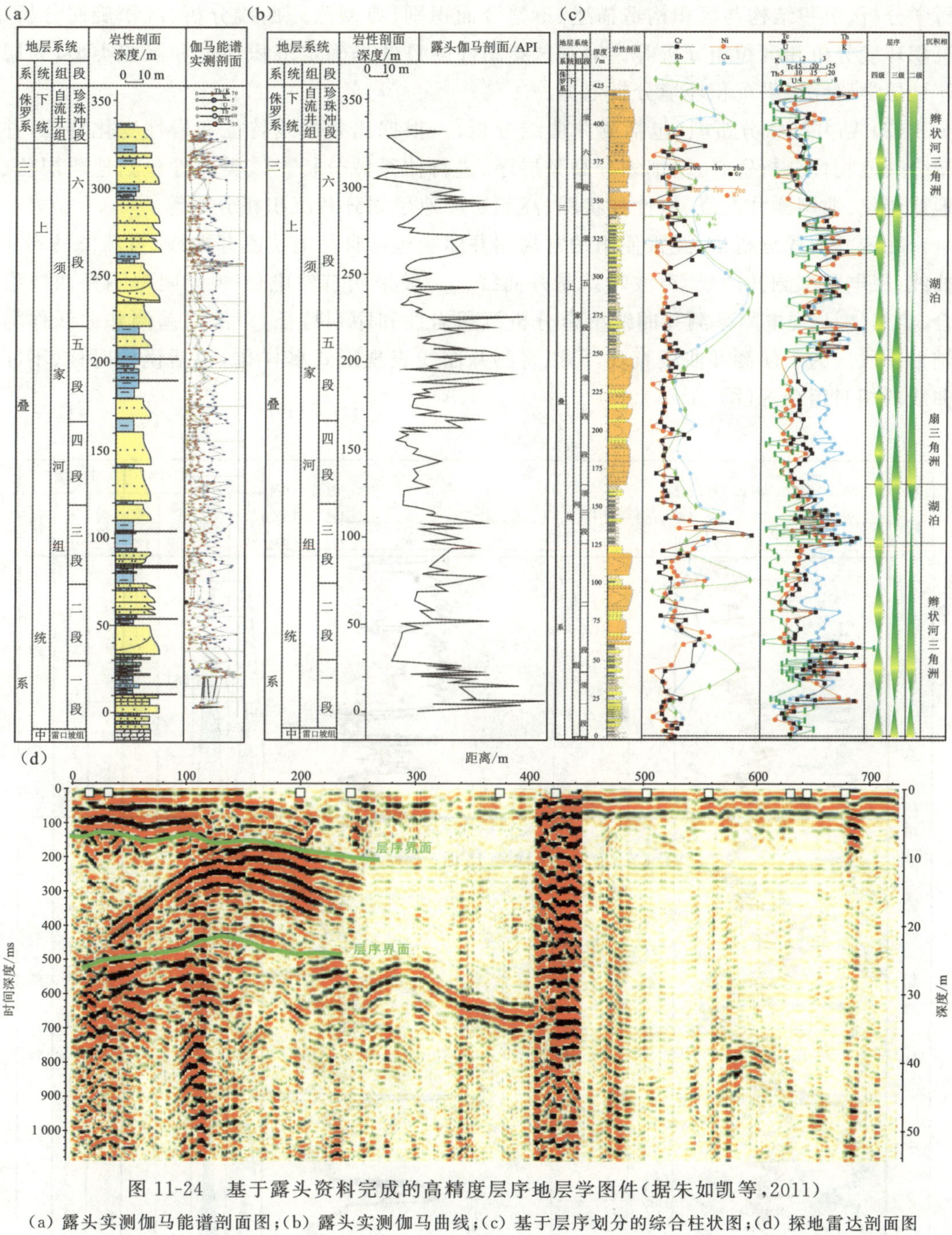

图 11-24　基于露头资料完成的高精度层序地层学图件(据朱如凯等,2011)

(a) 露头实测伽马能谱剖面图;(b) 露头实测伽马曲线;(c) 基于层序划分的综合柱状图;(d) 探地雷达剖面图

1)“点”式成果图件

“点”式成果图件主要包括岩芯沉积环境和沉积相分析系列图件、钻井柱状分析图(包括测井曲线分析)。

(1) 岩芯沉积环境和沉积相分析系列图件。该类图件的主要内容包括岩芯照片、岩石学分析、沉积结构与沉积构造描述、不整合面识别、典型测井曲线分析、沉积旋回分析、沉积环境分析和沉积相分析等。编制这类图件的目的是确定沉积环境和沉积类型，为层序地层学研究提供沉积环境分析依据。

(2) 钻井柱状分析图(包括测井曲线分析)。根据测井曲线特征和岩性变化特征，并结合其他物性分析资料，精细划分高频层序，进行体系域分析。该类图件包括地质层位、地质年代、典型测井曲线、岩性柱状图、高频层序地层划分和沉积相分析等。

在测井曲线分析中，经常使用的常规测井曲线包括自然电位测井曲线、自然伽马测井曲线、视电阻率测井曲线、声波时差测井曲线。一般采用自然电位-视电阻率测井曲线组合、自然伽马-视电阻率测井曲线组合分析沉积岩性和序列特征，声波时差测井曲线作为辅助手段。为了使测井曲线直观，可以将测井曲线表现形式多样化，包括镜像对称、不同曲线的相对组合等(图 11-25)。

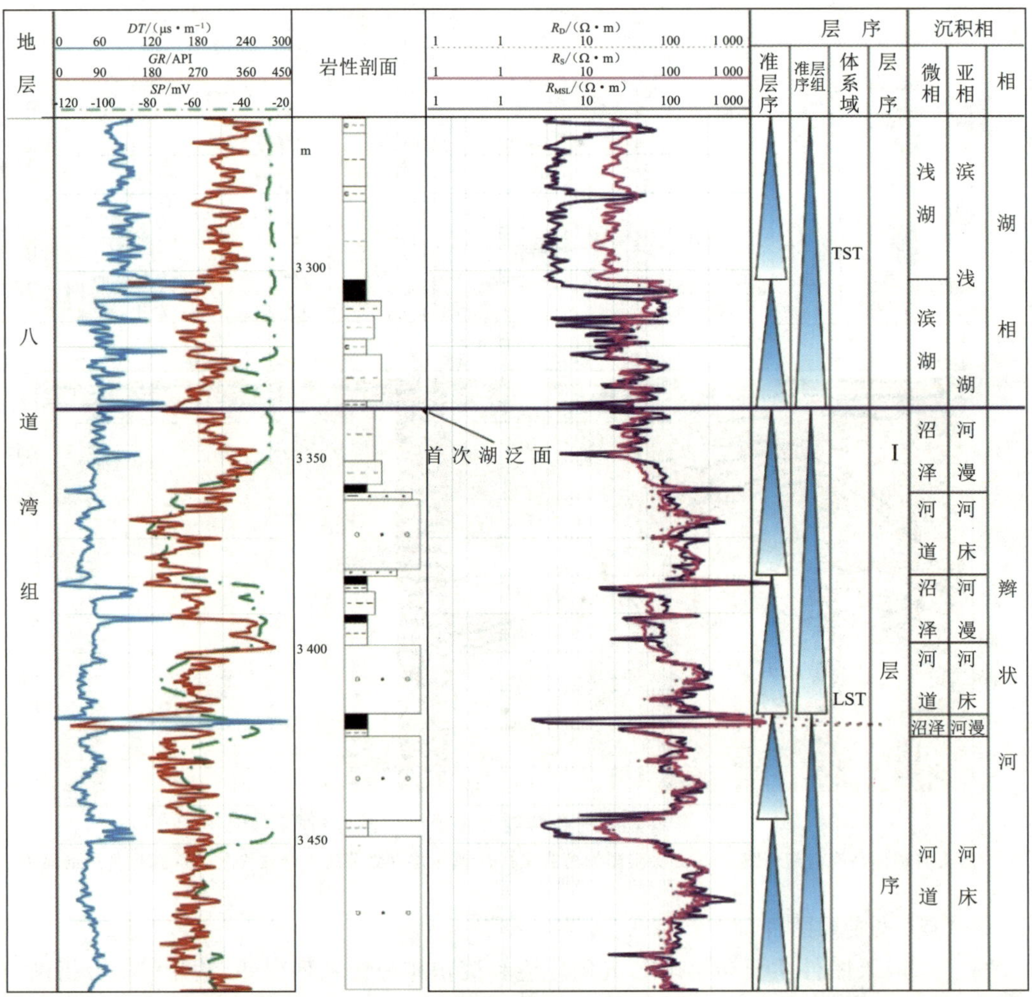

图 11-25　准噶尔盆地西北缘拐 3 井侏罗系八道湾组层序首次湖泛面的测井响应特征

(据吴金才，2005)

另外，编绘沉积盆地的充填序列演化图是对该盆地地质特征的总结，主要内容包括地层单位和年龄、地层深度与厚度、岩性剖面与描述、地震层序界面、生物地层、沉积环境分析、海平面变化、构造层序、控制层序发育的主要因素、盆地演化阶段等要素，还可以配上已确定的生、储、盖组合描述等。

2）“线”式成果图件

“线”式成果图件主要包括联井层序地层分析对比图和地震剖面解释图两类。

(1) 联井层序地层分析对比图。基于地震地层解释剖面的控制，开展多井联井剖面层序地层对比分析的主要目的是解释研究层段的层序地层格架、沉积相和沉积体系域的分布，为平面沉积相、沉积体系展布作图提供基础。在联井剖面对比中，需要与过联井中各井或邻近各井的地震剖面相对照并随时进行调整。在现在的高分辨率层序地层学研究中，不仅要对比地层中的层序、体系域等地层单元，而且要对比高分辨率层序地层分析中的高频旋回。

(2) 地震剖面解释图。基于地震合成记录或 VSP 资料，建立关键井层序划分、体系域识别、沉积体系和沉积环境分析成果与地震反射对应关系，以便更精确地解决二维沉积相和沉积体系的识别和划分（图 11-26），为无钻井区域内的地震资料层序地层分析提供可类比的实例，并为下一步研究沉积体系时空分布提供依据。

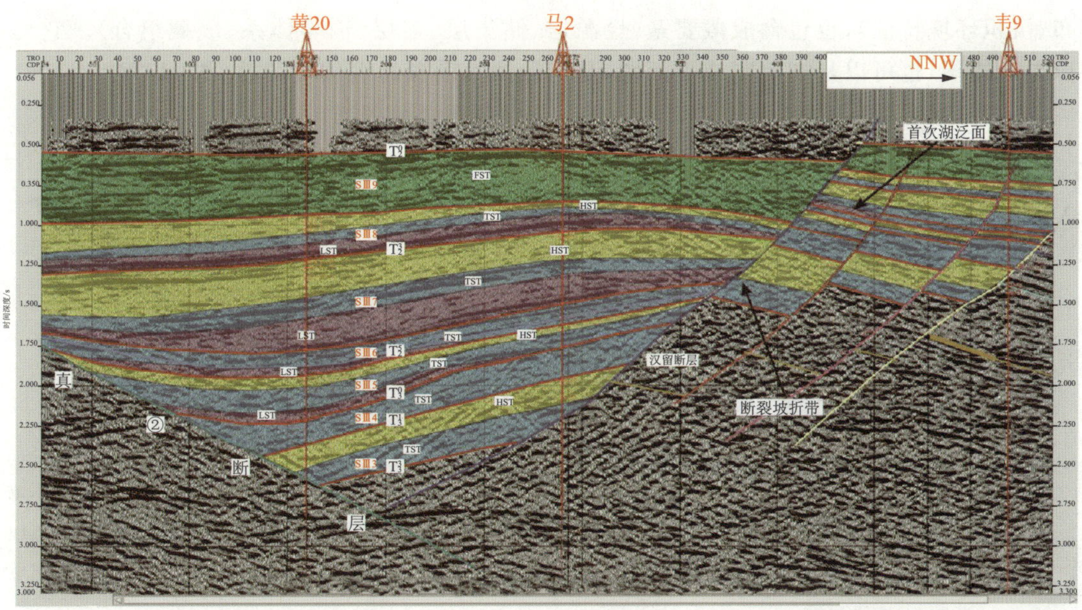

图 11-26　高邮凹陷黄 20—马 2—韦 9 井地震剖面层序地层解释（据张喜林等，2004）

另外，可以将关键井层序和沉积解释结果与地震解释相关结果表示在一起，得出二维沉积相剖面图，其中既包括关键井测井曲线的高频旋回分析，又包括地震剖面上高级别的层序地层分析，还包括沉积相、沉积体系的分析。

3）“面”式成果图件

“面”式成果图件主要包括沉积相图。基于关键井岩芯相分析、钻测井相分析、地震剖面相分析等结果进行总结与提炼，统计分析关键井沉积相编图单因素数据，并结合地震分析资料的信息（地震属性、地震反演、聚类分析、地层切片、分频融合等关键技术），按不同层序或体系域进行沉积相编图，有时以准层序组为成图单元进行编图。

4）“体”式成果图件

“体”式成果图件主要包括同沉积期古地貌图和层序地层模型图等。

（1）同沉积期古地貌图。利用回剥技术，结合古水深合理估算，考虑成岩压实、构造抬升剥蚀等因素所完成的某个界面在同沉积期的古地貌图对重建沉积相展布和古地貌恢复具有重要意义。古地貌立体图可以直观地反映同沉积期的地貌环境（沟谷的分布、剥蚀区的范围、沉积中心、坡折带等），为储集砂体的预测提供地质基础。对不同沉积期的古地貌分别作图，可以直接反映古地貌的演化，间接反映沉积环境的变迁，包括构造运动、湖平面升降、剥蚀区、沉积区等。

（2）层序地层模型图。层序地层学研究归根结底是为油气勘探开发服务的，所有成果图件均应反映层序地层格架、沉积类型及其与成藏要素之间的关系，层序地层模型图是对层序沉积研究工作的总结提升，是抽象、综合、高度概括的，同时可对今后油气勘探工作提供指导。该类图件既包含地质要素（盆地构造特征、层序格架、地层展布、沉积类型与分布、沉积环境特征），也包含成藏要素（烃源岩、储集层、盖层、输导体系、成藏组合）。它可以是立体图，也可以是剖面图或平面图，是指导油气勘探的纲领性图件（图 11-27）。

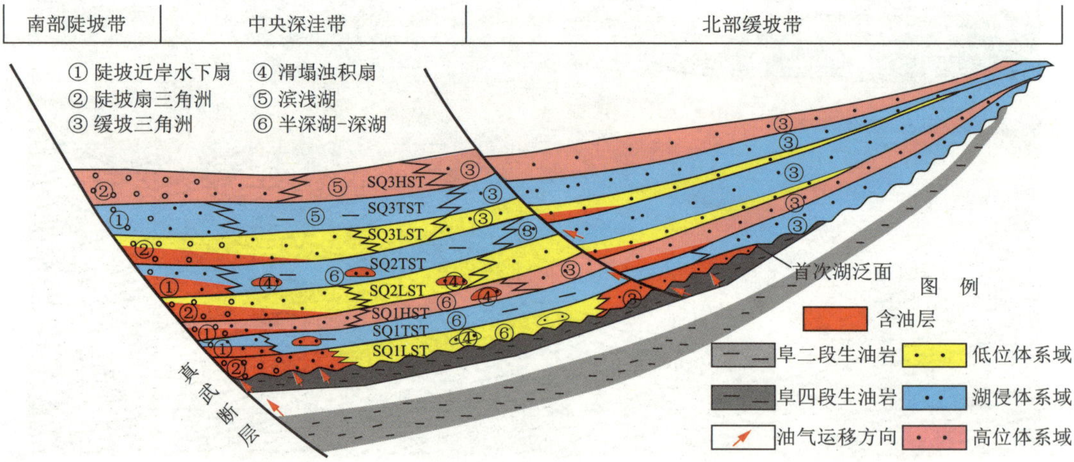

图 11-27 高邮凹陷东部箕状断陷层序地层模型与成藏模式（据李德江等，2005）

第十二章　层序地层学研究实例

核心知识点：被动大陆边缘盆地碎屑岩层序地层学研究实例（琼东南盆地）、海相碳酸盐岩层序地层学研究实例（四川盆地）、陆相断陷湖盆层序地层学研究实例（珠江口盆地）、陆相坳陷湖盆层序地层学研究实例（鄂尔多斯盆地）以及多种类型沉积盆地的层序地层模型。

第一节　被动大陆边缘盆地碎屑岩层序地层学研究——以琼东南盆地上新统莺歌海组为例

一、被动大陆边缘盆地层序地层学研究概况

美国 Exxon-Mobil 石油公司的 Vail(1987)建立了包含三个体系域的被动大陆边缘盆地经典层序地层学模型，其中低位体系域主要发育斜坡扇、盆底扇和低位楔状体等深水沉积物，海侵体系域则是以半深海泥岩为主，高位体系域以砂泥岩混合进积沉积为主。

以陆架边缘到深水沉积地层之间成因联系为导向，基准面旋回变化为依据，Catuneanu(2006)在一次基准面旋回过程中将层序四分为低位体系域、海侵体系域、高位体系域和下降体系域。其观点主要以基准面的变化预测不同时期沉积类型的分布及其差异性，并将一次完整的旋回与完整的层序序列相对应。

目前国内外越来越多的学者使用四分体系域方案，其主要原因是在原先三分体系域的基础上识别出了强制海退体系域。这也引出了层序边界位置如何界定的问题，一些学者支持将层序界面划分在下降体系域(FSST)之上，另一些学者则将层序界面定为 FSST 界面之下，作为 HST 和 FSST 的分界线。目前多数学者采用第一种观点，并在实际应用中强调体系域的垂向叠置关系和侧向时空演化。通过识别滨线迁移轨迹来分析准层序组的演化序列，以此对体系域进行分类。陆架边缘斜接着陆架浅水区与陆坡深水区，是陆源沉积物输送到海底深水区路径的重要位置(图 11-16)。

本节主要针对琼东南盆地上新统莺歌海组内部层序划分及其陆架边缘响应开展实例研究。基于陆架边缘层序地层格架及迁移轨迹研究方法，利用最新采集的三维地震资料，定量表征莺歌海组陆架边缘迁移轨迹，揭示陆架迁移轨迹与深水扇沉积之间的响应机制，为预测深水油气有利勘探区带提供指导。

二、区域地质概况

琼东南盆地位于中国最大边缘海盆地南海的北部大陆架西侧，地处海南岛以南、西沙群岛以北的海域，位于东经108°～112°、北纬16°～19°之间。区域构造位置属太平洋构造域，是欧亚板块、印支板块和太平洋板块三者之间相互碰撞引发的一系列构造活动相互作用的结果。琼东南盆地整体呈NE向展布，其西与以走滑型断裂体系为主的莺歌海盆地相邻，东接神狐隆起与以大陆边缘伸展断裂体系为主的珠江口盆地相隔，北邻海南岛隆起，南接西沙隆起区，盆地海域面积约 $8.0\times10^4\ km^2$（图12-1），盆地具有明显的“下断上坳”双层结构和“东西分块、南北分带”的构造展布格局。琼东南盆地形成演化受到南海区域演化的地球动力学背景控制，主要经历了始新世—早渐新世断陷期、晚渐新世早期断拗期、早中新世热沉降拗陷期以及晚中新世—第四纪被动大陆边缘形成时期等主要演化阶段。古近纪以陆相断陷沉积为主，新近纪早期为断拗转换阶段形成的浅海相沉积，新近纪晚期则属于准被动大陆边缘环境下之浅海-深海相沉积，构成了现今的被动大陆边缘盆地。盆地新生代以来物源供给主要受红河和海南岛双物源的影响，且上新世以来物源供给逐渐增强，并形成了明显的陆架-陆坡体系，快速沉积了一套较厚的、整体为浅海-半深海沉积的莺歌海组。莺歌海组岩性主要由灰色厚层块状泥岩组成，且夹薄层泥质砂岩和粉砂岩（图12-2）。

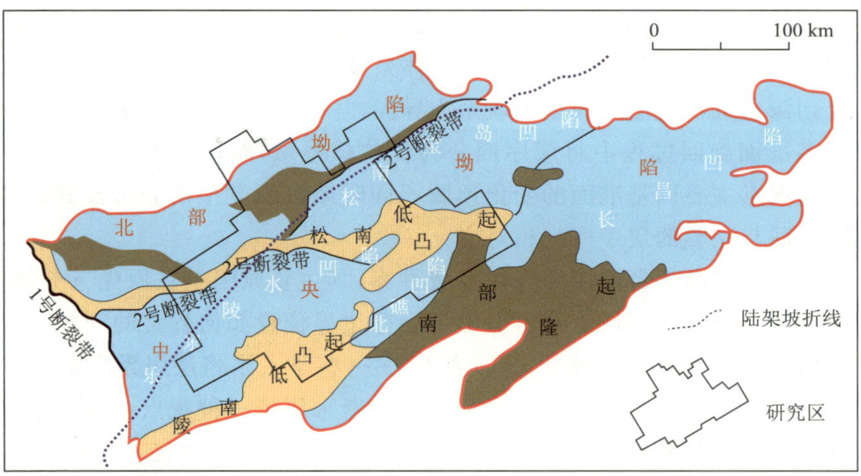

图12-1　琼东南盆地构造划分及研究区位置图

海相盆地
碎屑岩和
碳酸盐岩
层序地层研究

三、莺歌海组层序地层格架

搭建精细的层序地层格架是后续沉积体系研究的基础，其关键是识别层序和体系域界面。层序界面是指由陆上侵蚀作用形成的不整合面及与之相对应的整合面，主要以削截、上超、顶超、下超等地震反射终止关系为标志。

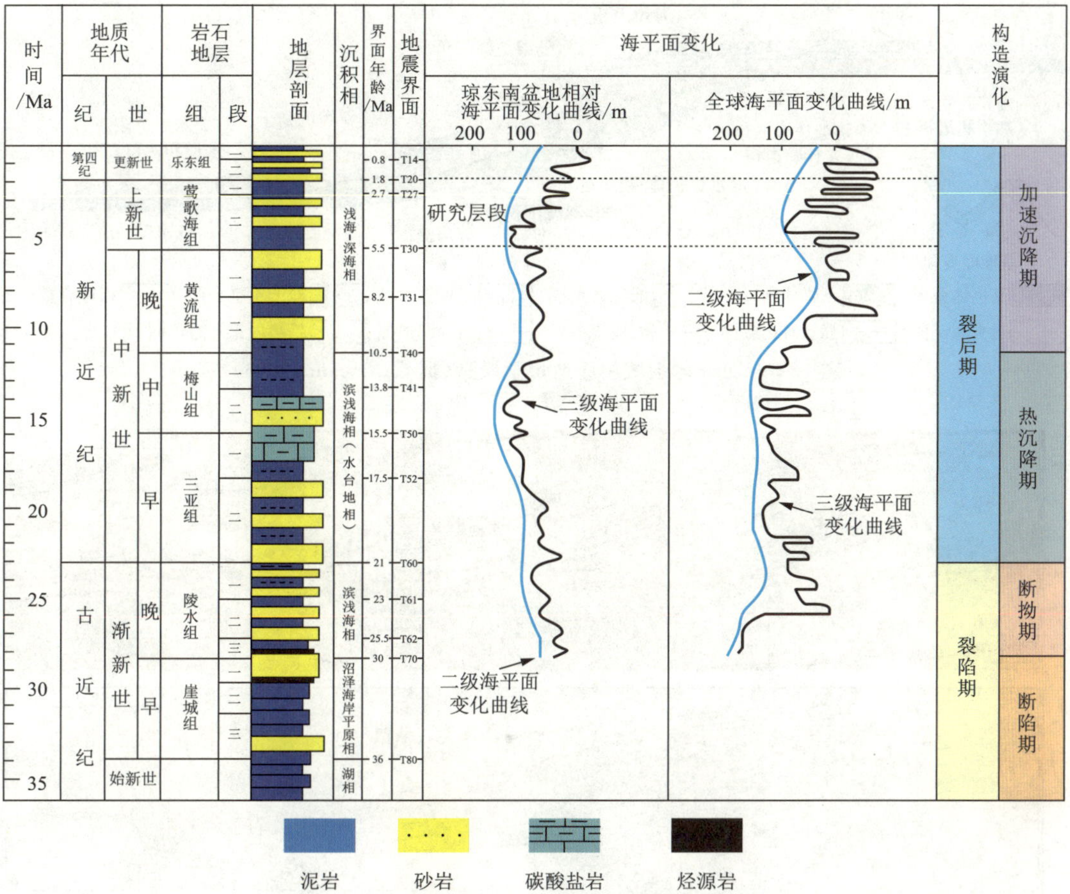

图 12-2　琼东南盆地新生代地层系统综合柱状图

利用典型地震反射终止关系，在琼东南盆地莺歌海组识别出三个层序界面，分别是中新统与上新统的分界面 T30(5.5 Ma)、莺歌海组一段和莺歌海组二段的界面 T27(2.7 Ma)和上新统与更新统的分界面 T20(1.8 Ma)。

体系域作为一个三维沉积单元，其边界可为层序界面、最大海泛面、首次海泛面或最大海退面。通过不同的地震反射终止关系，如顶超、削截、沉积相的组合序列以及体系域的内部结构来识别体系域的类型。

根据研究区实际地震资料，基于 Catuneanu(2006)四分体系域理论模型(图 12-3)，确定琼东南盆地莺歌海组发育一个三级层序和四个体系域：低位体系域(LST)、海侵体系域(TST)、高位体系域(HST)和下降体系域(FSST)。实际上，一个完整的三级层序包含了水进、水退两个过程和低位、高位两个状态，水进-水退旋回控制了沉积体系的时空配置，反映了一个盆地层序地层发育的全过程(图 12-4)。

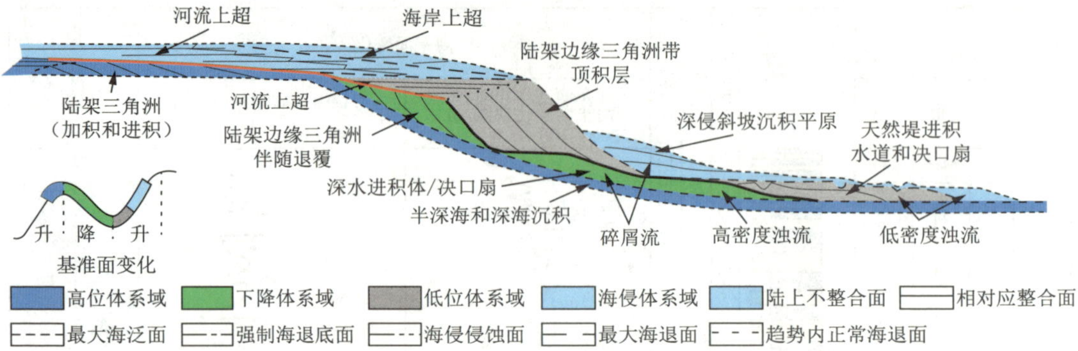

图 12-3 四分体系域层序地层学模型(据 Catuneanu,2006)

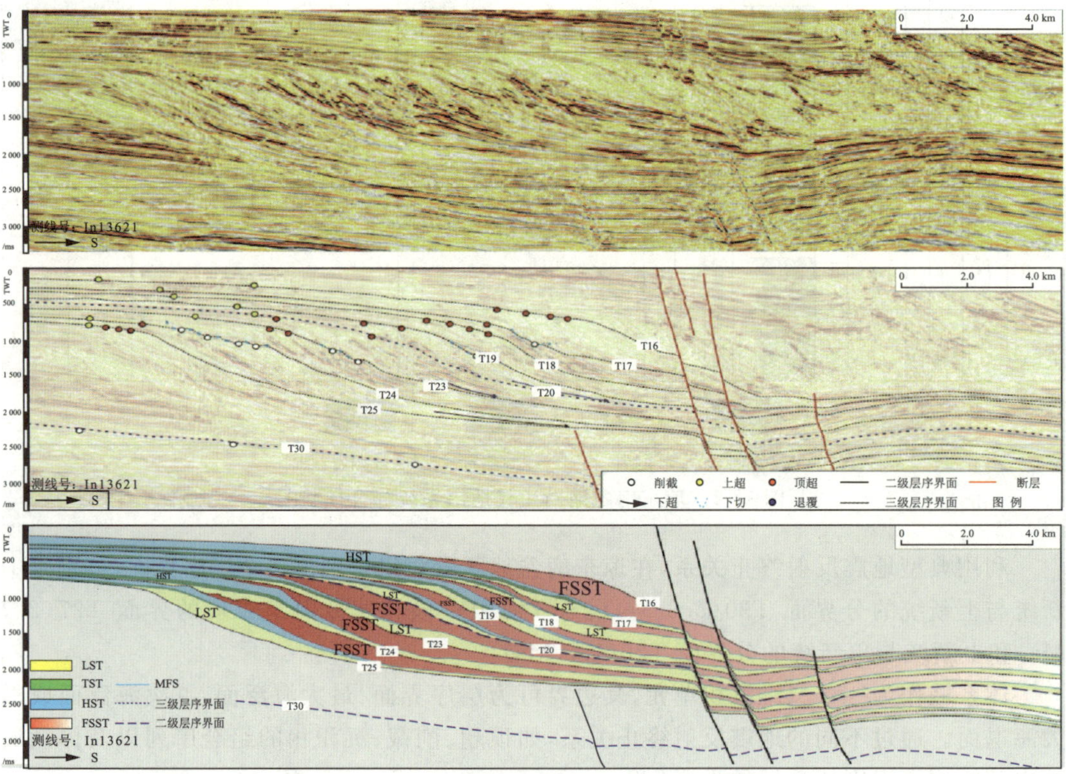

图 12-4 琼东南盆地莺歌海组地震资料层序体系域解释及层序地层模型

四、莺歌海组陆架边缘轨迹定量表征

1. 定量化分析研究方法

陆架边缘斜坡地形由三部分组成,分别为顶积层、前积层和底积层。顶积层与前积层之间的角度突变点称为弯折点,即陆架边缘坡折点。陆架边缘迁移轨迹则是由一系列的陆架边缘坡折点组成的轨迹,它记录着陆架边缘的发育演化过程。

陆架边缘轨迹可通过以下几种参数进行表征:① 陆架边缘的加积距离(A,单位 m)与进积距离(P,单位 m);② 陆架边缘轨迹角度(α,单位 °);③ 弯折点与坡脚点间的水平距离(斜坡长度 ETT,单位 m)和垂直距离(斜坡高度 R_c,单位 m);④ 陆架边缘斜坡坡脚角度(β,单位 °)。

陆架边缘轨迹角度(α)可用如下公式计算:

$$\alpha = \arctan(A/P) \tag{12-1}$$

陆架边缘轨迹角度(α)可用来表征陆架边缘斜坡的发育演化过程。陆架边缘加积与进积距离之比 A/P,可用来定量对比陆架边缘斜坡地形在不同时期的地层叠置样式。

陆架边缘斜坡坡脚角度(β)公式表达如下:

$$\beta = \arctan(R_c/ETT) \tag{12-2}$$

陆架边缘斜坡坡脚角度(β)、斜坡高度(R_c)和斜坡长度(ETT)可用来表征斜坡地形的垂向变化,也可用于对陆架边缘轨迹角度(α)变化的理解(图 12-5)。

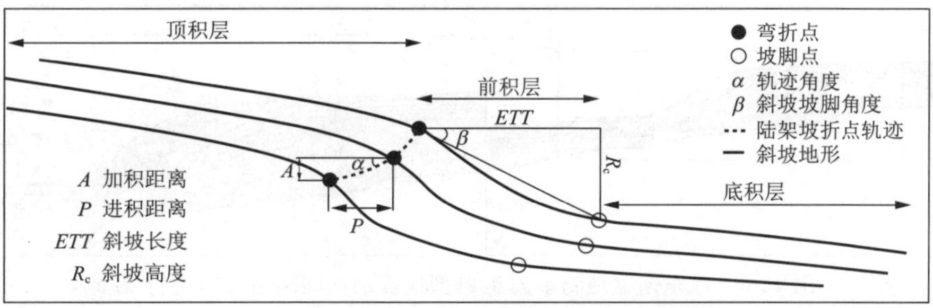

图 12-5　陆架边缘斜坡的形态特征和几何参数示意图

陆架边缘轨迹的定量化数据采集与表征按如下步骤进行:① 选取某研究区典型剖面,通过地震层序界面识别,建立陆架边缘的层序地层格架。② 运用上述有关陆架边缘迁移的定量表征参数定义,将所识别的层序格架作为一个斜坡地形,识别陆架边缘弯折点和坡脚点,建立研究区典型剖面的陆架边缘轨迹曲线。③ 读取陆架边缘弯折点及坡脚点的时间值,利用研究区时深转换关系公式:

$$D = (v_{水} t_{水} + v_{地} t_{地})/2 \tag{12-3}$$

$$(v_{水} = 1\,480\ \mathrm{m/s};\quad v_{地} = 1\,700\ \mathrm{m/s})$$

将地震旅行时间转换为深度值,用以计算陆架边缘的加积距离 A 和斜坡长度 ETT 值;利用所标记的弯折点和坡脚点的平面位置数据,测量与计算陆架边缘的进积距离 P 和斜坡高度 R_c;进而在所采集数据的基础上,利用式(12-1)～式(12-3)计算陆架边缘轨迹角度和陆架边缘斜坡坡脚角度。④ 使用上述参数识别并划分陆架边缘轨迹的类型,明确其时空演化过程。

式(12-3)中,D 为某统计点处的深度值,单位 m;$v_{水}$,$v_{地}$ 分别为地震波在水体和地层中的速度,单位 m/s;$t_{水}$,$t_{地}$ 分别为地震波在水体中和地层中的传播时间,单位 s。

2. 陆架边缘轨迹类型

选取代表性地震剖面进行陆架边缘迁移轨迹定量化表征,测量和计算不同沉积层序陆架边缘加积距离、进积距离、加积距离与进积距离之比、陆架边缘轨迹角度等参数,确定陆架边缘轨迹演化过程(图 12-6)。根据加积距离与进积距离之比、陆架边缘轨迹角度等参数分布特征,可将琼东南盆地莺歌海组陆架边缘迁移轨迹分为三种类型:负角度下降型陆架边缘轨迹、低角度平缓上升型陆架边缘轨迹、高角度上升型陆架边缘轨迹。莺歌海组沉积层序陆架边缘轨迹迁移研究表明,其垂向演化与侧向分布均存在差异性。

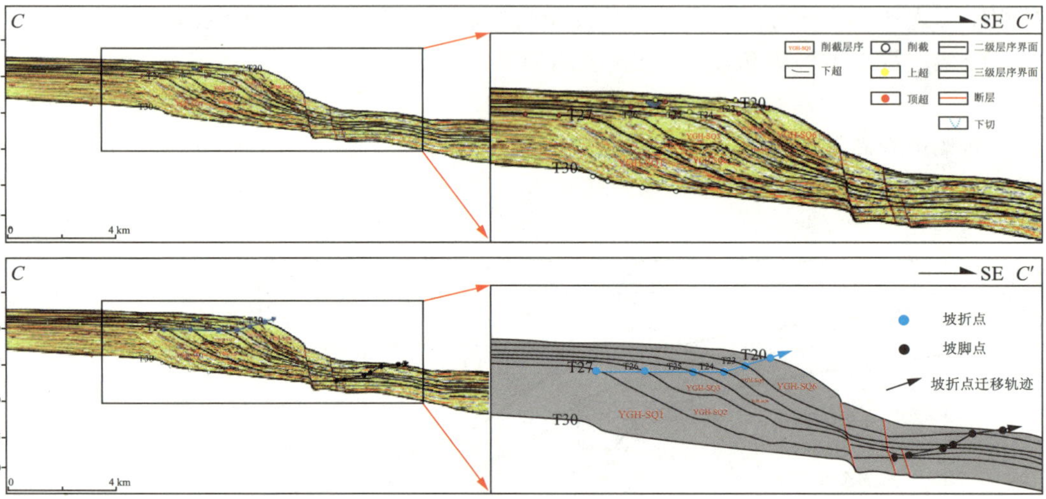

图 12-6 琼东南盆地莺歌海组典型地震剖面陆架边缘轨迹特征

五、陆架边缘迁移与深水沉积响应

1. 陆架边缘迁移主控因素

上新世以来,琼东南盆地处于加速沉降期,盆地沉降速率达到最高峰。盆地东西分块的构造格局特点导致不同区域构造沉降速率存在较大差异。沉降速率自西向东逐渐变小,西部陵水凹陷沉降速率为 179 m/Ma,东部松南凹陷沉降速率为 35 m/Ma。沉降速率的不同直接影响沉积物的沉积速率,进而造成琼东南盆地东西部陆坡极强的差异性。琼东南盆地陆架边缘轨迹的垂向演化与海平面升降过程有着良好的响应关系。在海平面下降较低时,陆架边缘轨迹的加积速率较小,进积速率较大,陆架边缘轨迹角度也较小;在海平面上升较高时,陆架边缘轨迹的加积速率较大,进积速率较小,陆架边缘轨迹角度较大。显然,海平面变化对陆架边缘轨迹的垂向演化有着重要的控制作用。

上新世晚期以来,气候逐渐从湿热转为干凉,从热带气候转为亚热带气候。琼东南盆地早期为典型热带气候,后来受到东亚冬季风增强的影响,温度下降,气候转变为亚热带气候。通过气候变化与琼东南盆地莺歌海组陆架边缘轨迹迁移对比研究发现,随着东亚冬季风增强、气温下降,陆架边缘轨迹的进积速率逐渐增大,也就是说,气候变化对陆架边缘轨迹的迁移有着重要影响。

2. 陆架边缘迁移轨迹与深水扇沉积

海底扇是重力流通过深水水道或峡谷搬运,由地形变化及势能减弱在其末端沉积形成的一种深水沉积体。平面上呈朵叶状,剖面上呈双向下超的扇丘状,扇体内部呈平行、亚平行地震反射结构，具有强振幅、较高连续性地震反射特征。

琼东南盆地西部莺歌海组沉积层序陆架边缘迁移轨迹与深水扇发育概率关系研究表明，高角度上升型陆架边缘轨迹对应发育的深水扇沉积较少，负角度下降型陆架边缘轨迹、低角度平缓上升型陆架边缘轨迹对应发育的深水扇沉积较多。显然，通过研究陆架边缘迁移轨迹可以预测深水扇分布特征，进而为琼东南盆地莺歌海组深水油气勘探、储层评价预测以及成藏地质条件分析等提供基础地质依据。

第二节　海相碳酸盐岩层序地层学研究——以四川盆地长兴—飞仙关组为例

一、区域地质背景

1. 区域构造特征及演化

四川盆地位于扬子板块西北缘，是在上扬子克拉通基础上发展起来的叠合盆地（图12-7）。受地史时期多期构造变形作用的叠加，盆地周缘形成了复杂的断褶构造，其北侧以米仓山-大巴山台缘断褶带为界，西缘与龙门山台缘褶皱带相邻，东南和西南方向紧邻滇黔川鄂台褶带；盆地内部则受北东向及北西向交叉深大断裂活动影响明显，现今断裂构造格局主要形成于中—新生代的构造运动。受周边构造变形影响和盆地基底断裂控制，四川盆地可进一步细分为川北低平断褶带、川西低缓断褶带、川中平缓断褶带、川西南低陡断褶带、川南低陡断褶带以及川东高陡断褶带等六个次级构造单元，具有南北分区、东西成带的褶皱及断裂构造分布特征（图12-7a）。

四川盆地地层垂向构造变形具有明显的差异性，与扬子板块的构造演化多期次性表现一致。根据四川盆地地层充填特征和构造变形特征，盆地的构造演化阶段可大致分为以下阶段：前寒武纪盆地构造演化阶段、寒武纪—志留纪盆地构造演化阶段、泥盆纪—早三叠世盆地构造演化阶段、中三叠世—晚三叠世盆地构造演化阶段、侏罗纪—新近纪盆地构造演化阶段。从侏罗纪开始，随着周缘龙门山、南秦岭和雪峰山等造山带或逆冲推覆带的形成，四川盆地成为大型陆内拗陷盆地。晚白垩世以来，盆地周边向盆地内部快速挤压断褶，盆地大规模隆升并逐渐构成了现今的构造格局（图12-7c）。

2. 区域地层概述

四川盆地充填地层纵向上层系齐全、厚度巨大，具有多层系、多旋回特点。盆地边缘主要分布元古宇和古生界。大凉山、龙门山、米仓山还出露有中酸性、基性和超基性岩浆岩，构成了环绕四川盆地的周边地层。

四川盆地的沉积基底是在前震旦系变质岩基础上发育而成的。从第一个沉积盖层震旦系沉积开始，先后沉积保存了震旦系—中三叠统以碳酸盐岩为主的海相地层及上三叠统—新近系以砂泥岩为主的陆相地层，累积沉积厚度达到8 000～12 000 m。其间，经历了以加里东、海西、印支、燕山及喜山运动为主的多次区域构造（造山）运动，使震旦系—中三叠统海相地层的沉积相存在复杂多样性。

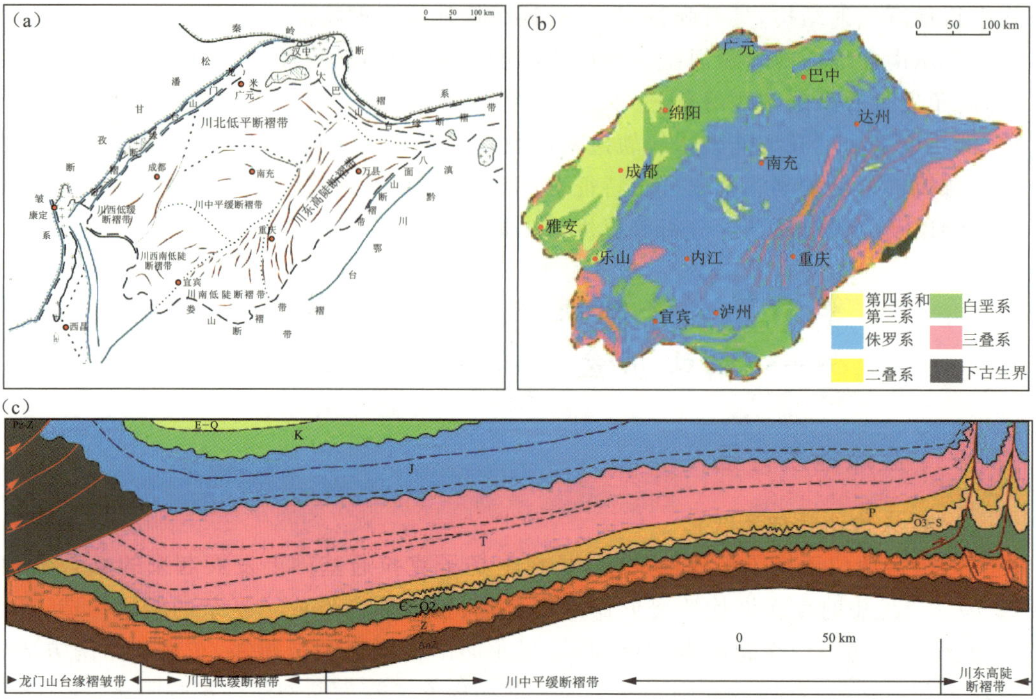

图 12-7　四川盆地构造地质特征(部分引自王学军等,2015;童崇光,1992)

(a) 四川盆地构造分区;(b) 四川盆地地质图;(c) 四川盆地区域地质构造剖面

川东地区上二叠统长兴组为海相碳酸盐岩沉积,厚度 100～350 m。按照岩性、沉积旋回等特征可将长兴组分为三个岩性段。下部长兴组一段主要由灰—深灰色泥晶灰岩、含燧石结核灰岩以及生屑泥晶灰岩组成,顶部常以泥岩或泥灰岩作为分界,少见礁灰岩。长兴组二段灰岩单层厚度增加,生物群落分异度增高,通常为骨架礁生长和发育的极盛层位。上部长兴组三段主要由泥晶灰岩、泥晶生屑灰岩、亮晶颗粒灰岩、微生物岩组成,局部古地貌高点区多发育颗粒滩沉积,白云石化交代作用明显。

川东地区下三叠统飞仙关组与下伏地层上二叠统长兴组在盆地内未见明显的沉积间断,但在台缘或台内高地两相区可出现不整合接触。从生物发育情况看,飞仙关组与长兴组存在明显差异。大多数二叠纪的生物种属都未能延续到三叠纪,三叶虫、䗴及大多数腕足类、钙藻灭绝,而瓣鳃类繁盛。飞仙关组以富含鲕粒(砂屑)灰岩、云岩为特征,沉积厚度为 300～750 m。受康滇古陆的影响,飞仙关组在四川盆地西部为一套陆源碎屑沉积,向东逐渐演变为以碳酸盐类为主的沉积。

二、长兴—飞仙关组层序地层特征

1. 长兴—飞仙关组层序地层划分

碳酸盐岩Ⅰ型层序边界在海平面下降速率大于沉积滨线坡折处盆地构造下降速率时形成,这种边界以陆架上河流回春作用和下切作用为特征。Ⅱ型层序边界在海平面下降速率小于沉积滨线坡折处盆地构造沉降速率时形成,因此,意味着这个位置并未发生海平面的相对下降。Ⅱ型层序边界的特征是沉积滨线坡折带朝陆地方向的陆上暴露和海岸上超的向陆迁移,但不存在河流回春及与之相关的区域陆上侵蚀作用(图 5-7)。

层序地层学研究主要包括层序边界的性质及识别标志、首次海泛面、最大海泛面、准层序与准层序组特征及叠置样式、体系域类型和地层叠置样式等。研究表明,飞仙关组形成时间为 251.9～249 Ma,持续时间为 2.9 Ma;长兴组形成时间为 254.1～251.9 Ma,持续时间为 2.2 Ma。四川盆地长兴—飞仙关组存在局部暴露侵蚀不整合面以及岩性岩相转换界面等层序界面成因类型。在层序时间规模的控制下,结合层序界面特征、地层叠置样式可将长兴—飞仙关组划分为四个Ⅱ型三级层序,从下往上依次命名为 CSQ1,CSQ2,FSQ1 和 FSQ2(图 12-8)。

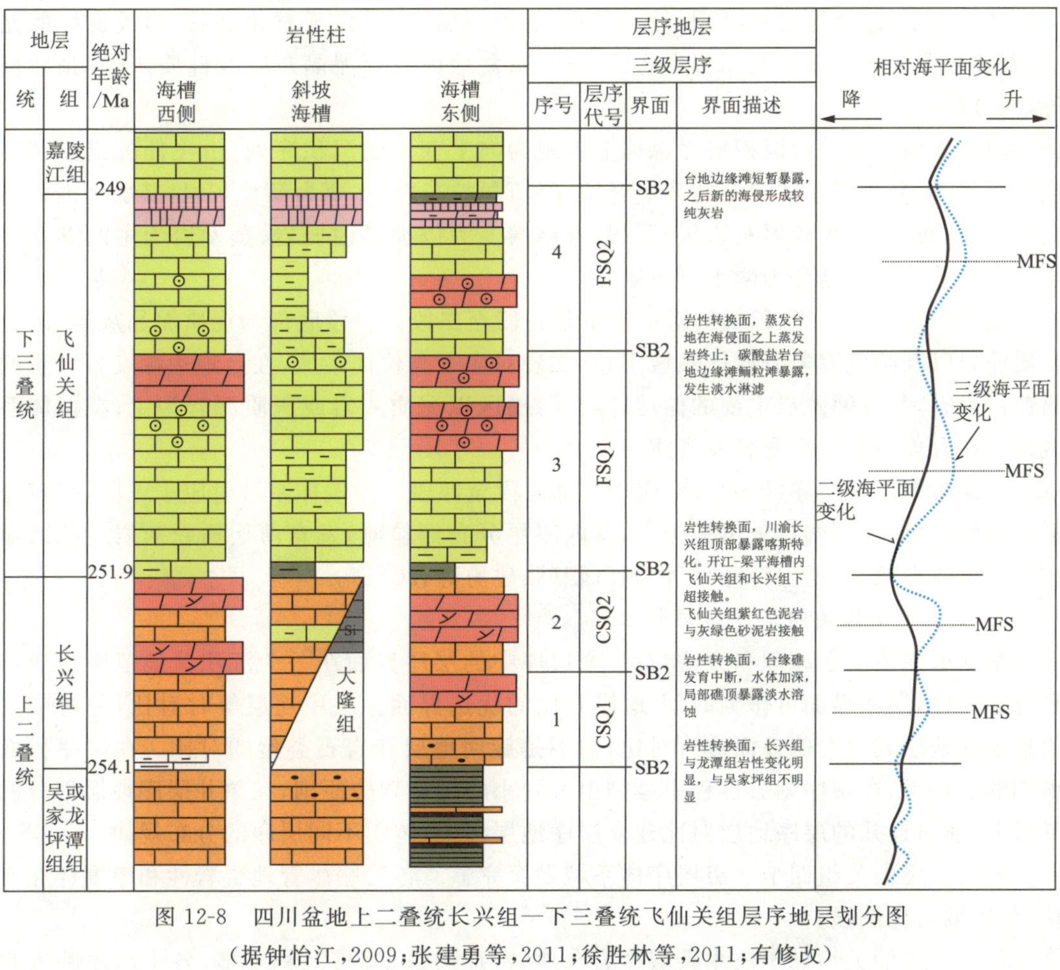

图 12-8 四川盆地上二叠统长兴组—下三叠统飞仙关组层序地层划分图

(据钟怡江,2009;张建勇等,2011;徐胜林等,2011;有修改)

四川盆地长兴期整体为一个海侵过程,在海侵过程中自盆地东北向西南,生物礁由长兴组底部向长兴组顶部迁移。

长兴组下部层序(CSQ1)海侵体系域在开江-梁平海槽内由底部的硅质岩向上过渡为

薄层硅质结核灰岩；在环开江-梁平海槽周缘为生物碎屑滩，由于海侵速度较快，水体较深，造礁生物不繁盛，所以只发育少量的生物礁；其他地区为开阔台地相的中薄层状泥晶灰岩。高位体系域，由于海平面下降幅度较小，对深水沉积区影响不大，海槽中部仍为硅质岩；斜坡相由薄层燧石结核灰岩演化为厚层生物碎屑灰岩；台地边缘地区，水体较浅，造礁生物比较发育，但因为高位域沉积时期海平面相对稳定，生物礁顶暴露出海平面之后即停止生长，所以礁顶发育薄层生物碎屑白云岩，该层序的生物礁规模不大。

长兴组上部层序（CSQ2）海侵体系域在开江-梁平海槽中以泥晶灰岩、硅质岩、硅质灰岩为主，该时期台地边缘地区水体环境有利于造礁生物繁盛，部分地区生物礁随着海平面缓慢升高而呈追补型增生，发育了一套以生物碎屑灰岩、礁障积岩、礁骨架岩为主的规模巨大的生物礁沉积，开阔台地内部发育了星罗棋布的点礁。高位体系域海平面急速下降，生物礁停止生长，台地边缘沉积了厚层的生物碎屑滩，经过白云石化之后，形成良好的储层；斜坡带发育礁塌积岩及厚层生物碎屑灰岩；盆地内发育泥晶灰岩及硅质灰岩（张建勇等，2011）。

四川盆地飞仙关组沉积层序总体上表现为向上变浅的沉积序列，由飞仙关组下部暗色泥页岩、泥晶灰岩水体较深的环境开始，经历颗粒灰岩（主要为鲕粒灰岩，其次为内碎屑灰岩、球粒灰岩、生物碎屑灰岩等）沉积，最后演变为以泥晶白云岩、蒸发岩为主的潮坪环境。飞仙关组可以划分为两个三级层序。

飞仙关组下部层序（FSQ1）对应于下部一段至二段。一段底部为泥质泥晶灰岩、暗色灰质泥岩以及暗色泥岩海侵体系域沉积，二段对应于高位体系域，在台地边缘发育大量的鲕粒白云岩，是飞仙关组重要的储层段，在海槽区以泥质灰岩或灰质泥岩为主；高位体系域顶部在台地边缘发育膏岩及膏质白云岩。

飞仙关组上部层序（FSQ2）对应于上部三段至四段。海侵体系域对应于三段，随着海平面缓慢上升，以开阔台地沉积为主，其内零星分布鲕粒滩，发育薄层鲕粒灰岩。四段对应于高位体系域，广泛发育潮坪、潟湖沉积（张建勇等，2011）。

2. 长兴—飞仙关组层序地层特征

根据层序地层学原理和方法，每一个层序中的层序界面在一个沉积盆地范围内应该具有等时性，层序界面可作为时间-地层对比的优选界面。层序地层等时对比，是对同时代形成的地层或发育的界面进行对比，而不是旋回地层和岩石类型的对比。在层序界面识别的前提下，在层序划分过程中遵循由大到小的层序划分原则，在单井层序地层划分的基础上，通过连井的层序地层对比建立层序地层格架，阐明不同层序的分布规律。

长兴—飞仙关组四个三级层序体系域发育完整。各层序尽管地层岩性和厚度存在变化，但区域对比性强。

长兴—飞仙关组处于浅水碳酸盐岩台地、台地边缘、海槽沉积环境，各个层序除发育海侵体系域和高位体系域（图 12-9）外，在飞仙关组中还识别出陆架边缘体系域。

长兴—飞仙关组三级层序海侵体系域与高位体系域发育具有一定的继承性，由海侵体系域至高位体系域，在相序上表现为由浅—深—浅的变化，在平面相带展布上对应出现深水沉积区逐渐缩小、浅水沉积区逐渐扩大的特点。

长兴组和飞仙关组层序厚度具有一定的互补特征，显示完整的槽台形成充填过程。长兴组第一个三级层序（CSQ1）和飞仙关组第一个三级层序（FSQ1）具有快速海侵和缓慢海退的特点，长兴组第二个三级层序（CSQ2）和飞仙关组第二个三级层序（FSQ2）具有缓慢海侵和缓慢海退的特点。

长兴—飞仙关组四个三级层序可以进一步划分为多个准层序和准层序组（图 12-9），这为精细沉积微相分析和储层预测提供了高精度等时格架。

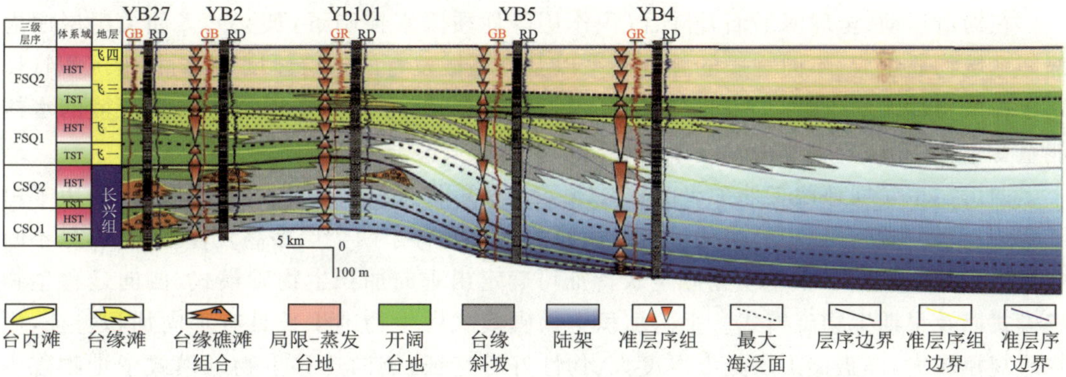

图 12-9 四川盆地元坝地区长兴—飞仙关组高精度等时层序地层格架和沉积相剖面（据黄仁春等，2019）

三、长兴—飞仙关组主要沉积特征

四川盆地长兴—飞仙关组主要发育滨岸、镶边碳酸盐岩台地和陆架盆地等沉积类型，可进一步划分为台地边缘礁滩、开阔台地、潮坪、台地前缘斜坡、浅海陆架、盆地六种沉积相类型。沉积相带展布和储集层发育明显与层序地层格架密切相关，海平面的变化旋回控制了长兴—飞仙关期台地边缘礁滩型储层的分布与迁移。

晚二叠世长兴早期，开江-梁平海槽两侧并未表现出台地边缘的特征，为缓坡沉积模式；随着海侵范围的扩大和构造格局的变动，形成一个分布范围较大的碳酸盐岩台地，开始表现为台地沉积模式。长兴组下部层序（CSQ1）主要发育开阔台地及生屑滩沉积，并为后续生物礁生长提供基础，而生物礁滩沉积主要发育在长兴组上部层序（CSQ2），生物礁滩发育在时间上具有早滩、晚礁的特征。从层序地层格架体系域的角度来看，生物礁主要发育于长兴组上部层序的高位体系域台地边缘相带，纵向上由两个明显的成礁旋回构成，横向上呈“东早、西晚”不对称分布，是储层发育的有利相带。

四川盆地下三叠统飞仙关组是在相对海平面下降背景下沉积的，发育碳酸盐岩台地相沉积体系，可划分为开阔台地、局限台地、蒸发台地、台地边缘、台地前缘斜坡和海槽盆地等六种沉积相类型。此时康滇古陆是主要物源区，地势西高东低，自西向东依次为河流冲积平原、滨海至浅海环境。飞仙关组整体以开阔台地相和局限台地相沉积为主，在中部和东北部一带发育鲕滩和浅滩微相沉积。下部层序（FSQ1）TST 沉积期，开江-梁平海槽两侧的镶边台地边缘鲕粒滩（坝）规模不大，鲕粒滩体主要分布于川中、川南台内古地貌高地；下部层序（FSQ1）HST沉积期，鲕粒滩（坝）沿开江-梁平海槽两侧台地边缘集中发育，如东侧普光台缘带、西侧元坝-龙岗台缘带等处。四川盆地飞仙关组上部层序（FSQ2）沉积时期，盆地中部和东北部广泛发育局限台地潮坪亚相沉积。上部层序（FSQ2）TST沉积期，川北、川东开阔台地内部发育鲕粒滩体且规模较大，早期斜坡-盆地相区演化为台地边缘，沿绵竹-剑阁-广元-南江-城口一带发育台地边缘滩；上部层序（FSQ2）HST沉积期，滩体分布很局限。总之，飞仙关组下部层序的HST和上部层序的TST为飞仙关组鲕滩最为发育的层位，具有较好的油气勘探潜力（周慧等，2012）。

在构造运动、全球海平面升降、沉积作用等地质因素控制下，长兴—飞仙关组层序内部体系域物质组成、不同物质的叠置关系以及体系域发育的地层厚度、不同相带沉积特征均存在差异性。同生断裂活动控制了沉积相带展布，海平面升降控制了沉积环境的水体能量变化，从而影响碳酸盐岩层序充填结构特征及其差异性。

四川盆地元坝地区飞仙关组沉积继承了二叠系长兴组沉积末期沉积格局，经历了由陆架相、斜坡相到台地相的演化。台缘鲕粒滩主要发育于两个层序高位体系域内，且不断向东进积（图12-9）。根据生物礁生长特征可确定出垂向加积生物礁模式、侧向迁移生物礁模式以及早期生物礁模式。垂向加积生物礁模式中生物礁生长具有垂向加积特征，生物礁规模较大，礁盖储集层具有厚度大、物性好等特征；侧向迁移生物礁模式中生物礁生长具有侧向迁移特征，礁盖储集层厚度中等、物性好；早期生物礁模式中生物礁发育在长兴组沉积中期，晚期演化为局限台地环境沉积，储集层厚度较小，但物性好，试产获百万立方米高产工业气流。

第三节 陆相断陷湖盆层序地层学研究
——以珠江口盆地陆丰凹陷古近系为例

一、陆相断陷盆地层序地层基本特征

在构造活动强烈的断陷盆地，构造对层序序列的控制作用显得尤为重要。断陷盆地中不同级别构造运动的动力学机制主要包括：① 地幔流体活动引起的地壳减薄和伴随的盆地伸展作用；② 诸如板块俯冲等区域构造事件引起的构造应力状态改变的盆地差异抬升和沉降。断陷盆地往往经历前裂陷期、裂陷期及裂后期三个构造演化期，裂陷期一般持续30～40 Ma，可发育一个或者多个裂陷幕（Prosser，1993；Ravnås等，1998）。每个裂陷幕与区域构造状态（例如地貌柱的隆升状态和盆地伸展方向旋转）有关，一般持续10～20 Ma，对应于经典层序地层学中的超层序。超层序内部，可识别一个或多个三级层序，每个三级层序由不整合面（盆地边缘）和与之对应的整合面所限定，其界面的成因主要与构造活动包括同沉积断层掀斜、底辟作用、局部构造反转及火山活动有关。高频层序单元主要受控于米兰科维奇旋回周期，包括四级和五级层序。可容空间和沉积物供给通量（A/S）的关系决定了沉积物叠置样式，根据A/S不同的配置关系，可将沉积物分为进积、加积和退积三种叠置样式。

陆相层序地层学和海相层序地层学研究存在巨大差异，其关键在于陆相地层受构造活动特别是断裂体系的影响格外明显。相比稳定的海相被动大陆边缘盆地，陆相断陷盆地具有物源规模相对小且数量相对多、搬运距离相对近、卸载相对快、盆地规模及汇水体系相对小、频繁的构造活动易发生事件性沉积等特征。这也决定了陆相断陷湖盆层序充填的特殊性及构型样式的多样性特征。中国广泛发育新生代断陷湖盆群，包括珠江口盆地、渤海湾盆地、苏北盆地、江汉盆地等，这决定了陆相断陷湖盆层序地层学研究在中国尤为重要。幕式的裂陷作用往往是形成同裂陷区域性层序、沉积旋回的直接因素。

在断陷湖盆演化过程中，区域性构造事件以及断裂生长往往形成形态多样的盆地构造框架，并控制层序充填及内部体系域叠置样式。构造和层序的耦合关系体现在层序级别和可容空间上。一般来说，多个构造幕之间发生的构造调整形成一级和二级不整合面，盆地沉降速率随着时间发生变化，断层异常活动、岩浆活动、泥火山活动等与三级、四级层序界面的形成联系相对紧密。构造作用对可容空间形成与演化的影响显而易见，无论是同沉积断裂还是沉积物压实，盆地自身沉降都会造成可容空间的持续增长，而同沉积断裂差异活动形成的古地貌不仅对物源造成影响，还控制体系域的形成、分布和演化，构造作用造成基准面变化，同样影响可容空间。构造作用对沉积充填的控制作用主要体现在以下五个方面：① 盆地结构、沉积及沉降中心；② 物源性质及供给方式（源-汇体系）；③ 层序分布及叠置样式；④ 沉积相类型及规模；⑤ 沉积物流体性质、入盆位置、分散路径及推进距离。此外，陆相断陷湖盆湖平面升降也具有幕式变化的特征，陆相断陷湖盆受气候影响较为明显。

众多学者研究发现，在湖盆不同的构造位置，由于古地貌和物源供给的差异，在断层的中央部位、断层的末端（转换带）、湖盆缓坡带和陡坡带形成各种不同的地层及沉积物叠置样式。主边界断层中央位移量最大，以小型近源的物源体系为主，盆地沉降最快，常见小规模的扇体沉积、加积或退积地层叠置样式（陡坡带层序地层模型）。而在断裂末端，地貌较低且沉积物供给量充沛，盆地沉降缓慢，以长距离搬运的进积型河流三角洲沉积物为特色（缓坡带或转换带层序地层模型）。

二、陆丰凹陷古近系层序地层分析

陆丰凹陷位于珠江口盆地珠Ⅰ坳陷的东北部，经历了始新世裂陷期河湖沉积，在南海运动之后发生拗陷，并由陆相过渡到海相沉积，自下而上依次接受了文昌组、恩平组、珠海组、珠江组、韩江组、粤海组和万山组沉积。始新世为一个典型的陆相断陷盆地，其中始新统文昌组和恩平组主要发育受断层活动控制的陆相沉积。

陆丰凹陷南北分别被中央隆起带和北部断阶带围限（图 12-10a），东西两侧分别与陆丰中低凸起和惠陆低凸起相接，面积约 7 000 km^2。陆丰凹陷总体表现为垒堑式结构。由于陆丰中低凸起和惠陆低凸起分别向陆丰凹陷内部延伸，将凹陷分隔为陆丰凹陷南部地区（陆丰南）和陆丰凹陷北部地区（陆丰北）两部分。内部又可分为多个洼陷，由南到北依次为 LF15 洼、LF13E 洼、LF13W 洼、LF7 洼、HZ11 洼和 HZ5 洼（图 12-10b）。

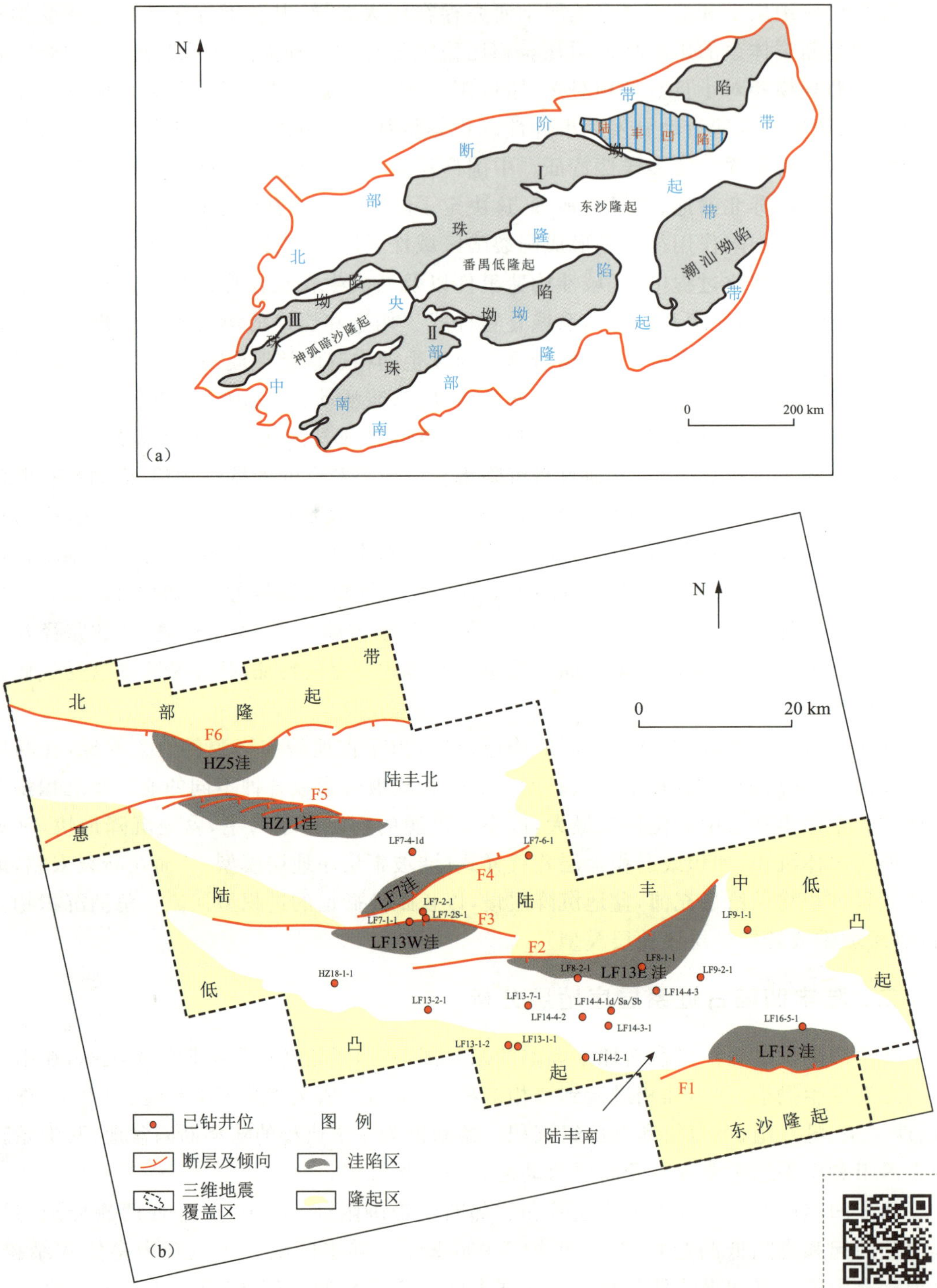

图 12-10　珠江口盆地构造分区(a)和陆丰凹陷构造单元图(b)

陆相断陷盆地和坳陷盆地层序地层研究

1. 层序地层界面识别

陆丰凹陷断陷阶段发育两幕裂陷：早期裂陷（裂陷Ⅰ幕，对应文昌组）和晚期裂陷（裂陷Ⅱ幕，对应恩平组）。层序边界识别依据为：① 削截、上超、顶超、下超等地震同相轴终止关系；② 界面上下地震反射同相轴组合特征（振幅、频率和连续性）；③ 沉积物颜色、粒度和沉积类型及其组合变化；④ 沉积旋回及其测井曲线特征；⑤ 古生物组合、丰度以及地化指标突变等标志。确定陆丰凹陷文昌组和恩平组存在十个三级层序地震界面（Tg，T85，T84，T83，T82，T80，T73，T72，T71，T70 反射层），并划分出九个三级层序（图 2-11～图 12-13）。

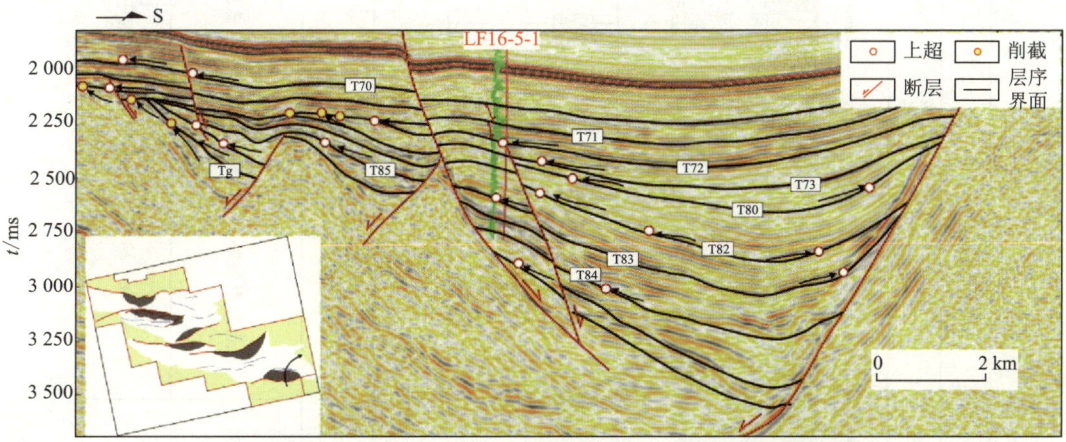

图 12-11　陆丰凹陷古近系地震反射终止关系及层序界面识别

2. 层序地层发育特征和分布

陆丰凹陷文昌组和恩平组不同层序沉积时期，层序分布范围及厚度存在明显的差异。总体来说，从早到晚，厚度中心由南向北迁移。

文昌组自下而上包含五个三级层序。下部 WSQ1 层序分布比较局限，主要位于 LF15 洼、LF13E 洼和 LF13W 洼，厚度较小（<150 m）。WSQ2 层序分布范围明显增大，层序最大厚度可达 600 m，其厚度中心主要在 LF15 洼和 LF13E 洼边界断层附近。WSQ3 层序有多个厚度中心，分别位于 LF15 洼、LF13E 洼和 LF13W 洼边界断层处，沉积厚度可达 800 m。WSQ4 层序厚度与 WSQ3 相比显著减小，一般在 500 m 以下，厚度差异减小，厚度中心开始远离边界断层。WSQ5 层序厚度一般小于 400 m，其厚度中心通常远离边界断层。

恩平组自下而上包含四个三级层序。与文昌组相比，恩平组呈现出“陆丰北厚度大”和“陆丰南厚度小”的特征。下部 ESQ1 和 ESQ2 层序在全区均有分布，在陆丰北地区共识别出三个厚度中心（厚度为 780～1 400 m），在陆丰南地区，层序厚度较薄，一般小于 900 m。上部 ESQ3 和 ESQ4 层序厚度明显减薄，全区均匀分布，厚度中心远离盆地边缘。

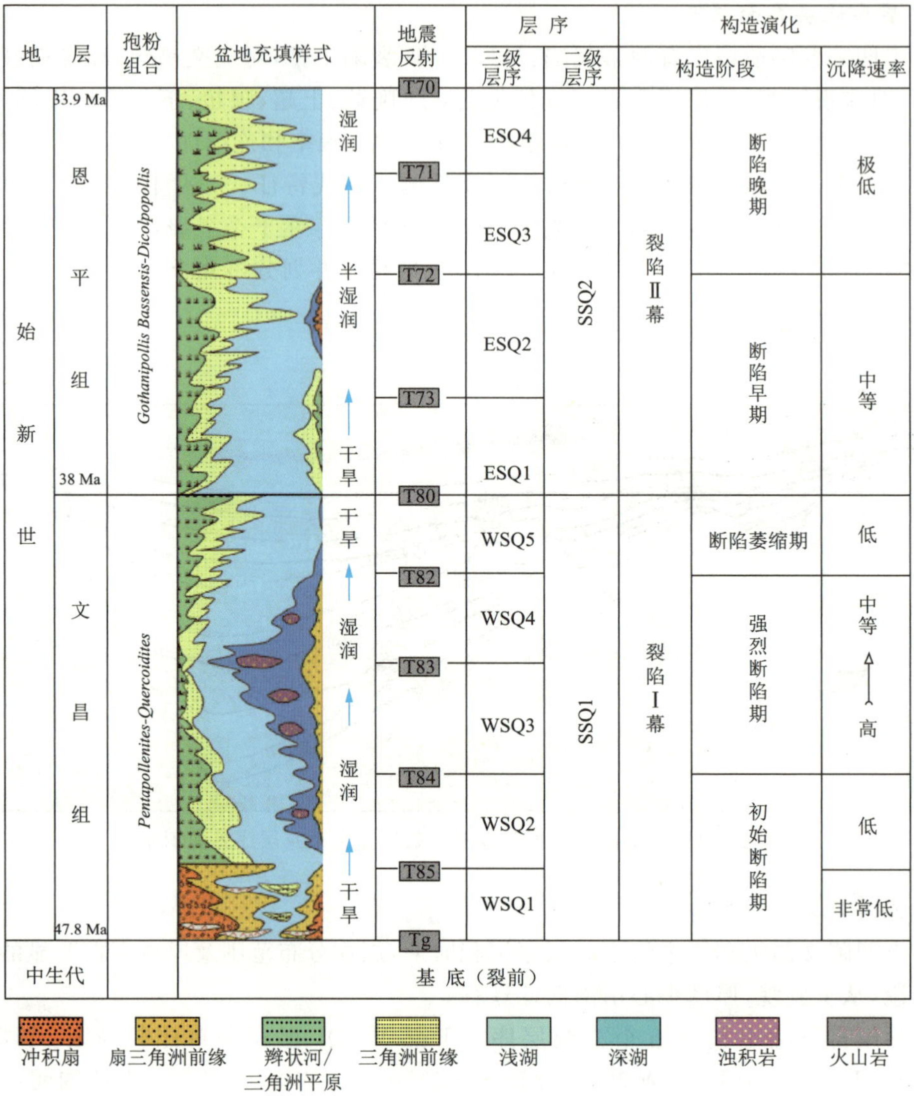

图 12-12　陆丰凹陷古近系构造演化与层序地层划分

三、陆丰凹陷断陷期层序地层模型及控制因素

通过识别首次湖泛面和最大湖泛面，可将陆丰凹陷古近系三级层序自下而上划分为低位体系域（LST）、湖侵体系域（TST）和高位体系域（HST）。低位体系域以进积型准层序叠置样式为特征，主要发育低位三角洲、斜坡扇和盆底扇；湖侵体系域表现为退积型准层序叠置样式，湖相泥岩沉积占主导，发育薄层湖侵砂体和滑塌成因的重力流砂体；高位体系域以进积型准层序叠置样式为特征，在缓坡带广泛发育高位进积型辫状河三角洲砂体。

1. 文昌组裂陷Ⅰ幕层序地层模型

根据不整合面分布、主干断裂活动、剖面构造变形样式、洼陷结构变化和层序厚度分布等，将文昌组（裂陷Ⅰ幕）的构造演化划分为初始断陷、强烈断陷和断陷萎缩三个阶段

(图 12-12、图 12-13)。

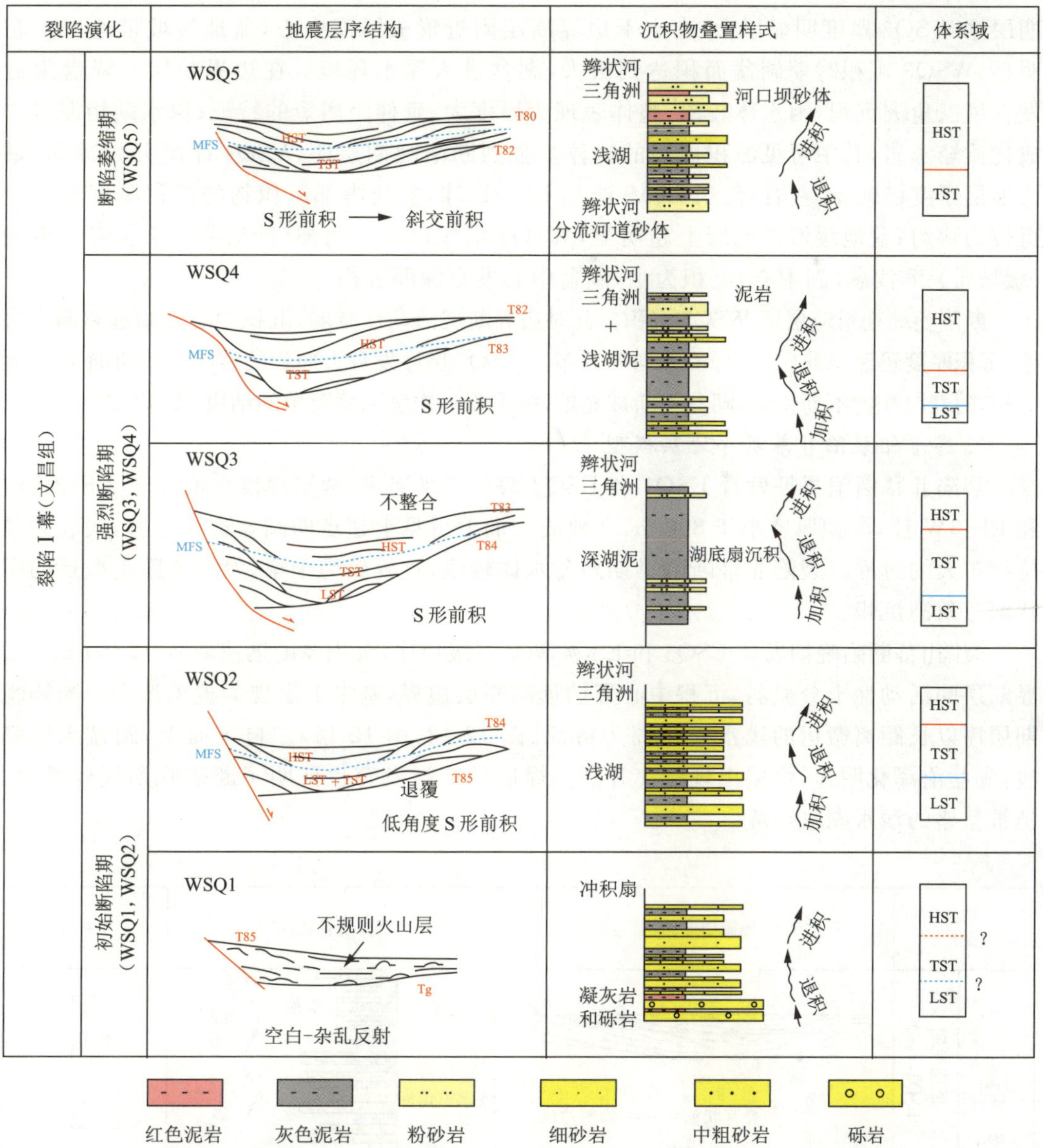

图 12-13　陆丰凹陷南部裂陷Ⅰ幕层序结构、沉积物叠置样式和体系域特征

初始断陷期发育 WSQ1 和 WSQ2 两套三级层序,代表裂陷Ⅰ幕开始。这两套层序的总体特征是厚度较小,沉积剖面形态为板状或楔状,分别对应于初始断陷早期和初始断陷晚期。初始断陷早期小湖盆孤立分布,湖盆水浅,气候较为干燥,被冲积平原、扇三角洲砂砾岩快速充填;初始断陷晚期湖盆面积扩大,物源供给充足,在盆地缓坡带发育大面积的辫状河三角洲-滨浅湖(湖中心)沉积,深湖沉积范围比较局限,在盆地陡坡带主要为楔状前积反射,对应扇三角洲沉积。

强烈断陷期发育 WSQ3 和 WSQ4 两套三级层序。这两套层序的总体特征是厚度较大，剖面形态为典型楔状，可划分为强烈断陷早期层序和强烈断陷晚期层序。强烈断陷早期层序 WSQ3 厚度明显增大，在主干边界断层附近形成厚度中心，盆地缓坡带地层上超明显；WSQ3 沉积时期湖盆面积达到最大，湖盆进入深水环境。在边界断层下降盘附近发育扇三角洲沉积，因水体较深，整体表现为厚度大、延伸距离短的特征；深水湖相泥岩构成优质烃源岩，其中可见浊积成因的砂体。强烈断陷晚期层序 WSQ4 厚度开始减薄，最大地层厚度(500 m 左右)位于 LF15 洼和 LF13E 洼，盆地内部沉积物的沉积厚度开始变得较为均匀；盆地缓坡带地层上超明显，WSQ4 层序以扇三角洲(陡坡带)-辫状河三角洲(缓坡带)-滨浅湖(湖中心)沉积为主，湖盆中心发育深湖沉积。

断陷萎缩期对应层序 WSQ5 沉积。此时边界断层活动性减弱，沉积中心开始远离断层边界，沉积厚度迅速减薄(<300 m)并均匀分布。WSQ5 层序发育大面积的辫状河三角洲-滨浅湖沉积，随着沉积物不断供给，湖盆不断被充填，标志着一次裂陷幕充填的结束(图 12-13)。

2. 恩平组裂陷Ⅱ幕层序地层模型

裂陷Ⅱ幕断陷早期发育 ESQ1 和 ESQ2 两套三级层序，地层厚度中心位于 LF13E 洼和 LF13W 洼，沉积厚度小于 800 m，在地震剖面上可见上超点向湖盆边缘迁移，代表湖盆持续扩大的过程。裂陷Ⅱ幕断陷早期湖盆水体较浅，气候较为干旱，发育长距离搬运的辫状河三角洲沉积。

裂陷Ⅱ幕断陷晚期发育 ESQ3 和 ESQ4 两套三级层序，沉积厚度迅速减薄(<400 m)，边界断层的活动性十分微弱，沉积中心开始远离断层边界，基本上表现为披覆形态。断陷晚期层序以长距离搬运的浅水三角洲为特征(图 12-12、图 12-14)。自下而上，湖盆水体变浅，湖盆沼泽化明显，煤层出现频率升高。煤层的广泛发育也证明了断陷晚期气候潮湿、植被繁盛的浅水湖盆环境。

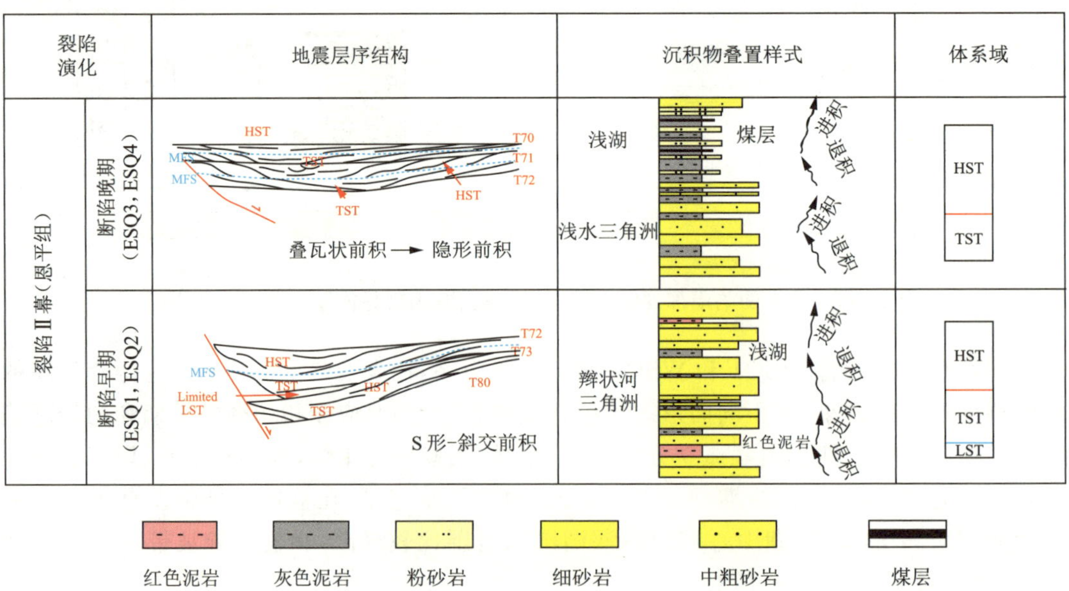

图 12-14　陆丰凹陷南部裂陷Ⅱ幕层序结构、沉积物叠置样式和体系域特征

第四节　陆相坳陷湖盆层序地层学研究
——以鄂尔多斯盆地陇东地区延长组为例

一、陇东地区地质概况

鄂尔多斯盆地是一个多旋回大型克拉通盆地，内部构造平缓，结构简单，沉积沉降稳定，盆地内部地层发育齐全，除缺失志留系、泥盆系和下石炭统外，广泛发育从太古宙到新生代的地层。

鄂尔多斯盆地早古生代地层属于广泛的陆表海沉积，形成寒武—奥陶纪碳酸盐岩沉积，至晚古生代华北海退缩，形成了石炭—二叠纪海陆交互相沉积，到晚三叠世早期，鄂尔多斯地区开始下拗，进入克拉通陆内湖盆发育阶段，堆积了一套厚约 1 000 m 的湖泊三角洲碎屑岩沉积，即上三叠统延长组(图 12-15)。

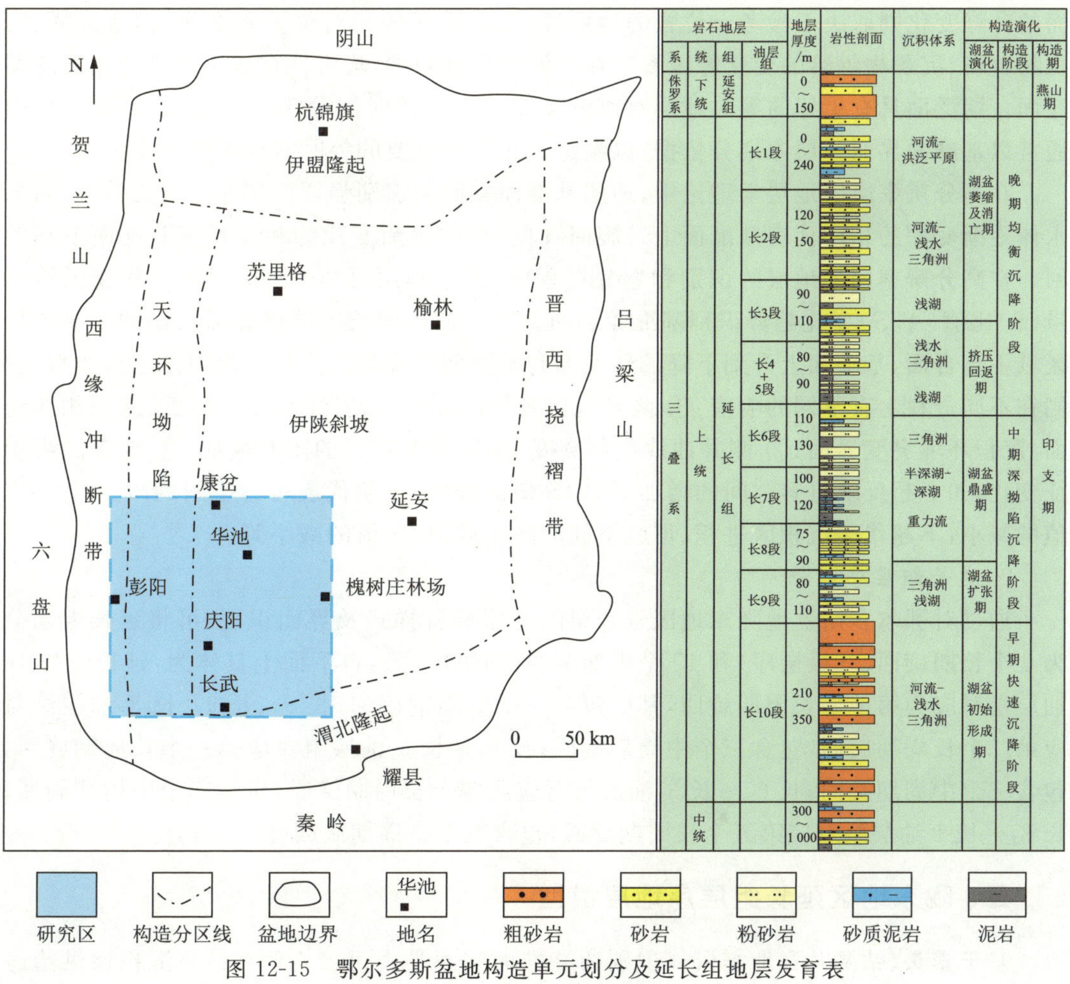

图 12-15　鄂尔多斯盆地构造单元划分及延长组地层发育表

鄂尔多斯盆地可划分为北部伊盟隆起、中部伊陕斜坡、南部渭北隆起、西缘冲断带和天环坳陷以及东部晋西挠褶带六个构造单元。本节研究区为鄂尔多斯盆地陇东地区(图12-15)。

鄂尔多斯盆地陇东地区延长组为一套灰绿色、灰色中厚层中细粒砂岩、粉细粒砂岩和深灰色、灰黑色泥岩组合，下部为中粗粒砂岩河流、三角洲沉积，中部为一套湖泊-三角洲砂泥岩互层沉积，上部为河流及三角洲砂泥岩沉积。延长组沉积具有较强的旋回性，可将延长组划分为10个油层组或段(图12-15)。

二、陇东地区延长组层序划分

1. 层序划分界面选取

不同类型沉积盆地层序研究表明，陆相拗陷湖盆构造长期稳定沉降，缺乏坡折带，导致难以确定首次湖泛面，故起源于被动大陆边缘海相盆地的层序地层学理论不能照搬应用于陆相拗陷湖盆层序地层学研究。Cross(1994)倡导的高分辨率层序地层学理论，基于地层基准面的相对变化识别层序地层界面、划分层序级次和内部充填结构等，而地层基准面的升降变化则取决于参考点位置的地形、海(湖)平面的相对位置及变化、构造沉降、沉积物负载、沉积物供给的变化等因素。在不同级次旋回中，均可发育级次和规模相当的湖泛面。湖泛面具有更好的等时地层对比意义以及更高的时间分辨率。因而，实际工作中通常以基准面界面为层序划分依据，以湖泛面作为最重要的等时对比界面标志。

在高分辨率层序地层学理论中，地层基准面旋回的识别强调以相序分析为基础，向上水体逐渐变深的相序代表基准面上升旋回，向上水体逐渐变浅的相序代表基准面下降旋回。在高分辨率层序地层的识别和划分过程中，通常利用可容空间(A)与沉积物供给通量(S)比值(A/S)变化趋势识别基准面旋回。陇东地区延长组层序界面的识别主要包括区域不整合面、基准面上升到下降的转换面和基准面下降到上升的转换面这三种类型，它们在不同资料上有不同的响应：① 陇东地区延长组冲刷面、岩性旋回变化面、沉积相变化面、沉积环境突变界面；② 测井曲线底部突变、地层叠置样式的测井响应；③ 地震波组特征变化，如上超反映可容空间的增加或A/S值的增大，顶超代表可容空间的减少或A/S值的减小，下超代表沉积区进积、可容空间的减少或A/S值的减小等。

2. 延长组层序划分

通过对鄂尔多斯盆地陇东地区延长组的地层叠置样式及界面识别，可将延长组划分为5个长期旋回(三级层序)和17个中期旋回(四级层序)，自下而上具体为：延长组长10油层组对应为第一个长周期旋回，其中包含三个中周期旋回；长9_2、长9_1、长8_2油层组对应第二个长周期旋回，包含三个中周期旋回；长8_1～长6_3油层组对应第三个长周期旋回，包含三个中周期旋回；长6_2～长3_3油层组对应第四个长周期旋回，包含三个中周期旋回；长3_2～长1油层组对应第五个长周期旋回，包含五个中周期旋回(图12-16)。

三、陇东地区延长组层序地层模型

基于露头、钻测井和地震资料识别的基准面旋回是由可容空间(A)与沉积物供给通

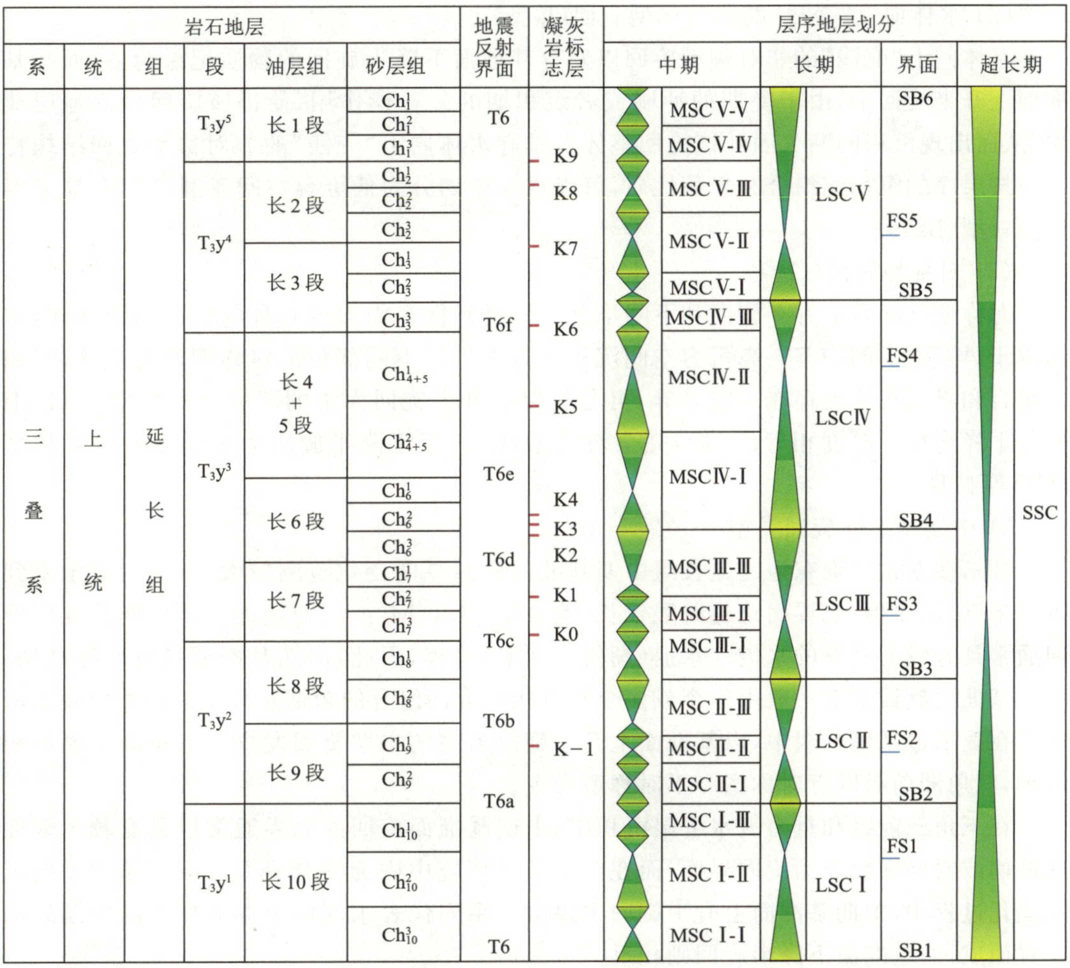

图 12-16　鄂尔多斯盆地陇东地区三叠系延长组高分辨率层序划分方案

量(S)比值变化造成的。在基准面升降旋回不同阶段形成的成因地层单元中的地层结构类型、保存程度、砂体叠加样式和分布模式存在差异。可以利用岩性粒度旋回变化来表征不同级次基准面相对升降变化及相应地层属性的变化。

1. 陇东地区延长组基准面旋回类型及结构特征

1）短期基准面旋回类型

(1) 水体向上"变深"的非对称型旋回(A型)。

该类旋回广泛发育于河流相及三角洲平原沉积亚相中，基准面上升半旋回的沉积记录被保存，下降半旋回沉积物多因冲刷或过路而缺失形成沉积间断。该类旋回的底界面为冲刷面，向上沉积物粒度逐渐变细，具有水体向上"变深"的半旋回层序结构样式。该层序结构类型多发育在充足的沉积物供给背景条件下，按层序结构内沉积相类型和垂向组合以及保存特征，可进一步细分为两种类型：低可容空间亚型(A1)和高可容空间亚型(A2)。

（2）水体向上“变浅”的非对称型旋回（B 型）。

水体向上“变浅”的非对称型旋回以发育基准面下降半旋回的物质记录为主，而在基准面上升半旋回中，由于晚期的冲刷或者沉积期的欠补偿作用，使得该旋回内部地层缺失，从而出现沉积间断。因此该旋回整体上具有水体向上“变浅”的非对称型旋回结构特征。按层序的沉积相组合和界面性质，可以进一步划分为低可容空间亚型（B1）和高可容空间亚型（B2）。

（3）对称型旋回（C 型）。

对称型旋回是上升半旋回和下降半旋回均得到保存而形成对称的旋回结构样式，多形成于 $A/S \geqslant 1$ 的中等—高可容空间沉积背景中。但不同部位的对称型略有变化，沉积相组合和界面特征也存在一定差异，可分为以上升半旋回为主的不完全对称型（C1）、上升—下降半旋回厚度相等的（近）完全对称型（C2）、以下降半旋回为主的不完全对称型（C3）等亚型。

2）中期基准面旋回类型

鄂尔多斯盆地陇东地区延长组中期基准面旋回厚度变化范围较大，一般为数十米到近百米厚，层序顶、底界面跨越时限较长，为 0.1～1.0 Ma。沉积盆地内部中期基准面旋回通常具有较为完整的水进—水退（湖侵—湖退）过程，因此，中期基准面具有对称结构。中期基准面旋回剖面一般由一个或多个具有相似岩性组合的短期基准面旋回垂向叠加而成。在陇东地区延长组中，以基准面上升半旋回为主的中期旋回发育于三角洲平原亚相沉积，三角洲前缘以近对称型和不对称型为主。

在三角洲前缘和重力流水下扇沉积中，中期基准面旋回的底界通常以具有较大幅度底冲刷或岩性突变面为旋回界面，而在深水低能环境中则为整合界面。在三角洲垂向沉积演化过程中，中期基准面上升半旋回主要由一系列代表水深向上逐渐变深的短期旋回叠置而成，而基准面下降半旋回则相反。

在中期基准面旋回中，基准面上升阶段可容空间随之增加，在物源供给不变的条件下，沉积强度逐渐减弱，主要沉积作用向物源区迁移，其短期旋回结构自下而上表现为进积—加积—退积垂向变化。而基准面下降半旋回可容空间减小，在物源供给不变的条件下，沉积强度逐渐增加，主要的沉积作用向湖盆内部迁移，其短期旋回结构自下而上表现为退积—加积—进积的垂向叠置样式。

3）长期基准面旋回类型

对于陆相拗陷湖盆来说，以最大湖泛面为界将长期基准面旋回划分为基准面上升半旋回和基准面下降半旋回。按照基准面半旋回的不对称程度，将陇东地区延长组长期基准面旋回层序结构划分为以下三类：

（1）上升半旋回厚度大于下降半旋回厚度的 C1 型。

该结构类型反映盆地构造活动比较稳定，在中等沉降幅度下，由缓慢湖侵到加速湖退的过程中形成长期旋回结构，其特征为长期旋回基准面上升半旋回厚度大于下降半旋回厚度。该层序结构类型以延长组 LSCⅠ为代表，是鄂尔多斯盆地延长组沉积时期湖盆初始形成期的产物，物源供给相对充足，沉积充填作用主要发生在基准面上升半旋回过程中，而下降半旋回中河流或三角洲通常具有较强烈的冲刷、侵蚀作用，顶部发育不整合面或大型冲刷充填界面。

（2）上升半旋回厚度接近或略大于下降半旋回厚度的C2型。

该类层序结构类型是在较为稳定的沉降背景条件下，中等沉降幅度和缓慢湖侵作用的产物。其特征为基准面上升半旋回厚度接近或略大于下降半旋回厚度。该类型层序主要发育于延长组LSCⅡ，Ⅳ，Ⅴ中。

（3）上升半旋回厚度小于下降半旋回厚度的C3型。

该类型旋回发育于构造持续稳定沉降、快速湖侵至缓慢湖退盆地内部地区，主要以延长组LSC Ⅲ为特征。在快速湖侵和强烈构造沉降阶段，基准面持续上升，物源区供给相对不足，沉积盆地内部处于欠补偿状态。上升半旋回厚度较薄，以细粒沉积为主，如延长组长7底部厚层暗色油页岩、泥岩。在基准面下降阶段，沉积盆地处于欠补偿到弱补偿状态，是该长期旋回内主要的沉积作用发育期，因此，形成以较厚的基准面下降半旋回为主的不对称层序结构，层序顶、底界面多为弱冲刷或整合界面。

2. 拗陷湖盆层序地层模型

1）陇东地区延长组层序地层模型

鄂尔多斯盆地陇东地区延长组具有稳定且强烈的沉积物供给背景，根据沉积物体系分配特征，总结出以下三种层序地层模型（图12-17）：

（1）低水位时期基准面缓慢上升、快速下降构型。

该构型主要对应延长组底部两个长期旋回沉积时期（LSCⅠ和LSCⅡ）。盆地初始形成充填阶段，在较为稳定的构造沉降背景下，较低的湖平面呈较长时间的缓慢上升趋势，基准面持续上升，后期受盆地整体短暂抬升作用影响，沉积基准面快速大幅度下降，形成以上升半旋回为主的不对称型长期基准面旋回特征。中期旋回以较为强烈的冲刷面为边界，三角洲向湖盆内部推进距离较远，地层厚，沉积物粒度较粗，在前三角洲/半深湖区域则以整合接触为主（图12-17）。

（2）高水位时期基准面快速上升、缓慢下降构型。

该构型主要对应延长组中部两个长期旋回沉积时期（LSCⅢ和LSCⅣ），即延长组最大湖盆阶段，在较为快速的盆地沉降和早期较大水深的基础上，发生快速强烈湖侵作用，后期湖平面缓慢下降，形成长期基准面以下降半旋回为主的不对称型结构特征。该阶段沉积地层薄，沉积物粒度细。在快速湖侵背景下，鄂尔多斯盆地整体处于饥饿状态，三角洲分布范围局限，收敛于各物源口附近区域，中期基准面旋回界面多为无沉积间断面或整合界面（图12-17）。

（3）低水位时期基准面快速上升、缓慢下降构型。

该构型主要对应延长组顶部长期旋回沉积时期（LSCⅤ）。该时期鄂尔多斯盆地受区域性抬升作用的影响，经历了短暂快速湖侵后，湖盆逐渐萎缩，形成长期基准面以下降半旋回为主的不对称型结构特征。中期旋回界面为较强烈的冲刷面，三角洲向湖盆内部推进距离较远，在前三角洲/半深湖区域则以整合接触为主（图12-17）。

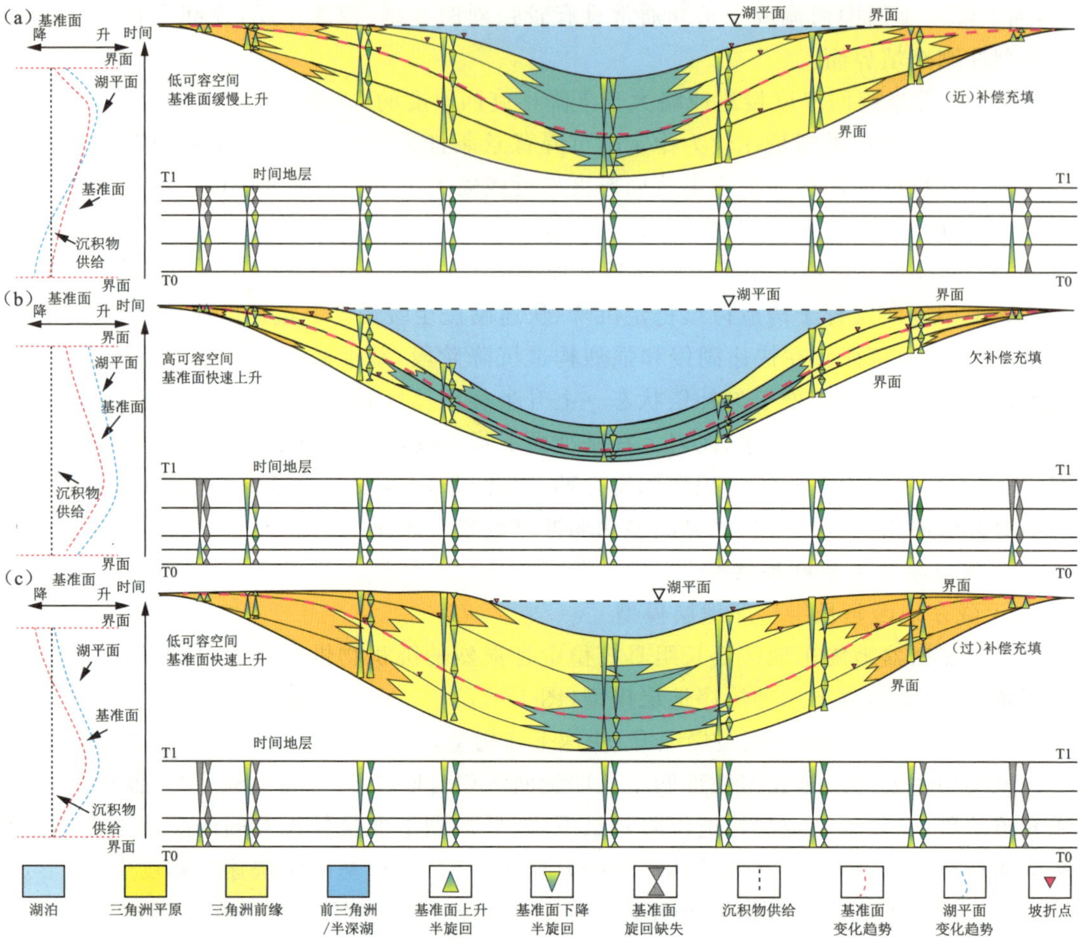

图 12-17　鄂尔多斯盆地陇东地区延长组长期—中期旋回结构样式图

2）拗陷湖盆层序地层模型

在基准面升降过程中，同一地理位置上的沉积环境或沉积相的几何形态、沉积相类型、沉积物内部结构等随着基准面升降而发生改变。通过上述对陇东地区延长组各级旋回内部砂体的空间响应特征分析，建立了拗陷盆地长期旋回内部中期—短期旋回结构特征的空间响应模型(图 12-18)。

陆相拗陷湖盆湖平面升降和盆地基底构造沉降是新增可容空间的主要贡献者。在湖岸线以上位置，基准面位置较低，与侵蚀作用面和沉积作用面接近，沉积物多为过路不沉积或做短暂沉积后随即被再度剥蚀搬运至盆地内部沉积。该区域以泛滥平原为主要代表，长期基准面旋回结构只发育向上“变深”的上升半旋回，不太发育下降半旋回。湖平面附近位置，基准面受湖平面升降作用的影响明显，沉积面和侵蚀作用面保持动态平衡，部分基准面上升早期的沉积物容易被保存下来，长期基准面旋回结构以上升半旋回为主。上升半旋回内部发育多个以中期基准面上升半旋回为主的层序结构叠置样式，主要为三角洲平原的分支河道、泛滥平原等互层沉积。在湖平面以下的浅湖-半深湖区域是三角洲前缘主要砂体的卸载区域，长期基准面结构逐渐转变为近对称型旋回结构，内部中期旋回结构也具有类似的结构变化，三角洲前缘近端表现为以水下分流河道、分流间湾互层为主的中期基准面上升半旋回垂向叠置组合样式，三角洲前缘远端则表现为以河口坝、分流间湾互层为主的中期基准面下降半旋回垂向叠置组合样式。在风暴浪基面以下至深湖-半深湖等湖盆深水区域，长期基准面以不对称型下降半旋回结构样式为主，其沉积类型多为三角洲前缘远端河口坝、远砂坝或重力流水下扇沉积，中期基准面旋回则由以不对称型下降半旋回为主的结构样式叠置组成(图 12-18)。

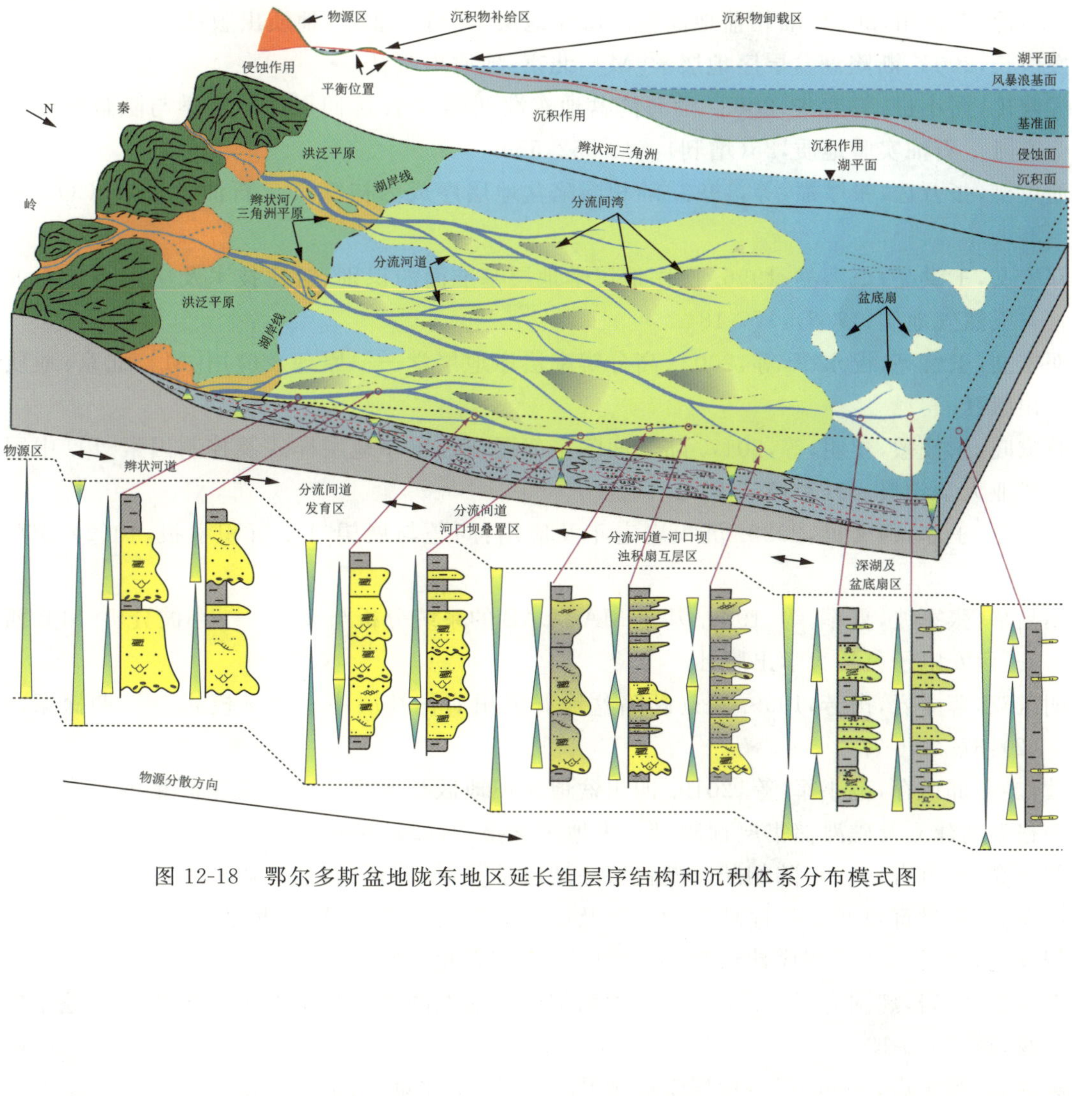

图 12-18　鄂尔多斯盆地陇东地区延长组层序结构和沉积体系分布模式图

参考文献

蔡希源,李思田,2003. 陆相盆地高精度层序地层学[M]. 北京:地质出版社.

操应长,2005. 断陷湖盆层序地层学[M]. 北京:地质出版社.

程晓玲,周小进,郭建华,2003. 渤海湾盆地东濮凹陷 T-R 旋回层序地层学与隐蔽油藏研究[J]. 石油实验地质,25(增刊):548-552,556.

池英柳,张万选,张厚福,等,1996. 陆相断陷盆地层序成因初探[J]. 石油学报,17(3):19-26.

邓宏文,王洪亮,李熙喆,1996. 层序地层学地层基准面的识别、对比技术及应用[J]. 石油与天然气地质,17(3):177-184.

邓宏文,王红亮,祝永军,等,2002. 高分辨率层序地层学——原理及应用[M]. 北京:地质出版社.

葛家旺,朱筱敏,黎明,等,2017. 陆丰凹陷东部缓坡带层序地层样式及控制因素[J]. 中国矿业大学学报,46(3):563-577.

韩志宇,王非,师文贝,2022. 沉积岩定年及应用:问题与展望[J]. 沉积学报,40(2):360-379.

胡昌华,张军波,夏军,等,1999. 基于 MATLAB 的系统分析与设计——小波分析[M]. 西安:西安电子科技大学出版社.

胡玉双,曹立岩,田芳,1999. 松辽断陷盆地群沉积演化及层序地层学模式[J]. 勘探家,4(2):37-39,6-7.

黄仁春,邢凤存,范小军,等,2019. 四川盆地元坝地区长兴组—飞仙关组高精度层序地层格架的建立及礁滩储集层预测[J]. 古地理学报,21(2):369-378.

纪友亮,张世奇,1996. 陆相断陷湖盆层序地层学[M]. 北京:石油工业出版社.

纪友亮,张世奇,1998. 层序地层学原理及层序成因机制模式[M]. 北京:地质出版社.

纪友亮,周勇,2020. 层序地层学[M]. 北京:中国石化出版社.

贾承造,宋岩,魏国齐,等,2005. 中国中西部前陆盆地的地质特征及油气聚集[J]. 地学前缘,12(3):3-13.

姜在兴,李平启,1996. 层序地层学原理及应用[M]. 北京:石油工业出版社.

李超,屈文俊,王登红,等,2014. Re-Os 同位素在沉积地层精确定年及古环境反演中的应用进展[J]. 地球学报,35(4):405-414.

李德江,杨俊生,朱筱敏,2005. 准噶尔盆地层序地层学研究[J]. 西安石油大学学报(自然科学版),20(3):60-66,71-92.

林畅松,潘元林,肖建新,等,2000."构造坡折带"——断陷盆地层序分析和油气预测的重要概念[J].地球科学——中国地质大学学报,25(3):260-266.

林畅松,郑和荣,任建业,等,2003.渤海湾盆地东营、沾化凹陷早第三纪同沉积断裂作用对沉积充填的控制[J].中国科学(D辑:地球科学),33(11):1025-1036.

林畅松,刘景彦,张英志,等,2005.构造活动盆地的层序地层与构造地层分析——以中国中、新生代构造活动湖盆分析为例[J].地学前缘,12(4):365-374.

刘波,1997.华北早古生代陆表海盆地构造-沉积演化及其下古生界油气系统[M].北京:北京大学出版社.

刘桂珍,高伟,尉加盛,等,2021.混积层系沉积、层序特征——以鄂尔多斯盆地高桥地区本溪组为例[J].天然气地球科学,32(3):382-392.

陆永潮,解习农,周瑶琪,1999.精确的定量和定年技术在高频层序地层研究中的重要性[J].地学前缘,6(S1):28.

沈安江,胡安平,程婷,等,2019.激光原位 U-Pb 定年技术及其在碳酸盐岩成岩-孔隙演化中的应用[J].石油勘探与开发,46(6):1-13.

谈明轩,2019.坳陷湖盆多河型地震地貌学定量研究——以渤海湾沙垒田地区明化镇组为例[D].北京:中国石油大学(北京).

覃建雄,曾允孚,陈洪德,等,1999.碳酸盐斜坡沉积层序地层研究[J].石油实验地质,21(2):110-118.

童崇光,1992.四川盆地构造演化与油气聚集[M].北京:地质出版社.

童晓光,1996.塔里木盆地石油地质研究新进展[M].北京:科学出版社.

王贵文,郭荣坤,2000.测井地质学[M].北京:石油工业出版社.

王华,肖军,崔宝琛,等,2002.露头层序地层学研究方法综述[J].地质科技情报,12(4):15-22.

王华,2008.层序地层学基本原理、方法与应用[M].武汉:中国地质大学出版社.

王华,廖远涛,陆永潮,等,2010.中国东部新生代陆相断陷盆地层序的构成样式[J].中南大学学报(自然科学版),41(1):277-285.

王家豪,王华,赵忠新,等,2006.库车前陆盆地东部白垩系—古近系层序地层及其构造响应研究[M].武汉:中国地质大学出版社.

王学军,杨志如,韩冰,2015.四川盆地叠合演化与油气聚集[J].地学前缘,22(3):161-173.

魏魁生,叶淑芬,郭占谦,等,1996.松辽盆地白垩系非海相沉积层序模式[J].沉积学报,14(4):51-61.

魏魁生,徐怀大,叶淑芬,等,1997.松辽盆地白垩系高分辨率层序地层格架[J].石油与天然气地质,18(1):9-16.

吴崇筠,薛叔浩,1992.中国含油气盆地沉积学[M].北京:石油工业出版社.

吴怀春,王成善,张世红,等,2011."地时"(Earthtime)研究计划:"深时"(Deeptime)记录的定年精度与时间分辨率[J]. 现代地质,25(3):21-30.
吴金才,2005. 准噶尔盆地腹部侏罗系层序地层学研究与隐蔽圈闭识别[D]. 成都:成都理工大学.
吴因业,1996. 煤层——一种陆相盆地中的成因层序边界[J]. 石油学报,17(4):28-35.
夏文臣,1991. 中国东部中、新生代断陷盆地的成因地层格架及其与油气的关系[J]. 地质科技情报,10(1):41-48.
夏文臣,周杰,葛立刚,等,1994a. 华南二叠—三叠系的成因地层序列及古特提斯海重建[J]. 地球科学——中国地质大学学报,19(5):663-675.
夏文臣,周杰,袁伟,等,1994b. 华南晚三叠世前陆盆地的成因地层格架及演化历史[J]. 地球科学——中国地质大学学报,19(1):19-30.
解习农,程守田,陆永潮,1996. 陆相盆地幕式构造旋回与层序构成[J]. 地球科学——中国地质大学学报,21(1):27-33.
信荃麟,刘泽容,朱筱敏,等,1988. 惠民凹陷西部下第三系构造岩相带与油气聚集研究[J]. 石油大学学报,12(3):18-27.
徐彬,李建明,张永庶,等,2020. T-R 旋回层序在陆相盐湖盆地中的应用——以柴西南英西地区下干柴沟组上段为例[J]. 断块油气田,27(4):412-417.
徐胜林,陈洪德,陈安清,等,2011. 四川盆地泥盆系—中三叠统层序格架内生储盖分布[J]. 石油勘探与开发,38(2):159-167.
许艺炜,胡修棉,2020. 深时全球海平面变化重建方法的回顾与展望[J]. 高校地质学报,26(4):395-410.
薛良清,1993. 利用测井资料进行成因地层层序分析的原则与方法[J]. 石油勘探与开发,20(1):33-38.
薛良清,2000. 成因层序地层学的回顾与展望[J]. 沉积学报,18(3):484-488.
张晨晨,张顺,魏巍,等,2014. 松辽盆地嫩江组 T-R 旋回控制下的层序结构与沉积响应[J]. 中国科学(D 辑:地球科学),44(12):2618-2636.
张建勇,周进高,郝毅,等,2011. 四川盆地环开江—梁平海槽长兴组—飞仙关组沉积模式[J]. 海相油气地质,16(3):45-54.
张喜林,朱筱敏,钟大康,等,2004. 苏北盆地高邮凹陷第三系—上白垩统层序地层格架特征[J]. 沉积学报,22(3):393-399.
张映红,姚平,朱筱敏,等,1999. 层序地层动力成因研究的周期分析方法及其应用[J]. 地质论评,45(5):521-528.
赵宗举,2015. 全球海平面变化指标及海相构造层序研究方法——以塔里木盆地奥陶系为例[J]. 石油学报,36(3):262-273.
郑荣才,彭军,吴朝荣,2001. 陆相盆地基准面旋回的级次划分和研究意义[J]. 沉积学报,19(2):249-255.
郑荣才,文华国,李凤杰,2010. 高分辨率层序地层学[M]. 北京:地质出版社.
郑四兵,鲜本忠,2008. 车镇凹陷古近系层序地层格架及发育模式[J]. 沉积与特提斯地质,28(1):48-54.

钟怡江,2009. 四川盆地东北部东兴组—飞仙关组沉积格局及层序充填结构研究[D]. 成都:成都理工大学.

周慧,赵宗举,刘烨,等,2012. 四川盆地及邻区早三叠世印支期层序岩相古地理及有利勘探区带[J]. 石油学报,33(S2):52-63.

周家伟,王英民,何敏,等,2018. 基于轨迹分析和数值模拟的陆架边缘沉积研究——以珠江口盆地 13.8 Ma 陆架边缘三角洲为例[J]. 中国矿业大学学报,47(3):603-614.

周建,2014. 小波变换在兴城地区营四段层序地层划分研究中的应用[D]. 大庆:东北石油大学.

朱红涛,LIU K Y,杜远生,等,2007. 层序地层学模拟研究进展及趋势[J]. 地质科技情报,26(5):27-34.

朱红涛,刘可禹,朱筱敏,等,2018. 陆相盆地层序构型多元化体系[J]. 地球科学——中国地质大学学报,43(3):770-785.

朱如凯,白斌,刘柳红,等,2011. 陆相层序地层学标准化研究和层序岩相古地理:以四川盆地上三叠统须家河组为例[J]. 地学前缘,18(4):131-143.

朱筱敏,1995. 含油气断陷湖盆盆地分析[M]. 北京:石油工业出版社.

朱筱敏,1998. 层序地层学原理及应用[M]. 北京:石油工业出版社.

朱筱敏,2000. 层序地层学[M]. 东营:石油大学出版社.

朱筱敏,王贵文,孙洪斌,等,2000. 辽河滩海地区下第三系层序地层学研究[M]. 北京:石油工业出版社.

朱筱敏,康安,胡宗全,等,2002a. 柴达木盆地第四系层序地层特征与油气评价[J]. 石油勘探与开发,29(1):56-60.

朱筱敏,王贵文,李滨阳,等,2002b. 开鲁盆地陆西凹陷下白垩统层序地层学和油气评价[J]. 沉积学报,20(4):531-536,567.

朱筱敏,邓秀芹,刘自亮,等,2013. 大型坳陷湖盆浅水辫状河三角洲沉积特征及其模式:以鄂尔多斯盆地陇东地区延长组为例[J]. 地学前缘,20(2):19-28.

朱筱敏,葛家旺,赵宏超,等,2017. 陆架边缘三角洲研究进展及实例分析[J]. 沉积学报,35(5):945-957.

朱炎铭,1996. 滇中宜良可保盆地的成因地层序列[J]. 中国煤田地质,8(3):10-12,18.

AGASSIZ L,1840. Etudes sur les glaciers[M]. Aux frais de l'auteur. En commission chez Jent et Gassmann,libraires,à Soleure.

ALLEN D R,1975. Identification of sediments—their depositional environment and degree of compaction from well logs[J]. Developments in Sedimentology,18:349-401.

ALLEN G P,POSAMENTIER H W,1993. Sequence stratigraphy and facies model of an incised valley fill:the Gironde Estuary,France[J]. Journal of Sedimentary Research,63(3):378-391.

ANADÓN P,ROSELL L,TALBOT M R,1992. Carbonate replacement of lacustrine gypsum deposits in two Neogene continental basins, eastern Spain[J]. Sedimentary Geology, 78(3-4): 201-216.

ARMSTRONG A K, 1974. Carboniferous carbonate depositional models, preliminary lithofacies and paleotectonic maps, Arctic Alaska[J]. AAPG Bulletin, 58(4): 621-645.

BALLY A W, SNELSON S, 1980. Realms of subsidence[M]. Calgary: Canadian Society of Petroleum Geologists Memoir, 6: 9-94.

BALTZER F, 1991. Late Pleistocene and recent detrital sedimentation in the deep parts of northern Lake Tanganyika (East African rift)[M]. New York: John Wiley & Sons.

BARRELL J, 1912. Criteria for the recognition of ancient delta deposits[J]. Bulletin of the Geological Society of America, 23(1): 377-446.

BEAUMONT C, QUINLAN G, HAMILTON J, 1988. Orogeny and stratigraphy: numerical models of the Paleozoic in the eastern interior of North America[J]. Tectonics, 7(3): 389-416.

BOWEN D W, WEIMER P, 1997. Reservoir geology within a sequence stratigraphic framework, incised valley-fill sandstones of the Pennsylvanian Morrow Formation, southern stateline trend, Colorado and Kansas[M]//KEITH W, SHANLEY B. Shallow marine and nonmarine reservoirs: sequence stratigraphy, reservoir architecture and production characteristics. Tulsa: SEPM Society for Sedimentary Geology: 1219-1997.

BROWN L F, FISHER W L, 1977. Seismic stratigraphic interpretation of depositional systems: examples from Brazilian rift and pull apart basins[M]. Tulsa: American Association of Petroleum Geologists Memoir, 26: 213-248

BROWN L F, SOLIS-IRIARTE R F, JOHNS D A, 1990. Regional depositional systems tracts, paleogeography, and sequence stratigraphy, upper Pennsylvanian and lower Permian strata, North-and West-Central Texas[R]. Austin: The University of Texas at Austin, Bureau of Economic Geology.

BROWN L F, 1995. Sequence stratigraphy in offshore South African divergent basins: an Atlas on exploration for cretaceous lowstand traps by Soekor (Pty) Ltd[J]. Marine and Petroleum Geology, 14(1): 85-90.

BURCHETTE T P, WRIGHT V P, 1992. Carbonate ramp depositional systems[J]. Sedimentary Geology, 79(1-4): 3-57.

CARROLL A R, BOHACS K M, 1999. Stratigraphic classification of ancient lakes: balancing tectonic and climatic controls[J]. Geology, 27(2): 99-102.

CATUNEANU O, WILLIS A J, MIALL A D, 1998. Temporal significance of sequence boundaries[J]. Sedimentary Geology, 121(3-4): 157-178.

CATUNEANU O, 2002. Sequence stratigraphy of clastic systems: concepts, merits, and pitfalls[J]. Journal of African Earth Sciences, 35(1): 1-43.

CATUNEANU O, 2003. Sequence stratigraphy of Clastic Systems[M]. Toronto: Geological Association of Canada.

CATUNEANU O,2006. Principles of sequence stratigraphy[M]. Amsterdam:Elsevier: 1-343.

CATUNEANU O,ABREU V,BHATTACHARYA J P,et al.,2009. Towards the standardization of sequence stratigraphy[J]. Earth-Science Reviews,92(1-2):1-33.

CATUNEANU O,2019a. Model-independent sequence stratigraphy[J]. Earth-Science Reviews,188:312-388.

CATUNEANU O,2019b. Scale in sequence stratigraphy[J]. Marine and Petroleum Geology,106:128-159.

CHAMBERLIN T C,1909. Diastrophism as the ultimate basis of correlation[J]. The Journal of Geology,17(8):685-693.

CHAPPELL J,SHACKLETON N J,1986. Oxygen isotopes and sea level[J]. Nature, 324(6093):137-140.

CLOETINGH S,KOOI H,GROENEWOUD W,1989. Intraplate stresses and sedimentary basin evolution[M]. Florida:American Geophysical Union.

COTTON C A,1918. Conditions of deposition on the continental shelf and slope[J]. The Journal of Geology,26(2):135-160.

CROSS T A,1994. High-resolution stratigraphic correlation from the perspective of base-level cycles and sediment accommodation:proceedings of northwestern European sequence stratigraphy congress[M]. Holland:Elsevier:105-123.

CROSS T A,LESSENGER M A,1998. Sediment volume partitioning:rationale for stratigraphic model evaluation and high-resolution stratigraphic correlation[M]. Oslo: Norwegian Petroleum Society Special Publication No. 8:171-195.

CSATO I,CATUNEANU O,GRANJEON D,2014. Millennial-scale sequence stratigraphy:numerical simulation with dionisos[J]. Journal of Sedimentary Research,84(5): 394-406.

DEAF A S,2021. Sequence stratigraphy and distribution of organic-rich Lower Cretaceous mixed clastic-carbonate strata in Matruh Basin,northwestern Egypt:constrains on the Tethyan sea level changes,palaeoclimate,and tectonics[J]. Marine and Petroleum Geology,129:105105.

DICKINSON W R,1974. Plate tectonics and sedimentation[M]. Tulsa:SEPM Society for Sedimentary Geology.

DIXON J,2009. Triassic strata in the subsurface of the plains area of Dawson Creek and Charlie Lake map-areas,northeast British Columbia[J]. Bulletin of the Geological Survey of Canada,595:1-78.

EMBRY A F,1988. Triassic sea-level changes:evidence from the Canadian Arctic Archipelago[M]//WILGUS C,HASTINGS B,KENDALL C. Sea-level changes:An integrated approach. Tulsa:SEPM Special Publication No. 42:249-259.

EMBRY A F, 1990. A tectonic origin for Third-order depositional sequences in extensional basins implications for basin modeling[M]//CROSS T A. Quantitative Dynamic Stratigraphy. Upper Saddle River:Prentice Hall:491-502.

EMBRY A F, JOHANNESSEN E P, 1992. T-R sequence stratigraphy, facies analysis and reservoir distribution in the uppermost Triassic-Lower Jurassic succession, western Sverdrup Basin, Arctic Canada[M]//VORREN T O, BERGSAGER E. Arctic Geology and Petroleum Potential, 2. Norwegian Petroleum Society Special Publications. Amsterdam:Elsevier:121-146.

EMBRY A F, 1993. Transgressive-regressive(T-R) sequence analysis of the Jurassic succession of the Sverdrup Basin, Canadian Arctic Archipelago[J]. Canadian Journal of Earth Sciences, 30(2):301-320.

EMBRY A F, 1995. Sequence boundaries and sequence hierarchies: problems and proposals[M]. Olso:Norwegian Petroleum Society Special Publications.

EMBRY A F, 2008. Practical Sequence Stratigraphy[J]. Canadian Society of Petroleum Geologists:The Reservoir, 35:6-11.

EMERY D, MYERS K J, 1996. Sequence stratigraphy[M]. Oxford:Blackwell Publishing.

EWING T E, GALLOWAY W E, 2019. Evolution of the northern Gulf of Mexico sedimentary basin[M]//MIALL A D. The Sedimentary Basins of the United States and Canada. Amsterdam:Elsevier:627-694.

FALVEY, D A, DEIGHTON I, 1982. Recent advances in burial and thermal geohistory analysis[J]. The APPEA Journal, 22(1):65-81.

FISHER W L, MCGOWEN J H, 1969. Depositional systems in Wilcox Group(Eocene) of Texas and their relation to occurrence of oil and gas[J]. AAPG Bulletin, 53(1):30-54.

FRAZIER D E, 1974. Depositional episodes: their relationship to the Quaternary framework in the northwestern portion of the Gulf Basin[J]. Austin: The University of Texas at Austin, Bureau of Economic Geology, Geological Circular, 74(1):1-28.

GALLOWAY W E, 1989a. Genetic stratigraphic sequences in basin analysis I: architecture and genesis of flooding-surface bounded depositional units[J]. AAPG Bulletin, 73(2):125-142.

GALLOWAY W E, 1989b. Depositional framework and hydrocarbon resources of the early Miocene(Fleming) episode, northwest Gulf Coast Basin[J]. Marine Geology, 90(1-2):19-29.

GALLOWAY W E, 2001. Cenozoic evolution of sediment accumulation in deltaic and shore-zone depositional systems, northern Gulf of Mexico Basin[J]. Marine and Petroleum Geology, 18(10):1031-1040.

GALLOWAY W E,2004. Accommodation and the sequence stratigraphic paradigm[J]. Canadian Society of Petroleum Geologists:The Reservoir,31(5):9-10.

GALLOWAY W E,2008. Depositional evolution of the Gulf of Mexico sedimentary basin[J]. Sedimentary Basins of the World,5:505-549.

GARDNER M H,1993. Sequence stratigraphy and facies architectures of the Upper Cretaceous Ferron sandstone Member of the Mancos shale[D]. Denver:Colorado School of Mines.

GONG C,WANG Y,STEEL R J,et al.,2015. Growth styles of shelf-margin clinoforms: prediction of sand-and sediment-budget partitioning into and across the shelf[J]. Journal of Sedimentary Research,85(3):209-229.

GOODWIN P W,ANDERSON E J,1985. Punctuated aggradational cycles:a general hypothesis of episodic stratigraphic accumulation[J]. The Journal of Geology,93(5): 515-533.

GREANEY S,QUINN R P,1993. Recurring patterns of total organic carbon and source rock quality within a sequence stratigraphic framework[J]. AAPG Bulletin,77(3): 386-401.

GREENLEE S M,LEHMANN P J,1993. Stratigraphic framework of productive carbonate buildups[M]. Tulsa:American Association of Petroleum Geologists Memoir,57: 43-62.

HANDFORD C R,LOUCKS R G,1993. Carbonate depositional sequences and systems tracts-responses of carbonate platforms to relative sea-level changes[J]. Ecological Economics,57(1):3-41.

HAQ B U,BERGGREN W A,VAN COUVERING J A,1977. Corrected age of the Pliocene/Pleistocene boundary[J]. Nature,269(5628):483-488.

HAQ B U,HARDENBOL J,VAIL P R,1987. Chronology of fluctuating sea levels since the Triassic[J]. Science,235(4793):1156-1167.

HAQ B U,SCHUTTER S R,2008. A chronology of Paleozoic sea-level changes[J]. Science,322(5898):64-68.

HELLAND-HANSEN W,HAMPSON G J,2009. Trajectory analysis:concepts and applications[J]. Basin Research,21(5):454-483.

HUNT D, TUCKER M E, 1992. Stranded parasequences and the forced regressive wedge systems tract:deposition during base-level fall[J]. Sedimentary Geology,81(1-2):1-9.

HUTTON J,1788. Theory of the Earth; or an investigation of the laws observable in the composition,dissolution,and restoration of land upon the globe[J]. Earth and Environmental Science Transactions of The Royal Society of Edinburgh,1(2):209-304.

IRWIN M L,1965. General theory of epeiric clear water sedimentation[J]. AAPG Bulletin,49(4):445-459.

JACQUIN T,ARNAUD-VANNEAU A,ARNAUD H,et al.,1991. Systems tracts and depositional sequences in a carbonate setting: a study of continuous outcrops from platform to basin at the scale of seismic lines[J]. Marine and Petroleum Geology,8(2):122-139.

JERVEY M T,1988. Quantitative geological modeling of siliciclastic rock sequences and their seismic expression[M]//WILGUS C K,HASTING B S,KENDALL C G. Sea-level changes:an integrated approach. Tulsa:SEPM Special Publication No. 42:47-69.

JORDAN T E,FLEMINGS P B,1991. Large-scale stratigraphic architecture,eustatic variation,and unsteady tectonism:a theoretical approach[J]. Journal of Geophysical Research,96(B4):6681-6699.

KRUMBEIN W C,SLOSS L L,DAPPLES E C,1949. Sedimentary tectonics and sedimentary environments[J]. AAPG Bulletin,33(11):1859-1891.

LASKAR J,ROBUTEL P,JOUTEL F,et al.,2004. A long-term numerical solution for the insolation quantities of the Earth[J]. Astronomy & Astrophysics,428(1):261-285.

LEJRI M,MADHOO H A,CLAUSSMANN B,et al.,2017. Understanding the controls on clastic sedimentation using forward stratigraphic modeling and seismic sequence stratigraphy:2017 AAPG International Conference Exhibition[C]. Los Angeles: American Association of Petroleum Geologists.

LOUTIT T S,HARDENBOL J,VAIL P R,1988. Condensed sections:the key to age determination and correlation of continental margin sequences[M]//WILGUS C K, HASTINGS B S,KENDALL C G,et al. Sea-level Changes:an Integrated Approach. Tulsa:SEPM Special Publication No. 42:182-213.

LYELL C,1835. The Bakerian Lecture—on the proofs of a gradual rising of the land certain parts of Sweden[J]. Philosophical Transactions of the Royal Society of London,125:1-38.

MACDONALD D I M,1991. Sedimentation,tectonics and eustasy:sea-level changes at active margins[M]. Oxford:Blackwell Scientific Publications.

MATTHEWS R K,1986. The delta ^{18}O signal of deep-sea planktonic foraminifera at low latitudes as an ice-volume indicator[J]. South African Journal of Science,82(9):521-522.

MIALL A D,1986. Eustatic sea level changes interpreted from seismic stratigraphy: a critique of the methodology with particular reference to the North Sea Jurassic record[J]. AAPG Bulletin,70(2):131-137.

MIALL A D,1991. Stratigraphic sequences and their chronostratigraphic correlation[J]. Journal of Sedimentary Research,61(4):497-505.

MIALL A D,1992. Exxon global cycle chart:an event for every occasion? [J]. Geology, 20(9):787-790.

MIALL A D,1994. Sequence stratigraphy and chronostratigraphy:problems of definition and precision in correlation,and their implications for global eustasy[J]. Geoscience Canada,21(1):1-26.

MITCHUM R M,1977. Seismic stratigraphy and global changes of sea level,part Ⅰ: glossary of terms used in seismic stratigraphy[M]. Tulsa:American Association of Petroleum Geologists Memoir,26:205-212.

MITCHUM R M, VAN WAGONER J C, 1991. High-frequency sequences and their stacking patterns: sequence-stratigraphic evidence of high-frequency eustatic cycles [J]. Sedimentary Geology,70(2-4):131-160.

MITCHUM R M,SANGREE J B,VAIL P R,et al.,1993. Recognizing sequences and systems tracts from well logs,seismic data,and biostratigraphy:examples from the Late Cenozoic of the Gulf of Mexico-recent developments and applications[M]. Tulsa: American Association of Petroleum Geologists Memoir,58:163-199.

MOSBRUGGER V,UTESCHER M T,1997. The coexistence approach—a method for quantitative reconstructions of tertiary terrestrial palaeoclimate data using plant fossils[J]. Palaeogeography,Palaeoclimatology,Palaeoecology,134(1-4):61-86.

MOUNT J F,1984. Mixing of siliciclastic and carbonate sediments in shallow shelf environments[J]. Geology,12(7):432-436.

MUTTI E,1985. Turbidite systems and their relations to depositional sequences[J]. Provenance of Arenites,148:65-93.

MÖRNER N A,1990. Glacial isostasy and long-term crustal movements in Fennoscandia with respect to lithospheric and asthenospheric processes and properties[J]. Tectonophysics,176(1-2):13-24.

MYERS K J,MILTON N J,1996. Concepts and principles of sequence stratigraphy[M]. New York:John Wiley & Sons.

OLSEN P E,1986. A 40-million-year lake record of Early Mesozoic obital climatic forcing[J]. Science,234:842-848.

OLSEN P E,1990. Tectonic,climatic,and biotic modulation of lacustrine ecosystems-examples from Newark Supergroup of eastern North America[M]. Tulsa:American Association of Petroleum Geologists Memoir,50:209-224.

PEEL F J,TRAVIS C J,HOSSACK J R,1995. Genetic structural provinces and salt tectonics of the Cenozoic offshore US Gulf of Mexico:a preliminary analysis[M]. Tulsa: American Association of Petroleum Geologists Memoir,65(65):153-175.

PLINT A G,1988. Sharp-based shoreface sequences and offshore bars in the Cardium Formation of Alberta:their relationship to relative changes in sea level[M]. Tulsa:

SEPM Special Publication No. 42:357-370.

PLINT A G,EYLES N,EYLES C H,et al.,1992. Control of sea level change[J]. Geological Association of Canada,GeoText 1:15-25.

POREBSKI S J,STEEL R J,2003. Shelf-margin deltas:their stratigraphic significance and relation to deepwater sands[J]. Earth-Science Reviews,62(3-4):283-326.

POSAMENTIER H W,JERVEY M T,VAIL P R,1988. Eustatic controls on clastic deposition I-conceptual framework,sea level changes:an integrated approach[M]. Tulsa:SEPM Special Publication No. 42:109-154.

POSAMENTIER H W,ALLEN G P,JAMES D P,et al.,1992. Forced regressions in a sequence stratigraphic framework:concepts,examples,and exploration significance [J]. AAPG Bulletin,76(11):1687-1709.

POSAMENTIER H W,ALLEN G P,1993a. Siliciclastic sequence stratigraphic patterns in foreland,ramp-type basins[J]. Geology,21(5):455-458.

POSAMENTIER H W,ALLEN G P,1993b. Variability of the sequence stratigraphic model:effects of local basin factors[J]. Sedimentary Geology,86(1-2):91-109.

POSAMENTIER H W,ALLEN G P,1999. Siliciclastic sequence stratigraphy:concepts and applications[M]. Tulsa:SEPM Concepts in Sedimentology and Paleontology No. 7:1-210.

POSAMENTIER H W,2001. Lowstand alluvial bypass systems:incised vs. unincised [J]. AAPG Bulletin,85(10):1771-1793.

POSAMENTIER H W,2002. Ancient shelf ridges—a potentially significant component of the transgressive systems tract:case study from offshore northwest Java[J]. AAPG Bulletin,86(1):75-106.

POSAMENTIER H W,WALKER R G,2002. Turbidite facies models:integrating subsurface and outcrop[C]//Canadian Society of Petroleum Geologists Diamond Jubilee Convention. Calgary:Canadian Society of Petroleum Geologists:3-7.

POSAMENTIER H W,2003a. A linked shelf-edge delta and slope-channel turbidite system:3D seismic case study from the eastern Gulf of Mexico[M]//HARRY H R, NORMAN C R,RICHARD H F,et al. Shelf margin deltas and linked down slope petroleum systems. Tulsa:SEPM Society for Sedimentary Geology:115-134.

POSAMENTIER H W,2003b. Depositional elements associated with a basin floor channel-levee system:case study from the Gulf of Mexico[J]. Marine and Petroleum Geology,20(6-8):677-690.

PRICE R A,1973. Large-scale gravitational flow of supracrustal rocks,southern Canadian Rockies[M]//DEJONG K A,SCHOLTEN R. Gravity and Tectonics. New York: John Wiley & Sons:491-502.

PROSSER S,1993. Rift-related depositional systems and their seismic expression[J].

Geological Society,71(1):35-66.

RAVNÅS R,STEEL R J,1998. Architecture of marine rift-basin successions[J]. AAPG Bulletin,82(1):110-146.

READ J F,1985. Carbonate platform facies models[J]. AAPG Bulletin,69(1):1-21.

READING B G,1978. Sedimentary environments and facies[M]. New York:Elsevier.

READING H G, 1996. Sedimentary environments: processes, facies and stratigraphy [M]. 3rd ed. Oxford:Blackwell Science.

RYER T A,RAHMANI R A,FLORES R M,1984. Transgressive-regressive cycles and the occurrence of coal in some Upper Cretaceous strata of Utah[M]. Oxford:Blackwell Scientific Publications.

SADLER P M,1981. Sediment accumulation rates and the completeness of stratigraphic sections[J]. The Journal of Geology,89(5):569-584.

SANGREE J B,VAIL P R,MITCHUM R M,1991. A summary of exploration applications of sequence stratigraphy[M]//ARMENTROUT J M,PERKINS B F. Sequence stratigraphy as an exploration tool:concepts and practices in the Gulf Coast. Tulsa: SEPM Society for Sedimentary Geology.

SARG J F,1988. Carbonate sequence stratigraphy[M]. Tulsa:SEPM Society for Sedimentary Geology,42:155-181.

SCHLAGER W,1991. Depositional bias and environmental change—important factors in sequence stratigraphy[J]. Sedimentary Geology,70(2-4):109-130.

SCHLAGER W,1993. Accommodation and supply—a dual control on stratigraphic sequences[J]. Sedimentary Geology,86(1-2):111-136.

SCHLAGER W,2005. Carbonate sedimentology and sequence stratigraphy[M]. Tulsa: SEPM Society for Sedimentary Geology.

SCHUMER R,JEROLMACK D J,2009. Real and apparent changes in sediment deposition rates through time[J]. Journal of Geophysical Research:Earth Science,114(F3): F00A06.

SCHWARTZ D,1990. Paysagesquaternaires de l'Afriquecentrale atlantique[J]. IRD Editions,1142(2580).

SHANLEY K W,MCCABE P J,1991. Predicting facies architecture through sequence stratigraphy—an example from the Kaiparowits Plateau,Utah[J]. Geology,19(7): 742-745.

SHANLEY K W,MCCABE P J,1994. Perspective on the sequence stratigraphy of continental strata[J]. AAPG Bulletin,78(4):544-568.

SHAW A B,1964. Time intratigraphy[M]. New York:McGraw-Hill.

SINCLAIR H D,COAKLEY B J,ALLEN P A,et al.,1991. Simulation of foreland basin stratigraphy using a diffusion model of mountain belt uplift and erosion:an example from the central Alps, Switzerland[J]. Tectonics, 10(3): 599-620.

SLOSS L L, KRUMBEIN W C, DAPPLES E C, 1949. Integrated facies analysis[J]. Geological Society of America Memoir No. 39: 91-124.

SLOSS L L, 1963. Sequences in the cratonic interior of North America[J]. Geological Society of America Bulletin, 74(2): 93-114.

SLOSS L L, 1988. Forty years of sequence stratigraphy[M]. Florida: Geological Society of America Bulletin, 100(11): 1661-1665.

STEPHEN C, PASSEY Q R, 1993. Recurring patterns of total organic carbon and source rock quality within a sequence stratigraphic framework[J]. AAPG Bulletin, 77(3): 386-401.

STOW D A V, READING H G, COLLINSON J D, 1996. Deep seas[M]//READING H G. Sedimentary environments: processes, facies and stratigraphy. 3rd ed. Oxford: Blackwell Science: 395-453.

STRECKER U, STEIDTMANN J R, SMITHSON S B, 1999. A conceptual tectonostratigraphic model for seismic facies migrations in a fluvio-lacustrine extensional basin [J]. AAPG Bulletin, 83(1): 1320-1336.

SUESS E, 1906. La face de la terre: das antlitz der erde(Vol. 2)[M]. Oxford: Clarendon Press.

SUN Q L, JACKSON C A L, MAGEE C, et al., 2019. Extrusion dynamics of deepwater volcanoes revealed by 3D seismic data[J]. Solid Earth, 10(4): 1269-1282.

SWIFT D J, HUDELSON P M, BRENNER R L, et al., 1987. Shelf construction in a foreland basin: storm beds, shelf sandbodies, and shelf-slope depositional sequences in the Upper Cretaceous Mesaverde Group, Book Cliffs, Utah[J]. Sedimentology, 34(3): 423-457.

TUCKER M E, WRIGHT V P, 1990. Carbonate sedimentology[M]. Oxford: Blackwell Scientific Publications.

TUCKER M E, 1991a. Sequence stratigraphy of carbonate-evaporite basins: models and application to the Upper Permian(Zechstein)of northeast England and adjoining North Sea[J]. Journal of the Geological Society, 148(6): 1019-1036.

TUCKER M E, 1991b. Sedimentary petrology: an introduction to the origin of sedimentary rocks[M]. Oxford: Blackwell Publishing.

VAIL P R, MITCHUM R M, TODD R G, et al., 1977. Seismic stratigraphy and global changes of sea level [M]. Tulsa: American Association of Petroleum Geologists Memoir, 26: 49-212.

VAIL P R, 1987. Seismic stratigraphy interpretation using sequence stratigraphy, Part Ⅰ: seismic stratigraphy interpretation procedure[M]//BALLY A W. Atlas of seismic stratigraphy. Tulsa: Association of Petroleum Geologists Studies in Geology.

VAIL P R,AUDEMARD F,BOWMAN S A,et al.,1991. The stratigraphic signatures of tectonics,eustasy and sedimentology an overview[M]//EINSELE G, RICKEN W, SEILACHER A. Cycles and Events in Stratigraphy. Berlin:Springer-Verlag:617-659.

VALERO L,GARCES M,CABRERA L,et al.,2014. 20 Myr of eccentricity paced lacustrine cycles in the Cenozoic Ebro Basin[J]. Earth and Planetary Science Letters,408: 183-193.

VAN WAGONER J C,POSAMENTIER H W,1988. An overview of the fundamentals of sequence stratigraphy and key definition. Sea level change—an integrated approach [M]. Tulsa:SEPM Special Publication No. 42:1-407.

VAN WAGONER J C,MITCHUM R M,CAMPION K M,et al.,1990. Siliciclastic sequence stratigraphy in well logs,cores and outcrops:concepts for high-resolution correlation of time and facies[J]. Geological Magazine,128(4):402-403.

VAN WAGONER J C,1995. Sequence stratigraphy and marine to nonmarine facies architecture of foreland basin strata,Book Cliffs,Utah,USA[J]. AAPG Bulletin,82(8): 1607-1618.

WALKER R G,1990. Facies modeling and sequence stratigraphy:perspective[J]. Journal of Sedimentary Research,60(5):777-786.

WALKER R G,1992. Facies models:response to sea-level change[M]. Toronto:Geological Association of Canada.

WEHR F L,1993. Effects of variations in subsidence and sediment supply on parasequence stacking patterns[M]. Tulsa:American Association of Petroleum Geologists Memoir,58:369-380.

WENDTE J,BOSMAN M,STOAKES F,et al.,1995. Genetic and stratigraphic significance of the Upper Devonian Frasnian Z Marker,west-central Alberta[J]. Bulletin of Canadian Petroleum Geology,43(4):393-406.

WHEELER H E,1958. Time stratigraphy[J]. AAPG Bulletin,42(5):1047-1063.

WHEELER H E,1959. Unconformity bounded units in stratigraphy[J]. AAPG Bulletin,43(8):1975-1977.

WHEELER H E,1964. Base-level,lithosphere surface,and time-stratigraphy[J]. Geological Society of America Bulletin,75(7):598-609.

WILGUS C K,HASTINGS B S,KENDALL C G,et al.,1988. Sea-level changes:an integrated approach[M]. Tulsa:SEPM Special Publication No. 42:1-407.

WILSON J L,2012. Carbonate facies in geologic history[M]. Berlin:Springer Science & Business Media.

XUE L Q,GALLOWAY W E,1993a. Genetic sequence stratigraphic framework,depositional style,and hydrocarbon occurrence of the Upper Cretaceous QYN Formations in the Songliao lacustrine basin,northeastern China[J]. AAPG Bulletin,77(10):1792-

1808.

XUE L Q, GALLOWAY W E, 1993b. Sequence stratigraphic and depositional framework of the Paleocene lower Wilcox strata, northwest Gulf of Mexico Basin[J]. Gulf Coast Association of Geological Societies Transactions, 43: 453-464.

ZECCHIN M, CATUNEANU O, 2017. High-resolution sequence stratigraphy of clastic shelves VI: mixed siliciclastic-carbonate systems[J]. Marine and Petroleum Geology, 88: 712-723.

ZHANG J Y, BURGESS P M, GRANJEON D, et al., 2019. Can sediment supply variations create sequence? Insights from stratigraphic forward modelling[J]. Basin Research, 31(2): 274-299.

ZHU R K, CUI J W, DENG S H, et al., 2019. High-precision dating and geological significance of Chang 7 Tuff zircon of the Triassic Yanchang Formation, Ordos Basin in Central China[J]. Acta Geologica Sinica (English Edition), 93(6): 1823-1834.